压缩感知理论与应用

Compressed Sensing: Theory and Applications

［以色列］约琳娜·C. 埃尔达（Yonina C. Eldar）
［德　国］吉塔·库图尼奥克（Gitta Kutyniok）　等著

梁栋　王海峰　胡隽　朱燕杰　彭玺　译

机 械 工 业 出 版 社

压缩感知是一个令人振奋、发展迅速的领域，在电气工程、应用数学、统计学和计算机科学等领域引起了相当大的关注。自推出以来，已经取得了大量理论和实践方面的成果。本书首先重点介绍了最近的理论进展和一系列应用，并概述了许多目前的研究挑战。接着，在全面回顾了基本理论之后，介绍了该领域的许多前沿进展，包括先进的信号建模、模拟信号的亚奈奎斯特采样、硬件原型、随机矩阵的非渐近分析、自适应感知、贪婪算法、图模型的使用，以及形态上不同数据成分的分离。本书每一章都是由该领域国际知名的研究人员撰写的。

本书适合压缩感知相关领域的学术研究人员、工程技术人员阅读，也可作为相关专业高年级本科生和研究生的参考教材。

译　者　序

压缩感知（Compressed Sensing，CS）是一种新兴的信息获取与处理理论，最早是在2006年由D. Donoho、E. Candes、J. Romberg及陶哲轩等人提出。这一理论指出，我们可以充分利用信号中的稀疏性先验信息，在远低于奈奎斯特采样频率的情况下，从采样样本中精确地重建原始信号。并且，在满足一定的条件下，重建原始信号是一个可计算的多项式时间问题。所以，在压缩感知理论提出的十几年时间里，其在信号处理及其相关领域引起广泛的关注，迅速被应用于网络通信、雷达测量、图像处理、医学成像、生物传感等诸多的领域。

本书是由著名的剑桥大学出版社出版，其作者都是压缩感知领域国际知名的学者，他们在基于稀疏采集的压缩感知重建理论方面的造诣有目共睹。本书从最基本的压缩感知理论出发，介绍了压缩感知重建框架的理论和相应算法，同时还有相关定理及引理的证明，然后给出压缩感知领域近年来出现的一些重要结论的综述。本书的特点有：①采用图文并茂的方式详细介绍了压缩感知相关理论；②内容前沿而且新颖，书中内容都是最近的压缩感知研究成果；③内容涉及面广泛，书中的内容包含了一系列相关的重要研究领域。因此，本书是压缩感知学术研究人员、工程技术人员不可多得的参考书，也可以作为高年级本科生和研究生的压缩感知课程的教材。

参与本书翻译工作的有中国科学院深圳先进技术研究院梁栋、王海峰、朱燕杰、彭玺，北京控制工程研究所胡隽。中国科学院深圳先进技术研究院丁玉琼、冯歌，中国科学院大学研究生贾森、刘元元、丘志浪、程静、程慧涛、柯子文、王婉婷、陈艳霞等，为本书的翻译工作提供了支持和协助，在此深表谢意！

由于本书涉及的知识内容新颖，因此许多术语尚无固定译法。由于时间仓促，译者水平有限，内容也难免有差错，恳请读者批评指正。

梁栋　王海峰

2018年9月于深圳大学城

原书前言

压缩感知（CS）是一门发展迅猛的学科，因其令人振奋的显著成效，已经在电气工程、应用数学、统计学和计算机科学等领域获得高度关注。从压缩感知的概念在几年前首次提出到现在，其已经在理论以及实践上硕果累累。各种学术会议、研讨会以及专题报告一直致力发展这一日益重要的研究领域。本书首次全面介绍了这一主题，重点介绍了最近的理论进展和一系列的应用实例，并概述了许多目前还未解决的研究难题。

压缩感知为同时感知和压缩有限维向量提供了一个依赖于线性降维的框架。令人惊讶的是，它预测到所有具有稀疏表达的高维信号都可以通过有效算法，从高度不完整的测量数据中恢复。具体而言，就是假设 x 是一个长度为 n 的向量。在压缩感知理论中，我们不直接测量 x，而是通过使用一个大小为 $m \times n$ 的压缩感知矩阵 A，获取形式 $y = Ax$ 的 $m < n$ 线性测量。理想情况下，矩阵设计为能够尽可能地减少测量次数，同时又能够从其测量向量 y 中恢复这一类信号。因此，我们很愿意选择远小于 n 的 m 来测量。但这导致了矩阵 A 不满秩，意味着它具有非空零空间，同时意味着对于任意特定信号 x_0，将会有无数信号 x，产生和 x_0 相同的测量 $y = Ax = Ax_0$。为了能够实现信号恢复，我们就必须限制输入信号 x 为一类特殊的信号。

信号的稀疏性是压缩感知中最流行的信号结构。最简单的情形下，稀疏性意味着 x 只有少量的非零值。更广泛地说，当 x 以某种适当的方式表示是稀疏时，就可以应用压缩感知思想。压缩感知核心理论有个惊人的结果：如果 x（或 x 的合适表示）是 k 稀疏的，即它至多有 k 个非零元素，那么它可以通过 $y = Ax$ 使用数量级为 $k\log(n)$ 的测量 m 来恢复信号。此外，重建算法的复杂度可以是简单的多项式时间量级。并且可以证明这些算法对 x 的噪声和错误建模是鲁棒的。压缩感知的首批研究论文大多致力于分析压缩感知的矩阵 A 的理论保证，以期实现稳定的恢复并开发出高效的算法。

信号的稀疏性这一基本发现为信号处理、图像恢复和压缩算法带来了全新的方法，在本书中也列举了从压缩感知中受益的一些领域。有趣的是，压缩感知的研究领域源自于近似理论、Banach 空间理论、凸优化、框架理论、数值线性代数、随机矩阵理论以及信号处理等众多领域。数学家、计算机科学家和工程师共同努力为压缩感知理论和应用做出了卓越的贡献。这包括各种高效感知矩阵、用于稀疏恢复的快速算法、稀疏概念扩展到更一般的信号结构（包括低秩矩阵和模拟信号模型）、依赖压缩感知思想的亚奈奎斯特转换器的硬件设计，以及雷达分析、人脸识别、图像处理和生物医学成像的应用等。此外，压缩感知还有望通过利用信号结构来提高分辨率。在这些设置中有效地利用可用的自由度，可能会彻底改变许多应用，如雷达和显微镜。现在的显微学、民用和军用监视、医学成像、雷达以及其他许多应用都依赖于有效的采样，且分辨率有限。降低这些应用中的采样率并提高分辨率可以改善用户体验，增加数据传输，提高成像质量，减少曝光时间。

本书是第一本提供压缩感知全面概述的专著。本书的潜在读者可能是应用数学、计算机科学、电子工程或者相关研究领域的研究人员，也可能是寻求了解压缩感知的研究生。本书既可作为研究人员的最新参考资料，也可作为研究生的教科书。

本书包含12章，均由压缩感知领域的国际著名专家撰写，涵盖了多个主题。本书以对压缩感知的全面介绍开始，作为后面几章的背景，并设置了贯穿全书的符号。第1章不要求任何该领域的预备知识，而接下来的章节分为四部分：扩展信号模型（第2~4章），感知矩阵设计（第5、6章），恢复算法和性能保证（第7~9章），以及应用（第10~12章）。这些内容是独立的，涵盖了相关主题的最新研究成果，并且可以独立于其他内容进行阅读。下面给出每章的简要概述。

第1章全面介绍了压缩感知的基础知识。在简要的历史概述之后，本章首先讨论稀疏性和其他低维信号模型。然后，作者讨论如何从一组小规模的测量中准确地恢复高维信号的中心问题，并为各种稀疏恢复算法提供了性能保证。本章最后讨论了稀疏恢复框架的一些扩展。

第2章超越了传统的稀疏建模，并解决了协作式结构化稀疏，为稀疏表示添加了稳定性和先验信息。在结构化稀疏建模中，将字典原子分组而不是将其视为单子，并且一次选择几个组进行信号编码。然后通过协作添加更多结构，其中允许遵循相同模型的多个信号在编码中协作。作者讨论了这些模型在图像恢复和盲源分离中的应用。

第3章将压缩感知泛化为模拟信号的降速采样。它介绍了Xampling，这是一个用于低速采样和处理联合子空间信号的统一框架。整个过程倡导硬件导向的观点，解决实际制约因素，并举例说明亚奈奎斯特系统的硬件实现。在Xampling的统一框架内回顾了一些模拟压缩感知的应用，包括带有未知载波频率的多频带通信、超声成像和宽带雷达等。

第4章讨论了有限新息率（FRI）模拟信号（如来自离散测量的脉冲流）的降速采样过程。为了充分描述FRI信号，需要利用每单位时间只有少量参数的前提，用低于奈奎斯特的速率采样它们。作者提供了理论和算法的概述，以及在诸如超分辨率、雷达和超声等领域的多种应用。

第5章讨论了具有性能保证的随机压缩感知矩阵的构造。作者提供了随机矩阵理论中基本的非渐近方法和概念的概述。从几何功能分析到概率论的几个工具放在一起来分析随机矩阵的极端奇异值，这使得随机矩阵可用于压缩感知中的感知。

第6章研究了使用在整个测量过程中收集的信息自适应聚焦感应的顺序测量方案的优点。这与基于非适应性测量假设的大多数稀疏恢复的理论和方法形成对比。具体而言，作者表明当测量值被加性噪声污染时，自适应感知可能更加强大。

第7章介绍了一个统一的高维几何框架用于分析稀疏恢复中ℓ_1最小化的相变现象。该框架将研究ℓ_1最小化的相变与计算高维凸几何中的Grassmann角度相联系。作者进一步展示了这种为相关恢复方法提供了明显相变的Grassmann角度框架的广泛应用。

第8章概述了几种贪婪算法并探讨了它们的理论性质。贪婪算法非常快且易于实现，并且通常具有与凸方法相似的理论性能保证。作者详细介绍了稀疏恢复的一些主要贪婪方法，并将这些方法扩展到更一般的信号结构。

第9章概述了近期在应用图模型和消息传递算法，以解决大规模正则化回归问题方面的工作。特别关注利用ℓ_1惩罚的最小二乘法进行压缩感知重构。作者讨论了如何导出快速近似的消息传递算法来解决这个问题，并展示了如何通过分析这种算法来证明精确的高维极限结果的恢复误差。

第 10 章讨论了在压缩领域直接进行学习的压缩学习。作者提供了严格的界限以证明测量域中的线性核 SVM 分类器有很大可能与数据域中最佳线性阈值分类器有接近的准确度。这一章还展示了应用于飞行上的著名压缩感知矩阵族的压缩学习。然后，作者展示了在纹理分析情景下的结果。

第 11 章概述了通过稀疏表示进行数据分离的方法。作者讨论了在由两种或以上形态/不同成分的组成中使用稀疏性。核心思想是选择由不同框架构成的过完备表示，每个框架都需提供每一个待提取成分的稀疏扩展，然后将成分之间的形态差异编码为允许使用压缩感知算法分离框架的非相干条件。

第 12 章将压缩感知应用于人脸识别的经典问题。作者考虑了在现实世界中干扰识别人脸的问题，如遮挡、姿态和光照的变化等，提出了一种方法，其主要思想是使用来自单个主题类别的少量训练图像来解释任何搜索图像。然后将这个核心思想推广到解决人脸识别时遇到的各种物理变化中。作者展示了由此方法产生的系统如何能够高精度地从数百个对象数据库中准确识别出对象。

原书作者名单

Zvika Ben – Haim（以色列理工学院）
Thomas Blumensath（英国牛津大学）
Robert Calderbank（美国杜克大学）
Alexey Castrodad（美国明尼苏达大学）
Mark A. Davenport（美国斯坦福大学）
Michael E. Davies（英国爱丁堡大学）
Pier Luigi Dragotti（英国帝国理工学院）
Marco F. Duarte（美国杜克大学）
Yonina C. Eldar（以色列理工学院）
Arvind Ganesh（美国伊利诺伊大学）
Babak Hassibi（美国加州理工学院）
Jarvis Haupt（美国明尼苏达大学）
Sina Jafarpour（美国普林斯顿大学）
Gitta Kutyniok（德国柏林理工大学）
Yi Ma（中国微软亚洲研究院）
Moshe Mishali（以色列理工学院）
Andrea Montanari（美国斯坦福大学）
Robert Nowak（美国威斯康星大学）
Ignacio Ramirez（美国明尼苏达大学）
Gabriel Rilling（英国爱丁堡大学）
Guillermo Sapiro（美国明尼苏达大学）
Pablo Sprechmann（美国明尼苏达大学）
Jose Antonio Urigüen（英国帝国理工学院）
Roman Vershynin（美国密歇根大学）
Andrew Wagner（美国伊利诺伊大学）
John Wright（中国微软亚洲研究院）
Weiyu Xu（美国康奈尔大学）
Allen Y. Yang（美国加州大学伯克利分校）
Guoshen Yu（美国明尼苏达大学）
Zihan Zhou（美国伊利诺伊大学）

目 录

第 1 章 压缩感知简介

Mark A. Davenport, Marco F. Duarte, Yonina C. Eldar, Gitta Kutyniok

压缩感知（Compressed Sensing, CS）是一个令人振奋、快速成长的领域，被广泛用于信号处理、统计学、计算机科学及更广泛的科学领域。自从其在几年前被初次提出以来，成千上万的文章出现在这一领域，而且举办了很多专门针对这一主题的学术会议、研讨会及特别会议。本章将回顾一些有关压缩感知的基础理论。本章可以作为新入门压缩感知领域的读者的一个综述或者已在这个领域的科研人员的一个参考。本章主要集中在有限维稀疏重构的理论和算法。在本书其余的章节，我们将看到在本章中给出的基础知识被推广和拓展到很多方向，包括在模拟信号和时间离散信号中描述结构信息的新模型、新感知矩阵的设计技术等，也将看到更多漂亮的重建结果和新的重建算法，以及基础理论及其扩展的新兴应用。

1.1 引言

我们正处于一场数字革命中，这场数字革命推动了各种新型高保真高分辨感知系统的发展和应用。这场革命的理论基础是 Kotelnikov、Nyquist、Shannon 和 Whittaker 等人在时间连续带限信号采样方面的开创性工作[162,195,209,247]。他们的结论论证了当采样频率满足“奈奎斯特采样率”即感兴趣信号的最高频率的两倍时，信号、图像、视频和其他数据可以从均匀间隔采样中准确恢复。基于这个发现，很多信号处理已经从模拟转向了数字领域，搭上了摩尔定律的浪潮。数字化使得感知和处理系统更加健壮、灵活、便宜，而且与它的模拟部分比起来有更广泛的应用。

由于数字化的成功，从感知系统中产生的数据已经由涓涓细流发展成了更大的洪流。不幸的是，在许多重要和新兴的应用中，奈奎斯特采样率太高，以至于我们不得不采集太多的样本。相应地，制造能够以这样的采样率获得样本的设备可能太昂贵甚至是无法实现的[146,241]。所以，尽管在计算能力上有了非凡的进步，获取和处理图像、视频、医学成像、远程监控、光谱和基因组数据分析等应用领域的信号仍然是个巨大的挑战。

为了解决处理此类高维数据在逻辑及计算上的挑战，我们通常采取压缩的方法。该方法的目的是找到信号一个最简洁的表示，且该表示的失真是能够接受的。信号压缩中一种最流行的技术是变换域编码。它依赖于能否找到感兴趣信号的稀疏或者可压缩表示的一个基或者框架[31,77,106]。稀疏指的是当信号长度为 n 时，可以表示为 $k \ll n$ 的非零系数；压缩指的是信号可以被只有 k 个非零系数的信号很好地逼近。稀疏和压缩的信号都可以通过只保留该信号一些最大系数的值和位置被高保真地表示。这个过程被称为“稀疏近似”，也就构成了利用信号的稀疏性和可压缩性进行变换编码机制的基础，包括 JPEG、JPEG2000、MPEG 及 MP3 标准。

利用变换域编码的技术，压缩感知已经成为信号采集和传感器设计的新框架，它使得具有稀疏和压缩表示特性的信号的采样和计算成本大大降低。奈奎斯特－香农采样定理指出，为了完美获取任意的带限信号，则需要特定的最小数量的样本，但当信号是已知的稀疏时，则可以显著降低所需要采样数量，从而降低数据存储。因此，在感知稀疏信号时，我们可以比传统方法得到更好的结果，比如在保证信号恢复质量的同时减少采样数量。压缩感知背后的基本理念是，我们倾向于找出直接从压缩格式中感知数据的方法，即使用一个更低的采样率，而不是先用一个高采样率采样然后压缩采样数据。Candes、Romberg、Tao 及 Donoho 等人在压缩感知领域做出了许多显著的工作，他们指出一个具有稀疏表示或者可压缩表示的有限维度信号可由少量线性的、非自适应的测量重建[3,33,40-42,44,82]。这些测量方案的设计，以及测量方案在实际数据模型和采集系统的扩展，是压缩感知领域中的一个主要挑战。

尽管压缩感知近年才被广泛用于信号处理领域，但其最初源头可追溯到18世纪。早在1795年，Prony 等人给出了估计参数的一个算法：在噪声存在的条件下，通过一小部分的复指数采样获得参数[201]。接下来的一个理论发展阶段是20世纪早期，Caratheodory 等人指出，任何 k 个正弦曲线的正线性组合都由其在 $t=0$ 处的值和在任何其他 $2k$ 个时间点的值唯一确定[46,47]。当 k 很小且可能的频率范围很大时，这代表样本远远少于奈奎斯特样本的数量。在20世纪90年代，这项工作由 George、Gorodnitsky 和 Rao 等人推广，他们研究了生物磁成像和其他背景下的稀疏性[134-136,202]。同时，Bresler、Feng 和 Venkatamani 提出了一种采样方案，用于在可能的频谱支持的限制下，获得由具有非零带宽的 k 个分量组成的某些类别的信号（与纯正弦波相反），尽管一般不保证精确恢复[29,117,118,237]。在21世纪早期，Blu、Marziliano 和 Vetterli 等给出了一类参数化信号的采样方法，这些信号仅有 k 个参数，他们指出这些信号可以由从仅仅 $2k$ 个采样中采样和恢复[239]。

另一个与部分观测量重建信号相关的问题就是傅里叶变换。Beurling 提出了针对这些观察值的外插值方法，来确定它们完整的傅里叶变换系数[22]。若一个信号是由有限个脉冲组成，那么 Beuiling 的方法可以从任意足够大的傅里叶变换系数重建出完整的傅里叶变换。他的方法——用来在所有信号中通过获得傅里叶观测值寻找最小的 ℓ_1 范数——为在压缩感知中使用的一些算法给出了合理的解释。

最近，Candès、Romberg、Tao[33,40-42,44] 及 Donoho[82] 等人指出若一个信号有稀疏表示，那么它可由一系列线性的、非自适应的观测量精确重建。这个结果表明通过比较少的观测量就可将信号稀疏感知表示，这也是压缩感知的名字由来。然而，注意到，压缩感知与其他经典的采样方式有三个重要的不同。第一，采样理论通常考虑无限长、连续的信号。压缩感知关注有限维向量，压缩感知是一种数学理论方法。第二，对比在特定的时间点采样信号，压缩感知则是通过信号间的内积或者更一般地通过检验函数来获得观测量。事实上这是现代采样理论的一个中心思想，类似于通过线性观测量来获得信号[113,230]。纵观本书，我们将看到随机性在设计这些检验函数的过程中起着非常重要的作用。第三，两种框架在处理信号重建的方式不一样，即从压缩观测量中重建出原始的信号的方式不一样。奈奎斯特－香农采样框架下的信号重建是由 sinc 函数插值获得的——一个只需要简单插值和很少计算量的线性过程。而压缩感知的信号重建是一个典型的运用非线性方法的过程㊀。关于这些技术的概述，见1.6节及参考文献［226］中的介绍。

㊀ 值得注意的是，最近的研究表明，当采样机制是非线性时，非线性方法也可以应用于传统的采样环境中。——原书注

压缩感知对一些应用有着显著的影响。比如在医学影像方面[178-180,227]，它在保持影像诊断质量的前提下大大加快了儿科的磁共振成像速度。另外，通过对压缩感知这一框架的广泛研究，其实际应用领域显著增加，包括子奈奎斯特采样系统[125,126,186-188,219,224,225,228]、压缩图像结构[99,184,205]及压缩感知网络[7,72,141]等。

本书的目的是给出压缩感知领域近年出现的一些重要成果的综述。本书的大部分章节的许多成果和思想，都基于压缩感知的基本概念。由于本书更注重压缩感知的一些最新理论和成果，我们在本章中给出本书剩余部分中将会用到的一些压缩感知的基本理论。本章的目标是回顾一些压缩感知基本的技术。首先给出一些相关数学理论工具的回顾，然后回顾一些压缩感知中常用到的低维模型，最后重点给出在有限维空间的稀疏重建的理论和算法。为了更全面地实现我们的目的，我们不仅给出了一些基本介绍，也回顾了在压缩感知中的一些理论基础，以加深读者的理解，在本章附录中我们还给出了相关定理及引理的证明。

1.2　向量空间综述

信号处理的大部分历史，都是重点关注产生信号的物理系统的历史。大多数自然的或人工的系统均可表现为线性模型。自然地，设计信号模型就以完善这些线性模型为目标。这一观念已经被纳入现代信号处理系统，通过将信号模型看作是一些适当向量空间里的向量来体现。通过这种方式，我们一般都能获得到所想要的线性结构，也就是说，如果我们将两个信号相加，我们就可以获得一个具有新物理意义的信号。而且，向量空间允许我们使用三维空间$\mathbb{R}^3$里的直观知识及工具，例如用长度、距离及角度来描述及对比我们感兴趣的信号。这些对于高维信号或者无穷空间情形都是很用的。本书假设读者对于向量空间已有一定的了解。我们马上要回顾一些在压缩感知理论中常用到的关于向量空间的重要概念。

1.2.1　赋范向量空间

纵观本书，我们将信号作为实值函数，这些函数的值域为连续或者离散，为有限或者无限，这些特性在后面的章节中将会根据需求具体定义。这里我们重点关心赋范向量空间，即向量空间被赋予了一个规范。

在有限空间离散域内，我们可以视信号为 n 维欧几里得空间里的向量，记为$\mathbb{R}^n$。当处理$\mathbb{R}^n$中的向量时，我们将常用到如下定义的范数 ℓ_p，其中 $p\in[1,\infty]$：

$$\|x\|_p=\begin{cases}\left(\sum_{i=1}^{n}|x_i|^p\right)^{\frac{1}{p}}, & p\in[1,\infty)\\ \max\limits_{i=1,2,\cdots,n}|x_i|, & p=\infty\end{cases} \tag{1.1}$$

在欧几里得空间$\mathbb{R}^n$中还可考虑标准内积，记为

$$\langle x,z\rangle=z^{\mathrm{T}}x=\sum_{i=1}^{n}x_iz_i$$

ℓ_2 内积定义为

$$\|x\|_2=\sqrt{\langle x,\ x\rangle}$$

在一些文献中也常将范数 ℓ_p 推广到 $p<1$ 的情形。此时，定义于式（1.1）中的“范数”将

不满足三角不等式，故实际上称之为拟范数。我们也常用到如下记号：$\|x\|_0 := |\mathrm{supp}(x)|$，这里 $\mathrm{supp}(x)=\{i: x_i \neq 0\}$ 表示 x 的支集，且 $|\mathrm{supp}(x)|$ 表示 $\mathrm{supp}(x)$ 的基数。注意到 $\|\cdot\|_0$ 连拟范数都不是，但是可看出

$$\lim_{p\to 0}\|x\|_p^p = |\mathrm{supp}(x)|$$

（拟）范数 ℓ_p 对于不同的 p 具有不同的性质。为了说明这一事实，在图 1.1 中给出了单位球面，即 $\{x: \|x\|_p = 1\}$ 的图。

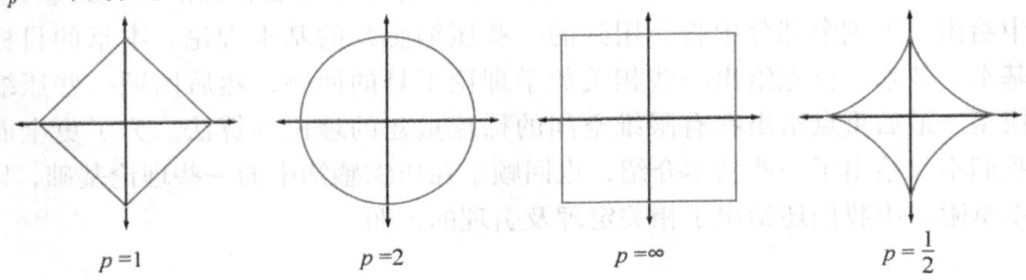

图 1.1 $\mathbb{R}^2$ 中的单位球面，范数 $\ell_p(p=1,2,\infty)$ 及拟范数 $\ell_p\left(p=\frac{1}{2}\right)$

我们经常用范数来度量信号的强度或者误差大小。例如，假如我们给定一个信号 $x\in\mathbb{R}^2$，而且希望在一维仿射空间 A 中找到一个点来近似它。如果我们将近似误差以范数 ℓ_p 来度量的话，那么我们的任务就是找到一个 $\hat{x}\in A$ 使得 $\|x-\hat{x}\|_p$ 最小化。p 的选取将很大程度上影响近似误差的属性。图 1.2 中给出了一个例子。当使用范数 ℓ_p 时，为了在 A 中找到最近似于 x 的一个点，我们可以假设以 x 为中心开始生成一个 ℓ_p 球面直到它与 A 相交。这个相接点就是在范数 ℓ_p 意义下最接近于 x 的一个点 $\hat{x}\in A$。我们观察到更大的 p 使得两个系数间的误差扩散得更均匀，而小的 p 使得这个误差扩散得均匀且倾向于更稀疏。这一观点也可扩展到更高维空间，且在压缩感知理论发展中起了很大作用。

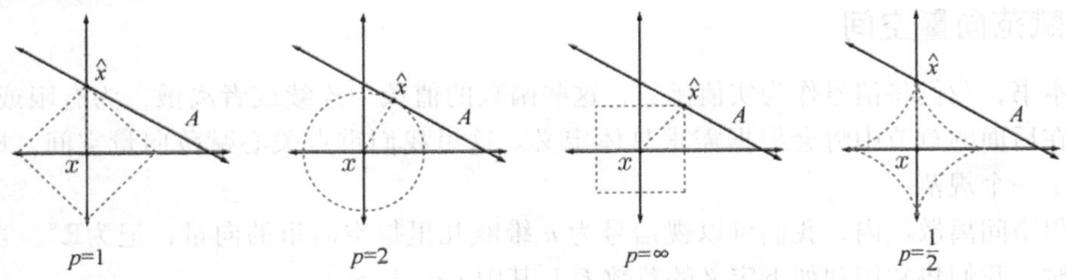

图 1.2 $\mathbb{R}^2$ 空间中一个点在一维子空间中的最好近似，利用范数 $\ell_p(p=1,2,\infty)$ 及拟范数 $\ell_p\left(p=\frac{1}{2}\right)$ 来近似

1.2.2 基底和框架

集合 $\{\phi_i\}_{i=1}^n$ 被称为是 $\mathbb{R}^n$ 的基底，当这些向量可以扩张成为空间 $\mathbb{R}^n$ 且互相线性无关㊀。也就是说，在空间中的每一个向量都可唯一表示为这些基底的线性组合。特别地，对任意的 $x\in\mathbb{R}^n$ 存

㊀ 在任意 n 维向量空间，一个基底由 n 个向量构成。少于 n 个的向量将不能扩张成整个空间，并需保证加入的向量是线性无关的。——原书注

在唯一的系数$\{c_i\}_{i=1}^n$使得

$$x = \sum_{i=1}^{n} c_i\phi_i$$

注意，如果我们使用Φ记为以ϕ_i为列生成的$n \times n$阶矩阵，且用c表示长度为n、元素为c_i的向量，那么上面的表达式可重新写为

$$x = \Phi c$$

一种比较重要且特别的基底是正交基，其定义为一组满足下列条件的向量$\{\phi_i\}_{i=1}^n$：

$$\langle \phi_i, \phi_j \rangle = \begin{cases} 1, & i = j \\ 0, & i \neq j \end{cases}$$

正交基有一个好处是向量系数c可由下式直接得出：

$$c_i = \langle x, \phi_i \rangle$$

或者

$$c = \Phi^{\mathrm{T}} x$$

这是因为矩阵Φ的列之间是正交的，即$\Phi^{\mathrm{T}}\Phi = I$，这里$I$记为$n \times n$阶单位矩阵。

实际上通常允许线性相关的向量来定义基底，这种基底产生了一个框架[48,55,65,163,164,182]。更一般地，一个框架是空间$\mathbb{R}^d$，$d < n$里的一组向量$\{\phi_i\}_{i=1}^n$，构成一个矩阵$\Phi \in \mathbb{R}^{d \times n}$，使得对任意的向量$x \in \mathbb{R}^d$，有

$$A \|x\|_2^2 \leqslant \|\Phi^{\mathrm{T}} x\|_2^2 \leqslant B \|x\|_2^2$$

这里$0 < A \leqslant B < \infty$。注意，条件$A > 0$暗含矩阵$\Phi$的行必须是线性无关的。当取$A$为尽可能大的值，$B$为尽可能小的值使得不等式成立时，可称它们为（最优）框架边界。如果A和B取为$A = B$，那么框架就被称为A紧的，如果$A = B = 1$，则Φ是 Paseval 框架。一个框架被称为等范数，当存在一些常数$\lambda > 0$使得$\|\phi_i\|_2 = \lambda$，对所有的$i = 1, \cdots, n$成立，当$\lambda = 1$，它被称为单位范数。注意，框架的定义更为通用，而且可在无限维度空间中有定义，这时Φ是一个$d \times n$阶矩阵，A和B也相应地分别定义为$\Phi\Phi^{\mathrm{T}}$的最小和最大特征值。

由于框架的冗余性，框架可用来更丰富地表示数据：对于一个给定的信号x，存在无限多的系数向量c使得$x = \Phi c$。为了获得一组可行的系数，我们开拓一个对偶框架$\widetilde{\Phi}$，当任意框架满足

$$\Phi \widetilde{\Phi}^{\mathrm{T}} = \widetilde{\Phi} \Phi^{\mathrm{T}} = I$$

$\widetilde{\Phi}$就被称为对偶框架。当$\widetilde{\Phi} = (\Phi\Phi^{\mathrm{T}})^{-1}\Phi$，$\widetilde{\Phi}$被称为规范对偶框架。注意，由于$A > 0$需要矩阵$\Phi$的行必须是线性无关的，这就保证了$\Phi\Phi^{\mathrm{T}}$是可逆的，那么$\widetilde{\Phi}$的定义是有意义的。因此，一种可得到可行的系数的方法是

$$c_d = \widetilde{\Phi}^{\mathrm{T}} x = \Phi^{\mathrm{T}} (\Phi\Phi^{\mathrm{T}})^{-1} x$$

可以证明这一序列是ℓ_2范数意义下的最小系数序列，也就是说，对所有$x = \Phi c$中的c有$\|c_d\|_2 \leqslant \|c\|_2$。

最后，注意，文献中的稀疏近似，通常也取基底或者框架为一个字典或者过完备的字典，这里字典的元素被称为原子。

1.3　低维信号模型

作为信号处理的核心，信息处理过程主要关注于有效的算法用来从不同信号或数据中获取、

处理及抽取有用信息。对于一个特别的问题，为了设计这些算法，我们必须有感兴趣的信号的精确模型。这些可取生成模型、确定性类或贝叶斯概率模型的形式。一般地，模型是用于引入先验知识将感兴趣或可信的信号从不感兴趣或不可信的信号中区分开来。这将有效且精确地帮助获取、处理、压缩及传播数据和信息。

由之前的引言可知，大多数的经典信号处理都基于可将一个信号表示为适当空间（或子空间）里的向量。很大程度地，任何可能的向量都是一个有效信号的这一概念，驱动了我们对所需采样和处理的数据维度的探索。然而，对于如今现有的大多数信号种类，只有简单的线性模型难以捕捉到信号的大部分结构信息——尽管将信号表示为向量是合理的，但大多数情况是，并不是所有的空间里的向量都能表示为有效的信号。对这些挑战，近年来在众多领域中引起了很大的兴趣，因此出现了许多低维信号模型可用来量化高维信号模型的自由度，这些自由度往往比高维信号本身的自由度小很多。

在本节中，我们简单回顾一下在压缩感知领域中遇到的常用低维结构。我们开始于对有限信号的传统稀疏模型，然后接着讨论对于更一般的无限维信号的解决方法。另外，我们还简单介绍了低秩矩阵和流形模型，并讨论了一些压缩感知与其他相关问题的有趣的联系。

1.3.1 稀疏模型

信号常可被少数元素的线性组合很好地近似，这些元素往往来自于一个已知的基底或者字典。如果这些表示是精确的，我们称信号是稀疏的。稀疏信号模型提供了一个可捕获大多数高维信号中包含少量信号的数学框架。稀疏度可以看成是众多可描述信号的指标中最简单的选择之一。

1. 稀疏度和非线性近似

数学上来讲，我们说一个信号 x 是 k 稀疏的，如果这个信号只有最多 k 个非零元素，即 $\|x\|_0 \leqslant k$。记

$$\sum_k = \{x: \|x\|_0 \leqslant k\}$$

为所有 k 稀疏的信号集合。特别地，当我们处理非稀疏的信号时，这些信号往往可在一组基底 Φ 表示为稀疏。此时，我们还是称 x 是 k 稀疏的，只不过把 x 表示为 $x=\Phi c$，这里 $\|c\|_0 \leqslant k$。

稀疏度这一概念已在信息处理和近似理论中采用很久，主要用来压缩[77,199,125]、降噪[80]，及在统计和学习理论中，作为避免过拟合的标准[234]。稀疏度也被用在统计估计理论及模型选择中[139,218]、用在人类视觉系统的学习中[196]、用在大多数的图像处理任务中[182]，因为对于自然图像多尺度小波变换可提供近似稀疏表示。图1.3就给出了一个示例。

作为稀疏模型的一个经典例子，我们考虑图像压缩和图像降噪的问题。大多数的自然图像都可由大部分平滑或者纹理区域来描述，且只有相对很少的锐利边缘。具有这种结构的信号在多尺度小波变换下可以表示为近似稀疏的。小波变换将图像信号转化为高频和低频部分。最低频的部分给出了图像的一个粗略尺度近似，然而高频部分就填充了图像的细节部分。当我们计算一幅自然图像的小波系数时，由图1.3也可看出，大多数的系数都是非常小的。因此，我们可

a)

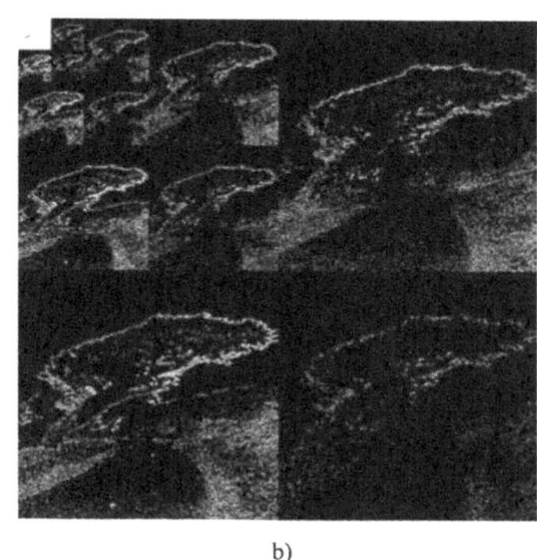

b)

图 1.3　基于多尺度稀疏变换的图像的稀疏表示。a）原图，b）小波表示。大系数表示为较亮的像素，而小系数表示为较暗的像素。请注意，大多数的小波系数都接近于零

以将小系数部分设为零，可以得到图像的一个近似表示，或者给系数设一个阈值，得到一个 k 稀疏的表示。当用 ℓ_p 范数来度量近似误差时，这一过程就产生了对于原始信号的一个最优解 k 近似问题，即信号的最优近似解只用 k 个基底表示㊀。

图 1.4 给出了一幅图像及其最优 k 近似图。这是非线性近似的核心[77]。之所以是非线性的，主要是因为在近似中选取的系数是依赖于信号本身的。相似地，假设自然图像的稀疏小波变换是已知的，同样的阈值处理方式可以有效地抑制一些常见的噪声类型，这些噪声通常是没有稀疏小波变换表示的[80]。

2. 稀疏信号的几何表示

稀疏度是一个高度非线性模型，因为字典元素的选取是可以从信号变化到信号的[77]。这是因为当给定一对 k 稀疏的信号时，两个信号的一个线性组合并不再是 k 稀疏的了，因为它们的稀疏度并不相同。故对任意的 x，$z \in \Sigma_k$，我们并不再成立 $x+z \in \Sigma_k$（尽管还成立 $x+z \in \Sigma_{2k}$）。图 1.5 说明了此事实，图中表明 Σ_2 包含于$\mathbb{R}^3$，也就是说，对所有的 2 稀疏的信号都包含于$\mathbb{R}^3$。

稀疏信号 Σ_k 的集合并不能形成一个线性空间，这一线性空间由所有的$\binom{n}{k}$典范基子空间集合组成。在图 1.5 中，只含有$\binom{3}{2}=3$ 个可能的子空间，但是对于大的值 n 和 k，我们必须考虑更多可能的子空间。这些对于在后面 1.5 节和 1.6 节中要描述的稀疏近似和稀疏恢复算法是有意义的。

3. 压缩信号

在实际中，有一个重要事实，就是真实世界中的信号只有小数是真实稀疏的；然后它们是可

㊀ 阈值产生的信号的最优 k 阶近似是相对于正交基的。当使用冗余的框架时，我们必须依赖于类似在 1.6 节中描述的稀疏近似算法。——原书注

a)

b)

图 1.4 一幅自然图像的稀疏近似。a）原图，b）保留了最大 10% 小波系数部分的图像的近似

压缩的，意思就是这些信号可以由稀疏信号很好地近似。这些信号可通过各种各样的方法被压缩、近似稀疏或者相对稀疏。可压缩信号可通过由少部分主要成分张成的空间中的稀疏信号近似[139]。事实上，我们可以通过计算用 $\hat{x}\in\Sigma_k$ 近似信号 x 过程中产生的误差来量化可压缩性：

$$\sigma_k(x)_p=\min_{\hat{x}\in\Sigma_k}\|x-\hat{x}\|_p \tag{1.2}$$

如果 $x\in\Sigma_k$，那么明显地，对任意的 p，有 $\sigma_k(x)_p=0$。另外，可以简单地推出由上面所说的阈值策略（只保留 k 个最大的系数）可得到在 ℓ_p 范数定义下的如式（1.2）中的最优近似。

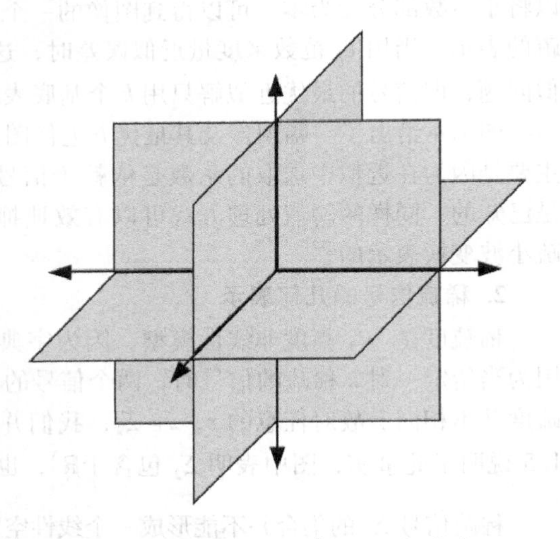

图 1.5 定义于 $\Sigma_2\subset\mathbb{R}^3$ 的子空间集合，即所有的 2 稀疏的信号都包含于 $\mathbb{R}^3$

另外一种可压缩信号的方法是从它们系数的衰减率入手。对于很多重要的信号类别，都存在一些基底使得它们系数服从指数衰减，这种情况下的信号就是高度可压缩的。特别地，如果将 $x=\Phi c$ 的系数排列成 $|c_1|\geqslant|c_2|\geqslant\cdots\geqslant|c_n|$，那么如果存在常数 C_1，$q>0$ 使得

$$|c_i|\leqslant C_1 i^{-q}$$

成立，我们就说系数是服从指数衰减的。q 越大，表示衰减越快，然后信号越是可压缩的。由于系数衰减得特别快，所以可压缩信号可以由 $k\ll n$ 个系数精确表示。特别地，对这种信号，存在

依赖于 C_1 和 q 常数 C_2，$r>0$，使得

$$\sigma_k(x)_2 \leqslant C_2 k^{-r}$$

事实上，可以证明 $\sigma_k(x)2$ 是以 k^{-r} 倍衰减的当且仅当将系数 c_i 衰减排列为 $i^{-r+1/2}$[77]。

1.3.2 子空间的有限集合

在某些应用中，信号的结构并不能只由稀疏度来完全表示。例如，当信号中只允许某些特定的稀疏支集形式存在时，可能在某些约束形式下可以得到更简单的信号模型。我们在下面列出一些例子，更多的关于结构稀疏度的详细描述可参见第2章和第8章。

- 对于分片平滑的信号和图像，小波变换中占主导地位的系数倾向于集群为连接在父子二叉树的根子树[79,103,104,167,168]。

- 在诸如监督或者神经记录的一些应用中，系数可能出现聚集在一起，或者相互间隔[49,50,147]。更详细的内容可参见第11章。

- 当多种稀疏信号被同时记录时，它们的支集可能依据相应的感知环境的性质而相关[7,63,76,114,121,185]。一种可能的结构就是产生多种测量向量问题。更详细的内容可参见1.7节。

- 一些特定情形下，稀疏信号的小部分成分并不相应于向量（矩阵 Φ 的列），却与一些特殊子空间中的一些点相对应。如果我们对于这样一些子空间通过连接基底构造一个框架，那么信号的非零系数可表现为在一些已知位置的块状结构[27,112,114]。可参见第3、11、12章获得更详细的介绍和应用。

这些额外结构的例子可以通过将可行信号的支集限定在 k 稀疏信号的可能的 $\binom{n}{k}$ 个非零元素选择中。这些模型通常被看成是结构化的稀疏模型[4,25,102,114,177]。在非零系数出现在集群的情况，结构可由一系列稀疏的子空间集合描述[102,114]。结构化的稀疏模型和子空间集合模型将稀疏度的定义扩展到了更宽的角度，包含了更多的信号，包括有限维和无限维的表示。

为了定义这些模型，回顾典范稀疏信号，集合 Σ_k 由典范子空间 $\mathcal{U}_i$ 构成。例如，对于图1.5，描述了 $n=3$，$k=2$ 的情形。对于选择更一般情形的 $\mathcal{U}_i$，感兴趣的信号可以产生更多的表现形式。特别地，假定 x 存在于 M 个可能的子空间 $\mathcal{U}_1$，$\mathcal{U}_2$，…，$\mathcal{U}_M$，可知 x 也存在于 M 个子空间的集合[114,177]：

$$x \in \mathcal{U} = \bigcup_{i=1}^{M} \mathcal{U}_i$$

值得注意的是，和一般稀疏集合一样，集合模型也是非线性的：来自于同一个集合 $\mathcal{U}$ 的两个信号的和一般不再属于 $\mathcal{U}$。这种信号的非线性行为使得对于这些模型的任何处理过程变得更加复杂。因此，考虑到复杂性，相对于试图使用统一的方式处理这些集合，我们更关注于处理一些特别类别的集合模型。

当子空间是由有限个集合组成且这些子空间都是有限维时，可产生最简单类的集合模型。我们称这种模型为有限维集合子空间模型。在有限维的框架下，我们重新认识一下在上面描述过的两种模型：

- 结构稀疏模型：这类模型由稀疏向量构成，给这些稀疏向量的支集加了一定的约束条件[4]。

- 稀疏子空间集合模型：这类模型由一些子空间$\mathcal{U}_i$中的向量构成，每一个子空间都由k个低维的子空间直接求和而得

$$\mathcal{U}_i = \bigoplus_{j=1}^{k} \mathcal{A}_{ij} \tag{1.3}$$

式中，$\{\mathcal{A}_i\}$都是一些给定的维数为$\dim(\mathcal{A}_i)=d_i$的子空间。这种框架可通过假设$\mathcal{A}_j$为由j个典范向量基张成的一维子空间来表示标准的稀疏模型。可以得出这种模型导致了块状稀疏，在块状里的向量为零，其他地方的向量非零[112]。

这两种情形可联合起来使用，允许k个子空间的和为集合$\mathcal{U}$的一部分。两种模型都可用来减少采样速率且允许将压缩感知应用于更多类型的信号。

1.3.3 模拟信号模型的子空间集合

压缩感知的一个基本动机就是对于连续时间、模拟信号或者图像设计新的感知系统。相比之下，上面描述的有限维稀疏模型本质上假设信号x是离散的。有时候可借用中间离散描述将这个模型推广到连续时间信号。比如，一个有限带宽、周期信号可由一个由奈奎斯特采样得到的有限维长度的向量所表示。然后，更有用的做法是将子空间集合模型的稀疏度定义推广到模拟信号上[97,109,114,125,186-188,239]。处于子奈奎斯特采样的两个更广泛的框架是Xampling和有限新息率，分别在第3章和第4章中讨论。

一般地，当考虑将子空间集合使用到模拟信号上时，三种情形将会被考虑（在第3章将会详细描述）[102]：

- 无限维空间的有限集合。
- 有限维空间的无限集合。
- 无限维空间的无限集合。

在以上三种的每一种情况中，都允许有一个元素是无限维的，这就是我们可用来考虑用到模拟信号的原因：子空间是无限维的，或者子空间的个数是无限的。

有许多广为人知的模拟信号可表示为子空间集合的例子。比如，一种重要的信号类型就是多波段信号，它可表示为无限维空间的有限集合[109]。在这种模型中，模拟信号由有限个多波段的信号和构成，这些信号的组成成分有一个相对小的带宽，但是却分布在相对大的频率域内[117,118,186,237,238]。这类信号的子奈奎斯特恢复技术可在参考文献［186-188］中找到。

另一个信号类型的例子就是这类信号可表示为子空间的集合，这些信号类型有一定的有限新息率[97,239]。这些相应于有限维子空间的无限或有限集合的模型取决于具体的结构[19,125,126]，且可描述许多具有小自由度的普通信号。在这种情况下，每个子空间对应于一个特定参数的选取，这些参数值有可能是无限维的，故由这些模型张成的子空间也是无限维的。我们的最终目标是为了减少采样频率而开发出有用的结构；更多详细的描述可参见第3章和第4章。在第3章中将看到，依赖于子空间模型的模拟命令，可以设计出有效的硬件，以子奈奎斯特采样频率来采样模拟信号，这将从理论到实践上推动压缩感知的模拟框架。

1.3.4 低秩矩阵模型

另一种与稀疏度密切相关的模型是一组低秩矩阵：

$$\mathcal{L} = \{M \in \mathbb{R}^{n_1 \times n_2} : \mathrm{rank}(M) \leqslant r\}$$

集合$\mathcal{L}$由一组矩阵构成，使得$M = \sum_{k=1}^{r} \sigma_k u_k v_k^*$，其中$\sigma_1$，$\sigma_2$，…，$\sigma_r \geqslant 0$为非零奇异值，且$u_1$，$u_2$，…，$u_r \in \mathbb{R}^{n_1}$，$v_1$，$v_2$，…，$v_r \in \mathbb{R}^{n_2}$为相应的特征向量。相对于限制用于构造信号的元素数量，我们更倾向于限制非零奇异值的数量。通过计算在奇异值分解下的自由参数的个数，可以看出集合$\mathcal{L}$的自由度为$r(n_1+n_2-r)$。对于小的r值，这个自由度是小于矩阵的元素数量$n_1 n_2$的。低秩矩阵产生于各种各样的实践假设中。例如，低秩（Hankle）矩阵相应于低阶线性、时间平衡不变系统[198]。在许多数据嵌入问题中，诸如传感定位，配对距离矩阵的秩一般为2或3[172,212]。最后，近似低秩矩阵自然地产生在协同过滤系统的背景中，诸如著名的Netflix推荐系统[132]和矩阵完成的相关问题，这里低秩矩阵由它们的元素的小部分采样重建而得[39,151,204]。然而我们并不深入地关注于矩阵完成或者低秩矩阵的重建问题，我们注意到无论从理论还是算法角度[36,38,161,203]来看，本书中的许多概念及使用到的工具与这些领域是密切相关的。

1.3.5　流形和参数模型

参数或者流形模型形成了另一种更一般的低维信号模型类。这些模型产生于①k维连续值参数θ可由信号的相关信息获得；②信号$f(\theta) \in \mathbb{R}^n$作为这些参数的连续（特别是非线性的）函数而变化。典型的例子包括有一维信号随着未知时间的衰减而变化（由翻译变量参数化）、记录的语音信号（由基本音素参数化）及在未知位置由未知视角捕获到的三维图像信号（由物体的三维坐标和滚动、俯仰、偏航参数化）[90,176,240]。在这些或者其余更多情形，信号类形成了一个$\mathbb{R}^n$中非线性k维流形，即

$$\mathcal{M} = \{f(\theta) : \theta \in \Theta\}$$

式中，Θ是一个k维参数空间。对于图像处理的基于流形的方法引起了相当大的关注，特别是在机器学习领域。这些方法可用在不同的应用中，包括数字可视化，信号分类及检测，参数估计，系统控制，聚类及机器学习[14,15,58,61,89,193,217,240,244]。低维流形也被用作非参数信号类，诸如人脸识别及手写数字的近似模型[30,150,229]。

流形模型与上面提到的所有模型都密切相关。比如，一组信号x使得$\|x\|_0 = k$形成了一个k维黎曼流形。类似地，一组秩为r的$n_1 \times n_2$阶矩阵形成了一个$r(n_1+n_2-r)$的黎曼流形[233]㊀。

本书中大部分的信号模型都与流形密切相关。比如，第3章中的子空间集合模型，第4章中的有限新息率模型，及第11章中的连续介质模型都可看成是流形模型的种类。然而，低维流形与压缩感知中的一些重要结果有密切的关系。特别地，压缩感知中的许多随机感知矩阵都可看成是低维流形中的保留结构[6]。详情和进一步的应用见参考文献［6，71，72，101］。

1.4　感知矩阵

为了更具体的讨论，在本章的剩余部分，我们主要关注标准的有限维压缩感知模型。特别

㊀ 注意，当我们允许信号的稀疏度小于或者等于k时，或者矩阵的秩小于或者等于k时，这些组合将不再满足拓扑流形特定的技术需要（由于这里稀疏度/秩的行为已经改变了）。然而，在本书背景下，流形观点还是有用的。——原书注

地，给定一个信号 $x \in \mathbb{R}^n$，我们考虑获得 m 个线性测量的测量系统。从数学意义上可将这一描述表示为

$$y = Ax \tag{1.4}$$

式中，A 是一个 $m \times n$ 阶矩阵，且 $y \in \mathbb{R}^m$。矩阵 A 表示一个降维矩阵，即它将$\mathbb{R}^n$映射到$\mathbb{R}^m$，这里 n 一般远大于 m。注意到在标准的压缩理论框架下，我们通常假设测量值是非自适应的，意思就是说A 的行是提前固定的，不依赖于之前获得的观测量。在一些自适应观测量格式的设定下，可得到更具良好表现的结果。更详细的讨论可参见第 6 章。

由前面讨论可知，尽管标准的压缩感知理论框架假设 x 是一个具有离散值索引的有限维长度的向量（诸如时间或者空间），在实际中我们常对获得具有连续信号值（诸如连续时间信号或者图像）的测量系统更感兴趣。有时候可通过添加中间离散表现形式来将这些模型扩展到连续型信号。可参照第 3 章和第 4 章获得更可行的方法。现在我们将假设 x 是奈奎斯特采样下的有限长度窗，且暂时忽略在没有第一次奈奎斯特采样下如何直接获得可压缩观测矩阵这一问题。

在压缩感知理论中有两个主要的理论问题。第一，我们该如何设计感知矩阵 A，以确保它可以保留信号 x 的大部分信息？第二，我们该怎么从观测量 y 重建恢复出信号 x？当我们数据是稀疏的或者可压缩的情形，我们将看到在 $m << n$ 时可以设计出矩阵 A，这就保证了我们可以使用各种不同的算法来精确且有效地恢复重建出原始信号 x。

在本节的开始，我们将先讨论第一个问题：如何设计感知矩阵 A。相对于直接给出设计过程，我们更喜欢考虑 A 必须满足的一些性质。那么我们将给出一些满足这些条件的重要矩阵例子。

1.4.1 零空间条件

考虑 A 的零空间，记为

$$\mathcal{N}(A) = \{z : Az = 0\}$$

如果我们希望从观测量 Ax 恢复重建出所有的稀疏信号 x，那么很明显地有对任意的一对不同向量 x，$x' \in \Sigma_k$，都有 $Ax \neq Ax'$，否则我们将不能从唯一的观测量 y 区分出不同的 x 和 x'。更一般地，可知如果有 $Ax = Ax'$，那么有 $A(x - x') = 0$，这里 $x - x' \in \Sigma_{2k}$，我们可知 A 能唯一表示出所有的 $x \in \Sigma_k$，当且仅当$\mathcal{N}(A)$不含任何 Σ_{2k}的向量。存在许多这一性质的等价表达形式，其中最常用的就是 spark[86]。

定义 1.1 矩阵 A 的 spark 是 A 的线性相关的列的最小个数。

由这个定义，我们可直接得到如下定理：

定理 1.1 （参考文献［86］的推论 1） 对于任意的向量 $y \in \mathbb{R}^m$，最多存在一个信号 $x \in \Sigma_k$ 使得 $y = Ax$，当且仅当 $\mathrm{spark}(A) > 2k$。

证明：对于任意的向量 $y \in \mathbb{R}^m$，首先假设最多存在一个信号 $x \in \Sigma_k$ 使得 $y = Ax$。然后我们假设现在有 $\mathrm{spark}(A) \leqslant 2k$。这就意味着存在最多 $2k$ 列是线性无关的，即暗示存在有 $h \in \mathcal{N}(A)$使得 $h \in \Sigma_{2k}$。此时，由于 $h \in \Sigma_{2k}$，我们可记 $h = x - x'$，其中 x，$x' \in \Sigma_k$。因此，由于 $h \in \mathcal{N}(A)$，故有 $A(x - x') = 0$，即 $Ax = Ax'$。但是这一结果与我们的假设最多存在一个信号 $x \in \Sigma_k$ 使得 $y = Ax$ 是矛盾的。因此，我们有 $\mathrm{spark}(A) > 2k$。

现在我们假定有 $\mathrm{spark}(A) > 2k$。假设对于一些 y，存在 x，$x' \in \Sigma_k$ 使得 $y = Ax = Ax'$，因此可

得 $A(x-x')=0$。设 $h=x-x'$，即 $Ah=0$。由于 $\mathrm{spark}(A)>2k$，也就是说，矩阵 A 的所有 $2k$ 个列的组合都是线性无关的，因此有 $h=0$，即有 $x=x'$。定理得证。

可知 $\mathrm{spark}(A)\in[2,m+1]$，因此，由定理 1.1 可知 $m\geqslant 2k$。

当处理实际稀疏向量时，如果稀疏重建恢复是可能的，由 spark 可以提供全部的特征。然而，当处理近似稀疏向量时，我们必须考虑 A 的零空间的一些更强的限制条件[57]。粗略地讲，我们必须保证$\mathcal{N}(A)$中不含任何过分可压缩的即稀疏的信号向量。下面引入本书中需要使用到的一些记号。假设 $\Lambda\subset\{1,2,\cdots,n\}$ 是一组下标，记 $\Lambda^c=\{1,2,\cdots,n\}\backslash\Lambda$。记 x_Λ 为长度为 n、元素为设下标为 Λ^c 的 x 为零的向量。同样地，记 A_Λ 为 $m\times n$ 阶、元素为设下标为 Λ^c 的 A 的列为零的矩阵㊀。

定义 1.2　矩阵 A 满足 k 阶零空间性质（NSP），若存在一个常数 $C>0$ 使得

$$\|h_\Lambda\|_2\leqslant C\frac{\|h_{\Lambda^c}\|_1}{\sqrt{k}} \tag{1.5}$$

对所有 $h\in\mathcal{N}(A)$及所有使得$|\Lambda|\leqslant k$ 的 Λ 成立。

零空间性质量化了 A 的零空间向量的定义不应过于集中在一小部分的下标。例如，如果一个向量 h 是精确 k 稀疏的，那么存在一个 Λ 使得 $\|h_{\Lambda^c}\|_1=0$，因此式（1.5）也暗示了 $h_\Lambda=0$。

为了更全面地描述零空间性质在稀疏重建中的作用，下面我们简单介绍一下处理非稀疏信号 x 的稀疏重建算法的评价指标。记 Δ：$\mathbb{R}^m\rightarrow\mathbb{R}^n$表示我们的重建算法。对所有的 x，保证

$$\|\Delta(Ax)-x\|_2\leqslant C\frac{\sigma_k(x)_1}{\sqrt{k}} \tag{1.6}$$

成立，这里 $\sigma_k(x)_1$ 由式（1.2）定义。式（1.6）不但保证对所有可能的 k 稀疏信号可以精确得到重建，并保证了非稀疏信号的一定程度的鲁棒性，这些信号直接取决于与 k 稀疏向量有多近似。这些保证被称为最优情形，因为它们保证了对于每一种 x 的取值情形都能有最优表现。从这些保证可以把信号区分开来，这样就只对于一些可能的信号成立，诸如稀疏或可压缩的信号，保证的质量可适应对于特殊 x 的选取。这些保证也被称为是一致保证，因为它们对所有的 x 都保持一致。

式（1.6）中的范数的选择可以是随意的。我们可以用其他的 ℓ_p 范数来度量我们的重建误差。然而，p 的选取将限制保证条件的种类，而且有可能导致不同的零空间性质形式，例如见参考文献［57］。另外，式（1.6）右边的形式用 $\sigma_k(x)_1/\sqrt{k}$来度量近似误差多少有点不寻常，并没有像用 $\sigma_k(x)_2$ 时简单。然而，在 1.5.3 节我们将看到，$\sigma_k(x)_2$ 这种保证条件在获取很多观测量时变得不可能，故式（1.6）描述了我们所希望的可能的最优保证条件。

在 1.5 节（定理 1.8）我们将看到对于一个实际的重建算法（如 ℓ_1 最小化方法），$2k$ 阶的零空间性质是得到保证条件式（1.6）的一个充分条件。另外，对参考文献［57］中的一个定理做了如下调整，证明如果存在任意的重建算法满足条件式（1.6），那么矩阵 A 必须满足 $2k$ 阶的零空间性质。

定理 1.2（参考文献［57］的定理 3.2）　记 A：$\mathbb{R}^n\rightarrow\mathbb{R}^m$表示一个感知矩阵，且 Δ：$\mathbb{R}^m\rightarrow\mathbb{R}^n$

㊀ 注意，这一记号有时还会记长度为$|\Lambda|$只保留下标为 Λ 的元素的向量，或者是 $m\times|\Lambda|$阶元素为只保留下标为 Λ 的列的矩阵。在使用到的时候会特别声明，不过大多数情况下，两者一般没有实质性的区别。——原书注

表示任意一个重建算法。假设 (A,Δ) 满足条件式（1.6），那么 A 满足 $2k$ 阶的零空间性质。

证明：假设 $h\in\mathcal{N}(A)$，且记 Λ 为 h 中最大的 $2k$ 个元素的下标。下面将 Λ 分裂为 Λ_0 和 Λ_1，这里 $|\Lambda_0|=|\Lambda_1|=k$。设 $x=h_{\Lambda1}+h_{\Lambda^c}$，且 $x'=-h_{\Lambda_0}$，故 $h=x-x'$。由于 $x'\in\Sigma_k$，故由式（1.6）可得 $x'=\Delta(Ax')$。另外，由于 $h\in\mathcal{N}(A)$，故我们有

$$Ah=A(x-x')=0$$

因此 $Ax'=Ax$，即 $x'=\Delta(Ax)$。最后我们可得

$$\|h_\Lambda\|_2\leqslant\|h\|_2=\|x-x'\|_2=\|x-\Delta(Ax)\|_2\leqslant C\frac{\sigma_k(x)_1}{\sqrt{k}}=\sqrt{2}C\frac{\|h_{\Lambda^c}\|_1}{\sqrt{2k}}$$

即不等式（1.6）成立。

1.4.2 约束等距性质（RIP）

当零空间性质是构造保证条件式（1.6）的充要条件时，这些保证条件不能考虑噪声。当观测量被噪声污染或者量化的时候被一些误差损坏时，我们必须考虑某种程度更强的条件。

定义 1.3 矩阵 A 满足 k 阶 RIP 条件，若存在一个常数 $\delta_k\in(0,1)$，使得

$$(1-\delta_k)\|x\|_2^2\leqslant\|Ax\|_2^2\leqslant(1+\delta_k)\|x\|_2^2 \tag{1.7}$$

对所有 $x\in\Sigma_k$ 成立。

如果一个矩阵 A 满足 $2k$ 阶的 RIP 条件，我们就可以把式（1.7）理解为 A 在任意 k 阶向量间保持距离。这显然对噪声的鲁棒性有基本的影响。此外，这种稳定嵌入的潜在应用范围远远超出了仅为信号恢复的目的而获得范围。其他应用的例子见第 10 章。

注意，在 RIP 定义中，我们假设边界是关于 1 对称的，这是为了我们定义的方便。一般地，我们将用任意边界条件来替代之

$$\alpha\|x\|_2^2\leqslant\|Ax\|_2^2\leqslant\beta\|x\|_2^2$$

式中，$0<\alpha\leqslant\beta<\infty$。给定任意的这种边界，可以将 A 标准化使之满足式（1.7）中关于 1 对称的边界。特别地，用 $\sqrt{2/(\beta+\alpha)}$ 乘以 A，可得 $\widetilde{A}$ 满足式（1.7）且 $\delta_k=(\beta-\alpha)/(\beta+\alpha)$。对于本章中所有的定理，都是基于假设 A 满足 RIP 条件的，我们总是能将 A 标准化，从而找到一个适合的边界条件使之满足式（1.7）。

注意，若 A 满足 k 阶常数为 δ_k 的 RIP 条件，那么对于任意的 $k'<k$，A 都自动地满足 k' 阶常数为 $\delta_{k'}\leqslant\delta_k$ 的 RIP 条件。另外，参考文献［190］表明，如果 A 满足 k 阶充分小的常数的 RIP 条件，那么 A 也自动地满足 γk 阶（$\gamma>1$）的 RIP 条件，虽然在一定程度上是糟糕的常数。

引理 1.1 假设 A 满足 k 阶常数为 δ_k 的 RIP 条件，设 γ 为一个正整数，那么 A 满足 $k'=\gamma\left\lfloor\frac{k}{2}\right\rfloor$ 阶常数为 $\delta_{k'}<\gamma\cdot\delta_k$ 的 RIP 条件，这里 $\lfloor\cdot\rfloor$ 表示向下取整数操作。

这个引理对于 $\gamma=1$，2 意义不大，但是对于 $\gamma\geqslant3$（和 $k\geqslant4$），允许我们将 k 阶 RIP 条件扩展到更高阶数。需注意的是，为了使结果有用，常数 δ_k 必须保持充分小。

1. RIP 条件和稳定性

在 1.5 节和 1.6 节，我们将看到这样的结论：如果矩阵 A 满足 RIP 条件，那么就能充分保证从带有噪声的观测量中重建出稀疏信号，而且有许多种不同重建方法。我们还得进一步看看 RIP 条件是不是必要的条件。可明显地看出，如果我们想从观测量 Ax 中重建出所有稀疏信号 x，RIP

条件里的下边界是一个必要条件；这和零空间条件是必要的是同一个理由。我们甚至可以说在考虑如下的稳定性定义时 RIP 条件是必要的[67]：

定义 1.4　设 $A:\mathbb{R}^n\to\mathbb{R}^m$ 为一个感知矩阵，且 $\Delta:\mathbb{R}^m\to\mathbb{R}^n$ 表示一个重建算法。称 (A,Δ) 是 C 稳定的，若对任意的 $x\in\Sigma_k$ 和任意的 $e\in\mathbb{R}^m$，我们有

$$\|\Delta(Ax+e)-x\|_2\leqslant C\|e\|_2$$

这一定义的意思就是说，如果我们给观测量加一个小的噪声，则其对于重建信号的影响不会很大。下面的定理 1.3 证明了能稳定地从带噪声的观测量中重建信号的任意解码算法（通常是实用的）的存在性，其要求矩阵 A 满足式（1.7）中的下边界条件，条件中的常数由 C 决定。

定理 1.3　如果 (A,Δ) 是 C 稳定的，则

$$\frac{1}{C}\|x\|_2\leqslant\|Ax\|_2 \tag{1.8}$$

对所有的 $x\in\Sigma_{2k}$ 成立。

证明：选取任意的 $x,z\in\Sigma_k$，记

$$e_x=\frac{A(z-x)}{2}\quad e_z=\frac{A(x-z)}{2}$$

且设

$$Ax+e_x=Az+e_z=\frac{A(x+z)}{2}$$

记 $\hat{x}=\Delta(Ax+e_x)=\Delta(Az+e_z)$。由三角不等式和 C 稳定性的定义，可得

$$\begin{aligned}\|x-z\|_2&=\|x-\hat{x}+\hat{x}-z\|_2\\&\leqslant\|x-\hat{x}\|_2+\|\hat{x}-z\|_2\\&\leqslant C\|e_x\|_2+C\|e_z\|_2\\&=C\|Ax-Az\|_2\end{aligned}$$

即对所有的 $x\in\Sigma_{2k}$，式（1.8）成立。

注意，$C\to1$，A 必须满足式（1.7）的下边界，常数为 $\delta_{2k}=1-1/C^2\to0$。因此，如果我们想在重建信号的过程中减少噪声的影响，我们必须调整 A 使满足式（1.7）的常数为正整数的下边界。

由这一结果人们可能会认为上边界是没必要的。我们可以避免重新设计一个 A，只需要将 A 重新标准化，使之满足常数为 $\delta_{2k}<1$ 的 RIP 条件，这个被重新标准化的 αA 对任意的常数 C 满足式（1.8）。噪声的大小与 A 的选取是无关的，这是一个有效的观点——由重新标准化 A 可知，我们需要调整观测量的一部分信号，且如果这一变换不影响噪声，那么我们就可以得到很高的信噪比，因此相对于信号，噪声是可以忽略不计的。

然后，在实际中，我们不可能重新标准化 A 到任意大。另外，在实际操作中噪声也不是独立于 A 的。比如，考虑用噪声向量 e 量化噪声，假设观测量属于区间 $[-T,T]$，如果我们用 α 重新标准化 A，那么观测量属于区间 $[-\alpha T,\alpha T]$，这种情形下可产生量化误差 αe，也就是说我们并没有减少重建误差。

2. 测量边界

我们也可以考虑为满足 RIP 条件需要多少观测量。如果我们忽略 δ_{2k} 的影响，只考虑问题 (n,m,k) 的维数的话，则我们可以构造一个简单的下界，在 A.1 节给出了证明。

定理 1.4（参考文献［67］的定理3.5） 假设矩阵 A 是一个 $m \times n$ 阶矩阵，满足 $2k$ 阶的 RIP 条件，常数 $\delta_{2k} \in \left(0, \frac{1}{2}\right]$。那么下式成立：

$$m \geqslant Ck\log\left(\frac{n}{k}\right)$$

式中，$C = 1/2\log(\sqrt{24}+1) \approx 0.28$。

注意，限制条件 $\delta_{2k} \leqslant 1/2$ 是随意的，只是为了方便。对参数的小修改为任何 $\delta_{\max} < 1$ 建立了 $\delta_{2k} \leqslant \delta_{\max}$ 的界。此外，虽然我们没有努力优化常数，但值得注意的是，它们已经相当合理。

虽然证明不太直接，我们可以通过检查 ℓ_1 球的 Gelfand 宽确定一个相似的结论（与 n 和 k 相关）[124]。然而，这个结果和定理 1.4 都不能在我们想要的常数为 δ_k 的 RIP 条件下得到相关的精确的 m 个数。为了量化这个相关性，我们采用最近的一个结果：Johnson－Lindenstrauss 引理，该引理与低维空间中有限点集的嵌入有关[158]。特别地，如参考文献［156］所述，如果我们给定一个含 p 个点的点集，而且希望这些点包含于$\mathbb{R}^m$，使得各两点间的 ℓ_2 平方距离可由 $1 \pm \epsilon$ 界定，那么我们有

$$m \geqslant \frac{c_0 \log(p)}{\epsilon^2}$$

式中，常数 $c_0 > 0$。

Johnson－Lindenstrauss 引理与 RIP 条件非常相近。如参考文献［5］所述，任何可用于为点云生成线性、保持距离嵌入的过程也可用于构造满足 RIP 条件的矩阵。此外，如参考文献［165］所述，如果一个矩阵 A 满足常数为 δ_k 的 $k = c_1\log(p)$ 阶的 RIP 条件，那么 A 可用来构造一个 $\epsilon = \delta_k/4$ 的 p 个点的保持距离的嵌入。由此，我们可得

$$m \geqslant \frac{c_0 \log(p)}{\epsilon^2} = \frac{16 c_0 k}{c_1 \delta^2}$$

因此，对非常小的 δ，为了确保 A 满足 k 阶 RIP 条件，观测量的数量最好是与 k/δ_k^2 成比例的，它略高于 $k\log(n/k)$。详情见参考文献［165］。

3. RIP 条件与 NSP 条件的关系

最后，我们给出如果一个矩阵满足 RIP 条件，那么它也满足 NSP 条件。也就是说，RIP 条件强于 NSP 条件。

定理 1.5 假设 A 满足 $\delta_{2k} < \sqrt{2}-1$ 的 $2k$ 阶 RIP 条件，那么 A 也满足 $2k$ 阶 NSP 条件，常数

$$C = \frac{2}{1-(1+\sqrt{2})\delta_{2k}}$$

这个定理的证明需要用到两个引理。第一个是直接从标准范数不等式出发，将 k 稀疏向量与 $\mathbb{R}^k$ 中的向量联系起来，为了完备起见，我们给出了一个简单的证明。

引理 1.2 假设 $u \in \Sigma_k$，那么

$$\frac{\|u\|_1}{\sqrt{k}} \leqslant \|u\|_2 \leqslant \sqrt{k}\|u\|_\infty$$

证明：对任意的 u，记 $\|u\|_1 = |\langle u, \mathrm{sgn}(u)\rangle|$。由 Cauchy－Schwarz 不等式，我们可得 $\|u\|_1 \leqslant \|u\|_2 \|\mathrm{sgn}(u)\|_2$。下界成立是由于 $\mathrm{sgn}(u)$ 有 k 个非零的元素均等于 ± 1（由于 $u \in$

Σ_k)，故 $\|\operatorname{sgn}(u)\|_2=\sqrt{k}$。上界是由于 u 的 k 个非零元素均可由 $\|u\|_\infty$ 界定。

下面我们给出证明定理 1.5 时需用到第二个关键引理。这个结果对任意的 h 都成立，并不只限于向量 $h\in\mathcal{N}(A)$。当 $h\in\mathcal{N}(A)$ 时，很明显这个结论相对简单些。然而，在 1.5 节中从含噪声的观测量中重建稀疏信号的问题时，这个引理显得非常有用，我们在后面章节会给出详细的描述。当读者阅读 1.5 节时，会更深层次理解界限隐含的意义。下面给出引理本身，它的证明在 A.2 节中给出。

引理 1.3　假设 A 满足 $2k$ 阶 RIP 条件，设 $h\in\mathbb{R}^n$，$h\neq 0$ 是任意的向量。记 Λ_0 为 $\{1, 2, \cdots, n\}$ 的子集使得 $|\Lambda_0|\leqslant k$。定义 Λ_1 为 $h_{\Lambda_n^c}$ 中最大的 k 个元素的下标集合，且 $\Lambda=\Lambda_0\cup\Lambda_1$，那么

$$\|h_\Lambda\|_2\leqslant\alpha\frac{\|h_{\Lambda_0^c}\|_1}{\sqrt{k}}+\beta\frac{|\langle Ah_\Lambda, Ah\rangle|}{\|h_\Lambda\|_2}$$

式中

$$\alpha=\frac{\sqrt{2}\delta_{2k}}{1-\delta_{2k}},\quad \beta=\frac{1}{1-\delta_{2k}}$$

再一次注意到引理 1.3 对任意的 h 都成立。为了证明定理 1.5，我们只需将引理 1.3 应用到 $h\in\mathcal{N}(A)$ 情形。

定理 1.5 的证明：假设 $h\in N(A)$。可知

$$\|h_\Lambda\|_2\leqslant C\frac{\|h_{\Lambda^c}\|_1}{\sqrt{2k}} \tag{1.9}$$

对 h 的最大的 $2k$ 个元素的下标集 Λ 成立。因此，我们记 Λ_0 为 h 的最大的 k 个元素的下标集。

当 $Ah=0$ 时引理 1.3 中的第二项为零，故有

$$\|h_\Lambda\|_2\leqslant\alpha\frac{\|h_{\Lambda_0^c}\|_1}{\sqrt{k}}$$

由引理 1.2 可知

$$\|h_{\Lambda_0^c}\|_1=\|h_{\Lambda_1}\|_1+\|h_{\Lambda^c}\|_1\leqslant\sqrt{k}\|h_{\Lambda_1}\|_2+\|h_{\Lambda^c}\|_1$$

得

$$\|h_\Lambda\|_2\leqslant\alpha\left(\|h_{\Lambda_1}\|_2+\frac{\|h_{\Lambda^c}\|_1}{\sqrt{k}}\right)$$

由于

$$\|h_{\Lambda_1}\|_2\leqslant\|h_\Lambda\|_2$$

有

$$(1-\alpha)\|h_\Lambda\|_2\leqslant\alpha\frac{\|h_{\Lambda^c}\|_1}{\sqrt{k}}$$

由假设 $\delta_{2k}<\sqrt{2}-1$ 可知 $\alpha<1$，这就保证了式（1.9）成立，且

$$C=\frac{\sqrt{2}\alpha}{1-\alpha}=\frac{2\delta_{2k}}{1-(1+\sqrt{2})\delta_{2k}}$$

即定理 1.5 得证。

1.4.3　相干性

Spark、NSP 及 RIP 都给了恢复 k 稀疏的信号一个保证，判定一个矩阵 A 满足任一个条件都需要对所有 $\binom{n}{k}$ 个子矩阵进行搜索。在大多数情况下，使用矩阵 A 的更容易计算得到的条件，给出更具体的重建保证。矩阵的相干性就是这一种性质[86,222]。

定义 1.5　矩阵 A 的相干性 $\mu(A)$ 定义为 A 的任意两列 a_i，a_j 的最大绝对值内积：

$$\mu(A) = \max_{1\leqslant i<j\leqslant n} \frac{|\langle a_i, a_j\rangle|}{\| a_i \| 2 \| a_j \|_2}$$

容易得到矩阵的相干性 $\mu(A) \in \left[\sqrt{\frac{n-m}{m(n-1)}}, 1\right]$，下界就是众所周知的 Welch 边界[207,214,245]。注意，当 $n >> m$ 时，下界近似于 $\mu(A) \geqslant 1/\sqrt{m}$。相干性的定义还可推广到某些结构化稀疏模型及一些具体的模拟信号[27,111,112]。

有时还可将相干性与 spark、NSP 及 RIP 条件联系到一起。例如，一个矩阵的 spark 与相干性可由 Geršgorin 球形定理相联系[127,235]。

定理 1.6　$n\times n$ 阶元素为 m_{ii}，$1\leqslant i$，$j\leqslant n$ 的矩阵 M 包含于 n 个球形 discs $d_i = d_i(c_i, r_i)$，$1\leqslant i\leqslant n$ 内，它们以 $c_i = m_{ii}$ 为中心，以 $r_i = \sum_{j\neq i} |m_{ij}|$ 为半径。

将这一定理直接应用于 Gram 矩阵 $G = A_\Lambda^{\mathrm{T}} A_\Lambda$，可得如下引理：

引理 1.4　对任意的矩阵 A 有

$$\operatorname{spark}(A) \geqslant 1 + \frac{1}{\mu(A)}$$

证明：由于 $\operatorname{spark}(A)$ 并不依赖于矩阵列的尺度，不失一般性，我们假设 A 含有单位向量范数的列。设 $\Lambda \subseteq \{1,\cdots,n\}$，$|\Lambda| = p$ 表示下标的一个集合。考虑 Gram 矩阵 $G = A_\Lambda^{\mathrm{T}} A_\Lambda$，其满足下列两个性质：

- $g_{ii} = 1$，$1\leqslant i\leqslant p$。
- $|g_{ij}| \leqslant \mu(A)$，$1\leqslant i$，$j\leqslant p$，$i\neq j$。

由定理 1.6 可知，若 $\sum_{j\neq i} |g_{ij}| < |g_{ii}|$，则矩阵 G 为正定，故 A_Λ 的列是线性无关的。因此，spark 条件暗含 $(p-1)\mu(A) < 1$，或者等价地，对所有的 $p < \operatorname{spark}(A)$ 有 $p < 1 + 1/\mu(A)$，即 $\operatorname{spark}(A) \geqslant 1 + \frac{1}{\mu(A)}$。

结合定理 1.1 及引理 1.4 可得如下的保证 A 有唯一性的条件。

定理 1.7　若

$$k < \frac{1}{2}\left(1 + \frac{1}{\mu(A)}\right)$$

由对任一个观测值向量 $y \in \mathbb{R}^m$，存在至多一个信号 $x \in \Sigma_k$ 使得 $y = Ax$。

定理 1.7 结合 Welch 边界，可提供一个与稀疏度 k 有关的上界，它可在相干性为 $k = O(\sqrt{m})$ 的条件下得到唯一性。另一个定理 1.6 的直接应用就是将 RIP 条件与相干性相结合了。

引理 1.5　若 A 有单位范数的列且相干性 $\mu = \mu(A)$，那么对所有的 $k < 1/\mu$，矩阵 A 满足常数

为 $\delta_k=(k-1)\mu$ 的 k 阶 RIP 条件。

此引理的证明与引理 1.4 的证明类似。

1.4.4 构造感知矩阵

我们已经定义了在压缩感知中矩阵 A 的一些相关性质，下面我们将转向如何构造满足这些性质的矩阵的问题。首先，可直接给出由 m 个不同的标量构成的 $m\times n$ 阶的 Vandermonde 矩阵 V，这些标量的 $\text{spark}(V)=m+1$[57]。不幸的是，这些矩阵对于大值的 n 的条件数非常差，这将导致重建问题变得不稳定。类似地，有一些众所周知的 $m\times m^2$ 阶的矩阵 A 可达到相干性的下界 $\mu(A)=1/\sqrt{m}$，诸如由 Alltop 序列产生的 Gabor 框架[148]，及更一般的等角紧框架[214]。这些矩阵的构造限定了用来重建 k 稀疏信号所需要的观测量为 $m=O(k^2\log n)$。也可以构造 $m\times n$ 阶的矩阵满足 k 阶 RIP 条件，但是这些矩阵的构造同样需要相对大的 m[28,78,140,152]。例如，参考文献 [78] 中的构造要求 $m=O(k^2\log n)$，而参考文献 [152] 中的构造要求 $m=O(kn^a)$ 来表示某些常数 a。在现实世界中，这些结果将导致过大的且不可接受的 m。

幸运的是，这些限制条件可由构造随机矩阵而克服。例如，$m\times n$ 阶的随机矩阵 A，其元素是关于连续函数分布独立同分布的，其 $\text{spark}(A)=m+1$ 在概率为 1 的意义下。更有意义地，若矩阵的元素选为与高斯、伯努利或者更一般的任何子高斯分布有关的，这些矩阵将在高概率的意义下满足 RIP 条件。详细可参见第 5 章，特别是定理 5.65，这个定理表明若矩阵 A 的元素选为与子高斯分布有关的，且 $m=O(k\log(n/k)/\delta_{2k}^2)$，那么 A 至少在概率为 $1-2\exp(-c_1\delta_{2k}^2 m)$ 的条件下满足 $2k$ 阶的 RIP 条件。注意，1.4.2 节中给出的观测量边界，我们可以看出这一条件达到了最优的常数。同样由定理 1.5 可知，这些构造的随机矩阵也满足 NSP 条件。另外，若分布的均值为零且方差为有限的，则当 m 和 n 增长时，相干性收敛于 $\mu(A)=\sqrt{(2\log n)/m}$[32,37,83]。

利用随机矩阵来构造 A 还有其他一些好处。为了描述这些好处，我们主要关注于 RIP 条件。首先，由随机矩阵构造的观测量是民主的，也就是说使用任意充分大的观测量子集就可以重建信号[73,169]。因此，通过使用随机矩阵 A，重建算法可容忍观测量的小部分丢失或者被干扰。其次，这一点可能更具意义，实际应用中我们常对通过一些基底 Φ 使得信号 x 在哪些地方变得稀疏这一问题更感兴趣。此时，我们实际上需要 $A\Phi$ 满足 RIP 条件。若我们使用确定的构造方法，那么我们在构造矩阵 A 的时候需要考虑 Φ，但是当 A 选择随机矩阵时，我们可以不考虑这一问题。例如，若取 A 为相应于高斯分布的矩阵，且 Φ 是正交基底，那么可知 $A\Phi$ 也是具有高斯分布的，也就是说有 m 使得 $A\Phi$ 在很高的概率意义下符合 RIP 性质。同样，对于子高斯分布，这些结果也是成立的[5]。这一性质，有时也被称为广泛性，构成了一系列用随机矩阵来构造 A 的有意义的优点。对于更详细的随机矩阵及其在压缩感知中的作用的介绍可参见第 5 章。

最后，我们注意到，有时可能难以实现在硬件上构造全随机矩阵，采取一些硬件体系结构使得在实际应用中可以获得随机测量矩阵。如包括随机解码器[224]、随机滤波[225]、宽带调制转换器[187]、随机卷积[1,206]及可压缩复用器[211]等。这些体系结构通常使用减少的随机性，并通过具有比完全随机矩阵更大的结构的矩阵 A 建模。也许有些令人惊讶的是，虽然通常不像完全随机的情况那样容易，但我们可以证明这些结构中的许多也满足 RIP 和/或低的相干性。此外，还可以分析系统实现的矩阵 A 中不精确性的影响[54,149]。在最简单的情况下，这种感知矩阵误差可以通过系统校准来解决。

1.5 基于 ℓ_1 最小化方法的信号重建

在 1.6 节中，我们将看到由少量线性观测值重建稀疏信号 x 的方法有许多种类型，对于稀疏重建问题我们首先考虑一个最普遍的方法。

给定观测量 y 及假定我们的原始信号 x 是稀疏的或者是可压缩的，很自然地试图通过解一个最优化问题来重建我们的信号 x

$$\hat{x} = \underset{z}{\operatorname{argmin}} \| z \|_0 \quad z \in \mathcal{B}(y) \tag{1.10}$$

式中，$\mathcal{B}(y)$ 保证 $\hat{x}$ 与观测量 y 保持一致。例如，假定我们的观测量是精确的且不带噪声的，我们可设 $\mathcal{B}(y) = \{z: Az = y\}$。当观测量被一小部分的有界噪声干扰时，我们可设 $\mathcal{B}(y) = \{z: \| Az - y \|_2 \leqslant \epsilon\}$。对于这两种情况，式（1.10）总可找到最稀疏的 x 与观测量 y 保持一致。

注意，式（1.10）中我们假设 x 本身就是稀疏的。但对于更普遍的情形有假设 $x = \Phi c$，那么我们可以修正以上的最优化问题

$$\hat{c} = \underset{z}{\operatorname{argmin}} \| z \|_0 \quad z \in \mathcal{B}(y) \tag{1.11}$$

式中，$\mathcal{B}(y) = \{z: A\Phi z = y\}$ 或 $\mathcal{B}(y) = \{z: \| A\Phi z - y \|_2 \leqslant \epsilon\}$。考虑 $\widetilde{A} = A\Phi$，则可看出式（1.10）与式（1.11）是基本一致的。另外，由 1.4.4 节注意到，对于大多数的 Φ 都不会使 A 的构造变得复杂，且使 $\widetilde{A}$ 满足所需的性质。因此，在本章的剩余部分我们均假定 $\Phi = I$。但是需要注意的是，这一假定对于 Φ 是一般的字典或者不是正交基底时，将会限制我们的分析结果。如，若 $\| \hat{x} - x \|_2 = \| \Phi \hat{c} - \Phi c \|_2 \neq \| \hat{c} - c \|_2$，那么对于 $\| \hat{c} - c \|_2$ 的界定将不能直接推导至 $\| \hat{x} - x \|_2$ 的界定。关于这些问题和相关问题进一步的讨论见参考文献［35］。

尽管在假设 A 满足一些条件时，可以分析式（1.10）的性能，但是由于范数 $\| \cdot \|_0$ 的非凸性，我们并不考虑这一最优化方法，因此式（1.10）是非常难解的。事实上，对于一般的矩阵 A，就算能找到式（1.10）的一个近似解，这个解也是 NP 困难的[189]。

另一个可行的最优化方法就是使用凸范数 $\| \cdot \|_1$ 来替代非凸范数 $\| \cdot \|_0$，特别地，我们考虑最优化问题

$$\hat{x} = \underset{z}{\operatorname{argmin}} \| z \|_1 \quad z \in \mathcal{B}(y) \tag{1.12}$$

假设 $\mathcal{B}(y)$ 是凸的，式（1.12）是可解的。事实上，当 $\mathcal{B}(y) = \{z: Az = y\}$，这一问题可以看成是一个线性过程[53]。

尽管用式（1.12）替代式（1.10）后使一个不可解的问题变成了可解的问题，这不能直接推出式（1.12）的解都与式（1.10）的解相似。然而，我们当然希望使用 ℓ_1 最小化方法后可以大大地改进稀疏度。如，回顾图 1.2，ℓ_1 最小化方法的解与 $\ell_p (p < 1)$ 最小化方法的解保持一致，且是稀疏的。另外，使用 ℓ_1 最小化方法来改进或者探索稀疏度已经有很长一段历史，最早可追溯到 Beurling 的对部分观察值的傅里叶变换插值。另外，对于有限带宽的信号的重建方法也是最接近于在 ℓ_1 范数意义下的信号[22]。

此外，在不同的背景下，1965 年 Logan[91,174] 指出，在小间隔内存在任意退化的情况下，带限信号可以完全恢复（另见参考文献［91］中这些条件的扩展），同样，恢复方法包括搜索与 ℓ_1 范数中观察到的信号最接近的带限信号，这可以看作是对所获得的直觉的进一步验证。如图 1.2 所示，ℓ_1 范数非常适合稀疏误差。

从历史上看，在实际问题中，对于在大部分问题上 ℓ_1 最小化方法的使用主要是由于20世纪70年代和20世纪80年代计算机的发达。它的最早期的应用是用来证明由尖峰构成的物理信号可通过解 ℓ_1 最小化方法，由这些信号的高频部分重建而得[171,216,242]。最后，在20世纪90年代，人们将这些方法又用到信号处理中，为了在过完备的字典或者一些基底的变换下，得到信号或者图像的稀疏表示[53,182]。另外，ℓ_1 最小化作为回归变量选择的一种方法，在统计学文献中得到了很大关注，被称为Lasso[218]。

因此，有许多理由可以来支撑我们使用 ℓ_1 最小化方法来重建稀疏信号。更重要的是，对于稀疏信号的重建，ℓ_1 最小化方法包含了许多种可解的方法。在本节中，我们将从理论上回顾一下 ℓ_1 最小化方法。我们将在1.6节讨论 ℓ_1 最小化方法的算法。

1.5.1　不含噪声的信号重建

为了分析对于选择不同的 $\mathcal{B}(y)$ 的 ℓ_1 最小化方法，我们需要给出如下由引理1.3得到的结果，它的证明在A.3节给出。

引理1.6　假设 A 满足常数 $\delta_{2k}<\sqrt{2}-1$ 的 $2k$ 阶RIP条件，假设给定 x，$\hat{x}\in\mathbb{R}^n$，且定义 $h=\hat{x}-x$。记 Λ_0 为 x 中最大的 k 个元素的下标集，且 Λ_1 为 $h_{\Lambda_0^c}$ 中最大的 k 个元素的下标集。$\Lambda=\Lambda_0\cup\Lambda_1$。若 $\|\hat{x}\|_1\leqslant\|x\|_1$，那么

$$\|h\|_2\leqslant C_0\frac{\sigma_k(x)_1}{\sqrt{k}}+C_1\frac{|\langle Ah_\Lambda,Ah\rangle|}{\|h_\Lambda\|_2}$$

式中

$$C_0=2\frac{1-(1-\sqrt{2})\delta_{2k}}{1-(1+\sqrt{2})\delta_{2k}},C_1=\frac{2}{1-(1+\sqrt{2})\delta_{2k}}$$

当观测矩阵 A 满足RIP条件时，引理1.6确定了由式（1.12）描述的 ℓ_1 最小化方法类的一个误差边界。对于具体的 $\mathcal{B}(y)$，为了获得更具体的边界，我们必须确定 $\hat{x}\in\mathcal{B}(y)$ 是如何影响 $|\langle Ah_\Lambda,Ah\rangle|$ 的。作为一个举例，对于不含噪声的观测矩阵，我们有如下的定理。

定理1.8　假设 A 满足常数 $\delta_{2k}<\sqrt{2}-1$ 的 $2k$ 阶RIP条件，且观测量由 $y=Ax$ 获得。那么当 $\mathcal{B}(y)=\{z:Az=y\}$，式（1.12）的解 $\hat{x}$ 满足

$$\|\hat{x}-x\|_2\leqslant C_0\frac{\sigma_k(x)_1}{\sqrt{k}}$$

证明：由于 $x\in\mathcal{B}(y)$，运用引理1.6可知，对于 $h=\hat{x}-x$，有

$$\|h\|_2\leqslant C_0\frac{\sigma_k(x)_1}{\sqrt{k}}+C_1\frac{|\langle Ah_\Lambda,Ah\rangle|}{\|h_\Lambda\|_2}$$

另外，由于 $x,\hat{x}\in\mathcal{B}(y)$，那么 $y=Ax=A\hat{x}$，故 $Ah=0$，即定理得证。

考虑 $x\in\Sigma_k$ 情形，那么假定 A 满足RIP条件——由1.4.4节知，至少需要 $O(k\log(n/k))$ 个观测量——那么我们可以精确重建稀疏信号 x。这个结果本身似乎不太可能，因此人们可能会认为这个过程对噪声非常敏感，但是下面我们将看到引理1.6也可以用来证明这种方法实际上是稳定的。

注意，定理1.8假定 A 满足RIP条件，也可以假定 A 满足NSP条件。特别地，如果我们只考

虑噪声很少的情形，也就是说，h 属于 A 的零空间，那么引理 1.6 的证明过程可以分为两个步骤：①若 A 满足 RIP 条件，那么它也满足 NSP 条件（定理 1.5），且②NSP 条件表示引理 1.6 的简单版本。同样的由定理 1.8 的证明过程可知，若 A 满足 NSP 条件，它将服从同样的误差边界。

1.5.2 含噪声的信号重建

由不含噪声的观测矩阵重建一个稀疏信号的结果非常好。然而，对于大多数现实世界中的观测量，均或多或少被噪声所干扰。比如，为了处理电脑中的数据，我们必须用一个有限比特数去描述它，故观测量受量化误差的影响。另外，在物理硬件上操作的系统也会受各种各样的环境噪声所影响。另外一个主要的噪声来源就是信号本身。在许多种假设中，估计信号 x 或多或少都会受随机噪声的干扰。最近在参考文献［19，67，219］中分析了这类噪声对可实现采样率的影响。在这里我们主要关注于测量误差，这在相关文献中得到了越来越多的关注。

也许有些令人惊讶的是，人们可以证明在各种常见的噪声模型下稳定地恢复稀疏信号是可能的[18,42,87,88,144,169,170]。在含噪声的信号重建情形，RIP 条件和相干性都将用来确保算法的性能。下面我们将讨论满足 RIP 条件的鲁棒性，接着讨论矩阵的低相关性。

1. 有界噪声

首先对于一致有界噪声给定一个性能较差的边界，这是在参考文献［42］中首次研究的。

定理 1.9 假设 A 满足常数 $\delta_{2k}<\sqrt{2}-1$ 的 $2k$ 阶 RIP 条件，记 $y=Ax+e$，其中 $\|e\|_2\leqslant\epsilon$，那么当 $\mathcal{B}(y)=\{z: \|Az-y\|_2\leqslant\epsilon\}$，式（1.12）的解 $\hat{x}$ 服从

$$\|\hat{x}-x\|_2\leqslant C_0\frac{\sigma_k(x)_1}{\sqrt{k}}+C_2\epsilon$$

式中

$$C_0=2\frac{1-(1-\sqrt{2})\delta_{2k}}{1-(1+\sqrt{2})\delta_{2k}},C_2=4\frac{\sqrt{1+\delta_{2k}}}{1-(1+\sqrt{2})\delta_{2k}}$$

证明：我们记 $\|h\|_2=\|\hat{x}-x\|_2$。由于 $\|e\|_2\leqslant\epsilon$，$x\in\mathcal{B}(y)$，因此我们知道 $\|\hat{x}\|_1\leqslant\|x\|_1$。因此我们可以应用引理 1.6，并且它仍然是有界的 $|\langle Ah_\Lambda, Ah\rangle|$。为了做到这一点，我们观察到

$$\|Ah\|_2=\|A(\hat{x}-x)\|_2=\|A\hat{x}-y+y-Ax\|_2\leqslant\|A\hat{x}-y\|_2+\|y-Ax\|_2\leqslant 2\epsilon$$

上面最后的不等式成立是由于 $x,\hat{x}\in\mathcal{B}(y)$。由这个不等式、RIP 条件以及 Cauchy - Schwarz 不等式，我们可得

$$|\langle Ah_\Lambda,Ah\rangle|\leqslant\|Ah_\Lambda\|_2\|Ah\|_2\leqslant 2\epsilon\sqrt{1+\delta_{2k}\|h_\Lambda\|_2}$$

故

$$\|h\|_2\leqslant C_0\frac{\sigma_k(x)_1}{\sqrt{x}}+C_1 2\epsilon\sqrt{1+\delta_{2k}}=C_0\frac{\sigma_k(x)_1}{\sqrt{k}}+C_2\epsilon$$

即定理得证。

为了将这一结果引入我们的内容中，考虑若在已知 k 个非零元素的位置的情况下，我们将怎样重建稀疏向量 x，记这 k 个非零元素的下标集为 Λ_0。此时，一个自然的重建信号的方法就是用

一个简单的伪逆㊀：

$$\hat{x}_{\Lambda_0}=A_{\Lambda_0}^{\dagger}y=(A_{\Lambda_0}^{\mathrm{T}}A_{\Lambda_0})^{-1}A_{\Lambda_0}^{\mathrm{T}}y$$
$$\hat{x}_{\Lambda_0^c}=0 \tag{1.13}$$

式（1.13）暗示矩阵A_{Λ_0}是列满秩的（因此我们考虑A_{Λ_0}是$m\times k$阶矩阵，它的列是通过移除下标为Λ_0^c的列得到的），故方程$y=A_{\Lambda_0}x_{\Lambda_0}$存在唯一解。由此可得重建误差为

$$\|\hat{x}-x\|_2=\|(A_{\Lambda_0}^{\mathrm{T}}A_{\Lambda_0})^{-1}A_{\Lambda_0}^{\mathrm{T}}(Ax+e)-x\|_2=\|(A_{\Lambda_0}^{\mathrm{T}}A_{\Lambda_0})^{-1}A_{\Lambda_0}^{\mathrm{T}}e\|_2$$

现在我们考虑这一误差的最坏边界情况。使用标准奇异值分解性质，可直接得到若A满足常数δ_{2k}的$2k$阶RIP条件，那么$A_{\Lambda_0}^{\dagger}$的最大的奇异值属于范围$[1/\sqrt{1+\delta_{2k}},1/\sqrt{1-\delta_{2k}}]$。故，若我们对于所有的$e$考虑最坏情况的重建误差使得$\|e\|_2\leqslant\epsilon$，那么此重建误差可由如下边界界定

$$\frac{\epsilon}{\sqrt{1+\delta_{2k}}}\leqslant\|\hat{x}-x\|_2\leqslant\frac{\epsilon}{\sqrt{1-\delta_{2k}}}$$

因此，当x是精确的k稀疏时，对于假定提前知道了x的真正支集的伪逆的重建方法，并不能改进定理1.9中的上界。

现在开始考虑不同的噪声模型。定理1.9中假设噪声范数$\|e\|_2$非常小，下面的定理分析了一个不同的重建算法，被称为Dantzig选择算子，此时取$\|A^{\mathrm{T}}e\|_\infty$非常小。我们将看到这一算法对于高斯噪声可以推导出一个简单的性能分析。

定理1.10 假设A满足常数$\delta_{2k}<\sqrt{2}-1$的$2k$阶RIP条件，记$y=Ax+e$，其中$\|A^{\mathrm{T}}e\|_\infty\leqslant\lambda$。那么，当$\mathcal{B}(y)=\{z:\|A^{\mathrm{T}}(Az-y)\|_\infty\leqslant\lambda\}$时，式（1.12）的解$\hat{x}$服从

$$\|\hat{x}-x\|_2\leqslant C_0\frac{\sigma_k(x)_1}{\sqrt{k}}+C_3\sqrt{k}\lambda$$

式中

$$C_0=2\frac{1-(1-\sqrt{2})\delta_{2k}}{1-(1+\sqrt{2})\delta_{2k}},C_3=\frac{4\sqrt{2}}{1-(1+\sqrt{2})\delta_{2k}}$$

证明：此定理的证明与定理1.9的证明类似。由于$\|A^{\mathrm{T}}e\|_\infty\leqslant\lambda$，且$x\in\mathcal{B}(y)$，那么由引理1.6可得$\|\hat{x}\|_1\leqslant\|x\|_1$。用定理1.9中一样的方法界定$|\langle Ah_\Lambda,Ah\rangle|$，首先注意到

$$\|A^{\mathrm{T}}Ah\|_\infty\leqslant\|A^{\mathrm{T}}(A\hat{x}-y)\|_\infty+\|A^{\mathrm{T}}(y-Ax)\|_\infty\leqslant2\lambda$$

上面最后一个不等式成立是由于$x,\hat{x}\in\mathcal{B}(y)$，另外注意$Ah_\Lambda=A_\Lambda h_\Lambda$。由此及Cauchy - Schwarz不等式，可知

$$|\langle Ah_\Lambda,Ah\rangle|=|\langle h_\Lambda,A_\Lambda^{\mathrm{T}}Ah\rangle|\leqslant\|h_\Lambda\|_2\|A_\Lambda^{\mathrm{T}}Ah\|_2$$

最后，由于$\|A^{\mathrm{T}}Ah\|_\infty\leqslant2\lambda$，也就是说，$A^{\mathrm{T}}Ah$的每一个系数最大不超过$2\lambda$，因此$\|A_\Lambda^{\mathrm{T}}Ah\|_2\leqslant\sqrt{2k}(2\lambda)$，即知

$$\|h\|_2\leqslant C_0\frac{\sigma_k(x)_1}{\sqrt{k}}+C_12\sqrt{2k}\lambda=C_0\frac{\sigma_k(x)_1}{\sqrt{k}}+C_3\sqrt{k}\lambda$$

㊀ 注意，尽管在考虑用有偏估计算子时伪逆的方法可以改进上界（在ℓ_2误差意义下）[16,108,155,159,213]，但是这并不能改变我们之前的结论。——原书注

这就是我们想要的结果。

2. 高斯误差

最后，我们考虑高斯误差下的重建方法的性能。高斯误差最先用在使用 ℓ_0 最小化方法重建含噪声的观测量的性能的检查上。定理 1.9 和定理 1.10 可用来对 ℓ_1 最小化方法提供类似的保证条件。为了简化我们的讨论过程，我们只是考虑 $x \in \Sigma_k$ 情形，故 $\sigma_k(x)_1 = 0$，定理 1.9 和定理 1.10 中的误差边界只依赖于噪声 e。

首先，假设 $e \in \mathbb{R}^m$ 的系数是依据均值为零、方差为 σ^2 的高斯分布独立同分布的。由高斯分布的标准性质可知（如第 5 章中的推论 5.17），存在一个常数 $c_0 > 0$ 使得对任意的 $\epsilon > 0$，成立

$$\mathbb{P}(\|e\|_2 \geqslant (1+\epsilon)\sqrt{m}\sigma) \leqslant \exp(-c_0\epsilon^2 m) \tag{1.14}$$

式中，$\mathbb{P}(E)$ 表示事件 E 发生的概率。将这一结果应用到定理 1.9，且取 $\epsilon = 1$，那么对于高斯噪声，我们可以得到如下的结果。

推论 1.1 假设 A 满足常数 $\delta_{2k} < \sqrt{2}-1$ 的 $2k$ 阶 RIP 条件，另外，假设 $x \in \Sigma_k$。且观测量为 $y = Ax + e$，e 的元素是与 $\mathcal{N}(0,\sigma^2)$ 独立同分布的。那么当 $\mathcal{B}(y) = \{z: \|Az - y\|_2 \leqslant 2\sqrt{m}\sigma\}$，那么式（1.12）的解 $\hat{x}$ 服从

$$\|\hat{x} - x\|_2 \leqslant 8\frac{\sqrt{1+\delta_{2k}}}{1-(1+\sqrt{2})\delta_{2k}}\sqrt{m}\sigma$$

在概率至少为 $1-\exp(-c_0 m)$ 的意义下。

同样，我们可以类似地考虑在高斯噪声下定理 1.10 的推广。若我们假设矩阵 A 的列是具有单位范数的，那么 $A^{\mathrm{T}}e$ 的每一个系数都是具有零均值、方差为 σ^2 的高斯随机变量。由高斯分布的标准边界（如第 5 章中的式（5.5））可知

$$\mathbb{P}(|[A^{\mathrm{T}}e]_i| \geqslant t\sigma) \leqslant \exp(-t^2/2)$$

对 $i = 1, 2, \cdots, n$。故对所有不同的 i 求并集可得

$$\mathbb{P}(\|A^{\mathrm{T}}e\|_\infty \geqslant 2\sqrt{\log n}\sigma) \leqslant n\exp(-2\log n) = \frac{1}{n}$$

将这一结果应用到定理 1.10，可得如下的结论，这是参考文献［45］定理 1.1 的简化版本。

推论 1.2 假设 A 满足常数 $\delta_{2k} < \sqrt{2}-1$ 的 $2k$ 阶 RIP 条件，另外，假设 $x \in \Sigma_k$。且观测量为 $y = Ax + e$，e 的元素是与 $\mathcal{N}(0,\sigma^2)$ 独立同分布的。那么当 $\mathcal{B}(y) = \{z: \|A^{\mathrm{T}}(Az - y)\|_\infty \leqslant 2\sqrt{\log n}\sigma\}$ 时，式(1.12)的解 $\hat{x}$ 服从

$$\|\hat{x} - x\|_2 \leqslant 4\sqrt{2}\frac{\sqrt{1+\delta_{2k}}}{1-(1+\sqrt{2})\delta_{2k}}\sqrt{k\log n}\sigma$$

在概率至少为 $1-\frac{1}{n}$ 的意义下。

忽略误差边界中的常数项及概率意义，我们可知，当 $m = O(k\log n)$ 时，这些结论是一样的。然而，它们之间还是有细微差别的。特别地，若固定 m 和 n，考虑变化 k 的影响，由推论 1.2 可知边界也是随之变化的，当 k 很小时，保证条件较强，然后由推论 1.1 可知这一结果并没有随 k 的减小而加强。因此，尽管它们给定的保证条件类似，但是可知 Dantzig 选择算子在某种程度上

是更适用的。关于这些方法的比较优势的进一步讨论见参考文献 [45]。

由推论 1.2 可知，Dantzig 选择算子达到的误差 $\|\hat{x}-x\|_2^2$ 由一个常数乘以 $k\sigma^2\log n$ 界定，在高概率意义下。由于一般要求 $m>k\log n$，这充分小于我们所期望的噪声能量 $\mathbb{E}\|e\|_2^2=m\sigma^2$，这一事实说明其实稀疏度的方法在减少噪声水平方面更成功。

有几个方面可以说明值 $k\sigma^2\log n$ 近似达到最优。首先，一个“预言”估计量是先已知非零元素的具体位置的，而且使用的是最小二乘法估计它们的值以达到误差阶数为 $k\sigma^2$。基于此，由推论 1.2 给出的保证条件是一个近似“预言”的结论。估计 x 的 Cramér - Rao 界（CRB）也是 $k\sigma^2$ 的阶[17]，这是有实际意义的，因为 CRB 是由高信噪比下的最大似然估计实现的，这意味着对于低噪声设置，$k\sigma^2$ 的一个误差是可实现的。然而，最大似然估计量是 NP 难以计算，因此接近极限的结果仍然是有趣的。有趣的是，$\log n$ 因子似乎是一个不可避免的结果，因为非零元素的位置是未知的。

3. 相干性的保证

到目前为止，我们已经验证了基于 RIP 条件的性能。由 1.4.3 节可知，实际应用中验证 A 满足 RIP 条件或者计算 RIP 条件中的常数 δ 一般是比较困难的。基于止，我们转向考虑验证相干性条件，因为它们也可用于任意的字典学习。

为了验证基于相干性条件的性能保证，自然的办法就是将基于 RIP 条件的推论 1.1 及推论 1.2 与相干性条件的引理 1.5 相结合。这种技术只产生基于相干性的保证，但结果往往过于悲观。通过直接利用相干性来建立保证，通常更有启发性[18,37,87,88]。为了描述这个方法产生的保证条件类型，我们给出如下的定理表述。

定理 1.11　假设 A 具有相干性 μ，及 $x\in\Sigma_k$，其中 $k<(1/\mu+1)/4$。另外，假设观测量由 $y=Ax+e$ 获得，那么当 $\mathcal{B}(y)=\{z:\|Az-y\|_2\leqslant\epsilon\}$ 时，式（1.12）的解 $\hat{x}$ 服从

$$\|x-\hat{x}\|_2\leqslant\frac{\|e\|_2+\epsilon}{\sqrt{1-\mu\ (4k-1)}}$$

注意，这一定理对 $\epsilon=0$ 及 $\|e\|_2=0$ 同样成立。因为也可将这一定理应用于定理 1.8 中定义的不含噪声的情形。另外，$\|e\|_2\leqslant\epsilon$ 并不是必要条件。事实上，这个定理对于 $\epsilon=0$ 但是 $\|e\|_2\neq0$ 的情形同样成立。这一结论与定理 1.9 的结论有一定意义的差异，这使得我们质疑在处理含噪声情形时是否真的需要采用不同的算法。然而，如参考文献 [88] 所述，定理 1.11 是最坏情形的分析结果，且真实误差被估计过大了。在实际应用中，由于噪声的存在而使用修正过的 $\mathcal{B}(y)$ 很大程度上提高了式（1.12）的性能。

为了描述另一个基于相干性的保证条件，我们考虑与式（1.12）等价的另一个表现形式，考虑最优化问题

$$\hat{x}=\arg\min_z\frac{1}{2}\|Az-y\|_2^2+\lambda\|z\|_1 \tag{1.15}$$

采用这个公式得到了下面的定理，它给出了式（1.15）的一个保证条件，是目前为止我们给出的关于原始信号 x 的支集的一个结果。

定理 1.12　假设 A 的相干性为 μ，且 $x\in\Sigma_k$，其中 $k\leqslant1/(3\mu)$。另外假设观测量为 $y=Ax+e$，e 的元素是与 $\mathcal{N}(0,\sigma^2)$ 独立同分布的，对相对小的值 $\alpha>0$，记

$$\lambda = \sqrt{8\sigma^2(1+\alpha)\log(n-k)}$$

那么在概率大于

$$\left(1-\frac{1}{(n-k)^{\alpha}}\right)(1-\exp(-k/7))$$

的意义下，式（1.15）的解 $\hat{x}$ 是唯一的，$\mathrm{supp}(\hat{x})\subset\mathrm{supp}(x)$，且

$$\|\hat{x}-x\|_2^2\leqslant(\sqrt{3}+3\sqrt{2(1+\alpha)\log(n-k)})^2k\sigma^2$$

在这一保证条件下，任意的 $\hat{x}$ 的非零元素都可近似表示 x 的非零元素。注意，这一分析结果也适用于情况最坏的信号 x。若假设 x 有一定的随机度，则可改进上面的结论。特别地，若随机选取 $\mathrm{supp}(x)$ 且 x 的非零元素的符号是独立的（如为 ±1），那么对 μ 的假设条件可放宽。另外，通过设定 x 的非零值大于一些最小取值，也可保证精确重建信号的支集。

1.5.3　情况－最优保证条件回顾

现在我们考虑不含噪声的非稀疏信号的重建问题，回顾一下对于这一情形的情况－最优保证条件。由前面的定理 1.8 可知重建误差的 ℓ_2 范数误差 $\|\hat{x}-x\|_2$ 由常数 C_0 乘以 $\sigma_k(x)_1/\sqrt{k}$ 界定。一般地，可将此重建误差推广到 ℓ_p 范数（$p\in[1,2]$），如可得 $\|\hat{x}-x\|_1\leqslant C_0\sigma_k(x)_1$。这一结果很自然地让我们猜想对于 ℓ_2 范数意义下的误差是否有 $\|\hat{x}-x\|_2\leqslant C\sigma_k(x)_2$，不幸的是，这一结果成立的条件是需要非常多的观测量，这一结论由下列定理描述，它的证明请参见 A.4 节。

定理 1.13　假设 A 是 $m\times n$ 阶的矩阵，且 Δ：$\mathbb{R}^m\to\mathbb{R}^n$ 是一个重建算法，满足

$$\|x-\Delta(Ax)\|_2\leqslant C\sigma_k(x)_2 \tag{1.16}$$

那么对于 $k\geqslant1$，有 $m>(1-\sqrt{1-1/C^2})n$。

因此，若我们想要式（1.16）当常数 $C\approx1$ 对所有的信号 x 成立，在不考虑重建算法的情况下，我们需要大约 $m\approx n$ 的观测量。然而，这一结果是过于悲观的，由 1.5.2 节中的结果可知，若将近似误差看成是噪声，那么可克服上述缺陷。

注意，目前为止给出的对 ℓ_1 最小化方法的结论都是确定的情况－最优的保证，均在假定矩阵是满足 RIP 条件的情形将其应用到重建信号 x。这是一个重要的理论性质，但是，在 1.4.4 节中指出在实际应用中很难给出确定的保证来确保矩阵 A 是满足 RIP 条件的。特别地，只有依赖于随机性的矩阵在高概率的意义下是满足 RIP 条件的。例如，由第 5 章的定理 5.65 阐明，若一个矩阵 A 是子高斯分布的，且 $m=O(k\log(n/k)/\delta_{2k}^2)$，那么 A 在概率至少为 $1-2\exp(-c_1\delta_{2k}^2m)$ 的意义下，是满足 $2k$ 阶的 RIP 条件的。

尽管都属于概率结果的一类，但是可将其分为两种不同的风格。典型的一种方法就是将高概率与构造满足 RIP 条件的矩阵相结合的办法，本章之前的内容已经给出了一些这种方法的结果。这就产生了这样一个过程，在高概率的意义下，可以满足一个确定的保证条件来应用于所有的信号 x。另外一种结论就是假设给定一个信号 x，我们可以只针对这一信号 x 在高概率的意义下专门设计一个随机矩阵 A。这种类型的保证条件有时被称为概率意义下的情况－最优。这两种风格的方法的区别就是我们是否有必要对每一个信号 x 设计一个新的随机矩阵 A。在实际应用中，这是一个很重要的不同点，但是若我们假设对每一个信号 x 需要设计一个新的随机矩阵 A，

那么定理 1.13 就是一个悲观的结论，如下定理：

定理 1.14　假设固定 $x \in \mathbb{R}^n$，设 $\delta_{2k} < \sqrt{2}-1$，A 是一个 $m \times n$ 的子高斯分布矩阵，且 $m = O(k\log(n/k)/\delta_{2k}^2)$，观测量为 $y = Ax$，$\epsilon = 2\sigma_k(x)_2$。那么高概率大于 $1-2\exp(-c_1\delta_{2k}^2 m)-\exp(-c_0 m)$ 的意义下，当 $\mathcal{B}(y)=\{z: \|Az-y\|_2 \leqslant \epsilon\}$ 时，式（1.12）的解 $\hat{x}$ 满足

$$\|\hat{x}-x\|_2 \leqslant \frac{8\sqrt{1+\delta_{2k}}-(1+\sqrt{2})\delta_{2k}}{1-(1+\sqrt{2})\delta_{2k}}\sigma_k(x)_2$$

证明：由第 5 章的定理 5.65 阐明若一个矩阵 A 是子高斯分布的，且 $m = O(k\log(n/k)/\delta_{2k}^2)$，那么 A 在概率至少为 $1-2\exp(-c_1\delta_{2k}^2 m)$ 的意义下，是满足 $2k$ 阶的 RIP 条件的。记 Λ 为 x 最大的 k 个元素的下标集，令 $x = x_\Lambda + x_{\Lambda^c}$。由于 $x_\Lambda \in \Sigma_k$，则 $Ax = Ax_\Lambda + Ax_{\Lambda^c} = Ax_\Lambda + e$。若 A 是子高斯分布的，那么 Ax_{Λ^c} 也是子高斯分布的（详见第 5 章），那么可类似于获得式（1.14）的方法知在概率至少为 $1-\exp(-c_0 m)$ 的意义下，$\|Ax_{\Lambda^c}\|_2 \leqslant 2\|x_{\Lambda^c}\|_2 = 2\sigma_k(x)_2$。因此，对所有的元素求并集可得，在概率大于 $1-2\exp(-c_1\delta_{2k}^2 m)-\exp(-c_0 m)$ 的意义下，将定理 1.9 应用到 x_Λ，$\sigma_k(x_\Lambda)_1 = 0$，因此

$$\|\hat{x}-x_\Lambda\|_2 \leqslant 2C_2\sigma_k(x)_2$$

由三角不等式可得

$$\|\hat{x}-x\|_2 = \|\hat{x}-x_\Lambda+x_\Lambda-x\|_2 \leqslant \|\hat{x}-x_\Lambda\|_2 + \|x_\Lambda-x\|_2 \leqslant (2C_2+1)\sigma_k(x)_2$$

即定理得证。

因此，尽管在不考虑取很多的观测量的条件下要想得到式（1.16）的确定性保证条件是不太可能的，但是由定理 1.13 可知，在高概率的意义下取少部分的观测量是可能得到如式（1.16）中的确定性保证条件的。注意，上面的结果只应用于参数选对的情形，即需要对 x 已知一点先验知识，也就是 $\sigma_k(x)_2$。实际应用中，这一问题可以由一些参数选择技术克服，如交叉验证法[243]。但是，对于 ℓ_1 最小化也存在更复杂的分析，这些分析表明可以在不需要参数选择的预言的情况下获得类似的性能[248]。注意，定理 1.14 也可用于其他类型的观测矩阵，且也可用于 x 是可压缩的。另外，证明的方法也可用于在第 8 章中介绍的各种贪婪算法，在并不需要先知道噪声水平的先验知识的条件下，得到类似的结果[56,190]。

1.5.4　正多面体与相位变化

对 ℓ_1 最小化方法的基于 RIP 条件的分析允许我们对许多不同噪声类型建立各种各样的保证性条件，但是缺点是在分析实际上使用多少观测量时放宽了矩阵满足 RIP 条件的限制。另外一个可替代的方法就是，从几何视角来分析 ℓ_1 最小化算法。在本节中，我们定义一个闭 ℓ_1 球，也被称为是正多面体：

$$C^n = \{x \in \mathbb{R}^n : \|x\|_1 \leqslant 1\}$$

注意，C^n 是 $2n$ 个点 $\{p_i\}_{i=1}^{2n}$ 的一个凸包。记 $AC^n \subseteq \mathbb{R}^m$ 为由 $\{Ap_i\}_{i=1}^{2n}$ 的凸包定义的凸多面体或者等价于

$$AC^n = \{y \in \mathbb{R}^m : y = Ax, x \in C^n\}$$

对任意的 $x \in \Sigma_k$，可将支集与 C^n 的 k 平面相结合，且可符号化 x。可以指出 AC^n 的 k 平面的

个数实际上就是信号的支集大小为 k 的下标集的个数，这些支集可由当$\mathcal{B}(y)=\{z:Az=y\}$时式(1.12)重建。因此，对所有的 $x\in\Sigma_k$，ℓ_1 最小化方法得到的解与 ℓ_0 最小化方法得到的解是一样的，当且仅当 AC^n 的 k 平面的个数等于 C^n 的 k 平面的个数。另外，通过数 AC^n 的 k 平面的个数，可以精确量化使用感知矩阵为 A 的 ℓ_1 最小化方法重建的稀疏向量的比例。更多细节见参考文献[81，84，92－94]，关于本工作所涉问题的概述见参考文献[95]。同时注意，用其他多面体来替代正多面体（如单纯形和超立方体），可用同样的技术重建某些特定的信号类，诸如元素为非负的或者有界的稀疏信号[95]。

对于随机矩阵的构造，也可以从这一几何视角来得到可能的边界，这些边界是与 AC^n 的 k 平面的个数有关的，这里 A 是随机产生的矩阵，如高斯分布矩阵。在 $k=\rho m$ 和 $m=\gamma n$ 的假设条件下，当 $n\to\infty$ 可得到渐近线。这一分析表明存在一个相位变化，即对每一个大尺寸问题存在紧阈值使得 k 平面的比例在高概率的意义下变为 1 或者 0，依赖于 ρ 和 γ[95]。对于精确的 ρ 和 γ 值，可以使重建算法成功重建信号，更详细的介绍可参见第 7 章和第 9 章。

这些结果对于含较少噪声情形给定了最小观测值数量的一个紧边界。一般地，这些边界比在基于 RIP 条件下得到的边界具有更强的意义，可以放宽约束条件。然而，这些紧边界需要更复杂的分析及对矩阵 A 更强烈的约束假设（如高斯矩阵）。因此，本章中介绍的最有力的一个基于 RIP 条件的分析可适用非常广泛的矩阵类型，也可推广到含噪声情形。

1.6 信号重建算法

下面介绍一些关于压缩感知的信号重建算法。近年来在压缩感知领域对这一问题的研究颇受关注，其中的许多技术都是处于研究前沿的。存在许多种重建算法被应用于诸如稀疏近似、统计学、地球物理学及理论计算机科学中，其被用来探索其他内容的稀疏度，也可被用在压缩感知重建问题中。本节将简单介绍其中的一些算法。

注意，我们只关注可用来重建原始信号 x 的算法。在某些背景下，用这些算法目标可以是解决一些推断问题，比如检测、分类或者参数估计等，在这种情况下，可能不需要完全重构[69－71，74，100，101，143，145]。

1. ℓ_1 最小化算法

在 1.5 节中介绍 ℓ_1 最小化方法给出了对于重建稀疏信号的一个很好的框架。ℓ_1 最小化的作用不只仅限于给出一个精确的重建，而且由 1.5 节中给出的表达式可知，它是一个凸问题，故它存在一个有效且精确的数值解。例如，对于解式(1.12)(其中$\mathcal{B}(y)=\{z:Az=y\}$)的过程就可看成是一个线性规划问题。在$\mathcal{B}(y)=\{z:\|Az-y\|_2\leqslant\epsilon\}$或者$\mathcal{B}(y)=\{z:\|A^{\mathrm{T}}(Az-y)\|_\infty\leqslant\lambda\}$时，最小化问题式(1.12)变成了一个带二次曲线约束的凸规划问题。

尽管这些优化问题均可用凸优化问题的软件求解，但是在压缩感知理论中存在许多解决这些优化问题的算法。本书中主要关注$\mathcal{B}(y)=\{z:\|Az-y\|_2\leqslant\epsilon\}$情形。然而，存在许多这一规划过程的等价形式。比如，多数 ℓ_1 最小化方法实际上考虑的是无约束条件情形，即

$$\hat{x}=\underset{z}{\operatorname{argmin}}\frac{1}{2}\|Az-y\|_2^2+\lambda\|z\|_1$$

注意，对于参数 λ 的选取，上面的优化问题可以转为带约束条件的问题：

$$\hat{x} = \underset{z}{\operatorname{argmin}} \| z \|_1$$

使得

$$\| Az - y \|_2 \leqslant \epsilon$$

然而，通常使得两个问题等价的参数 λ 是未知的。在参考文献［110，123，133］中讨论了选择 λ 的几种方法。由于在许多背景下 ϵ 是一个更自然的参数化选取（由噪声水平所确定），也存在许多算法是直接解后一个表达式的。

2. 贪婪算法

虽然凸优化问题对于稀疏重建是一个强有力的技术，但是也存在许多贪婪/迭代算法可以解这些问题。贪婪算法依赖于对信号的系数和支集的迭代近似：或者是通过迭代近似确定信号的支集，直到达到一定的收敛准则，或者是在每一步的迭代过程中得到一个改进的估计，用以解释与观测值的不匹配。一些贪婪算法可被证明具有与凸优化问题一样的性能保证。事实上，一些贪婪算法与上一节描述的 ℓ_1 最小化方法是类似的。然而，这些技术所表现的性能保证是不同的。

更多的关于贪婪算法的综述及其性能分析可参见第 8 章。我们在这里只是简单的回顾一些比较常用的方法及它们的理论分析。两种最古老且最简单的贪婪算法是正交匹配追踪（OMP）和迭代阈值（IT）算法。首先介绍 OMP 方法，这一算法是以寻找与矩阵 A 的列最相关的测量值。算法不断重复这一步骤，通过将矩阵的列与信号残差相结合，这一残差是通过将这一步估得的信号与原始信号向量相关而得的。算法的定义由算法 1.1 给出，其中 $H_k(x)$ 表示作用在信号 x 上的一个硬阈值，使得 x 中除了最大的 k 的元素不为零外，其余元素均为零。迭代停止的条件可以是对迭代步骤的限制，也可以是对 $\hat{x}$ 中非零元素个数的限制，又或者是在某个意义下有 $y \approx A\hat{x}$。注意，对于其余情形，若 OMP 计算了 m 步，那么总可以得到一个估计 $\hat{x}$ 使得 $y \approx A\hat{x}$。迭代阈值算法是更直接的一个算法。如考虑在算法 1.2 中描述的迭代硬阈值（IHT）算法[24]，由初始信号估计 $\hat{x}_0 = 0$ 开始，算法依据硬阈值采用梯度下降法迭代，直到达到收敛准则。

算法 1.1　正交匹配追踪

输入：压缩感知矩阵/字典 A，观测量向量 y

初始化：$\hat{x}_0 = 0$，$r_0 = y$，$\Lambda_0 = \varnothing$

for $i = 1$；$i := i + 1$　直到达到停止准则 do

$g_i \leftarrow A^{\mathrm{T}} r_{i-1}$　{由残差估计新的信号值}

$\Lambda_i \leftarrow \Lambda_{i-1} \cup \operatorname{supp}(H_1(g_i))$　{将最大的残差添加进支集}

$\hat{x}_i|_{\Lambda_i} \leftarrow A_{\Lambda_i}^{\dagger} y$，$\hat{x}_i|_{\Lambda_i^c} \leftarrow 0$　{更新信号估计}

$r_i \leftarrow y - A\hat{x}_i$　{更新观测量估计}

end for

输出：稀疏表示 $\hat{x}$

算法 1.2 迭代硬阈值

输入：压缩感知矩阵/字典 A，观测量向量 y，稀疏水平 k

初始化：$\hat{x}=0$

for $i=1$；$i:=i+1$ 直到达到停止准则 do

$\hat{x}_i=H_k(\hat{x}_{i-1}+A^{\mathrm{T}}(y-A\hat{x}_{i-1}))$

end for

输出：稀疏表示 $\hat{x}$

OMP 和 IHT 算法均满足与 ℓ_1 最小化方法相同的保证条件。例如，在稍微强的 RIP 条件假设下，IHT 算法满足与定理 1.9 非常相似的保证条件，将在第 8 章中详细讨论这一算法及其理论性质分析。在这里，我们主要介绍一下 OMP 算法。

对于 OMT 算法最简单的保证条件就是对于精确 k 稀疏的向量 x，有不含噪声的观测量 $y=Ax$，那么 OMP 可在 k 步迭代后精确重建出信号 x。这一分析对于满足 RIP 条件[75]和有界相干性的矩阵[220]都是适用的。对于两种结果，所需要的常数都相对小一些，所以有 $m=O(k^2\log(n))$。

为了改进上述的基本结论，研究学者做了许多努力。其中一个例子就是允许迭代步骤多于 k 步，而将观测量减少到了 $m=O(k^{1.6}\log(n))$。最近，对于精确稀疏的信号产生了如同定理 1.9 的保证条件，对于含噪声情形 OMP 方法是稳定，且将观测量减少到了 $m=O(k\log(n))$[254]。以上两种分析过程都采用了 RIP 条件。也有在 RIP 条件下对于非稀疏信号的 OMP 的性能分析的结果[10]。直到现在，基于 RIP 条件的 OMP 的性能分析还是一个比较热门的话题。

注意，以上所有的努力都是在建立一个一致的保证条件（尽管大多数均限定于精确稀疏信号）。由 1.5.3 节中的讨论可知，我们希望考虑放宽保证条件的限制，比如，考虑随机矩阵 A 时，OMP 可以在高概率的意义下使用 $m=O(k\log(n))$ 个观测量在 k 步迭代后重建出 k 稀疏信号[222]。如参考文献［88］所述，通过对信号的最小非零值施加限制，也可以进行类似的改进。此外，当测量值被高斯噪声破坏时，这些限制还能保证接近最优恢复[18]。

3. 组合算法

除了 ℓ_1 最小化方法与贪婪算法之外，还有一类比较重要的稀疏重建算法，我们称之为组合算法。这些算法大多数是由计算机科学组织研制，发表在最近的压缩感知文献上，但是大多数是与稀疏信号重建高度相关的。

这些算法的最初是发展于组合群检测算法[98,116,160,210]。对于这类问题，我们假设需要找到 n 个总项目及 k 个异常元素。比如，在工业背景下我们希望确定一个有缺陷的产品，或者在医学背景下我们希望一组病变组织样本。对于这两种情形，用向量 x 表示异常元素，也就是对 k 个异常元素 $x_i\neq0$，对于其他情形 $x_i\neq0$。我们的目标是设计一系列的检测使得我们可以检测到 x 的支集（或者是非零值），同样最小化给定的检测数。在实际应用中，这些检测都可用一个二进制矩阵 A 表示，它的元素 $a_{ij}=1$ 当且仅当第 j 项在第 i 次检验中被用到。如果检验的输出与输入的关系是线性的，那么重建向量 x 的问题就与压缩感知中的标准稀疏重建问题是一样的。

另外一个组合算法的应用领域是对数据流的计算[59,189]。一个经典的关于数据流计算的例子就是，假设 x_i 表示目标 i 的通过一个网络路由的数据包流量，想要简单存储向量 x 是不可行的，因为所有可能的目标数是 $n=2^{32}$。因此，代替直接存储 x，可以存储 $y=Ax$，这里 A 是一个 $m\times n$ 阶矩阵，有 $m\ll n$。注意，这里的 y 与压缩感知方法里使用到的 y 计算形式是不同的。特别地，在交通网络的例子中，我们并不需要直接观察 x_i，我们只需要知道 x_i 的增量。因此，我们构造 y 时，只需要每次将 x_i 的增量的第 i 列加入到 y，因此 $y=Ax$ 是线性的。当交通网络的交通目标是一个很小的数时，向量 x 是可压缩的，因此对于此种情况下 x 的重建也与压缩感知中的稀疏重建是一样的。

尽管在两种背景下，我们都希望从少量的观测值中重建出一个稀疏信号，但是它们与压缩感知间还是存在一定差异的。首先，在这些背景条件下，很自然地就假设重建算法的设计者可以全部控制矩阵 A，所以在一定方式下可以自由地选择 A 来减少重建所需的计算量。如，通常设计 A 含有非常少的非零值，也就是说，感知矩阵本身也是稀疏的[8,128,154]。一般地，大多数方法对采样矩阵 A 的构造都是非常小心的（虽然有些方法确实涉及“通用”稀疏矩阵，例如，见参考文献［20］）。这与最优化算法和贪婪算法有很大的不同，矩阵需要满足如1.4节中所描述的一些条件。当然，这一矩阵结构使算法运行速度更快[51,60,129,130]。

其次，注意对所有上面描述的凸方法和贪婪算法的算法复杂度至少在 n 的意义下是线性的。尽管这个在大多数压缩感知应用中是可接受的，但是当 n 变得非常大时算法就变得不可行。在此背景下，需要找到一种算法，它的计算复杂度只与信号的长度存在线性关系，即它的稀疏度。此时，算法并不需要重建完整的 x，只需重建出 x 的最大的 k 个元素。幸运的是，这一方法是可行的。

1.7　多维测量向量

压缩感知的许多潜在应用是与多个相关信号的分布式采集有关的。多个信号情况就是全部 l 个信号都是稀疏的，且在稀疏近似表示下所有的非零元素的下标均相同，这些信号构成了多维测量向量（MMV）问题。在MMV背景下，并不是分别重建单一的稀疏向量 x_i，对每个 $i=1,\cdots,l$，而是找到它们共同的稀疏支集将所有的信号向量组合在一起重建。将这些向量按列排列成一个矩阵 X，它们最多有 k 个非零的行。也就是说，不仅每一个向量是 k 稀疏的，而且非零元素值只出现在一个共同的位置集。可以说 X 是按行稀疏的矩阵，且记 $\Lambda=\mathrm{supp}(X)$ 表示 X 的非零行的下标集㊀。

MMV问题被应用于多个领域。早期的MMV算法集中于脑磁图描记术，它是一种改进的脑部成像术[134,135,200]。相同的想法也出现在阵列处理、均衡稀疏通信渠道及最近的感知无线电和多带宽通信。

1. 观测矩阵的条件

如在标准的压缩感知中，我们也假设给定观测量 $\{y_i\}_{i=1}^{l}$，这里每一个向量长度都是 $m<n$

㊀ MMV问题可以转化为按块稀疏重建问题，且依赖于用于每一个信号的矩阵 $A\in\mathbf{R}^{m\times n}$ 来构造每一个小矩阵 $A'\in\mathbf{R}^{lm\times ln}$。——原书注

的。假定 Y 是 $m\times l$ 阶矩阵，它的列是 y_i，则我们的问题就是假设已知一个观测矩阵 A 的条件下重建 X，使得 $Y=AX$。明显地，我们可以应用任意一个前面描述的压缩感知方法来从 y_i 重建得到 x_i。因此，由于向量 $\{x_i\}$ 均有共同的支集，那么我们通过将这些信息连接到一起来改进重建的能力。换句话说，一般地，我们需要减少观测量 ml 到 sl 来表示 A，这里 s 是对于一个给定的矩阵 A 为了重建得到一个向量 x_i 所需要的观测量的数目。

由于 $|\Lambda|=k$，则 X 的秩满足 $\mathrm{rank}(X)\leqslant k$。当 $\mathrm{rank}(X)=1$，则所有的稀疏向量 x_i 都与自己相乘，那么把它们合在一起的做法并没有优势。然而，当 $\mathrm{rank}(X)$ 比较大时，我们希望运用其列的差异来使结合重建算法具有优势，由以下定理描述：

定理 1.15 由观测量 $Y=AX$ 唯一可确定行稀疏矩阵的一个充分必要条件为

$$|\mathrm{supp}(X)|<\frac{\mathrm{spark}(A)-1+\mathrm{rank}(X)}{2} \tag{1.17}$$

在式（1.17）中，可用 $\mathrm{rank}(Y)$ 来代替 $\mathrm{rank}(X)$。这个条件即使在非常多的向量 x_i 的情形下也是成立的。定理 1.15 的一个结论就是，当矩阵 X 的秩很大时，可由少量的观测值重建出向量。另外，当矩阵 X 的支集也很大时，可由同样多的观测值重建出向量。当 $\mathrm{rank}(X)=k$ 且 $\mathrm{spark}(A)$ 的最大值等于 $m+1$，那么式（1.17）的条件变为 $m\geqslant k+1$。因此，在这种最好情况时，对每一个信号，只需 $k+1$ 个观测量就可确保唯一性成立。这远比在标准的压缩感知中通过 spark 所得到的值 $2k$ 小（参见定理 1.7）。另外，当矩阵 X 满秩时，相比于解决一般的需要 $2k$ 个观测值矩阵 A 的单观测向量（SMV）问题的组合复杂度而言，X 可由一个简单的方法重建，详见第 8 章。

2. 重建算法

当 X 不满秩时，存在许多种不同的重建方法可找出联合的稀疏度。在 SMV 假设的背景下，两种主要的方法可用来解 MMV 问题：基于凸优化问题的方法和基于贪婪算法的方法。对于 MMV 问题有类似于式（1.10）的表达式：

$$\hat{X}=\arg\min_{X\in\mathbb{R}^{n\times l}}\|X\|_{p,0}\quad Y=AX \tag{1.18}$$

式中，对于矩阵定义范数 $\ell_{p,q}$

$$\|X\|_{p,q}=\left(\sum_i\|x^i\|_p^q\right)^{1/q}$$

式中，x^i 表示 X 的第 i 列。同样可考虑 $q=0$ 时，对任意的 p 有 $\|X\|_{p,0}=|\mathrm{supp}(X)|$。基于最优化方法的算法可放宽式（1.18）里的 ℓ_0 范数，且希望由混合范数最小化方法重建出 X：

$$\hat{X}=\arg\min_{X\in\mathbb{R}^{n\times l}}\|X\|_{p,q}\quad Y=AX$$

对 $p,q\geqslant 1$。在 SMV 假设下的标准贪婪算法也可推广到 MMV 情形（详见第 8 章）。另外，也可将 MMV 问题简化为 SMV 问题，从而可使用标准的压缩感知重建算法[185]，这一简化对于大尺度问题是有好处的，如那些由模拟采样产生的问题。

MMV 模型也可用来处理盲压缩感知问题，这时稀疏基是由表达系数学习得到的[131]。所有的压缩感知方法都假设在重建过程中稀疏基是已知的，但是在盲压缩感知过程中是不需要知道这一先验知识的。当 MMV 是可用的，在一定稀疏基的假设条件下，盲压缩感知在采样和重建过程中均可不需知道稀疏度。

在理论保证方面，由 SMV 算法推广到 MMV 时，可在类似于 SMV 的最坏情况假设条件下重建出 X，从而对于 X 的任意值，理论等价结果不能预测任何具有联合稀疏性的性能增益。实际应用中，多通道并行重建技术性能优于单独处理每一个通道。若我们将相同的信号输入每一个通道，也就是说，当 $\mathrm{rank}(X)=1$ 时，关于由多维观测量给出的联合支集并没有提供更多的信息。然而，如同定理 1.15 的描述，高秩的输入矩阵 X 可以提高重建能力。

另一个提高重建性能的方法就是考虑随机矩阵 X，且在高概率意义下考虑重建 X[7,115,137,208]。平均情况分析可以用来表示需要较少的测量以精确地重建 X[115]。此外，在稀疏性和矩阵 A 的温和条件下，失效概率在通道数 l 中呈指数衰减[115]。

最后，注意，适用于 MMV 的重建算法，也可用来重建块稀疏矩阵[112,114,253]。

1.8 总结

压缩感知是一个令人振奋、快速成长的领域，被广泛用于信号处理、统计学、计算机科学及广阔的科学领域。它是近年才发展起来的新兴科学，几年的时间，该领域就有成千上万的文章出现；而且，有许多的会议、研讨会及特别会议召开，都促使该领域快速发展。在本章，我们回顾了一些有关压缩感知的基础理论。同样给出了关于压缩感知研究的新方向和前沿应用的一个小结。本章可以作为新入门压缩感知领域读者或者研究人员的一个综述。我们的目的是，让这些描述吸引更多数学家和工程师们致力于这一新兴领域的研究，更快地推动压缩感知在实际应用中的发展。在本书剩余的章节，我们将看到在本章中给出的基础知识被推广和拓展到更多令人振奋的方向，包括对于模拟信号和时间离散信号的新模型、新感知矩阵的设计技术等，也将看到更多先进的重建结果和有力的重建算法，以及基于基础理论的实际应用及其推广等。

附录 第 1 章的证明

A.1 定理 1.4 的证明

为了证明定理 1.4，需先引入如下的引理：

引理 A.1 假定 k 和 n 满足 $k<n/2$。存在一个集合 $X\subset\Sigma_k$ 使得对任意的 $x\in X$ 有 $\|x\|_2\leqslant\sqrt{k}$，且对任意的 $x,z\in X$，$x\neq z$ 有

$$\|x-z\|_2\geqslant\sqrt{k/2} \tag{A.1}$$

且

$$\log|X|\geqslant\frac{k}{2}\log\left(\frac{n}{k}\right)$$

证明：考虑集合

$$U=\{x\in\{0,+1,-1\}^n:\|x\|_0=k\}$$

对所有的 $x\in U$，有 $\|x\|_2^2=k$。因此从 U 中选取元素来构造的 X 自然就满足 $\|x\|_2\leqslant\sqrt{k}$。

接着，注意到 $|U|=\binom{n}{k}2^k$，若 $x,z\in U$，那么 $\|x-z\|_0\leqslant\|x-z\|_2^2$；若 $\|x-z\|_2^2\leqslant k/2$，则 $\|x-z\|_0\leqslant k/2$，基于此，我们对固定的 $x\in U$ 有

$$|\{z\in U:\|x-z\|_2^2\leqslant k/2\}|\leqslant|\{z\in U:\|x-z\|_0\leqslant k/2\}|\leqslant\binom{n}{k/2}3^{k/2}$$

因此，假设通过不断选取满足条件式（A.1）的点来构造 X。在第 j 个点加入集合后，至少有

$$\binom{n}{k}2^k - j\binom{n}{k/2}3^{k/2}$$

个点可供选择。因此，我们可以构造一组大小$|X|$假设

$$|X|\binom{n}{k/2}3^{k/2} \leqslant \binom{n}{k}2^k \tag{A.2}$$

由于

$$\frac{\binom{n}{k}}{\binom{n}{k/2}} = \frac{(k/2)!(n-k/2)!}{k!(n-k)!} = \prod_{i=1}^{k/2} \frac{n-k+i}{k/2+i} \geqslant \left(\frac{n}{k} - \frac{1}{2}\right)^{k/2}$$

上面的不等式成立是因为$(n-k+i)/(k/2+i)$是i的一个减函数。因此若假设$|X|=(n/k)^{k/2}$，则有

$$|X|\left(\frac{3}{4}\right)^{k/2} = \left(\frac{3n}{4k}\right)^{k/2} = \left(\frac{n}{k} - \frac{n}{4k}\right)^{k/2} \leqslant \left(\frac{n}{k} - \frac{1}{2}\right)^{k/2} \leqslant \frac{\binom{n}{k}}{\binom{n}{k/2}}$$

因此，式（A.2）对$|X|=(n/k)^{k/2}$成立，引理得证。

应用这个引理，可以得定理1.4。

定理1.4　假设矩阵A是一个$m\times n$阶，满足$2k$阶的RIP条件，常数$\delta_{2k}\in\left(0,\frac{1}{2}\right]$。那么

$$m \geqslant Ck\log\left(\frac{n}{k}\right)$$

成立。

式中，$C=1/2\log(\sqrt{24}+1)\approx 0.28$。

证明：由于A满足RIP条件，则对于引理A.1中的一组点X，有

$$\| Ax - Az \|_2 \geqslant \sqrt{1-\delta_{2k}}\,\| x - z \|_2 \geqslant \sqrt{k/4}$$

对所有的x，$z\in X$，由于$x-z\in\Sigma_{2k}$和$\delta_{2k}\leqslant 1/2$。类似地，对所有的$x\in X$，有

$$\| Ax \|_2 \leqslant \sqrt{1+\delta_{2k}}\,\| x \|_2 \leqslant \sqrt{3k/2}$$

对于下界成立，我们可以说是对任意的x，$z\in X$。若以Ax和Az为中心，半径为$\sqrt{k/4}/2=\sqrt{k/16}$构造球，那么这些球是不相交的。反之，上界告诉我们整个的一系列球就是它们本身，包含在一个以$\sqrt{3k/2}+\sqrt{k/16}$为半径的大球内。若设$B^m(r)=\{x\in\mathbb{R}^m:\|x\|_2\leqslant r\}$，那么有

$$\begin{aligned}
&\mathrm{Vol}(B^m(\sqrt{3k/2}+\sqrt{k/16})) \geqslant |X|\cdot \mathrm{Vol}(B^m(\sqrt{k/16}))\\
&\Leftrightarrow (\sqrt{3k/2}+\sqrt{k/16})^m \geqslant |X|\cdot(\sqrt{k/16})^m\\
&\Leftrightarrow (\sqrt{24}+1)^m \geqslant |X|\\
&\Leftrightarrow m \geqslant \frac{\log|X|}{\log(\sqrt{24}+1)}
\end{aligned}$$

那么应用引理A.1中对$|X|$的界定，可知定理成立。

A.2　引理1.3的证明

首先，我们先介绍如下的引理。

引理 A.2　假设 u，v 是正交向量，那么

$$\|u\|_2+\|v\|_2\leqslant\sqrt{2}\|u+v\|_2$$

证明：定义一个 2×1 阶的向量 $w=[\|u\|_2,\ \|v\|_2]^{\mathrm{T}}$，引入 $k=2$ 时的引理 1.2，则我们有 $\|w\|_1\leqslant\sqrt{2}\|w\|_2$。那么由此可得

$$\|u\|_2+\|v\|_2\leqslant\sqrt{2}\sqrt{\|u\|_2^2+\|v\|_2^2}$$

由于 u 和 v 是正的，则有 $\|u\|_2^2+\|v\|_2^2=\|u+v\|_2^2$，则引理得证。

引理 A.3　假设 A 满足 $2k$ 阶 RIP 条件，那么对任意的向量对 u，$v\in\Sigma_k$ 有不相交的支集

$$|\langle Au,\ Av\rangle|\leqslant\delta_{2k}\|u\|_2\|v\|_2$$

证明：假设 u，$v\in\Sigma_k$ 有不相交的支集，且 $\|u\|_2=\|v\|_2=1$。那么 $u\pm v\in\Sigma_{2k}$ 及 $\|u\pm v\|_2^2=2$。由 RIP 条件我们有

$$2(1-\delta_{2k})\leqslant\|Au\pm Av\|_2^2\leqslant2(1+\delta_{2k})$$

最后，由平行四边形恒等式可知

$$|\langle Au,\ Av\rangle|\leqslant\frac{1}{4}\left|\|Au+Av\|_2^2-\|Au-Av\|_2^2\right|\leqslant\delta_{2k}$$

引理得证。

引理 A.4　假设 Λ_0 是 $\{1,\ 2,\ \cdots,\ n\}$ 的任意一个子集，使得 $|\Lambda_0|\leqslant k$。对任意的向量 $u\in\mathbb{R}^n$，定义 Λ_1 是 $u_{\Lambda_0^c}$ 中最大的 k 个值的下标集（绝对值），Λ_2 是接下来的 k 个最大值的下标集，如此定义下去，那么

$$\sum_{j\geqslant2}\|u_{\Lambda_j}\|_2\leqslant\frac{\|u_{\Lambda_0^c}\|_1}{\sqrt{k}}$$

证明：对 $j\geqslant2$，有

$$\|u_{\Lambda_j}\|_\infty\leqslant\frac{\|u_{\Lambda_{j-1}}\|_1}{k}$$

由于 Λ_j 是将 u 按降序排列的。应用引理 1.2 可得

$$\sum_{j\geqslant2}\|u_{\Lambda_j}\|_2\leqslant\sqrt{k}\sum_{j\geqslant2}\|u_{\Lambda_j}\|_\infty\leqslant\frac{1}{\sqrt{k}}\sum_{j\geqslant1}\|u_{\Lambda_j}\|_1=\frac{\|u_{\Lambda_0^c}\|_1}{\sqrt{k}}$$

那么引理得证。

下面给出引理 1.3 的证明。

引理 1.3　假设 A 满足 $2k$ 阶 RIP 条件，设 $h\in\mathbb{R}^n$，$h\neq0$ 是任意的向量。记 Λ_0 为 $\{1,\ 2,\ \cdots,\ n\}$ 的子集使得 $|\Lambda_0|\leqslant k$。定义 Λ_1 为 $h_{\Lambda_0^c}$ 中最大的 k 个元素的下标集合，且 $\Lambda=\Lambda_0\cup\Lambda_1$，那么

$$\|h_\Lambda\|_2\leqslant\alpha\frac{\|h_{\Lambda_0^c}\|_1}{\sqrt{k}}+\beta\frac{|\langle Ah_\Lambda,\ Ah\rangle|}{\|h_\Lambda\|_2}$$

式中

$$\alpha=\frac{\sqrt{2}\delta_{2k}}{1-\delta_{2k}},\ \beta=\frac{1}{1-\delta_{2k}}$$

证明：由于 $h_\Lambda\in\Sigma_{2k}$，由 RIP 条件的下界可知

$$(1-\delta_{2k})\|h_\Lambda\|_2^2\leqslant\|Ah_\Lambda\|_2^2\tag{A.3}$$

如引理 A.4 中一样定义 Λ_j，那么由于 $Ah_\Lambda = Ah - \Sigma_{j\geq 2} Ah_{\Lambda_j}$，我们可以将式（A.3）重写为

$$(1-\delta_{2k})\|h_\Lambda\|_2^2 \leq \langle Ah_\Lambda, Ah\rangle - \langle Ah_\Lambda, \sum_{j\geq 2} Ah_{\Lambda_j}\rangle \tag{A.4}$$

为了界定式（A.4）中的第二项，由引理 A.3 可知

$$|\langle Ah_{\Lambda_i}, Ah_{\Lambda_j}\rangle| \leq \delta_{2k}\|h_{\Lambda_i}\|_2\|h_{\Lambda_j}\|_2 \tag{A.5}$$

对任意的 i，j 成立。另外，引理 A.2 可得 $\|h_{\Lambda_0}\|_2 + \|h_{\Lambda_1}\|_2 \leq \sqrt{2}\|h_\Lambda\|_2$。代入到式（A.5），我们有

$$\begin{aligned}\left|\langle Ah_\Lambda, \sum_{j\geq 2} Ah_{\Lambda_j}\rangle\right| &= \left|\sum_{j\geq 2}\langle Ah_{\Lambda_0}, Ah_{\Lambda_j}\rangle + \sum_{j\geq 2}\langle Ah_{\Lambda_1}, Ah_{\Lambda_j}\rangle\right| \\ &\leq \sum_{j\geq 2}|\langle Ah_{\Lambda_0}, Ah_{\Lambda_j}\rangle| + \sum_{j\geq 2}|\langle Ah_{\Lambda_1}, Ah_{\Lambda_j}\rangle| \\ &\leq \delta_{2k}\|h_{\Lambda_0}\|_2\sum_{j\geq 2}\|h_{\Lambda_j}\|_2 + \delta_{2k}\|h_{\Lambda_1}\|_2\sum_{j\geq 2}\|h_{\Lambda_j}\|_2 \\ &\leq \sqrt{2}\delta_{2k}\|h_\Lambda\|_2\sum_{j\geq 2}\|h_{\Lambda_j}\|_2\end{aligned}$$

由引理 A.4，可简化为

$$\left|\langle Ah_\Lambda, \sum_{j\geq 2} Ah_{\Lambda_j}\rangle\right| \leq \sqrt{2}\delta_{2k}\|h_\Lambda\|_2\frac{\|h_{\Lambda_0^c}\|_1}{\sqrt{k}} \tag{A.6}$$

结合式（A.6）和式（A.4）有

$$\begin{aligned}(1-\delta_{2k})\|h_\Lambda\|_2^2 &\leq \left|\langle Ah_\Lambda, Ah\rangle - \langle Ah_\Lambda, \sum_{j\geq 2} Ah_{\Lambda_j}\rangle\right| \\ &\leq |\langle Ah_\Lambda, Ah\rangle| + \left|\langle Ah_\Lambda, \sum_{j\geq 2} Ah_{\Lambda_j}\rangle\right| \\ &\leq |\langle Ah_\Lambda, Ah\rangle| + \sqrt{2}\delta_{2k}\|h_\Lambda\|_2\frac{\|h_{\Lambda_0^c}\|_1}{\sqrt{k}}\end{aligned}$$

定理得证。

A.3 引理 1.6 的证明

引理 1.6 假设 A 满足常数 $\delta_{2k} < \sqrt{2}-1$ 的 $2k$ 阶 RIP 条件，假设给定 x，$\hat{x} \in \mathbb{R}^n$，且定义 $h = \hat{x} - x$。记 Λ_0 为 x 中最大的 k 个元素的下标集，且 Λ_1 为 $h_{\Lambda_0^c}$ 中最大的 k 个元素的下标集。$\Lambda = \Lambda_0 \cup \Lambda_1$。若 $\|\hat{x}\|_1 \leq \|x\|_1$，那么

$$\|h\|_2 \leq C_0\frac{\sigma_k(x)_1}{\sqrt{k}} + C_1\frac{|\langle Ah_\Lambda, Ah\rangle|}{\|h_\Lambda\|_2}$$

式中

$$C_0 = 2\frac{1-(1-\sqrt{2})\delta_{2k}}{1-(1+\sqrt{2})\delta_{2k}}, C_1 = \frac{2}{1-(1+\sqrt{2})\delta_{2k}}$$

证明：由于 $h = h_\Lambda + h_{\Lambda^c}$，那么由三角不等式可知

$$\|h\|_2 \leq \|h_\Lambda\|_2 + \|h_{\Lambda^c}\|_2 \tag{A.7}$$

首先界定 $\|h_{\Lambda^c}\|_2$。由引理 A.4 有

$$\|h_{\Lambda^c}\|_2 = \|\sum_{j\geq 2} h_{\Lambda_j}\|_2 \leq \sum_{j\geq 2}\|h_{\Lambda_j}\|_2 \leq \frac{\|h_{\Lambda_0^c}\|_1}{\sqrt{k}} \tag{A.8}$$

式中，Λ_j 定义在引理 A.4 中。

下面界定 $\| h_{\Lambda_0^c} \|_1$。由于 $\| x \|_1 \geqslant \| \hat{x} \|_1$，由三角不等式可知

$$\begin{aligned}\| x \|_1 \geqslant \| x+h \|_1 &= \| x_{\Lambda_0} + h_{\Lambda_0} \|_1 + \| x_{\Lambda_0^c} + h_{\Lambda_0^c} \|_1 \\ &\geqslant \| x_{\Lambda_0} \|_1 - \| h_{\Lambda_0} \|_1 + \| h_{\Lambda_0^c} \|_1 - \| x_{\Lambda_0^c} \|_1\end{aligned}$$

重新排序再由三角不等式可得

$$\begin{aligned}\| h_{\Lambda_0^c} \|_1 &\leqslant \| x \|_1 - \| x_{\Lambda_0} \|_1 + \| h_{\Lambda_0} \|_1 + \| x_{\Lambda_0^c} \|_1 \\ &\leqslant \| x - x_{\Lambda_0} \|_1 + \| h_{\Lambda_0} \|_1 + \| x_{\Lambda_0^c} \|_1\end{aligned}$$

注意，$\sigma_k(x)_1 = \| x_{\Lambda_0^c} \|_1 = \| x - x_{\Lambda_0} \|_1$，那么

$$\| h_{\Lambda_0^c} \|_1 \leqslant \| h_{\Lambda_0} \|_1 + 2\sigma_k(x)_1 \tag{A.9}$$

结合式（A.8）可得

$$\| h_{\Lambda^c} \|_2 \leqslant \frac{\| h_{\Lambda_0} \|_1 + 2\sigma_k(x)_1}{\sqrt{k}} \leqslant \| h_{\Lambda_0} \|_2 + 2\frac{\sigma_k(x)_1}{\sqrt{k}}$$

由引理 1.2 知上述不等式成立。又由于 $\| h_{\Lambda_0} \|_2 \leqslant \| h_\Lambda \|_2$，那么结合式（A.7）可得

$$\| h \|_2 \leqslant 2 \| h_\Lambda \|_2 + 2\frac{\sigma_k(x)_1}{\sqrt{k}} \tag{A.10}$$

下面界定 $\| h_\Lambda \|_2$。结合引理 1.3 及式（A.9），并运用引理 1.2 可知

$$\begin{aligned}\| h_\Lambda \|_2 &\leqslant \alpha \frac{\| h_{\Lambda_0^c} \|_1}{\sqrt{k}} + \beta \frac{|\langle Ah_\Lambda, Ah \rangle|}{\| h_\Lambda \|_2} \\ &\leqslant \alpha \frac{\| h_{\Lambda_0} \|_1 + 2\sigma_k(x)_1}{\sqrt{k}} + \beta \frac{|\langle Ah_\Lambda, Ah \rangle|}{\| h_\Lambda \|_2} \\ &\leqslant \alpha \| h_{\Lambda_0} \|_2 + 2\alpha \frac{\sigma_k(x)_1}{\sqrt{k}} + \beta \frac{|\langle Ah_\Lambda, Ah \rangle|}{\| h_\Lambda \|_2}\end{aligned}$$

由于 $\| h_{\Lambda_0} \|_2 \leqslant \| h_\Lambda \|_2$，那么

$$(1-\alpha) \| h_\Lambda \|_2 \leqslant 2\alpha \frac{\sigma_k(x)_1}{\sqrt{k}} + \beta \frac{|\langle Ah_\Lambda, Ah \rangle|}{\| h_\Lambda \|_2}$$

由假设 $\delta_{2k} < \sqrt{2} - 1$ 可保证 $\alpha < 1$。上面的不等式两边除以（$1-\alpha$）并结合式（A.10）有

$$\| h \|_2 \leqslant \left(\frac{4\alpha}{1-\alpha} + 2 \right) \frac{\sigma_k(x)_1}{\sqrt{k}} + \frac{2\beta}{1-\alpha} \frac{|\langle Ah_\Lambda, Ah \rangle|}{\| h_\Lambda \|_2}$$

即引理得证。

A.4　定理 1.13 的证明

定理 1.13　假设 A 是 $m \times n$ 阶的矩阵，且 Δ: $\mathbb{R}^m \to \mathbb{R}^n$ 是一个重建算法，满足

$$\| x - \Delta(Ax) \|_2 \leqslant C\sigma_k(x)_2 \tag{A.11}$$

那么对于 $k \geqslant 1$，有 $m > (1 - \sqrt{1 - 1/C^2})n$。

证明：记 $h \in \mathbb{R}^n$ 为零空间 $\mathcal{N}(A)$ 的向量。记 $h = h_\Lambda + h_{\Lambda^c}$，这里 Λ 表示任意的一组满足条件 $|\Lambda| \leqslant k$ 的下标集。记 $x = h_{\Lambda^c}$，注意有 $Ax = Ah_{\Lambda^c} = Ah - Ah_\Lambda = -Ah_\Lambda$，这是因为 $h \in \mathcal{N}(A)$。又注意，由于

$h_\Lambda \in \Sigma_k$，则式（A.11）暗含 $\Delta(Ax) = \Delta(-Ah_\Lambda) = -h_\Lambda$。因此 $\|x - \Delta(Ax)\|_2 = \|h_{\Lambda^c} - (-h_\Lambda)\|_2 = \|h\|_2$。另外，注意，$\sigma_k(x)_2 \leqslant \|x\|_2$，由定义知 $\sigma_k(x)_2 \leqslant \|x - \tilde{x}\|_2$ 对所有的 $\tilde{x} \in \Sigma_k$，包括 $\tilde{x} = 0$，因此 $\|h\|_2 \leqslant C\|h_{\Lambda^c}\|_2$。由于 $\|h\|_2^2 = \|h_\Lambda\|_2^2 + \|h_{\Lambda^c}\|_2^2$，那么我们有

$$\|h_\Lambda\|_2^2 = \|h\|_2^2 - \|h_{\Lambda^c}\|_2^2 \leqslant \|h\|_2^2 - \frac{1}{C^2}\|h\|_2^2 = \left(1 - \frac{1}{C^2}\right)\|h\|_2^2$$

这个不等式对所有的向量 $h \in \mathcal{N}(A)$ 和下标集 $|\Lambda| \leqslant k$ 都成立。特别地，记 $\{v_i\}_{i=1}^{n-m}$ 为零空间 $\mathcal{N}(A)$ 的一组正基底，并定义向量 $\{h_i\}_{i=1}^{n}$ 为

$$h_j = \sum_{i=1}^{n-m} v_i(j) v_i \tag{A.12}$$

注意，$h_j = \sum_{i=1}^{n-m} \langle e_j, v_i \rangle v_i$，其中 e_i 表示除了在元素 j 位置为 1、其余值均为 0 的微量。故 $h_j = P_{\mathcal{N}} e_j$，这里 $P_{\mathcal{N}}$ 表示投影到空间 $\mathcal{N}(A)$ 的正交投影。由于

$$\|P_{\mathcal{N}} e_j\|_2^2 + \|P_{\mathcal{N}} + e_j\|_2^2 = \|e_j\|_2^2 = 1$$

则有 $\|h_j\|_2 \leqslant 1$。因此有

$$\left|\sum_{i=1}^{n-m} |v_i(j)|^2\right|^2 = |h_j(j)|^2 \leqslant \left(1 - \frac{1}{C^2}\right)\|h_j\|_2^2 \leqslant 1 - \frac{1}{C^2}$$

对所有的 $j = 1, 2, \cdots, n$ 求和可得

$$n\sqrt{1 - 1/C^2} \geqslant \sum_{j=1}^{n}\sum_{i=1}^{n-m} |v_i(j)|^2 = \sum_{i=1}^{n-m}\sum_{j=1}^{n} |v_i(j)|^2 = \sum_{i=1}^{n-m} \|v_i\|_2^2 = n - m$$

即 $m \geqslant (1 - \sqrt{1 - 1/C^2})n$，定理得证。

参考文献

[1] W. Bajwa, J. Haupt, G. Raz, S. Wright, and R. Nowak. Toeplitz-structured compressed sensing matrices. *Proc IEEE Work Stat Sig Proce*, Madison, WI, 2007.

[2] W. Bajwa, J. Haupt, A. Sayeed, and R. Nowak. Compressed channel sensing: A new approach to estimating sparse multipath channels. *Proc IEEE*, 98(6):1058–1076, 2010.

[3] R. Baraniuk. Compressive sensing. *IEEE Signal Proc Mag*, 24(4):118–120, 124, 2007.

[4] R. Baraniuk, V. Cevher, M. Duarte, and C. Hegde. Model-based compressive sensing. *IEEE Trans. Inform Theory*, 56(4):1982–2001, 2010.

[5] R. Baraniuk, M. Davenport, R. DeVore, and M. Wakin. A simple proof of the restricted isometry property for random matrices. *Const Approx*, 28(3):253–263, 2008.

[6] R. Baraniuk and M. Wakin. Random projections of smooth manifolds. *Found Comput Math*, 9(1):51–77, 2009.

[7] D. Baron, M. Duarte, S. Sarvotham, M. Wakin, and R. Baraniuk. Distributed compressed sensing of jointly sparse signals. *Proc Asilomar Conf Sign, Syst Comput*, Pacific Grove, CA, 2005.

[8] D. Baron, S. Sarvotham, and R. Baraniuk. Sudocodes – Fast measurement and reconstruction of sparse signals. *Proc IEEE Int Symp Inform Theory (ISIT)*, Seattle, WA, 2006.

[9] J. Bazerque and G. Giannakis. Distributed spectrum sensing for cognitive radio networks by exploiting sparsity. *IEEE Trans Sig Proc*, 58(3):1847–1862, 2010.

[10] P. Bechler and P. Wojtaszczyk. Error estimates for orthogonal matching pursuit and random dictionaries. *Const Approx*, 33(2):273–288, 2011.

[11] A. Beck and M. Teboulle. A fast iterative shrinkage-thresholding algorithm for linear inverse problems. *SIAM J Imag Sci*, 2(1):183–202, 2009.

[12] S. Becker, J. Bobin, and E. Candès. NESTA: A fast and accurate first-order method for sparse recovery. *SIAM J Imag Sci*, 4(1):1–39, 2011.

[13] S. Becker, E. Candès, and M. Grant. Templates for convex cone problems with applications to sparse signal recovery. *Math Prog Comp*, 3(3):165–218, 2011.

[14] M. Belkin and P. Niyogi. Laplacian eigenmaps for dimensionality reduction and data representation. *Neural Comput*, 15(6):1373–1396, 2003.

[15] M. Belkin and P. Niyogi. Semi-supervised learning on Riemannian manifolds. *Mach Learning*, 56:209–239, 2004.

[16] Z. Ben-Haim and Y. C. Eldar. Blind minimax estimation. *IEEE Trans. Inform Theory*, 53(9):3145–3157, 2007.

[17] Z. Ben-Haim and Y. C. Eldar. The Cramer-Rao bound for estimating a sparse parameter vector. *IEEE Trans Sig Proc*, 58(6):3384–3389, 2010.

[18] Z. Ben-Haim, Y. C. Eldar, and M. Elad. Coherence-based performance guarantees for estimating a sparse vector under random noise. *IEEE Trans Sig Proc*, 58(10):5030–5043, 2010.

[19] Z. Ben-Haim, T. Michaeli, and Y. C. Eldar. Performance bounds and design criteria for estimating finite rate of innovation signals. Preprint, 2010.

[20] R. Berinde, A. Gilbert, P. Indyk, H. Karloff, and M. Strauss. Combining geometry and combinatorics: A unified approach to sparse signal recovery. *Proc Allerton Conf Commun. Control, Comput*, Monticello, IL, Sept. 2008.

[21] R. Berinde, P. Indyk, and M. Ruzic. Practical near-optimal sparse recovery in the ℓ_1 norm. In *Proc Allerton Conf Comm Control, Comput*, Monticello, IL, Sept. 2008.

[22] A. Beurling. Sur les intégrales de Fourier absolument convergentes et leur application à une transformation fonctionelle. In *Proc Scandi Math Congr*, Helsinki, Finland, 1938.

[23] T. Blumensath and M. Davies. Gradient pursuits. *IEEE Trans Sig Proc*, 56(6):2370–2382, 2008.

[24] T. Blumensath and M. Davies. Iterative hard thresholding for compressive sensing. *Appl Comput Harmon Anal*, 27(3):265–274, 2009.

[25] T. Blumensath and M. Davies. Sampling theorems for signals from the union of finite-dimensional linear subspaces. *IEEE Trans Inform Theory*, 55(4):1872–1882, 2009.

[26] B. Bodmann, P. Cassaza, and G. Kutyniok. A quantitative notion of redundancy for finite frames. *Appl Comput Harmon Anal*, 30(3):348–362, 2011.

[27] P. Boufounos, H. Rauhut, and G. Kutyniok. Sparse recovery from combined fusion frame measurements. *IEEE Trans Inform Theory*, 57(6):3864–3876, 2011.

[28] J. Bourgain, S. Dilworth, K. Ford, S. Konyagin, and D. Kutzarova. Explicit constructions of RIP matrices and related problems. *Duke Math J*, 159(1):145–185, 2011.

[29] Y. Bresler and P. Feng. Spectrum-blind minimum-rate sampling and reconstruction of 2-D multiband signals. *Proc IEEE Int Conf Image Proc (ICIP)*, Zurich, Switzerland, 1996.

[30] D. Broomhead and M. Kirby. The Whitney reduction network: A method for computing autoassociative graphs. *Neural Comput*, 13:2595–2616, 2001.

[31] A. Bruckstein, D. Donoho, and M. Elad. From sparse solutions of systems of equations to sparse modeling of signals and images. *SIAM Rev*, 51(1):34–81, 2009.

[32] T. Cai and T. Jiang. Limiting laws of coherence of random matrices with applications to testing covariance structure and construction of compressed sensing matrices. *Ann Stat*, 39(3):1496–1525, 2011.

[33] E. Candès. Compressive sampling. *Proc Int Congre Math*, Madrid, Spain, 2006.

[34] E. Candès. The restricted isometry property and its implications for compressed sensing. *C R Acad Sci, Sér I*, 346(9-10):589–592, 2008.

[35] E. Candès, Y. C. Eldar, D. Needell, and P. Randall. Compressed sensing with coherent and redundant dictionaries. *Appl Comput Harmon Anal*, 31(1):59–73, 2010.

[36] E. Candès, X. Li, Y. Ma, and J. Wright. Robust principal component analysis? *J ACM*, 58(1):1–37, 2009.

[37] E. Candès and Y. Plan. Near-ideal model selection by ℓ_1 minimization. *Ann Stat*, 37(5A):2145–2177, 2009.

[38] E. Candès and Y. Plan. Matrix completion with noise. *Proc IEEE*, 98(6):925–936, 2010.

[39] E. Candès and B. Recht. Exact matrix completion via convex optimization. *Found Comput Math*, 9(6):717–772, 2009.

[40] E. Candès and J. Romberg. Quantitative robust uncertainty principles and optimally sparse decompositions. *Found Comput Math*, 6(2):227–254, 2006.

[41] E. Candès, J. Romberg, and T. Tao. Robust uncertainty principles: Exact signal reconstruction from highly incomplete frequency information. *IEEE Trans Inform Theory*, 52(2):489–509, 2006.

[42] E. Candès, J. Romberg, and T. Tao. Stable signal recovery from incomplete and inaccurate measurements. *Comm Pure Appl Math*, 59(8):1207–1223, 2006.

[43] E. Candès and T. Tao. Decoding by linear programming. *IEEE Trans Inform Theory*, 51(12):4203–4215, 2005.

[44] E. Candès and T. Tao. Near optimal signal recovery from random projections: Universal encoding strategies? *IEEE Trans Inform Theory*, 52(12):5406–5425, 2006.

[45] E. Candès and T. Tao. The Dantzig selector: Statistical estimation when p is much larger than n. *Ann Stat*, 35(6):2313–2351, 2007.

[46] C. Carathéodory. Über den Variabilitätsbereich der Koeffizienten von Potenzreihen, die gegebene Werte nicht annehmen. *Math Ann*, 64:95–115, 1907.

[47] C. Carathéodory. Über den Variabilitätsbereich der Fourierschen Konstanten von positiven harmonischen Funktionen. *Rend Circ Mat Palermo*, 32:193–217, 1911.

[48] P. Casazza and G. Kutyniok. *Finite Frames*. Birkhäuser, Boston, MA, 2012.

[49] V. Cevher, M. Duarte, C. Hegde, and R. Baraniuk. Sparse signal recovery using Markov random fields. In *Proc Adv Neural Proc Syst(NIPS)*, Vancouver, BC, 2008.

[50] V. Cevher, P. Indyk, C. Hegde, and R. Baraniuk. Recovery of clustered sparse signals from compressive measurements. *Proc Sampling Theory Appl (SampTA)*, Marseilles, France, 2009.

[51] M. Charikar, K. Chen, and M. Farach-Colton. Finding frequent items in data streams. In *Proc Int Coll Autom Lang Programm*, Málaga, Spain, 2002.

[52] J. Chen and X. Huo. Theoretical results on sparse representations of multiple-measurement vectors. *IEEE Trans Sig Proc*, 54(12):4634–4643, 2006.

[53] S. Chen, D. Donoho, and M. Saunders. Atomic decomposition by basis pursuit. *SIAM J Sci Comp*, 20(1):33–61, 1998.

[54] Y. Chi, L. Scharf, A. Pezeshki, and R. Calderbank. Sensitivity to basis mismatch in compressed sensing. *IEEE Trans Sig Proc*, 59(5):2182–2195, 2011.

[55] O. Christensen. *An Introduction to Frames and Riesz Bases*. Birkhäuser, Boston, MA, 2003.

[56] A. Cohen, W. Dahmen, and R. DeVore. Instance optimal decoding by thresholding in compressed sensing. *Int Conf Harmonic Analysis and Partial Differential Equations*, Madrid, Spain, 2008.

[57] A. Cohen, W. Dahmen, and R. DeVore. Compressed sensing and best k-term approximation. *J Am Math Soc*, 22(1):211–231, 2009.

[58] R. Coifman and M. Maggioni. Diffusion wavelets. *Appl Comput Harmon Anal*, 21(1): 53–94, 2006.

[59] G. Cormode and M. Hadjieleftheriou. Finding the frequent items in streams of data. *Comm ACM*, 52(10):97–105, 2009.

[60] G. Cormode and S. Muthukrishnan. Improved data stream summaries: The count-min sketch and its applications. *J Algorithms*, 55(1):58–75, 2005.

[61] J. Costa and A. Hero. Geodesic entropic graphs for dimension and entropy estimation in manifold learning. *IEEE Trans Sig Proc*, 52(8):2210–2221, 2004.

[62] S. Cotter and B. Rao. Sparse channel estimation via matching pursuit with application to equalization. *IEEE Trans Commun*, 50(3):374–377, 2002.

[63] S. Cotter, B. Rao, K. Engan, and K. Kreutz-Delgado. Sparse solutions to linear inverse problems with multiple measurement vectors. *IEEE Trans Sig Proc*, 53(7):2477–2488, 2005.

[64] W. Dai and O. Milenkovic. Subspace pursuit for compressive sensing signal reconstruction. *IEEE Trans Inform Theory*, 55(5):2230–2249, 2009.

[65] I. Daubechies. *Ten Lectures on Wavelets*. SIAM, Philadelphia, PA, 1992.

[66] I. Daubechies, M. Defrise, and C. De Mol. An iterative thresholding algorithm for linear inverse problems with a sparsity constraint. *Comm Pure Appl Math*, 57(11):1413–1457, 2004.

[67] M. Davenport. Random observations on random observations: Sparse signal acquisition and processing. PhD thesis, Rice University, 2010.

[68] M. Davenport and R. Baraniuk. Sparse geodesic paths. *Proc AAAI Fall Symp Manifold Learning*, Arlington, VA, 2009.

[69] M. Davenport, P. Boufounos, and R. Baraniuk. Compressive domain interference cancellation. *Proc Work Struc Parc Rep Adap Signaux (SPARS)*, Saint-Malo, France, 2009.

[70] M. Davenport, P. Boufounos, M. Wakin, and R. Baraniuk. Signal processing with compressive measurements. *IEEE J Sel Top Sig Proc*, 4(2):445–460, 2010.

[71] M. Davenport, M. Duarte, M. Wakin, *et al*. The smashed filter for compressive classification and target recognition. In *Proc IS&T/SPIE Symp Elec Imag: Comp Imag*, San Jose, CA, 2007.

[72] M. Davenport, C. Hegde, M. Duarte, and R. Baraniuk. Joint manifolds for data fusion. *IEEE Trans Image Proc*, 19(10):2580–2594, 2010.

[73] M. Davenport, J. Laska, P. Boufounos, and R. Baraniuk. A simple proof that random matrices are democratic. Technical Report TREE 0906, Rice Univ., ECE Dept, 2009.

[74] M. Davenport, S. Schnelle, J. P. Slavinsky, *et al*. A wideband compressive radio receiver. *Proc IEEE Conf Mil Comm (MILCOM)*, San Jose, CA, 2010.

[75] M. Davenport and M. Wakin. Analysis of orthogonal matching pursuit using the restricted isometry property. *IEEE Trans Inform Theory*, 56(9):4395–4401, 2010.

[76] M. Davies and Y. C. Eldar. Rank awareness in joint sparse recovery. To appear in *IEEE Trans Inform Theory*, 2011.

[77] R. DeVore. Nonlinear approximation. *Acta Numer*, 7:51–150, 1998.

[78] R. DeVore. Deterministic constructions of compressed sensing matrices. *J Complex*, 23(4):918–925, 2007.

[79] M. Do and C. La. Tree-based majorize-minimize algorithm for compressed sensing with sparse-tree prior. *Int Workshop Comput Adv Multi-Sensor Adapt Proc (CAMSAP)*, Saint Thomas, US Virgin Islands, 2007.

[80] D. Donoho. Denoising by soft-thresholding. *IEEE Trans Inform Theory*, 41(3):613–627, 1995.

[81] D. Donoho. Neighborly polytopes and sparse solutions of underdetermined linear equations. Technical Report 2005-04, Stanford Univ., Stat. Dept, 2005.

[82] D. Donoho. Compressed sensing. *IEEE Trans Inform Theory*, 52(4):1289–1306, 2006.

[83] D. Donoho. For most large underdetermined systems of linear equations, the minimal ℓ_1-norm solution is also the sparsest solution. *Comm Pure Appl Math*, 59(6):797–829, 2006.

[84] D. Donoho. High-dimensional centrally symmetric polytopes with neighborliness proportional to dimension. *Discrete Comput Geom*, 35(4):617–652, 2006.

[85] D. Donoho, I. Drori, Y. Tsaig, and J.-L. Stark. Sparse solution of underdetermined linear equations by stagewise orthogonal matching pursuit. *Tech Report Stanford Univ.*, 2006.

[86] D. Donoho and M. Elad. Optimally sparse representation in general (nonorthogonal) dictionaries via ℓ_1 minimization. *Proc Natl Acad Sci*, 100(5):2197–2202, 2003.

[87] D. Donoho and M. Elad. On the stability of basis pursuit in the presence of noise. *EURASIP Sig Proc J*, 86(3):511–532, 2006.

[88] D. Donoho, M. Elad, and V. Temlyahov. Stable recovery of sparse overcomplete representations in the presence of noise. *IEEE Trans Inform Theory*, 52(1):6–18, 2006.

[89] D. Donoho and C. Grimes. Hessian eigenmaps: Locally linear embedding techniques for high-dimensional data. *Proc Natl Acad. Sci*, 100(10):5591–5596, 2003.

[90] D. Donoho and C. Grimes. Image manifolds which are isometric to Euclidean space. *J Math Imag Vision*, 23(1):5–24, 2005.

[91] D. Donoho and B. Logan. Signal recovery and the large sieve. *SIAM J Appl Math*, 52(6):577–591, 1992.

[92] D. Donoho and J. Tanner. Neighborliness of randomly projected simplices in high dimensions. *Proc Natl Acad Sci*, 102(27):9452–9457, 2005.

[93] D. Donoho and J. Tanner. Sparse nonnegative solutions of undetermined linear equations by linear programming. *Proc Natl Acad Sci*, 102(27):9446–9451, 2005.

[94] D. Donoho and J. Tanner. Counting faces of randomly-projected polytopes when the projection radically lowers dimension. *J Am Math Soc*, 22(1):1–53, 2009.

[95] D. Donoho and J. Tanner. Precise undersampling theorems. *Proc IEEE*, 98(6):913–924, 2010.

[96] D. Donoho and Y. Tsaig. Fast solution of ℓ_1 norm minimization problems when the solution may be sparse. *IEEE Trans Inform Theory*, 54(11):4789–4812, 2008.

[97] P. Dragotti, M. Vetterli, and T. Blu. Sampling moments and reconstructing signals of finite rate of innovation: Shannon meets Strang-Fix. *IEEE Trans Sig Proc*, 55(5):1741–1757, 2007.

[98] D. Du and F. Hwang. *Combinatorial Group Testing and Its Applications*. World Scientific, Singapore, 2000.

[99] M. Duarte, M. Davenport, D. Takhar, *et al.* Single-pixel imaging via compressive sampling. *IEEE Sig Proc Mag*, 25(2):83–91, 2008.

[100] M. Duarte, M. Davenport, M. Wakin, and R. Baraniuk. Sparse signal detection from incoherent projections. *Proc IEEE Int Conf Acoust, Speech, Sig Proc (ICASSP)*, Toulouse, France, 2006.

[101] M. Duarte, M. Davenport, M. Wakin, *et al.* Multiscale random projections for compressive classification. *Proc IEEE Int Conf Image Proc (ICIP)*, San Antonio, TX, Sept. 2007.

[102] M. Duarte and Y. C. Eldar. Structured compressed sensing: Theory and applications. *IEEE Trans Sig Proc*, 59(9):4053–4085, 2011.

[103] M. Duarte, M. Wakin, and R. Baraniuk. Fast reconstruction of piecewise smooth signals from random projections. *Proc Work Struc Parc Rep Adap Signaux (SPARS)*, Rennes, France, 2005.

[104] M. Duarte, M. Wakin, and R. Baraniuk. Wavelet-domain compressive signal reconstruction using a hidden Markov tree model. *Proc IEEE Int Conf Acoust, Speech, Signal Proc (ICASSP)*, Las Vegas, NV, Apr. 2008.

[105] T. Dvorkind, Y. C. Eldar, and E. Matusiak. Nonlinear and non-ideal sampling: Theory and methods. *IEEE Trans Sig Proc*, 56(12):471–481, 2009.

[106] M. Elad. *Sparse and Redundant Representations: From Theory to Applications in Signal and Image Processing*. Springer, New York, NY, 2010.

[107] M. Elad, B. Matalon, J. Shtok, and M. Zibulevsky. A wide-angle view at iterated shrinkage algorithms. *Proc SPIE Optics Photonics: Wavelets*, San Diego, CA, 2007.

[108] Y. C. Eldar. Rethinking biased estimation: Improving maximum likelihood and the Cramer-Rao bound Found. *Trends Sig Proc*, 1(4):305–449, 2008.

[109] Y. C. Eldar. Compressed sensing of analog signals in shift-invariant spaces. *IEEE Trans Sig Proc*, 57(8):2986–2997, 2009.

[110] Y. C. Eldar. Generalized SURE for exponential families: Applications to regularization. *IEEE Trans Sig Proc*, 57(2):471–481, 2009.

[111] Y. C. Eldar. Uncertainty relations for shift-invariant analog signals. *IEEE Trans Inform Theory*, 55(12):5742–5757, 2009.

[112] Y. C. Eldar, P. Kuppinger, and H. Bölcskei. Block-sparse signals: Uncertainty relations and efficient recovery. *IEEE Trans Sig Proc*, 58(6):3042–3054, 2010.

[113] Y. C. Eldar and T. Michaeli. Beyond bandlimited sampling. *IEEE Sig Proc Mag*, 26(3): 48–68, 2009.

[114] Y. C. Eldar and M. Mishali. Robust recovery of signals from a structured union of subspaces. *IEEE Trans Inform Theory*, 55(11):5302–5316, 2009.

[115] Y. C. Eldar and H. Rauhut. Average case analysis of multichannel sparse recovery using convex relaxation. *IEEE Trans Inform Theory*, 6(1):505–519, 2010.

[116] Y. Erlich, N. Shental, A. Amir, and O. Zuk. Compressed sensing approach for high throughput carrier screen. *Proc Allerton Conf Commun Contr Comput*, Monticello, IL, Sept. 2009.

[117] P. Feng. Universal spectrum blind minimum rate sampling and reconstruction of multiband signals. PhD thesis, University of Illinois at Urbana-Champaign, Mar. 1997.

[118] P. Feng and Y. Bresler. Spectrum-blind minimum-rate sampling and reconstruction of multiband signals. *Proc IEEE Int Conf Acoust, Speech, Sig Proc (ICASSP)*, Atlanta, GA, May 1996.

[119] I. Fevrier, S. Gelfand, and M. Fitz. Reduced complexity decision feedback equalization for multipath channels with large delay spreads. *IEEE Trans Communi*, 47(6):927–937, 1999.

[120] M. Figueiredo, R. Nowak, and S. Wright. Gradient projections for sparse reconstruction: Application to compressed sensing and other inverse problems. *IEEE J Select Top Sig Proc*, 1(4):586–597, 2007.

[121] M. Fornassier and H. Rauhut. Recovery algorithms for vector valued data with joint sparsity constraints. *SIAM J Numer Anal*, 46(2):577–613, 2008.

[122] J. Friedman, T. Hastie, and R. Tibshirani. Regularization paths for generalized linear models via coordinate descent. *J Stats Software*, 33(1):1–22, 2010.

[123] N. Galatsanos and A. Katsaggelos. Methods for choosing the regularization parameter and estimating the noise variance in image restoration and their relation. *IEEE Trans Image Proc*, 1(3):322–336, 1992.

[124] A. Garnaev and E. Gluskin. The widths of Euclidean balls. *Dokl An SSSR*, 277:1048–1052, 1984.

[125] K. Gedalyahu and Y. C. Eldar. Time-delay estimation from low-rate samples: A union of subspaces approach. *IEEE Trans Sig Proc*, 58(6):3017–3031, 2010.

[126] K. Gedalyahu, R. Tur, and Y. C. Eldar. Multichannel sampling of pulse streams at the rate of innovation. *IEEE Trans Sig Proc*, 59(4):1491–1504, 2011.

[127] S. Geršgorin. Über die Abgrenzung der Eigenwerte einer Matrix. *Izv. Akad Nauk SSSR Ser Fiz.-Mat*, 6:749–754, 1931.

[128] A. Gilbert and P. Indyk. Sparse recovery using sparse matrices. *Proc IEEE*, 98(6):937–947, 2010.

[129] A. Gilbert, Y. Li, E. Porat, and M. Strauss. Approximate sparse recovery: Optimizing time and measurements. *Proc ACM Symp Theory Comput*, Cambridge, MA, Jun. 2010.

[130] A. Gilbert, M. Strauss, J. Tropp, and R. Vershynin. One sketch for all: Fast algorithms for compressed sensing. *Proc ACM Symp Theory Comput*, San Diego, CA, Jun. 2007.

[131] S. Gleichman and Y. C. Eldar. Blind compressed sensing. To appear in *IEEE Trans Inform Theory*, 57(10):6958–6975, 2011.

[132] D. Goldberg, D. Nichols, B. Oki, and D. Terry. Using collaborative filtering to weave an information tapestry. *Commun ACM*, 35(12):61–70, 1992.

[133] G. Golub and M. Heath. Generalized cross-validation as a method for choosing a good ridge parameter. *Technometrics*, 21(2):215–223, 1970.

[134] I. Gorodnitsky, J. George, and B. Rao. Neuromagnetic source imaging with FOCUSS: A recursive weighted minimum norm algorithm. *Electroen Clin Neuro*, 95(4):231–251, 1995.

[135] I. Gorodnitsky and B. Rao. Sparse signal reconstruction from limited data using FOCUSS: A re-weighted minimum norm algorithm. *IEEE Trans Sig Proc*, 45(3):600–616, 1997.

[136] I. Gorodnitsky, B. Rao, and J. George. Source localization in magnetoencephalography using an iterative weighted minimum norm algorithm. *Proc Asilomar Conf Sig, Syst and Comput*, Pacific Grove, CA, Oct. 1992.

[137] R. Gribonval, H. Rauhut, K. Schnass, and P. Vandergheynst. Atoms of all channels, unite! Average case analysis of multi-channel sparse recovery using greedy algorithms. *J Fourier Anal Appl*, 14(5):655–687, 2008.

[138] E. Hale, W. Yin, and Y. Zhang. A fixed-point continuation method for ℓ_1-regularized minimization with applications to compressed sensing. Technical Report TR07-07, Rice Univ., CAAM Dept, 2007.

[139] T. Hastie, R. Tibshirani, and J. Friedman. *The Elements of Statistical Learning*. Springer, New York, NY, 2001.

[140] J. Haupt, L. Applebaum, and R. Nowak. On the restricted isometry of deterministically subsampled Fourier matrices. *Conf Inform Sci Syste (CISS)*, Princeton, NJ, 2010.

[141] J. Haupt, W. Bajwa, M. Rabbat, and R. Nowak. Compressed sensing for networked data. *IEEE Sig Proc Mag*, 25(2):92–101, 2008.

[142] J. Haupt, W. Bajwa, G. Raz, and R. Nowak. Toeplitz compressed sensing matrices with applications to sparse channel estimation. *IEEE Trans Inform Theory*, 56(11):5862–5875, 2010.

[143] J. Haupt, R. Castro, R. Nowak, G. Fudge, and A. Yeh. Compressive sampling for signal classification. *Proc Asilomar Conf Sig, Syste, Comput*, Pacific Grove, CA, 2006.

[144] J. Haupt and R. Nowak. Signal reconstruction from noisy random projections. *IEEE Trans Inform Theory*, 52(9):4036–4048, 2006.

[145] J. Haupt and R. Nowak. Compressive sampling for signal detection. In *Proc. IEEE Int. Conf Acoust, Speech, Sig Proc (ICASSP)*, Honolulu, HI, 2007.

[146] D. Healy. Analog-to-information: BAA #05-35, 2005. Available online at http://www.darpa.mil/mto/solicitations/baa05-35/s/index.html.

[147] C. Hegde, M. Duarte, and V. Cevher. Compressive sensing recovery of spike trains using a structured sparsity model. *Proc Work Struc Parc Rep Adap Signaux (SPARS)*, Saint-Malo, France, 2009.

[148] M. Herman and T. Strohmer. High-resolution radar via compressed sensing. *IEEE Trans Sig Proc*, 57(6):2275–2284, 2009.

[149] M. Herman and T. Strohmer. General deviants: An analysis of perturbations in compressed sensing. *IEEE J Select Top Sig Proc*, 4(2):342–349, 2010.

[150] G. Hinton, P. Dayan, and M. Revow. Modelling the manifolds of images of handwritten digits. *IEEE Trans Neural Networks*, 8(1):65–74, 1997.

[151] L. Hogben. *Handbook of Linear Algebra. Discrete Mathematics and its Applications*. Chapman & Hall / CRC, Boca Raton, FL, 2007.

[152] P. Indyk. Explicit constructions for compressed sensing of sparse signals. *Proc. ACM-SIAM Symp Discrete Algorithms (SODA)*, San Franciso, CA, 2008.

[153] P. Indyk and M. Ruzic. Near-optimal sparse recovery in the ℓ_1 norm. In *Proc IEEE Symp Found Comp Science (FOCS)*, Philadelphia, PA, 2008.

[154] S. Jafarpour, W. Xu, B. Hassibi, and R. Calderbank. Efficient and robust compressed sensing using optimized expander graphs. *IEEE Trans Inform Theory*, 55(9):4299–4308, 2009.

[155] W. James and C. Stein. Estimation of quadratic loss. In *Proc 4th Berkeley Symp Math Statist Prob*, 1: 361–379. University of California Press, Berkeley, 1961.

[156] T. Jayram and D. Woodruff. Optimal bounds for Johnson-Lindenstrauss transforms and streaming problems with sub-constant error. *Proc ACM-SIAM Symp Discrete Algorithms (SODA)*, San Francisco, CA, 2011.

[157] B. Jeffs. Sparse inverse solution methods for signal and image processing applications. In *Proc IEEE Int Conf Acoust, Speech Sig Proce (ICASSP)*, Seattle, WA, 1998.

[158] W. Johnson and J. Lindenstrauss. Extensions of Lipschitz mappings into a Hilbert space. *Proc Conf Modern Anal Prob*, New Haven, CT, 1982.

[159] G. Judge and M. Bock. *The Statistical Implications of Pre-Test and Stein-Rule Estimators in Econometrics*. North-Holland, Amsterdam, 1978.

[160] R. Kainkaryam, A. Breux, A. Gilbert, P. Woolf, and J. Schiefelbein. poolMC: Smart pooling of mRNA samples in microarray experiments. *BMC Bioinformatics*, 11(1):299, 2010.

[161] R. Keshavan, A. Montanari, and S. Oh. Matrix completion from a few entries. *IEEE Trans Inform Theory*, 56(6):2980–2998, 2010.

[162] V. Kotelnikov. On the carrying capacity of the ether and wire in telecommunications. *Izd Red Upr Svyazi RKKA*, Moscow, Russia, 1933.

[163] J. Kovačević and A. Chebira. Life beyond bases: The advent of frames (Part I). *IEEE Sig Proc Mag*, 24(4):86–104, 2007.

[164] J. Kovačević and A. Chebira. Life beyond bases: The advent of frames (Part II). *IEEE Sig Proc Mag*, 24(4):115–125, 2007.

[165] F. Krahmer and R. Ward. New and improved Johnson-Lindenstrauss embeddings via the restricted isometry property. *SIAM J Math Anal*, 43(3):1269–1281, 2011.

[166] T. Kühn. A lower estimate for entropy numbers. *J Approx Theory*, 110(1):120–124, 2001.

[167] C. La and M. Do. Signal reconstruction using sparse tree representation. *Proc SPIE Optics Photonics: Wavelets*, San Diego, CA, 2005.

[168] C. La and M. Do. Tree-based orthogonal matching pursuit algorithm for signal reconstruction. *IEEE Int Conf Image Proc (ICIP)*, Atlanta, GA, 2006.

[169] J. Laska, P. Boufounos, M. Davenport, and R. Baraniuk. Democracy in action: Quantization, saturation, and compressive sensing. *Appl Comput Harman Anal*, 31(3):429–443, 2011.

[170] J. Laska, M. Davenport, and R. Baraniuk. Exact signal recovery from corrupted measurements through the pursuit of justice. *Proc Asilomar Conf Sign, Syste Compute*, Pacific Grove, CA, 2009.

[171] S. Levy and P. Fullagar. Reconstruction of a sparse spike train from a portion of its spectrum and application to high-resolution deconvolution. *Geophysics*, 46(9):1235–1243, 1981.

[172] N. Linial, E. London, and Y. Rabinovich. The geometry of graphs and some of its algorithmic applications. *Combinatorica*, 15(2):215–245, 1995.

[173] E. Livshitz. On efficiency of Orthogonal Matching Pursuit. Preprint, 2010.

[174] B. Logan. Properties of high-pass signals. PhD thesis, Columbia University, 1965.

[175] I. Loris. On the performance of algorithms for the minimization of ℓ_1-penalized functions. *Inverse Problems*, 25(3):035008, 2009.

[176] H. Lu. Geometric theory of images. PhD thesis, University of California, San Diego, 1998.

[177] Y. Lu and M. Do. Sampling signals from a union of subspaces. *IEEE Sig Proce Mag*, 25(2):41–47, 2008.

[178] M. Lustig, D. Donoho, and J. Pauly. Rapid MR imaging with compressed sensing and randomly under-sampled 3DFT trajectories. *Proc Ann Meeting of ISMRM*, Seattle, WA, 2006.

[179] M. Lustig, J. Lee, D. Donoho, and J. Pauly. Faster imaging with randomly perturbed, under-sampled spirals and ℓ_1 reconstruction. *Proc Ann Meeting ISMRM*, Miami, FL, 2005.

[180] M. Lustig, J. Santos, J. Lee, D. Donoho, and J. Pauly. Application of compressed sensing for rapid MR imaging. *Proc Work Struc Parc Rep Adap Sign (SPARS)*, Rennes, France, 2005.

[181] D. Malioutov, M. Cetin, and A. Willsky. A sparse signal reconstruction perspective for source localization with sensor arrays. *IEEE Trans Sign Proce*, 53(8):3010–3022, 2005.

[182] S. Mallat. *A Wavelet Tour of Signal Processing*. Academic Press, San Diego, CA, 1999.

[183] S. Mallat and Z. Zhang. Matching pursuits with time-frequency dictionaries. *IEEE Trans Sig Proc*, 41(12):3397–3415, 1993.

[184] R. Marcia, Z. Harmany, and R. Willett. Compressive coded aperture imaging. *Proc IS&T/SPIE Symp Elec Imag: Comp Imag*, San Jose, CA, 2009.

[185] M. Mishali and Y. C. Eldar. Reduce and boost: Recovering arbitrary sets of jointly sparse vectors. *IEEE Trans Sig Proc*, 56(10):4692–4702, 2008.

[186] M. Mishali and Y. C. Eldar. Blind multi-band signal reconstruction: Compressed sensing for analog signals. *IEEE Trans Sig Proc*, 57(3):993–1009, 2009.

[187] M. Mishali and Y. C. Eldar. From theory to practice: Sub-Nyquist sampling of sparse wideband analog signals. *IEEE J Select Top Sig Proc*, 4(2):375–391, 2010.

[188] M. Mishali, Y. C. Eldar, O. Dounaevsky, and E. Shoshan. Xampling: Analog to digital at sub-Nyquist rates. *IET Circ Dev Syst*, 5(1):8–20, 2011.

[189] S. Muthukrishnan. *Data Streams: Algorithms and Applications, Foundations and Trends in Theoretical Computer Science*. Now Publishers, Boston, MA, 2005.

[190] D. Needell and J. Tropp. CoSaMP: Iterative signal recovery from incomplete and inaccurate samples. *Appl Comput Harmon Anal*, 26(3):301–321, 2009.

[191] D. Needell and R. Vershynin. Uniform uncertainty principle and signal recovery via regularized orthogonal matching pursuit. *Found Comput Math*, 9(3):317–334, 2009.

[192] D. Needell and R. Vershynin. Signal recovery from incomplete and inaccurate measurements via regularized orthogonal matching pursuit. *IEEE J Select Top Sig Proc*, 4(2):310–316, 2010.

[193] P. Niyogi. Manifold regularization and semi-supervised learning: Some theoretical analyses. Technical Report TR-2008-01, Univ. of Chicago, Comput Sci Dept., 2008.

[194] J. Nocedal and S. Wright. *Numerical Optimization*. Springer-Verlag, 1999.

[195] H. Nyquist. Certain topics in telegraph transmission theory. *Trans AIEE*, 47:617–644, 1928.

[196] B. Olshausen and D. Field. Emergence of simple-cell receptive field properties by learning a sparse representation. *Nature*, 381:607–609, 1996.

[197] S. Osher, Y. Mao, B. Dong, and W. Yin. Fast linearized Bregman iterations for compressive sensing and sparse denoising. *Commun Math Sci*, 8(1):93–111, 2010.

[198] J. Partington. *An Introduction to Hankel Operators*. Cambridge University Press, Cambridge, 1988.

[199] W. Pennebaker and J. Mitchell. *JPEG Still Image Data Compression Standard*. Van Nostrand Reinhold, 1993.

[200] J. Phillips, R. Leahy, and J. Mosher. MEG-based imaging of focal neuronal current sources. *IEEE Trans Med Imaging*, 16(3):338–348, 1997.

[201] R. Prony. Essai expérimental et analytique sur les lois de la Dilatabilité des fluides élastiques et sur celles de la Force expansive de la vapeur de l'eau et de la vapeur de l'alkool, à différentes températures. *J de l'École Polytechnique,* Floréal et Prairial III, 1(2):24–76, 1795. R. Prony is Gaspard Riche, baron de Prony.

[202] B. Rao. Signal processing with the sparseness constraint. *Proc IEEE Int Conf Acoust, Speech, Sig Proc (ICASSP)*, Seattle, WA, 1998.

[203] B. Recht. A simpler approach to matrix completion. To appear in *J. Machine Learning Rese*, 12(12):3413–3430, 2011.

[204] B. Recht, M. Fazel, and P. Parrilo. Guaranteed minimum rank solutions of matrix equations via nuclear norm minimization. *SIAM Rev*, 52(3):471–501, 2010.

[205] R. Robucci, L. Chiu, J. Gray, *et al.* Compressive sensing on a CMOS separable transform image sensor. *Proc IEEE Int Conf Acoust, Speech, Sig Proc (ICASSP)*, Las Vegas, NV, 2008.

[206] J. Romberg. Compressive sensing by random convolution. *SIAM J Imag Sci*, 2(4):1098–1128, 2009.

[207] M. Rosenfeld. In praise of the Gram matrix, *The Mathematics of Paul Erdős II*, 318–323. Springer, Berlin, 1996.

[208] K. Schnass and P. Vandergheynst. Average performance analysis for thresholding. *IEEE Sig Proc Letters*, 14(11):828–831, 2007.

[209] C. Shannon. Communication in the presence of noise. *Proc Inst Radio Engineers*, 37(1):10–21, 1949.

[210] N. Shental, A. Amir, and O. Zuk. Identification of rare alleles and their carriers using compressed se(que)nsing. *Nucl Acids Res*, 38(19):e179, 2009.

[211] J. P. Slavinsky, J. Laska, M. Davenport, and R. Baraniuk. The compressive multiplexer for multi-channel compressive sensing. *Proc IEEE Int Conf Acoust, Speech, Sig Proc (ICASSP)*, Prague, Czech Republic, 2011.

[212] A. So and Y. Ye. Theory of semidefinite programming for sensor network localization. *Math Programming, Series A B*, 109(2):367–384, 2007.

[213] C. Stein. Inadmissibility of the usual estimator for the mean of a multivariate normal distribution. *Proc 3rd Berkeley Symp Math Statist Prob*, 1: 197–206. University of California Press, Berkeley, 1956.

[214] T. Strohmer and R. Heath. Grassmanian frames with applications to coding and communication. *Appl Comput Harmon Anal*, 14(3):257–275, 2003.

[215] D. Taubman and M. Marcellin. *JPEG 2000: Image Compression Fundamentals, Standards and Practice*. Kluwer, 2001.

[216] H. Taylor, S. Banks, and J. McCoy. Deconvolution with the ℓ_1 norm. *Geophysics*, 44(1):39–52, 1979.

[217] J. Tenenbaum, V. de Silva, and J. Landford. A global geometric framework for nonlinear dimensionality reduction. *Science*, 290:2319–2323, 2000.

[218] R. Tibshirani. Regression shrinkage and selection via the Lasso. *J Roy Statist Soc B*, 58(1):267–288, 1996.

[219] J. Treichler, M. Davenport, and R. Baraniuk. Application of compressive sensing to the design of wideband signal acquisition receivers. *Proc US/Australia Joint Work. Defense Apps of Signal Processing (DASP)*, Lihue, HI, 2009.

[220] J. Tropp. Greed is good: Algorithmic results for sparse approximation. *IEEE Trans Inform Theory*, 50(10):2231–2242, 2004.

[221] J. Tropp. Algorithms for simultaneous sparse approximation. Part II: Convex relaxation. *Sig Proc*, 86(3):589–602, 2006.

[222] J. Tropp and A. Gilbert. Signal recovery from partial information via orthogonal matching pursuit. *IEEE Trans Inform. Theory*, 53(12):4655–4666, 2007.

[223] J. Tropp, A. Gilbert, and M. Strauss. Algorithms for simultaneous sparse approximation. Part I: Greedy pursuit. *Sig Proc*, 86(3):572–588, 2006.

[224] J. Tropp, J. Laska, M. Duarte, J. Romberg, and R. Baraniuk. Beyond Nyquist: Efficient sampling of sparse, bandlimited signals. *IEEE Trans Inform Theory*, 56(1):520–544, 2010.

[225] J. Tropp, M. Wakin, M. Duarte, D. Baron, and R. Baraniuk. Random filters for compressive sampling and reconstruction. *Proc IEEE Int Conf Acoust, Speech, Sig Proc (ICASSP)*, Toulouse, France, 2006.

[226] J. Tropp and S. Wright. Computational methods for sparse solution of linear inverse problems. *Proc IEEE*, 98(6):948–958, 2010.

[227] J. Trzasko and A. Manduca. Highly undersampled magnetic resonance image reconstruction via homotopic ℓ_0-minimization. *IEEE Trans Med Imaging*, 28(1):106–121, 2009.

[228] R. Tur, Y. C. Eldar, and Z. Friedman. Innovation rate sampling of pulse streams with application to ultrasound imaging. *IEEE Trans Sig Proc*, 59(4):1827–1842, 2011.

[229] M. Turk and A. Pentland. Eigenfaces for recognition. *J Cogni Neurosci*, 3(1):71–86, 1991.

[230] M. Unser. Sampling – 50 years after Shannon. *Proc IEEE*, 88(4):569–587, 2000.

[231] E. van den Berg and M. Friedlander. Probing the Pareto frontier for basis pursuit solutions. *SIAM J Sci Comp*, 31(2):890–912, 2008.

[232] E. van den Berg and M. Friedlander. Theoretical and empirical results for recovery from multiple measurements. *IEEE Trans Inform Theory*, 56(5):2516–2527, 2010.

[233] B. Vandereycken and S. Vandewalle. Riemannian optimization approach for computing low-rank solutions of Lyapunov equations. *Proc SIAM Conf Optimization*, Boston, MA, 2008.

[234] V. Vapnik. *The Nature of Statistical Learning Theory*. Springer-Verlag, New York, 1999.

[235] R. Varga. *Geršgorin and His Circles*. Springer, Berlin, 2004.

[236] S. Vasanawala, M. Alley, R. Barth, *et al.* Faster pediatric MRI via compressed sensing. *Proc Ann Meeting Soc Pediatric Radiology (SPR)*, Carlsbad, CA, 2009.

[237] R. Venkataramani and Y. Bresler. Further results on spectrum blind sampling of 2-D signals. *Proc IEEE Int Conf Image Proc (ICIP)*, Chicago, IL, 1998.

[238] R. Venkataramani and Y. Bresler. Perfect reconstruction formulas and bounds on aliasing error in sub-Nyquist nonuniform sampling of multiband signals. *IEEE Trans Inform Theory*, 46(6):2173–2183, 2000.

[239] M. Vetterli, P. Marziliano, and T. Blu. Sampling signals with finite rate of innovation. *IEEE Trans Sig Proc*, 50(6):1417–1428, 2002.

[240] M. Wakin, D. Donoho, H. Choi, and R. Baraniuk. The multiscale structure of non-differentiable image manifolds. *Proc SPIE Optics Photonics: Wavelets*, San Diego, CA, 2005.

[241] R. Walden. Analog-to-digital converter survey and analysis. *IEEE J Sel Areas Commun*, 17(4):539–550, 1999.

[242] C. Walker and T. Ulrych. Autoregressive recovery of the acoustic impedance. *Geophysics*, 48(10):1338–1350, 1983.

[243] R. Ward. Compressive sensing with cross validation. *IEEE Trans Inform Theory*, 55(12):5773–5782, 2009.

[244] K. Weinberger and L. Saul. Unsupervised learning of image manifolds by semidefinite programming. *Int J Computer Vision*, 70(1):77–90, 2006.

[245] L. Welch. Lower bounds on the maximum cross correlation of signals. *IEEE Trans Inform Theory*, 20(3):397–399, 1974.

[246] Z. Wen, W. Yin, D. Goldfarb, and Y. Zhang. A fast algorithm for sparse reconstruction based on shrinkage, subspace optimization and continuation. *SIAM J Sci Comput*, 32(4):1832–1857, 2010.

[247] E. Whittaker. On the functions which are represented by the expansions of the interpolation theory. *Proc Roy Soc Edin Sec A*, 35:181–194, 1915.

[248] P. Wojtaszczyk. Stability and instance optimality for Gaussian measurements in compressed sensing. *Found Comput Math*, 10(1):1–13, 2010.

[249] S. Wright, R. Nowak, and M. Figueiredo. Sparse reconstruction by separable approximation. *IEEE Trans Sig Proc*, 57(7):2479–2493, 2009.

[250] A. Yang, S. Sastray, A. Ganesh, and Y. Ma. Fast ℓ_1-minimization algorithms and an application in robust face recognition: A review. *Proc IEEE Int Conf Image Proc (ICIP)*, Hong Kong, 2010.

[251] W. Yin, S. Osher, D. Goldfarb, and J. Darbon. Bregman iterative algorithms for ℓ_1-minimization with applications to compressed sensing. *SIAM J Imag Sci*, 1(1):143–168, 2008.

[252] Z. Yu, S. Hoyos, and B. Sadler. Mixed-signal parallel compressed sensing and reception for cognitive radio. *Proc IEEE Int Conf Acoust, Speech, Sig Proc (ICASSP)*, Las Vegas, NV, 2008.

[253] M. Yuan and Y. Lin. Model selection and estimation in regression with grouped variables. *J Roy Stat Soc Ser B*, 68(1):49–67, 2006.

[254] T. Zhang. Sparse recovery with Orthogonal Matching Pursuit under RIP. *IEEE Trans Inform Theory*, 59(9):6125–6221, 2011.

第2章　第二代稀疏建模：结构化和协作信号分析

Alexey Castrodad，Lgnacio Ramirez，Guillermo Sapiro，Pablo Sprechmann，Guoshen Yu

本章中，作者在传统稀疏建模基础上，提出协作结构稀疏性来增强稀疏表示的稳定性并加入先验知识。在结构化稀疏模型中，字典原子被分割成组，在同一时间选用若干组数据来进行信号编码，而不是仅考虑单个的字典原子。此外对一个模型而言，可以通过协作来增加模型的结构、稳定性和先验知识。在此，同一模型下的多个信号可在编码中协作。第一个研究的框架将稀疏模型和高斯混合模型结合在一起，提出了目前最先进的图像恢复技术。第二个框架在协作的基础上推导出一个分层结构，可用于源分类。两种模型都具有十分重要的理论优势。

2.1　引言

在传统稀疏建模中，假定信号可以由（训练的）字典原子的稀疏线性组合准确表示。这种模型可以很好地描述一大类信号，其中包括大部分的自然图像和声音。各种信号处理应用中的大量最新结果也证明了这一点。

从数据模型的角度，稀疏性可以看作是“正则化”的一种形式，即限制或控制系数的一种方法。这些系数可以用来生成数据的估计。该方法通过降低模型的灵活性（即模型拟合给定数据的能力）并排除不真实的系数估计，提高鲁棒性。在传统稀疏建模中，正则化转变为“少数非零系数足够很好地重现数据”的要求。

但是，非零系数子集的数目通常十分庞大，其数量随字典原子数目的变大而增长，稀疏建模中仍具有很大的灵活性。在特定的应用（例如，逆滤波）中，模型系数的估计问题是病态的，在这种情况下，已证明采用传统稀疏建模来降低模型的灵活性（有时也称作自由度）不足以产生稳定和精确的估计值。请注意，每个非零系数集都定义了一个子空间，因此，标准稀疏模型允许很大数目的子空间用于数据表示。

为了进一步降低模型的灵活性，获得更稳定的估计值（同时这种估计值的计算速度通常更快），结构化稀疏模型对活跃系数的可能子集进一步施加约束。例如，同时选择几组字典原子，来减少用于表示数据的子空间。

采用结构化稀疏模型的另一个原因是为了集成感兴趣信号的先验知识和表现方式。例如，在因子分析问题中，我们感兴趣的是找到在预测响应变量（response variables）中起作用的因子，解释因子通常是由几组输入变量来表示的。在这些情况下，和独立的选择输入变量相比，成组的选择输入变量可产生更好的结果[43]。

通过协作的方法向模型中加入结构、稳定性和先验知识。编码时，允许多个属于同种模型的信号相互协作，从总体的稀疏表示中获得更高的稳定性，从而提高估计的准确性。例如，在声频信号处理中，声音通常是局部稳定的，可通过添加连续短时帧的系数依赖来提高信号估计的准确性[39]。

本章展示了两种混合结构化和协作稀疏模型，这两种模型在多种图像和音频处理及模式识别的应用中都十分有效。结合潜在信号的先验知识，两种模型都通过协作的构建字典和原子组并计算编码的方式说明了结构化的原因。

1.2 节展示了将结构化稀疏模型用于图像复原问题，如图像修复、缩放和去模糊[42]等。因为这些逆问题是病态的，稳定化估计对于获得精确的估计是不可缺少的。结构化字典由一组 PCA（主成分分析）基组成，每个捕获一类信号，例如，图像中不同方向的局部模式。信号通过单一的 *PCA* 协作线性滤波器从采集中估计信号，然后将最优估计作为对应的表示。这种方法灵活性较低，稳定性较强，计算复杂度较传统稀疏模型降低很多，在许多病态问题中可以获得最佳的结果。这个模型也可以在高斯混合模型后使用，从而将这些用稀疏编码的典型线性模型结合在一起。

1.3 节描述了一种协作分级稀疏模型，可用于源分离和模式识别等应用[32]。源分离问题源于信号处理应用的变形，如音频分割和高光谱成像中的材料识别。这些应用中，结构化字典由一组子字典组成，通过训练，每个子字典模拟一组可能类别。通过有效地（且协作化地）解决一个结合标准稀疏化和分组稀疏化的凸最优化问题来进行编码。在混合信号编码之后，通过重建和子字典相关联的子信号来恢复源数据。因此，稳定的原子选择方法对于源识别问题来说十分重要。编码中的协同滤波对进一步稳定稀疏化表示至关重要，它将样本整合来检测类别（源），同时允许不同的样本有不同的内部表达（在组内）。作为一种十分重要的特殊例子，我们可以通过刻画基于组选择出的信号来解决模式识别问题，类似于上述模型中用每个 PCA 表示一类信号。和典型的稀疏模型相比，这种协作和结构化稀疏模型提高了信号识别和重建的准确性。

本章中剩余的部分给出了结构化和协作稀疏模型的额外细节，为了将模型和实例联系起来，我们还展示了一组在图像恢复、音频源分离、图像分类和分层图像分割等应用中的例子。这里出现的细节、理论基础和全部的彩图都用黑白图重现，见参考文献［9，31，32，42］。

2.2 图像复原和逆问题

图像复原通常需要求解逆问题，即从测量值中估计待复原的图像 u，

$$y = Au + \epsilon$$

测量值由不可逆的线性退化算子 A 获得，并含有额外的噪声 ϵ。典型的退化算子包括掩模、非均匀降采样和卷积，对应的逆问题通常称为图像修复或插值、缩放和去模糊。估计 u 需要一些图像的先验知识，或者等价的图像模型。因此，发掘好的图像模型是图像估计的核心。

正如 1.1 节中提到的，稀疏模型在之前提到的图像处理应用中十分有效。第一，由于稀疏表示假设可以很好地适用于图像数据（尤其是当用图像块来代替整幅图像时）。第二，由于稀疏约束正则化模型具有噪声抑制的属性。

但是，对于特定的应用来说，用于估计的典型稀疏模型自由度过大，难以产生稳定的结果，除非在系统中加入额外的结构（先验知识）。本节将引入一种结构化协作稀疏模型框架[42]，该模

型为图像复原问题提供了通用且高效的解决方案。可在参考文献［40］中找到此模型的主要理论结果，参考文献［21］对非图像类信号处理的应用进行了报道。

2.2.1 传统稀疏模型

传统稀疏估计利用训练的字典为多种有效算法提供基础，来解决逆问题。但是，字典原子相关性过高（高互相干性），或自由度过多等问题通常导致估计不稳定或误差。下面将大致回顾一下此类算法[13,18,23,38]。

利用字典 $\Phi \in \mathbb{R}^{m\times n}$ 获得的先验知识来估计信号 $\boldsymbol{u} \in \mathbb{R}^m$，字典中含有 n 列，每列对应一组原子 $\{\phi_i : i = 1, \cdots, n\}$，可用字典近似的稀疏表示 $\boldsymbol{u}$。字典必须是一组基（例如，DCT，小波）或 $n \geqslant m$ 的冗余码。稀疏性意味着 u 近似于子空间 $\mathbb{V}_T$ 中的 $\boldsymbol{u}_T$ 表示，子空间 $\mathbb{V}_T$ 由 Φ 中少数 $|T| = n$ 列向量 $\{\phi_i\}$　$i \in T$ 生成。

$$\boldsymbol{u} = \boldsymbol{u}_T + \epsilon_T = \Phi x + \epsilon_T \tag{2.1}$$

式中，$\boldsymbol{x} \in \mathbb{R}^n$ 为变换系数向量，$T = \{i : x_i \neq 0\}$ 为支撑集，$\|\epsilon_T\|^2 << \|\boldsymbol{u}\|^2$ 为小近似误差。支撑集通常称为有效集。可通过求解下面的 ℓ_1 正则化复原问题[11]，来计算 $\boldsymbol{u}$ 在冗余字典 Φ 上的稀疏表示

$$\hat{x} = \frac{1}{2}\underset{x}{\operatorname{argmin}} \|\Phi \boldsymbol{x} - \boldsymbol{u}\|^2 + \lambda \|\boldsymbol{x}\|_1 \tag{2.2}$$

这通常称为 Lasso 的拉格朗日版本[33]，其他的方法包括贪婪匹配追踪算法[24]。参数 λ 控制稀疏性和近似精度间的平衡。关于此参数，见参考文献［27］，对于非参数稀疏模型，见参考文献［45，44］。

稀疏逆算法试图从退化信号 $\boldsymbol{y} = \boldsymbol{A}\boldsymbol{u} + \epsilon$ 中估计支撑集 T 和对应的系数 $\boldsymbol{x}$，用于在近似子空间 $\mathbb{V}_T$ 中指定 $\boldsymbol{u}$ 的表示，从式（2.1）中得到

$$\boldsymbol{y} = \boldsymbol{A}\Phi\boldsymbol{x} + \epsilon',\ \epsilon' = \boldsymbol{A}\epsilon_T + \epsilon \tag{2.3}$$

这表明在变换字典 $\Psi = \boldsymbol{A}\Phi$ 中，可以用相同的原子稀疏集 T 和相同的系数 $\boldsymbol{x}$ 来近似表示 $\boldsymbol{y}$，字典列为变换向量 $\{\psi_i = \boldsymbol{A}\phi_i\}_{i=1,\cdots,n}$，因此，利用变换字典 $\boldsymbol{A}\Phi$，原则上稀疏近似 $\hat{\boldsymbol{y}} = \Psi\hat{\boldsymbol{x}}$ 中的 $\boldsymbol{y}$ 可以通过 ℓ_1 最小化式（2.2）来计算。

$$\hat{\boldsymbol{x}} = \arg\min_{x} \frac{1}{2}\|\Psi\boldsymbol{x} - \boldsymbol{y}\|^2 + \lambda\|\boldsymbol{x}\|_1 \tag{2.4}$$

得到 $\boldsymbol{u}$ 的稀疏估计为

$$\hat{\boldsymbol{u}} = \Phi\hat{\boldsymbol{x}} \tag{2.5}$$

这种简单近似通常效率较低，因此引入结构和协作来求解逆问题。这是因为非可逆算子 $\boldsymbol{A}$，如均匀降采和卷积等，其几何属性无法通过估计算法的 ℓ_1 惩罚项来保证表现系数的正确恢复。例如，即使在稀疏程度 $|T|$ 很低的情况下，这些算子也违反了等距约束条件[8,12]。同样的情况发生在恢复保证时，恢复保证是基于变换字典 $\Psi = \boldsymbol{A}\Phi$ 的互相干性，来测量原子的正交性[34]。稳定和精确的求解稀疏逆问题要求变换字典 Ψ 足够非相关（即接近正交）。如果 Ψ 的某些列太小，可能会使估计不稳定。在下面的例子中可以看到这点。令 ϕ_i 和 $\phi_{i'}$ 分别表示固定和振荡的原子，A 为降采算子，如图 2.1 所示。降采后 $\psi_i = A\phi_i$ 和 $\psi_{i'} = A\phi_{i'}$ 相同。因此，稀疏估计式（1.4）无法

区分两者，因此形成一个不稳定的逆问题估计式（2.5）。$\boldsymbol{\Psi}$ 的相关性依赖于 $\boldsymbol{\Phi}$ 和算子 $\boldsymbol{A}$。算子 $\boldsymbol{A}$，例如均匀网格降采和卷积，通常导致 $\boldsymbol{\Psi}$ 的相关性很高，造成精确的估计逆问题十分困难。

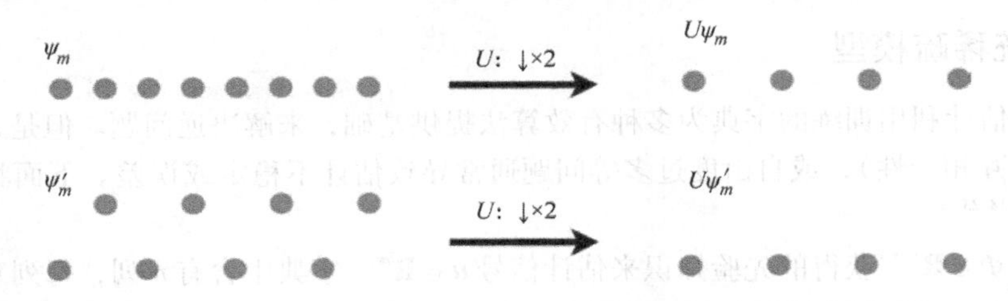

图 2.1 变换字典 $\boldsymbol{A\Phi}$ 的相关性。ϕ_i 和 $\phi_{i'}$ 分别表示 $\boldsymbol{\Phi}$ 中固定和振荡的原子，A 为正则降采算子。经算子变换后，$\boldsymbol{A\Phi}$ 中的 $\boldsymbol{A}\phi_i$ 和 $\boldsymbol{A}\phi_{i'}$ 是相同的

在不稳定的逆滤波问题中，传统稀疏模型的自由度是不稳定性的另一个源头。在没有约束的情况下，对于有 n 个原子的字典，表示信号的可能子空间 $\mathbb{V}_T$ 数目 $\binom{n}{|T|}$ 通常很大。例如，在一个基于局部图像块的稀疏估计中，设置图像块大小为 8×8，则 $n=256$，$|T|=8$，可能选取的子空间数目十分巨大，为 $\binom{256}{8}\sim10^{14}$，这对于从给定变换字典 $\boldsymbol{A\Phi}$ 中正确地估计出 x 造成压力（和相当大的计算复杂度）。在字典中添加结构信息，按组选取字典原子，降低可能的子空间数目，提高选择的稳定性。下面我们将描述这个问题的一种特殊情况，将字典原子分组，每次选取一组，极大地降低了可能的子空间数目，同时在计算成本和恢复精度上得到提升。对于其他的结构稀疏模型和结果，见参考文献［4，15，20］中的例子和下节中的模型。这些工作清晰地显示了在稀疏模型中加入结构信息的优点，尤其当能够自然地从数据中导出或获得结构信息时。这点已在从理论结果到实际应用的各个层面中显示了其优越性，理论上它与标准稀疏性相比改进了边界条件。

2.2.2 结构化稀疏模型

图 2.2b 展示了提出的结构化稀疏模型字典，对比图 2.2a 中的标准稀疏模型。引入结构化来约束原子选取，进而稳定稀疏估计。字典由一组 c 块组成，每块为一个 PCA 基，其中的原子根据相关的特征值预先排序。为了估计信号，从每个 PCA 基中计算出一个协作的线性估计量，在这些基中，采用非线性模型在块级选出最优的线性估计。和传统稀疏估计量相比，得到的分段线性估计量（PLE）极大地降低了模型的自由度（仅对 c 选项），因此提高了估计的稳定性。

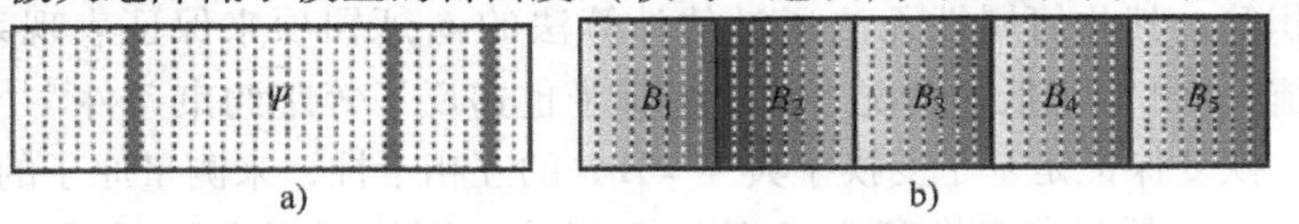

图 2.2 a）无结构的标准过完备字典。每列表示字典中的一个原子。在传统稀疏估计中，可选择任意原子的组合（由黑色列标识）；b）提出的基础结构稀疏字典。这个字典由一组 PCA 基组成，其原子由相关的特征值预先排序。对每个图像块，计算每个 PCA 基的最优线性估计，选取基中最好的线性估计（B_2）

提出的结构稀疏模型是基于高斯混合模型的。这是由高斯方程和 PCA 的直接关系产生的，从根本上讲，后者是前者协方差矩阵的特征向量。

1. 高斯混合模型（GMM）

自然图像包含丰富的不稳定内容，但是，如果采用局部窗进行限制，图像结构会变得很简单，因而更容易建模。为了这个目的，一幅图像首先被分解成$\sqrt{m}\times\sqrt{m}$大小的重叠图像块，

$$\boldsymbol{y}_j=\boldsymbol{A}_j\boldsymbol{u}_j+\epsilon_j,\ 1\leqslant j\leqslant p \tag{2.6}$$

式中，p 是图像块的总数目，$\boldsymbol{A}_j$ 是受限于图像块 j 的退化算子，$\boldsymbol{y}_j$ 和$\boldsymbol{u}_j$ 是对应的退化的和原始的图像块，ϵ_j 是该块的噪声。假定噪声为高斯白噪声，$\epsilon_j\sim\mathcal{N}(\boldsymbol{0},\sigma^2\boldsymbol{I})$，其中 I 为单位阵。将每块当作一个信号来估计，最终将对应的估计值结合在一起求平均，形成图像的估计。

GMM 描述了具有混合高斯分布的局部图像块。假定存在 c 个高斯分布$\{\mathcal{N}(\mu_r,\Sigma_r)\}_{1\leqslant r\leqslant c}$，用其均值$\mu_r$ 和协方差 Σ_r 参数来描述。

$$f(\boldsymbol{u}_j)=\frac{1}{(2\pi)^{m/2}|\Sigma_{r_j}|^{1/2}}\exp\left(-\frac{1}{2}(\boldsymbol{u}_j-\mu_{r_j})^{\mathrm{T}}\Sigma_{r_j}^{-1}(\boldsymbol{u}_j-\mu_{r_j})\right) \tag{2.7}$$

每个图像块$\boldsymbol{u}_j$ 独立地从这些高斯分布中得到，用一个未知的索引 $r_j\in[1,c],1\leqslant j\leqslant p$ 来表示。在此框架下，从$\{\boldsymbol{y}_j\}_{1\leqslant j\leqslant p}$估计$\{\boldsymbol{u}_j\}_{1\leqslant j\leqslant p}$可以转换成如下子问题：

- 从退化数据$\{\boldsymbol{y}_j\}_{1\leqslant j\leqslant p}$中估计高斯参数$\{(\mu_r,\Sigma_r)\}_{1\leqslant r\leqslant c}$。
- 确定生成$\boldsymbol{u}_j$ 的高斯分布 r_j，$\forall 1\leqslant j\leqslant p$。
- 从生成的高斯分布(μ_r,Σ_r)，$\forall 1\leqslant j\leqslant p$ 中估计$\boldsymbol{u}_j$。

这是个整体非凸的问题。下一节将展示用期望最大化最大后验估计（MAP - EM）算法来计算局部最小解[2]。

2. MAP - EM 算法

如参考文献［42］记录的方法初始化之后，MAP - EM 算法在两个步骤间迭代替换，步骤 E 和步骤 M 描述如下。

步骤 E：信号估计和模型选择

在步骤 E 中，假定需估计的高斯参数$\{(\hat{\mu}_r,\hat{\Sigma}_r)\}_{1\leqslant r\leqslant c}$是已知的。为简化符号且不失一般性，我们假设高斯分布的均值为 0，$\hat{\mu}_r=\boldsymbol{0}$，正如将图像中心设置为其均值一样。

通过最大化后验概率（MAP）的 log 值 $\log f(\boldsymbol{u}_j|\boldsymbol{y}_j,\hat{\Sigma}_{r_j})$来计算每个图像块$\boldsymbol{u}_j$。可采用两个步骤计算最大值：首先，根据高斯模型计算用 MAP 估计$\boldsymbol{u}_j$，然后，选择出具有最大后验概率的模型。更具体地说：

（1）用每个高斯模型进行信号估计

给定一个高斯信号模型，$\boldsymbol{u}\sim\mathcal{N}(\boldsymbol{0},\hat{\Sigma}_r)$，则计算 MAP 估计为

$$\hat{\boldsymbol{u}}_j^r=\arg\min_{\boldsymbol{u}}(\|\boldsymbol{A}_j\boldsymbol{u}-\boldsymbol{y}_j\|^2+\sigma^2\boldsymbol{u}^{\mathrm{T}}\hat{\Sigma}_r^{-1}\boldsymbol{u}) \tag{2.8}$$

可以验证[42]，式（2.8）的解可以通过线性滤波获得。

$$\hat{\boldsymbol{u}}_j^r=\boldsymbol{H}_{r,j}\boldsymbol{y}_j \tag{2.9}$$

式中，

$$\boldsymbol{H}_{r,j}=(\boldsymbol{A}_j^{\mathrm{T}}\boldsymbol{A}_j+\sigma^2\Sigma_r^{-1})^{-1}\boldsymbol{A}_j^{\mathrm{T}} \tag{2.10}$$

为维纳滤波矩阵。假定 $\boldsymbol{\Sigma}_r$ 是正定的，因为$\boldsymbol{A}_j^{\mathrm{T}}\boldsymbol{A}_j$ 是半正定的，$\boldsymbol{A}_j^{\mathrm{T}}\boldsymbol{A}_j+\sigma^2\boldsymbol{\Sigma}_r^{-1}$ 也是正定的，可求其

逆矩阵。

（2）最优模型选择

所有模型中具有最大的 MAP 概率 $\log f(\boldsymbol{u}_j|\boldsymbol{y}_j, \hat{\boldsymbol{\Sigma}}_{r_j})$ 的高斯模型为最优高斯模型，用估计的 $\hat{\boldsymbol{u}}_j^r$ 来选取最优高斯模型 $\hat{r}_j$

$$\hat{r}_j = \arg\min_r(\|\boldsymbol{A}_j\hat{\boldsymbol{u}}_j^r - \boldsymbol{y}\|^2 + \sigma^2(\hat{\boldsymbol{u}}_j^r)^{\mathrm{T}}\boldsymbol{\Sigma}_r^{-1}\hat{\boldsymbol{u}}_j^r + \sigma^2\log|\hat{\boldsymbol{\Sigma}}_r|) \tag{2.11}$$

通过在 MAP 估计中插入最优模型 $\hat{r}_j$ 来获得信号估计

$$\hat{\boldsymbol{u}}_j = \hat{\boldsymbol{u}}_j^{\hat{r}_j} \tag{2.12}$$

步骤 M：模型估计

在步骤 M 中，假定已知选取的高斯模型 $\hat{r}_j$ 和所有图像块的信号估计 $\hat{\boldsymbol{u}}_j$。令$\mathcal{C}_r$ 为第 j 个块的集合，赋给第 r 个高斯模型，例如，$\mathcal{C}_r = \{j:\hat{r}_j = r\}$，令 $|\mathcal{C}_r|$ 为其基数。将所有的块赋给高斯簇，通过最大似然法协作地找到每个高斯模型的参数，

$$\hat{\mu}_r = \frac{1}{|\mathcal{C}_r|}\sum_{j\in\mathcal{C}_r}\hat{\boldsymbol{u}}_j, \hat{\boldsymbol{\Sigma}}_r = \frac{1}{|\mathcal{C}_r|}\sum_{j\in\mathcal{C}_r}(\hat{\boldsymbol{u}}_j - \hat{\mu}_r)(\hat{\boldsymbol{u}}_j - \hat{\mu}_r)^{\mathrm{T}} \tag{2.13}$$

缺少数据时，可通过正则化来提高经验协方差估计[29]。这里使用简单的基于特征值的正则项，$\hat{\boldsymbol{\Sigma}}_r \leftarrow \hat{\boldsymbol{\Sigma}}_r + \varepsilon\boldsymbol{I}$，其中 ε 为小常数。

正如上述迭代中 MAP－EM 算法描述的，观察信号的联合 MAP$f(\{\hat{\boldsymbol{u}}_j\}_{1\leqslant j\leqslant p} | \{\boldsymbol{y}_j\}_{1\leqslant j\leqslant p}, \{\hat{\mu}_r, \hat{\boldsymbol{\Sigma}}_r\}_{1\leqslant r\leqslant c})$ 总是增加的。可通过将步骤 E 和 M 看作块坐标下降最优化算法[19]来观察这一点。在上述实验报告中，在数次迭代后，图像块簇和产生的 PSNR 都会收敛。

EM－MAP 算法的计算复杂度由步骤 E 来主导，步骤 E 主要包括一组线性滤波操作。对于缩放和去模糊等典型应用，退行算子$\boldsymbol{A}_j$ 具有变换不变性，而且不依赖于块索引 j，即$\boldsymbol{A}_j \equiv \boldsymbol{A}$，$\forall 1\leqslant j\leqslant p$。可对每个 c 高斯分布预先计算维纳滤波矩阵$\boldsymbol{H}_{r,j} \equiv \boldsymbol{H}_r$。因此，计算式（2.9）仅需要 $2m^2$ 浮点数操作（flop），m 为图像块数目。当变换可变的退行算子$\boldsymbol{A}_j$，$\boldsymbol{A}_j$ 改变时，每个位置的随机掩模$\boldsymbol{H}_{r,i}$需重新计算。在这种情况下，计算复杂度由式（2.10）中的矩阵求逆主导，利用丘拉斯基分解[6]，需要 $m^3/3$ 浮点数操作来实现。

3. 在 PCA 基中结构稀疏估计

PCA 基通过 2.2.1 节中描述的稀疏估计模型连接了上述 GMM/MAP－EM 框架。前者引出了结构稀疏估计。

给定数据 $\{\boldsymbol{u}_j\}$，PCA 基定义为对角化经验协方差矩阵 $\boldsymbol{\Sigma}_r = E[\boldsymbol{u}_j\boldsymbol{u}_j^{\mathrm{T}}]$的正交矩阵，

$$\boldsymbol{\Sigma}_r = \boldsymbol{B}_r\boldsymbol{S}_r\boldsymbol{B}_r^{\mathrm{T}} \tag{2.14}$$

式中，$\boldsymbol{B}_r$ 是 PCA 基，$\boldsymbol{S}_r = \mathrm{diag}(\lambda_1^r, \cdots, \lambda_m^r)$为对角矩阵，对角线元素 $\lambda_1^r \geqslant \lambda_2^r \geqslant \cdots \geqslant \lambda_m^r$ 按特征值大小排序。

将$\boldsymbol{u}_j$ 从标准基变换到 PCA 基，$\boldsymbol{x}_j^r = \boldsymbol{B}_r^{\mathrm{T}}u_j$，可以证明 MAP 估计式（2.8）~式（2.10）等同于计算

$$\hat{\boldsymbol{u}}_j^r = \boldsymbol{B}_r\hat{\boldsymbol{x}}_j^r \tag{2.15}$$

经过简单的推算，可通过求解线性问题获得 PCA 系数 $\hat{\boldsymbol{x}}_j^r$ 的 MAP 估计。

$$\hat{x}_j^r = \arg\min_x \left(\| \boldsymbol{A}_j \boldsymbol{B}_r \boldsymbol{x} - \boldsymbol{y}_j \|^2 + \sigma^2 \sum_{i=1}^{m} \frac{|x_i|^2}{\boldsymbol{\lambda}_i^r} \right) \tag{2.16}$$

比较式（2.4）和式（2.16），MAP-EM 估计可以解释为结构化稀疏估计。注意，协作是通过模值的特征值加权获得的。下降最快的特征值提供了图像块中的额外稀疏性，注意，仅保留最大的特征值而将其余的特征值设置为 0 可以获得几乎相同的结果。

如图 2.2 所示，提出的字典 $\boldsymbol{\Phi}$ 是由一组 PCA 组成的过完备字典，并且由于步骤 M 中高斯模型估计（等同于更新 PCA），该字典适用于感兴趣图像，因此也具备了传统稀疏模型的优点。但是，PLE 估计比传统非线性稀疏模型获得的结果结构性更强。通过非线性最优基选择和每个基中的线性估计来计算 PLE：

- 非线性块稀疏：字典由一组 c PCA 基组成。为了表示图像块，步骤 E 中的非线性模型选择式（2.11）将估计约束到一个基中（组中选出的 cm 个中的 m 个原子）。在这种情况下，可能的子空间数目仅为 c，与传统稀疏估计方法中允许的$\binom{cm}{m}$相比，极大地减少了估计的自由度。

- 线性协作滤波：在每个 PCA 基中，根据特征值对原子进行预排序，降序排列（下降十分迅速，同时保持了块中的稀疏性）。与非线性稀疏 ℓ_1 估计式（2.4）相比，MAP 估计式（2.16）实现了特征值$\{\boldsymbol{\lambda}_i^r: 1 \leqslant i \leqslant m\}$加权系数的 ℓ_2 模正则化，并计算了线性滤波式（2.9）和式（2.10）。从具有同一高斯分布 $\{\boldsymbol{u}_j: \hat{r}_j = r\}$ 的所有信号中计算特征值 $\boldsymbol{\lambda}_i^r$。因此，得到的估计协同整合了相同簇[1]中的所有信号。加权方案优待了对应最大特征值 $\boldsymbol{\lambda}_i$ 主要方向的系数 x_i，其中的能量有可能很高，而惩罚其他的。对于病态逆问题，将协作先验知识集成在特征值$\{\boldsymbol{\lambda}_i^r\}_{1 \leqslant i \leqslant m}$中可进一步稳定估计。注意，这种加权方案是直接从混合高斯/PCA 模型中产生的，与标准和流行的二次加权方案，如参考文献［7，10］，根本上有所不同，后者的权重独立于信号和系数。

2.2.3 实验结果

我们展示了一组由上述模型获得的实验结果。对于额外的结果和比较，见参考文献［42］。特别是，当我们读过该报告会发现，这份扩展报告展示的是，标准稀疏化在挑战性逆问题失败的情况下，而 PLE 在同样情况下，以一种极低的计算复杂度，却成功获得了精确的重建结果。事实上，结构化稀疏 PLE 模型在许多图像逆问题中生成了最有效的结果，计算复杂度只有类似的算法（具有相同重建精度）计算量的几分之一。

首先，图 2.3 展示了 Lena 图像和相应的图像块簇，也就是（估计）模型选择 $\hat{r}_j$。这些图像块密集地重叠着，图 2.3b 中的每个像素及其周围的 8×8 的图像块来代表模型 r_j，不同的灰度级对不同的 $\hat{r}_j$ 值进行编码。例如，在帽子的边缘，具有相似方向模式的图像块聚集在一起，和预料中的一致。在均匀的区域如背景等，这些区域没有方向的倾向，所有的基提供了相同的稀疏表示。因为对于所有的高斯模型，模型选择式（2.11）中的 $\log|\boldsymbol{\Sigma}_r| = \sum_{i=1}^{m} \log \boldsymbol{\lambda}_i^r$ 初始化为 0，聚簇在这些区域是随机的。随着 MAP-EM 算法的演化，聚簇得到了提升。

图 2.4 表示，在 Barbara 衣服的图像恢复内容中，纹理信息十分丰富，图像块簇和典型的 PCA 基随着 MAP-EM 算法迭代而演化。随着算法迭代，簇变得更干净。引入一些高频原子可更好地捕获振荡模式，使得 PSNR 得到明显的提高，提高高于 3dB。在轮廓图像中，如图 2.5 中

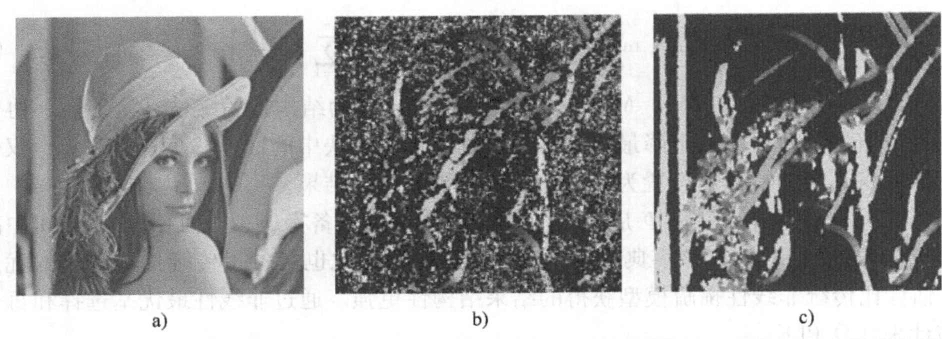

图 2.3 a）Lena 图像；b）通过初始的方向 PCA 获得的块簇，这些块密集地重叠着，每个像素表示选择出的模型 r_j 和其周围 8×8 的块，不同的灰度级编码 $\hat{r}_j$ 不同方向值，从 1 到 $c=19$；c）第二次迭代后的块簇

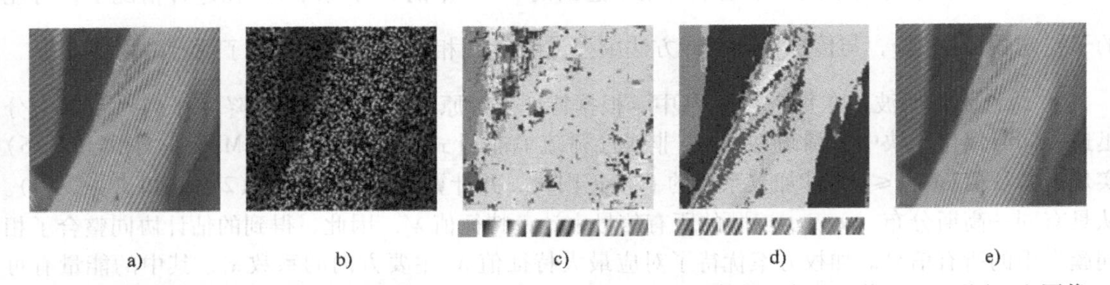

图 2.4 表现评估。a）从 Barbara 裁剪的原始图像；b）将 30% 的数据遮住的图像；c）下图：和图像右侧的纹理对应的初始 PCA 基的几个原子。上图：第一次迭代后的图像块簇。不同的灰度级表示不同的簇；d）下图：经过两次迭代后的 PCA 基的几个原子。上图：两次迭代后的图像块簇；e）在两次迭代后修复的图像（32.30dB）

Lena的帽子，相反，尽管图像块簇随算法迭代变得更干净，生成的局部 PSNR 在初始化后变化很小，已经生成了一个精确的估计。因为初始的方向性 PCA 基是通过合成轮廓图像计算的，生成的 PSNR 一般在 3～5 次迭代中收敛。

图 2.5 中显示了在一个放大了的 Lena 图像代表性区域中，在稀疏逆问题估计中引入结构后的增益。过完备字典 $\boldsymbol{\Phi}$ 由一组 PCA 基 $\{B_r\}_{1\leqslant r\leqslant c}$ 组成，如图 2.2b 所示，通过上述过程训练获得，然后供给下面的估计方案。①全局 ℓ_1 和 OMP：整体的 $\boldsymbol{\Phi}$ 当作一个过完备字典来使用，分别利用稀疏估计式（2.4）最小化 ℓ_1 或正交匹配跟踪（OMP）来计算缩放估计。②分块 ℓ_1 和 OMP：分别通过最小化 ℓ_1 或 OMP 来计算每个 PCA 基 $\boldsymbol{B}_r$ 的稀疏估计，通过类似于式（2.11）的模型选择程序来确定最优估计，因此减少了全局 ℓ_1 和 OMP[41] 估计的自由度。③块加权 ℓ_1：块 ℓ_1 权重之上包含在正则化矩阵中的每个系数幅值，

$$\hat{x}_j^r = \underset{x}{\operatorname{argmin}}\left(\| A_j B_r x - y_j \|^2 + \sigma^2 \sum_{i=1}^{m} \frac{|x_i|}{\tau_i^r} \right) \tag{2.17}$$

权重 $\tau_i^r = (\lambda_i^r)^{1/2}$，其中，$\lambda_i^r$ 为第 r 个 PCA 基的特征值。这种加权方案惩罚了重要性较小的原子，遵从了 MAP 估计中推导出的 ℓ_2 加权原理。④块加权 ℓ_2：提出的 PLE 方法。与式（2.17）相比，不同在于加权 ℓ_2 式（2.16）取代了加权 ℓ_1，因此将问题转化为稳定且高效计算的分段线性估计。

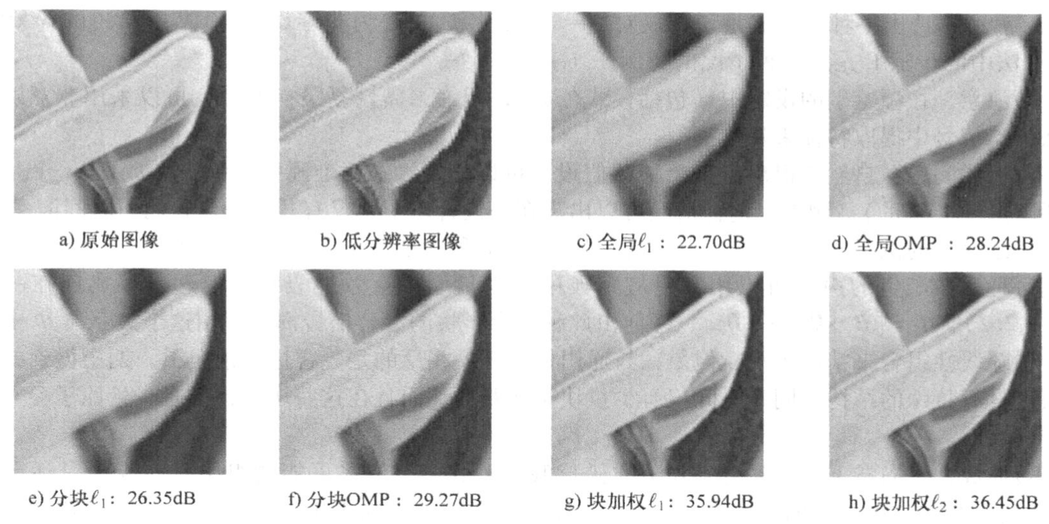

图 2.5　比较超分辨率缩放的不同估计方法。a）从 Lena 中截取的原始图像；b）低分辨率图像，利用像素复制在一个尺度中显示。c）~h）用不同的估计方法获得的超分辨率结果

全局 ℓ_1 和 OMP 沿边缘产生一些清晰的伪影，降低了 PSNR。块 ℓ_1 或 OMP 明显改善了结果（特别是对 ℓ_1）。与块 ℓ_1 或 OMP 相比，在块 ℓ_1 上加入协作权重可以获得十分明显的改善。提出的 PLE 方法利用块 ℓ_2 加权，通过线性滤波计算，在十分低的计算复杂度下，进一步提高了块 ℓ_1 加权的估计精度。

这些说明性的例子展示了提出的结构化协作稀疏模型可获得的高质量结果。在参考文献［42］中，这种相当简单和计算高效的方法在许多应用中可以获得高水平的结果。我们现在用另一种方法介绍结构化协作稀疏模型，这次针对源识别和分离来代替信号重建。注意，PLE 模型也可以扩展成每次获得多于一个 PCA（字典块），下次更接近表示的模型。

2.3　用结构和协作模型鉴别和分离源

上一节中表明对于不稳定的逆问题如图像恢复等，在模型中利用结构是获得稳定解的十分有效的方法。通常，在模型中加入结构可以进一步约束模型的范围，使其和先验知识能够兼容。

在本节中将展示另一组应用，应用中将先验信息自然地转换成结构，来约束稀疏模型的解，生成一种新型结构化稀疏模型。参考文献［32］中首先介绍了该模型，读者可以参考该文献来获得额外的细节，以及与其他参考文献［17，20］间的联系。参考文献［31］介绍了源分离的应用，特别是在音频中的应用，参考文献［28］介绍了模式检测分类。

问题描述

在源分离问题中，假设观察到的信号 $\boldsymbol{y}$ 为数种（c 种）源的线性叠加（混合），加入噪声，$\boldsymbol{y}=\sum_{r=1}^{c}\alpha_r\boldsymbol{y}_r+\epsilon$，我们的主要任务是从中估计出每种未混合的源 $\boldsymbol{y}_r$。如果任务是分辨活动的源，这个问题称为源鉴别。反之，源鉴别问题包含一个特例，模式分类问题，该问题中假定每次

仅从 c 种源中选出一种，也就是说，仅对应一个索引 r_0 的 α_r 为非零。1.2.2 节中给出的 MAP - EM 算法中的步骤 E 是后一种情况的特例。

请注意，在源鉴别的设定中（包括模式分类），因为无需恢复最初的源，可以采用非双射方式从原始信号中提取特征来建立模型。

由上述问题，自然地提出了一个稀疏假设，可以假定，在 c 个源中，仅有少数 $k=c$ 个是真正活跃的（非零的）。例如，这种情况可以出现在一段音乐中，仅有几种乐器在同一时间演奏。

继续音乐的例子，可以用传统稀疏模型工具对 c 种可能的乐器来训练字典 $\boldsymbol{B}_r$ [22]，这样同一时刻每种乐器产生的声音可以用其对应字典中的少量原子有效地表示。把这些字典连在一起（见图 2.2），$\boldsymbol{\Phi}=[\boldsymbol{B}_1|\boldsymbol{B}_2|\cdots|\boldsymbol{B}_c]$，任何由此种组合产生的混合信号都可以用这个大字典 $\boldsymbol{\Phi}$ 中原子的稀疏线性组合来精确表示。但是，与通用稀疏模型相反的是，在这种情况下，期望得到的稀疏模式具有特殊的结构：同一时间仅有少量块是活跃的，而且在这些块中，仅有少量原子参与对应类的表示。

转换成系数向量 $\boldsymbol{x}$，就组成了分层的稀疏假设，其中，许多可能的组中只有少量是活动的（每组的系数和一种乐器的子字典相关联），而且，在每个活动组中，仅需要少量原子就可以精确表示由相应乐器产生的声音。本节中第一个模型明确地利用模型中这些假设，促进了稀疏编码中的层次化稀疏模式。在这些假定成立的情况下，研究表明成功地恢复混合信号能够促进这种模型的使用。

展示的第二个模型也是针对源分离和鉴别问题设计的，进一步挖掘此类问题中可用的典型先验知识。继续用音乐来举例，利用时间连续性假设，假定在一小段连续的乐曲中，几种乐器同时演奏，仍然用相同的方法近似，然而其中每种乐器产生的声音能够变化更快。在编码中可明确地利用这种新的先验知识，在给定时间窗中的所有样本都具有相同的活动组（相同的乐器演奏），因此获得了协作编码方案。但是，我们不能期望这些样本中的每种乐器产生的声音都是相同的，因此，协作仅能解决检测活动组的问题，同时允许组内稀疏模式（每个瞬间表示实际的声音）随样本的改变而变化。

我们在本节开篇时，主要介绍 Lasso 和分组 Lasso 稀疏正则化模型，从公式到上面介绍的模型，并连同在图像和音频分析中应用的例子，介绍层次和协作层次模型。

2.3.1 分组 Lasso

给定数据样本 $\boldsymbol{y}$ 和字典 $\boldsymbol{\Phi}$，Lasso 式（2.4）中的 ℓ_1 正则化矩阵使得编码 $\boldsymbol{x}$ 稀疏化。这无论从正则化角度还是从模型选择角度都很合适，模型选择即希望分辨出在生成样本 y 中起到关键作用的特征或因素（原子）。

但是，在很多情况下，我们知道特定的特征组可同时活跃或不活跃（例如，基因表达水平的测量）。在这种情况下，可在模型中加入结构使得相关因素不再单独出现，而是作为预先定义的原子组出现。在参考文献［43］中介绍了这种特殊的结构化稀疏，被称为分组 Lasso 模型。

在此处的设定中，系数向量 $\boldsymbol{x}$ 被分割成块，$\boldsymbol{x}=(\boldsymbol{x}_1,\boldsymbol{x}_2,\cdots,\boldsymbol{x}_c)$，这样每个块对应子字典和 $\boldsymbol{\Phi}=[\boldsymbol{B}_1|\boldsymbol{B}_2|\cdots|\boldsymbol{B}_c]$ 中具有相同的索引。通过这个结构选择组，分组 Lasso 解决如下问题：

$$\min_{x\in\mathbb{R}^n}\frac{1}{2}\|y-\boldsymbol{\Phi}x\|_2^2+\lambda\sum_{r=1}^{c}\|x_r\|_2 \tag{2.18}$$

分组 Lasso 正则化矩阵 $\sum_{r=1}^{n} \| \boldsymbol{x}_r \|_2$ 可以看作在相同组$\boldsymbol{x}_r$系数子向量的欧拉模基础上的 ℓ_1 模，这是 ℓ_1正则化的推广，后者源于一种特殊情况，这种情况下，x 中的每个系数都成为一组（组是单独的），同样地，其对于 x 组的影响也是从 Lasso 中获得的性质的自然推广：它“开/关”组内的系数。注意，对比之前提到的 PLE 模型，而且活动块的个数是未知的，我们需要这种类型的最优化。如果类似于 PLE 模型，同一时刻只有一个块活动，简单地尝试所有的块来找到最好的块的效率更高。

分组 Lasso 的模型选择性质从统计（一致性，数据属性（oracle properties））和压缩感知（提取信号恢复）角度获得，两种情况都是作为 Lasso 的扩展对应结果[3,14,43]。

2.3.2　分层 Lasso

分组 Lasso 将单一系数级别的稀疏性与组级的稀疏性交换，在每组内，解通常是密集的。如果将分组 Lasso 应用到利用字典 $\boldsymbol{\Phi}$ 分析混合信号中，$\boldsymbol{\Phi}$ 由特定类别的子字典$\boldsymbol{B}_r$连接构成（如之前描述），它无法恢复系数向量中的分层稀疏模式。它将生成系数向量，其中，我们期望只有和混合信号中活动源对应的系数组为非零。但是，由于分组 Lasso 正则化矩阵的性质，每组中的解通常是密集的，也就是说，活动组中所有的或是大部分系数均为非零。

因为每个训练的子字典$\boldsymbol{B}_r$都是为了用稀疏的方式从其对应的类中重现信号，整个字典 $\boldsymbol{\Phi}$ 可以用来稀疏地表示所有类的信号和它们的混合信号。因此，一种已知稀疏的方法如 Lasso 可以和模型结合起来，并更有效地表示这样的信号。但是，Lasso 没有分组结构，因此无法进行模型选择。

下面的模型，称为分层 Lasso（以后表示为 HiLasso），合并分组 Lasso 的组选性质的同时和组内稀疏假设保持一致，通过简单合并这两个公式的正则项（原始的推导过程和文献的关系见参考文献［32］），

$$\min_{x \in \mathbb{R}^n} \frac{1}{2} \| y_j - \Phi x \|_2^2 + \lambda_2 \sum_{r=1}^{c} \| x_r \|_2 + \lambda_1 \| x \|_1 \tag{2.19}$$

由（2.19）的解生成的分层稀疏模式如图 2.6a 所示。为了简化描述，假定所有的组都具有相同元素数目，扩展到普通情况，只需要将每组的模乘以对应组中原子数目的方均根。这个模型达到了在组/类级别提升稀疏性的预期效果，同时获得了全局稀疏特征选择。

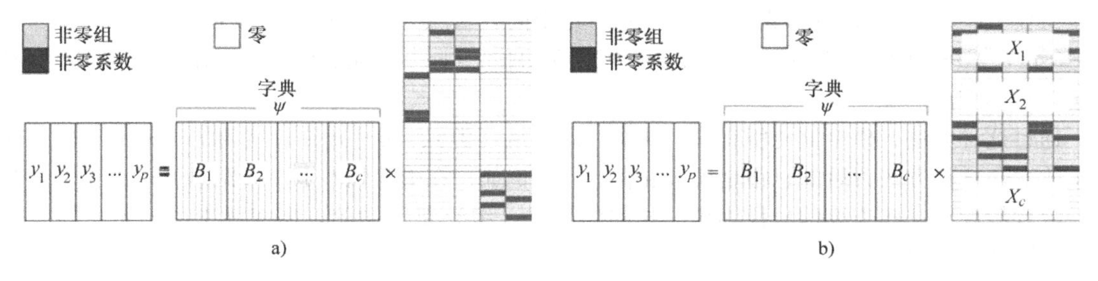

图 2.6　描述的模型选择程序生成的稀疏模式。a）HiLasso；b）协作 HiLasso。注意，C-HiLasso 在所有样本中利用相同的组稀疏模式（相同的类），然而组内稀疏模式可以在样本中改变（样本本身是不同的）

选择 λ_1 和 λ_2 对于解决方案的稀疏性有着重要影响。直观看来，随着 λ_2/λ_1 的增加，组约束成为主导，解决方案倾向于在组级更加稀疏，但组内稀疏性降低。

提醒一下，不要将 HiLasso 模型与 Zou 和 Hastie[46] 的 Elastic Net（EN）弄混。尽管表面看来，两者公式十分相似，唯一的不同就是 EN 中 ℓ_2项为 2 次方形式，但最终的模型选择特性根本不同。例如，EN 不能像 Lasso 一样进行分组模型选择。

2.3.3 协作分层 Lasso

在许多应用中，我们期望一些样本y_j 的集合共享相同的活动字典组件，也就是说，对于集合中所有的样本，x_j 中非零系数的索引是相同的。利用 ℓ_1正则回归问题中的这种依赖性，引出了协作稀疏编码问题（也称为“多任务”或“同步”问题）[16,25,35,36]。注意，通过联合地设计 PCA 并利用加权优化度量中对应的特征值（这些都来自 MAP 估计），PLE 不同地实施了协作。

更具体地说，考虑和重建样本 $\boldsymbol{Y}=[y_1,\cdots,y_p]\in\mathbb{R}^{m\times p}$ 相关联的系数矩阵 $\boldsymbol{X}=[x_1,\cdots,x_p]\in\mathbb{R}^{n\times p}$，协作稀疏编码模型由下式给出

$$\min_{X\in\mathbb{R}^{n\times p}}\frac{1}{2}\|\boldsymbol{Y}-\boldsymbol{\Phi X}\|_F^2+\lambda\sum_{i=1}^{n}\|\boldsymbol{x}^i\|_2 \tag{2.20}$$

式中，$\boldsymbol{x}^i\in\mathbb{R}^p$是 $\boldsymbol{X}$ 的第 i 行，也就是 p 个不同值的向量，每个样本 $j=1,\cdots,p$ 中，系数和第 i 个原子相关，将这种想法扩展到分组 Lasso，可获得协作分组 Lasso（C－GLasso）的公式

$$\min_{X\in\mathbb{R}^{n\times p}}\frac{1}{2}\|\boldsymbol{Y}-\boldsymbol{\Phi X}\|_F^2+\lambda\sum_{r=1}^{c}\|\boldsymbol{X}_r\|_2 \tag{2.21}$$

式中，$\boldsymbol{X}_r$ 表示 $\boldsymbol{X}$ 行组成的子矩阵，属于第 r 组。这种正则化很自然地推广到式（2.18）中协作情况下的正则化矩阵。

本节中描述的第二个模型，称为协作分层 Lasso（C－HiLasso），将协作编码和上节介绍的分层稀疏模型结合在一起。但是，在这种情况下，协作只在组级进行，留下 ℓ_1的部分在样本间去耦合，公式如下[32]：

$$\min_{X\in\mathbb{R}^{n\times p}}\frac{1}{2}\|\boldsymbol{Y}-\boldsymbol{\Phi X}\|_F^2+\lambda_2\sum_{r=1}^{c}\|\boldsymbol{X}_r\|_2+\sum_{j=1}^{p}\lambda_1\|x_j\|_1 \tag{2.22}$$

图 2.6b 中展示了从式（2.22）的解中获得的稀疏模式。这个模型中包括了协作分组 Lasso 和非协作 Lasso（有效地分解成 p Lasso 问题，每个问题对应一个信号 u_j，$j=1,\cdots,p$），协作分组 Lasso 为 $\lambda_1=0$ 的一个特例，设置 $\lambda_2=0$ 则为非协作 Lasso。其他的分组和协作级别可以很容易地包含在模型内。

通过这种方法，模型促使所有信号共享相同的组（类），同时允许每组内的活动集在信号间发生改变。这种方法背后的思路是模拟混合信号，例如，在引言到本节中介绍的音乐的例子，其中，合理假设在一些连续信号样本中，相同的乐器（组）是活动的，但实际上由给定乐器发出的声音随样本而改变。

参考文献［32］描述了 C－HiLasso 编码的细节。这个算法是一个迭代程序，它将整个问题分解成两个子问题：一个将多信号问题分解成 p 个单信号类 Lasso 稀疏编码问题，另一个将多信号情况作为类协作分组 Lasso 问题。这种方案是为了保证收敛到全局最优，它包含一系列简单的

向量软阈值操作，该操作由乘数换向方法（ADMOM）和 SPARSA[37]的组合推导而来。

和传统的稀疏回归问题 Lasso 和分组 Lasso 一样，我们对何种情况下 HiLasso 可以恢复给定观察点 $\boldsymbol{y}$ 的系数 $\boldsymbol{x}$ 的真实潜在稀疏向量十分感兴趣，这对源识别和分离问题至关重要，这些问题是指对 $\boldsymbol{x}$ 本身和它的活动集比恢复 $\boldsymbol{x}$ 更感兴趣。这在参考文献［32］中仔细研究过，其中，我们提供 HiLasso 模型存在唯一解和校正恢复活动集的情况。

2.3.4　实验结果

本节用了四个不同的例子，来表明如何将 C－HiLasso 用于信号处理任务中。首先，展示了源分离和鉴别的三个不同例子，覆盖了大部分的信号类型。然后，用一个对象识别应用来说明如何将 C－HiLasso 背后的思路用于模式识别任务中。

1. 缺失信息情况下的数字分离

这个例子是数字图像分离问题。尽管这是个人工的例子，但它清晰地展示出上节中解释的内容。手写数字图像是稀疏模型有效的一个例子[28]。在这种情况下，每个样本向量包含$\sqrt{m}\times\sqrt{m}$手写数字图像的灰度强度。采用 USPS 数据集，包含集中数种 0～9 的数字化样本，和通常一样，分成训练和测试子集。

在这个例子中，从训练样本中学习每个子字典$\boldsymbol{B}_r$来稀疏表示单独的数字。混合数据 $\boldsymbol{Y}$，通过从测试数据集中画出随机数字“3”和“5”来仿真，然后设置 60% 的像素为 0。仿真的输入利用 C－HiLasso 和 Lasso 来编码。图 2.7 显示了每种方法恢复的系数。我们发现只有 C－HiLasso 方法可以成功地检测到哪些数字在混合数据中。协作编码技术共同考虑所有信号来构建模型选择，对于克服丢失信息的挑战起着决定性的作用。可以通过观察“分离误差”定量测量恢复性能来进一步支持这种技术[30]，$\frac{1}{pc}\sum_{r=1}^{c}\sum_{j=1}^{p}\|u_j^r-\hat{u}_j^r\|_2^2$，其中$\boldsymbol{u}_j^r$ 是对应信号 j 中的信号源 r 的组件，$\hat{u}_j^r$ 是恢复的信号。更多的细节见参考文献［32］。

2. 音频中的源识别

本节中，C－HiLasso 用于自动识别出现在混合音频信号中的源。目标是识别在一个录音机里同时讲话的人。

音频信号通常含有十分丰富的结构，其性质随时间迅速变化。一个自然的方法就是将它们分解成一组互相重叠的局部窗，每个窗内信号的性质保持稳定。可直接类比于 2.2.2 节中的方法，将图像分解成一组图像块。

一个具有挑战性的方面是当识别音频源来获得每种源的特征时，同时，对源中基础频率（音调）的变化保持不变。在演讲中，通常的选择是采用短时功率谱包络作为特征向量（特征提取过程和实现请见参考文献［31］）。演讲的谱包络随时间变化，每个音素产生不同的模式。因此，一个演讲者不止生成一种谱包络，而是处于统一形式的一组谱包络。因为这样的集合可以通过稀疏模型很好地展示，稀疏模型框架十分适合做语音识别问题。

对于这个实验，数据包含五个不同的德国无线广播电台的录音，两个女性和三个男性。每段录音都有 6 分钟。1/4 的样本用于训练，其余的用于测试。对于每个录音，从训练数据集中学习一个子字典。每段录音中提取 10 段不重叠的 15 秒钟长的片段（包括讲话中的停顿）用于测试，

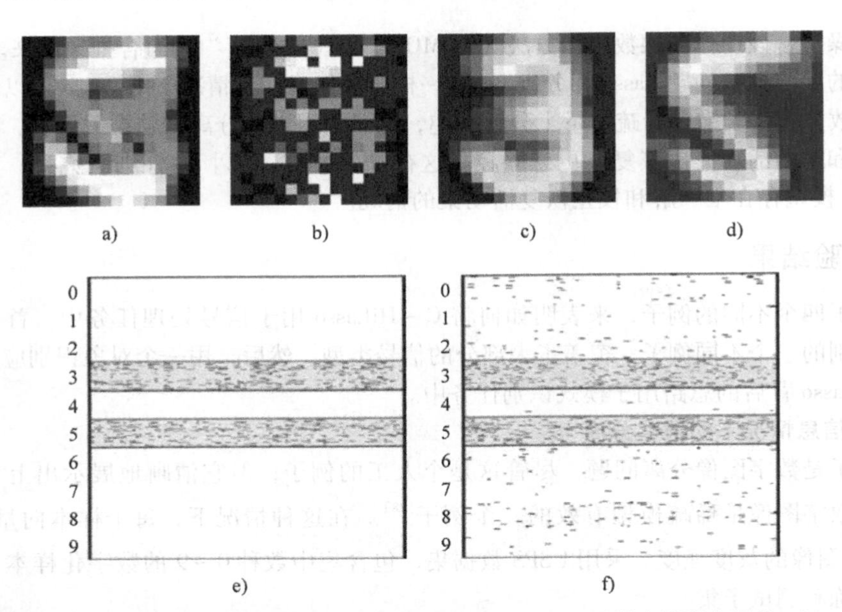

图 2.7 从缺失 60% 信息的混合图像中恢复数字的例子（3 和 5）。a）无噪声的混合图像；b）观察到的混合图像，缺失的像素用黑色高亮；c）和 d）分别为恢复的 3 和 5；e）和 f）分别用 C－HiLasso 和 Lasso 恢复的所有样本的活动集。与数字 3 和 5 的子字典对应的系数用灰色带来标记。恢复系数矩阵 $\boldsymbol{X}$ 的活动集用和 $\boldsymbol{X}$ 相同大小的二进制矩阵显示（原子索引在纵轴上，样本索引在横轴上），黑点表示非零系数。注意，C－HiLasso 利用协作组稀疏的假设，成功地在所有样本中恢复了正确的活动组。Lasso 方法缺少先验知识，无法胜任这些工作，活动集扩展到整个组内

利用 C－HiLasso 进行编码。对两个演讲者的所有可能组合和所有单独的演讲者重复该实验。结果显示在图 2.8 中，C－HiLasso 方法能十分精确地自动检测源的数目。

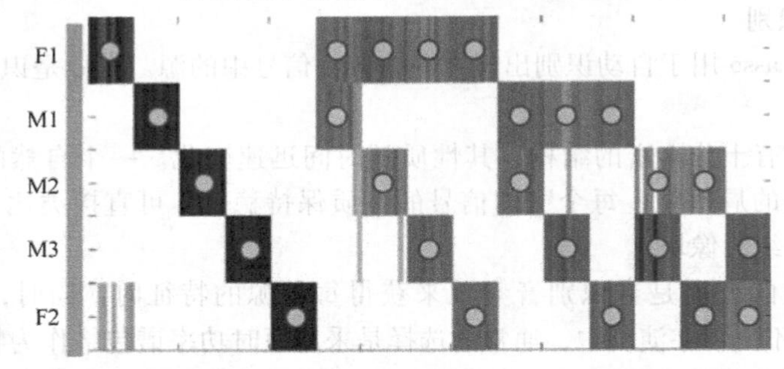

图 2.8 用 C－HiLasso 获得演讲者识别的结果。每列对应特定时间帧识别的信号源，真实信号用浅灰色圆圈估计。横轴表明对不同源估计出的活跃性，黑色阴影表示高能量。对于每种可能的演讲者组合，估计了 10 个帧（15 秒的音频）

3. 高光谱图像

高光谱成像（HSI）是各类自然出现混合的典型例子。低空间分辨率扭曲了场景中的几何特

征，引入了一个像素中包含多种材料的可能性。此外，高度差引起的部分遮挡也会导致这类混合。例如，假设一个场景中有树枝覆盖在路上，测量到的像素为由树叶和部分封闭的路段反射的能量和。因此，通常采集场景中的像素是不纯的。这种效果称为谱混合。我们一般可以假设场景中的像素包含多种材料的混合。因此，HIS 分类的实际方法为允许一个像素具有一个或多个标签，每个对应一种材料类型。在参考文献［9］中，我们发展了一种和 C – HiLasso 模型相关的方法，包括合并交叉非相关块和协作编码中的空间正则项，为了解决这个问题，从明显降采的数据中获得 HIS 分类的最新结果，图 2.9 中展示了一个例子。

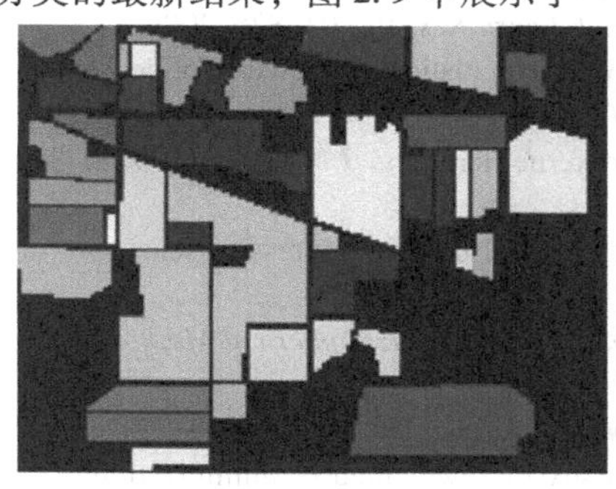

图 2.9　标准印度 Pines HIS 的地面情况分类，后面是通过协作和分层结构稀疏模型获得的分类结果

4. 模式分类

这个例子中的任务是检测图像中出现的物体属于某个特定的类，对图像中的每个块进行分类，或属于该类（本例中为“自行车”）或属于“背景”。算法包含一个离线步骤和一个在线步骤：离线步骤中，用训练图像为每类训练一个字典（“自行车”和“背景”）；在线步骤中，通过分离其他图像集来验证。图像取自 Graz02“自行车”数据集[26]。实验结果显示在图 2.10 中，细节见参考文献［28］。请注意，和 PLE 模型中类似，每块/像素中同一时间仅有一个活动块，使得优化分层模型更加简单。

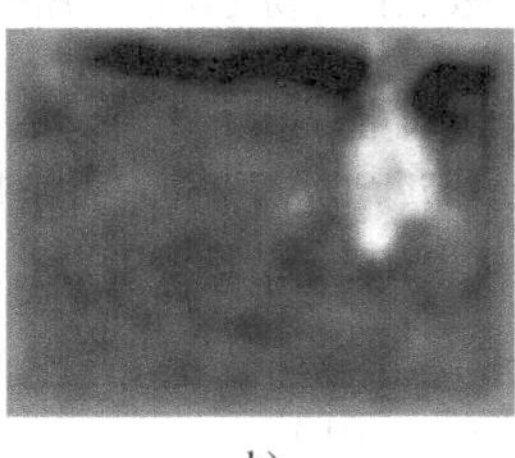

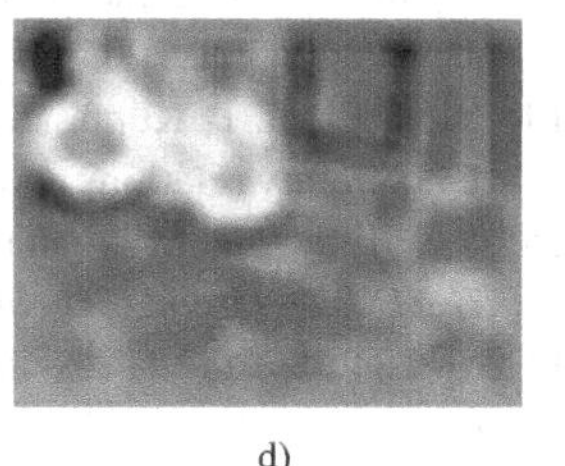

a)　b)　c)　d)

图 2.10　Graz 数据库中的自行车检测。a）、c）展示了两个示例图像，b）、d）为它们对应的检测图。白色阴影表明对应的图像块更接近于自行车

2.4　总结

本章介绍了用于协作和结构稀疏表示的模型，在经典应用中产生了最高水平的结果，并将

稀疏建模推广到新的领域。由于稳定编码的需求和引入信号及任务的可用先验知识，我们积极地推进此类模型。第二代稀疏模型仍然处在婴儿阶段（而标准稀疏模型已经处在了青春期），但它为稀疏模型各个阶段的各种新发展打开了一扇门，使其在处理新旧问题中从理论到应用方面有了新的方向。

参考文献

[1] J. Abernethy, F. Bach, T. Evgeniou, and J.P. Vert. A new approach to collaborative filtering: Operator estimation with spectral regularization. *J Mach Learn Res*, 10:803–826, 2009.

[2] S. Allassonniere, Y. Amit, and A. Trouvé. Towards a coherent statistical framework for dense deformable template estimation. *J R Statist Soc B*, 69(1):3–29, 2007.

[3] F. Bach. Consistency of the group lasso and multiple kernel learning. *J Mach Learn Res*, 9:1179–1225, 2008.

[4] R. G. Baraniuk, V. Cevher, M. F. Duarte, and C. Hegde. Model-based compressive sensing. *IEEE Trans IT*, 56(4):1982–2001, 2010.

[5] D. Bertsekas and J. Tsitsiklis. *Parallel and Distributed Comptutation: Numerical Methods*. Prentice Hall, 1989.

[6] S. P. Boyd and L. Vandenberghe. *Convex Optimization*. Cambridge University Press, 2004.

[7] E. J. Candès, M. Wakin, and S. Boyd. Enhancing sparsity by reweighted ℓ_1 minimization. *J Fourier Anal Appl*, 14(5):877–905, 2008.

[8] E.J. Candés and T. Tao. Near-optimal signal recovery from random projections: Universal encoding strategies? *IEEE Trans Inform Theory*, 52(12):5406–5425, 2006.

[9] A. Castrodad, Z. Xing, J. Greer, *et al*. Learning discriminative sparse models for source separation and mapping of hyperspectral imagery. Submitted, 2010.

[10] R. Chartrand and W. Yin. Iteratively reweighted algorithms for compressive sensing. 2008.

[11] S. S. Chen, D. L. Donoho, and M. A. Saunders. Atomic decomposition by basis pursuit. *SIAM J Sci Comp*, 20:33, 1999.

[12] D. L. Donoho. Compressed sensing. *IEEE Trans Inform Theory*, 52(4):1289–1306, 2006.

[13] M. Elad, J. L. Starck, P. Querre, and D. L. Donoho. Simultaneous cartoon and texture image inpainting using morphological component analysis (MCA). *Appl Comput Harmon Anal*, 19(3):340–358, 2005.

[14] Y. C. Eldar, P. Kuppinger, and H. Bölcskei. Compressed sensing of block-sparse signals: Uncertainty relations and efficient recovery. *IEEE Trans Sig Proc*, 58:3042–3054, 2010.

[15] Y. C. Eldar and M. Mishali. Robust recovery of signals from a structured union of subspaces. *IEEE Trans Inform Theory*, 55(11):5302–5316, 2009.

[16] Y. C. Eldar and H. Rauhut. Average case analysis of multichannel sparse recovery using convex relaxation. *IEEE Trans Inform Theory*, 56:505–519, 2010.

[17] J. Friedman, T. Hastie, and R. Tibshirani. A note on the group lasso and a sparse group lasso. Preprint, 2010.

[18] O. G. Guleryuz. Nonlinear approximation based image recovery using adaptive sparse reconstructions and iterated denoising–Part II: Adaptive algorithms. *IEEE Trans Image Proc*, 15(3):555–571, 2006.

[19] R. J. Hathaway. Another interpretation of the EM algorithm for mixture distributions. *Stat Prob Letters*, 4(2):53–56, 1986.

[20] R. Jenatton, J. Audibert, and F. Bach. Structured variable selection with sparsity-inducing norms. Technical Report arXiv:0904.3523v1, INRIA, 2009.

[21] F. Leger, G. Yu, and G. Sapiro. Efficient matrix completion with Gaussian models. In http://arxiv.org/abs/1010.4050, 2010.

[22] J. Mairal, F. Bach, J. Ponce, and G. Sapiro. Online dictionary learning for sparse coding. In *ICML '09: Proc 26th Ann Inte Conf Mach Learning*, 689–696, New York, 2009.

[23] J. Mairal, M. Elad, and G. Sapiro. Sparse representation for color image restoration. *IEEE Trans Image Proc*, 17, 2008.

[24] S. G. Mallat and Z. Zhang. Matching pursuits with time-frequency dictionaries. *IEEE Trans Sig Proc*, 41(12):3397–3415, 1993.

[25] M. Mishali and Y. C. Eldar. Reduce and boost: Recovering arbitrary sets of jointly sparse vectors. *IEEE Trans Sig Proc*, 56(10):4692–4702, 2008.

[26] A. Opelt, A. Pinz, M. Fussenegger, and P. Auer. Generic object recognition with boosting. *IEEE Trans PAMI*, 28(3), 2006.

[27] I. Ramirez and G. Sapiro. Universal regularizers for robust sparse coding and modeling. Submitted, http://arxiv.org/abs/1003.2941, 2010.

[28] I. Ramirez, P. Sprechmann, and G. Sapiro. Classification and clustering via dictionary learning with structured incoherence. *CVPR*, 2010.

[29] J. Schafer and K. Strimmer. A shrinkage approach to large-scale covariance matrix estimation and implications for functional genomics. *Statist Appl Genet Mol Biol*, 4(1):1175, 2005.

[30] N. Shoham and M. Elad. Alternating KSVD-denoising for texture separation. *IEEE 25th Convention Electr Electron Eng Israel*, 2008.

[31] P. Sprechmann, I. Ramirez, P. Cancela, and G. Sapiro. Collaborative sources identification in mixed signals via hierarchical sparse modeling. http://arxiv.org/abs/1010.4893, 2010.

[32] P. Sprechmann, I. Ramirez, G. Sapiro, and Y. C. Eldar. C-HiLasso: A collaborative hierarchical sparse modeling framework. http://arxiv.org/abs/1003.0400, 2010.

[33] R. Tibshirani. Regression shrinkage and selection via the lasso. *J Roy Stat Soci*: 267–288, 1996.

[34] J. Tropp. Greed is good: Algorithmic results for sparse approximation. *IEEE Trans Inform Theory*, 50(10):2231–2242, 2004.

[35] J. A. Tropp. Algorithms for simultaneous sparse approximation. Part ii: Convex relaxation. *Signal Processing, special issue "Sparse approximations in signal and image processing,"* 86:589–602, 2006.

[36] B. Turlach, W. Venables, and S. Wright. Simultaneous variable selection. *Technometrics*, 27:349–363, 2004.

[37] S. Wright, R. Nowak, and M. Figueiredo. Sparse reconstruction by separable approximation. *IEEE Trans Sig Proc*, 57(7):2479–2493, 2009.

[38] J. Yang, J. Wright, T. Huang, and Y. Ma. Image super-resolution via sparse representation. Accepted *IEEE Trans Image Proc*, 2010.

[39] G. Yu, S. Mallat, and E. Bacry. Audio denoising by time-frequency block thresholding. *IEEE Trans Sig Proc*, 56(5):1830–1839, 2008.

[40] G. Yu and G. Sapiro. Statistical compressive sensing of Gaussian mixture models. In http://arxiv.org/abs/1010.4314, 2010.

[41] G. Yu, G. Sapiro, and S. Mallat. Image modeling and enhancement via structured sparse model selection. *ICIP, Hong Kong*, 2010.

[42] G. Yu, G. Sapiro, and S. Mallat. Solving inverse problems with piecewise linear estimators: From Gaussian mixture models to structured sparsity. Submitted, http://arxiv.org/abs/1006.3056, 2010.

[43] M. Yuan and Y. Lin. Model selection and estimation in regression with grouped variables. *J Roy Stat Soc, Ser B*, 68:49–67, 2006.

[44] M. Zhou, H. Chen, J. Paisley, *et al*. Nonparametric Bayesian dictionary learning for analysis of noisy and incomplete images. IMA Preprint, Apr. 2010, http://www.ima.umn.edu/preprints/apr2010/2307.pdf.

[45] M. Zhou, H. Chen, J. Paisley, *et al*. Non-parametric Bayesian dictionary learning for sparse image representations. *Adv. NIPS*, 2009.

[46] H. Zou and T. Hastie. Regularization and variable selection via the elastic net. *J Roy Stat Soc Ser B*, 67:301–320, 2005.

第3章　Xampling：模拟信号的压缩感知

Moshe Mishali，Yonina C. Eldar

本章将压缩感知（CS）概括为模拟信号的降采样率，并且引入了 Xampling 框架。Xampling 是一个用于低速采样和处理联合子空间信号的统一框架。Xampling 由两个主要模块组成：在商业设备采样之前模拟压缩缩小输入带宽，然后在常规信号处理之前检测输入子空间的非线性算法。如果回顾了在统一的 Xampling 框架内的各种模拟 CS 应用，将包括用于稀疏平移不变空间、周期性非均匀采样和调制宽带转换的通用滤波器组方案，用于具有未知载波频率的多频带通信，用于医疗和雷达成像应用的有限新息率信号采集技术，以及稀疏谐波声调的随机解调。在整个过程中，始终提倡以硬件为导向的观点，解决实际的制约因素，并举例说明与之相关的硬件实现。

3.1　引言

模拟－数字转换（ADC）技术是沿着 20 世纪著名的香农－奈奎斯特[1,2]定理所描绘的路线不断进步，在奈奎斯特定理中要求采样率至少是信号最高频率的 2 倍。这个基本原理几乎是所有数字信号处理（DSP），如音频、视频、无线电接收机、无线通信、雷达应用、医疗设备、光学系统等应用的基础。对数据日益增长的需求以及射频（RF）技术的进步促进了高带宽信号的使用，其中由香农－奈奎斯特定理决定的采样速率对采集硬件和随后的存储以及 DSP 处理器均施加了严峻的挑战。压缩感知的优点是构建利用信号结构的采样装置来降低采样率，以及降低后面对数据存储和 DSP 的要求。在这种方法中，实际的信息内容应该规定采样率，而不是规定环境信号带宽。事实上，在某种程度上 CS 出现的动机是希望以远低于香农－奈奎斯特率的速率对宽带信号进行采样，但同时仍保持基本信号中编码的重要信息[3,4]。

CS 的核心是一个数学框架，用于研究降低离散设置中的速率。长度为 n 的矢量 x 表示感兴趣的信号。使用 $m \times n$ 矩阵 A 计算测量矢量 $y=Ax$。在典型的 CS 设置 $m \ll n$ 中，使得 y 中的测量值比 x 的环境尺寸少。因为在此设置中 A 是不可逆的，所以恢复必须包含 x 上的一些先验的知识。在 CS 中普遍认为结构是稀疏的，即 x 只有几个非零项。凸规划，例如 ℓ_1 最小化以及各种贪婪计算的方法已经成功地从短测量向量 y 重建出稀疏信号 x。

离散机制通过选择 $m \ll n$ 很好地捕捉了降低采样率的概念，并确认了不完全测量的鲁棒性。然而，由于起点是有限维度向量 x，一个重要方面还没有明确地解决，即如何以低速率实际获取模拟输入 $x(t)$。在许多应用中，我们的兴趣是处理和表示从物理领域中提出的信号，因此该信号自然地被表示为连续时间函数，而不是离散向量。在现实问题中实现 CS 的概念性路线是首先使用标准硬件获得离散信号的高速率表示，然后应用 CS 来降低维度。然而，这与 CS 的核心动机相矛盾，即尽可能地降低采样率。实现压缩 ADC 的优点需要更广泛的框架，该框架可以处理更多一般信号的模型，包括具有各种类型结构的模拟信号，以及可以在硬件中实现的实际测量方案。为了进一步从降采样中获益，数字领域的处理速度也应该降低。因此，我们的目标是开发一个由采样、处理和重构组成的端对端系统，其中所有操作都以低于输入奈奎斯特率的低速率执行。

开发低速率模拟感知方法的关键是依赖于输入的结构。信号处理算法具有利用结构完成各种任务的历史。例如，MUSIC[5]和ESPRIT[6]就是利用信号结构进行频谱估计的流行技术。估计模型顺序选择方法[7]、参数估计和参数特征检测[8]是结构被大量利用的更深层次的例子。在上下文中，我们对利用信号模型来降低采样率感兴趣。亚奈奎斯特采样的经典方法包括载波解调[9]、欠采样[10]和非均匀方法[11-13]，它们都假设对应于具有预定义频率支持和固定载波频率的带限输入的线性模型。在CS的精髓中，未知的非零位置导致非线性模型，我们希望将经典处理扩展到具有未知频率支持的模拟输入，以及更广泛地涉及非线性输入结构的场景。我们在本章中采用的方法是最近提出的Xampling框架[14]，它处理子空间联合（UoS）的非线性模型。该结构最初由Lu和Do[15]引入，在这种结构中，输入信号属于多个子空间，甚至可能有无限多个候选子空间中的一个子空间。信号所属的确切子空间，在先前是未知的。

在3.2节中，我们通过考虑模拟信号的两个示例采样问题来激励使用UoS建模：一个是拦截多个窄带传输的RF接收机，称为多频段通信，但没有提供它们的载波频率，也没有识别其在几个未知延迟和衰减时产生其输入回波的衰落信道。另一个例子在本书第4章中有详细讨论，其属于有限新息率（FRI）的广泛信号模型。FRI模型还包括有趣的雷达和声呐问题。正如我们在本章中所展示的，联合建模是存储样本和处理资源的关键。

在3.3节中，我们研究了Xampling系统的高级结构[14]。所提出的结构包括两个主要功能：低速模－数转换（X－ADC）和低速数字信号处理（X－DSP）。X－ADC模块通过生成包含所有重要信息但具有相对较低带宽的输入文本来压缩模拟信号$x(t)$，通常低于$x(t)$的奈奎斯特速率。重要的一点是，可以使用现有的硬件元件有效地实现所选择的模拟压缩。然后以低速率对压缩文本进行采样。X－DSP负责降低数字领域的处理速度。为了实现这一目标，使用CS技术或类似的子空间识别方法，例如MUSIC[5]或ESPRIT[6]，数字地检测联合内的确切信号子空间。识别输入的子空间允许在流测量的低速率下执行现有的DSP算法和内插技术，即不经过$x(t)$的奈奎斯特率样本的重建。如果适用，X－ADC和X－DSP在整个信号路径上减轻了奈奎斯特速率负担。Xampling发音为CS－Sampling（语音/ k'sæmplm），命名为Xampling，象征着CS的最新发展与20世纪开发的模拟采样理论机制的成功结合。

本章主要致力于根据Xampling研究各种UoS信号模型的低速采样，并利用基础模拟模型、压缩感知硬件和数字恢复算法。3.4节介绍了一个采样稀疏平移不变（SI）子空间的框架[16]，其扩展了针对单个子空间输入的SI采样的经典概念[17,18]。多频段模型[11-13,19-21]在3.5节被认为适用于宽带载波无意识接收[22]和认知无线电通信[23]。特别地，本节通过考虑由一组数字传输组成的多频带来实现X－DSP目标，其数据传输的信息位以样本流的低速率被恢复和处理。3.6节和3.7节分别处理FRI信号[24,25]和新息序列[26]，从而应用于脉冲流采集和超声成像[27,28]。在雷达成像[29]中，Xampling观点不仅提供了降采样方式，而且还提高了目标识别的分辨率，并减少雷达系统总时间的带宽乘积（当噪声不太大时）。3.8节描述了基于CS在离散模拟模型上应用的采样策略，例如采样一个稀疏谐波复合音[30]，并在量化 CS 雷达上工作[31-33]。

除了回顾采样策略，我们还提出了一些有关模拟感知的见解。在 3.5 节中，我们利用多频段采样的背景来说明从理论到硬件的模拟 CS 系统循环的全过程。循环开始于从稀疏 SI 框架导出的非均匀方法[19]。从更实际的角度分析这种方法，显示了非均匀采集需要具有奈奎斯特率前端的 ADC 器件，因为它们直接连接到宽带输入。我们接下来回顾了调制宽带转换器（MWC）[20,22]的面向硬件设计，其中合并了 RF 预处理来压缩宽带输入，因此，实际是由商业低速率和低带宽 ADC 器件进行采样的。为了完成这个循环，我们来看一下 MWC 硬件原型设计报告中电路的挑战和解决方案[22]。MWC 似乎是第一个借鉴具有可信硬件的 CS 思想被报道的宽带技术，MWC 以与实际的带宽占用率而不是以最高频率成正比的速率来进行数据传输和处理宽带信号（2GHz 奈奎斯特率输入的 280MHz 采样率，见参考文献［22］）。

Xampling 提倡使用传统工具从采样理论中对模拟信号进行建模，根据该模拟信号，连续时间信号 $x(t)$ 由数字的可数序列 $c[n]$ 确定，例如频带有限输入 $x(t)$ 和其对应的等间隔采样值 $c[n]=x(nT)$。UoS 的方法在获取类似的无限结构方面是有利的，不管是在单个子空间的维度上，还是在联合中的子空间的数量或两者中。在 3.8 节中，我们讨论了替代模拟 CS 方法，其处理由有限参数集确定的连续信号。例如，在随机解调器（RD）[30]的开发中采用这种方法，并在量化 CS 雷达上工作[31-33]。虽然在有限的情况下有效地开发了这些方法，但是将这些方法应用于通用模拟模型（具有可数表示的模型）可能会导致其性能下降。在比较 RD 和 MWC 系统的硬件和软件复杂性时，我们可以举例说明它们之间的差异。量化[33]与模拟[29]方法的可视化雷达性能进一步证明了两者之间可能的差异。根据本章获得的见解，3.9 节提出了将 CS 扩展到通用模拟信号的若干操作结论。

3.2　从子空间到联合空间

抽象理论中的传统范式假设 $x(t)$ 位于单个子空间中。有限带宽采样是研究最多的例子。子空间建模是非常强大的，因为它允许在非常宽的条件下从其线性和非线性样本完美地恢复信号[17,18,34-36]。此外，恢复可以通过数字和模拟滤波实现。这是子空间模型非常有吸引力的一个特征，其将香农 - 奈奎斯特定理概括为更广泛的输入类集合。

尽管子空间模型具有简单和直观的吸引力，在现代应用中，许多信号的特征是采样器不一定已知其参数。我们现在将通过几个例子来阐述，通常我们可以通过一个子空间模型描述信号。然而，为了包含所有可能的参数选择，子空间必须具有足够大的自由度来捕获信号的不确定性，这将导致采样率增加。下面的示例构建了我们在本章的余下部分讨论的低速率采样解决方案的动机。

首先考虑具有稀疏频谱的多频带输入 $x(t)$ 的情景，使得其连续时间傅里叶变换（CTFT）$X(f)$ 在单个宽度不超过 BHz 的 N 个频率间隔或带上得到支持。图 3.1 说明了典型的多频谱。当频带位置已知和固定时，信号模型是线性的，因为两个输入任意组合的 CTFT 都支持在相同的频带上。这种情况在通信中是典型的，当接收机拦截多个 RF 传输时，每个 RF 被不同的高载波频率 f_i 调制。知道频带位置或者载波 f_i，接收机就可以解调感兴趣的基带传输，也就是将内容从相关的 RF 频带移动到原点。在参考文献［37］中回顾了几种解调拓扑结构。随后的采样和处理以对应于感兴趣的单个频带的低速率来进行。当输入由单个传输组成时，将内容向基带移位的替代方法是通过在适当选择的亚奈奎斯特速率下对传输内容进行均匀的欠采样[10]。在假设数字恢复算法具有频谱支持的情况下，参考文献［12，13］中开发了可以处理多个传输的非均匀采样方法。

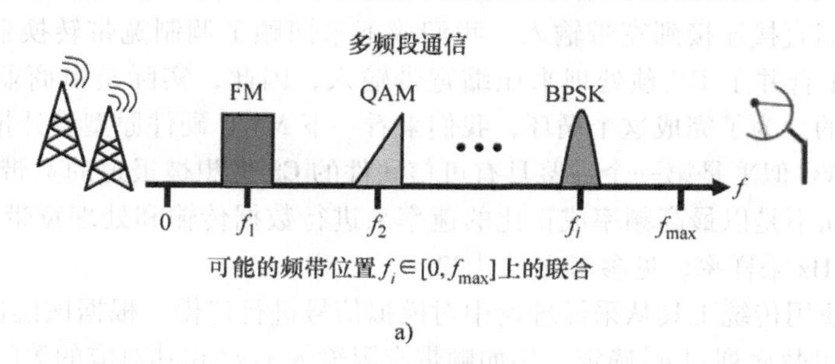

a)

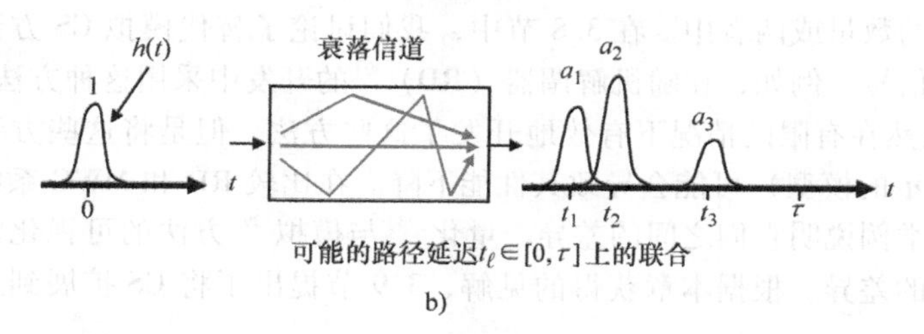

b)

图 3.1　UoS 建模的示例应用

当载波频率f_i未知时，我们对所有可能的多频带信号的集合感兴趣，这些信号占用频谱的NB Hz。在这种情况下，传输可以位于f_{max}以下的任何位置。乍一看，似乎奈奎斯特率采样是必要的，因为低于f_{max}的每个频率间隔都出现在某些多频带$x(t)$的支持下。另一方面，由于该模型中的每个特定的$x(t)$仅填充奈奎斯特范围的一部分（仅为NB Hz），所以我们直观地期望能够将采样率降低到低于f_{NYQ}。因为f_i是未知的，所以标准解调不能使用，这使得这个抽样问题具有挑战性。

$$f_{NYQ} = 2f_{max} \tag{3.1}$$

另一个有趣的应用是观察以下形式的信号来估计时间延迟：

$$x(t) = \sum_{\ell=1}^{L} a_\ell h(t - t_\ell),\ t \in [0, \tau] \tag{3.2}$$

对于固定时间延迟t_ℓ，式（3.2）定义了具有L个自由度输入的线性空间，每个振幅为a_ℓ。在这种情况下，可以使用$x(t)$的L个样本来重构输入信号$x(t)$。然而，在实践中，有许多有趣的情况与未知的t_ℓ。这种类型的输入属于更广泛的 FRI 信号系列[24,25]，在本书第 4 章中有详细介绍。例如，当通信信道引入多径衰落时，发射机可以通过发送短的探测脉冲$h(t)$来帮助接收机进行信道识别。由于接收机知道$h(t)$的形状，它可以解决固定时间延迟t_ℓ并且使用该信息解码以下信息。另一个例子是雷达，其中延迟t_ℓ对应于目标位置，而幅度a_ℓ编码多普勒频移指示目标速度。医学成像技术作为医学诊断中的重要工具，例如超声波，使用类似式（3.2）的信号来探测人体组织中的密度变化。水下声学也符合式（3.2）。由于在所有这些应用中，脉冲 $h(t)$ 在时间上是短的，所以根据其奈奎斯特带宽采样 $x(t)$，这实际上是 $h(t)$ 的带宽导致不必要的过多的采样率。相比之下，从式（3.2）直观地看，只有 $2L$ 个未知数来确定 $x(t)$，即 t_ℓ，a_ℓ，$1\leqslant\ell\leqslant L$。由于延迟是未知的，式（3.2）描述了一个非线性模型，子空间建模不能实现 $2L/\tau$ 的最佳采样率，这在所有上述应用中都可以远低于奈奎斯特采样率。

以上示例应用激励了对信号建模的需求，比传统的单一子空间方法更复杂。为了在一个合适的数学公式中捕获现实世界中的场景，而不增加不必要的速率，我们在下一节中引入了处理 UoS 信号的 Xampling 框架，该框架适用于许多有趣的应用。使用 Xampling 框架，我们将详细分析几个联合模型的采样策略，并表明虽然采样仍然可以通过线性滤波得到，但是根据 CS 的概念，恢复变得更加复杂，因此需要非线性算法。

3.3 Xampling

在本节中，我们介绍了所提出的 UoS 信号模型采集和数字处理框架——Xampling[14]。

3.3.1 子空间联合

如前所述，降低模拟信号采样的关键是基于输入集的 UoS 建模。Lu 和 Do 在参考文献 [15] 中首先提出了允许多个输入子空间的概念。我们用希尔伯特空间 $\mathcal{H}=L_2(\mathbb{R})$ 中的 $x(t)$ 表示模拟信号，它位于参数化的子空间族中：

$$x(t)\in\mathcal{U}\triangleq\bigcup_{\lambda\in\Lambda}\mathcal{A}_\lambda \tag{3.3}$$

式中，Λ 是索引集，每个单独的 $\mathcal{A}_\lambda$ 是 $\mathcal{H}$ 的子空间。UoS 模型式（3.3）的关键属性是对于某些 $\lambda^*\in\Lambda$，输入 $x(t)$ 位于 $\mathcal{A}_{\lambda^*}$ 内，但是确切的子空间索引 λ^* 天生是未知的。例如，具有未知载波 f_i 的多频带信号可以由式（3.3）描述，其中每个 $\mathcal{A}_\lambda$ 对应于具有特定载波位置的信号，以及联合包含所有可能的 $f_i\in[0,f_{\max}]$。具有未知时间延迟式（3.2）的脉冲也服从 UoS 模型，其中每个 $\mathcal{A}_\lambda$ 是捕获系数 a_ℓ 的 L 维子空间，而所有可能的延迟 $t_\ell\in[0,\tau]$ 的联合提供了将这些子空间分组到单个集合 $\mathcal{U}$ 的有效方法。

联合子空间建模可以直接在其模拟公式中处理 $x(t)$。这种方法与以前尝试处理类似问题的方法截然不同，其依赖于模拟输入到有限表示的离散化。也就是说，两个基数 Λ 和每个 $\mathcal{A}_\lambda$ 都是有限的模型。处理 $\mathbb{R}^n$ 中最多 k 个非零向量的标准 CS 是有限表示的一种特殊情况。每个子空间具有由非零的位置定义的维数 k，并且联合是在 $\binom{n}{k}$ 上选择非零位置的可能性。在 3.8 节中，我们详细讨论了联合建模与离散化之间的区别。如我们所展示的那样，对模拟信号施加有限表示，而不是固有地符合有限模型的主要影响，其包括模型灵敏度和高计算负荷两个方面。因此，本章的主要核心是为一般的 UoS 建模式（3.3）开发理论和应用。我们注意到，有一些连续时间信号的例子，它们自然具有有限的表示。这样的一个例子是三角多项式。然而，我们所感兴趣的是 3.2 节描述的信号形式，该信号很难用有限的形式表示。

一般来说，在所有可能信号位置上式（3.3）的联合构成了非线性信号集合$\mathcal{U}$，其中其非线性是指$x_1(t), x_2(t) \in \mathcal{U}$的和（或任何线性组合）不在$\mathcal{U}$内。因此，$\mathcal{U}$是一个线性映射空间的真子集：

$$\Sigma = \left\{ x(t) = \sum_{\lambda \in \Lambda} \alpha_\lambda x_\lambda(t) : \alpha_\lambda \in \mathbb{R}, x_\lambda(t) \in \mathcal{A}_\lambda \right\} \tag{3.4}$$

我们将其称为$\mathcal{U}$的奈奎斯特子空间。由于每个$x(t) \in \mathcal{U}$也属于Σ，原则上可以应用关于单个子空间Σ的常规采样策略[18]。然而，这种技术上正确的方法往往导致几乎不可行的采样系统，并且极大地浪费昂贵的硬件和软件资源。例如，在多频段采样中，Σ是$f_{\max}$－带限空间，对于这个空间不可能降低速率。类似地，在时间延迟估计问题中，Σ具有高带宽$h(t)$，并且不能实现任何速率的降低。

我们将联合集式（3.3）的采样问题定义为所提出系统的设计：

1）ADC：将模拟输入$x(t) \in \mathcal{U}$转换为测量序列$y[n]$的采集算子。

2）DSP：处理算法的工具箱，其使用$y[n]$来执行经典的任务，例如估计、检测、数据检索等。

3）DAC：从样本$y[n]$重建$x(t)$的方法。

为了排除效率低的解决方案，我们不利用联合结构的方案去处理奈奎斯特子空间Σ，而采用作为通用设计约束，以最小限度地利用资源来实现上述目标。例如，尽量减少采样率，从而排除了低效率的奈奎斯特解决方案，并促进可能的方法，以巧妙地合并联合结构来支持这种资源约束。作为参考，此要求概述如下：

$$\text{ADC} + \text{DSP} + \text{DAC} \rightarrow \text{资源的最低限度使用} \tag{3.5}$$

在实践中，除了约束采样率外，式（3.5）还需转化为最小化其他若干资源，包括采集阶段的设备数量、设计复杂性、处理速度、存储器要求、功耗、系统成本等。

实质上，UoS模型遵循经典采样理论的精神，即通过假设$x(t)$属于单个潜在的子空间$\mathcal{A}_{\lambda^*}$。然而，与传统模式相反，联合设置允许在确切信号子空间内具有不确定性，这为令人关注的采样问题打开了大门。式（3.5）中提出的挑战在于，与已知确切的$\mathcal{A}_{\lambda^*}$系统相当的整体复杂性（硬件和软件）上处理联合模型的不确定性。在3.5节中，我们描述了以与NB成比例的低速率从多频段联合获取和处理信号的策略。3.6节和3.7节描述了FRI联合的变体，其中包括式（3.2）及其低速率采样解决方案，其接近创新速率$2L/\tau$。本章中描述的一系列其他UoS应用程序展现了类似的原理，即使准确的子空间索引λ^*未知，也可以通过利用输入属于单个子空间$\mathcal{A}_{\lambda^*}$的事实来降低采样率。下一小节提出了一种为UoS信号类采样系统设计的系统架构。正如我们在接下来的各节中所展示的那样，该架构统一了针对不同UoS模型实例开发的各种采样策略。

3.3.2 架构

我们提出的Xampling系统具有图3.2所示的高级架构[14]。称为X－ADC的前两个块将模拟信号$x(t)$转换为数字信号$y[n]$。算子P将高带宽输入$x(t)$压缩成具有较低带宽的信号，子空间S以较低的采样要求有效地捕获整个联合$\mathcal{U}$。然后，通过一个商业ADC器件逐点采集压缩信号，以产生样本序列$y[n]$。算子P在Xampling中的作用是缩小模拟带宽，以便可以随后使用低速率ADC器件。在数字压缩中，目标是捕获压缩文本中输入的所有重要信息，虽然这里的功能是由硬件而不是软件实现的。因此，为了在减少带宽的同时不丢失任何基本信息，算子 P 的设计需要合理地利用联合结构。

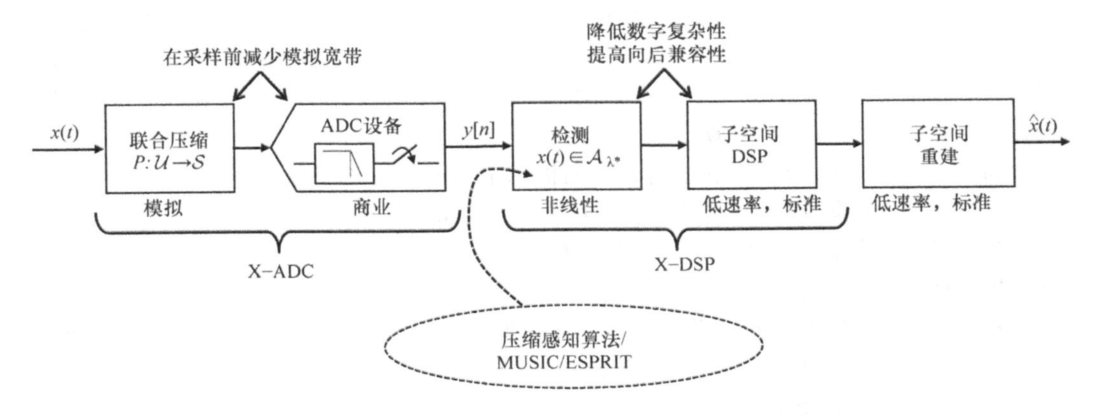

图 3.2　Xampling——子空间联合中信号采集和处理的实用框架

在数字域中，Xampling 由三个计算的块组成。非线性步骤从低速率采样中检测信号子空间 $\mathcal{A}_{\lambda^*}$。可以使用压缩感知算法，如本书相关章节中描述的算法，以及用于子空间识别的可比较方法，例如 MUSIC[5] 或 ESPRIT[6]。一旦确定了索引 λ^*，我们就会获得向后兼容性，这意味着应用标准 DSP 方法以及商业 DAC 设备可用于信号重建。非线性检测与标准 DSP 的组合称为 X - DSP。正如我们所演示的，除了向后兼容性之外，非线性检测也减少了计算负担，因为随后的 DSP 和 DAC 阶段只需要处理符合式（3.5）单个子空间的 $\mathcal{A}_{\lambda^*}$。重点是可以在低采集速率下有效地执行检测阶段，不需要奈奎斯特速率处理。

Xampling 是一个通用的模板架构。它没有指定要使用的精确捕获算子 P 或非线性检测方法。这些是应用程序相关的功能。我们引入 Xampling 的目标是提出一个高级系统架构和一套基本的准则：

1）一种用于压缩输入带宽的模拟预处理单元。

2）商用低速 ADC 器件，以获得实际低速采集。

3）软件中的子空间检测。

4）标准的 DSP 和 DAC 方法。

基于两个基本假设，参考文献［14］开发了 Xampling 框架：

（A1）DSP 是信号采集的主要目的。

（A2）ADC 器件的带宽有限。

DSP 假设（A1）强调了许多采样系统的最终用途——用现代软件算法替代模拟处理。数字信号处理可能是信号采集的最深层的原因：硬件开发很难与软件环境提供的便利和灵活性相竞争。因此，在许多应用中，DSP 本质上是激励 ADC 和降低处理速度。无论采样率是否降低，降低处理速度有时是一个重要的要求。特别地，图 3.2 中提出的数字流是有益的，即使高 ADC 速率也是可接受的。在这种情况下，可以直接获取 $x(t)$，而不会在 ADC 之前缩小其带宽，但是我们仍然希望减少数字域中的计算量和存储要求。这可以通过降低模拟软件的速率、检测信号子空间以及处理实际的信息带宽来实现。X-ADC 和 X-DSP 的复合使用是主流应用，其中降低信号采集和处理的速率是令人感兴趣的。

假设（A2）主要表示我们期望转换设备具有有限的前端带宽。X-ADC 可以在电路板、芯片设计、光学系统或其他适当的硬件上实现。在所有这些平台中，前端具有符合（A2）的某些带宽限制，从而激发了先前模拟压缩步骤 P 的使用，以便捕获采集设备可以处理的窄频率范围内的所有重要信息。3.5 节详细说明了这个属性。

考虑到将图 3.2 与式（3.5）相结合，从而揭示了 Xampling 的一个有趣的方面。在标准 CS 中，大多数系统复杂性集中在数字重建中，因为感知与应用 $y=Ax$ 一样简单。在 Xampling 中，我们尝试在模拟和数字复杂性之间取得平衡。如 3.8 节所述，正确地选择模拟预处理算子 P 可以大大节省数字复杂度，反之亦然。

接下来，我们将根据 Xampling 范例描述 UoS 模型的采样解决方案。一般来说，当处理模拟信号的联合时，需要考虑以下三个主要情况：

- 无限维空间的有限联合。
- 有限维空间的无限联合。
- 无限维度空间的无限联合。

在上面三个设置中，都有一个可以承载无限值的元素，这是我们正在考虑一般模拟信号的结果：底层子空间 $\mathcal{A}_\lambda$ 是无限维，或子空间数 $|\Lambda|$ 是无限的。在接下来的各节中，我们在这些案例中提出了一般的理论和结果，并将重点放在每个类的代表性示例应用程序的更多细节上。3.4 节和 3.5 节分别介绍了第一种情况，引入稀疏 SI 框架并分别回顾多频段采样策略。3.6 节和 3.7 节讨论了新息率采样的变体，并涵盖了其他两种情况。基于完全有限联合的方法，当 $|\Lambda|$ 和 $\mathcal{A}_\lambda$ 是有限时，将在 3.8 节中讨论。在对这些不同情况进行调查时，我们将尝试在 Xampling 的基础上提供一些实际的考虑，并提示可能的途径，以便将这些压缩方法推广到实际的硬件实现中。

3.4 稀疏平移不变框架

3.4.1 平移不变子空间中的采样

我们首先简要介绍 SI 子空间中的采样概念，这在标准（子空间）采样理论的发展中起着关键作用[17,18]。然后，我们讨论如何将联合结构合并到 SI 设置中。

平移不变信号的特征在于一组发生器 $\{h_\ell(t), 1\leqslant \ell \leqslant N\}$，其中原则上 N 可以是有限的或无限的（如在 Gabor 或 L_2 的小波展开中的情况）。在这里我们专注于 N 是有限的情况。这种 SI 空间中的任何信号都可以写成：

$$x(t) = \sum_{\ell=1}^{N}\sum_{n\in\mathbb{Z}} d_\ell[n]\, h_\ell(t-nT) \tag{3.6}$$

对于某些序列集合 $\{d_\ell[n]\in \ell_2, 1\leqslant \ell\leqslant N\}$ 和周期 T，该模型包含许多用于通信和信号处理的信号，包括带限功能、样条[39]、多频带信号（已知载波位置）[11,12]和脉冲幅度调制信号。

由式（3.6）描述的信号的子空间具有无限的维度，因为每个信号都与无穷多个系数

$\{d_\ell[n], 1\leqslant \ell \leqslant N\}$ 相关联。任何这样的信号可以以 N/T 的速率从采样数据中恢复；图 3.3[16,34] 给出了最小速率下的一个可能的采样范例。

这里 $x(t)$ 用 N 个滤波器进行滤波，每个滤波器都具有几乎任意的脉冲响应 $s_\ell(t)$。输出的采样周期为 T，得到采样序列 $c_\ell[n]$。$c(\omega)$ 表示 $c_\ell[n]$，$1\leqslant \ell \leqslant N$ 聚集的频率响应的矢量，类似地，$d(\omega)$ 表示 $d_\ell[n]$，$1\leqslant \ell \leqslant N$ 的频率响应的矢量。

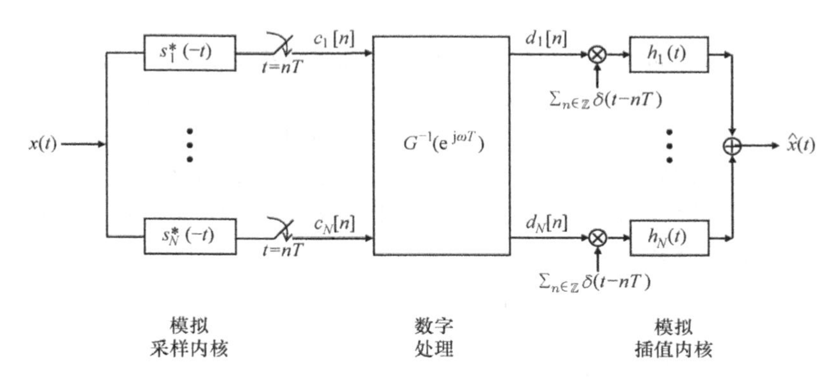

图 3.3　平移不变空间中的采样和重构

然后，可以看出[16]：

$$c(\omega) = G(e^{j\omega T})d(\omega) \tag{3.7}$$

式中，$G(e^{j\omega T})$ 是一个 $N\times N$ 矩阵，其展开式为

$$[G(e^{j\omega T})]_{i\ell} = \frac{1}{T}\sum_{k\in\mathbb{Z}} S_i^*\left(\frac{\omega}{T}-\frac{2\pi}{T}k\right)H_\ell\left(\frac{\omega}{T}-\frac{2\pi}{T}k\right) \tag{3.8}$$

符号 $S_i(\omega)$、$H_\ell(\omega)$ 分别表示 $s_i(t)$、$h_\ell(t)$ 的 CTFT。为了允许恢复，采样滤波器 $s_i(t)$ 的条件是，式（3.8）的结果是可逆频率响应 $G(e^{j\omega T})$。然后通过用具有频率响应 $G^{-1}(e^{j\omega T})$ 的滤波器组处理样本来恢复信号。以这种方式，我们通过式（3.7）求出向量 $d(\omega)$：

$$d(\omega) = G^{-1}(e^{j\omega T})c(\omega) \tag{3.9}$$

然后，通过周期为 T 的周期性脉冲串 $\sum_{n\in\mathbb{Z}}\delta(t-nT)$ 对每个输出序列 $d_\ell[n]$ 进行调制，随后用对应的模拟滤波器 $h_\ell(t)$ 进行滤波。实际上，如果 $h_\ell(t)$ 衰减足够快[40]，有限样本的插值就会给出足够精确的重建，与香农－奈奎斯特定理中的有限插值类似。

3.4.2　SI 子空间的稀疏联合

为了将更深一层的结构合并到通用 SI 模型式（3.6）中，我们处理涉及从 N 个发生器的有限集合 Λ 中选择的少量 K 个发生器的形如式（3.6）的信号。具体来说，我们考虑如下输入模型：

$$x(t) = \sum_{|\ell|=K}\sum_{n\in\mathbb{Z}} d_\ell[n]h_\ell(t-nT) \tag{3.10}$$

式中，$|\ell|=K$ 表示多于 K 个元素的和。如果 K 个有源发生器是已知的，那么根据图 3.3 可以在 K 个适当滤波器的输出端以对应于具有周期 T 的均匀样本的 K/T 的速率进行采样就足够了。更难

的问题是假如我们知道只有 K 个发生器是有源的，但事先不知道哪些发生器是有源的，其速率是否可以减少。就式（3.10）而言，这意味着只有 K 个序列$d_\ell[n]$具有非零的能量。因此，对于每个值 n，$\|d[n]\|_0\leqslant K$，其中 $d[n]=[d_1[n],\cdots,d_N[n]]^{\mathrm{T}}$为 n 次试验收集的未知发生器的系数。

对于该模型，可以将采样率降低到 $2K/T$[16] 以下。我们的目标是一个压缩采样系统，该系统以低速率采样生成一个 $y[n]=[y_1[n],\cdots,y_p[n]]^{\mathrm{T}}$的矢量。在 $t=nT$ 时，它满足如下关系：

$$y[n]=Ad[n],\ \|d[n]\|_0\leqslant K \tag{3.11}$$

式中，A 为允许恢复稀疏矢量的感知矩阵，选择 $p<N$ 将采样率降低到奈奎斯特率以下。原则上，在式（3.11）的条件下，通过时间索引 n，在确定系统下的参数化系列中，可以通过独立地对每个 n 应用 CS 恢复算法来处理。在下一节中描述了一个更强大和更有效的技术，该技术利用多于 n 的联合稀疏度。因此，问题是如何设计一个采样方案，这种采样方案在数字领域中可以归结为如同式（3.11）那样的关系。图 3.4 提供了一个用于获取 $y[n]$的系统，其中以下定理给出了其采样滤波器$w_\ell(t)$[16] 的表达式。

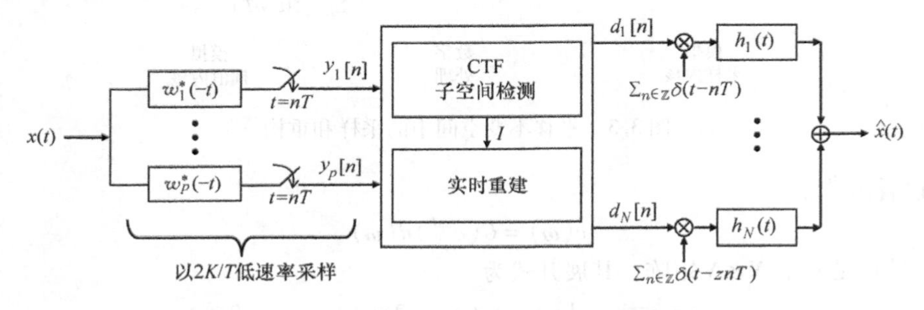

图 3.4 压缩感知采集用于平移不变子空间的稀疏联合

定理 3.1 令$s_\ell(t)$为式（3.9）中定义的响应矩阵的 N 个滤波器和 $G(\mathrm{e}^{\mathrm{j}\omega T})$ 的集合（使得$s_\ell(t)$可以在图 3.3 的奈奎斯特率方案中使用），并且令 A 为给定的 $p\times N$ 感知矩阵。定义一组滤波器$w_\ell(t)$，$1\leqslant\ell\leqslant p$ 对 $x(t)$ 进行采样：

$$w(\omega)=A^*G^{-*}(\mathrm{e}^{\mathrm{j}\omega T})s(\omega) \tag{3.12}$$

给出一组满足式（3.11）的压缩测量值$y_\ell[n]$，$1\leqslant\ell\leqslant p$。在式（3.12）中，向量 $w(\omega)$、$s(\omega)$具有第 ℓ 个元素$W_\ell(\omega)$、$S_\ell(\omega)$，其表示相应滤波器的 CTFT，其中$(\cdot)^{-*}$表示逆矩阵的共轭。

图 3.4 的滤波器$w_\ell(t)$形成了模拟压缩算子 P，如 X－ADC 架构所示。通过采用图 3.3 的奈奎斯特方案的输出$c_\ell[n]$与感知矩阵 A 定义的组合系数的线性组合，从而有效地减小了采样率。通过检查式（3.12）来揭示这个结构，即通过$w_\ell[n]$采样相当于通过$s_\ell(t)$对 $x(t)$ 进行滤波，应用$G^{-1}(\mathrm{e}^{\mathrm{j}\omega T})$来获得稀疏集合序列$d_\ell[n]$，然后通过未确定的矩阵 A 组合这些序列。对于某些任意的可逆 $p\times p$ 矩阵 $P^*(\mathrm{e}^{\mathrm{j}\omega T})$，通过令 $w(\omega)=P^*(\mathrm{e}^{\mathrm{j}\omega T})A^*G^*(\mathrm{e}^{\mathrm{j}\omega T})s(\omega)$，参考文献［16］的更一般结果是可以进一步灵活地选择采样滤波器。在这种情况下，式（3.11）适用对于通过用 $P^{-1}(\mathrm{e}^{\mathrm{j}\omega T})$对压缩测量值$y_\ell[n]$进行后处理而获得的序列。

稀疏 SI 模型式（3.10）可以推广到任意子空间的稀疏和，其中联合的每个子空间$\mathcal{A}_\lambda$式（3.3）由 K 个低维子空间的直接和组成[41]：

$$\mathcal{A}_\lambda = \bigoplus_{|j|=K} \mathcal{V}_j \tag{3.13}$$

式中，$\{\mathcal{V}_j, 1 \leqslant j \leqslant N\}$是尺寸为$\dim(\mathcal{V}_j) = v_j$的一组给定的子空间，并且如前所述$|j| = K$表示$K$个索引之和。因此，每个子空间$\mathcal{A}_\lambda$对应于构成和的$K$个子空间$\mathcal{V}_j$的不同选择。稀疏 SI 模型是式（3.13）的特殊情况，其中每个$\mathcal{V}_j$是具有单个移位核$h_j(t)$的 SI 子空间。在参考文献［41］中，针对有限Λ和有限维$\mathcal{A}_\lambda$的情况开发了采样和重构算法。该方法利用集合变换的概念将采样问题转化为具有未知块稀疏解的未确定系统，该解决方案被发现通过多项式时间混合规范优化程序。在参考文献［41－44］中更详细地研究了块稀疏的问题。

3.4.3　无限测量模型和连续有限测量模型

在稀疏 SI 框架中，采集方案被映射到系统式（3.11）中。因此，$x(t)$的重建取决于我们从这个未确定的系统中求解$d_\ell[n]$的能力。更一般地，我们是感兴趣的对于求解具有感应矩阵维数$p \times N$，$p < N$的参数化欠定线性系统：

$$y(\theta) = Ax(\theta), \theta \in \Theta \tag{3.14}$$

式中，Θ是其基数可以是无限的集合。特别地，Θ可能是不可数的，例如式（3.12）的频率$\omega \in [-\pi, \pi)$，或是可数的，如式（3.11）。如果向量$x(\Theta) = \{x(\theta)\}$共享一个共同稀疏模式[45]，系统式（3.14）被称为具有稀疏度K的无限测量向量（IMV）模型。也就是说，非零元素被支持在大小为K的固定位置集合I内。

当将$\Theta = \{\theta^*\}$作为单个元素集时，IMV 模型可看作标准 CS 的一种特殊情况。它还可看作在 CS 文献中称为多个测量向量（MMV）的有限集Θ的情况[45-50]。在有限的情况下，很容易看出，如果$\sigma(A) \geqslant 2K$，其中$\sigma(A) = \mathrm{spark}(A) - 1$是$A$的 Kruskal 秩，则$x(\Theta)$是式（3.14）唯一的$K$稀疏解[48]。在参考文献［51］中得出了秩$(y(\Theta))$的简单必要和充分条件，使参考文献［48］中早期的（只有足够的）条件得到改善。类似的条件适用于联合K稀疏 IMV 系统[45]。

IMV 模型的主要困难是如何从无限多个式（3.14）中恢复解集$x(\Theta)$。一个策略是对每个θ独立求解式（3.14）。然而，这种策略在实践中可能是计算密集型的，因为它将需要为每个单独的θ执行 CS 求解器；例如，在式（3.11）的上下文中，这相当于解决每个时间实例n的稀疏恢复问题。另一个更有效的策略是利用$x(\Theta)$共同稀疏的事实，使得索引集

$$I = \{l: x_l(\theta) \neq 0\} \tag{3.15}$$

与θ无关。因此，I可以从$y(\Theta)$的几个实例中被估计，这增加了估计的鲁棒性。一旦获得I，整个集合$x(\Theta)$的恢复是简单的。要看到这一点，请注意使用I，式（3.14）可以写成：

$$y(\theta) = A_I x_I(\theta), \theta \in \Theta \tag{3.16}$$

式中，A_I表示其索引为I的A的列矩阵，$x_I(\theta)$是在位置I中由$x(\theta)$所组成的向量。由于$x(\Theta)$是K稀疏的，$|I| \leqslant K$，因此，A_I的列是线性独立的（因为$\sigma(A) \geqslant 2K$），意味着$A_I^\dagger A_I = I$，其中$A_I^\dagger = (A_I^H A_I)^{-1}$，$A_I^H$是$A_I$的伪逆，$(\cdot)^H$表示 Hermitian 共轭。左边的$A_I^\dagger$乘以式（3.16）得

$$x_I(\theta) = A_I^\dagger y(\theta), \theta \in \Theta \tag{3.17}$$

S中不支持的$x(\theta)$中的分量全为零。与每个θ应用 CS 求解器相反，对每一个$y(\theta)$，式（3.17）只需要一个矩阵向量乘法，通常只需要很少的计算量。

I仍然需要被有效地确定。参考文献［45］表明I可以完全通过求解有限的 MMV 被获得。

用于制定该 MMV 的步骤被分组在一个被称为连续到有限（CTF）的块中。其基本思想是跨越子空间跨度$(\gamma(\Theta))$向量的每个有限集合以包含足够的信息来恢复 I，根据下列定理[45]：

定理 3.2 假设 $\sigma(A)\geqslant 2K$，并且令 V 为列跨距等于$(\gamma(\Theta))$的矩阵。然后，线性系统

$$V=AU \tag{3.18}$$

具有唯一的 K 稀疏解 U，其支持度等于 I。

定理 3.2 的优点在于，它使我们避免求解式（3.14）的无限结构，而是通过求解形如式（3.18）的单个 MMV 系统来找到有限集 I。例如，在稀疏 SI 模型中，可以构造这样的框架：

$$Q=\sum_n \gamma[n]\gamma^{\mathrm{H}}[n] \tag{3.19}$$

式中，典型的 $2K$ 个快照 $\gamma[n]$就足够了[20]。可选择地，Q 被分解成另一帧 V，使得 $Q=VV^{\mathrm{H}}$，允许去除空间噪声[20]。在该设置中应用 CTF 提供了 $I=\mathrm{supp}(d_\ell[n])$的鲁棒估计，也就是包含 $x(t)$ 的有效发生器的索引。这实际上是 X－DSP 的子空间检测部分，其中联合支持集 I 确定信号子空间$\mathcal{A}_{\lambda^*}$。CTF 的关键点现在变得明显，即解决有限未确定的矩阵 U_0 的非零行的索引系统式（3.19）与连续信号 $x(t)$[45] 相关联的索引集 $I=\mathrm{supp}(d_\ell[n])$一致。一旦找到 I，式（3.11）可以通过式（3.17）在子集 I 的列上反转，其中时间索引 n 发挥 θ 的作用。从该点开始的重建是实时进行的；样本 $\gamma[n]$的每个输入向量的一个矩阵向量乘法式（3.17）重新获得$d_\ell[n]$，其表示由 I 控制的 $d[n]$个项。

图 3.5 总结了用于识别 IMV 系统的非零位置集的 CTF 步骤。在图中，式（3.19）的求和表示为对于一般 IMV 设置式（3.14）在 $\theta\in\Theta$ 上进行积分。定理 3.2 的附加要求是构建具有列跨度等于跨度$(\gamma(\Theta))$的框架矩阵 V，实际上，该矩阵 V 可以从样本中被有效地计算出来。

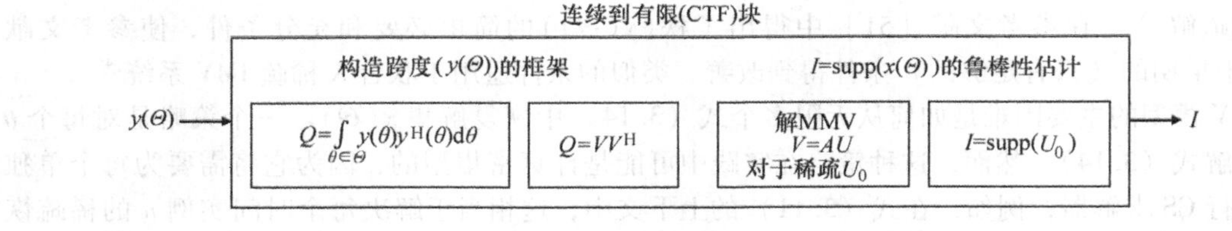

图 3.5 仅使用一个有限维度程序在 IMV 模型中恢复非零位置集合 I 的基本阶段

图 3.4 映射到 IMV 系统式（3.11）和 CTF 恢复与标准 CS 的结果建立了良好的连接。分支数 p 是 A 中的行数，采样过滤器$w_\ell(t)$的选择通过定理 3.1 转换为其输入。由于恢复归结为通过感应矩阵 A 求解 MMV 系统，所以我们应该设计硬件，使式（3.12）中得到的矩阵 A 具有“不错”的 CS 属性㊀。精确地说，一个大小为 $p\times N$、阶数为 K 的联合稀疏度的 MMV 系统需要用 A 正确解决。在实践中，为了解决 MMV 式（3.18），我们可以利用 CS 文献中现有的算法，见参考文献[45－49]。本书以及相关章节介绍了 CS 矩阵的各种条件，以确保稳定的恢复。使用具体 MMV 解算器的维度要求将影响分支数 p，从而影响总采样率。

㊀ 我们评论说，大多数已知的“好的”CS 矩阵的结构涉及随机性。实际上，X－ADC 硬件是固定的，并且为相应的 IMV 系统定义了确定性的感知矩阵 A。——原书注

原则上可以使用稀疏 SI 框架来降低式（3.10）中任何信号的速率。在下一节中，我们处理多频带信号，并从图 3.4 的一般稀疏 SI 架构中获得该模型的亚奈奎斯特采集策略。

3.5 从理论到多频段采样的硬件

Xampling 的主要目标是使理论思想从数学到硬件发展到现实世界的应用。在本节中，我们研究了从业者眼中的多频带信号的亚奈奎斯特采样，旨在设计低速采样硬件。我们定义多频段模型，并提出一个适合上一节中介绍的稀疏 SI 框架的联合公式。然后从图 3.4 导出周期性非均匀采样（PNS）的解决方案[19]。在实践方面，我们研究了商用 ADC 器件的前端带宽规格，并得出结论：只要 ADC 直接连接到宽带输入，就需要具有奈奎斯特速率带宽的器件。因此，虽然 PNS 以及图 3.4 的一般架构，原则上使得亚奈奎斯特采样能够实现高模拟带宽，但这在高速率应用中是有限制的。为了克服这个可能的限制，提出并分析了 MWC[20] 的替代方案。我们的研究是对 Xampling 系统独有的电路方面的了解来结束，正如在 MWC 原型硬件[22] 的电路设计中所报道的那样。

3.5.1 信号模型和稀疏 SI 公式

多频带信号的类型模拟了一个场景，其中 $x(t)$ 由几个同时触发的 RF 传输组成。拦截多频带 $x(t)$ 的接收机可以从图 3.1 所示的典型频谱支持上看到。我们假设多频带频谱包含最多 N 个（对称）具有载波 f_i 的频带，每个频带的最大宽度为 B。载波被限制在最大频率 $f_{\max}$ 内。信息带表示通过共享信道传输的模拟信息或数字比特。

当载波频率 f_i 固定时，所得到的信号模型可以被描述为子空间，并且标准解调技术可用于以低速率对每个频带进行采样。一个更具挑战性的问题是载波频率 f_i 是未知的。这种情况出现在例如用于移动认知无线电（CR）接收机的频谱感知中[23,52]，其目的是利用未使用的频率区域。CR 技术的商业化需要一种频谱感知机制，可以感知由几个窄带传输组成的宽带频谱，并实时确定哪些频带是活跃的。

因为载波频率的每个组合确定单个子空间，所以可以用子空间的联合来描述多频带信号。原则上，f_i 位于连续的 $f_i \in [0, f_{\max}]$ 中，因此这个联合包含无穷多个子空间。为了利用具有有限多个 SI 发生器的稀疏 SI 框架，可以用不同的视角，其将多频带模型视为带通子空间的有限联合，称其为频谱片[20]。为了获得有限联合视角，奈奎斯特范围 $[-f_{\max}, f_{\max}]$ 在概念上被划分为单独宽度 $f_p = 1/T$ 的 $M = 2L + 1$ 个连续的非重叠的切片，使得 $M/T \geqslant f_{\mathrm{NYQ}}$，如图 3.6 所示。每个频谱片表示单个带通切片的 *SI* 子空间 $\mathcal{V}_i$。通过选择 $f_p \geqslant B$，我们确保小于 $2N$ 个频谱片段是有效的，有效的片段包含信号能量。这样，式（3.13）保持 $\mathcal{A}_\lambda$ 为 $2N$ SI 带通子空间 $\mathcal{V}_i$ 之和。因此，并不是利用枚举法获得未知载波 f_i，而是通过有源带通子空间[16,19,20] 来定义联合，并且能以式（3.10）的形式写入。注意，对频谱片段的概念划分不限制频带位置；单个频带可以在相邻片段之间分割。

制定具有未知载波的多频段模型作为稀疏 SI 问题，我们现在可以应用图 3.4 的亚奈奎斯特采样方案来开发该设置的模拟 CS 系统。

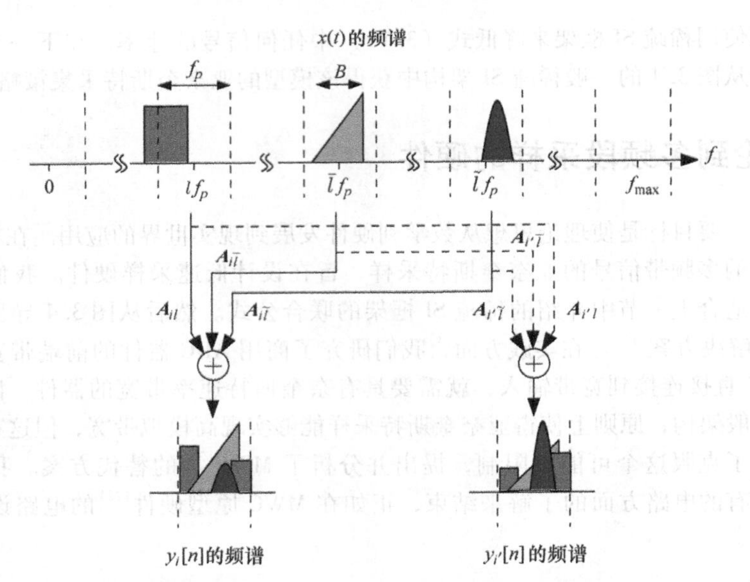

图 3.6　$x(t)$的频谱片重叠在输出序列$y_i[n]$的频谱中。在该示例中，信道 i 和i'实现以lf_p、$\bar{l}f_p$、$\tilde{l}f_p$为中心的频谱片的不同线性组合。为简单起见，没有画出负频率的混叠

3.5.2　通过不均匀采样的模拟压缩感知

实现图 3.4 的采样方案的一种方法是通过 PNS[19]。这种策略来自图 3.4：

$$w_i(t)=\delta(t-c_iT_{\mathrm{NYQ}}),1\leqslant i\leqslant p \tag{3.20}$$

式中，$T_{\mathrm{NYQ}}=1/f_{\mathrm{NYQ}}$是奈奎斯特周期，并且使用采样周期 $T=MT_{\mathrm{NYQ}}$。这里c_i是选择均匀奈奎斯特网格的一部分的整数，结果产生 p 个均匀序列：

$$y_i[n]=x((nM+c_i)T_{\mathrm{NYQ}}) \tag{3.21}$$

采样序列如图 3.7 所示。可以看出，PNS 序列$y_i[n]$满足式（3.11）的 IMV 系统，其中$d_\ell[n]$表示第 ℓ 个通带片的内容。此设置中感知矩阵 A 的第 $i\ell$ 项如下：

$$A_{i\ell}=\mathrm{e}^{\mathrm{j}\frac{2\pi}{M}c_i\ell} \tag{3.22}$$

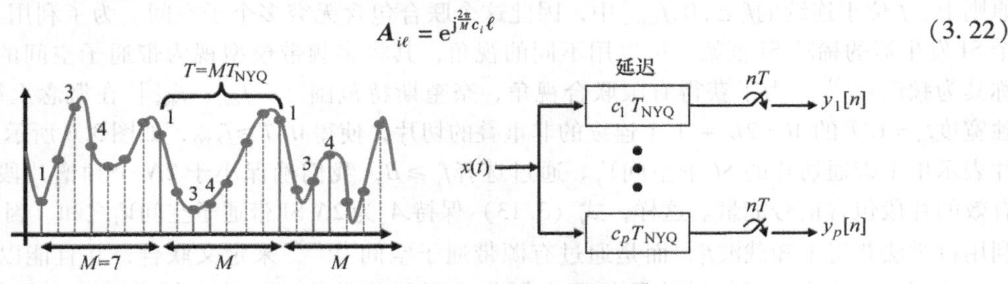

图 3.7　亚奈奎斯特感知的周期不均匀采样，该示例中 $M=7$ 点以外，只有 $p=3$ 是有效的，时间移位$c_i=1$，3，4

这是通过仅从全 $M\times M$ DFT 矩阵获取行索引c_i获得的部分离散傅里叶变换（DFT）。例如，在参

考文献［4］中研究了部分 DFT 矩阵的 CS 属性。

为了恢复 $x(t)$，我们可以应用 CTF 框架并获得 $x(t)$ 的频谱盲重建（SBR）[19]。具体地，用式（3.19）计算帧 Q，并且可选地分解为另一帧 V（以抵抗噪声）。求解式（3.18）然后指示有效序列 $d_\ell[n]$，并且在切片宽度 f_p 的粗分辨率下等效地估计 $x(t)$ 的频率支持。然后通过有效序列 $d_\ell[n]$ 的标准低通内插获得连续重建，并对频谱上的相应位置进行调制。该程序在参考文献［19］中称为 SBR4，其中 4 指明在 $p \geqslant 4N$ 采样序列的选择下（和附加条件），该算法保证多频带 $x(t)$ 的完美重建。较早的选择 $f_p = 1/T \geqslant B$，平均采样率可以低至 $4NB$。

利用多频谱在频谱切片中的排列方式，采样速率可以再降低 2 倍。使用几个 CTF 实例，在参考文献［19］中以名称 SBR2 开发了降低所需速率的算法，导致 $p \geqslant 2N$ 的采样分支，使得采样率可以接近 $2NB$。这基本上是可证明的最优速率[19]，因为无论采样策略如何，理论论证都表明，$2NB$ 是具有未知频谱支持的多频带信号的最低可能采样率[19]。图 3.8 描绘了具有 $N=3$ 个频带、宽度 $B=1\text{GHz}$ 和 $f_{\text{NYQ}}=20\text{GHz}$ 的（复值）多频段模型的蒙特卡罗模拟中的恢复性能。参考文献［19］也模拟了噪声信号的恢复。本节在 MWC 采样的背景下，我们展示了噪声的鲁棒性。该鲁棒性适用于 SBR 的 MMV 系统。

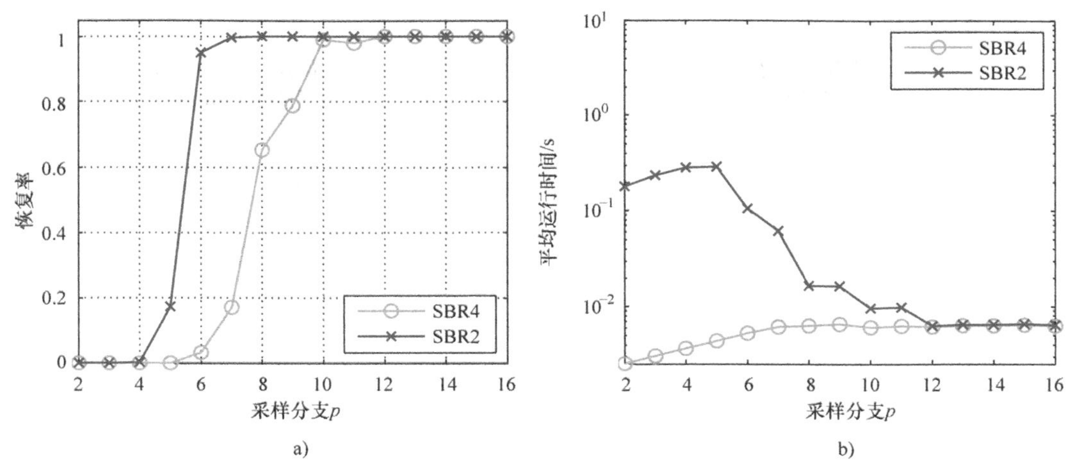

图 3.8　比较算法 SBR4 和 SBR2。a）不同采样率的恢复率。b）由平均运行时间测量的数字复杂度

我们注意到 PNS 已被用于经典研究中的多频段采样，尽管传统的目标是接近 NB 样本/s 的速率。根据 Landau 定理[53]，该速率是最佳的，但只有当频谱支持已知和固定时，所有输入信号才能实现。而当载波频率未知时，最优速率为 $2NB$[19]。实际上，参考文献［11，54］利用频带位置的知识来设计 PNS 网格和所需的用于重构的内插滤波器。参考文献［12，13］中的方法是半盲的：独立于频带位置的采样器设计与参考文献［11］的重建算法相结合，需要精确的知识支撑。其他技术均将速率 NB 作为目标，其通过对输入频谱施加替代约束[21]。在这里，我们演示了模拟 CS 工具[16,45]如何能够以适当的最优速率导致具有未知光谱的多频带输入的全盲采样系统[19]。参考文献［19］中更详尽地研究了基于参考文献［16，19，45］和以前的方法提出的模拟 CS 方法之间的差异。

3.5.3 建模实用的 ADC 器件

通过 PNS 的模拟 CS 产生了一个简单的采集策略，由 p 个延迟元件和 p 个均匀的 ADC 器件组成。此外，高采样率不是障碍，并且只有低处理速率是所感兴趣的，则可以通过以奈奎斯特速率首先采样 $x(t)$ 来模拟 PNS，然后通过丢弃一些采样来数字地降低速率。在 $p=M$ 的情况下[55,56]，该类的不均匀拓扑在奈奎斯特时间交织 ADC 器件的设计中也很受欢迎。

只要输入带宽不太高，实现标准 ADC 的 PNS 网格仍然很简单。对于高带宽信号，PNS 可能受到限制，我们现在通过放大图 3.2 的 ADC 器件来解释。在信号处理区，ADC 通常被建模为理想的逐点取样器，以 r 个样本/s 的恒定速率对 $x(t)$ 进行采样。采样率 r 是 ADC 器件数据表中突出显示的主要参数；更多相关例子，请见参考文献［57，58］。

对于大多数分析目的，点向采集的一阶模型足够好地逼近真正的 ADC 操作。实际设备的另一个属性模拟带宽功率 b，也列在数据表中，其将在 UoS 设置中起到重要作用。参数 b 测量 ADC 器件的频率响应中的 -3dB 点，其源于包括内部前端的所有电路的响应。请参见图 3.9 中引用的 AD9057 数据表。因此，频率高达 b Hz 的输入能被可靠地转换。超出 b 的任何信息将被衰减和失

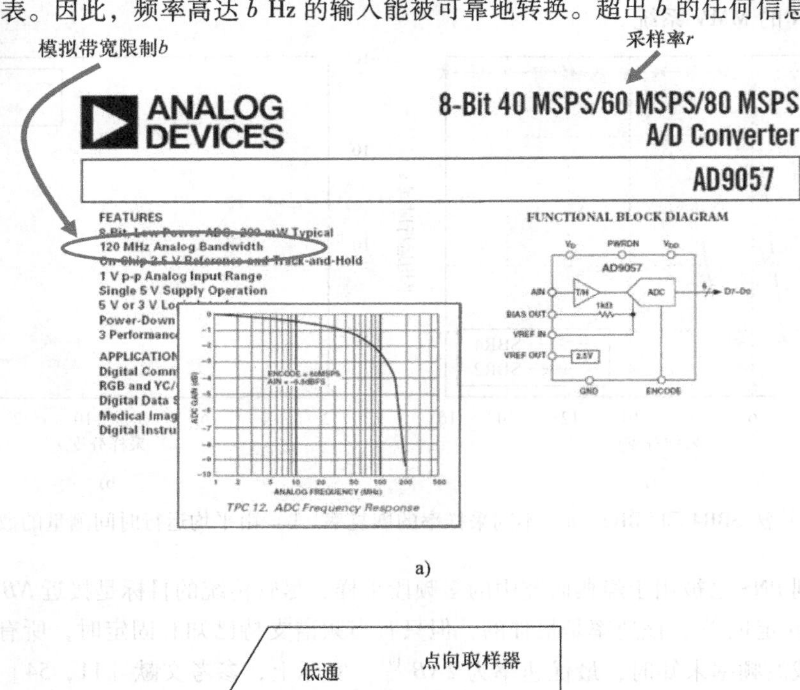

a)

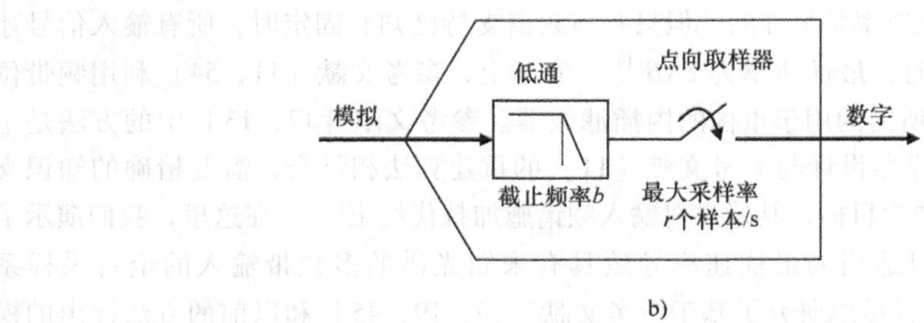

b)

图 3.9　a）AD9057 的数据表；b）ADC 前端的固有带宽限制建模为先前采用的低通滤波器

真。图 3.9 描绘了一种 ADC 模型，其中为了考虑到带宽限制[20]，在采样之前通过截止频率为 b 的低通滤波器。在 Xampling 中，输入信号 $x(t)$ 属于一个典型的具有高带宽的联合集合$\mathcal{U}$，例如其频谱达到最大值$f_{\max}$的多频带信号或具有宽带脉冲 $h(t)$ 的 FRI 信号。这解释了模拟压缩算子 P 在实际 ADC 之前降低带宽的必要性。接下来的阶段可以使用低模拟带宽为 b 的商业设备。

非均匀采样的关键是宽带输入的点取样。虽然每个序列$y_i[n]$的速率较低，即f_{NYQ}/M，但是 ADC 器件仍然需要对带宽输入进行采样，其频率可能达到最高的$f_{\max}$。实际上，这需要具有达到奈奎斯特速率的前端带宽的 ADC，但这在宽频带的情况下是很有挑战性的。

3.5.4 调制宽带转换器

为了规避模拟带宽问题，在参考文献［20］中开发了被称为调制宽带转换器（MWC）的 PNS 感知的替代方案。MWC 根据图 3.10 所示的方案组合了频谱片段$d_\ell[n]$。该架构允许实现有效的解调器，而接收机不知道载波频率。MWC 的一个很好的特征是模块化设计，使得对于已知的载波频率，相同的接收机可以使用较少的信道或较低的采样率。此外，通过增加每个信道上的信道数量或速率，同样可以通过实现以奈奎斯特速率对全频带信号进行采样。

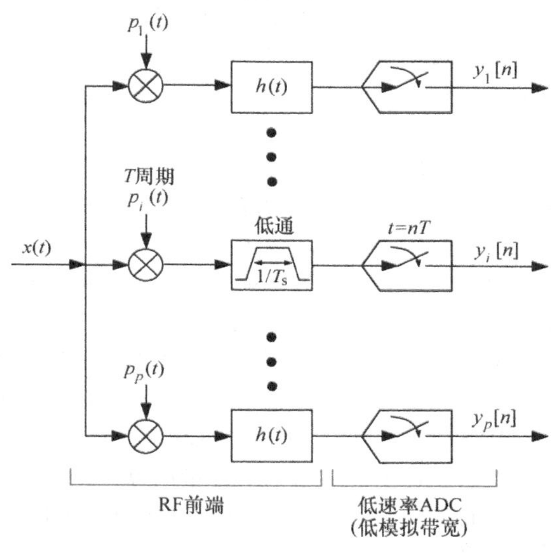

图 3.10　调制带宽转换器框图。输入信号 $x(t)$ 通过 p 个并行分支，并与一组周期函数$p_i(t)$混合，然后以低速率采样通过低通滤波

MWC 由 p 个通道的模拟前端组成。在第 i 个通道中，输入信号 $x(t)$ 分别与一个周期为 T 的波形$p_i(t)$、具有脉冲响应 $h(t)$ 的模拟低通滤波器和截止频率 $1/2T$ 相乘，然后以$f_s=1/T$ 的速率进行采样。混合操作打乱了 $x(t)$ 的频谱，使得频带能量的一部分出现在基带中。具体地，由于$p_i(t)$是周期性的，所以它具有如下傅里叶展开：

$$p_i(t)=\sum_{\ell=-\infty}^{\infty} c_{i\ell}\mathrm{e}^{\mathrm{j}\frac{2\pi}{T}\ell t} \tag{3.23}$$

在频域中，$p_i(t)$的混合相当于 $X(f)$ 与$p_i(t)$傅里叶变换的卷积。后者是加权的 Dirac－comb，Dirac 位于$f=1/T$ 和权重$c_{i\ell}$上。因此，如前所述，频谱在概念上被划分为由未知序列$d_\ell[n]$表示的宽度为 $1/T$ 的片，并且这些切片的加权和被移位到原点[20]。低通滤波器 $h(t)$ 仅传输从混合到输出序列为$y_i[n]$的高达$f_s/2$ 窄带频率。如图 3.6 所示，输出具有相同的混叠模式。用 MWC 进行的感知得到具有感知矩阵 A 的 IMV 系统式（3.11），其元素是傅里叶展开系数$c_{i\ell}$。

基本 MWC 的参数设置为[20]

$$p\geqslant 4N, f_s=\frac{1}{T}\geqslant B \tag{3.24}$$

使用参考文献［19］的 SBR2 算法，所需的分支数为 $p\geqslant 2N$，使得采样率降低 2 倍，可以接近最

小速率 $2NB$。高级配置能够通过因子 q 来缩减分支数 p，从而使额外硬件的节省成为可能，为此付出的代价是增加了每个通道的相同因子的采样率。最终实现单通道采样系统[20]。该属性是 MWC 的独特之处，因为它将混叠与实际采集分离开来。

周期函数$p_i(t)$定义具有元素 $c_{i\ell}$的感知矩阵 A。因此，如前所述，需要选择$p_i(t)$，使得所得到的 A 具有“不错”的 CS 属性。原则上，在时段 T 内具有高速转换的任何周期函数都满足这一要求。$p_i(t)$的一个可能选择是符号交替函数，在周期 T 内具有 $M=2L+1$ 个符号间隔[20]。流行的二进制模式特别适用于 MWC[59]，例如 Gold 或 Kasami 序列。只要维持周期性，就允许有不完美的符号变化[22]，这个属性是至关重要的，因为在高速度下的精确符号交替极难维护，而简单的硬件布线可以确保每个对于 $t\in\mathbb{R}$ 有$p_i(t) = p_i(t+T)$[22]。另一个重要可行的设计是，可以使用具有非平坦频率响应的滤波器 $h(t)$，因为在参考文献［60］中开发的算法可以在数字域中补偿非理想响应。

在实际情况下，$x(t)$被宽带模拟噪声$e_{\text{analog}}(t)$和被添加到压缩序列$y_\ell[n]$的测量噪声$e_{\ell,\text{meas.}}[n]$所污染。这导致了一个携带噪声的 IMV 系统：

$$y[n]=A(d[n]+e_{\text{analog}}[n])+e_{\text{meas.}}[n]=Ad[n]+e_{\text{eff.}}[n] \tag{3.25}$$

该系统具有一个有效的误差项$e_{\text{eff.}[n]}$。这意味着噪声在模拟 CS 中具有与标准 CS 框架相同的效果，由于存在 $Ae_{\text{analog}}[n]$项，使得方差增加。因此，现有的算法可以用来对抗噪声。此外，我们可以转换在 CS 背景中开发的已知结果和错误，以处理嘈杂的模拟环境。特别地，如标准 CS 中已知的那样，即在零和非零位置中的总噪声，是指各种算法和恢复保证的行为。类似地，诸如稀疏 SI[16]、PNS[19]或 MWC[20]的模拟 CS 系统将整个奈奎斯特范围［$-f_{\max}$，$f_{\max}$］的宽带噪声功率聚合到它们的采样中。这与只聚合带内噪声的标准解调不同，因为只有特定的频率范围被转移到基带。尽管如此，如下所示，模拟 CS 方法表现出鲁棒的恢复性能，随着噪声水平的增加，它们会迅速下降。

使用数值模拟来评估嘈杂环境中的 MWC 性能。使用 $N=6$、$B=50\text{MHz}$ 和 $f_{\text{NYQ}}=10\text{GHz}$ 的多频段模型来产生被加性宽带高斯噪声污染的输入信号 $x(t)$。考虑了具有$f_p=51\text{MHz}$ 和不同数量 p 个分支的 MWC 系统，该系统具有长度 $M=195$ 的符号交替波形。对于各种（宽带）信噪比（SNR）水平，使用 CTF 的支持恢复性能如图 3.11 所示。测试了两个 MWC 配置：具有每个分支的采样率f_p的基本版本以及具有折叠因子 $q=5$ 的高级设置，在这种情况下，每个分支以速率 qf_p 采样。结果表明，硬件分支节省了 5 倍，同时保持良好的恢复性能。信号重建使用硬件 MWC 原型获得的样本在下一小节中进行了演示。

请注意，MWC 与 PNS 系统一样也实现了混叠带通切片的类似效果。然而，与 PNS 相比，MWC 在采样之前通过模拟预处理实现了这一目标，如 Xampling 所提出的，允许使用标准的低速 ADC。换句话说，前端带宽的实际方面激发了一个解决方案，该解决方案与图 3.4 的通用方案不同。这与普通欠采样的标准解调的优点相似；解调和欠采样都可以将单个带通子空间转移到原点。然而，虽然欠采样需要具有奈奎斯特前端带宽的 ADC，但解调使用 RF 技术与宽带输入相互作用，因此只需要低速率和低带宽 ADC 器件。

3.5.5 硬件设计

MWC 已经实现板级硬件原型[22]。硬件规格包括 2GHz 奈奎斯特速率和 $NB=120\text{MHz}$ 频谱占

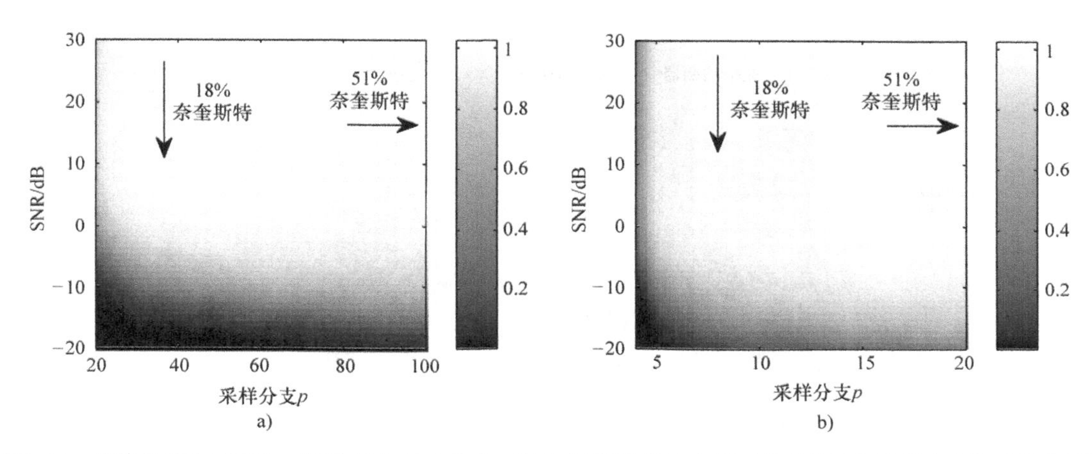

图 3.11　图像强度表示对于不同数量的采样分支 p 和几个不同 SNR 水平下的有效切片的集合 I 的正确恢复的百分比。折叠因子 a）$q=1$，b）$q=5$，标记指的是具有相同总采样率pf_s的参考点，其是$f_{\mathrm{NYQ}}=10\mathrm{GHz}$ 的一部分

用的输入。该原型具有 $p=4$ 个采样分支，总采样率为 280MHz，远低于 2GHz 奈奎斯特速率。为了减少模拟组件，硬件实现与折叠因子 $q=3$ 的 MWC[20] 的高级配置相结合。另外，单个移位寄存器提供了一个基本的周期模式，使用延迟导出 p 个周期波形，即通过监测 p 个不同位置的寄存器。硬件的照片如图 3.12 所示。

MWC 原型中的几个非常规 RF 块如图 3.12 所示。这些非普通电路源于参考文献［22］中详细描述的亚奈奎斯特采样的独特应用。例如，普通模拟混频器在其振荡器端口中被指定并且常用于纯正弦波。然而，MWC 需要与包含$p_i(t)$的许多正弦波同时混合。这导致输出衰减和大量非线性失真没有在数据表规范中得到解释。为了解决这个挑战，在参考文献［22］中使用了功率控制、特殊均衡器和数据表规范的局部调整。为了设计模拟采集，考虑由于周期性混合而引起的混频器异常表现。

电路方面的另一个挑战是以 2GHz 的切换速率产生$p_i(t)$。波形可以通过模拟或数字方式产生。模拟波形，如正弦波、方波或锯齿波，它们在一个周期内是平滑的，因此在高频下没有足够的瞬变，而这对于确保足够的混叠是必需的。另一方面，数字波形可以在该周期内被编程为任何所需的切换率，但是需要在时钟周期的顺序上满足时序约束条件。对于 2GHz 瞬态，时钟间隔 $1/f_{\mathrm{NYQ}}=480\mathrm{ps}$构成严格的时序约束，现有的数字设备很难满足该约束。参考文献［22］通过操作超出其数据表规范的商用设备，克服了该逻辑中涉及的时序约束。要想获取更多的技术细节，请读者见参考文献［22］。

在参考文献［22］中验证了存在三个窄带传输的正确的支持检测和信号重建。图 3.13 描述了在 MWC 原型的输入端组合的三个信号发生器的设置：具有 100kHz 包络的 807.8MHz 的幅度调制（AM）信号；频率调制（FM）源，频率为 631.2MHz，具有 1.5MHz 频率偏差和 10kHz 调制率；981.9MHz 的纯正弦波形。相对于折叠到基带的宽带噪声，信号功率设置为约 35dB 的 SNR。选择载波位置，使其混叠覆盖在基带上，如图 3.13 所示。执行 CTF 并检测正确的支持集 I。未知载波频率估计高达 10kHz 精度。此外，该图显示 AM 和 FM 信号内容的正确重建。我们的实验

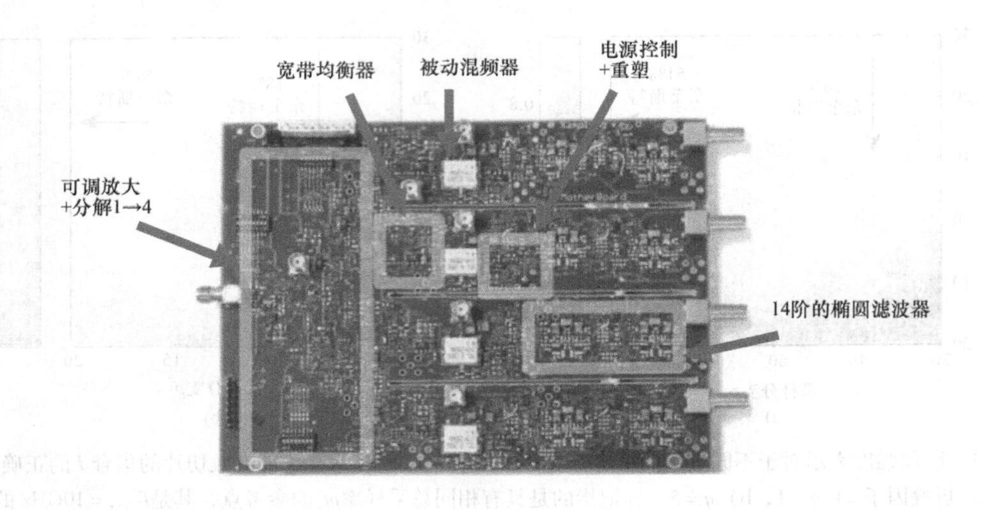

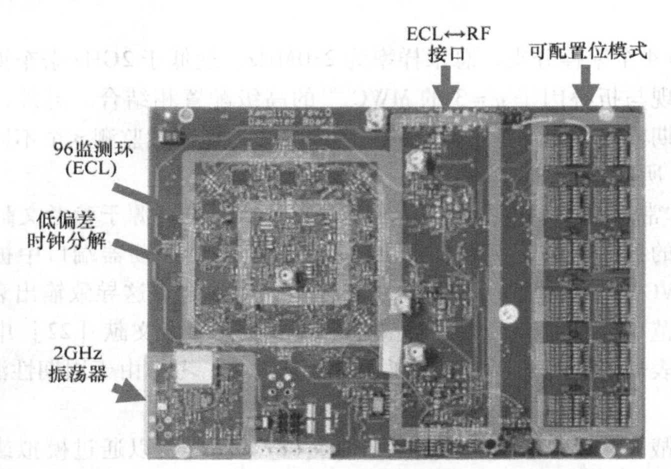

图 3.12 由两块电路板组成的 MWC 的硬件图。上面的电路板实现 $m=4$ 个采样通道。而下面的电路板提供了长度为 $M=108$ 的四个符号交替的周期性波形，源自于单个移位寄存器的不同抽头

室实验还表明数字计算的平均持续时间为 10ms，包括 CTF 支持检测和载波估计。A 的小尺寸（原型配置中为 12×100）使 MWC 从计算角度来看是实际可行的。

图 3.13 的结果将理论与实践联系在一起。在参考文献［20］的数值仿真中使用的相同数字算法在参考文献［22］中成功应用于由硬件获取的实际数据。这表明理论原理足够强大，可以适应非理想性电路，而电路的非理想性在实践中是不可避免的。这些实验的视频记录和 MWC 硬件的附加文档见网址 http：//webee. technion. ac. il/Sites/People/YoninaEldar/Info/hardware. html。一个展示 MWC 图形包的数值可在网址 http：//webee. technion. ac. xil/Sites/People/YoninaEldar/Info/software/GUI/MWC_ GUI. htm 获得。

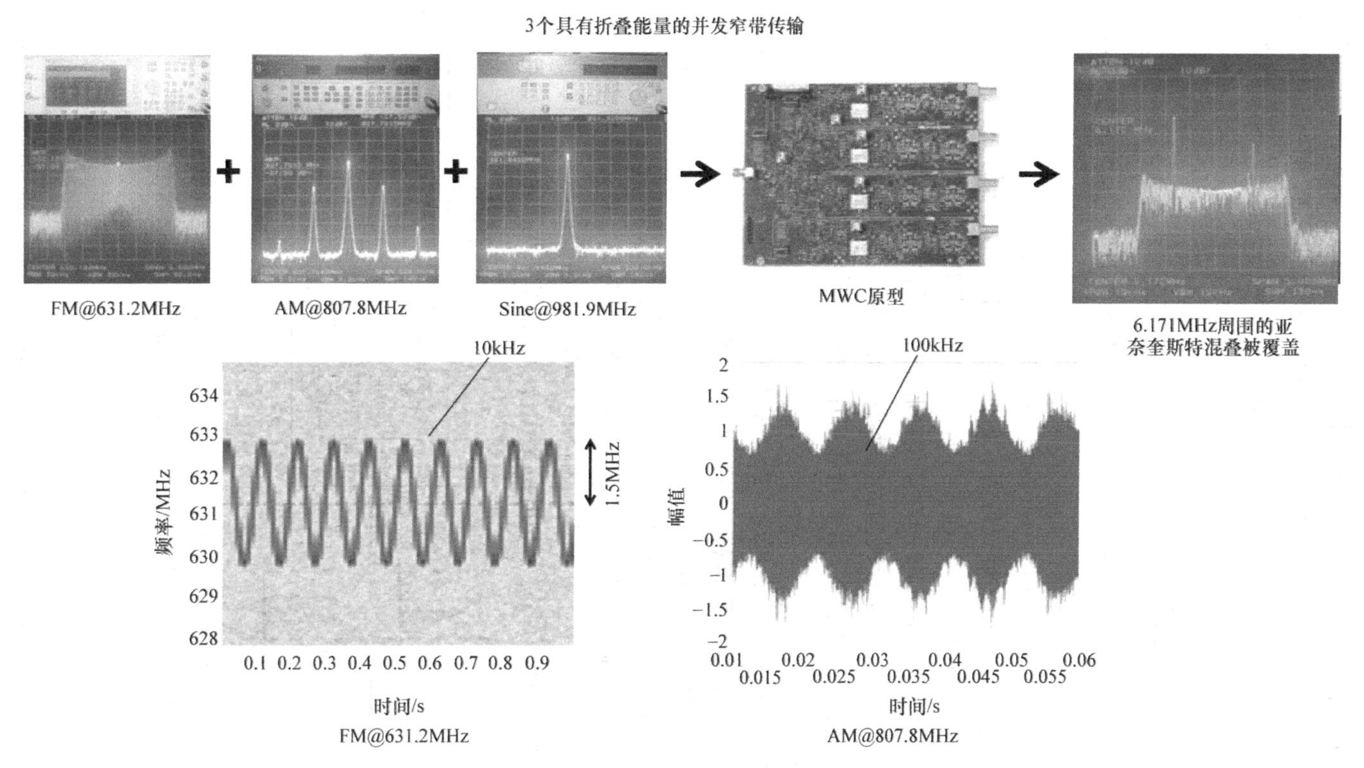

图 3.13　三个信号发生器组合到系统的输入端。低速率采样（第一通道）的频谱显示基带处的重叠混叠。恢复算法找到正确的载波并对原始的各个信号进行重构

MWC 板似乎是第一个报道的硬件实例，借鉴 CS 的思路，实现宽带信号的亚奈奎斯特采样系统，其中采样和处理速率与实际带宽占用而不是最高频率成正比。3.8 节讨论了模拟输入离散化的替代方法。这些方法的实现使奈奎斯特速率低于 1MHz 的位于带宽采样范围外的信号得以恢复。另外，离散化产生的信号与奈奎斯特频率成正比，导致数字领域的恢复问题远远大于 MWC 提出的复原问题。

3.5.6 亚奈奎斯特信号处理

MWC 恢复阶段的一个很好的特点是通过构建第 i 个兴趣带的窄带正交信号 $I_i(t)$、$Q_i(t)$ 与标准 DSP 无缝连接：

$$s_i(t)=I_i(t)\cos(2\pi f_i t)+Q_i(t)\sin(2\pi f_i t) \tag{3.26}$$

信号 $I_i(t)$、$Q_i(t)$ 可以通过已知载波 f_i 解调得到。在具有未知载波频率 f_i 的联合设置中，该性能由数字算法（称为 Back - DSP）提供，其在参考文献［14］中开发并在图 3.14 中示出。Back - DSP 算法⊖将序列 $d[n]$ 转换为标准 DSP 封装期望接收的窄带信号 $I_i(t)$、$Q_i(t)$，从而提供向后兼容性。仅使用与 $I_i(t)$、$Q_i(t)$ 的速率成比例的低速率计算。Back - DSP 首先检测边缘带，然后将占据相同切片的带分离成不同的序列，并将相邻切片之间的能量分配到一起。最后，应用平衡正交相关器[62]来估计载波频率。

在类似于图 3.11 的宽带设置中，Back - DSP 算法的数值仿真在两个方面评估了 Back - DSP 性能。在图 3.15 中绘制了载波频率偏移（CFO）、估计值与真实值之间的关系。在大多数情况下，Back - DSP 算法接近 150kHz 的真实载波。作为参考，IEEE 802.11 标准的 40ppm CFO 规范对于位于 3.75GHz 附近的传输允许 150kHz 的偏移[63]。为了验证数据检索，产生了二进制相移键控（BPSK）传输，使得频带能量在两个相邻的频谱片段之间分裂。使用蒙特卡罗仿真来计算后向输出端的误码率（BER）DSP。对于 3dB 和 5dB SNR，估计误码率分别优于 0.77×10^{-6} 和 0.71×10^{-6}。没有检测到 SNR 为 7dB 和 9dB 的错误位。全部结果见参考文献［14］。

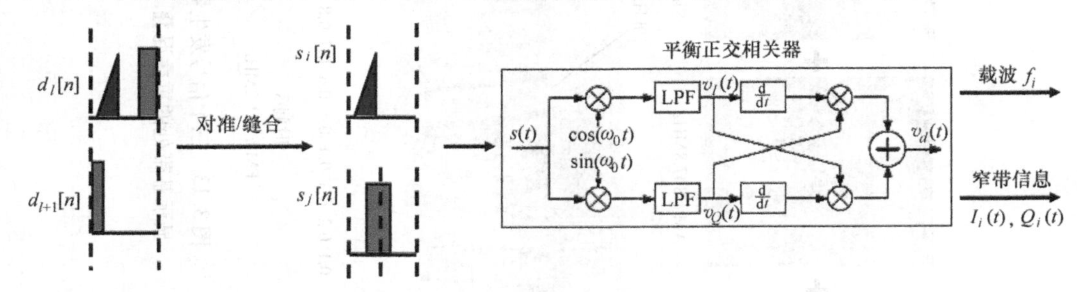

图 3.14 信息提取的过程是从检测边缘带开始的，切片被适当过滤、对准和缝合，以构建每个信息带的不同正交序列 $s_i[n]$。平衡正交相关器找到载波 f_i 并提取窄带信息信号

⊖ Matlab 代码可以在 http://webee.technion.ac.il/Sites/People/YoninaEldar/Info/software/FR/FR.htm 中在线获取。——原书注

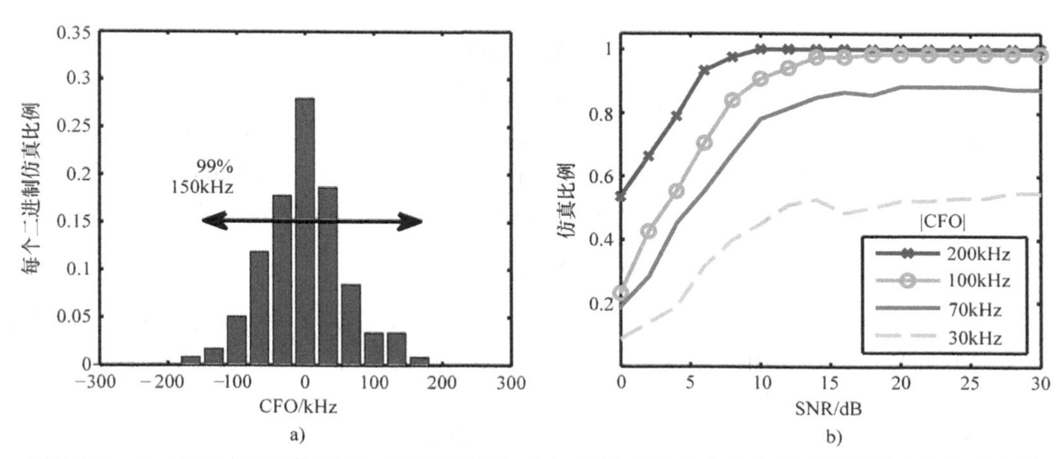

图 3.15　a）CFO 对于固定 SNR = 10dB 的分布，b）表示 CFO 的大小在规定的范围内的仿真比例

3.6　有限新息率信号

我们考虑的第二类是有限维空间的无限联合中的模拟信号；这些是可以由有限数量的系数表征的连续时间信号，也被称为 Vetterli 等人创造的有限新息率（FRI）信号[24,25]。在该框架中研究的一个重要问题是时间延迟估计，其中输入包含几个（称为 L）已知脉冲形状 $h(t)$ 的回波，尽管回波位置 t_ℓ 和振幅 a_ℓ 未知[64]。时间延迟估计类似于在混合正弦波中对频率和振幅的估计。参考文献［5，65 - 69］中广泛研究了这两个问题，参数估计技术可追溯到 Rife 和 Boorstyn 在 1974 年[70]以及 David Slepian 在 20 世纪 50 年代开发的方法。经典方法着重提高数字领域的估计性能，从而估计延时的误差，或等效的正弦波频率，其接近有关 Cramér - Rao 边界的最优定义。然而，起始点是以奈奎斯特速率输入的离散样本。这与 FRI 的概念完全不同，因为它的目的是从样本中获得相似的估计，该样本是以新息率获得的，即与每个观察间隔的 $2L$ 样本成正比，而不是对应于 $h(t)$ 的奈奎斯特带宽典型的高速率。本书第 4 章全面介绍了 FRI。在本章中，我们将重点介绍与 Xampling 相关的方面，以及介绍可能采用的奈奎斯特 FRI 采集的硬件配置。简要回顾一下恢复算法，以增加本章的独立性。

3.6.1　模拟信号模型

如我们在 3.4 节中所看到的，SI 模型式（3.6）是描述无限维空间中的模拟信号的一种方便的方法。我们可以使用类似的方法来描述位于有限维空间内的模拟信号，通过限制未知增益的数量 $a_\ell[n]$ 是有限的，导致参数化：

$$x(t) = \sum_{\ell=1}^{L} a_\ell h_\ell(t) \tag{3.27}$$

为了将无限性纳入该模型，我们假设每个发生器 $h_\ell(t)$ 具有与之相关联的未知参数 α_ℓ，其可以在连续间隔中取值，可得如下模型：

$$x(t) = \sum_{\ell=1}^{L} a_\ell h_\ell(t,\alpha_\ell) \tag{3.28}$$

集合$\{\alpha_\ell\}$的每个可能的选择引入一个由函数$\{h(t,\alpha_\ell)\}$张成的信号$\mathcal{A}_\lambda$的不同L维子空间。由于α_ℓ可以在给定间隔内承担任何值，所以模型式（3.28）对应于有限维子空间（即$|\Lambda| = \infty$）的无限联合，其中式（3.3）中的每个子空间$\mathcal{A}_\lambda$包含对应于$\{\alpha_\ell\}_{\ell=1}^{L}$的特定配置的那些模拟信号。

式（3.28）的一个重要例子是当某些未知时间的$\{h_\ell(t,\alpha_\ell)\} = h(t,t_\ell)$延迟$t_\ell$，导致脉冲流：

$$x(t) = \sum_{\ell=1}^{L} a_\ell h(t - t_\ell) \tag{3.29}$$

式中，$h(t)$是一个已知的脉冲形状，$\{t_\ell,\alpha_\ell\}_{\ell=1}^{L}, t_\ell \in [0,\tau), \alpha_\ell \in \mathbb{C}, \ell = 1\cdots L$是未知延迟和振幅。FRI信号模型由Vetterli等人引入，参考文献［24，25］作为具有每单位时间有限数量自由度信号的特殊情况。我们的目标是对$x(t)$采样并利用最小数量的样本进行重构。由于在FRI应用中，主要关注的是具有较小时间支持的脉冲，因此所需的奈奎斯特速率可能非常高。记住脉冲形状$h(t)$是已知的，在$x(t)$中仅有$2L$的自由度，因此我们预期最小样本数为$2L$，该值远低于由奈奎斯特速率产生的样本数。

3.6.2 压缩信号采集

到目前为止，对于式（3.28）形式的信号没有一般的采集方法，而式（3.29）的各种实例都有已知的解决方案。我们首先关注一个简单的问题，其中式（3.29）的信号$x(t)$周期性地重复引入如下模型：

$$x(t) = \sum_{m \in \mathbb{Z}} \sum_{\ell=1}^{L} a_\ell h(t - t_\ell - m\tau) \tag{3.30}$$

式中，τ是已知周期，这种周期性设置更容易处理，由于周期性，我们可以利用傅里叶级数来表示$x(t)$。模型式（3.3）中包含的子空间的维数和数量保持不变。

为该模型设计一个高效的X－ADC阶段的关键是识别信号处理中标准问题的关系：检索正弦曲线和的频率与振幅。周期性脉冲信号流$x(t)$的傅里叶级数的系数$X[k]$实际上是复指数的和，其具有幅度$\{a_\ell\}$，以及与未知延时直接相关的频率[24]：

$$X[k] = \frac{1}{\tau} H(2\pi k/\tau) \sum_{\ell=1}^{L} a_\ell \mathrm{e}^{-\mathrm{j}2\pi k t_\ell/\tau} \tag{3.31}$$

式中，$H(\omega)$是脉冲$h(t)$的CTFT。因此，一旦傅里叶系数已知，可以使用在阵列处理和频谱估计的背景下开发的标准工具来获得未知的延迟和振幅[24,71]。详情请参阅本书第4章。我们的重点在于如何从$x(t)$中有效地获得傅里叶系数$X[k]$。

有几个X－ADC算子P可用于从信号的时域采样获得傅里叶系数。一个选择是将P设置为低通滤波器，如参考文献［24］中所述。所得到的重构需要$2L+1$个样本，因此呈现出一个接近临界的抽样方案。在参考文献［27］中得出了能够获得傅里叶系数的采样核$s(t)$的一般条件：其CTFT $S(\omega)$应满足：

$$S(\omega) = \begin{cases} 0, & \omega = 2\pi k/\tau,\ k \notin \mathcal{K} \\ \text{非零}, & \omega = 2\pi k/\tau,\ k \in \mathcal{K} \\ \text{任意}, & \text{其他} \end{cases} \tag{3.32}$$

式中，对于所有 $k\in\mathcal{K}$，$H\left(\frac{2\pi k}{\tau}\right)\neq 0$，$\mathcal{K}$是 $2L$ 连续索引的集合。在一个均匀采样器之后产生的 X-ADC由一个带有合适脉冲响应 $s(t)$ 的滤波器组成。

满足式（3.32）的特殊类别的滤波器是频域中的 sinc 的总和（SoS）[27]，这在时域中引出了紧凑支持的滤波器。这些滤波器在傅里叶域中被给出：

$$G(\omega)=\frac{\tau}{\sqrt{2\pi}}\sum_{k\in\mathcal{K}}b_k\mathrm{sinc}\left(\frac{\omega}{2\pi/\tau}-k\right) \tag{3.33}$$

式中，$b_k\neq 0$，$k\in\mathcal{K}$。很容易看出，这类滤波器通过构造满足式（3.32）。切换到时域引出：

$$g(t)=\mathrm{rect}\left(\frac{t}{\tau}\right)\sum_{k\in\mathcal{K}}b_k\mathrm{e}^{\mathrm{j}2\pi kt/\tau} \tag{3.34}$$

对于$\mathcal{K}=\{-p,\cdots,p\}$和$b_k=1$ 的特殊情况时，有下式：

$$g(t)=\mathrm{rect}\left(\frac{t}{\tau}\right)\sum_{k=-p}^{p}\mathrm{e}^{\mathrm{j}2\pi kt/\tau}=\mathrm{rect}\left(\frac{t}{\tau}\right)D_p(2\pi t/\tau) \tag{3.35}$$

式中，$D_p(t)$表示 Dirichlet 内核。

虽然周期性流在数学上是方便的，式（3.29）的有限脉冲流在现实世界的应用中是普遍存在的。有限脉冲流可以被视为周期性 FRI 信号到单个周期的限制。只要模拟预处理 P 不涉及那些在观测区间 $[0,\tau]$ 之外的 $x(t)$ 值，这意味着针对周期性所开发的采样和重建方法也适用于有限设置。然而，处理具有低通 P 的时间有限的信号可能是困难的，因为它具有无限时间支持，超过了包含有限脉冲流的区间 $[0,\tau]$。相反，例如式（3.34），我们可以通过构造具有紧凑的时间支持 τ，来选择快速衰减的采样内核或 SoS 滤波器。

为了处理有限的情况，参考文献 [24] 提出了一种高斯采样核。然而，这种方法在数值上是不稳定的，因为样本与快速发散或衰减指数相乘。作为一个替代方案，我们可以对基于样条的某些类型的脉冲形状[25]使用紧凑支持的采样内核；这使得能够获得信号的时刻而不是其傅里叶系数。如下一章所详述的那样，这些内核在实践中具有一些优势，然后以类似的方式处理这些时刻（详见下一小节）。然而，这种方法对于 L 中的高值是不稳定的[25]。为了提高鲁棒性，通过利用滤波器的紧凑支持将 SoS 类扩展到有限的情况[27]。与高斯和样条方法相比，该方法表现出优越的噪声鲁棒性，并且对于 L 中很大的值（例如 $L=100$）也可以稳定的重建。

式（3.29）的模型可以进一步扩展到无限流情况，其中：

$$x(t)=\sum_{\ell\in\mathbb{Z}}a_\ell h(t-t_\ell),\quad t_\ell,a_\ell\in\mathbb{R} \tag{3.36}$$

参考文献 [25，27] 利用其采样滤波器的紧凑支持，并且表明在某些条件下，无限流可以分为一系列有限问题，这些问题可以用现有的有限算法独立解决。然而，这两种方法都远不及新息率，因为在有限流之间需要适当的间隔以允许存放前面提到的还原阶段。在下一节中，我们考虑式（3.36）的特殊情况，其中时间延迟周期性地重复（而不是振幅）。正如我们将在这种特殊情况下所示，即使使用单个滤波器也可以有效地采样和恢复，并且不需要时间限制脉冲 $h(t)$。

模拟压缩算子 P 能够恢复无限脉冲流的一个可选择方案是引入多通道采样。这种方法首先被考虑用于 Dirac 流，其中信号的时刻是由连续的积分器[72]获得的。不幸的是，该方法对噪声高度敏感。一个简单的采样和重建方案由两个通道组成，每个通道具有一个 RC 电路，一个特殊案例存在于参考文献［73］中，每个采样周期不超过一个 Dirac。一个更一般的多通道架构可以处理更广泛、更稳定的脉冲类别，如图 3.16 所示[28]。该系统与上一节中介绍的 MWC 非常相似，因此也符合通用 Xampling 架构。在该 X－ADC 的每个通道中，信号与调制波形$s_\ell(t)$相混合，然后通过一个积分器，从而导致信号傅里叶系数的混合。通过正确选择混合系数，可以通过简单矩阵求逆从样本中提取傅里叶系数。这种方法在积分器链方法上[72]表现出优异的噪声鲁棒性，并且允许更一般的紧凑支持的脉冲形状。最近的一种方法研究了由具有未知形状和时间位置的几个可能重叠的有限持续时间脉冲组成的模拟信号的多通道采样[74]。

从实际的硬件角度来说，实现多通道方案通常比使用满足 SoS 结构的模拟滤波器的单通道采集更方便。很容易看出，SoS 过滤方法也可以以具有系数矩阵 $S=Q$ 的图 3.16 的形式实现，其中 Q 是在 SoS 情况下根据式（3.37）的定义选择的。我们指出，图 3.16 的多通道架构可以使用 MWC 原型硬件轻松实现。通过适当地过滤一般周期波形，可以获得由有限多的正弦波组成的混合函数$s_\ell(t)$。积分除以 T 是一阶低通滤波器，可以组合代替 MWC 系统的典型高阶滤波器[61]。

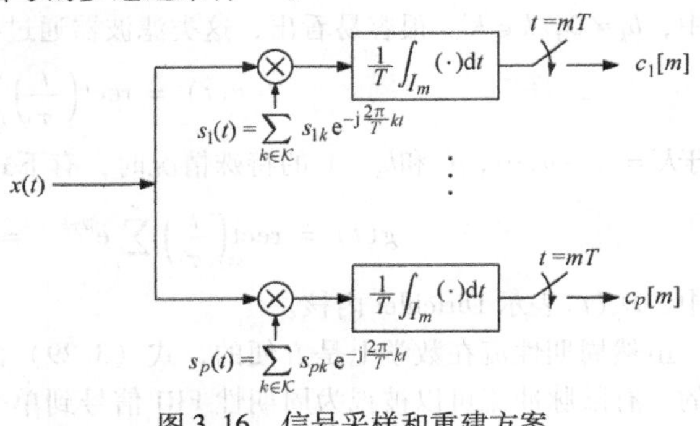

图 3.16　信号采样和重建方案

3.6.3　恢复算法

在单通道和多通道方法中，根据 Xampling 恢复未知延迟和振幅，通过检测识别信号子空间的参数t_ℓ。该方法由两个步骤组成，首先，样本 c 的矢量通过 $p\times|\mathcal{K}|$的混合矩阵 Q 与傅里叶系数向量 x 相乘，如下所示：

$$c=Qx \tag{3.37}$$

这里，$p\geqslant 2L$ 表示样本数。当使用具有滤波器 $s(\omega)$ 的 SoS 方法时，$Q=VS$，其中 S 是具有对角元素$S^*\left(-\frac{2\pi\ell}{\tau}\right)$，$1\leqslant\ell\leqslant p$ 的一个 $p\times p$ 的对角矩阵，V 为一个 $p\times|\mathcal{K}|$ 范德蒙矩阵，其中第 ℓ 个元素由$\mathrm{e}^{\mathrm{j}2\pi\ell T/\tau}$，$1\leqslant\ell\leqslant p$ 给出，T 表示采样周期。对于图 3.16 的多通道架构，Q 由调制系数$s_{\ell k}$组成。傅里叶系数 x 可以从样本中获得：

$$x=Q^{\dagger}c \tag{3.38}$$

然后使用标准光谱估计工具，从 x 中恢复未知参数$\{t_\ell,a_\ell\}_{\ell=1}^{L}$，例如，湮没滤波方法（详见参考文献［24，71］和下一章）。这些技术可以以低至 $2L$ 的傅里叶系数进行操作。当有更多的样本可用时，可以使用对噪声更加鲁棒的替代技术，如矩阵束法[75]，以及 Tufts 和 Kumaresan 技术[76]。在 Xampling 术语中，这些方法检测输入子空间，类似于 CS 在稀疏 SI 或多频带联合的 CTF 块中所起的作用。

使用$b_k=1$ 的 SoS 滤波器式（3.33）采样方案的重构结果如图 3.17 所示。原始信号由 $L=5$ 个高斯脉冲组成以及 $N=11$ 个样本用于重构，重构精确到数值精度。对于由 3 和 5 个脉冲组成的有限流，在存在噪声的情况下，各种方法的性能比较如图3.17所示。脉冲形状是Dirac三角形，高斯白噪声以适当的大小加到样本上，以达到所有方法所需的SNR。所有方法使用$2L+1$个样本进行操作。结果证实了使用SoS滤波器时可获得稳定的恢复。本书的第4章详细回顾了在存在噪声情况下的FRI恢复[77]，并概述了在超分辨率成像[78]、超声[27]和雷达成像[29]中的潜在应用。

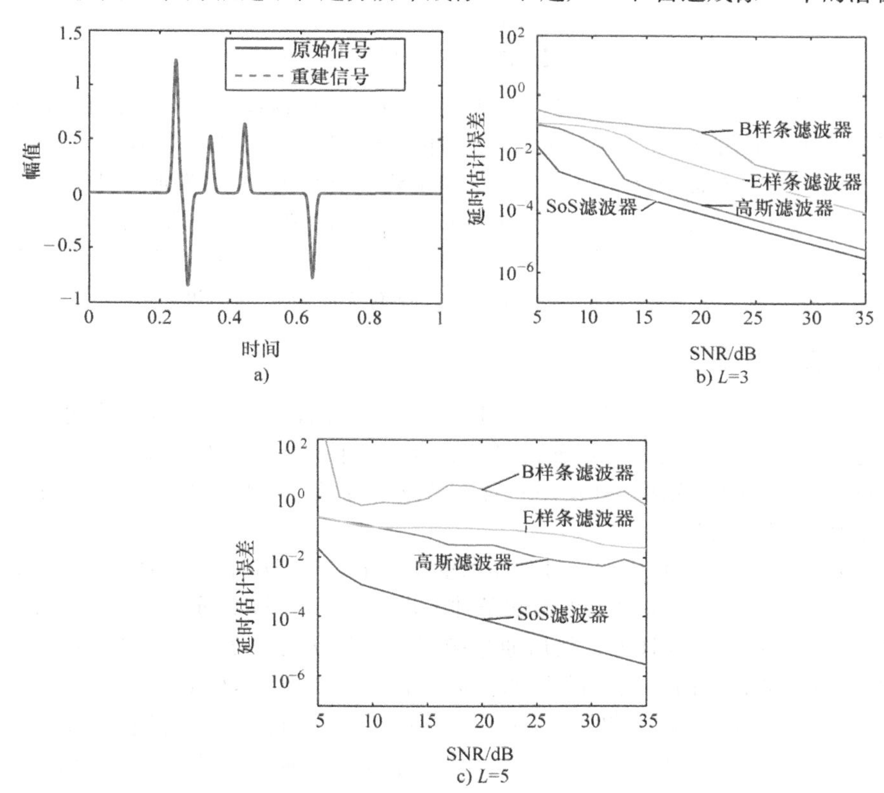

图3.17 使用高斯、B样条、E样条和SoS采样内核的有限脉冲流恢复的性能比较。a）使用SoS滤波器与原始信号进行重构信号，重建精度精确到数值精度。b）$L=3$在Dirac脉冲下的图像。c）$L=5$在Dirac脉冲下的图像

3.7 新息信号序列

常规SI设置式（3.6）处理由N个给定生成器$h_\ell(t)$的移位所跨越的单个输入子空间。结合SI设置式（3.6）和3.6节的时间不确定性，我们现在通过假设每个发生器$h_\ell(t)$放弃与其相关联的一些未知参数α_ℓ来合并结构，导致无穷维空间的无限联合。与有限的相对应，目前还没有可用于处理这种信号的通用采样框架。相反，我们专注于这种模型的特殊延时场景，为此开发了有效的采样技术。

3.7.1 模拟信号模型

一般模型式（3.28）的一个有趣的特殊情况是当$h_\ell(t)=h(t)$和$\alpha_\ell=t_\ell$表示未知延迟时，导致如下结果[26,28,29]：

$$x(t) = \sum_{n\in\mathbb{Z}}\sum_{\ell=1}^{L} a_\ell[n]h(t-t_\ell-nT) \tag{3.39}$$

式中，$t=\{t_\ell\}_{\ell=1}^{L}$是包含在时间区间$[0,T]$中的一组未知时间延迟，$\{\alpha_\ell[n]\}$是任意的有界能量序列，可能代表低速率的信息流，$h(t)$是已知的脉冲形状。对于给定的一组延迟$t$，式（3.39）的每个信号位于由$L$个发生器$\{h(t-t_\ell)\}_{\ell=1}^{L}$所跨越的SI子空间$\mathcal{A}_\lambda$中，因为延迟可以取连续区间$[0,T]$中的任何值，式(3.39)所有信号的集合构成SI子空间的无限联合，即$|\Lambda|=\infty$。另外，由于任何一个信号具有参数$\{a_\ell[n]\}_{n\in\mathbb{Z}}$，每个$\mathcal{A}_\lambda$子空间都具有无穷大的基数。该模型推广了式（3.36）具有周期性重复的时间延迟，其中式（3.39）允许具有无限支持的脉冲形状。

3.7.2 压缩信号采集

为了获得Xampling系统，我们采用与3.4节相似的方法，该方法处理结构化的SI设置，其中有N个可能的发生器。不同之处在于，在当前的情况下有无限多种可能性。因此，我们在图3.4的X-DSP中替换CTF检测，并使用一种支持这种连续性的检测技术：我们将看到ESPRIT方法基本上取代了CTF块[6]。

图3.18描述了式（3.39）中的信号采样和重建方案，模拟压缩算子P由p个并行采样通道组成，其中$p=2L$可以在采样滤波器的温和条件下进行[26]。在每个通道中，输入信号$x(t)$首先通过一个速率为$1/T$的均匀采样器，然后通过频率支持包含在宽度为$2\pi p/T$的间隔内的带限采样核$s_\ell^*(-t)$进行滤波，从而提供采样序列$c_\ell[n]$。注意，就像MWC（3.5.4节）一样，可以将采样滤波器折叠成单个滤波器，其输出以单通道的p倍速率进行采样。特别地，采集可以像具有低通滤波器的单通道一样简单，然后通过一个均匀采样器。通过在时间上展开信号的能量来获得式（3.39）的模拟压缩，以便捕获具有窄范围$2\pi p/T$频率的所有重要信息。为理解这个阶段的重要性，考虑$g(t)=\delta(t)$并且每个周期$T=1$有$L=2$个Dirac的情况，如图3.19a所示，我们使用由具有四个通道的复合带通滤波器组组成的采样方案，每个宽度为$2\pi/T$。图3.19b～d所示

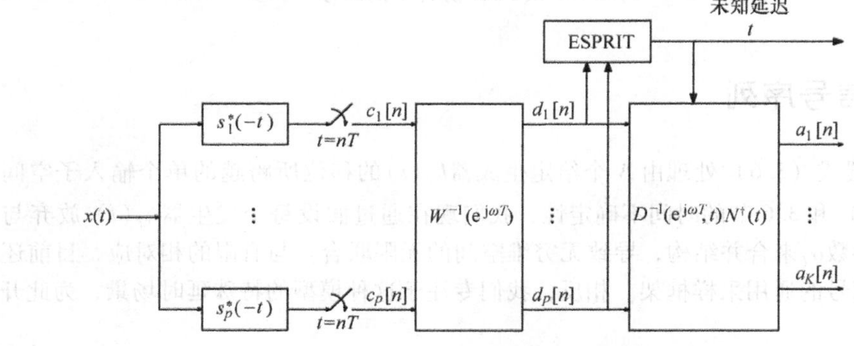

图3.18 信号采样和重建方案

为前三个采样通道的输出。可以看出，采样内核在时域中“平滑”短脉冲（在该示例中为 Dirac），使得即使采样率低，采样也包含信号信息。相反，如果直接对输入信号进行采样，则大多数采样将为零。

3.7.3　恢复算法

为了从样本中恢复信号，将适当设计的数字滤波器校正库（其 DTFT 域中的频率响应由 $W^{-1}(e^{j\omega T})$ 给出）应用于与式（3.9）相似采样方式的采样序列中。矩阵 $W(e^{j\omega T})$ 取决于采样内核 $s_{\ell}^{*}(-t)$ 和脉冲形状 $h(t)$ 的选择。其元素定义为 $1\leqslant\ell,\ m\leqslant p$：

$$W(e^{j\omega T})_{\ell,m}=\frac{1}{T}S_{\ell}^{*}(\omega+2\pi m/T)H(\omega+2\pi m/T) \tag{3.40}$$

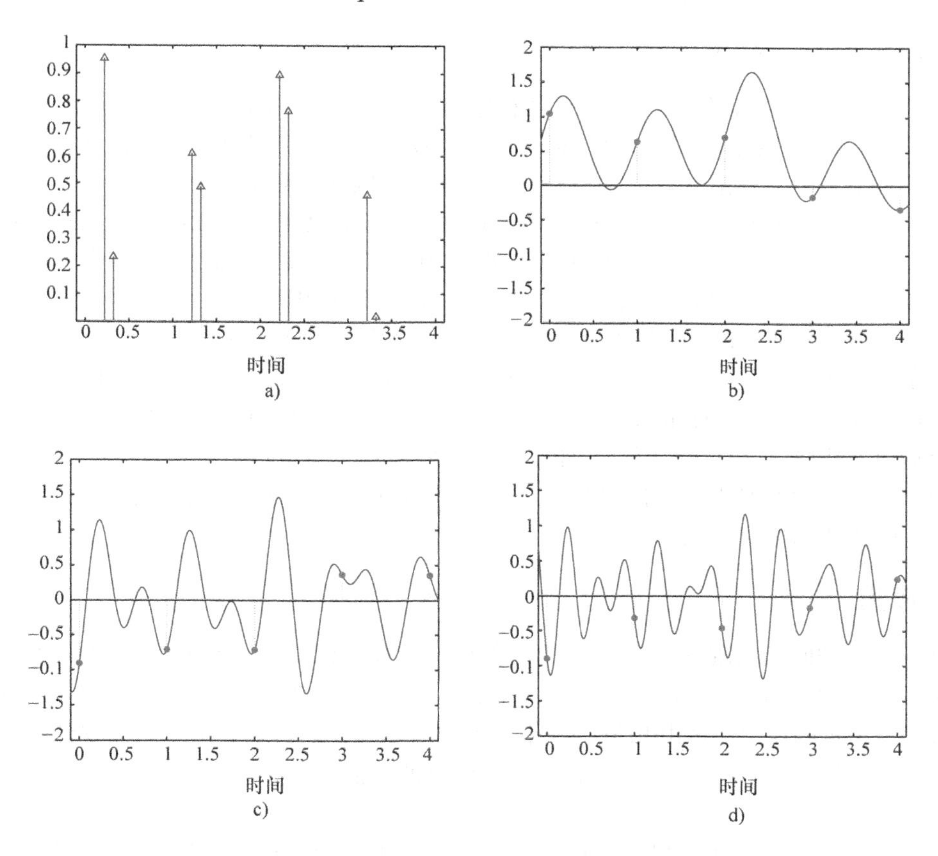

图 3.19　Dirac 流。a）周期 $T=1$，每个周期 $L=2$ 个 Dirac。b）~d）表示前三个采样的输出，虚线表示采样值

在数字校正阶段之后，可以看出，通过取决于未知延迟的范德蒙矩阵，校正的采样矢量 $d[n]$ 与未知幅度矢量 $a[n]=\{a_l[n]\}$ 相关[26]。因此，可以通过从到达方向[79]和频谱估计计[71]的文献中利用已知的工具来执行子空间检测，以恢复延迟 $t=\{t_1,\cdots,t_L\}$，例如众所周知的 ESPRIT

算法[6]。一旦确定了延迟，对样本应用附加的滤波操作来恢复信息序列$a_\ell[n]$。特别地，参考图3.18，矩阵D是对角矩阵，其对角线元素等于$e^{-j\omega t_i}$，$N(t)$是具有元素 $e^{-j2\pi m t_i/T}$的范德蒙矩阵。

在我们的设置中，ESPRIT 算法包括以下步骤：

1）构造相关矩阵$R_{dd} = \sum_{n\in\mathbb{Z}} d[n]\, d^{H}[n]$。

2）执行R_{dd}的 SVD 分解，并构造由与其列中的非零奇异值相关联的L个奇异矢量组成的矩阵E_s。

3）计算矩阵$\Phi = E_{s\downarrow}^{\dagger} E_{s\uparrow}$。符号$E_{s\downarrow}$和$E_{s\uparrow}$分别表示从$E_s$中提取的子矩阵，分别删除其最后或者第一行。

4）计算Φ、λ_i，$i=1, 2, \cdots, L$的特征值。

5）通过$t_i = -\frac{T}{2\pi}\arg(\lambda_i)$检索未知延迟。

一般来说，使用提出的方案确保延迟和序列的唯一恢复所需的采样通道数p必须满足$p\geqslant 2L$[26]，这导致最低采样率为$2L/T$。对于某些信号，采样率可以进一步降低到$(L+1)/T$[26]。有趣的是，最小采样率与脉冲$h(t)$的奈奎斯特率无关。因此，对于宽带脉冲形状，速率的降低可能相当大。例如，考虑参考文献［80］中的设置，用于描述超宽带无线室内信道的特征。在此设置下，具有带宽为$W=1$GHz 的脉冲以$1/T=2$MHz 的速率传输。假设有 10 个重要的多径分量，与2GHz 奈奎斯特速率相比，我们可以将采样率降低到40MHz。

最后，我们得出的结论是，参考文献［26］的方法只对可能产生的$h(t)$［式（3.39）］产生最小的条件，所以原则上几乎可以根据图 3.18 来处理任意的生成器，包括无限制时间支持的$h(t)$。如前所述，实施该采样策略可以简单地将整个系统整合到由低通滤波器和均匀采样器组成的单个通道。然而，重构涉及可以在计算上要求的由$p\times p$组成的数字滤波器$W^{-1}(e^{j\omega T})$。在具有时间限制$h(t)$的采样情况下，使用图 3.16 的多通道方案更方便，因为不需要数字滤波，因此ESPRIT 可直接应用于样本[28]。

3.7.4 应用

式（3.39）的问题出现在各种不同的设置中。例如，模型式（3.39）可以描述在诸如雷达[81]、水下声学[82]、无线通信[83]等应用中出现的多径介质识别问题。在这种情况下，具有已知形状的脉冲以恒定的速率通过由几条传播路径组成的多径介质传输。结果，接收到的信号由发射脉冲的延迟和加权复制组成。延迟t_ℓ代表每个路径的传播延迟，而序列$a_\ell[n]$描述每个多径分量的时变增益系数。

多径通道识别的一个例子如图 3.20 所示。信道由四个传播路径组成，并以$1/T$的速率被脉冲探测。以$5/T$的速率对输出进行采样，对样本加上 SNR 为 20dB 的白高斯噪声。图 3.20 显示了从噪声损坏的低速率采样中恢复传播延迟和时变增益系数。这基本上是 X－ADC 和 X－DSP 的组合，其中前者用于降低采样率，而后者负责将压缩的采样序列$c_\ell[n]$转换为低速率流$d_\ell[n]$，其将实际信息传达给接收机。在该示例中，图 3.18 的方案与包括连续频带的理想带通滤波器组一起使用：

$$S_{\ell}(\omega)=\begin{cases}T, & \omega\in\left[(\ell-1)\dfrac{2\pi}{T},\ell\dfrac{2\pi}{T}\right]\\0, & 其他\end{cases}\tag{3.41}$$

可以看出，即使在存在噪声的情况下，该通道也能从低速率采样中近乎完美地恢复。第 4 章及以后的 3.8.5 节探讨了对雷达的应用。

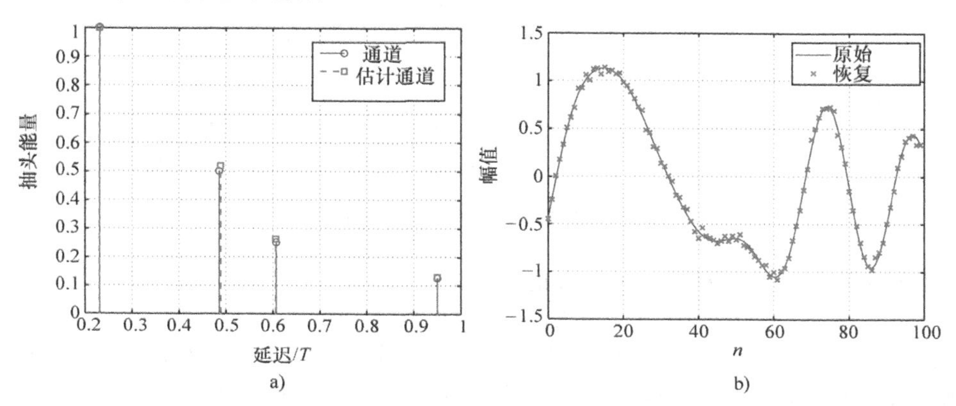

图 3.20　对 $p=5$ 个采样通道和 SNR = 20dB 的通道进行估计。a）延迟恢复。b）恢复第一路径的时变增益系数

3.8　联合建模与有限离散化

截至目前，我们描述的方法是通过利用 UoS 模型来处理模拟信号，其中模拟信号无限性的检测要么通过底层子空间的维数$\mathcal{A}_{\lambda}$，要么是联合的基数$|\Lambda|$，要么两者都是。另一种策略是假设模拟信号在开始时具有一些有限表示，即 Λ 和$\mathcal{A}_{\lambda}$都是有限的。在这种情况下，采样可以很容易地映射到标准的未确定的 CS 系统 $y=Ax$（即具有未知数的单个向量而不是 IMV 设置中的无限多个）。

我们在本节中回顾的方法处理具有潜在有限参数化的连续信号：RD[30] 和量化 CS 雷达[31-33]。除了测量[30-33]之外，我们还研究了在无限基数的一般模拟模型中应用针对有限设置开发的采样策略的选择。为了解决这个问题，我们比较了 RD 和 MWC 系统在处理多频带输入时的硬件和数字复杂性，以及量化[31-33]与模拟雷达[29]成像性能。为了获得对联合建模的近似逼近，需要输入足够密集的离散化，这反过来可以降低各种实际度量中的性能。因此，虽然诸如参考文献[30-33]的方法对他们所开发的模型是有效的，但他们应用于一般的模拟信号，可能是通过离散化，也可能限制可以被处理的信号等级的范围。

3.8.1　随机解调器

RD 方法处理一组由离散的谐波组成的信号，如图 3.21[30]所描述的系统。

1. 信号模型

多频信号 $f(t)$ 由积分频率的稀疏组合组成：

$$f(t) = \sum_{\omega \in \Omega} a_\omega e^{j2\pi\omega t} \tag{3.42}$$

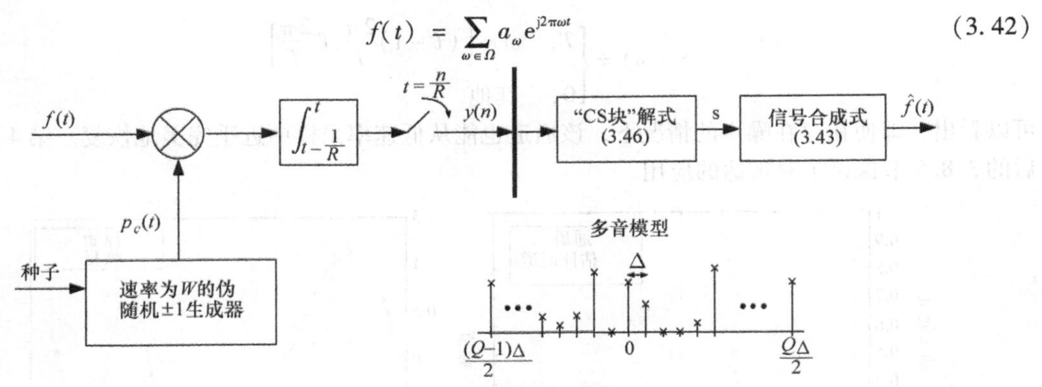

图 3.21 随机解调器框图

式中，Ω 是可能谐波的偶数 Q 中 K 的有限集合：

$$\Omega \subset \{0, \pm\Delta, \pm 2\Delta, \cdots, \pm(0.5Q-1)\Delta, 0.5Q\Delta\} \tag{3.43}$$

模型参数为音调间隔 Δ，有效音调数 K 和网格长度 Q。奈奎斯特速率为 $Q\Delta$。归一化时，Δ 从公式中省略，根据惯例，所有变量取正则值（例如，$R=10$ 而不是 $R=10\text{Hz}$）。

2. 采样

输入信号 $f(t)$ 是由切换速率为 W 的伪随机碎片序列 $p_c(t)$ 混合得到的。然后将混合输出以恒定速率 R 集成并丢弃，产生序列 $y[n]$，$1 \leqslant n \leqslant R$。参考文献［30］中的开发使用以下参数设置：

$$\Delta = 1,\ W = Q,\ R \in \mathbb{Z},\ \frac{W}{R} \in \mathbb{Z} \tag{3.44}$$

在参考文献［30］中已经证明，如果 W/R 是一个整数，式（3.44）成立，则样本的向量 $y = [y[1], \cdots, y[R]]^{\mathrm{T}}$ 可以写成：

$$y = \Phi x,\ x = Fs,\ \|s\|_0 \leqslant K \tag{3.45}$$

矩阵 Φ 的大小为 $R \times W$，有效地利用 W/R 奈奎斯特间隔的集成机制，其中根据切片函数 $p_c(t)$ 在每个间隔上对输入的极性进行翻转，有关 Φ 的更多细节，请参见图 3.23a。W 平方 DFT 矩阵 F 考虑了频域中的稀疏性。向量 s 具有 Q 项 s_ω，其从对应的音调幅度 a_ω 达到恒定的缩放。由于信号只有 K 个有效音调，所以 $\|S\|_0 \leqslant K$。

3. 重建

式（3.45）是可以用现有的 CS 算法来解决的未确定系统，例如 ℓ_1 最小化或贪婪方法。如前所述，为了使用现有的多项式时间算法有效地求解具有稀疏阶 K 的式（3.45），需要一个“好的” CS 矩阵 Φ。在图 3.21 中，CS 块是指使用多项式时间 CS 算法和“好的”矩阵 Φ 来求解式（3.45），要求采样率大约为

$$R \approx 1.7K\log(W/K+1) \tag{3.46}$$

一旦发现稀疏 s，通过常数缩放从 s_ω 确定振幅 a_ω，并且根据式（3.42）合成输出 $f(t)$。

3.8.2 有限模型灵敏度

RD 系统对具有从理论网格略有偏移的音调的输入是敏感的，如几项研究[14,84,85]所示。例如，

参考文献［14］重复了非规范化多音模型[30]的发展，其中 Δ 作为自由参数，W、R 不一定是整数。测量仍然遵循如前所述的未确定系统式（3.45）：

$$W=Q\Delta,\ R=N_R\Delta,\ \frac{W}{R}\in\mathbb{Z} \tag{3.47}$$

N_R是由 RD 采集的样本数。式（3.47）意味着速率 W、R 需要与音调间隔 Δ 完全同步。如果式（3.47）不成立，由于硬件缺陷使得 W、R 的速率偏离其标称值，或由于模型不匹配使得实际间隔 Δ 与假设不同，将会使重建误差增大。

下面的例子说明了这种灵敏度。设 $W=1000$，$R=100\text{Hz}$，$\Delta=1\text{Hz}$。通过在音调网格和正态分布幅度a_ω上随机绘制 $K=30$ 个点来构造$f(t)$。基追踪给出了 $\Delta=1$ 的精确恢复$\hat{f}(t)=f(t)$。Δ 有 5ppm 偏差则平方误差达到 37%：

$$\Delta=1+0.000005\to\frac{\|f(t)-\hat{f}(t)\|^2}{\|f(t)\|^2}=37\% \tag{3.48}$$

图 3.22 绘制时间和频率的$f(t)$和$\hat{f}(t)$，揭示了由于模型不匹配引起的许多虚假的音调。标准化设置式（3.44）中的等式 $W=Q$ 提示所需的同步，尽管 $\Delta=1$ 对音调间隔的依赖性是隐含的。但当$\Delta\neq1$ 时，这个问题会更加明显。

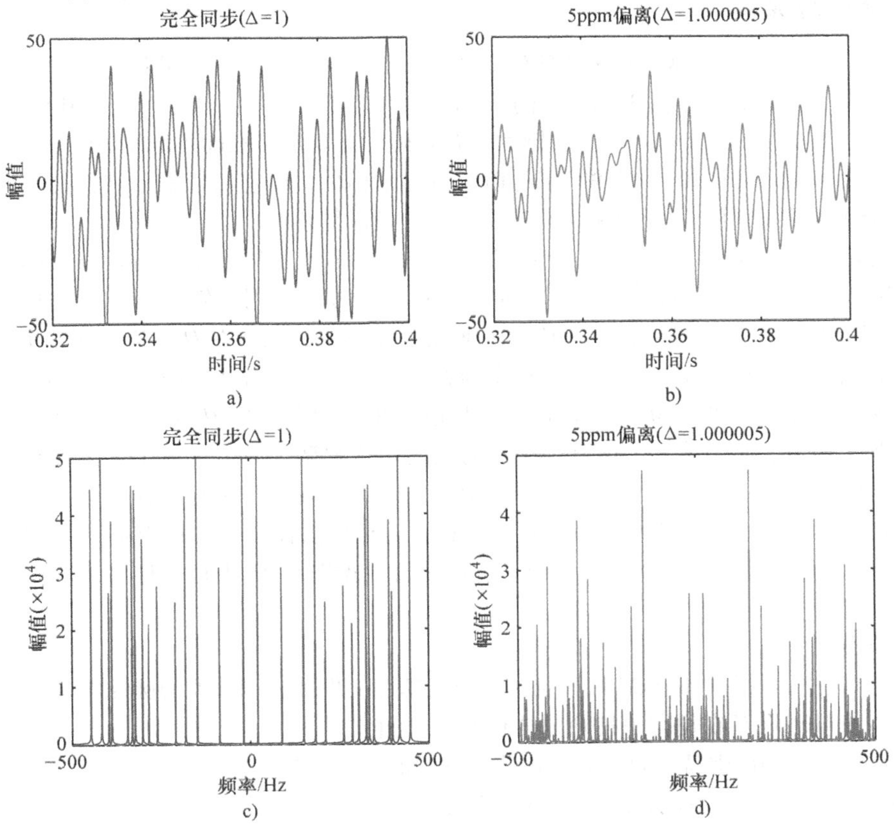

图 3.22 非积分音调对随机解调输出的影响。a)、b) 表示在时域中恢复的信号。c)、d) 表示频率含量的对比

图 3.22 所示的灵敏度是有限多音调设置中已经出现的误差源式（3.42）。这意味着利用 RD 来处理连续光谱的多波段信号的采样问题，需要一个足够密集的音调网格。否则，多频带能量的不可忽略的部分位于网格之外，这可能导致由于模型不匹配而引起的恢复误差。如下所述，密集音调网格在数字域中转化为高计算负载。

相比之下，MWC 对模型不匹配的敏感度较低。由于在式（3.24）中仅使用不等式，所以可以针对指定数量的 N 个宽度为 B 的频带选择具有一些保护措施的分支数 p 和混叠速率f_p。因此，系统可以处理多于 N 个并且宽度大于 B 的输入，这取决于所设定的保护措施。相对于频谱片的任何特定位移，频带位置不受限制；如图 3.6 所示，单个波段可以在切片之间分裂。尽管如此，PNS[19] 和 MWC[20] 都需要通过一对最大数量（N, B）来指定多频谱。当各个带宽彼此显著不同时，这种建模可能是低效的（就产生的采样率而言）。例如，具有长度为N_1个频带的$B_1=k_1 b$ 和长度为N_2个频带的$B_2=k_2 b$ 的多频带模型由具有频谱占用可能大于实际使用的一对$(N_1+N_2, \max(B_1, B_2))$描述，在这种情况下，更灵活的建模将仅假定占用的总实际带宽，即$N_1 B_1+N_2 B_2$。通过设计系统（PNS/MWC）以适应长度为 b 的$N_1 k_1+N_2 k_2$个频带，可以部分地以牺牲硬件尺寸来解决该问题。

3.8.3 硬件复杂度

我们接下来比较 RD/MWC 系统的硬件复杂性。在这两种方法中，采集阶段被映射到不确定的 CS 系统中：在 RD 系统中图 3.21 引出了标准稀疏恢复问题式（3.45），而在 MWC 方法中，图 3.10 导致 IMV 问题式（3.11）。一个关键的问题是硬件需要足够准确才能使该映射保持不变，因为这是重建的基础。虽然 RD 和 MWC 采样阶段看起来相似，但它们依赖于硬件的不同模拟特性来确保对 CS 精确的映射，这反过来又意味着不同的设计复杂性。

为了更好地理解这个问题，我们研究图 3.23。该图描绘了每种奈奎斯特方法的等效，并以奈奎斯特速率对输入信号进行采样，然后通过以数字的方式应用感知矩阵来计算相关的亚奈奎斯特样本。RD 的奈奎斯特等价积分和转储以 W 的速率输入，然后在 Q 的连续测量中应用 $\boldsymbol{\Phi}, x=[x[1],\cdots,x[Q]]^{\mathrm{T}}$。为了与图 3.21 的亚奈奎斯特样本一致，使用 $\boldsymbol{\Phi}=HD$，其中 D 是具有 ± 1 元素的对角线，根据 $t=n/W$ 来获得$p_c(t)$值，并且通过 W/R 计算矩阵 H 的和[30]。MWC 的奈奎斯特等价具有 M 个通道，其中第 ℓ 个通道将相关的频谱切片解调为原点并以 $1/T$ 的速率采样，结果是$d_\ell[n]$。感知矩阵 A 应用于 $d[n]$。虽然根据图 3.23 的等效系统进行采样明显浪费了资源，但是它使我们能够看到每个策略的内部机制。注意，重建算法保持不变；根据图 3.21 或图 3.10，是否以亚奈奎斯特速率实际获得样本，或者它们是否根据图 3.23 进行采样后计算样本是无关紧要的。

1. 模拟压缩

在 RD 方法中，硬件的时域特性决定了必要的精度。例如，积分器的脉冲响应需要宽度为 $1/R$s 的方波，使得矩阵 H 在每行中精确地具有 W/R 个连续的 1。对于对角线 D，$p_c(t)$的符号变化需要在 $1/W$ 时间间隔内保持一致。如果这些属性中的任一个是非理想的，则 CS 的映射变得非线性并且依赖于信号。准确地说，式（3.45）成为[30]

$$y=H(x)D(x)x \tag{3.49}$$

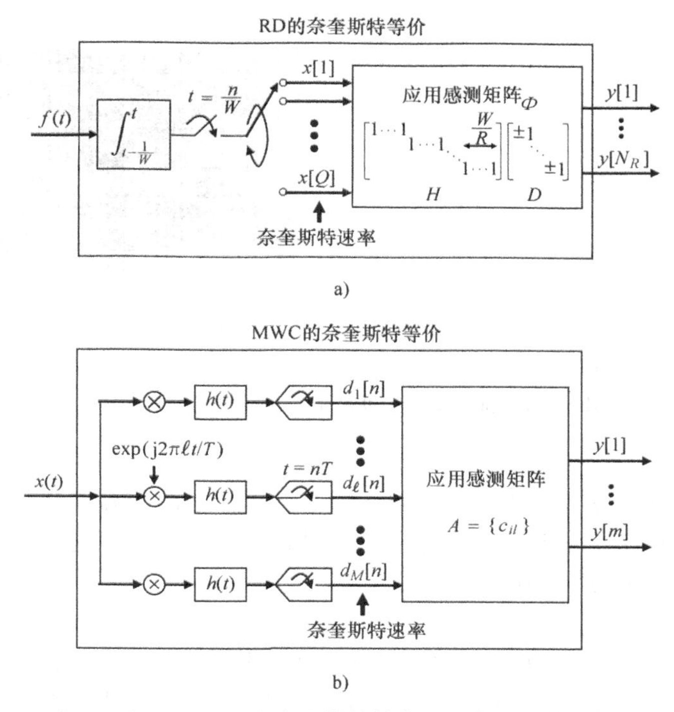

图 3.23　a）RD 和 b）MWC 的奈奎斯特等价，以奈奎斯特速率对输入信号进行采样，并以数字方式应用感知矩阵

非整数比 W/R 影响 H 和 D[30]。由于 $f(t)$ 未知，x、$H(x)$ 和 $D(x)$ 也是未知的。在参考文献［30］中建议对示例信号进行系统训练，以便接近线性系统。注意，如果不满足式（3.47），则 DFT 扩展也变为非线性且依赖信号 $x=F(\Delta)s$。因此，RD 的波形因数是在实践中可以实现的时域精度。

MWC 要求波形 $p_i(t)$ 和低通响应 $h(t)$ 具有周期性，它们都是频域属性。只要 $p_i(t)$ 是周期性的，感知矩阵 A 就是恒定的，而不管这些波形的时域形态。因此，$p_i(t)$ 的非理想时域性质对 MWC 无影响。因此，频域的稳定性决定了 MWC 的波形因数。例如，在 MWC 的电路原型中已证明了 2GHz 的周期函数[22]。更广泛地说，电路出版物报道了高达 23GHz 甚至 80GHz 速度的高速序列发生器的设计[86,87]，其中通过实验验证了稳定的频率特性。在参考文献［86，87］中，精确的时域形态不被认为是设计因素，实际上其并没有保持在实践中，如参考文献［22，86，87］所示。图 3.24 显示了频率稳定性与不准确的时域外观[22]。

MWC 方案需要具有矩形频率响应的理想低通滤波器 $h(t)$，由于其尖锐的边缘而难以实现。奈奎斯特采样中也出现了这个问题，在这种采样中，用更平滑的边缘替代采样核来解决这个问题。类似的无边缘滤波器 $h(t)$ 可以在具有轻微的过采样[74]的 MWC 系统中使用。可以使用参考文献［60］中的算法对通带中的波纹和频率响应中的非平滑过渡进行数字补偿。

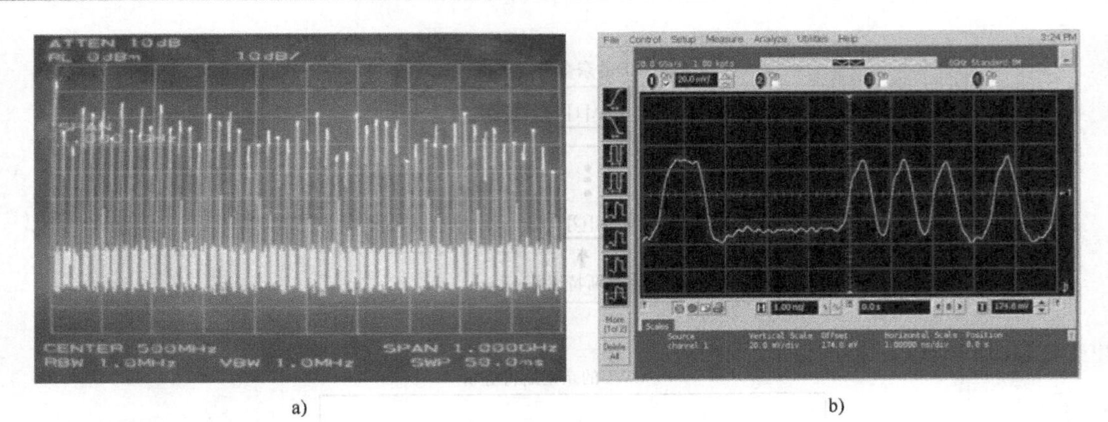

a) b)

图 3.24 2GHz 符号交替周期波形的 a）频谱和 b）时域外观

2. 采样率

理论上，RD 和 MWC 都采用其模型的最小速率。然而，RD 系统还需要整数比 W/R，见式（3.44）和式（3.47）。一般来说，可能需要大幅度增加速率才能满足这一要求。MWC 不限制速率粒度；请参见下一小节的数值比较。

3. 连续重建

RD 使用式（3.42）合成 $\hat{f}(t)$，通过硬件实现式（3.42）是多余的，因为它需要 K 个振荡器，每个振荡器产生一个有效的音调。以数字方式计算式（3.42）需要 W 的处理速率，然后以相同的速率进行 DAC 设备的处理。因此，合成复杂度以奈奎斯特速率为依据。MWC 使用商业 DAC 器件重构 $\hat{x}(t)$，以低速率 $f_s=1/T$ 运行。它需要 N 个分支。宽带连续输入需要非常大的 K 值，W 在离散网格上有充分的表示。相比之下，尽管包含多波段输入的无限多的频率，但是 N 通常很小。然而，我们注意到，MWC 可能会在重建频率 $(\ell+0.5)f_p$，$-L\leqslant\ell\leqslant L$ 时产生困难，因为这些是频谱切片之间不规则的过渡点。这些不规则点的重建精度取决于 $h(t)$ 的截止曲率和连续 $c_{i\ell}$ 的相对幅度。在这些特定频率下重构由纯音调组成的输入可能是不完美的。实际上，即使当信号能量位于频率 $(\ell+0.5)f_p$ 周围时，频带也可以被可靠地编码和解码信息信号。如 3.5.6 节所述，当频带包含数字传输并且 SNR 足够高时，即使相邻片段之间频带能量分裂时，算法 Back - DSP[14] 依然能够恢复底层信息位，并且反过来允许 DSP 处于低速率。该算法还允许仅使用 N 个而不是 $2N$ 个 DAC 器件来重构任意多频段重构所需的 $x(t)$。表 3.1 总结了模型和硬件的比较结果。

表 3.1 模型和硬件的对比

	RD（多频声）	MWC（多频带）
模型参数	K，Q，Δ	N，B，$f_{\max}$
系统参数	R，W，N_R	m，$1/T$
设置	式（3.44）	式（3.24）
	敏感度，式（3.47），图 3.22	鲁棒性

（续）

	RD（多频声）	MWC（多频带）
波形因数	时域形态	频域稳定性
要求	精确的 $1/R$ 积分 快速变化的 $p_c(t)$	周期 $p_i(t)$
ADC 拓扑	积分和转储	商业的
速率	差距由式（3.44）	接近最小值
DAC	1 个器件以 W 的速率	N 个器件以 f_s 的速率

3.8.4 计算负载

在本小节中，我们比较使用 MWC 或 RD 框架中处理多频带信号时的计算负载，通过将连续频率离散到 $Q=f_{\mathrm{NYQ}}$ 音调的网格，其中只有 $K=NB$ 有效[30]。我们强调，RD 系统是为多音频输入设计的，但是对于计算负载的研究，我们通过考虑具有相同奈奎斯特带宽的可比较的音调网格来检查多波段输入的 RD。表 3.2 比较了具有 10GHz 奈奎斯特速率和 300MHz 频谱占用率输入的

表 3.2　离散化对计算负荷的影响

	RD			MWC	
	离散间距	$\Delta=1\text{Hz}$	$\Delta=100\text{Hz}$		
模型	K 音	$300\cdot10^6$	$3\cdot10^6$	N 个带	6
	Q 音外	$10\cdot10^9$	$10\cdot10^7$	宽为 B	50MHz
	交替速率 W	10GHz	10GHz	m 个通道①	35
				M 傅里叶系数	195
采样设置	速率 R，式（3.46），理论	2.9GHz	2.9GHz	f_s/通道	51MHz
	式（3.44），实际	5GHz	5GHz	总速率	1.8MHz
未确定系统	式（3.45）：$y=HDFs$，$\|s\|_0\leqslant K$			式（3.18）：$V=AU$，$\|U\|_0\leqslant 2N$	
准备					
收集样本	采样数 N_R	$5\cdot10^9$	$5\cdot10^7$	$y[n]$ 的 $2N$ 个采样	$12\cdot35=420$
延迟	N_R/R	1s	10ms	$2N/f_s$	235ns
复杂度					
矩阵尺寸	$\Phi=HDF=N_R\times Q$	$5\cdot10^9\times10^{10}$	$5\cdot10^7\times10^8$	$A=m\times M$	35×195
应用矩阵②	$\mathcal{O}(W\log W)$			$\mathcal{O}(mM)$	
存储②	$\mathcal{O}(W)$			$\mathcal{O}(mM)$	
实时（固定支持）		$s_\Omega=(\Phi F)_\Omega^\dagger y$		$d_\lambda[n]=A_\lambda^\dagger y[n]$	
内存长度	N_R	$5\cdot10^9$	$5\cdot10^7$	$y[n]$ 的 1 个采样	35
延迟	N_R/R	1s	10ms	$1/f_s$	19.5ns
乘法运算（每个窗口）	KN_R	$1.5\cdot10^{18}$	$1.5\cdot10^{14}$	$2Nm$	420
（100MHz 循环）	$KN_R/((N_R/R).100\text{M})$	$1.5\cdot10^{10}$	$1.5\cdot10^6$	$2Nmf_s/100\text{M}$	214
重建	1 DAC 在速率 $W=10\text{GHz}$			$N=6$DAC，每个速率为 $f_s=51\text{MHz}$	
技术壁垒（估计）	CS 算法（~10MHz）			波形发生器（~23GHz）	

① $q=1$；实际上，当 $q>1$ 时硬件尺寸被压缩[22]。

② 对于 RD，考虑 HDF 的结构。

RD 和 MWC。对于 RD，我们考虑 $\Delta=1\text{Hz}$ 和 $\Delta=100\text{Hz}$ 的两个离散配置。该表显示出源自代表模拟多频带输入所需的密集离散化的高计算负载。为了补充前一节的内容，我们还列入了采样率和 DAC 速度。表中的符号是不言而喻的，下面强调几个方面。

RD 的感知矩阵 $\boldsymbol{\Phi}=HD$ 具有如下尺寸：

$$\boldsymbol{\Phi}: R\times W\propto K\times Q\ (\text{巨大}) \tag{3.50}$$

该尺寸与奈奎斯特速率相关；对于 $Q=1\text{MHz}$ 奈奎斯特速率输入，在式（3.45）中有 100 万个未知数。MWC 的感知矩阵 A 具有如下尺寸：

$$\boldsymbol{A}: m\times M\propto N\times\frac{f_{\text{NYQ}}}{B}\ (\text{较小}) \tag{3.51}$$

对于我们考虑的可比较的光谱占用，$\boldsymbol{\Phi}$ 具有比 MWC 感知矩阵 A 在行和列上高 6 ~ 8 个数量级。感知矩阵的尺寸是一个突出的因素，因为它影响许多数字复杂性：与采集测量相关联的延迟和存储器长度，在矢量上应用感知矩阵时的乘法次数以及矩阵的存储要求。表中对这些因素进行了数值比较。

我们还比较了重建的复杂性，在更简单的情况下，支持是固定的。在这种设置中，恢复只是与一个相关伪逆的矩阵向量相乘。如前所述，$\boldsymbol{\Phi}$ 的尺寸造成时间延迟增加和巨大的内存长度来收集样品。用于应用伪逆的标量乘法（Mult. - ops）的数量再次显示了数量级的差异。我们表达了每个样本块的乘法运算，并将它们缩放到 100MHz DSP 处理器的每个时钟周期进行运行。

我们用对每种方法技术障碍的估计得出表中的结论。数字域中的计算负载和存储器的要求是 RD 方法的瓶颈。因此，能用处理器解决的 CS 尺寸的问题限制了恢复。我们估计 $W\approx1\text{MHz}$ 可能已经是相当苛刻的使用凸求解器，而 $W\approx10\text{MHz}$ 可能是使用贪婪方法的障碍[⊖]。MWC 受生产周期性波形 $p_i(t)$ 技术的限制，该限制取决于所选择的具体波形。估计的 23GHz 的障碍是指根据参考文献［86，87］的周期波形实现的，尽管以高速率实现完整的 MWC 系统可能是一项具有挑战性的任务。我们的障碍估计与这些系统的硬件出版物大致一致：参考文献［89，90］报道了奈奎斯特速率 $W=800\text{kHz}$（单个，并行）RD 的实现。MWC 原型论证了 $f_{\text{NYQ}}=2\text{GHz}$ 宽带输入的可靠重建[22]。

3.8.5 模拟与离散 CS 雷达

在参考文献［29］雷达成像的背景下，还研究了有限建模是否可用于处理一般模拟场景的问题。这里，降低速度可以提高分辨率，从而减少雷达系统的时间带宽乘积。

被截获的雷达信号 $x(t)$ 具有如下形式：

$$x(t)=\sum_{k=1}^{K}\alpha_k h(t-t_k)\mathrm{e}^{\mathrm{j}2\pi v_k t} \tag{3.52}$$

每个三元组（t_k，v_k，α_k）对应于来自不同目标的雷达波形 $h(t)$ 的回波。式（3.52）表示在所选择的子空间中捕获幅度 α_k 的 K 维子空间 $\mathcal{A}_\lambda$ 参数化的 $\lambda=(t_k,v_k)$ 的无限联合。在参考文献［29］中采用了 UoS 方法，其中重建是通过参考文献［26］的时间延迟恢复的一般方案获得的，使用

⊖ 参考文献［88］研究了一组 RD 信道，并行系统复制了模拟问题，其计算复杂度并没有得到改善。——原书注

标准频谱估计工具的子空间估计[71]。雷达的有限建模方法假设延迟t_k和频率v_k位于网格上，有效量化延迟多普勒空间（t，v）[32,33,92]。然后，压缩感知算法用于目标场景的重建。

识别九个目标（无噪声设置）的示例在图 3.25 中显示了三种方法：具有简单的低通采集的基于联合的方法[29]、经典匹配滤波方法、量化 CS 恢复方法。离散化方法导致量化空间中的能量泄漏进入相邻的网格点。如图所示，联合建模相对于两种替代方法是优越的。在参考文献［29］中出现的识别结果存在噪声，并确认只要噪声不太大，成像性能会随着噪声水平的增加而降低。这些结果表明，只要噪声不太大，UoS 建模不仅提供了降采样方法，而且可以提高目标识别中的分辨率。在高噪声水平下，匹配滤波是优越的。我们根据参考文献［77］对一般 FRI 模型中的噪声影响进行严格分析。

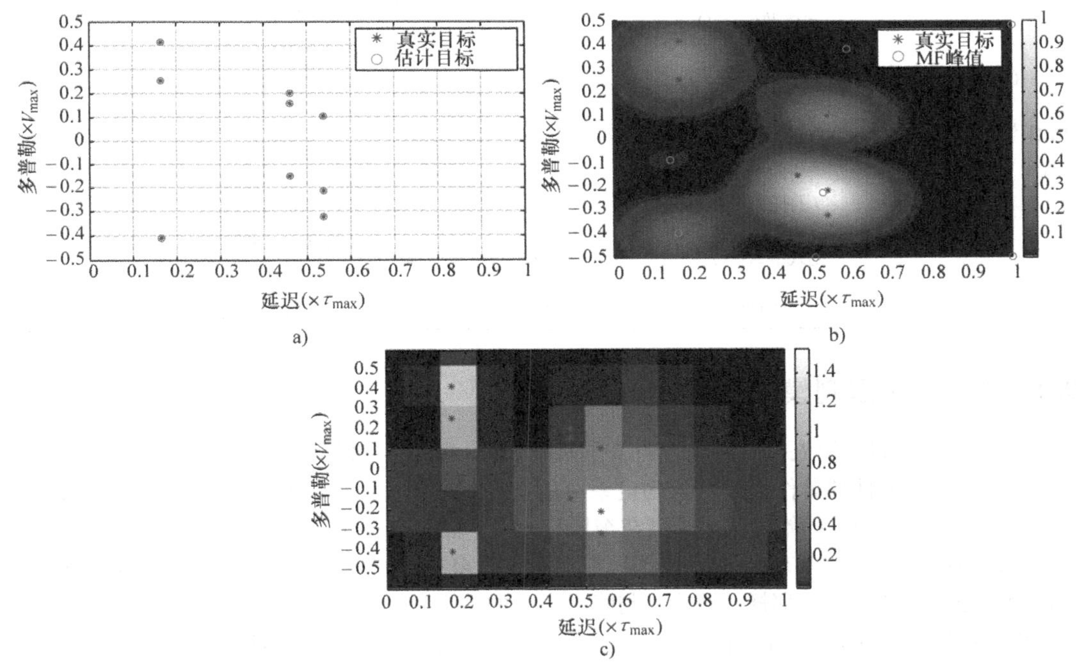

图 3.25 延迟 - 多普勒平面的恢复。a）子空间联合。b）标准匹配滤波器。c）离散延迟 - 多普勒平面

对雷达应用非常感兴趣的属性是系统的时间带宽 WT 乘积，其中 W 是指发射脉冲 $h(t)$ 的带宽，T 表示雷达站与目标之间的往返时间。最终，我们希望尽量减少这两个数值，因为 W 影响天线尺寸和采样率，而 T 即识别目标所需的时间，该时间是产生物理限制的潜在因素。测不准原理意味着我们不能同时最小化 W 和 T。模拟 CS 雷达方法可获得最小的时间带宽乘积，其值远低于使用标准匹配滤波技术得到的；精确的比较见参考文献［29］。参考文献［93］研究了基于稀疏性的雷达成像的实际方面，如从压缩测量中提取目标识别的解码时间以及有效的雷达感知矩阵结构。

3.9 讨论

表 3.3 总结了我们调查的各种应用，表明 Xampling 具有足够的广泛性，可以在相同的逻辑操作流

程下捕获大量的工程解决方案。最后，我们将对本章突出强调的模拟感知的属性和见解进行讨论。

表 3.3　子空间联合的应用

应用	信号模型	基数		模拟压缩	子空间检测
		联合	子空间		
稀疏 - SI[16]	见式（3.10）	有限	∞	滤波器组，图 3.4	CTF
PNS[19]	多频带，图 3.6	有限	∞	时移	CTF[45]
MWC[20]	多频带，图 3.6	有限	∞	周期性混合 + 低通	CTF[45]
RD[30]	$f(t) = \sum_{\omega} a_{\omega} e^{j2\pi\omega\tau}$ $\omega \in$ 离散网络 Ω	有限	有限	符号翻转 + 积分 - 转储	CS
FRI	$x(t) = \sum_{\ell=1}^{L} d_{\ell} g(t-t_{\ell})$				
周期[24,94]	$x(t) = x(t+T)$	∞	有限	低通	湮灭过滤器[24,94]
有限[25]	$0 \leqslant t \leqslant T$	∞	有限	样条	瞬时因子[25]
周期/有限[27,28]	以上任何一种	∞	有限	SoS 滤波	湮灭过滤器
新息序列[26,28]	见式（3.39）	∞	∞	低通，或周期性混合 + 积分 - 转储	MUSIC[5] 或 ESPRIT[6]
NYFR[95]	多频带	有限	∞	抖动欠采样	n/a

3.9.1　将 CS 扩展到模拟信号

Donoho[3] 和 Candès 等人[4] 有影响力的著作创造了 CS 术语，其目标是将采样率降低到奈奎斯特速率以下。这些开创性的著作通过对未确定系统的研究建立了 CS，其中感知矩阵抽象地代替了采样算子的作用，并且周围的维度代表了高奈奎斯特速率。然而，在实践中，对不确定系统的研究并没有暗示模拟信号的实际亚奈奎斯特采样。不能在一组奈奎斯特率样本上应用感知矩阵，就像图 3.23 的概念系统中所表现的那样，因为这与降采样率的整体概念相矛盾。前几节论证了 CS 对连续信号的扩展在许多实际方面可能有显著差异。基于获得的见解，对于连续时间 CS 系统中模拟压缩 P 的选择，我们在表 3.4 中得出了几个有效的结论。第一点来自图 3.22，并且基本上意味着模型和采样器参数不应该是隐式或显式的紧密相关。我们在下面详细阐述另外两个建议。

表 3.4　将 CS 扩展到模拟信号的建议指南

设置具有保护措施的系统参数，以适应可能的模型不匹配
在 P 上引入了适合产生源信号技术的设计约束
非线性（子空间检测）和线性（插值）重建复杂度之间的平衡

输入信号由一些信号源所产生，它们有自己的参数精度。因此，如果设计 P 对硬件施加的约束不比生成输入信号所需要的严格，那么在输入范围内就没必要限制了。我们通过几个例子来支持这一结论。MWC 要求使用 RF 技术实现精度，这也定义了多频带传输的可能范围。通过 PNS[19] 可以实现将具有不同权重的光谱切片移到原点的相同原理。然而，该策略可能导致可被处理的更窄的输入范围，因为当前的 RF 技术可以在超过现有 ADC 器件的前端带宽的频率上产生源信号[20]。然而，

由光源产生的多频带输入与基于 RF 的 MWC 系统相比可能需要不同的压缩阶段 P。

同样地，如果这些信号是由 RF 源产生的，那么时域精度约束可能限制多频输入的范围，该范围可以在 RD 方法中得到处理。另一方面，考虑一个分段常数输入的模型，节点为整数，Q 中只有 K 个不相等的非零块。借助于 RD 系统获得采样信号，该信号将映射到式（3.45），但是有一个恒等基代替矩阵 F 的 DFT。在此设置中，确保映射到式（3.45）所需的时域精度在输入源允许偏差的范围内。

继续我们的第三个建议，我们试图说明表 3.2 中遇到的计算负荷。超过 1s，这两种方法都从一组可比较的数字中重建它们的输入；$K=300\times10^6$ 音调系数或 $2Nf_s=612\times10^6$ 幅度的有源序列 $d_\ell[n]$。然而，不同之处在于 RD 通过在具有大尺寸的系统式（3.45）上单个执行非线性 CS 算法来恢复所有这些未知数。相比之下，MWC 将恢复任务分解为非线性小尺寸（即 CTF）和实时线性插值两部分。这种区分可以追溯到模型假设。多频模型的非线性部分，即子空间的数量 $|\Lambda|=\binom{Q}{K}$ 指数地大于 $\binom{M}{2N}$，其指定了相同奈奎斯特带宽的多频带联合。显然，平衡计算负荷的先决条件是在其线性部分（子空间 $\mathcal{A}_\lambda$）中有尽可能多的未知数的输入模型，以便减小非线性基数 $|\Lambda|$ 的联合。重要的一点是，为了从这种建模中受益，P 必须适当地设计，以结合这种结构并减少计算负荷。

例如，考虑具有 K 个 Q 音调的块稀疏多频模型，使得有效音调被聚集在长度为 d 的 K/d 块中。不包含该块结构的一个普通 RD 系统仍将产生具有相关联的数字复杂度的大的 $R\times W$ 感知矩阵。块稀疏恢复算法，例如参考文献［43］可用于部分地降低复杂度，但是其瓶颈仍然是将硬件压缩映射到一个大的感知矩阵[⊖]。这种块稀疏模型的潜在模拟压缩可以是为 $N=K/d$ 和 $B=d\Delta$ 规范设计的 MWC 系统。

我们的结论来自于对 RD 和 MWC 系统的研究，该结论主要与在 Xampling 系统中所选择的 P 进行对比，将其硬件映射到不确定的系统，并结合 CS 算法进行恢复。尽管如此，我们以上的建议不必与 CS 有关，而对于其他压缩技术而言，它们可能更为普遍。

最后，我们指出了参考文献［95］中的奈奎斯特折叠接收机（NYFR），它提出了一个有趣的替代奈奎斯特采样的方案。该方法在欠采样网格中刻意引入振动，这导致基带处的诱导相位调制，使得调制幅度取决于未知的载波位置。这种策略是特殊的，因为它依赖于时变采集效应，它偏离了我们在此调查的所有工作的线性时间不变 P。原则上，为了恢复，需要推测出相位调制的幅度。对于这种采样类型，还没有重建算法被报道，这就是为什么我们不再对这种方法进行详细说明。尽管如此，这是开发亚奈奎斯特策略的有趣场所，并开辟了广泛的探索途径。

3.9.2　CS 是否是一个通用采样方案

将 CS 扩展到模拟信号的讨论吸引了与 CS 普遍性概念有趣的联系。在感知的离散设置中，

⊖ 请注意，在图 3.21 的现有方案中，将切片和积分 - 转储间隔修改为 d 倍以上，会导致感测矩阵小于相同因子，尽管式（3.45）在该设置中将强制重建每个音调块中的单个音调，可能对应于间隔为 $d\Delta$ 的 Q/d 之外的 K/d 的有效音调模型。——原书注

测量模型是 $y = \Phi x$，在某些给定的变换基础 $x = \Psi s$ 上信号是稀疏的。CS 普遍性的概念是指在没有 Ψ 知识的情况下感知 Φ 吸引力的属性。在许多 CS 出版物中，通过默认选择恒等基 $\Psi = I$ 进一步强调了这个概念，由于 Ψ 在概念上被吸收到感测矩阵 Φ 中，因此不会失去通用性。

相比之下，在许多模拟 CS 系统中，硬件设计受益于将知识纳入输入的稀疏性基础上。例如，参见图 3.23b 中 MWC 的奈奎斯特等价系统。在概念上，输入 $x(t)$ 首先被预处理成一组高速率的测量流 $d[n]$，然后应用感知矩阵 $A = \{c_{i\ell}\}$ 来降低速率。在 PNS[20] 中，同一组流 $d[n]$ 由部分 DFT 矩阵式（3.22）感知到，这取决于 PNS 序列的时移c_i。这个感知结构也出现在定理 3.1 中，其中式（3.12）中的项$G^{-*}(e^{j\omega T})s(\omega)$首先生成 $d[n]$，然后应用感知矩阵 A。在所有这些情况下，对于所有 n，中间序列 $d[n]$是稀疏的，使得感知硬件有效地结合了输入的（连续的）稀疏性基础的知识。

图 3.26 概括了这一点。Xampling 系统中的模拟压缩阶段 P 可以被认为是两级采样系统。首先，产生一组高速率测量流的稀疏阶段，其中只有少数几个值不等于零。其次，应用感知矩阵，原则上可以在该阶段使用任何感知矩阵。然而，实际上，诀窍是选择一个可以与稀疏部分组合成一个硬件机制的感知矩阵，这样系统实际上不会通过奈奎斯特采样。这种组合是通过 MWC 系统中的周期混合，在 PNS 情况下的时间延迟，以及定理 3.1 的稀疏 SI 框架中的滤波器$w_\ell(t)$来实现的。因此，我们可以提出对模拟 CS 系统的普遍性概念略有不同的解释，即在 P 的第二阶段中选择任何感知矩阵 A 的灵活性，只要它可以与给定的稀疏阶段有效地组合。

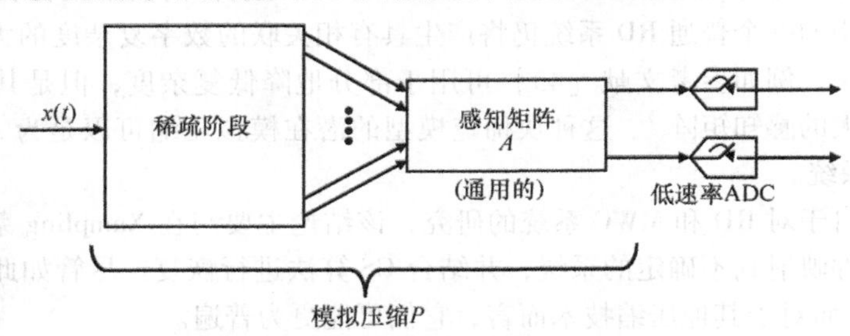

图 3.26 X - ADC 架构中的模拟压缩算子 P 包括一个稀疏阶段和感知矩阵，它们被组合成一个高效的模拟预处理阶段

3.9.3 总结

从参考文献［15］的工作出发，子空间模型的联合出现在采样方法研究的前沿。最终目标是为一般式（3.3）的 UoS 模型建立一个完整的采样理论，然后对于感兴趣的应用程序得出具体的采样方案。虽然已经取得了一些有希望的进展[15,16,26,41,44]，但这个受人尊敬的目标还没有完成。

在本章中，我们描述了一系列基于 UoS 建模将 CS 思想扩展到模拟域的工作。参考文献［14］的 Xampling 框架通过将深刻见解和务实考虑用于图 3.2 的通用体系结构来统一处理几类 UoS 信号。

我们的希望是，图 3.2 的模板方案可以作为开发未来的 UoS 模型采样策略的基础，并激发未来的发展，最终将在子空间联合中产生一个完整的广义采样理论。

参考文献

[1] C. E. Shannon. Communication in the presence of noise. *Proc IRE*, 37:10–21, 1949.

[2] H. Nyquist. Certain topics in telegraph transmission theory. *Trans AIEE*, 47(2):617–644, 1928.

[3] D. L. Donoho. Compressed sensing. *IEEE Trans Inf Theory*, 52(4):1289–1306, 2006.

[4] E. J. Candès, J. Romberg, and T. Tao. Robust uncertainty principles: Exact signal reconstruction from highly incomplete frequency information. *IEEE Trans Inf Theory*, 52(2):489–509, 2006.

[5] R. Schmidt. Multiple emitter location and signal parameter estimation. *IEEE Trans. Antennas Propag*, 34(3):276–280, 1986. First presented at RADC Spectrum Estimation Workshop, Griffiss AFB, NY, 1979.

[6] R. Roy and T. Kailath. ESPRIT-estimation of signal parameters via rotational invariance techniques. *IEEE Trans Acoust, Speech Sig Proc*, 37(7):984–995, 1989.

[7] P. Stoica and Y. Selen. Model-order selection: A review of information criterion rules. *IEEE Sig Proc Mag*, 21(4):36–47, 2004.

[8] S. Baker, S. K. Nayar, and H. Murase. Parametric feature detection. *Int J Comp Vision*, 27(1): 27–50, 1998.

[9] J. Crols and M. S. J. Steyaert. Low-IF topologies for high-performance analog front ends of fully integrated receivers. *IEEE Trans Circ Syst II: Analog Digital Sig Proc*, 45(3):269–282, 1998.

[10] R. G. Vaughan, N. L. Scott, and D. R. White. The theory of bandpass sampling. *IEEE Trans Sig Proc*, 39(9):1973–1984, 1991.

[11] Y. P. Lin and P. P. Vaidyanathan. Periodically nonuniform sampling of bandpass signals. *IEEE Trans Circu Syst* II, 45(3):340–351, 1998.

[12] C. Herley and P. W. Wong. Minimum rate sampling and reconstruction of signals with arbitrary frequency support. *IEEE Trans Inf Theory*, 45(5):1555–1564, 1999.

[13] R. Venkataramani and Y. Bresler. Perfect reconstruction formulas and bounds on aliasing error in sub-Nyquist nonuniform sampling of multiband signals. *IEEE Trans Inf Theory*, 46(6):2173–2183, 2000.

[14] M. Mishali, Y. C. Eldar, and A. Elron. Xampling: Signal acquisition and processing in union of subspaces. *IEEE Trans Sig Proc*, 59(10):4719–4734, 2011.

[15] Y. M. Lu and M. N. Do. A theory for sampling signals from a union of subspaces. *IEEE Trans Sig Proc*, 56(6):2334–2345, 2008.

[16] Y. C. Eldar. Compressed sensing of analog signals in shift-invariant spaces. *IEEE Trans Sig Proc*, 57(8):2986–2997, 2009.

[17] M. Unser. Sampling – 50 years after Shannon. *Proc IEEE*, 88(4):569–587, 2000.

[18] Y. C. Eldar and T. Michaeli. Beyond bandlimited sampling. *IEEE Sig Proc Mag*, 26(3):48–68, 2009.

[19] M. Mishali and Y. C. Eldar. Blind multi-band signal reconstruction: compressed sensing for analog signals. *IEEE Trans Sig Proc*, 57(3):993–1009, 2009.

[20] M. Mishali and Y. C. Eldar. From theory to practice: Sub-Nyquist sampling of sparse wideband analog signals. *IEEE J Sel Topics Sig Proc*, 4(2):375–391, 2010.

[21] P. Feng and Y. Bresler. Spectrum-blind minimum-rate sampling and reconstruction of multiband signals. *Proc IEEE Int Conf ASSP*, 3:1688–1691, 1996.

[22] M. Mishali, Y. C. Eldar, O. Dounaevsky, and E. Shoshan. Xampling: Analog to digital at sub-Nyquist rates. *IET Circ Dev Syst*, 5(1):8–20, 2011.

[23] M. Mishali and Y. C. Eldar. Wideband spectrum sensing at sub-Nyquist rates. *IEEE Sig Proc Mag*, 28(4):102–135, 2011.

[24] M. Vetterli, P. Marziliano, and T. Blu. Sampling signals with finite rate of innovation. *IEEE Trans Sig Proc*, 50(6):1417–1428, 2002.

[25] P. L. Dragotti, M. Vetterli, and T. Blu. Sampling moments and reconstructing signals of finite rate of innovation: Shannon meets Strang fix. *IEEE Trans Sig Proc*, 55(5):1741–1757, 2007.

[26] K. Gedalyahu and Y. C. Eldar. Time delay estimation from low-rate samples: A union of subspaces approach. *IEEE Trans Sig Proc*, 58(6):3017–3031, 2010.

[27] R. Tur, Y. C. Eldar, and Z. Friedman. Innovation rate sampling of pulse streams with application to ultrasound imaging. *IEEE Trans Sig Proc*, 59(4):1827–1842, 2011.

[28] K. Gedalyahu, R. Tur, and Y. C. Eldar. Multichannel sampling of pulse streams at the rate of innovation. *IEEE Trans Sig Proc*, 59(4):1491–1504, 2011.

[29] W. U. Bajwa, K. Gedalyahu, and Y. C. Eldar. Identification of parametric underspread linear systems super-resolution radar. *IEEE Trans Sig Proc*, 59(6):2548–2561, 2011.

[30] J. A. Tropp, J. N. Laska, M. F. Duarte, J. K. Romberg, and R. G. Baraniuk. Beyond Nyquist: Efficient sampling of sparse bandlimited signals. *IEEE Trans Inf Theory*, 56(1):520–544, 2010.

[31] A. W. Habboosh, R. J. Vaccaro, and S. Kay. An algorithm for detecting closely spaced delay/Doppler components. *ICASSP 1997*: 535–538, 1997.

[32] W. U. Bajwa, A. M. Sayeed, and R. Nowak. Learning sparse doubly-selective channels. *Allerton Conf Commun Contr Comput*, 575–582, 2008.

[33] M. A. Herman and T. Strohmer. High-resolution radar via compressed sensing. *IEEE Trans Sig Proc*, 57(6):2275–2284, 2009.

[34] M. Unser and A. Aldroubi. A general sampling theory for nonideal acquisition devices. *IEEE Trans Sig Proc*, 42(11):2915–2925, 1994.

[35] A. Aldroubi and K. Gröchenig. Non-uniform sampling and reconstruction in shift-invariant spaces. *SIAM Rev*, 43(4):585–620, 2001.

[36] T. G. Dvorkind, Y. C. Eldar, and E. Matusiak. Nonlinear and non-ideal sampling: Theory and methods. *IEEE Trans Sig Proc*, 56(12):5874–5890, 2008.

[37] M. A. Davenport, P. T. Boufounos, M. B. Wakin, and R. G. Baraniuk. Signal processing with compressive measurements. *IEEE J Sel Topics Sig Proc*, 4(2):445–460, 2010.

[38] M. Mishali and Y. C. Eldar. Sub-Nyquist sampling: Bridging theory and practice. *IEEE Sig Proc Mag*, 2011.

[39] M. Unser. Splines: A perfect fit for signal and image processing. *IEEE Sig Proc Mag*, 16(6): 22–38, 1999.

[40] T. Blu and M. Unser. Quantitative Fourier analysis of approximation techniques: Part I – Interpolators and projectors. *IEEE Trans Sig Proc*, 47(10):2783–2795, 1999.

[41] Y. C. Eldar and M. Mishali. Robust recovery of signals from a structured union of subspaces. *IEEE Trans Inf Theory*, 55(11):5302–5316, 2009.

[42] M. Yuan and Y. Lin. Model selection and estimation in regression with grouped variables. *J Roy Stat Soc Ser B Stat Methodol*, 68(1):49–67, 2006.

[43] Y. C. Eldar, P. Kuppinger, and H. Bölcskei. Block-sparse signals: Uncertainty relations and efficient recovery. *IEEE Trans Sig Proc*, 58(6):3042–3054, 2010.

[44] R. G. Baraniuk, V. Cevher, M. F. Duarte, and C. Hegde. Model-based compressive sensing. *IEEE Trans Inf Theory*, 56(4):1982–2001, 2010.

[45] M. Mishali and Y. C. Eldar. Reduce and boost: Recovering arbitrary sets of jointly sparse vectors. *IEEE Trans Sig Proc*, 56(10):4692–4702, 2008.

[46] J. A. Tropp. Algorithms for simultaneous sparse approximation. Part I: Greedy pursuit. *Sig Proc* (Special Issue on Sparse Approximations in Signal and Image Processing). 86:572–588, 2006.

[47] J. A. Tropp. Algorithms for simultaneous sparse approximation. Part II: Convex relaxation. *Sig Proc* (Special Issue on Sparse Approximations in Signal and Image Processing). 86:589–602, 2006.

[48] S. F. Cotter, B. D. Rao, K. Engan, and K. Kreutz-Delgado. Sparse solutions to linear inverse problems with multiple measurement vectors. *IEEE Trans Sig Proc*, 53(7):2477–2488, 2005.

[49] J. Chen and X. Huo. Theoretical results on sparse representations of multiple-measurement vectors. *IEEE Trans Sig Proc*, 54(12):4634–4643, 2006.

[50] Y. C. Eldar and H. Rauhut. Average case analysis of multichannel sparse recovery using convex relaxation. *IEEE Trans Inf Theory*, 56(1):505–519, 2010.

[51] M. E. Davies and Y. C. Eldar. Rank awareness in joint sparse recovery. To appear in IEEE *Trans Inf Theory*.

[52] J. Mitola III. Cognitive radio for flexible mobile multimedia communications. *Mobile Netw. Appl*, 6(5):435–441, 2001.

[53] H. J. Landau. Necessary density conditions for sampling and interpolation of certain entire functions. *Acta Math*, 117:37–52, 1967.

[54] A. Kohlenberg. Exact interpolation of band-limited functions. *J Appl Phys*, 24:1432–1435, 1953.

[55] W. Black and D. Hodges. Time interleaved converter arrays. In: *Solid-State Circuits Conference. Digest of Technical Papers.* 1980 IEEE Int, XXIII: 14–15.

[56] P. Nikaeen and B. Murmann. Digital compensation of dynamic acquisition errors at the front-end of high-performance A/D converters. *IEEE Trans Sig Proc*, 3(3):499–508, 2009.

[57] A/D Converters. Analog Devices Corp:[Online]. Available: www.analog.com/en/analog-to-digital-converters/ad-converters/products/index.html, 2009.

[58] Data converters. Texas Instruments Corp. 2009:[Online]. Available: http://focus.ti.com/analog/docs/dataconvertershome.tsp.

[59] M. Mishali and Y. C. Eldar. Expected-RIP: Conditioning of the modulated wideband converter. *Inform Theory Workshop*, IEEE: 343–347, 2009.

[60] Y. Chen, M. Mishali, Y. C. Eldar, and A. O. Hero III. Modulated wideband converter with non-ideal lowpass filters. *ICASSP*: 3630–3633, 2010.

[61] M. Mishali, R. Hilgendorf, E. Shoshan, I. Rivkin, and Y. C. Eldar. Generic sensing hardware and real-time reconstruction for structured analog signals. *ISCAS*: 1748–1751, 2011.

[62] F. Gardner. Properties of frequency difference detectors. *IEEE Trans Commun*, 33(2):131–138, 1985.

[63] Wireless LAN Medium Access Control (MAC) and Physical Layer (PHY) specifications: High-speed physical layer in the 5 GHz band. IEEE Std 80211a-1999.

[64] A. Quazi. An overview on the time delay estimate in active and passive systems for target localization. *IEEE Trans Acoust, Speech Sig Proc*, 29(3):527–533, 1981.

[65] A. Bruckstein, T. J. Shan, and T. Kailath. The resolution of overlapping echos. *IEEE Trans Acoust, Speech, Sig Proc*, 33(6):1357–1367, 1985.

[66] M. A. Pallas and G. Jourdain. Active high resolution time delay estimation for large BT signals. *IEEE Trans Sig Proc*, 39(4):781–788, 1991.

[67] Z. Q. Hou and Z. D. Wu. A new method for high resolution estimation of time delay. *ICASSP '82*. 7:420–423, 1982.

[68] H. Saarnisaari. TLS-ESPRIT in a time delay estimation. In: IEEE 47th Vehic Techn Conf, 3:1619–1623, 1997.

[69] F. X. Ge, D. Shen, Y. Peng, and V. O. K. Li. Super-resolution time delay estimation in multipath environments. *IEEE Trans Circ Syst*, I: 54(9):1977–1986, 2007.

[70] D. Rife and R. Boorstyn. Single tone parameter estimation from discrete-time observations. *IEEE Trans Inf Theory*, 20(5):591– 598, 1974.

[71] P. Stoica and R. Moses. *Introduction to Spectral Analysis.* Upper Saddle River, NJ: Prentice-Hall; 1997.

[72] J. Kusuma and V. K. Goyal. Multichannel sampling of parametric signals with a successive approximation property. *IEEE Int. Conf Image Proc (ICIP)*: 1265–1268, 2006.

[73] C. S. Seelamantula, and M. Unser. A generalized sampling method for finite-rate-of-innovation-signal reconstruction. *IEEE Sig Proc Letters*, 15:813–816, 2008.

[74] E. Matusiak and Y. C. Eldar. Sub-Nyquist sampling of short pulses: Theory. Submitted to *IEEE Trans Sig Theory*; [Online] arXivorg 10103132. 2010 Oct;.

[75] Y. Hua and T. K. Sarkar. Matrix pencil method for estimating parameters of exponentially damped/undamped sinusoids in noise. *IEEE Trans Acoust, Speech, Sig Proc*, 38(5):814–824, 1990.

[76] D. W. Tufts and R. Kumaresan. Estimation of frequencies of multiple sinusoids: Making linear prediction perform like maximum likelihood. *Proc IEEE*, 70(9):975–989, 1982.

[77] Z. Ben-Haim, T. Michaeli, and Y. C. Eldar. Performance bounds and design criteria for estimating finite rate of innovation signals. Submitted to *IEEE Trans Inf Theory*; [Online] arXivorg 10092221. 2010 Sep;.

[78] L. Baboulaz and P. L. Dragotti. Exact feature extraction using finite rate of innovation principles with an application to image super-resolution. *IEEE Trans Image Proc*, 18(2):281–298, 2009.

[79] H. Krim and M. Viberg. Two decades of array signal processing research: The parametric approach. *IEEE Sig Proc Mag*, 13(4):67–94, 1996.

[80] M. Z. Win and R. A. Scholtz. Characterization of ultra-wide bandwidth wireless indoor channels: A communication-theoretic view. *IEEE J Sel Areas Commun*, 20(9):1613–1627, 2002.

[81] A. Quazi. An overview on the time delay estimate in active and passive systems for target localization. *IEEE Trans Acoust, Speech, Sig Proc*, 29(3):527–533, 1981.

[82] R. J. Urick. *Principles of Underwater Sound.* New York: McGraw-Hill; 1983.

[83] G. L. Turin. Introduction to spread-spectrum antimultipath techniques and their application to urban digital radio. *Proc IEEE*, 68(3):328–353, 1980.

[84] M. F. Duarte and R. G. Baraniuk. Spectral compressive sensing;[Online]. Available: www.math.princeton.edu/~mduarte/images/SCS-TSP.pdf, 2010.

[85] Y. Chi, A. Pezeshki, L. Scharf, and R. Calderbank. Sensitivity to basis mismatch in compressed sensing. *ICASSP 2010*; 3930–3933, 2010.

[86] E. Laskin and S. P. Voinigescu. A 60 mW per Lane, 4×23-Gb/s 2^7-1 PRBS Generator. *IEEE J Solid-State Circ*, 41(10):2198–2208, 2006.

[87] T. O. Dickson, E. Laskin, I. Khalid, *et al.* An 80-Gb/s $2^{31}-1$ pseudorandom binary sequence generator in SiGe BiCMOS technology. *IEEE J Solid-State Circ*, 40(12):2735–2745, 2005.

[88] Z. Yu, S. Hoyos, and B. M. Sadler. Mixed-signal parallel compressed sensing and reception for cognitive radio. *ICASSP 2008*: 3861–3864, 2008.

[89] T. Ragheb, J. N. Laska, H. Nejati, *et al.* A prototype hardware for random demodulation based compressive analog-to-digital conversion. 51st Midwest Symp *Circ Syst, 2008. MWSCAS*: 37–40, 2008.

[90] Z. Yu, X. Chen, S. Hoyos, *et al*. Mixed-signal parallel compressive spectrum sensing for cognitive radios. *Int J Digit Multimedia Broadcast*, 2010.

[91] M. I. Skolnik. *Introduction to Radar Systems*. 3rd edn. *New York: McGraw-Hill*; 2001.

[92] X. Tan, W. Roberts, J. Li, and P. Stoica. Range-Doppler imaging via a train of probing pulses. *IEEE Trans Sig Proc*, 57(3):1084–1097, 2009.

[93] L. Applebaum, S. D. Howard, S. Searle, and R. Calderbank. Chirp sensing codes: Deterministic compressed sensing measurements for fast recovery. *Appl Comput Harmon Anal*, 26(2): 283–290, 2009.

[94] I. Maravic and M. Vetterli. Sampling and reconstruction of signals with finite rate of innovation in the presence of noise. *IEEE Trans Sig Proc*, 53(8):2788–2805, 2005.

[95] G. L. Fudge, R. E. Bland, M. A. Chivers, *et al*. A Nyquist folding analog-to-information receiver. *Proc 42nd Asilomar Conf Sig, Syst Comput*: 541–545, 2008.

第 4 章　新息率采样：理论和应用

Jose Antonio Urigüen，Yonina C. Eldar，Pier Luigi Dragotti，Zvika Ben－Haim

现代信息的多个领域比如生物成像、雷达、扩频通信等都会用到参数信号（比如短脉冲流）。最近开发的有限新息率（Finite Rate of Innovation，FRI）框架已经为这种参数信号的低速率采样铺平了道路：在每单位时间里，它只需要少量参数就能完全描述参数信号。例如，脉冲流可由这些脉冲的时间延迟和它们的幅度唯一定义，相比信号在奈奎斯特速率下的采样，它拥有更少的自由度。本章概述了 FRI 理论、算法和应用。我们首先讨论理论结果和实际算法，这种算法可以从最小数量样本中完全重构 FRI 信号。接着，研究了如何从含噪声的测量数据中恢复源信号。最后，我们概述了 FRI 理论在超分辨率、雷达和超声等领域的多种应用。

4.1　引言

我们生活在一个模拟世界，却希望使用数字计算与这个真实世界发生联系。例如，声音是一种时间上连续的现象，它可以表征为空气压力随着时间变化的函数。为了数字化处理真实世界的这种信号，我们需要一种采样机制，它可以将连续信号转换成离散的数字序列，同时保留信号中的信息。

经典采样理论可以追溯到 20 世纪初[1-3]，众所周知，使用一个高于奈奎斯特频率（$f_s \geq 2f_{\max}$）的频率去采样一个最大频率为 $f_{\max}$ 的带限信号，那么可以从其采样样本中完美重建该信号。但大多数信号是时间上的有限信号，所以现实世界中的信号很少是真正带限的。即使是那些近似带限的信号，通常都必须以相当高的奈奎斯特速率进行采样，而这需要昂贵的采样硬件和高吞吐量的数字机器。

经典采样理论需要高采样率，即使信号的实际信息含量较低，也需要一个高带宽。例如，分段线性信号不可微，因此它不具有频带限制，而且其傅里叶变换以相当低的速率 $O(1/f^2)$ 衰减。但是，这种信号完全由节点位置（线段之间的过渡点）和这些位置处的信号值来描述。因此，只要已知节点具有最小间隔，这个信号就具有有限的信息速率，用奈奎斯特速率采样这些信号就显得很浪费。根据不同的信号模型，例如带状或分段线性信号，定制各种不同的采样技术可能更有效。这种方法反映了压缩采样的基本要求，即仅捕获信号中嵌入的重要信息。关于 Xampling，本章以及第 3 章将压缩感知的概念应用到该类模拟信号。Xampling 的重点在于子空间联合中的信号，以及开发一个统一架构来有效采样各类信号，而本章主要是有限新息率（FRI）理论的一个综述。

具体来说，假设函数 $x(t)$ 有如下性质：任意有限长时间段 τ 完全由不超过 K 个参数所决定。此时认为函数 $x(t)$ 的局部新息率为 K/τ[4]，因为在每 τ 秒中，它的自由度不超过 K 个。一般来说，如果 τ 足够大时，信号局部新息率有限，则称信号具有 FRI。例如，上述分段线性信号就具有这种性质。诸如样条和脉冲流之类的许多重要信号模型也满足这样的 FRI 特性，本章后面将深入探讨。

一个优雅且有力的结果是，许多情况下，某类以新息率采样的 FRI 信号可以被无误重建[4]。该结果的优点不言而喻：FRI 信号不需要带限，即使带限，奈奎斯特频率也可以远高于新息率。因此，使用 FRI 技术可以显著降低完美重建信号时所需的采样率。但要实现这种重建能力就需要仔细设计采样机制和数字后处理步骤。本章主要回顾了 FRI 模型的理论、恢复技术及其应用。

4.1.1　采样方案

假设有图 4.1 所示的采样装置，原始的连续时间信号 $x(t)$ 经滤波后以 $f_s = 1/T$ 的速率被均匀采样。滤波器可自行设计，或者采集设备本身就带有滤波功能，则 $x(t)$ 经滤波后为 $y(t) = h(t) * x(t)$，采样序列 $\{y_n\}$ 由下式给出：

$$y_n = y(nT) = \left\langle x(t), \varphi\left(\frac{t}{T} - n\right)\right\rangle = \int_{-\infty}^{\infty} x(t)\varphi\left(\frac{t}{T} - n\right)\mathrm{d}t \tag{4.1}$$

式中，$h(t)$ 经尺度变换和时间反转得到采样核 $\varphi(t)$。$h(t)$ 可以使用之前讨论的经典采样装置，通常包含抗混叠低通滤波器 $h(t) = \mathrm{sinc}(t)$，它去掉了高于 $f_s/2$ 频率的任何信号成分。

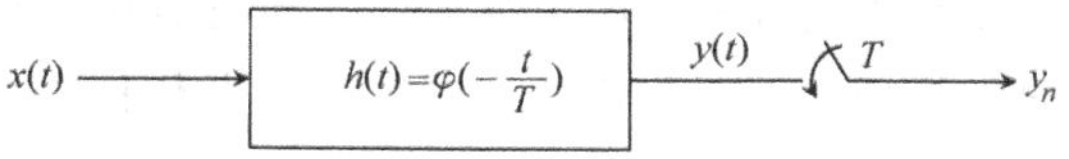

图 4.1　传统采样方案。时间上连续的输入信号 $x(t)$ 经 $h(t)$ 滤波，每 Ts 采样一次。采样序列由 $y_n = (x * h)(t)|_{t=nT}$ 给出

通过改变采样核 $\varphi(t)$，可以相当灵活地将信息转换成采样序列 $\{y_n\}$。实际上，许多现代采样技术，如平移不变空间采样，都依赖于去选择恰当的采样核[5,6]。正如图 4.1 中的模型所示，恰当的采样核也为大多数 FRI 采样技术奠定了基础。另一方面，FRI 恢复方法通常更复杂，会涉及采样序列的非线性数字处理。本章 FRI 技术的一个重点实践层面是，采样硬件简单，线性，易于实现，但后面的数字化阶段则采用非线性算法，因为它通常更简单且定制更便宜。

在图 4.1 的采样方案背景下，有两个基本问题。①在什么条件下，测量序列 $\{y_n\}$ 和原始信号 $x(t)$ 之间存在一一映射？②假设存在这样的映射并给出采样序列 $\{y_n\}$，如何使用实际算法恢复原始信号？

采样是一个典型的欠定问题，即，使用相同的采样序列 $\{y_n\}$ 可以重建出无数信号。为解决这个问题，就必须对 $x(t)$ 的选择施加一些约束。一个典型的约束就是使信号带限，同时产生一对一的映射和一个可操作的恢复技术。这些带限信号也恰好形成连续时间函数空间的平移不变子空间。事实证明，经典采样定理可以扩展到任意平移不变子空间中的信号，例如具有均匀间隔结的样条[5,6]。

但是，许多情况下，要求信号属于一个子空间的约束太强了。想想分段线性函数的例子，所有这些函数的集合都是一个子空间吗？实际上是的，因为任何两个分段线性信号的加和还是分段线性的，即为分段线性函数与标量的乘积。但这两个函数的加和通常包含一个节点，不管该节点的位置在哪。因此，重复求和分段线性信号将导致函数包含无数个极小间隔节点；这些信号在每个时间单位里包含有无限量的信息，显然无法从一个有限速率的采样中恢复该信号。

为了避免这种情况，我们可以考虑均匀的分段线性信号，即我们可以仅在预定的等间隔位置处允许有节点。从而就产生了上述的平移不变子空间环境，则该恢复技术稳定存在[6]。并非强制固定节点的位置，例如，可以只获取有限个分段线性信号的结合（该分段线性信号的位置任意且已知）。许多情况下，虽然它不再被建模为一个线性子空间，但这样的约束更好地表征了现实世界的信号。相反地，这是子空间联合的一个实例[7,8]：选择的每个有效的结位置都形成了一个子空间，并且这类允许信号是这些子空间的一个联合。最小分离模型满足 FRI 属性，且可以从以新息率采样的样本中有效恢复。子空间结构的联合在第 3 章中有更详细的探讨，它有助于形成 FRI 恢复技术的几何直观。子空间联合和 FRI 模型之间有一个区别。特别地，存在不能根据子空间联合来描述 FRI 环境的情况，例如，当信号参数不包括一个幅度分量时。还存在不符合 FRI 情景的子空间联合，特别是当参数以非局部方式影响信号时，使得有限持续时间段不由有限数量的参数确定。

截至目前，我们集中讨论了没有噪声时对 FRI 信号的完全恢复。但经验表明，对于一些有噪声的 FRI 信号，当采样率增加到超过新息率时，性能将有显著改进[9-12]。因此，对于 FRI 而言，目前正积极研究这两个领域：第一，开发算法，改善噪声鲁棒性[9-11,13-17]；第二，在给定噪声水平下推导有最佳性能的界限[12,16]。通过对比 FRI 技术与性能界限，我们证明了虽然近年来噪声处理已有所改善，但仍然有更先进的技术正在被提出。

4.1.2 FRI 历史

FRI 信号分析由 Vetterli 等人首次提出[4]。虽然已经得到了这种环境中所需的最小采样率，但没有对于一般问题的普遍重建方案。不过，先前已有的一些特例如脉冲流等，将是本章的重点。

将脉冲流视为参数信号，通过这些脉冲的时间延迟和它们的幅度唯一定义脉冲流。对于每个周期内包含有 K 个脉冲的周期脉冲流，参考文献［4］中提出了一种有效的采样方案。使用该方案，可以获得一组周期信号的傅里叶级数系数。一旦知道这些系数，确定时间延迟和脉冲幅度的问题就变成了确定加和正弦曲线的一组频率和幅度的问题。后者是一个标准的谱分析问题[18]，可以用常规方法解决，如湮没滤波方法[18,19]，只要样本数量不小于 $2K$ 即可。这个结果很直观，因为每个周期中的自由度数为 $2K$（K 个时间延迟和 K 个振幅）。

周期性脉冲流在数学上分析方便，但不是很实用。相比之下，有限脉冲流在诸如超声成像的应用中较普遍[10]。对有限 Dirac 流，参考文献［4］首先使用了一个高斯采样核来进行处理。时间延迟和振幅从采样样本中估计。但这种方法因为核的指数衰减引起的数值不稳定性而受到了限制。参考文献［9］中提出了另一种基于信号矩的方法，其中，采样核具有紧凑的时间支持。该方法处理 Dirac 流、微分 Dirac 流和具有紧密支持的短脉冲。矩描述了输入，此输入与参考文献［4］使用的傅里叶系数相似。事实上，通过使用标准谱估计工具，可以再次从矩中确定时间延迟和脉冲。参考文献［10］中提出的另一种技术使用了有限支持采样核。使用这种采样核使得该方法提升了数值稳定性，特别是对于高新息率。参考文献［11］中推广了该方法。

无限脉冲流出现在诸如超宽带（UWB）通信之类的应用中，其中通信数据变化频繁。使用紧凑支持的滤波器[9]，并且给信号某些限制，无限流可以分为一系列单独的有限问题。可以使用有限设置的方法来处理个别有限的情况；然而，这导致了采样率比新息率更高。参考文献［11］提出了一种技术实现新息率，该技术基于并行使用多个采样核的多通道采样方案。

在相关研究中，参考文献［17］中提出了一种半周期脉冲模型，其中脉冲时间延迟不会随周期间的改变而变化，但幅度会随之变化。这是一种混合案例，其中，时间延迟上的自由度数量有限，而振幅的自由度数量无限。因此，提出的恢复方案通常需要无限多的采样样本。

Maravic 和 Vetterli[13]首次分析了数字噪声对恢复进程的影响，他提出了一种基于模型的改进方法。在称作子空间估计器的技术中，利用对信号子空间代数结构的正确使用，从而改进噪声鲁棒性。后来，Blu 等人提出了子空间估计器的迭代版本[19]。这种方法对于参考文献［4］的 sinc 采样核是最优的，但也适应于紧凑支持核。噪声存在的情况下，Tan 和 Goyal[14]与 Erdozain 和 Crespo[15]从随机建模角度考察了 FRI 恢复。最近，参考文献［12］研究了模拟噪声存在时的性能表现。通过处理模拟噪声，可以分析 FRI 技术与基础采样方法之间的相互联系。尤其是获取与采样方法无关的边界。对于不同类别的 FRI 信号，它允许人们确定一个实现边界的最佳采样方法。此外，在存在模拟噪声时的某些情况下，参考文献［11］的采样方案最优。该框架还可用于确定 FRI 环境，此环境设置中，无噪声恢复技术在有轻微噪声水平下会显著恶化。

根据图4.1的简单一维设计方案，出现了其他更多关于 FRI 设置的工作。在已经提到的多通道设置中，使用了几个不同的核同时采样，但总采样率较低[11,17,20]。参考文献［21］检查了恢复脉冲形状未知的 FRI 脉冲流的问题。参考文献［22］研究了某些分布式采样形式。参考文献［23，24］也做了一些关于多维 FRI 信号的研究，即关于两个或多个参数（如图像）函数的信号。FRI 理论的应用许多，包括图像超分辨率[25,26]、超声成像[10]、雷达[27]、多径识别[17]和宽带通信[28,29]。

4.1.3 本章概览

在本章接下来的部分中，我们更详细地讲解了 FRI 理论的基本概念。我们主要关注 FRI 脉冲流，尤其考虑了周期性的、有限的、无限的和半周期性的脉冲流。我们在4.2节提供了 FRI 信号的一般定义和一些示例。在4.3节中，我们将探讨恢复 FRI 信号的问题（该 FRI 信号是以新息采样且噪声较少的采样样本）。具体来说，我们专注于脉冲流输入信号，并且开发了各类采样核的恢复程序。4.4节讨论了系统中存在噪声时对这些技术的修改。4.5节是实验仿真，该仿真对恢复 FRI 信号的性能进行了探讨。4.6节中，我们总结了 FRI 模型的几个扩展，并简要讨论了它们在一些领域的实际应用。

4.1.4 符号和约定

本章将约定使用以下符号。$\mathbb{R}$、$\mathbb{C}$、$\mathbb{Z}$ 分别表示实数、复数和整数的集合。大写字母 M 表示矩阵，小写字母 v 表示向量。单位矩阵表示为 I。符号 $M_{a\times b}$ 明确表示矩阵的尺寸为 $a\times b$。当涉及矩阵或向量操作时，上标 $(\cdot)^{\mathrm{T}}$、$(\cdot)^{*}$、$(\cdot)^{-1}$、$(\cdot)^{\dagger}$ 意味着转置、Hermitian 共轭、逆变换、Moore - Penros 伪逆变换。连续时间函数为 $x(t)$，离散时间序列表示为 x_n 或 $x[n]$。期望运算符为 $\mathrm{E}(\cdot)$。框函数 $\mathrm{rect}(t)$ 在 $\left[-\frac{1}{2},\frac{1}{2}\right]$ 范围内等于1，其余为0。$t<0$ 时，Heaviside 或阶跃

函数 u(t) 为 0，$t \geqslant 0$ 时，$u(t)$ 为 1。

函数 $x(t)$ 的连续时间傅里叶变换 $\hat{x}(\omega)$ 定义为

$$\hat{x}(\omega) \triangleq \int_{-\infty}^{\infty} x(t)\mathrm{e}^{-\mathrm{j}t\omega}\mathrm{d}t \tag{4.2}$$

序列 $a[n]$ 的离散时间傅里叶变换（DTFT）由下式给出：

$$\hat{a}(\mathrm{e}^{\mathrm{j}\omega T}) \triangleq \sum_{n\in\mathbb{Z}} a[n]\mathrm{e}^{-\mathrm{j}\omega nT} \tag{4.3}$$

周期为 τ 的函数的傅里叶级数 $\{\hat{x}_m\}_{m\in\mathbb{Z}}$ 定义为

$$\hat{x}_m \triangleq \frac{1}{\tau}\int_0^{\tau} x(t)\mathrm{e}^{-\mathrm{j}2\pi m\frac{t}{\tau}}\mathrm{d}t \tag{4.4}$$

我们还将用傅里叶级数式（4.4）来获得有限时间信号，即在 $[0,\tau]$ 中的信号。

我们用一些公式来总结该部分，这些公式将用在本章的一些证明中。它们就是泊松求和公式[30]：

$$\sum_{n\in\mathbb{Z}} x(t+nT) = \frac{1}{T}\sum_{k\in\mathbb{Z}} \hat{x}\left(\frac{2\pi k}{T}\right)\mathrm{e}^{\mathrm{j}2\pi k\frac{t}{T}} \tag{4.5}$$

和内积等价的 Parseval 定理[30,31]：

$$\langle x(t), y(t)\rangle = \frac{1}{2\pi}\langle \hat{x}(\omega), \hat{y}(\omega)\rangle \tag{4.6}$$

式中，$\langle x(t), y(t)\rangle = \int_{-\infty}^{\infty} x^*(t)y(t)\mathrm{d}t$。

4.2　有限新息率信号

如本章开头所述，FRI 信号是那些可以由每单位时间内的有限个参数来描述的信号。我们在本节引入了 Vetterli 等人所述的原始定义[4]。此外还提供了一些 FRI 信号的示例，使用参考文献［4，9－11，17］的技术，我们可以以新息率采样和完美重建 FRI 信号。我们还正式定义了周期性、半周期性和有限时间信号。

4.2.1　FRI 信号定义

FRI 的概念与参数信号建模密切相关。如果一个信号的变化取决于几个未知参数，那么我们可以说它在每单位时间内具有有限个自由度。

更精确地说，给定一组已知函数为 $\{g_r(t)\}_{r=0}^{R-1}$，任意移位为 t_k，幅度为 $\gamma_{k,r}$。信号形式如下：

$$x(t) = \sum_{k\in\mathbb{Z}}\sum_{r=0}^{R-1}\gamma_{k,r}g_r(t-t_k) \tag{4.7}$$

由于函数组 $\{g_r(t)\}_{r=0}^{R-1}$ 的集合已知，信号的唯一自由参数是系数 $\gamma_{k,r}$ 和时间偏移 t_k。假设计数函数 $C_x(t_a,t_b)$ 能计算 $[t_a,t_b]$ 时间内的参数个数，则新息率定义为

$$\rho = \lim_{\tau\to\infty}\frac{1}{\tau}C_x\left(-\frac{\tau}{2}, \frac{\tau}{2}\right) \tag{4.8}$$

定义 4.1[4]　一个有限新息率（FRI）信号可以定义为，一个具有参数表达给定如式（4.7）

以及具有由式（4.8）给出的有限元ρ的信号。

另一个有用的概念是，大小为τ的窗口上的局部新息率定义如下：

$$\rho_{\tau}(t)=\frac{1}{\tau}C_{x}\left(t-\frac{\tau}{2},\ t+\frac{\tau}{2}\right) \tag{4.9}$$

注意，τ趋于无穷时，$\rho_{\tau}(t)$明显趋于ρ。

给定一个新息率为ρ的FRI信号，我们预期能够从每单位时间的ρ个采样样本（或参数）中恢复出$x(t)$。在噪声存在的情况下，新息率有另一个有趣的解释：不管采样方法如何，新息率是平均方均误差（MSE）与噪声方差之比的下界限，其中MSE可由$x(t)$的任意无偏估计实现[12]。

4.2.2　FRI信号例子

从经典采样理论中已知，对sinc函数进行适当加权移位，再进行有限次求和后可以得到一个带宽为$[-B/2,\ B/2]$的带限信号。

$$x(t)=\sum_{n\in\mathbb{Z}}x[n]\operatorname{sinc}(Bt-n) \tag{4.10}$$

式中，$x[n]=\langle x(t),\ B\operatorname{sinc}(Bt-n)\rangle$。比较式（4.10）和式（4.7），发现可以认为带限信号具有有限新息率。这种情况下，假定基础函数sinc已知，由于信号由间隔为$T=B^{-1}$s的一个序列$\{x[n]\}n\in\mathbb{Z}$精确定义，我们可以说信号$x(t)$在每秒有B个自由度。

通过用任何其他函数$\varphi(t)$替换sinc基函数可以一般化这个想法。下式的信号定义了一个平移不变子空间，它不一定是带限的，但它的新息率为$\rho=B$。

$$x(t)=\sum_{n\in\mathbb{Z}}x[n]\varphi(Bt-n) \tag{4.11}$$

通常可以使用线性方法有效采样和重建这样的函数[5,6]，而不需要更复杂的FRI理论技术。许多FRI信号族形成一个子空间联合[7,8]，而非一个子空间，即使这样，仍然可以以新息率采样和完美重建它们。为了解释接下来的分析，图4.2绘出了这种信号的几个例子，描述如下。简单起见，这些例子描述的是在$[0,1]$范围内定义的有限时间的FRI信号，在有限或周期性的FRI模型中的扩展是简单直接的。

1）第一个感兴趣信号是幅度为$\{a_k\}_{k=0}^{K-1}$、时间点为$\{t_k\}_{k=0}^{K-1}$的K个Dirac的流。$x(t)$的数学形式可写为

$$x(t)=\sum_{k=0}^{K-1}a_k\delta(t-t_k) \tag{4.12}$$

信号有K个未知振幅和K个未知位置，因此信号有$2K$个自由度。这种信号的典型实现如图4.2a所示。

2）当且仅当信号$x(t)$的$(R+1)$阶导数是K个加权Dirac的流时，该信号是R阶非均匀样条，其幅度为$\{a_k\}_{k=0}^{K-1}$，节点在$\{t_k\}_{k=0}^{K-1}\in[0,1]$处。等价来说，这样的信号由$K+1$段组成，每段是$R$阶多项式，这样，整个函数可微分$R$次。因为Dirac的$K$个振幅和$K$个位置都未知，因此该信号也有$2K$个自由度。一个实例是4.1节中描述的分段线性信号，如图4.2b所示。这个信号的2阶导数是图4.2a所示的Dirac序列。

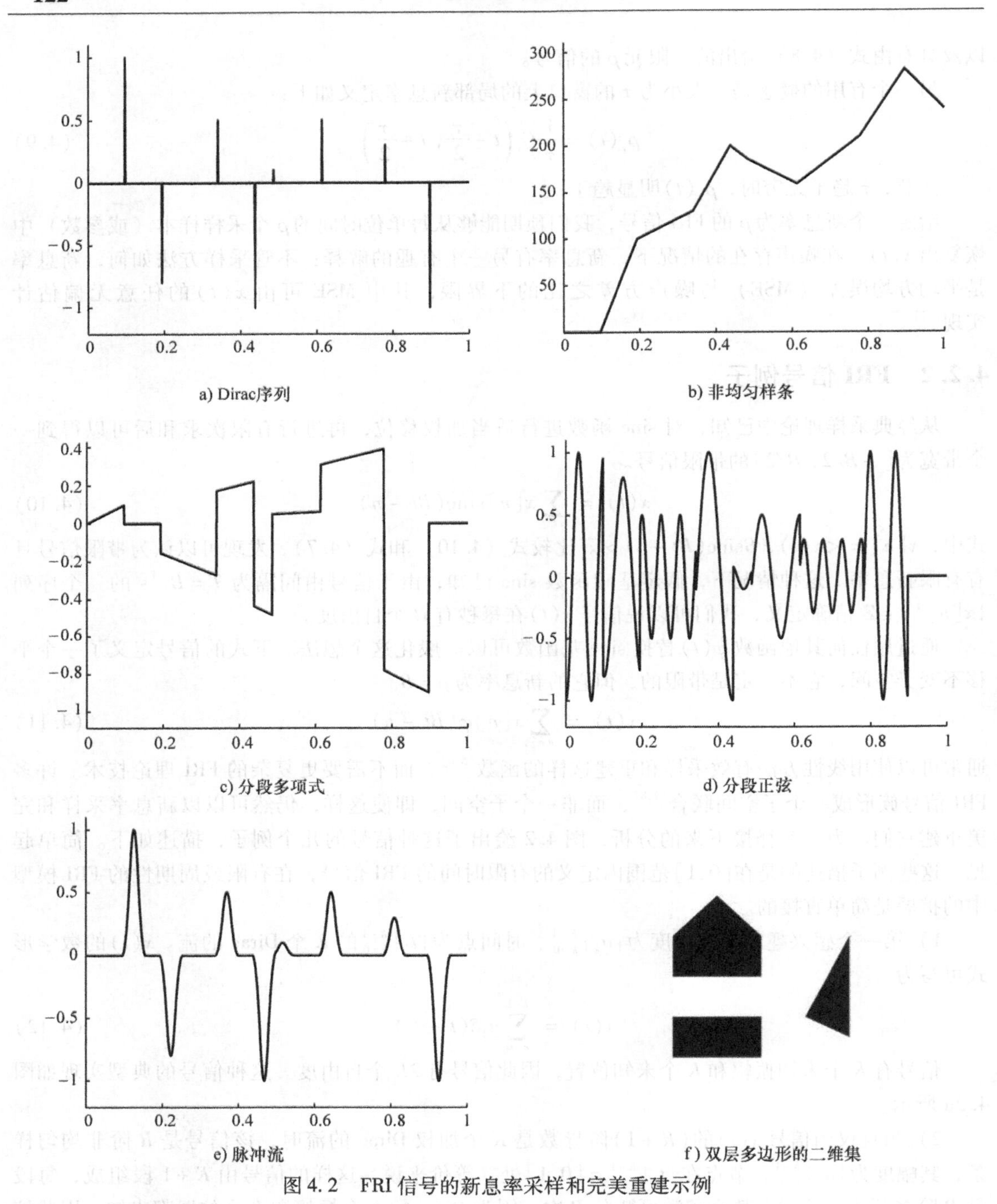

图 4.2 FRI 信号的新息率采样和完美重建示例

3）振幅为$\{a_{kr}\}_{k=0,r=0}^{K-1,R_k-1}$、时间位置为$\{t_k\}_{k=0}^{K-1}$的 K 个差分 Dirac 流与 Dirac 流相似，但是差分 Dirac $\delta^{(r)}(t)$经过适当线性位移并加权后组成一个集合。数学上我们可以写为

$$x(t) = \sum_{k=0}^{K-1} \sum_{r=0}^{R_k-1} a_{kr} \delta^{(r)}(t - t_k) \tag{4.13}$$

此时，信号的自由度数目由 K 个位置和 $\widetilde{K} = \sum_{k=0}^{K-1}$ 个不同权重来确定。

4）当且仅当 $x(t)$ 的 R 阶导数是差分 Dirac 流时，信号 $x(t)$ 是一个最大为 $R-1$ 次 $(R>0)K$ 段分段多项式。信号有 $K+\widetilde{K}$ 个自由度，如图 4.2c 所示。分段多项式与样条之间的区别在于，前者在节点处不可微分。

5）参考文献 [16] 中的另一个信号族是分段正弦函数。这是截断正弦曲线的一个线性组合信号，它的振幅 a_{kd}、角频率 ω_{kd} 和相位 θ_{kd} 均未知，因此

$$x(t) = \sum_{k=0}^{K-1} \sum_{d=0}^{D-1} a_{kd} \cos(\omega_{kd} t - \theta_{kd}) \xi_d(t) \tag{4.14}$$

式中，$\xi_d(t) = u(t - t_d) - u(t - t_{d+1})$，$t_d$ 是要确定的位置，$u(t)$ 是 Heaviside 阶跃函数。图 4.2d 给出了这种信号的一个例子。

6）我们在本章重点介绍的一个重要实例是脉冲流，它由已知形状的脉冲 $p(t)$、表征脉冲的未知的位置点 $\{t_k\}_{k=0}^{K-1}$ 与振幅 $\{a_k\}_{k=0}^{K-1}$ 唯一定义。信号的数学表达为

$$x(t) = \sum_{k=0}^{K-1} a_k p(t - t_k) \tag{4.15}$$

该脉冲流有 $2K$ 个自由度。脉冲序列的实现如图 4.2e 所示。

7）最后也可以考虑更高维的 FRI 信号。例如，二维 Dirac 流可写为

$$f(x,y) = \sum_{k=0}^{K-1} a_k \delta(x - x_k, y - y_k) \tag{4.16}$$

在图 4.2f 中，我们示出了另一类二维信号：一组二维多边形。

通过对脉冲流的讨论，我们总结一下这部分。这些脉冲流是本章接下来所述的原型信号。简单起见，如果我们假设一个单脉冲状 $p(t)$ 如式（4.7）所示，一个无限长的脉冲流描述如下：

$$x(t) = \sum_{k \in \mathbb{Z}} a_k p(t - t_k) \tag{4.17}$$

分析周期性 FRI 信号相当方便，4.3.1 节将深入讨论。假设式（4.17）只有 K 个不同的时间位置点 $\{t_k\}$ 和幅度 $\{a_k\}$，并且每 τ 个时间被重复，那么我们有

$$x(t) = \sum_{m \in \mathbb{Z}} \sum_{k=0}^{K-1} a_k p(t - t_k - m\tau) \tag{4.18}$$

因此，在每个周期中，信号的参数总数目为 $2K$，因而新息率为 $2K/\tau$。

另一个变体是一个由 K 个脉冲组成的有限时间脉冲流，其位移 $\{t_k\}$ 已知，位于长度为 τ 的有限段内。假设有单脉冲 $p(t)$，则有限时间 FRI 信号可表示为

$$x(t) = \sum_{k=0}^{K-1} a_k p(t - t_k) \tag{4.19}$$

这样的信号具有实际相关性，毕竟，任何测量信号都不可能无限制地继续下去。这也再一次说明，有限个参数完全确定了 $x(t)$。这种情况下，我们感兴趣于局部新息率 $\rho_\tau = 2K/\tau$。

我们还将考虑半周期信号，并将这种信号定义为如下形式：

$$x(t) = \sum_{k=0}^{K-1} \sum_{m \in \mathbb{Z}} a_k[m] p(t - t_k - m\tau) \tag{4.20}$$

这种信号类似于周期性脉冲流式（4.18），幅度随周期转换而变化。可以使用这类信号来描述，例如，具有已知形状的脉冲 $p(t)$ 的传播，其中 $p(t)$ 以恒定速率 $1/\tau$ 在一种介质中传送，该介质由 K 个路径组成。每个路径具有一个恒定延迟 t_k 和一个时变增益 $a_k[m]$[17]。由于在信号的后续周期中重复延迟，该模型中的估计比有限信号或无限信号中的情况更为简单[11,12]。

4.3 无噪声环境中 FRI 信号的采样与恢复

我们在本节介绍从低速率采样中重建脉冲流 FRI 信号的基本机制。为了得到 $x(t)$ 的傅里叶变换 $\{\hat{x}_m\}$ 的一组新的测量集，首先通过线性组合采样样本来实现恢复，然后从 $\{\hat{x}_m\}$ 中恢复 FRI 信号参数。后一阶段等价于确定复指数之和形式信号的频率问题。该问题在阵列处理文献中已得到广泛的应用，可以使用源于谱估计理论[18]的传统工具来解决，例如矩阵束[32]、基于子空间的估计器[33,34]、湮灭滤波器[19]。

对于式（4.18）周期性脉冲流环境，FRI 信号的恢复最容易理解，因此这是我们探索的第一种情况。稍后，我们讨论了使用有限支持采样核的恢复技术。这些可以应用于式（4.19）的有限情况下以及式（4.7）的原始 FRI 模型。最后，我们还研究了用来恢复半周期性信号式（4.20）的一种技术。

4.3.1 使用 sinc 核进行采样

考虑位置为 $\{t_k\}_{k=0}^{K-1}$、幅度为 $\{a_k\}_{k=0}^{K-1}$ 的 K 个脉冲 $p(t)$ 是周期为 τ 的流，定义见式（4.18）。脉冲形状已知，则每周期内信号只有 $2K$ 个自由度。

$x(t)$ 是周期性的，因此，根据傅里叶级数系数 $\hat{x}_m$，它可以表示如下：

$$\begin{aligned} x(t) &= \sum_{k=0}^{K-1} a_k \sum_{m\in\mathbb{Z}} p(t-t_k-m\tau) \\ &\overset{(a)}{=} \sum_{k=0}^{K-1} a_k \frac{1}{\tau}\sum_{m\in\mathbb{Z}} \hat{p}\left(\frac{2\pi m}{\tau}\right) e^{j2\pi m\frac{t-t_k}{\tau}} \\ &= \sum_{m\in\mathbb{Z}} \hat{x}_m e^{j2\pi m\frac{t}{\tau}} \end{aligned} \tag{4.21}$$

式中，(a) 表示使用泊松求和公式［式（4.5）］。$x(t)$ 的傅里叶级数系数如下：

$$\hat{x}_m = \frac{1}{\tau}\hat{p}\left(\frac{2\pi m}{\tau}\right)\sum_{k=0}^{K-1} a_k e^{-j2\pi m\frac{t_k}{\tau}} \tag{4.22}$$

如果我们可以直接访问 M 个连续傅里叶系数的集合 $\boldsymbol{K}$，其中，$\hat{p}(2\pi m/\tau)\neq 0$ 和 $M\geqslant 2K$，那么，通过使用谱分析中的常规工具[18]，例如 Prony 方法或湮没滤波方法[18,19]，可以获取 $2K$ 个自由参数 $\{a_k, t_k\}, k=0,1,\cdots,K-1$。基于此，我们首先将式（4.22）写为

$$\hat{x}_m \hat{p}^{-1}\left(\frac{2\pi m}{\tau}\right) = \frac{1}{\tau}\sum_{k=0}^{K-1} a_k u_k^m \tag{4.23}$$

式中，$u_k = e^{-j2\pi\frac{t_k}{\tau}}$，$\hat{p}^{-1}$ 表示 p 的乘法逆。因为 $p(t)$ 是先验已知的，为了简单化符号表示，我们假设对于 $m\in\boldsymbol{K}$，有 $\hat{p}(2\pi m/\tau)=1$。例如，当 $x(t)$ 是 Dirac 流时，式（4.23）成立。否则，必须将

每个测量值除以对应的值$\hat{p}(2\pi m/\tau)$。

为了找到式（4.23）中的值u_k，令$\{h_m\}_{m=0}^{K}$表示滤波器，它的z变换为

$$\hat{h}(z)=\sum_{m=0}^{K}h_m z^{-m}=\prod_{m=0}^{K-1}(1-u_k z^{-1}) \tag{4.24}$$

也就是说，求解$\hat{h}(z)$的根等于要找值u_k。那么有

$$h_m*\hat{x}_m=\sum_{i=0}^{K}h_i\hat{x}_{m-i}=\sum_{i=0}^{K}\sum_{k=0}^{K-1}a_k h_i u_k^{m-i}=\sum_{k=0}^{K-1}a_k u_k^m\underbrace{\sum_{i=0}^{K}h_i u_k^{-i}}_{=0}=0 \tag{4.25}$$

式中，最后的等号是因为$\hat{h}(u_k)=0$。因为滤波器$\{h_m\}$将信号$\hat{x}_m$置零，因此被称为湮灭滤波器。只要这些位置t_k不同，它们将唯一定义一组值u_k。

假设不失一般性，$h_0=0$，式（4.25）中恒等式的矩阵/向量形式可以写成

$$\begin{pmatrix}\hat{x}_{-1} & \hat{x}_{-2} & \cdots & \hat{x}_{-K}\\ \hat{x}_0 & \hat{x}_{-1} & \cdots & \hat{x}_{-K+1}\\ \vdots & \vdots & \ddots & \vdots\\ \hat{x}_{K-2} & \hat{x}_{K-3} & \cdots & \hat{x}_{-1}\end{pmatrix}\begin{pmatrix}h_1\\ h_2\\ \vdots\\ h_K\end{pmatrix}=-\begin{pmatrix}\hat{x}_0\\ \hat{x}_1\\ \vdots\\ \hat{x}_{K-1}\end{pmatrix} \tag{4.26}$$

这表明我们需要至少$2K$个连续的x_m值来求解上述方程组。一旦找到这样的滤波器，就可从式（4.24）的z变换的零点中检索出位置t_k。根据这些位置，可以通过考虑式（4.23）中的K个连续的傅里叶级数系数来获取权重a_k。例如，如果我们使用$k=0,1,\cdots,K-1$的系数，那么，我们可以将式（4.23）写为矩阵/向量形式如下：

$$\frac{1}{\tau}\begin{pmatrix}1 & 1 & \cdots & 1\\ u_0 & u_1 & \cdots & u_{K-1}\\ \vdots & \vdots & \ddots & \vdots\\ u_0^{K-1} & u_1^{K-1} & \cdots & u_{K-1}^{K-1}\end{pmatrix}\begin{pmatrix}a_0\\ a_1\\ \vdots\\ a_{K-1}\end{pmatrix}=\begin{pmatrix}\hat{x}_0\\ \hat{x}_1\\ \vdots\\ \hat{x}_{K-1}\end{pmatrix} \tag{4.27}$$

这是一个范德蒙方程组。因为这些u_k不同，对于权重a_k，该方程组有唯一解。因此，原始信号$x(t)$完全由$2K$个连续傅里叶系数所决定。

但傅里叶系数不是那么容易获得的，需要从采样$y_n=<x(t),\varphi\left(\frac{t}{T}-n\right)>$中确定（见图4.1）。参考文献［4］的采样核是带宽为B的sinc函数，其中假设B_τ是奇整数。该核表示为$\phi_B(t)$。此时，傅里叶系数与下面采样有关：

$$\begin{aligned}y_n&=\langle x(t),\phi_B(nT-t)\rangle \qquad (4.28)\\ &\overset{(a)}{=}\sum_{m\in\mathbb{Z}}\hat{x}_m\langle e^{j2\pi m\frac{t}{\tau}},\phi_B(nT-t)\rangle\\ &\overset{(b)}{=}\frac{1}{2\pi}\sum_{m\in\mathbb{Z}}\hat{x}_m\left\langle\delta\left(\omega-\frac{2\pi m}{\tau}\right),\hat{\phi}_B(\omega)e^{j\omega nT}\right\rangle\\ &=\sum_{m\in\mathbb{Z}}\hat{x}_m\hat{\phi}_B\left(\frac{2\pi m}{\tau}\right)e^{j2\pi n\frac{\tau}{N}\frac{m}{\tau}}\\ &=\frac{1}{B}\sum_{|m|\leqslant M=\left\lfloor\frac{B_\tau}{2}\right\rfloor}\hat{x}_m e^{j2\pi\frac{mn}{N}}\end{aligned}$$

式中，（a）应用了式（4.21）和内积的线性性质；（b）应用了Parseval定理式（4.6）。式

(4.28)通过逆离散傅里叶变换(IDFT)将采样 y_n 与傅里叶级数系数 $\hat{x}_m$ 相关联。计算采样的 DFT 将直接得到 $\hat{x}_m$,$|m| \leqslant M$。由于我们需要 $2K$ 个连续傅里叶系数,并且要求 B_τ 为奇数,因此我们需要 $B_\tau \geqslant 2K+1$。

经过上述对采样和恢复的讨论,我们重点总结了恢复 $x(t)$ 的主要步骤:

1)获取傅里叶级数系数 $\hat{x}_m$,$|m| \leqslant M$。通过 $\hat{y}_m = \sum_{n=0}^{N-1} y_n e^{-j2\pi\frac{nm}{N}}$ 和与之关联的 $\hat{x}_m = B\hat{y}_m$,$|m| \leqslant M$ 来计算采样的 DFT 系数。

2)恢复湮灭 $\hat{x}_m$ 的滤波器的系数。将式(4.25)写为如式(4.26)的线性方程组形式可以找到这些系数,它具有 K 个方程式和 K 个未知数。对于给定的信号 $\hat{x}_m$,滤波器 h_m 是唯一的,因此该方程组只有一个解。

3)求解滤波器 $\hat{h}(z)$ 的根,从而得到 u_k,进而得到位置 t_k。

4)使用式(4.23)中第一个 K 个连续方程找出幅度,从而得到式(4.27)的范德蒙方程组,对于不同的位置值 t_k,该方程组也有唯一解。

我们注意到,虽然上述机制正确确定了当前环境中的信号参数,但是如果系统添加了噪声,它就会变得不准确。4.4 节将讨论更适合处理噪声的技术。

简洁起见,我们主要使用湮灭滤波器方法来恢复信号参数。但也有其他技术,例如矩阵束法[32]以及基于子空间的估计器[33,34]。在存在噪声的情况下,与湮灭滤波方法相比,后一种方法性能更好[12,13]。

4.3.2 使用加和的 sinc 核进行采样

虽然上述过程已经表明,确实可以重构一个周期性的脉冲流,但其缺点在于它的采样核是无限支持和缓慢衰减的。因此,很自然地,就要去研究类似的过程是否可以与可替代的、可能紧凑支持的核一起使用。正如我们目前所看到的那样,紧凑支持核的另一个重要优点是,该方法可以有效结合有限 FRI 和无限 FRI 信号,而不是 4.3.1 节中的周期信号。实质上,我们在寻找的可替代核仍能用来关联采样样本 y_n 与 $x(t)$ 的傅里叶系数。这是因为我们已经看到,给定傅里叶系数,可以使用谱估计技术来恢复 $x(t)$。

现在考虑一下周期性 FRI 信号式(4.18)。假设通用采样核为 $g(t)$,我们有[10]:

$$
\begin{aligned}
y_n &= \langle x(t), g(t-nT) \rangle \\
&= \left\langle \sum_{m\in\mathbb{Z}} \hat{x}_m e^{j2\pi m\frac{t}{\tau}}, g(t-nT) \right\rangle \\
&\overset{(a)}{=} \sum_{m\in\mathbb{Z}} \hat{x}_m e^{j2\pi m\frac{nT}{\tau}} \langle e^{j2\pi m\frac{t}{\tau}}, g(t) \rangle \\
&\overset{(b)}{=} \sum_{m\in\mathbb{Z}} \hat{x}_m e^{j2\pi m\frac{nT}{\tau}} \hat{g}^*\left(\frac{2\pi m}{\tau}\right)
\end{aligned}
\tag{4.29}
$$

式中,(a) 遵循内积和变量变化的线性性质,(b) 是式(4.2)中的傅里叶变换。

为了控制滤波器 $g(t)$,我们现在对其傅里叶变换赋予以下条件:

$$
\hat{g}^*(\omega) = \begin{cases} 0, & \omega = \dfrac{2\pi m}{\tau}, \quad m \notin \mathcal{K} \\ \text{非 } 0, & \omega = \dfrac{2\pi m}{\tau}, \quad m \in \mathcal{K} \\ \text{任意值}, & \text{其他} \end{cases}
\tag{4.30}
$$

式中，$\mathcal{K}$是将在短时间内确定的一组系数。那么我们有

$$y_n = \sum_{m \in \mathcal{K}} \hat{x}_m e^{j2\pi m \frac{nT}{\tau}} \hat{g}^* \left(\frac{2\pi m}{\tau} \right) \tag{4.31}$$

一般来说，若采样数 N 不小于$\mathcal{K}$的基数，式（4.31）具有唯一解，我们称之为 $M = |\mathcal{K}|$。原因是，这种情况下由元素 $e^{j2\pi m \frac{nT}{\tau}}$定义的矩阵不可逆。该方法的思想是每个采样 y_n 是元素 $\hat{x}_m$ 的组合，核 $g(t)$被设计为使 $m \in \mathcal{K}$的系数通过，$m \notin \mathcal{K}$的系数受到抑制。注意，对于满足式（4.30）的真实滤波器，如果 $m \in \mathcal{K}$，由于共轭对称 $\hat{g}(2\pi m/\tau) = \hat{g}^*(-2\pi m/\tau)$，则 $-m \in \mathcal{K}$。

在采样数 N 等于 M 的特定情况下，当采样周期 T 与总周期 τ 相关，即 $T = \tau/N$ 时，有

$$y_n = \sum_{m \in \mathcal{K}} \hat{g}_m^* \hat{x}_m e^{j\frac{2\pi mn}{N}} \tag{4.32}$$

式中，$\hat{g}_m^* = \hat{g}^*(2\pi m/\tau)$。该式显示采样样本 y_n 与经 IDFT“加权”的输入值的傅里叶系数 $\hat{x}_m$ 有关。这意味着采样 y_n 经 DFT 后得到了经加权的傅里叶级数系数 DFT $\{y_n\} = \hat{y}_m = \hat{g}_m^* \hat{x}_m$，或者等价来说，系数本身由每个方程的逆得到，$\hat{x}_m = \hat{g}_m^{*-1} \hat{y}_m$。因此，使用满足式（4.30）的滤波器进行采样使得我们可以以简单的方式获得傅里叶系数 $\hat{x}_m$。

可以看出，遵循式（4.30）的滤波器的一个特定情况是 $g(t) = \mathrm{sinc}(Bt)$，其中 $B = M/\tau$。参考文献［10］中引入了满足式（4.30），被称为 sinc 的和（SoS）的一类可替代核。这类核在频域中定义为

$$\hat{g}(\omega) = \tau \sum_{m \in \mathcal{K}} b_m \mathrm{sinc}\left(\frac{\omega}{\frac{2\pi}{\tau}} - m \right) \tag{4.33}$$

式中，$m \in \mathcal{K}$时，$b_m \neq 0$。如果 $m \in \mathcal{K}$意味着 $-m \in \mathcal{K}$和 $b_m = b_{-m}^*$，则得到的滤波器是实值的。时域中，采样核是紧凑型支持的，可以写成

$$g(t) = \mathrm{rect}\left(\frac{t}{\tau} \right) \sum_{m \in \mathcal{K}} b_m e^{j2\pi m \frac{t}{\tau}} \tag{4.34}$$

当使用函数 $\phi(t)$代替式（4.33）中的 sinc 函数时，滤波器可以得到进一步推广。当我们需要比式（4.34）中所述的 rect 函数更短的执行时间时，它可能是有用的。$g(t)$的一个关键特征是在时间上紧凑支持。当采样有限长度的 FRI 信号时，这将变得很重要。

对于 $m = -p, \cdots, p$，一组系数 $b_m = 1$，因此，式（4.34）中的滤波器变为

$$g(t) = \mathrm{rect}\left(\frac{t}{\tau} \right) \sum_{m=-p}^{p} e^{j2\pi m \frac{t}{\tau}} = \mathrm{rect}\left(\frac{t}{\tau} \right) D_p\left(\frac{2\pi t}{\tau} \right) \tag{4.35}$$

式中，$D_p(t)$是 Dirichlet 核。参考文献［10］中显示，在一定条件下，这种选择在噪声存在的情况下是最优的。图 4.3 显示了这个核，以及当系数 b_m 形成汉明窗时获得的核[10]。这里，M 是集合$\mathcal{K}$的基数且 $M \geqslant 2K$。通常根据不同的目标，可以优化自由参数$\{b_k\}_{k \in \mathcal{K}}$。

总之，当给定采样 y_n，我们需要求得它们的 DFT，得到的序列与式（4.32）中（我们使用 $N = M$ 和 $\tau = NT$）的傅里叶级数系数 $\hat{x}_m$ 相关。然后我们可以建立如式（4.26）中的方程组，从而确定湮灭滤波器系数，通过计算该方程组的根来找到位置 t_k。最后，我们使用另一个如式（4.27）的方程组，通过式（4.32）来确定振幅 a_k。

SoS 核有紧凑的支持，因此它能让我们不去管周期性信号下的情况，便于采样有限长和无限

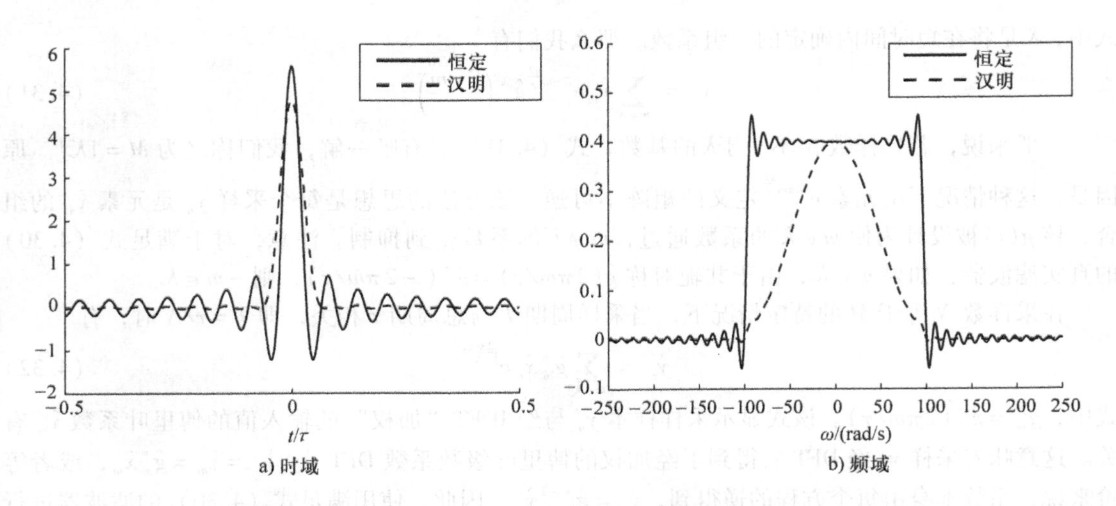

图 4.3 SoS 采样核。对于$\forall m$，$b_m=1$，以及当系数遵循汉明窗口模式时，该图显示了式（4.34）和式（4.33）给出的 SoS 系列核的时域和频域表示

长的 FRI 信号，具体如下所述。

1. 采样有限的脉冲流

可以根据上述对周期性情况的分析来处理有限的脉冲流。对于有限长度的情况，我们需要将从有限脉冲流获得的采样样本与那些周期性流联系起来。令$\tilde{x}(t)$是式（4.19）中的有限 FRI 信号。在参考文献［10］中有

$$y_n=\langle \tilde{x}(t),\tilde{g}(t-nT)\rangle=\langle x(t),g(t-nT)\rangle \tag{4.36}$$

式中，$x(t)$是有限流$\tilde{x}(t)$的周期性连续，并且我们将滤波器$g(t)$的周期性延拓定义为$\tilde{g}(t)=\sum_{m\in\mathbb{Z}}g(t-m\tau)$。因此，采样样本集合$y_n=\langle x(t),g(t-nT)\rangle$唯一表示了一个$\tau$周期性的脉冲流，该采样样本集合等价于那些通过采样有限长信号$\tilde{x}(t)$与滤波器的τ周期性延拓$\tilde{g}(t-nT)$经内积获得的采样样本集合。

然而，使用一个无限长的采样核是不切实际的。假设对于任意$|t|\geqslant R/2$，脉冲$p(t)$等于零。那么采样样本具有如下形式[10]：

$$y_n=\left\langle \tilde{x}(t),\sum_{m=-r}^{r}g(t-nT-m\tau)\right\rangle \tag{4.37}$$

式中，$r=\left\lceil\dfrac{\frac{R}{\tau}+3}{2}\right\rceil-1$。这种方法的优点是如同周期性脉冲流一样，我们可以当即遵循与之相同的恢复过程。原因是我们现在得到了由式（4.36）给出的相同的采样样本集，该式使用有限支持核采样有限长度信号$\tilde{x}(t)$：

$$g_r(t)=\sum_{m=-r}^{r}g(t-nT-m\tau) \tag{4.38}$$

此外，如果$p(t)$的支持满足$R\leqslant\tau$，则$r=1$，并且$g(t)$的扩展将仅包含三次重复，即$g_r(t)=$

$g(t)+g(t+\tau)+g(t-\tau)$。

参考文献［11］的多通道采样方案也可以用于采样有限的 FRI 信号。如 4.3.4 节所述，使用滤波器（或调制器）组可以避免如同 $g_r(t)$ 一样形成延迟脉冲。这种延迟难以在硬件中实现，因此，此时最可能有利的是使用多个通道而不需要延迟。

2. 采样有限长度的脉冲流

也可以使用相似技术采样和恢复无限长 FRI 脉冲流：

$$x(t)=\sum_{k\in\mathbb{Z}}a_k p(t-t_k) \tag{4.39}$$

具体来说，在这种情况下，我们假设这种信号为具有最大持续时间 τ 的脉冲串，τ 期间内最多有 K 个脉冲，脉冲间隔期无信号。这种间隔取决于采样核的支持，而采样核反过来说，又与脉冲形状 $p(t)$ 有关。例如，为了采样一个有限长度的 Dirac 流，我们发现滤波器 $g_{3p}(t)=g(t)+g(t\pm\tau)$ 能够对信号进行采样，从而完成重建。滤波器的支持为 3τ，对无限长输入信号，如果我们要使用顺序恢复算法，那这些连续脉冲串的间隔至少必须为 $3\tau/2$。然而，该技术需要的采样率高于新息率。要实现对以新息率采样的无限 FRI 信号的完美重建，就需要采用多通道采样方案，这是 4.3.4 节中的主要内容。

4.3.3　使用指数生成核进行采样

可用于采样 FRI 信号的另一类重要的紧凑支持核是指数生成核系列。

假设指数生成核为任意的函数 $\varphi(t)$，经平移后生成一个形为 $e^{\alpha_m t}$ 的复指数。具体如下：

$$\sum_{n\in\mathbb{Z}}c_{m,n}\varphi(t-n)=e^{\alpha_m t} \tag{4.40}$$

式中，$m=0,1,\cdots,P,a_0,\lambda\in\mathbb{C}$。系数给定为 $c_{m,n}=\langle e^{\alpha_m t},\tilde{\varphi}(t-n)\rangle$，其中 $\tilde{\varphi}(t)$ 是 $\varphi(t)$ 的对偶，也就是 $\langle\varphi(t-n),\tilde{\varphi}(t-k)\rangle=\delta_{n,k}$。当我们在 FRI 进程中使用这些核时，式（4.40）中指数的选择被限制在 $\alpha_m=\alpha_0+m\lambda$ 中，其中 $m=0,1,\cdots,P$，$\alpha_0,\lambda\in\mathbb{C}$。这样做是为了在重建阶段允许使用湮灭滤波器。这一点在以后将更明显。

指数生成相关理论依赖于 E 样条概念[35]。具有傅里叶变换为 $\hat{\beta}_\alpha(\omega)=\dfrac{1-e^{\alpha-j\omega}}{j\omega-\alpha}$ 的函数 $\beta_\alpha(t)$ 被称为一阶 E 样条，其中 $\alpha\in\mathbb{C}$。该函数的时域表示是 $\beta_\alpha(t)=e^{\alpha t}\mathrm{rect}(t-1/2)$。函数 $\beta_\alpha(t)$ 具有紧凑支持，平移后为 $\beta_\alpha(t-n)$，两者经线性组合生成指数 $e^{\alpha t}$。高阶 E 样条可以通过一阶卷积获得，例如 $\beta_{\vec{\alpha}}(t)=(\beta_{\alpha_0}*\beta_{\alpha_1}*\cdots*\beta_{\alpha_P})(t)$，其中 $\vec{\alpha}=(\alpha_0,\alpha_1,\cdots,\alpha_P)$。傅里叶域中的表示如下：

$$\hat{\beta}_{\vec{\alpha}}(\omega)=\prod_{k=0}^{P}\frac{1-e^{\alpha_k-j\omega}}{j\omega-\alpha_k} \tag{4.41}$$

高阶 E 样条也具有紧凑支持，经平移后为 $\beta_{\vec{\alpha}}(t-n)$，它可以生成由 $\{e^{\alpha_0},e^{\alpha_1},\cdots,e^{\alpha_P}\}$ 张成的子空间中的任何指数[9,35]。注意，指数 α_m 可以是复数，这表明 E 样条不一定是实数。不过这可以通过选择复共轭指数来避免。图 4.4 显示了从一阶到四阶的实 E 样条函数的例子。最后注意的是，通过卷积保留了指数生成性质[9,35]，因此，任何函数 $\varphi(t)=\psi(t)*\beta_{\vec{\alpha}}(t)$，结合与其移位后的函数也能生成由 $\{e^{\alpha_0},e^{\alpha_1},\cdots,e^{\alpha_P}\}$ 张成的子空间中的指数。

在时域中，使用指数生成核重建 FRI 信号更好理解。即使可以对其他类型的脉冲进行采样并完全恢复，简单起见，我们假设 $p(t)$ 是 Dirac 函数。实际上，当 $\omega=\alpha_m$ 时，可以使用满足 $\hat{p}(\omega)\neq 0$ 的任何脉冲。这里，$\alpha_m, m=0,1,\cdots,P$ 是由核生成的指数的指数部分。这是因为用核 $\varphi(t)$ 采样脉冲流等价于用核 $p(t)*\varphi(t)$ 采样 Dirac 流。上述条件保证 $p(t)*\varphi(t)$ 仍然能够生成指数。

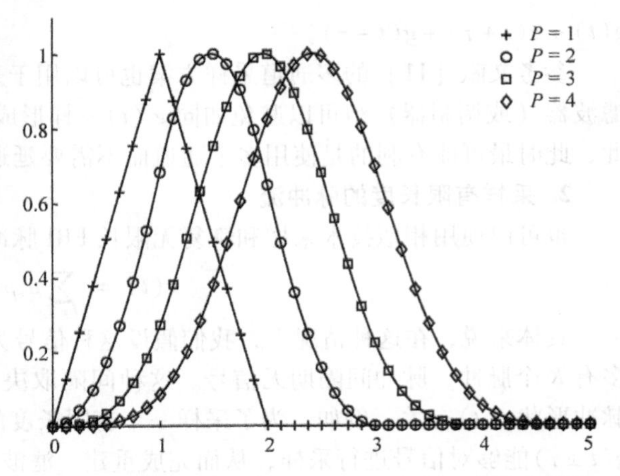

图 4.4　指数生成核的例子。通过卷积两个具有复数参数为 $\pm \mathrm{j}\omega_0=\pm\mathrm{j}\dfrac{2\pi}{N}$ 和 $N=32$ 个采样样本的一阶样条，获取图中所示的最短的函数，从而产生实函数。通过卷积具有参数为 $\alpha_m=\mathrm{j}\omega_0(2m-P), m=0,\cdots,P$ 的核，从左到右依次得到图示的连续 E 样条

考虑一个长度 τ 的有限 FRI 信号：

$$x(t)=\sum_{k=0}^{K-1}a_k\delta(t-t_k) \tag{4.42}$$

假设采样周期 $T=\tau/N$，对于 $n=0,1,\cdots,N-1$，测量值为

$$y_n=\left\langle x(t),\varphi\left(\frac{t}{T}-n\right)\right\rangle=\sum_{k=0}^{K-1}a_k\varphi\left(\frac{t_k}{T}-n\right) \tag{4.43}$$

参考文献［9］中首次提出的 E 样条重构方案操作如下。首先，采样样本与式（4.40）的系数 $c_{m,n}$ 线性组合，从而得到新的测量值：

$$s_m=\sum_{n=0}^{N-1}c_{m,n}y_n,\ m=0,1,\cdots,P \tag{4.44}$$

然后，使用式（4.43）得到

$$\begin{aligned}s_m&=\left\langle x(t),\sum_n c_{m,n}\varphi\left(\frac{t}{T}-n\right)\right\rangle=\int_{-\infty}^{\infty}x(t)\mathrm{e}^{\alpha_m t}\mathrm{d}t\\&=\sum_{k=0}^{K-1}\hat{a}_k u_k^m,\ m=0,1,\cdots,P\end{aligned} \tag{4.45}$$

式中，$\hat{a}_k=a_k\mathrm{e}^{\alpha_0\frac{t_k}{T}}$，$u_k=\mathrm{e}^{\lambda\frac{t_k}{T}}$。此处我们已有 $\alpha_m=\alpha_0+m\lambda$。注意，新的测量值 s_m 表示在位置 α_m，$m=0,1,\cdots,P$ 处的 $x(t)$ 的双向拉普拉斯变换。像前面部分讨论的一样，这些测量是指数求和序列形式。因此，可以使用湮灭滤波器方法从 $s_m=\sum_{k=0}^{K-1}\hat{a}_k u_k^m$ 中恢复未知数对 $\{\hat{a}_k,u_k\}$。所以，使用指数生成核重构 FRI 信号的主要步骤与之前所讨论的一样，唯一的差别是先前的采样是与加权 DFT 相结合，而此次，线性组合由系数 $c_{m,n}$ 决定。由于进行湮灭滤波方法需要 $2K$ 个连续系数 s_m，所以我们有条件 $P\geqslant 2K-1$。

此处概括了指数生成核。首先，当指数部分 α_m 是纯虚数，即 $\alpha_m=\mathrm{j}\omega_m$ 时，ω_m 处 $x(t)$ 的傅里叶变换为 $s_m=\hat{x}(\omega_m)$。由于 $x(t)$ 是时间限制的，这可以被认为是信号的傅里叶级数系数。此时，参考文献［36］表明，选择适当的参数 N 和 P 时，系数 $c_{m,n}$ 构成一个 DFT。对于这种情况，上述分析和 4.3.1 节中的相似。此外，4.3.2 节中介绍的 SoS 采样核是这种类型的指数生成核[36]。其次，当 $\alpha_m=0$，$m=0,1,\cdots,P$ 时，E 样条变为多项式样条（或 B 样条）。一般来说，当 $\alpha_m=0$ 时，

任何指数生成核都会降低到满足 Strang – Fix 条件的核[37]。这些仍然是有效的采样核，但它生成的是多项式而不是指数。满足 Strang – Fix 条件的函数广泛应用于小波理论，上述方法为 FRI 信号采样和小波采样之间提供了一个有趣的关联。这种关联让我们将 FRI 理论与小波相结合，从而开发出有效的集中式和分布式算法来压缩分段平滑函数[38,39]。最后，参考文献［9］中显示，任何器件的输入输出都与线性微分方程相关，这种器件都可以转换为指数生成核，从而可用于采样 FRI 信号。例如，包括任何线性电路。鉴于这种设备普遍存在，并且许多情况下给出了采样核并且不能被修改，因此在实际情况中，具有指数生成核的 FRI 理论更具相关性。

4.3.4 多通道采样

迄今为止所讨论的技术都是使用单个核 $h(t)$ 卷积信号 $x(t)$ 的均匀采样（见图 4.1）。尽管这可能是最简单的采样方案，但也可以以稍微复杂些的硬件为代价来改进性能、降低采样率。尤其可以考虑多通道采样设置，信号 $x(t)$ 与 P 个不同的内核 $s_1^*(-t),\cdots,s_P^*(-t)$ 进行卷积，并且以 $1/T$ 的速率采样每个通道[11,17]。这种情况下，采样样本集如下：

$$c_\ell[m]=\langle s_\ell(t-mT),x(t)\rangle,\ \ell=1,\cdots,P,m\in\mathbb{Z} \tag{4.46}$$

该系统总采样率为 P/T。注意，标准（单通道）情况是该方案的一个特殊情况，它既可以通过选择 $P=1$ 采样信道获得，也可以在 $P>1$ 时，用经时间偏移的采样核 $h(t)$ 的副本获得。

使用调制器（即乘法器）接着是积分器的可替代多通道结构来代替滤波器。在这种情况下，每个分支的输出由下式给出：

$$c_\ell[m]=\int_{(m-1)T}^{mT}x(t)s_\ell(t),\ \ell=1,\cdots,P,\ m\in\mathbb{Z} \tag{4.47}$$

式中，$s_\ell(t)$ 是第 ℓ 个分支的调制函数。这个方案特别简单，如下所示。假设脉冲 $p(t)$ 是紧密支持的，这个方案可以处理各类 FRI 信号：周期的、有限的、无限的和半周期的。相比之下，滤波器方法尤其对半周期脉冲流有利，并且可以适应任意脉冲形状 $p(t)$，包括有限长度函数。此外，多通道滤波器组结构可以被折叠到单个采样通道，随后是串并转换器，以便于产生式（4.46）中的并行采样序列。因此，在适用的情况下，这种方案比基于调制器的方法可能更节省硬件，同时仍能保持低采样率。

由于其一般性和简单性，我们首先讨论基于调制器的多通道结构。这种方法的优点是首先考虑了一个 τ 周期的 K 个脉冲流。

开始之前，我们注意到已有文献提出了可替代性多通道系统。参考文献［20］中提出的方法是参考文献［9］中方法的多通道扩展。该方案允许降低每个通道的采样率，但整体采样率与参考文献［9］相似，因此没有达到新息率。参考文献［40］和参考文献［41］提出了两种可选的多通道方法。这些基于一系列积分器[40]和指数滤波器[41]的方法只允许以新息率采样 Dirac 无限流。此外，仿真部分显示，该方法不稳定，尤其对于高新息率。

1. 周期 FRI 信号

考虑周期为 τ 的 K 个脉冲流，如式（4.18）所示。回顾4.3.1 节，若该信号的傅里叶系数可用，则可以使用标准谱分析技术来恢复未知的脉冲偏移和幅度。如图 4.5 所示，多通道设置提供了一种简单直观的方法来获得这些傅里叶系数，这些傅里叶系数关联了信号 $x(t)$ 与傅里叶基函数：

$$s_\ell(t)=\begin{cases}\mathrm{e}^{\mathrm{j}\frac{2\pi}{\tau}\ell t}, & t\in[0,\tau]\\ 0, & 其他\end{cases}\tag{4.48}$$

式中，$\ell\in\mathcal{L}$，$\mathcal{L}$是 $2K$ 个连续整数的集合。我们设置采样间隔 T 等于信号周期 τ，对所有信道产生了一个 $2K/T$ 的总采样率。因此，我们得到一个以新息率运行的采样方案，并产生 $2K$ 个 $x(t)$的傅里叶系数。这些可用于恢复原始信号，例如，使用 4.3.1 节中讨论的湮灭滤波器方法。该方法的另一个优点是内核具有紧凑支持；实际上，该支持正好对应于 FRI 信号的一个周期，其小于4.3.2 节中提出的核支持。该属性将有助于对有限 FRI 信号的多通道系统的扩展。

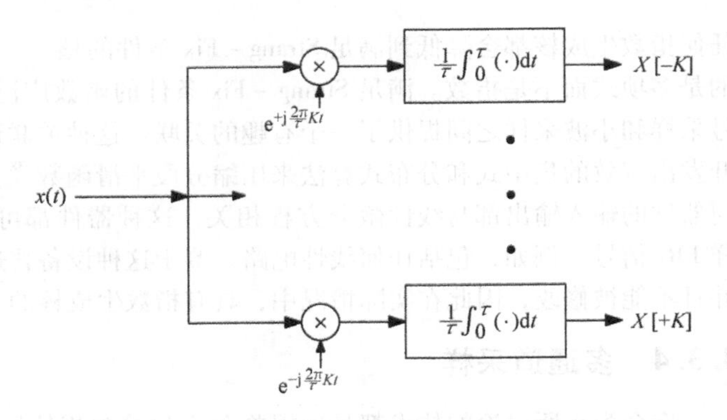

图 4.5 周期性 FRI 信号的多通道采样方案。所得样本是 $x(t)$的傅里叶级数系数。注意，我们在每个周期只采样一次，因此 $T=\tau$

除了式（4.48）形式的函数，也可以使用这种采样核，它是正弦曲线的一个线性组合，如图 4.6 所示。从硬件角度看，这可能是有利的，因为实际中可能难以产生精准的正弦曲线。另一方面，允许这种线性组合可以使调制函数 $s_\ell(t)$ 被选为一个简单的形式，例如二值序列的低通版本[11]。在其他的子奈奎斯特配置中，例如经调制的宽带转换器，也证明这些序列也是有利的，它们被设计用于以子奈奎斯特速率采样全频带信号[42,43]以及具有未知形状的脉冲流[21]。另外，实际中，由于故障或是噪声损坏，一个或多个通道可能会采样失败，从而使我们丢失那些通道中存储的信息。在几个采样通道之间，通过混合系数，我们把每个傅里叶系数的信息进行分类。因此，当一个或多个通道采样失败时，仍然可以从剩余的工作通道中恢复所需的傅里叶系数。

当使用组合的正弦曲线时，需要进行线性运算来从所得的采样中恢复傅里叶系数。特别地，x 表示傅里叶系数 $x(t)$的矢量，图 4.6 的输出由 Sx 给出，其中 S 是元素 $s_{i,k}$的矩阵。只要 S 有全列秩，我们就可以从采样中恢复 x，然后继续使用例如湮灭方法来恢复延迟和振幅。新核维持紧凑支持的理想特性，其长度等于单个信号周期。有趣的是，适当选择这些线性组合，调制器组就可以实现 SoS 滤波器[11]。这为有限长度的 FRI 信号提供了一个可选的实现，它避免了以更复杂的硬件为代价来形成 SoS 核的延迟样本。

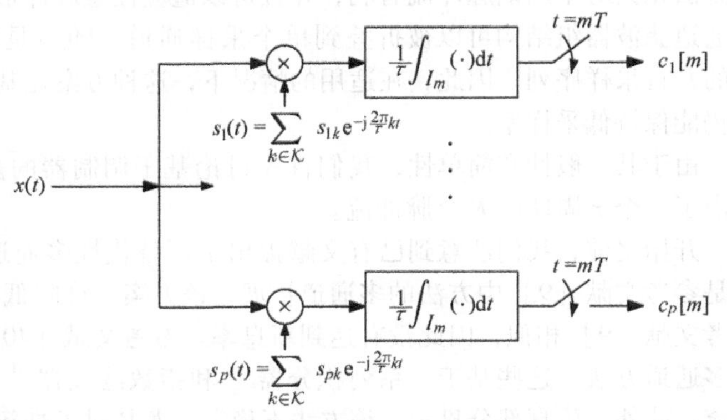

图 4.6 对无限 FRI 信号的多通道采样方法。此处 $T=\tau$

2. 连接到调制宽带转换器

使用调制波形的概念基于参考文献［42－44］中提出的思想。目前，我们简要回顾了参考文献［43］中的采样问题及其与我们的体系之间的关系。显示表明，这两个系统在实际硬件的实现上是相似的。有关此方案的更详细说明参阅第 3 章。

在参考文献［43］中，模型是多频带信号：该信号的 CTFT 集中在 N_{bands} 频带，且每个频带的宽度不大于 B。频带的位置点未知。参考文献［45］提出了一种以 $4BN_{\text{bands}}$ 速率来恢复该信号的低速率采样方案。该方案利用频域中多频信号的稀疏性将采样率降低到了低于奈奎斯特速率的水平。在参考文献［42，43］中，它被扩展为一个使用了调制阶段的更实用的采样方案，并被称为调制宽带转换器（MWC）。在每个 MWC 通道中，先使用一些周期性波形调制输入，然后使用低通滤波器（LPF）和低速率均匀采样器进行采样。主要思想是，调整每个通道的信号频谱，使得所有频带的能量部分在基带出现。混合参考文献［43］中的频带类似于混合图 4.6 中的傅里叶系数。

这里需要注意方法之间的差异。首先，在混合阶段之后，相比参考文献［43］中使用的 LPF，我们使用了一个积分器。这是因为测量的信号量不同：我们工作中的傅里叶系数与参考文献［43］中的频段内容相反。第二个区别是混合过程的目的。参考文献［43］进行混合是为了降低采样率而非奈奎斯特速率。我们的环境中，使用混合是为了简化硬件实现，并提高其中一个采样通道的稳定性。

尽管如此，在混合阶段，两个系统的硬件考虑是相似的。最近，MWC 的一个原型已经在硬件上实现[42]。该设计由 $P=4$ 采样通道组成，其中调制波形的重复率为 $1/T\approx 20\text{MHz}$。每个周期都有 108 个矩形脉冲。这个经些许修改的原型也可以用于实现我们的采样方案。这些修改主要包括在调制波形线上添加成形滤波器，并减少每个周期的矩形脉冲数。

3. 有限 FRI 信号

考虑形式为式（4.39）的无限时长 FRI 信号，其中 $T=\tau$。此外，假设对于某些特定值 T，T 局部的新息率为 $2K/T$。因此，任意大小为 T 的间隔中，即 $I_m=[(m-1)T, mT]$，脉冲不超过 K 个。进一步假设脉冲不与间隔边界重叠，即当 $t_k\in I_m$，对于所有 $t\notin I_m$，都有 $p(t-t_k)=0$。若 $p(t)$ 是 Dirac，这种要求将自动成立，并且只要 $p(t)$ 的支持显著小于 T，该要求将大概率地保持。

每个间隔中的信号参数现在可以单独处理。具体来说，考虑一个特定间隔为 I_m、值为 $x(t)$ 的信号，它经过周期性延拓获得周期为 T 的信号。通过获取该信号的 $2K$ 个傅里叶系数就可以恢复该周期信号。如上所述，这些系数可以用式（4.48）所示的采样核，其支持仅限于本身（而非其周期性延拓）。

因此，这种精确的技术可以直接用于非周期性信号 $x(t)$，因为被采样的周期信号部分仅包括间隔 I_m[11]。特别地，这需要每 Ts 从每个通道采样一次，并且通道数 $P\geq 2K$。该过程就相当于以 $1/T$ 的速率采样的多通道采样方案，如图 4.6 所示。这种技术能否成功取决于采样核的可用性，且该采样核的支持限于周期性波形的单个周期。信道的输出等于 $c[m]=Sx[m]$，其中 S 是元素 s_{ik} 的矩阵，$x[m]$ 是间隔为 I_m 的 $x(t)$ 的傅里叶系数。通过取逆 S 可以获得每个间隔的傅里叶系数。

4. 半周期 FRI 信号

对于重构式（4.20）中半周期结构的 FRI 信号，多通道方案也是有效的。也就是说，由间隔 T 重复出现的 K 个脉冲组成的信号，其幅度 $a_k[m]$ 从一个周期到下一个周期是不同的。可以像无限情况中一样使用调制器方法，区别在于现在可以联合处理来自不同周期的采样样本，从而提高性能。

具体讲，如前所述，我们可以从调制器组的输出中恢复 $x[m]$。由于对于每个间隔 I_m，延迟是恒定的，所以在频域中有下式（必要时可以通过脉冲的傅里叶系数归一化傅里叶系数）：

$$x[m]=N(t)a[m],\ m\in\mathbb{Z} \tag{4.49}$$

式中，$a[m]$ 是系数为 $a_k[m]$ 的向量，$N(t)$ 是第 $k\ell$ 个元素为 $\mathrm{e}^{-\mathrm{j}2\pi k\frac{t_\ell}{T}}$、大小为 $P\times K$ 的范德蒙矩阵。当只有一个时刻 m 可用时，我们可以通过使用湮灭滤波器方法来解式（4.49），从而恢复延迟 t_ℓ 以及系数 $a_k[m]$。但我们现在有许多相同延迟的向量 $x[m]$，即使用相同的矩阵 N。这让这种鲁棒的方法可以通过联合处理所有 m 的样本来更可靠地恢复延迟。示例算法包括 ESPRIT[46] 或 MUSIC[47]。这些方法被称为子空间方法，相比基于单个样本集的技术更鲁棒。它们先计算相关矩阵 $\sum_{m\in\mathbb{Z}}x[m]x^{\mathrm{T}}[m]$，接着将该矩阵的范围分成两个子空间，即信号和噪声子空间。然后通过利用该分解来找到与矩阵 N 相关的延迟。

显然，这里为了确保恢复 $x(t)$，一般无限模型 $P\geqslant 2K$ 的条件也是充分的。然而，对信号结构的额外条件可用于减少采样通道的数量。尤其通道数为下式时：

$$P\geqslant 2K-\eta+1 \tag{4.50}$$

式中，η 是包含向量集 $\{a[m],m\in\mathbb{Z}\}$ 的最小子空间的维度。该条件意味着在某些情况下，可以将通道数 P 减少到超过一般模型的下限 $2K$。

半周期情况下的替代方案是滤波器系统。该技术的优点是不需要假设脉冲间隔不同，也不需要脉冲形状具有紧凑支持[17]。在这里，我们也将使用子空间方法利用周期性来联合处理采样样本。

当脉冲形状 $p(t)$ 任意时，推导偏离了4.3.1节中提出的规范技术。这是由于信号不是周期性的，不能被划分成不同的间隔，因此不能再谈它的傅里叶级数。相反，假设采样间隔 T 等于信号周期 τ。那采样式（4.46）的 DTFT 为

$$\hat{c}_\ell(\mathrm{e}^{\mathrm{j}\omega T})=\frac{1}{T}\sum_{m\in\mathbb{Z}}\hat{s}_\ell^*\left(\omega-\frac{2\pi}{T}m\right)\hat{x}\left(\omega-\frac{2\pi}{T}m\right) \tag{4.51}$$

式中，函数 $f(t)$ 的傅里叶变换表示为 $\hat{f}(\omega)$。通过计算式（4.20）中半周期信号 $x(t)$ 的傅里叶变换，我们有

$$\hat{c}_\ell(\mathrm{e}^{\mathrm{j}\omega T})=\sum_{k=0}^{K-1}\hat{a}_k(\mathrm{e}^{\mathrm{j}\omega T})\mathrm{e}^{-\mathrm{j}\omega t_k}\frac{1}{T}\sum_{m\in\mathbb{Z}}\hat{s}_\ell^*\left(\omega-\frac{2\pi}{T}m\right)\hat{p}\left(\omega-\frac{2\pi}{T}m\right)\mathrm{e}^{\mathrm{j}\frac{2\pi}{T}mt_k} \tag{4.52}$$

式中，$\hat{a}_k(\mathrm{e}^{\mathrm{j}\omega T})$ 是 $2\pi/T$ 周期的。

我们注意一下，由于 DTFT 域中的表达式是 $2\pi/T$ 周期的，$\omega\in[0,2\pi/T)$ 可以在没有信息丢失的情况下完成。由第 ℓ 个元素是 $\hat{c}_\ell(\mathrm{e}^{\mathrm{j}\omega T})$、长度为 P 的列向量 $\hat{c}(\mathrm{e}^{\mathrm{j}\omega T})$ 以及第 k 个元素为 $\hat{a}_k(\mathrm{e}^{\mathrm{j}\omega T})$、长度 K 的列向量 $\hat{a}(\mathrm{e}^{\mathrm{j}\omega T})$ 表示。还定义了向量 $t=(t_0,\cdots,t_{K-1})^{\mathrm{T}}$。我们可以将式（4.52）用矩阵形式写为

$$\hat{c}(\mathrm{e}^{\mathrm{j}\omega T})=M(\mathrm{e}^{\mathrm{j}\omega T},t)D(\mathrm{e}^{\mathrm{j}\omega T},t)\hat{a}(\mathrm{e}^{\mathrm{j}\omega T}) \tag{4.53}$$

式中，$M(\mathrm{e}^{\mathrm{j}\omega T},t)$ 是一个 $P\times K$ 的矩阵，它的第 ℓk 个元素是

$$M_{\ell k}(\mathrm{e}^{\mathrm{j}\omega T},t) = \frac{1}{T}\sum_{m\in\mathbb{Z}}\hat{s}_{\ell}^{*}\left(\omega-\frac{2\pi}{T}m\right)\hat{p}\left(\omega-\frac{2\pi}{T}m\right)\mathrm{e}^{\mathrm{j}\frac{2\pi}{T}mt_k} \tag{4.54}$$

$D(\mathrm{e}^{\mathrm{j}\omega T},t)$是一个对角矩阵，它的第 k 个对角元素等于 $\mathrm{e}^{-\mathrm{j}\omega t_k}$。

定义向量 $b(\mathrm{e}^{\mathrm{j}\omega T})$为

$$b(\mathrm{e}^{\mathrm{j}\omega T}) = D(\mathrm{e}^{\mathrm{j}\omega T},t)\hat{a}(\mathrm{e}^{\mathrm{j}\omega T}) \tag{4.55}$$

我们重写式（4.53）为如下形式：

$$\hat{c}(\mathrm{e}^{\mathrm{j}\omega T}) = M(\mathrm{e}^{\mathrm{j}\omega T},t)b(\mathrm{e}^{\mathrm{j}\omega T}) \tag{4.56}$$

因此，对于所有 $\omega\in[0,2\pi/T)$，我们可以把问题重写为根据向量 $\hat{c}(\mathrm{e}^{\mathrm{j}\omega T})$恢复 $b(\mathrm{e}^{\mathrm{j}\omega T})$和未知延迟集合 t。一旦这些已知，就可以使用式（4.55）中的关系来恢复向量 $\hat{a}(\mathrm{e}^{\mathrm{j}\omega T})$。

我们将继续关注频域中具有有限支持的采样滤波器 $\hat{s}_{\ell}(\omega)$，它包含在频率范围：

$$\mathcal{F} = \left[\frac{2\pi}{T}\gamma,\frac{2\pi}{T}(P+\gamma)\right] \tag{4.57}$$

式中，$\gamma\in\mathbb{Z}$是一个指数，它确定了工作频带$\mathcal{F}$。这个选择应该是匹配 $p(t)$的频率占用（尽管 $p(t)$不必是带限的）。这种自由让我们的采样方案都可以支持复数和实值信号。简单起见，我们假设 $\gamma=0$。选择滤波这种时，式（4.54）的每个元素 $M_{\ell k}(\mathrm{e}^{\mathrm{j}\omega T},t)$可以表示为

$$M_{\ell k}(\mathrm{e}^{\mathrm{j}\omega T},t) = \sum_{m=1}^{P}W_{\ell m}(\mathrm{e}^{\mathrm{j}\omega T})N_{mk}(t) \tag{4.58}$$

式中，$W(\mathrm{e}^{\mathrm{j}\omega T})$ 是一个 $P\times P$ 的矩阵，它的第 ℓm 个元素为

$$W_{\ell m}(\mathrm{e}^{\mathrm{j}\omega T}) = \frac{1}{T}\hat{s}_{\ell}^{*}\left(\omega+\frac{2\pi}{T}(m-1+\gamma)\right)\hat{p}\left(\omega+\frac{2\pi}{T}(m-1+\gamma)\right)$$

$N(t)$是一个 $P\times K$ 的范德蒙矩阵。将式（4.58）代入式（4.56）有

$$\hat{c}(\mathrm{e}^{\mathrm{j}\omega T}) = W(\mathrm{e}^{\mathrm{j}\omega T})N(t)b(\mathrm{e}^{\mathrm{j}\omega T}) \tag{4.59}$$

如果 $W(\mathrm{e}^{\mathrm{j}\omega T})$稳定可逆，那么我们可以定义修改的测量向量 $d(\mathrm{e}^{\mathrm{j}\omega T})$为 $d(\mathrm{e}^{\mathrm{j}\omega T}) = W^{-1}(\mathrm{e}^{\mathrm{j}\omega T})\hat{c}(\mathrm{e}^{\mathrm{j}\omega T})$。这个向量满足

$$d(\mathrm{e}^{\mathrm{j}\omega T}) = N(t)b(\mathrm{e}^{\mathrm{j}\omega T}) \tag{4.60}$$

由于 $N(t)$不是 ω 的函数，根据 DTFT 的线性性质，我们可以在时域中表达式（4.60）为

$$d[n] = N(t)b[n],\ n\in\mathbb{Z} \tag{4.61}$$

向量 $d[n]$和 $b[n]$的元素分别是从向量 $b(\mathrm{e}^{\mathrm{j}\omega T})$和 $d(\mathrm{e}^{\mathrm{j}\omega T})$的元素的逆 DTFT 得到的离散时间序列。

式（4.61）的结构与式（4.49）相同，因此可以用类似方式进行处理。使用如 ESPRIT 和 MUSIC 等方法，可以首先从测量信号中恢复 t [17]。t 已知后，使用下式的线性滤波关系可以找到向量 $b(\mathrm{e}^{\mathrm{j}\omega T})$和$\hat{a}(\mathrm{e}^{\mathrm{j}\omega T})$：

$$b(\mathrm{e}^{\mathrm{j}\omega T}) = N^{\dagger}(t)d(\mathrm{e}^{\mathrm{j}\omega T}) \tag{4.62}$$

由于 $N(t)$是范德蒙矩阵，它的列是线性独立的，因此 $N^{\dagger}N=I_K$。使用式（4.55），得到

$$\hat{a}(\mathrm{e}^{\mathrm{j}\omega T}) = D^{-1}(\mathrm{e}^{\mathrm{j}\omega T},t)N^{\dagger}(t)d(\mathrm{e}^{\mathrm{j}\omega T}) \tag{4.63}$$

得到的采样和重建方案如图 4.7 所示。

我们的最后一步是推导滤波器 $s_1^*(-t),\cdots,s_P^*(-t)$和函数 $p(t)$的条件，以便于矩阵 $W(\mathrm{e}^{\mathrm{j}\omega T})$稳定可逆。为此，我们分解矩阵 $W(\mathrm{e}^{\mathrm{j}\omega T})$为

$$W(\mathrm{e}^{\mathrm{j}\omega T}) = S(\mathrm{e}^{\mathrm{j}\omega T})P(\mathrm{e}^{\mathrm{j}\omega T}) \tag{4.64}$$

式中，$S(\mathrm{e}^{\mathrm{j}\omega T})$是一个$P\times P$的矩阵，它的第$\ell m$个元素是

$$S_{\ell m}(\mathrm{e}^{\mathrm{j}\omega T}) = \frac{1}{T}\hat{s}_{\ell}^{*}\left(\omega + \frac{2\pi}{T}(m-1+\gamma)\right) \tag{4.65}$$

$P(\mathrm{e}^{\mathrm{j}\omega T})$是一个$P\times P$的对角矩阵，它的第$m$个元素是

$$P_{mm}(\mathrm{e}^{\mathrm{j}\omega T}) = \hat{p}\left(\omega + \frac{2\pi}{T}(m-1+\gamma)\right) \tag{4.66}$$

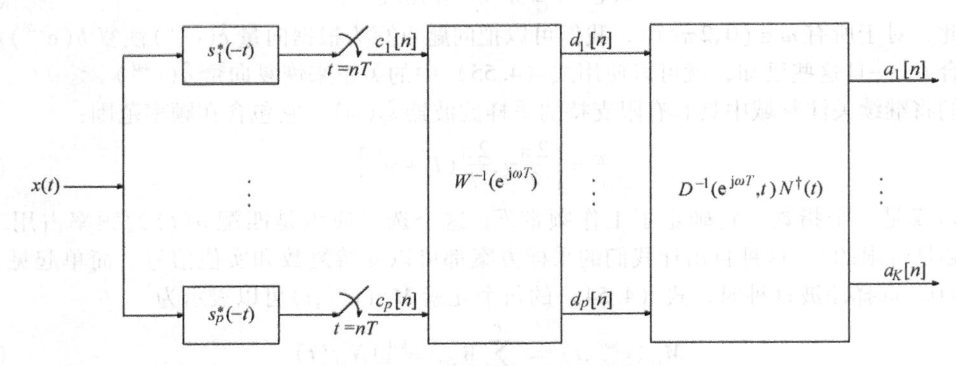

图 4.7　对一般半周期信号的采样和重建方案

通过确保$S(\mathrm{e}^{\mathrm{j}\omega T})$和$P(\mathrm{e}^{\mathrm{j}\omega T})$都稳定可逆可以保证$W(\mathrm{e}^{\mathrm{j}\omega T})$的稳定可逆性。从式（4.66）容易看出，如果存在常数a，$b\in\mathbb{R}$，矩阵$P(\mathrm{e}^{\mathrm{j}\omega T})$稳定可逆，从而对于几乎所有$\omega\in\mathcal{F}$，有

$$0 < a \leqslant |\hat{p}(\omega)| \leqslant b < \infty \tag{4.67}$$

另外，应该选择能形成稳定可逆矩阵$S(\mathrm{e}^{\mathrm{j}\omega T})$的滤波器$S_{\ell}^{*}(-t)$。满足该要求的一组采样核的一个例子理想带通滤波器组，如下：

$$\hat{s}_{\ell}(\omega) = \begin{cases} T, & \omega\in\left[(\ell-1)\frac{2\pi}{T},\ell\frac{2\pi}{T}\right] \\ 0, & \text{其他} \end{cases} \tag{4.68}$$

另一个例子是一个截止频率为$\pi P/T$的 LPF 接着一个速率为P/T的均匀采样器。然后，采样样本可以转换成P个并行流来模拟P个分支的输出。参考文献［17］中进一步讨论了满足这些要求的采样核。

总结来说，我们推导了从半周期脉冲流中恢复脉冲参数的一般技术。该技术概要如图 4.7 所示。假设脉冲形状满足稳定条件式（4.67），并且选择能产生一个稳定恢复矩阵（例如，通过使用带通滤波器式（4.68））的采样核，那么该方法保证能从$2K/T$或更高的总速率采样中完美恢复信号参数式（4.67）。

4.4 噪声对 FRI 恢复的影响

现实世界的信号经常被噪声污染，不符合 FRI 方案。此外，像任何数学模型一样，FRI 框架是一种近似值，在实际场景中并不能精准执行，这种效果被称作“错配”。因此，设计噪声可靠

的 FRI 恢复技术是很有必要的。

如图 4. 8 所示，模拟域和数字域，即采样前后都会出现噪声。所得采样可以写成

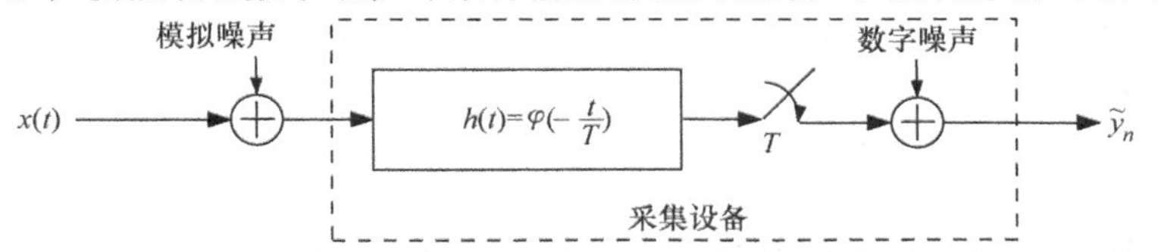

图 4. 8 “真实世界”采样设置中的噪声扰动。模拟和数字路径中的连续信号 $x(t)$ 都可能被破坏

$$\tilde{y}_n = \langle x(t), h(t-nT) \rangle + \epsilon_n \tag{4.69}$$

式中，ϵ_n 是该过程中引入的整体噪声。

噪声存在时，不可能从其采样中完美恢复原始信号。但有时可以通过过采样来减少噪声的影响，即加大采样率，使其高于新息率。在 4. 4. 3 节中，我们稍微修改了 4. 3 节的几个恢复技术，设计了更多可用测量的情况，4. 4. 2 节我们了介绍基于噪声的模型。

过采样增加了测量的信号数量，因此，有时在噪声情况下使用这种技术来提升性能是不足为奇的。但其改善程度取决于所设置的环境。实际在某些情况甚至是噪声存在时，以新息率进行采样时性能最佳，并且不能通过过采样来改善。需要理论地分析噪声对能否恢复 FRI 信号的影响。在 4. 4. 1 节和 4. 4. 2 节将讨论该问题。

4. 4. 1　连续时间噪声下的性能界限

接下来的两节里，我们分析了噪声对能恢复的 FRI 信号精度的影响。实现这一目标的标准工具是 Cramér – Rao 界限（CRB），CRB 在 MSE 下限，它可由任何无偏估计器实现[48]。因此，它提供了特定的估计问题难度的度量，从而评估现有技术是否接近最优。它也可用于衡量不同类型测量的相对优点。因此，我们将看到 CRB 能够确定 4. 3 节中哪一个采样核对噪声的鲁棒性更强，也能够量化过采样的好处。

如前所述，实际应用中可能有两种类型的噪声，即采样前破坏信号的连续时间噪声和由采样系统贡献的离散噪声（见图 4. 8）。为简化讨论，我们分别考察了这些模型：先讨论连续时间噪声，在 4. 4. 2 节再讨论采样噪声。关于两个噪声源的综合影响的进一步细节可以见参考文献 [12]。

为分析性能，我们重点关注形式为式（4. 19）的有限时间 FRI 信号。信号 $x(t)$ 由 $2K$ 个有限长的参数 $\{a_k, t_k\}_{k=0}^{K-1}$ 决定。为以后使用，我们定义了参数矢量：

$$\theta = (t_0, \cdots, t_{K-1}, a_0, \cdots, a_{K-1})^{\mathrm{T}} \tag{4.70}$$

连续时间噪声独立于采样过程。因此，该噪声模型可用于确定一个给定信号收敛到估计精度的极限。具体讲，假设我们对下面信号进行采样：

$$y(t) = x(t) + \omega(t) \tag{4.71}$$

式中，$x(t)$ 是有限时间 FRI 信号式（4. 19），$\omega(t)$ 是方差为 σ^2 的连续时间白高斯噪声。

1. 无差别采样的约束

方均误差（MSE）可以通过任何采样方法实现，为了约束 MSE，直接从连续时间过程 $y(t)$ 中推导出用于估计 $x(t)$ 的 CRB 是有意义的。对此，显然没有哪一个采样机制可以比得上去耗尽

$y(t)$中所有信息。

这个约束有一个特别简单的闭合形式表达式，该表达式取决于信号中的脉冲数量（或等同于新息率），但不是待估计的 FRI 信号类。对于持续时间为 τ 的信号 $x(t)$，任何无偏、有限的方差估计 $\hat{x}(t)$ 的 MSE 满足[12]：

$$\frac{1}{T}\int \mathbb{E}\left(\mid x(t)-\hat{x}(t)\mid^2\right)\mathrm{d}t \geqslant \rho_\tau \sigma^2 \tag{4.72}$$

式中，对于有限的 FRI 信号，τ 局部新息率满足 $\rho_\tau = 2K/\tau$。

因此，噪声环境中的新息率可以重新解释为最佳可实现的 MSE（方均误差）与噪声方差 σ^2 之间的速率。无噪声情况下新息率的表征与允许信号完美恢复时的最低采样率形成鲜明对比；事实上，噪声存在时，不可能完全恢复信号。

2. 采样测量的约束

接下来我们思考从式（4.71）的信号 $y(t)$的采样样本中估计 $x(t)$的下限。为了保持讨论的一般性，我们考虑下列形式的采样：

$$\widetilde{y}_n = \langle y(t), \varphi_n(t)\rangle,\ n=0,\cdots,N-1 \tag{4.73}$$

式中，$\{\varphi_n(t)\}$是一组采样核。例如，在抗混叠滤波器 $\varphi(-t)$的输出处逐点采样相当于采样核 $\varphi_n(t)=\varphi(t-nT)$。我们用 Φ 表示由采样核张成的子空间。此时采样样本中有了由信号 $y(t)$中带入的噪声 $\omega(t)$。注意，除非采样核$\{\varphi_n(t)\}$恰好正交，否则得到的测量结果不会是统计学独立的。对于4.4.2节的采样噪声模型来说，这是一个关键差异。

假设存在 Fréchet 导数$\partial x/\partial\theta$，它量化了 θ 变化时 $x(t)$的敏感度。简要讲，$\partial x/\partial\theta$ 是从$\mathbb{R}^{2K}$到平方可积函数空间 L_2 的一个运算符，使得

$$x(t)\mid_{\theta+\delta} \approx x(t)\mid_\theta + \frac{\partial x}{\partial\theta}\delta \tag{4.74}$$

假设在$\partial x/\partial\theta$ 空间范围中存在元素与 Φ 正交。这意味着可以在不改变测量分布 $\widetilde{y}_0,\cdots,\widetilde{y}_{N-1}$ 的情况下扰乱 $x(t)$。例如，当测量次数 N 小于定义 $x(t)$的参数数目 $2K$ 时，这种情况就会发生。尽管仍然可能从这些测量中重构关于 $x(t)$的一些信息，但从估计角度来看，这并不合需要。所以我们假设

$$\frac{\partial x}{\partial\theta}\cap\Phi^{\perp}=\{0\} \tag{4.75}$$

基于上述假设，采样 $x(t)$式（4.73）的任何无偏有限方差估计器 $\hat{x}(t)$满足[12]：

$$\frac{1}{\tau}\int \mathbb{E}\left(\mid x(t)-\hat{x}(t)\mid^2\right)\mathrm{d}t \geqslant \frac{\sigma^2}{\tau}\mathrm{Tr}\left[\left(\frac{\partial x}{\partial\theta}\right)^*\left(\frac{\partial x}{\partial\theta}\right)\left(\left(\frac{\partial x}{\partial\theta}\right)^* P_\Phi\left(\frac{\partial x}{\partial\theta}\right)\right)^{-1}\right] \tag{4.76}$$

式中，P_Φ 是子空间 Φ 上的投影。

注意，尽管有连续时间运算符，式（4.76）括号中的表达式是一个 $2K\times 2K$ 的矩阵，可用于数值计算。还观察到，相比式（4.72）的连续时间边界，采样界限取决于 θ 值。因此，对于特定采样方案，某些信号可能比其他信号更难估计。

正如预期一样，采样界限式（4.76）从不低于极限（样本无关）式（4.72）。然而，这两个界限有时会重合。如果这种情况发生，那么至少在性能界限方面，与基于整个连续时间测量的“理想”估计量相比，基于样本式（4.73）的估计器将不会降低。例如，如果对于任何可行的

$x(t)$值有 $x(t)\in\Phi$，我们称这种情况为“奈奎斯特等效”采样。这种情况下，$P_{\Phi}\frac{\partial x}{\partial\theta}=\frac{\partial x}{\partial\theta}$，因此式（4.76）减小到下式并且两个边界重合。

$$\frac{1}{\tau}\int\mathbb{E}(|x(t)-\hat{x}(t)|^2)\mathrm{d}t\geqslant\frac{\sigma^2}{\tau}\mathrm{Tr}(I_{2K\times 2K})=\sigma^2\rho_{\tau}\tag{4.77}$$

多数现实中的 FRI 信号模型都不包含在任意有限的维度子空间中。这些情况下，采样率的任意增加可以提高性能估计。即使存在包含整个 FRI 信号系列的子空间，其尺寸通常远大于 2K 个信号参数；因此，需要以可能远远高于新息率的奈奎斯特速率进行采样，从而充分利用信号中的信息。因此知道，当噪声存在时，经常可以以新息率进行过采样来改善信号。4.5 节介绍了过采样好处的一个实例。

从子空间联合的观点来看，这种现象是有趣的。假设可行信号集$\mathcal{X}$可被描述为由连续参数 α 下标标定的有限数量子空间$\{\mathcal{U}_\alpha\}$的联合，即

$$\mathcal{X}=\bigcup_{\alpha}\mathcal{U}_\alpha\tag{4.78}$$

这时，当且仅当下式成立，有限速率采样能得到存在于信号中的所有信息：

$$\dim\left(\sum_{\alpha}\mathcal{U}_\alpha\right)<\infty\tag{4.79}$$

式中，$\dim(\mathcal{M})$是子空间$\mathcal{M}$的维度。相比而言，无噪声时，参考文献［7］先前已经表明恢复 $x(t)$ 所需的样本数为

$$\max_{\alpha_1,\alpha_2}\dim(\mathcal{U}_{\alpha 1}+\mathcal{U}_{\alpha 2})\tag{4.80}$$

即两个子空间联合的和的最大维度。一般来说，式（4.79）的维度将远高于式（4.80），这也说明了有噪声和无噪声下的定性差异。例如，如果子空间$\mathcal{U}_\alpha$维度有限，则式（4.80）维度也必须有限，而式（4.79）则不需要有限。

为模拟噪声得到的边界也可用于优化有固定速率的采样核。特定假设下，像参考文献［10，11］中的方案一样，对于有限脉冲流，使用指数函数或傅里叶采样样本最优。但是在某些脉冲形状下，这些边界表明这些重构阶段的算法仍有实质性改进的余地。从这些边界中得到的另一个启发是，相比有限信号的情况，半周期设置下更具有鲁棒性。正如我们所讨论的那样，这是因为可能能够联合处理采样样本。根据经验，如果大多数参数确定了子空间内的位置，而非子空间本身的位置，似乎就可以以低速率改善性能。

4.4.2 采样噪声下的性能界限

本节在离散采样噪声存在的情况下，为从采样样本中估计有限时间 FRI 信号式（4.19）的参数，推导了 CRB。我们尤其考虑了下式噪声样本存在时参数 θ 的无偏估计量［见式（4.70）］。

$$\tilde{y}=(\tilde{y}_0,\cdots,\tilde{y}_{N-1})^{\mathrm{T}}\tag{4.81}$$

式（4.81）由下式得出：

$$\tilde{y}_n=\left\langle x(t),\varphi\left(\frac{t}{T}-n\right)\right\rangle+\epsilon_n\tag{4.82}$$

整个过程中，我们假设 ϵ_n 是方差为 σ^2 的白高斯噪声。

此设置环境与4.4.1节中所讨论的情景有两方面不同。首先，我们现在考虑的是采样后引入的噪声，而非连续时变情况下的噪声。因此，只可以基于采样方案上下文来讨论性能范围，此时的采样无关下限不可用（比如式（4.72））。另一层考虑是由于噪声源于采样过程，因此可合理假设不同采样中的噪声独立。其次，在本节中，我们考虑的是定义信号$x(t)$时估计参数θ的问题，而非信号本身的问题。关于从被离散噪声破坏的采样中恢复$x(t)$的界限，可在参考文献[12]中找到。

具体来说，本节中我们重点介绍的是估计周期为τ的Dirac流问题：

$$x(t) = \sum_{m \in \mathbb{Z}} \sum_{k=0}^{K-1} a_k \delta(t - t_k - m\tau) \tag{4.83}$$

则采样式（4.82）变成

$$\widetilde{y}_n = \sum_{m \in \mathbb{Z}} \sum_{k=0}^{K-1} a_k \varphi(nT - t_k - m\tau) + \epsilon_n = f(\theta, n) + \epsilon_n \tag{4.84}$$

因此，测量向量$\widetilde{y}_0$具有高斯分布，其平均值为$(f(\theta,0),\cdots,f(\theta,N-1))^{\mathrm{T}}$，协方差为$\sigma^2 I_{N\times N}$。由参考文献[48]给出CRB如下：

$$\mathrm{CRB}(\theta) = (J(\theta))^{-1} \tag{4.85}$$

式中，$J(\theta)$是Fisher信息矩阵：

$$J(\theta) = \frac{1}{\sigma^2} \sum_{n=0}^{N-1} \nabla f(\theta, n) \nabla f(\theta, n)^{\mathrm{T}} \tag{4.86}$$

因此，θ的任意无偏估计量$\hat{\theta}$的MSE满足

$$\mathbb{E}\{\|\hat{\theta} - \theta\|^2\} \geqslant \mathrm{Tr}[(J(\theta))^{-1}] \tag{4.87}$$

注意，可以使用相似技术来获得由任意脉冲形状组成的FRI信号以及周期性FRI信号的边界。唯一的差异是表达式$f(\theta,n)$会更繁琐。

比较噪声存在时的采样核

举个能得到CRB的封闭表达式的例子，我们现在考虑该特例，一个周期性Dirac流每周期包含单个脉冲，估计该Dirac流的参数。因此我们有$K=1$，未知参数为$\theta=(t_0,a_0)^{\mathrm{T}}$。虽然这个例子非常简单，但是这种推导封闭形式的能力让我们知道了不同采样方案的相对优点。尤其是我们可以将比较使用sinc、B样条、E样条和SoS采样核时获得的不同边界。

使用不同核估计这个周期性FRI信号的CRB见本章附录。接着，所得MSE的平方根用于限制位置和振幅的不确定性。对于B样条和E样条，所得表达式取决于t_0。假设t_0在τ上均匀分布，据此消除上述这种依赖关系，然后计算不确定性的期望值。我们仅分析基数和三角指数样条[35]。对于本节中给出的所有推导和总结，我们定义峰值信噪比（SNR）为$\mathrm{PSNR}=(a_0/\sigma)^2$。考虑到要公正比较不同的采样核，需要将核归一化为具有单位范数。

为比较不同核，假设选sinc核时像参考文献[19]通常那样考虑：$\begin{cases} B\tau = N, & \text{奇数 } N \\ B\tau = N-1, & \text{偶数 } N \end{cases}$。

并且假定对于所有k，SoS核都有最佳结果$b_k=1$[10]。从表4.1可以看出，基于这些假设，所有核位置的不确定性都遵循相同的趋势，取决于一个常数因子：它们与$\frac{1}{N}\sqrt{\frac{\tau}{N}}\mathrm{PSNR}^{-\frac{1}{2}}$成正比。因

此，随着采样率（对应于较大的 N 值）及 SNR 平方根的增加，性能也显著提高。有趣的是，这可以很容易地证明 SoS 核具有与 sinc 核完全相同的不确定性。要看到这一点，请注意，$|\mathcal{K}|=2M+1$ 且采样数必须满足 $N\geqslant|\mathcal{K}|\geqslant 2K$。

利用表4.1中结果参数的典型值，我们可以比较各种核的性能。例如，假设只有 $K=1$ 个 Dirac，对于所有核，有固定间隔 $\tau=1$、样本常数 $N=32$、采样周期 $T=\tau/N$；对于 SoS 核有 $b_k=1$，$\forall k$；对于 B 样条有 $P=1$；对于 E 样条有 $P=1$、$\omega_0=2\pi/N$。此时，在位置和幅度的不确定性上，sinc 和 SoS 核都具有最佳表现。对于最低阶（$P=1$）的 B 样条和 E 样条核，其不确定性几乎相同且略逊于最优。对于大于最小值的任意支持，后几种核的不确定性依次增加。

表 4.1　不同采样核位置和振幅的不确定性总结。不确定性来自本章附录中 Cramér – Rao 界限

Kernel	$\frac{\Delta t_0}{\tau}\geqslant$	$\frac{\Delta a_0}{\|a_0\|}\geqslant$
sinc	$\frac{1}{\pi}\sqrt{\frac{\tau}{N}\frac{3}{(B^2\tau^2-1)}}\mathrm{PSNR}^{-\frac{1}{2}}$	$\sqrt{\frac{\tau}{N}}\mathrm{PSNR}^{-\frac{1}{2}}$
B 样条	$\frac{2}{3}\frac{1}{N}\sqrt{\frac{\tau}{N}}\mathrm{PSNR}^{-\frac{1}{2}}$	$\frac{2}{\sqrt{3}}\sqrt{\frac{\tau}{N}}\mathrm{PSNR}^{-\frac{1}{2}}$
E 样条	$\frac{\omega_0-\cos\omega_0\sin\omega_0}{\omega_0\sin\omega_0}\frac{1}{\omega_0 N}\sqrt{\frac{\tau}{N}}\mathrm{PSNR}^{-\frac{1}{2}}$	$\frac{1}{\omega_0}\sqrt{\frac{\omega_0^2-\cos^2\omega_0\sin^2\omega_0}{\omega_0\sin^2\omega_0}}\sqrt{\frac{\tau}{N}}\mathrm{PSNR}^{-\frac{1}{2}}$
SoS	$\frac{1}{2\pi}\sqrt{\frac{\tau}{N}\frac{\sum_{k\in\mathcal{K}}\|b_k\|^2}{\sum_{k\in\mathcal{K}}k^2\|b_k\|^2}}\mathrm{PSNR}^{-\frac{1}{2}}$	$\sqrt{\frac{\tau}{N}}\mathrm{PSNR}^{-\frac{1}{2}}$

4.4.3　提高采样噪声鲁棒性的 FRI 技术

4.3 节中每个重建算法的中心步骤是搜索一个满足线性方程组式（4.26）的湮灭滤波器 $\{h_m\}_{m=0}^{K}$。对于任意 z 变换式的根（零值）在点 $\{u_k=\mathrm{e}^{-\mathrm{j}2\pi\frac{t_k}{\tau}}\}_{k=0}^{K-1}$ 处的任意滤波器 $\{h_m\}$，这个滤波器可以通过观察 $\hat{x}*h=0$ 得到。在无噪声环境下，K 度作为一个具有 K 个零的滤波器的最低可能度，选择 K 度的 $\{h_m\}$ 是合理的。然而，只要 $\{u_k\}_{k=0}^{K-1}$ 中有 L 个零，也可以选择 L 度($L\geqslant K$)的任意滤波器。相反，任何湮灭了系数 $\{\hat{x}_m\}$ 的滤波器也都是这样，它们的值 u_k 中也有相应个数的零。

当系统中存在噪声时，我们不再能精确计算序列 $\{\hat{x}_m\}$；我们只能接触到有噪声的系统 $\{\hat{\tilde{x}}_m\}$。另一方面，由于湮灭方程满足 $\{\hat{x}_m\}$ 内的任意连续序列，我们可以选择增加测量次数，从而获得范围在 $-M\leqslant m\leqslant M(M>L/2)$ 的序列 $\{\hat{\tilde{x}}_m\}$。然后可以将湮灭方程写为

$$\begin{pmatrix}\hat{\tilde{x}}_{-M+L} & \hat{\tilde{x}}_{-M+L-1} & \cdots & \hat{\tilde{x}}_{-M}\\ \hat{\tilde{x}}_{-M+L+1} & \hat{\tilde{x}}_{-M+L} & \cdots & \hat{\tilde{x}}_{-M+1}\\ \vdots & \vdots & \ddots & \vdots\\ \hat{\tilde{x}}_{M} & \hat{\tilde{x}}_{M-1} & \cdots & \hat{\tilde{x}}_{M-L}\end{pmatrix}\begin{pmatrix}h_0\\ h_1\\ \vdots\\ h_L\end{pmatrix}\approx\begin{pmatrix}0\\0\\ \vdots\\0\end{pmatrix} \tag{4.88}$$

上式有 $2M-L+1$ 个等式、$L+1$ 个未知数。由于测量 $\{\hat{\tilde{x}}_m\}$ 时存在噪声，所以方程式并不完全成立。同样地，我们可以类似写出更紧凑的方程形式如下：

$$\widetilde{A}h\approx 0 \tag{4.89}$$

式中，$\widetilde{A}$上的波浪号用于提醒我们该矩阵包含噪声。无噪声测量时，形成的方程组中获得的矩阵表示为A。

注意，我们不需要$h_0=1$。实际上，存在$L-K+1$个L度的线性独立多项式，其零值点为u_k。因此，存在满足式（4.88）的$L-K+1$个独立向量h。换句话说，$\widetilde{A}$的秩不会超过K。这是在噪声存在时，许多信号重建方法的基本关键点。现在回顾这两种技术，即参考文献［19］中引入的总体最小二乘法和Cadzow迭代算法。注意，这些技术的用法如下所述，采样噪声ϵ_n必须是一组白噪声和高斯测量相叠加的噪声。

1. 总最小二乘法

噪声存在时，测量值$\{x_m\}$未知，因此只能访问具有噪声的矩阵$\widetilde{A}$，使得修改的湮灭方程式（4.89）成立。因此，通过使用总最小二乘（TLS）法寻求近似解式（4.89）是可行的[19]，该方法被定义为求解最小化问题：

$$\min_h \|\widetilde{A}h\|^2 \quad \|h\|^2=1 \tag{4.90}$$

易见，求解式（4.90）的滤波器h可由对应于矩阵$\widetilde{A}$的最小奇异值的奇异向量给出。一旦找到滤波器h，就能确定其根，从而确定时间延迟，解释见4.3节。

2. Cadzow迭代降噪算法

当噪声水平增加时，TLS法会变得不可靠。因此在应用TLS法之前，有必要使用一种技术来降低噪声。Cadzow技术的想法是利用无噪声矩阵A是秩为K的Toeplitz矩阵。因此，我们的目标是找出一个秩为K的Toeplitz矩阵A'，从最小Frobenius范数意义上，矩阵A'最接近于噪声矩阵$\widetilde{A}$。因此，我们想解决如下的优化问题：

$$\min_{A'} \|\widetilde{A}-A'\|_F^2 \quad 秩(A')\leqslant K, A'是\text{Toeplitz}矩阵 \tag{4.91}$$

为求解式（4.91），我们采用算法迭代更新目标矩阵B，直到其收敛。迭代时交替出现近似为K的最佳秩和近似为B的最佳Toeplitz矩阵。因此，我们必须独立地解决这两个优化问题：

$$\min_{A'} \|B-A'\|_F^2 \quad 秩(A')\leqslant K \tag{4.92}$$

和

$$\min_{A'} \|B-A'\|_F^2 \quad A'是\text{Toeplitz}矩阵 \tag{4.93}$$

通过对B的对角线进行平均，可以很容易求解式（4.93）。为求解式（4.92），我们需要计算B的奇异值分解（SVD）$B=USV^*$，其中U和V是酉矩阵，S是对角矩阵，其对角项为B的奇异值。然后，除了S中的所有的K个最大奇异值，我们丢弃了其他所有值。换句话说，我们构造一个对角矩阵S'，其对角线是S中的K个最大项，其余均为零。最接近矩阵B的秩为K的矩阵由$US'V^*$给出。

求解式（4.91）的整个迭代算法可概括如下：

1）让B等于原始（含噪声）测量矩阵$\widetilde{A}$。

2）计算B的SVD，使得$B=USV^*$，其中U和V是酉矩阵，S是对角矩阵。

3）构建对角矩阵S'，使其对角线包含S中的K个最大元素，其余为零。

4）更新矩阵B使其秩K为最佳近似：$B=US'V^*$。

5）通过对矩阵 B 的对角线进行平均，将 B 更新为最佳近似 Toeplitz 矩阵。

6）从步骤 2 再重复，直到收敛或达到特定的迭代次数。

应用 Cadzow 算法，进行少量迭代就会得到矩阵 A'，其误差 $\| A' - A \|_F^2$ 远小于原始测量矩阵 $\widetilde{A}$ 的误差。当 $\widetilde{A}$ 尽可能接近方阵时，该过程最有效[19]，所以使用 $L = M = \left\lfloor \frac{B\tau}{2} \right\rfloor$ 会是一个很好的选择。如前所述，去噪矩阵 A' 也可以与 TLS 技术结合使用。

4.5 仿真

本节展示了使用我们所述 FRI 方法得到的一些结果。首先，我们展示了在无噪声环境下如何使用所提出的核来完美重建信号。接着，当采样被加性独立同分布高斯噪声损坏时，各种核的性能表现。在所有仿真中，我们只考虑实值采样核。

4.5.1 无噪声环境下的采样和重建

图 4.9 显示了 4.3.1 节中在 Dirac 周期性输入时关于采样和重建的一个例子。请注意，此时使用 sinc 采样核或 $b_k = 1$ 的 SoS 滤波器效果一样。图 4.9a 中是原始和重建信号，图 4.9b 是滤波输入和以均匀间隔采集的采样样本。信号的重建精确到数值精度。

图 4.10 使用了一个实值 E 样条来对 $K = 4$ 个紧密排列的 Dirac 进行完美重建。这里的重建也是精确到数值精度。

最后一个例子是，考虑周期性输入 $x(t)$，它的每个周期都是经过 $K = 5$ 个延迟和加权的 $\tau = 1$ 的高斯脉冲。幅度和位置随机选择。使用指数为 $\mathcal{K} = -K, \cdots, K$、基数为 $M = |\mathcal{K}| = 2K + 1 = 11$ 的 SoS 核进行采样。滤波器 $x(t)$ 和 $g(t)$ 定义见式（4.34），并设置系数为 b_k，$k \in \mathcal{K}$、长度为 M 的对称汉明窗口。对滤波器输出进行 N 次均匀采样，采样周期 $T = \tau / N$，其中 $N = M = 11$。采样过程如图 4.11b 所示。重构和原始信号如图 4.11a 所示。估计和重建也同样精确到数值精度。

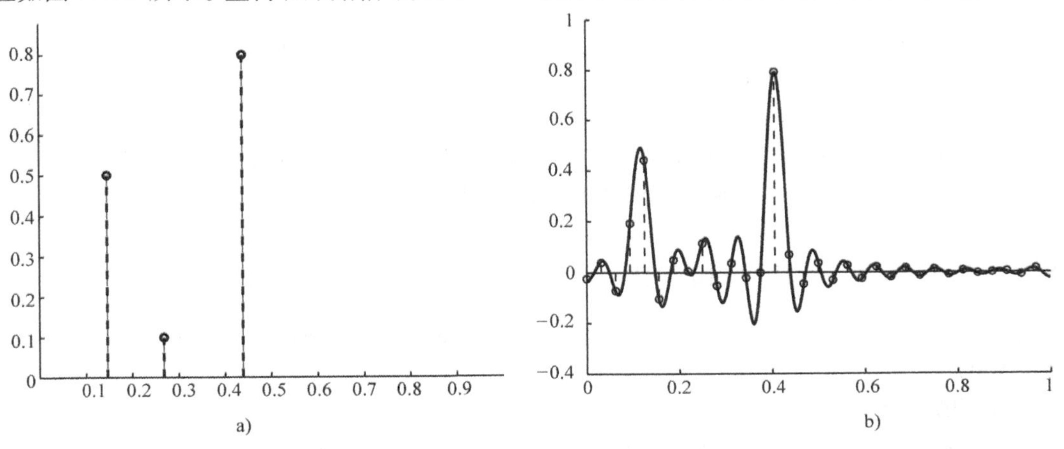

图 4.9　核为 sinc 的 Dirac 流的采样和重建示例。a）原始信号及其重建，精确到数值精度；b）sinc 核与输入的卷积。以间隔 Ts 均匀采样

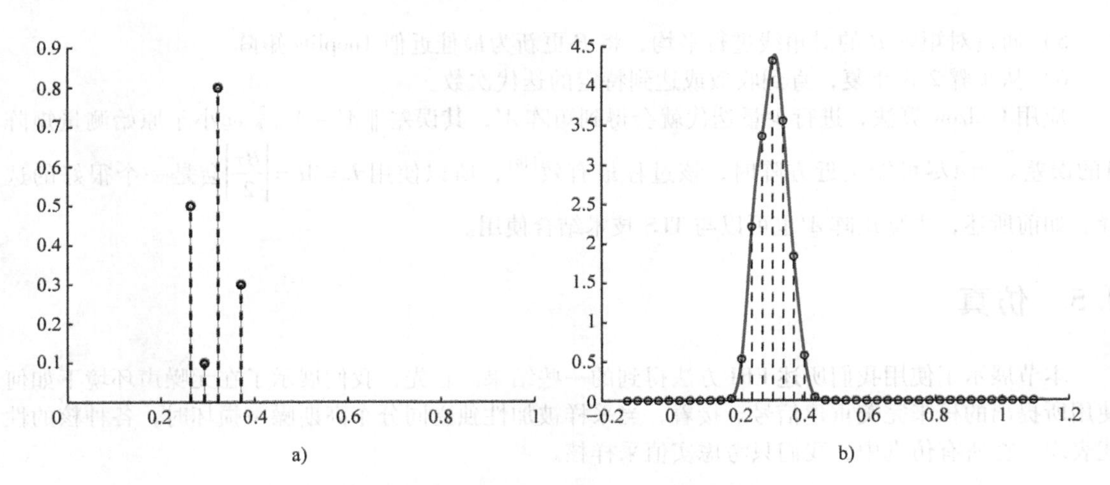

图 4.10 使用 E 样条核对 $K=4$ 个紧密排列的 Dirac 采样重建。a) 原始信号及其重建，精确到数值精度；b) E 样条核与输入的卷积。以间隔 Ts 均匀采样

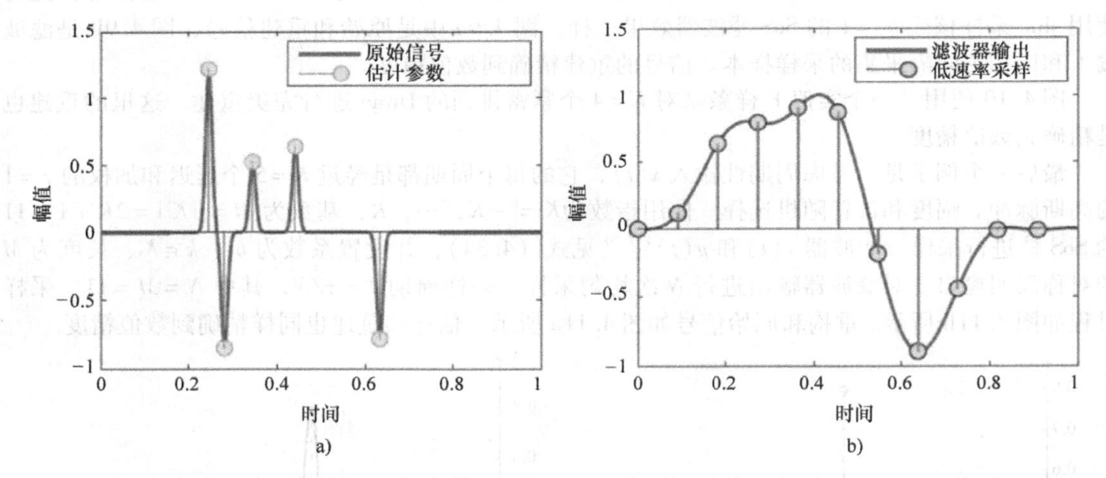

图 4.11 使用 SoS 核对脉冲串进行采样和重建的示例。a) 高斯形状的脉冲串和估计参数；b) 输入与 SoS 核的卷积。以间隔 Ts 均匀采样

4.5.2 噪声环境下的采样和重建

存在噪声时，不可能精确恢复输入信号。为了合理恢复信号，如 4.4 节中所说，一些去噪策略是必要的。

1. 周期脉冲流

首先，我们所提出的鲁棒的重建策略可以在一个较宽 SNR 范围下得到 4.4.2 节给定的数字噪声的 CRB。我们集中于使用系数为 $b_k=1$ 的 SoS 核。请注意，在这种情况下，SoS 是 Dirichlet 函数，因此等价于参考文献［19］中的周期性 sinc。图 4.12 显示了当输入是 $K=3$ 个 Dirac 的周

期信号时与SoS核卷积的结果，采样被SNR = 10dB的独立同分布高斯噪声损坏，其中我们将SNR定义为SNR = $\frac{\|y\|_2^2}{N\sigma^2}$。其中，$M=\left\lfloor\frac{B\tau}{2}\right\rfloor$、Cadzow矩阵共迭代20次。结果表明，尽管SNR相当低，但位置估计的误差非常小。然而，振幅估计的误差较大。这是因为优化核是为了最小化Dirac的位置而非幅度的估计误差。

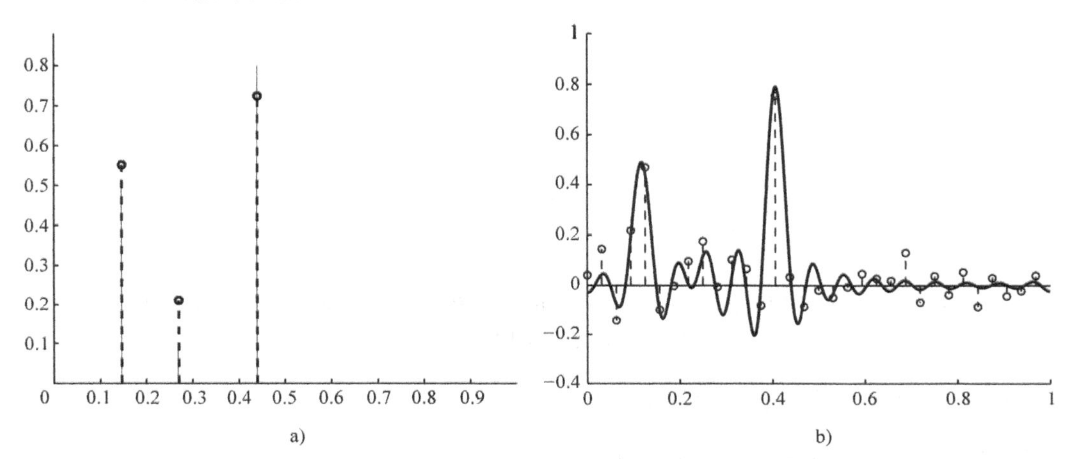

图4.12　使用SoS核对Dirac进行采样和重建的示例。a）要采样的原始信号及其重建，重叠输入；b）核与输入的卷积。显示了噪声样品

现在我们考虑具有单个Dirac（例如$K=1$）的周期性流。仿真时固定Dirac振幅。采样样本被方差为σ^2的独立同分布高斯噪声损坏，使得SNR范围为 - 10 ~ 30dB。我们将时间延迟估计中的误差定义为所有实验中的$\|t-\hat{t}\|_2^2$的平均值，其中t和$\hat{t}$分别表示按照递增排列的实际和估计的时间延迟。然后，我们计算均值的平方根来获得MSE，MSE等于无偏估计量的标准差。图4.13显示了通过10000次实现和对Cadzow算法的10次迭代从而获得的结果。更具体些，图4.13a显示了相对于实际位置的估计位置，图4.13b显示了相比于CRB预测的偏差的估计误差。当SNR值高于5dB时，一个Dirac产生的FRI信号的恢复几乎是最优的，因为这些位置的不确定性达到由CRB给出的（无偏）理论最小值。

以过采样为代价可以进一步改善重建质量。如图4.14所示，其中两个Dirac被重建。这里我们显示过采样因子为2、4和8时信号的恢复性能。

我们在下面的仿真中考虑了指数生成核并分析了噪声存在时它们的性能。任意指数生成核形式为$\varphi(t)=\psi(t)*\beta_{\vec{\alpha}}(t)$，其中$\beta_{\vec{\alpha}}(t)$是指数为$\alpha$的E样条：$\vec{\alpha}=\{\alpha_0,\alpha_1,\cdots,\alpha_P\}$，$\psi(t)$基本上可以是任何函数，甚至一个分布。这里旨在了解如何设置$\vec{\alpha}$和$\psi(t)$，以便于当噪声假定为加性独立同分布高斯噪声时其具有最大的抗噪能力。事实证明，指数的最佳选择是$\alpha_m=\mathrm{j}2\pi\frac{m}{N}$[36]。$\psi(t)$的选择不唯一且取决于$\varphi(t)$的期望支持。若$\varphi(t)$与SoS核有相同支持，那么最大化$\psi(t)$就会产生指数生成核，该指数生成核的系数$c_{m,n}$构成一个DFT。此外，当得到的指数生成核的阶数$P$等于$P=N-1$时，核的性能表现就如同Dirichlet函数一样[36]。图4.15的仿真结果证实了上述

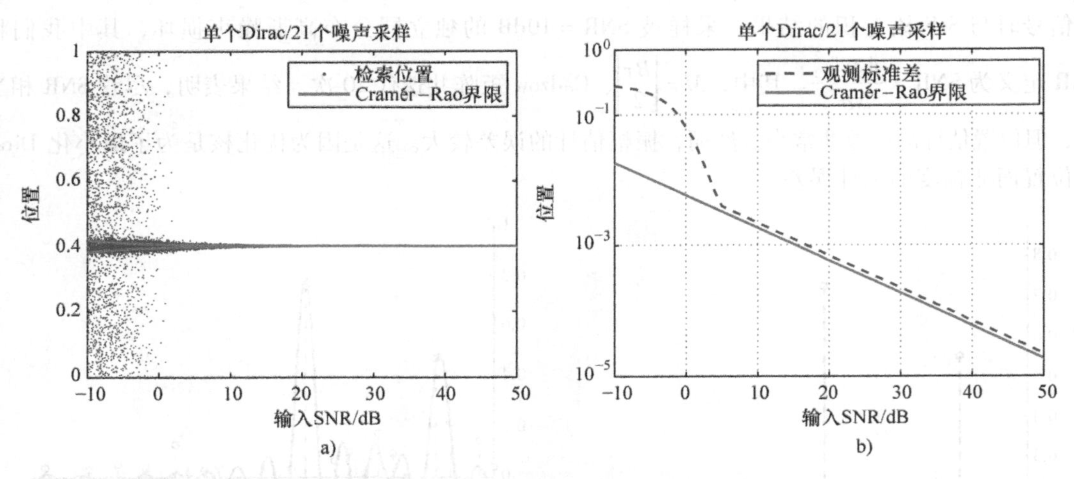

图 4.13　检索 FRI 信号的位置。a）位置的散点图；b）与 Cramér - Rao 下限相比的标准差（平均超过 10000 次实现）

分析。此处，当噪声存在时，我们使用一个具有正确指数为 $\alpha_m = j2\pi\frac{m}{N}(P=9, o)$ 的 E 样条、一个具有任意指数（$P=9$，d）的 E 样条 两个最稳定的指数生成核（$P=15, 30, n$）（最好的是 Dirichlet 函数）来恢复两个 Dirac。其中使用“d”表示默认核，“o”表示系数的正交行，“n”表示正交行。

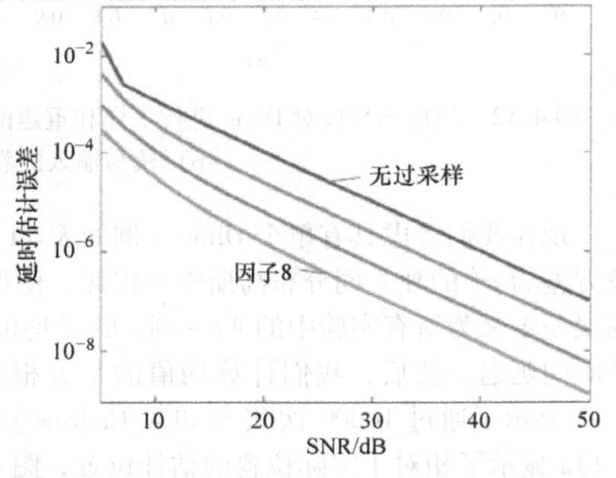

图 4.14　过采样的效果。当有更多的样本时，对于所有 SNR 的恢复性能都会提高

我们这里有 $N=31$ 个采样样本，输入 $x(t)$ 是周期为 τ 的 Dirac 流，其中 $\tau=1$s。我们进行 1000 个实验，通过控制方差得到所需 SNR，然后用对应方差的独立同分布高斯噪声来污染采样样本，并且通过对 Cadzow 去噪算法进行 30 次迭代来去噪计量矩。我们可以看到从第一种到最后一种类型的指数生成核，性能有提高。实际上，如预期的那样，正确选择指数 α_m 可以改善位置估计，适当选择 $\psi(t)$ 将进一步改善结果。有趣的是，如果我们使用纯 E 样条 $\beta_{\alpha(t)}$，那么性能会顺序下降。图 4.15 绘制了最优顺序（$P=9$）。相比之下，当我们设计的指数生成核最优，性能会不断提升，直到与 Dirichlet 核相匹配。

2. 有限脉冲流

现在我们来谈谈使用有限脉冲流时 FRI 的恢复方法。我们研究了四个场景，信号分别由 $K=2$、3、5、20 个 Dirac 组成[㊀]。在我们的设置环境中，时间延迟在 $\tau=1$ 的窗口 $[0,\tau)$ 中均匀分布且实验过程中一直为常数。所有振幅均设为 1。SoS 滤波器的指数集为 $\mathcal{K}=\{-K,\cdots,K\}$。B 样条和

㊀ 对于高阶 E 样条，由于时域表达式的计算复杂性，函数仿真到允许 $K=5$ 个脉冲的 9 阶。

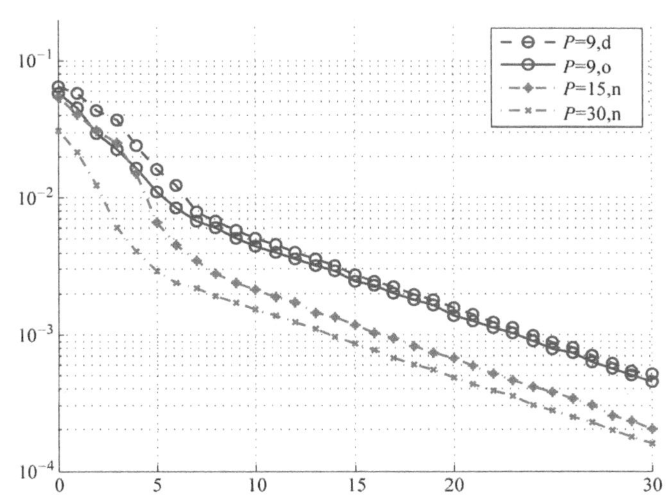

图 4.15　用指数生成核进行采样。存在噪声时，$K=2$ 个 Dirac 的位置估计的结果。通过适当选择参数 α_m（带 - o - 的实线）以及 $\psi(t)$（虚线）来提升指数生成核的性能

E 样条的阶数均取 $2K-1$，对 E 样条，我们使用平均分布在复数单元圆周围的纯虚指数。所有方法的采样周期 $T=\tau/N$，其中，对于 SoS 核，采样数 $N=2K+1=5$、7、11、41，对于基于样条的方法，$N=2K+1+S=9$、13、21、81，其中 S 是样条支持。为了改进样条方法，采用硬阈值。阈值被选为 3σ，其中 σ 是噪声的标准差。对于高斯采样核，参数 σ_g 被优化并分别取值为 $\sigma_g=$ 0.25、0.28、0.32、0.9。

结果如图 4.16 所示。$K=2$ 时所有的方法都是稳定的，其中 E 样条表现出的性能比 B 样条更好，高斯和 SoS 方法证明有最低误差。随着 K 值增大，SoS 滤波器的优点更加突出，其中 $K\geqslant5$ 时，高斯和两种样条方法的性能都会恶化，且误差接近于 τ 阶。相反，SoS 滤波器性能甚至在高达 $K=20$ 时几乎保持不变，因此 B 样条和高斯方法不稳定。

3. 无限脉冲流

下面我们演示了白高斯噪声存在时，对于有效脉冲流，以新息率工作的 FRI 方法的性能。我们比较了可以实现新息率的三种方法：参考文献 [40] 中描述的基于积分器的方法；参考文献 [41] 中的指数滤波器方法；4.3.4 节中描述的基于调制器的多通道方法。对于调制器，我们检查三个波形：余弦和正弦波形（色调）、滤波后的矩形交替脉冲（矩形），以及从经延迟的 SoS 滤波器（SoS）中获得的波形。与参考文献 [41] 一样定义指数滤波器的脉冲响应的参数，参数被选为 $\alpha=0.2T$ 和 $\beta=0.8T$。

我们集中关注由 $K=10$ 个 Dirac 组成、时间间隔为 $[0,T)$、幅度为 1、$P=21$ 个通道的一个周期的输入信号。不同方法下关于时间延迟的估计误差与 SNR 的描述比较如图 4.17 所示。高阶情况下，基于积分器和指数滤波器的方法不稳定性更明显。相反，SoS 方法的估计结果良好。在交替脉冲情况下，基于音调和 SoS 的方案有轻微的优势，其中前两个配置具表现性能相似。

4.5.3　周期 FRI 信号与半周期 FRI 信号

正如上面所看到的那样，噪声存在且以略高于新息率采样时，式（4.18）的信号重建经常

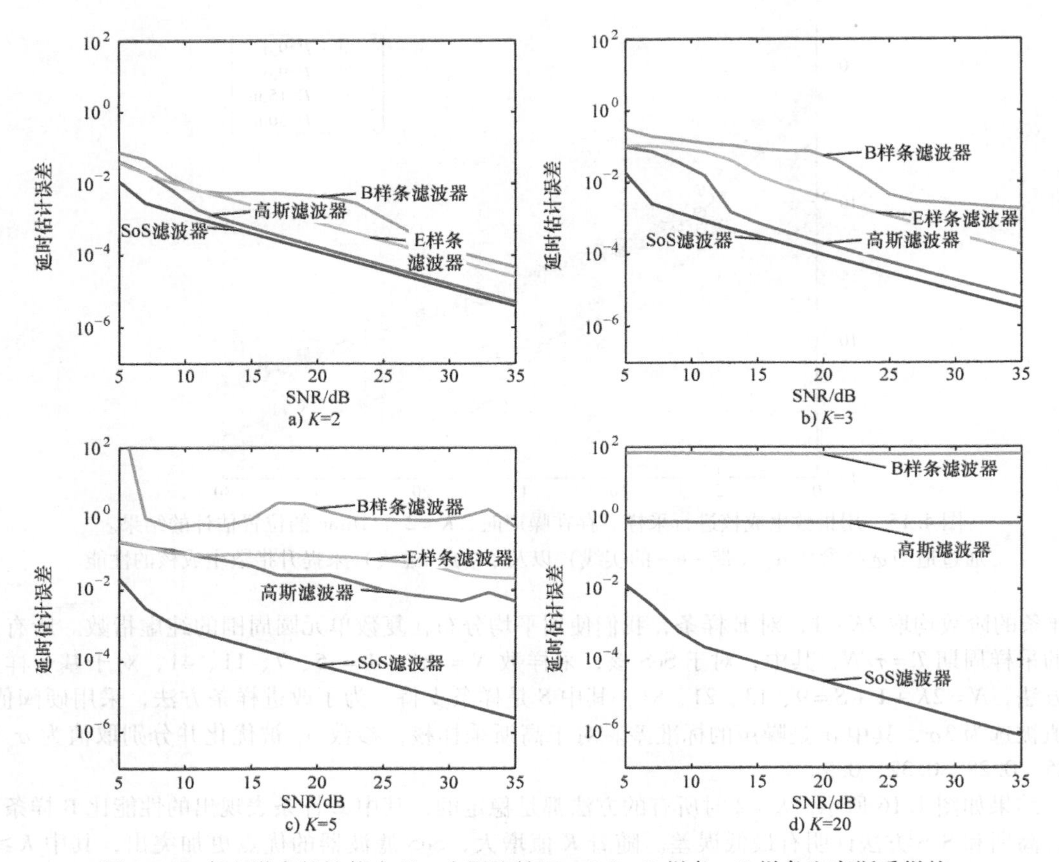

图 4.16 存在噪声的性能表现：有限流情况。SoS、B 样条、E 样条和高斯采样核。a）存在 $K=2$ 个 Dirac 脉冲，b）$K=3$ 个脉冲，c）$K=5$ 个脉冲的高值，d）非常高的值 $K=20$ 的性能（较高 K 值的时域表达式的计算复杂度高，因此没有 E 样条仿真）

受到严重阻碍。这并非表示没有恰当算法，许多情况下，这种现象是由于不能基本恢复这些带有噪声测量的信号所引起的。参考文献［10］中描述了有限脉冲流模型式（4.19）的相似效果。另一方面，一些类型的 FRI 信号表现出显著的抗噪性，并且在噪声存在时似乎也不需要实质的过采样[17]。如我们所示，对于模拟噪声，CRB 可验证这种现象是源于 FRI 类信号的根本差异。

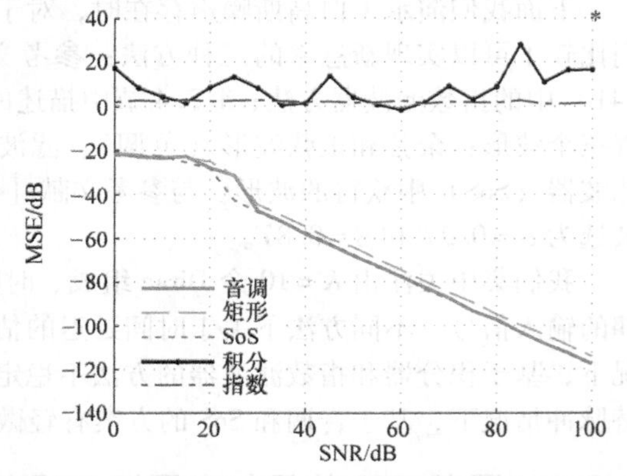

图 4.17 存在噪声时，新息率下的性能表现。信号包含 $K=10$ 个 Dirac

举一个例子，我们比较一下用于重建周期信号式（4.18）的 CRB 和用于重建半周期信号式（4.20）的 CRB。回想一下，前一种信号的每个周期包含有未知幅度和未知时间偏移的脉冲。相比之下，在后一种信号中，时间延迟在所有周期时段都是相同的，但幅度在不同周期之间是变化着的。

尽管这些信号类型不同，但我们尽力公平比较了两种情况下的重建能力。为此，在这两种情况下，我们选择了同一个脉冲 $g(t)$。我们选择信号段为 $[0,\tau]$，其中 $\tau=1$，并选择信号参数来保证相同的 τ 局部新息率。在这两个设置中，我们也使用了相同的采样核：具体来说，该核测量了信号的 N 个最低频率分量。

为简化分析、聚焦于这些设置间的基本区别，本节中，我们将假设脉冲 $p(t)$ 被紧密支持，同时选择这样的时间延迟：使得一个周期的脉冲不与其他周期的脉冲相重叠。对于周期信号，我们选择具有随机延迟和振幅的 $K=10$ 个脉冲。选择周期 $\tau=1$。这意味着感兴趣信号由 $2K=20$ 个参数确定（K 个幅度和 K 个时间延迟）。为了构建具有相同数量参数的半周期信号，我们选择周期为 $T=1/9$ 且每周期包含 $K=2$ 个脉冲。那么，信号段 $[0,\tau]$ 准确包含了 $M=9$ 个周期，共 20 个参数。尽管对于两个信号来说，需要相同的周期数量似乎是合理的，但实际上它将不利于周期性方法，因为它将需要更紧密排列的脉冲估计。

注意，由于两个信号模型中要估计的参数数量相同，所以对于两个信号的连续时间 CRB 重合（参见 4.4.1 节）。因此，对于大量测量，采样边界同样收敛到相同值。但当采样数量更接近新息率时，半周期信号的重建误差范围远低于周期信号，如图 4.18 所示。如上所述，这与之前讲的两类信号的结果一致[4,11,17]。

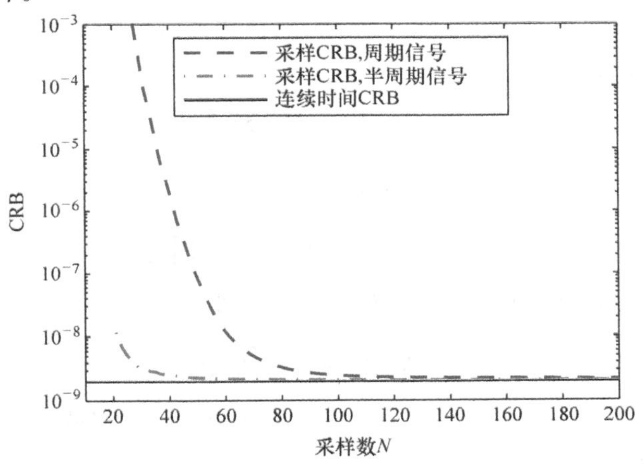

图 4.18　周期信号式（4.18）的 CRB 和半周期信号式（4.20）的 CRB 之间的比较

为解释这种差异，可以从子空间联合的观点来描述这两个信号。本实验中的每个信号都由 20 个参数准确定义，这些参数确定了信号所属的子空间和该子空间内的位置。特别地，时间延迟的值选择子空间，脉冲幅度定义了子空间内的一个点。因此，在上述设置中，周期信号中有 10 个参数用于选择子空间、10 个附加参数用于确定子空间内的位置；而对于半周期信号，2 个参数确定子空间，剩余 18 个参数确定在子空间中的位置。显然，确定子空间是具有挑战性的，尤其是存在噪声时，但一旦确定了子空间，就可以用简单的线性运算（投影到所选择的子空间）来估计剩余参数。因此，如果许多未知参数确定了子空间内的位置，就可以更准确地进行估计。这就解释了两个考察信号模型之间的区别。

4.6　扩展和应用

4.6.1　采样分段正弦信号

虽然前面大部分集中在脉冲流采样上，但是 FRI 理论不止涉及这一类信号，例如，也可以应用于二维信号的分段多项式类信号的采样。本节中，我们使用FRI理论对分段正弦信号进行了采样和完美重构[16]。

我们认为该信号可以写成如下形式：

$$x(t) = \sum_{d=1}^{D}\sum_{n=1}^{N} A_{d,n}\cos(\omega_{d,n}t + \theta_{d,n})\xi_d(t)$$

式中，$\xi_d(t) = u(t - t_d) - u(t - t_{d+1})$，$-\infty < t_1 < \cdots < t_d < \cdots < t_{D+1} < \infty$。也就是说，我们考虑分段正弦信号最多有 D 段，每段最多有 N 个正弦信号。传统上，分段正弦信号很难采样，因为它们不是带限的，信息集中在时间和频率上（即，切换点的时间位置、每个正弦波的频率），并且最终不能在一个基或一帧中被稀疏描述。然而，它们完全由有限数量的参数指定，因此是FRI信号。

简单起见，我们假设使用指数生成核获取信号 $x(t)$；类似的分析也适用于sinc和SoS核。正如在式（4.44）和式（4.45）中所见，给定采样 y_n，新的测量值 $s_m = \sum_{n=0}^{N-1} c_{m,n}y_n, m = 0,1,\cdots,P$ 对应于 $x(t)$ 在 $\alpha_m = \alpha_0 + m\lambda$ 的拉普拉斯变换。在分段正弦曲线情况下，拉普拉斯变换由下式给出：

$$s_m = \sum_{d=1}^{D}\sum_{n=1}^{2N} \bar{A}_{d,n}\frac{\left[e^{t_{d+1}(j\omega_{d,n}+\alpha_m)} - e^{t_d(j\omega_{d,n}+\alpha_m)}\right]}{(j\omega_{d,n} + \alpha_m)} \tag{4.94}$$

式中，$\bar{A}_{d,n} = A_{d,n}e^{j\theta_{d,n}}$。我们现在定义多项式 $Q(\alpha m)$ 如下：

$$Q(\alpha_m) = \prod_{d=1}^{D}\prod_{n=1}^{2N}(j\omega_{d,n} + \alpha_m) = \sum_{j=0}^{J} r_j\alpha_m^j \tag{4.95}$$

将方程的两边乘以 $Q(\alpha_m)$，得到

$$Q(\alpha_m)s_m = \sum_{d=1}^{D}\sum_{n=1}^{2N} \bar{A}_{d,n}R(\alpha_m)\left[e^{t_{d+1}(j\omega_{d,n}+\alpha_m)} - e^{t_d(j\omega_{d,n}+\alpha_m)}\right] \tag{4.96}$$

式中，$R(\alpha_m)$ 是一个多项式。由于 $\alpha_m = \alpha_0 + m\lambda$，式（4.96）的右边是幂和级数，可以被消除，即

$$Q(\alpha_m)s_m * h_m = 0 \tag{4.97}$$

更准确地说，式（4.96）右侧相当于 $\sum_{d=1}^{D}\sum_{r=0}^{2DN-1} b_{r,d}m^r$，其中 $b_{r,d}$ 是取决于 α_m 但不需要计算的权重。因此得到下面会湮灭 $Q(\alpha_m)s_m$ 的一类滤波器：

$$\hat{h}(z) = \prod_{d=1}^{D}(1 - e^{\lambda t_d}z^{-1})^{2DN} = \sum_{k=0}^{K} h_k z^{-k}$$

式（4.97）的矩阵/向量形式可以写为

$$\begin{pmatrix} s_K & \alpha_K^J s_K & \cdots & s_0 & \cdots & \alpha_0^J s_0 \\ s_{K+1} & \alpha_{K+1}^J s_{K+1} & \cdots & s_1 & \cdots & \alpha_1^J s_1 \\ \vdots & \vdots & \vdots & \ddots & \vdots & \vdots \\ s_P & \alpha_P^J s_P & \cdots & s_{p-k} & \cdots & \alpha_{P-K}^J s_{P-K} \end{pmatrix} \begin{pmatrix} h_0 r_0 \\ \vdots \\ h_0 r_J \\ \vdots \\ k_K r_0 \\ \vdots \\ h_K r_J \end{pmatrix} = \begin{pmatrix} 0 \\ 0 \\ \vdots \\ 0 \end{pmatrix}$$

$h_0=1$，求解该方程组，确定系数 r_j，从而可以得到系数 h_k。滤波器 $\hat{h}(z)$ 和多项式 $Q(\alpha_m)$ 的根分别给出了切换点的位置和正弦波的频率。建立足够多等式的方程组，从而求出信号参数所需的 s_m 值的数量：$P\geqslant 4D^3N^2+4D^2N^2+4D^2N+6DN$。

分段正弦信号的采样和重建的图示如图4.19所示。有关这些信号采样的更多细节见参考文献[16]。

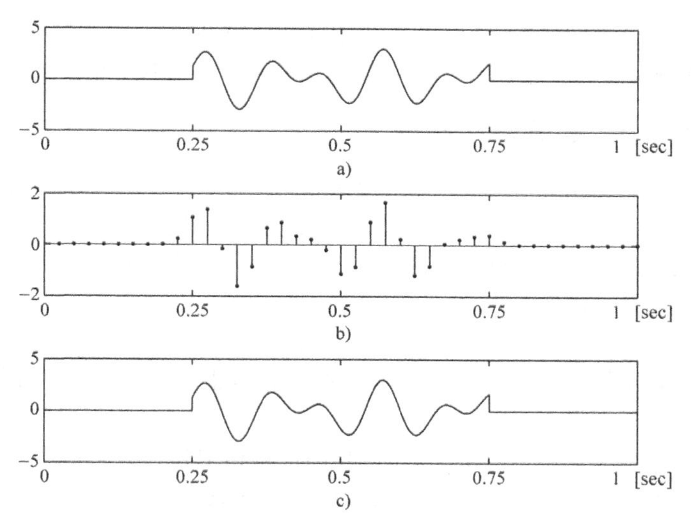

图4.19 对分段正弦信号进行采样。a）原始的连续时间波形，由两个截断的正弦波组成；b）观察到的采样样本；c）重建信号，其中两个切换点和正弦波参数的恢复精确到机器精度

4.6.2 信号压缩

我们已知，FRI采样理论可以简单采样特定类别的信号。此外，所涉及的采样核包括用于构建小波基的尺度函数，例如B样条或Daubechies尺度函数。

我们现在将集中精力继续研究这类核，并研究这些采样方案在信号压缩中的潜在影响，在信号压缩中，采样也量化并用位流表示。这种情况下，分析压缩算法的最佳方法是使用标准速率失真（R-D）理论，因为这样可以在所使用的位数和重建保真度之间达到最佳可实现的权衡。通常假设量化误差可以被建模为加性噪声。虽然这个假设通常不准确，但它让我们将R-D理论与上一节讨论的CRB连接了起来，从而将FRI信号采样理论与压缩相关联。

我们这里考虑的这类信号是分段平滑函数，即由常规分段组成的函数。函数的规律性通常用Lipschitz系数[49]测量。因此，我们假设这里考虑的信号是由具有Lipschitz规则性 α 的片段组成的。

我们提出的基于FRI压缩算法的特点在于简单的线性编码策略和更复杂的解码。这与基于小波的标准压缩算法相反，基于小波的标准压缩算法涉及相当复杂的编码策略以及简单的解码。可能有些情况下，使用简单的编码器很重要。我们设置编码器策略使用标准小波变换分解信号，并且所得到的系数被线性量化。这意味着低通系数（相当于FRI框架中的采样样本）首先被量化，其次由小波系数从粗到细进行尺度量化。

在解码器中，使用尺度系数的FRI重建策略用于估计信号的不连续性，而其他系数用于重建信号的平滑部分。将量化误差和任意的不匹配模型建模为加性噪声，从而可以使用CRB来估计这种压缩策略的性能。这种基于FRI算法的速率失真表现为[38,39]

$$D_{\mathrm{FRI}}(R)\leqslant c_1R^{-2\alpha}+c_2 \tag{4.98}$$

式中，c_2 是由于模型不匹配引起的系统估计误差。基于小波变换的标准压缩算法的特点是编码器复杂、解码器简单，因而可以达到最佳的失真特性[50]：

$$D_{\mathrm{wave}}(R)\leqslant c_3R^{-2\alpha} \tag{4.99}$$

这表明如果式（4.98）中的系统误差足够小，则基于 FRI 算法的复杂度将从编码器转移到解码器，从而得到一个宽范围的比特率，这与基于小波压缩的最佳算法一样可以达到相同性能。

4.6.3　超分辨率成像

图像超分辨率算法旨在从相同场景的一组低分辨率输入图像中创建一幅详细图像，称为超分辨率（SR）图像[51]。如果已拍摄到来自相同场景下的不同图像，而它们的相对偏移不是像素大小的整数倍，则在该图像集合中存在子像素信息。一旦图像被适当重建，我们将得到更高分辨率精度的图像。

图像重建涉及空间变换，空间变换可以消除任意两组低分辨率（LR）图像之间的差别。之后是图像融合，它将正确对准的 LR 图像混合，输出更高分辨率的图像，消除了可能由系统引入的模糊和噪声[26]。

配准在获得质量良好的 SR 图像过程中起到至关重要的作用。可以扩展 FRI 的理论，同时结合 B 样条或 E 样条处理来提供超分辨率成像。这种方法的关键思想是，为场景采集系统的点扩散函数使用一个恰当模型，从而使得可以恢复辐射光场中基本的“连续几何矩”。据此，假设任意两个图像之间的差异可以表征为一个全局仿射变换，则图像集合就可以被精确配准。

具体来讲，如果将建模二维图像采集的平滑核视为 B 样条或更一般的函数（如样条），那么可以使用采样的一个适当线性组合来找到图像的连续矩[25,26]，从而有可能找到信号的中心矩和复数矩，从中估计出任意两个 LR 图像间的差异。因此，当正确配准输入图像集，马上就能组合成超分辨输出。图 4.20 显示了使用所提方法[26]得到结果的示例。

a) HR

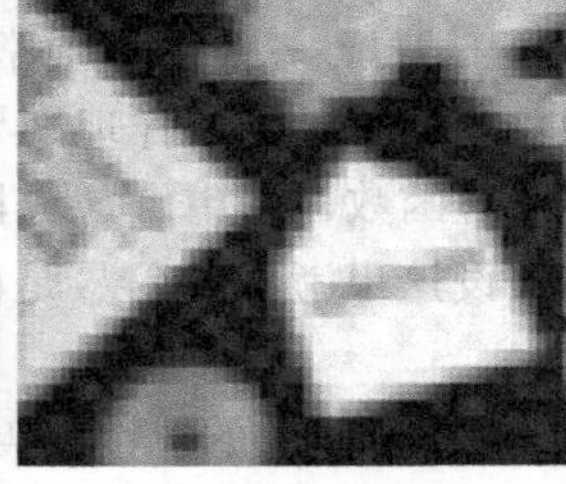

b) LR

c) SR

图 4.20　从提取的边缘和检测到的角落配准的平面图像的图像超分辨率。a）原始高分辨率图像（512 × 512 像素）；b）在超分辨率仿真中使用的 20 个低分辨率图像之一（64 × 64 像素）；c）使用所提出的边缘检测器和维纳滤波器的超分辨率图像，512 × 512 像素，PSNR = 15.6dB

4.6.4　超声成像

FRI 框架中脉冲流的另一个应用是超声成像[10]。在该应用中，声脉冲被传送到扫描的组织中。脉冲回波从组织内的散射体中反弹，并在接收器处产生一个脉冲流信号。回波的时间延迟与振幅分别表示各个散射体的位置与强度。因此，确定这些来自接收信号的低速率采样的参数是一个重要问题。降低速率可以更有效地处理，从而降低超声成像系统的功率和尺寸。

脉冲能量会在组织内衰减，所以脉冲流是有限的。为了验证 FRI 框架的可行性，我们将对接收器接收的有限脉冲流的多重回波信号进行建模，如式（4.15）。未知的时间延迟对应于各个散射体的位置，幅值是反射系数。由于电声换能器的物理特性（机械阻尼），这种情况下的脉冲形状是高斯型。

举一个例子，我们选择了一个由均匀间隔针脚组成的体模模仿点散射体，并使用 GE 医疗集团的 Vivid - i 便携式超声成像系统和 3S - RS 探头对其进行扫描。我们得到的数据由探头中的单个元件记录并被建模为一维脉冲流。探头的中心频率为 $f_c = 1.7021\text{MHz}$，在这种情况下，发射高斯脉冲的宽度为 $\sigma = 3 \cdot 10^{-7}\text{s}$，成像深度为 $R_{\max} = 0.16\text{m}$，对应的时间窗口 $\tau = 2.08 \cdot 10^{-4}\text{s}$[○]。我们对数据进行采样和重建。我们设置 $K=4$，寻找最强的四个回波。数据被强噪声破坏，因此我们对信号进行过采样，获得两倍于最小样本数的采样样本。另外，进行硬阈值采样，我们将阈值设置为最大值的 10%。图 4.21 描述了重构信号和全解调信号。显然，时间延迟得到了高精度估计。同样估计了振幅，但是第二个脉冲的振幅误差很大。但散射体的位置准确度通常比反射系数的准确度更重要，这是因为到达时间表明的是散射体在组织内的位置。精确估计组织边界和散射体位置可以可靠检测某些疾病，因此具有重要的临床意义。边界位置通常比暗含在接收振幅中的反射功率更重要。

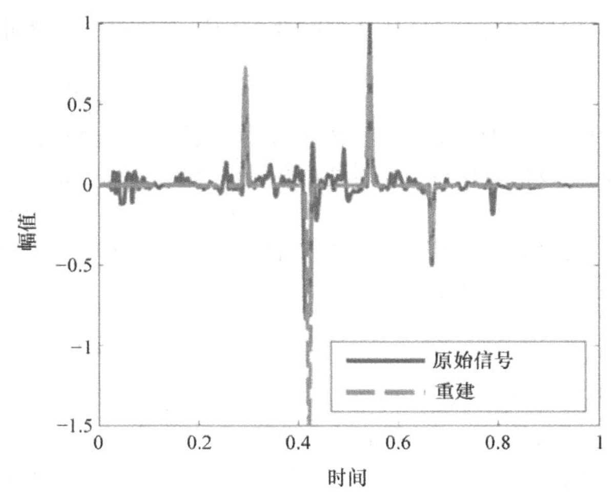

图 4.21 真实超声成像数据的采样和重建示例。假设存在 $K=4$ 个脉冲且过采样因子为 2，连续线中的输入信号被采样。输出是经硬阈值去噪的高斯脉冲流，其中对未知位置和幅度的估计来自于从输入中得到的 $N=17$ 个采样样本

当前的超声成像技术采样数据的速率较高，例如，我们设置 $f_s = 20\text{MHz}$。由于一个超声波探头中通常有 100 个不同元件以非常高的速率进行采样，数据传输速度非常高，而大的数据吞吐量要求计算机系统能有一个高计算复杂度。因此，需要通过降低采样率来降低重建的复杂性。从参数化观点来看，我们的采样方案将采样率降低了两个数量级，同时高精度地估计了散射体的位置。

4.6.5 多径介质识别

FRI 模型的另一个应用是无线通信中时变信道估计的问题[17]。此应用的接收器旨在从接收信号的采样中估计通道参数[52]。

考虑一个在具有脉冲幅度调制（PAM）的多径衰落环境中工作的基带通信系统。数据符号以符号速率 $1/T$ 发送，由已知脉冲 $p(t)$ 调制。发射信号 $x_T(t)$ 为

$$x_T(t) = \sum_{n=1}^{N_{\text{sym}}} d[n] p(t - nT) \tag{4.100}$$

式中，$d[n]$ 是从有限字母表中取得的数据符号，N_{sym} 是发送符号的总数。

○ 组织内的声速为 1550m/s。——原书注

发射信号 $x_T(t)$ 从基带时变多径信道通过，其脉冲响应被建模如下：

$$h(\tau,t) = \sum_{k=1}^{K} \alpha_k(t)\delta(\tau - \tau_k) \tag{4.101}$$

式中，$\alpha_k(t)$ 是第 k 个多径传播路径的路径时变复数增益，τ_k 是相应的时间延迟。路径总数由 K 表示。我们假设信道相对于符号速率缓慢变化，因此，在一个符号周期中，路径增益被认为是恒定的：

$$\alpha_k(t) = \alpha_k[nT] t \in [nT,(n+1)T] \tag{4.102}$$

另外，我们假设传播延迟被确定为一个符号，即 $\tau_k \in [0,T)$。基于上述假设，接收器的接收信号由下式给出：

$$x_R(t) = \sum_{k=1}^{K} \sum_{n=1}^{N_{sym}} a_k[n] p(t - \tau_k - nT) + n(t) \tag{4.103}$$

式中，$a_k[n] = \alpha_k[nT]d[n]$，$n(t)$ 表示信道噪声。

接收信号 $x_R(t)$ 适合半周期 FRI 信号模型。因此，我们可以使用我们描述的方法来恢复传播路径的时间延迟。另外，如果接收器处已知发送的符号，则可以从序列 $a_k[n]$ 恢复时变路径增益。因此，我们的采样方案可以从输出采样样本中估计信道的参数，该输出采样以一个低速率进行采样，样本数与路径数成比例。

举一个例子，我们可以看看码分多址（CDMA）通信中的信道估计问题。参考文献［53，54］中使用子空间技术进行处理该问题。以上工作中的采样是以 $1/T_c$ 或以上的芯片速率进行的，T_c 由芯片设定：$T_c = T/N$，N 是扩展因子，其值通常很高（如在 GPS 应用中，$N = 1023$）。相比之下，我们的采样方案可以以 $2K/T$ 的采样速率恢复通道参数。对一个具有少量路径的通道，该采样速率显著低于芯片速率。

4.6.6 超分辨率雷达

最后一个应用是超分辨率雷达的半周期模型式（4.20）[27]。

在这种背景下，我们可将降速率转化为增加的分辨率，从而从低速率采样中实现超分辨率雷达。这里是为了确定目标集合的范围与速度。这种情况下的延迟有一定范围，而时变系数是与目标速度相关的多普勒延迟的结果。更具体一点，我们假设几个目标延迟相同，但多普勒频移可能不同，因此 $\{t_\ell\}_{\ell=1}^{K}$ 表示一组不同延迟。对每个延迟值 t_ℓ，有 K_ℓ 个相关多普勒频移值 $v_{\ell k}$ 和反射系数值 $\alpha_{\ell k}$。进一步假设系统高度欠扩散，即 $v_{\max}T \ll 1$，其中 $v_{\max}$ 表示最大多普勒频移，T 表示最大延迟。为确定目标，我们发送如下信号：

$$x_T = \sum_{n=0}^{N-1} x_n p(t - nT) \tag{4.104}$$

式中，x_n 是已知长度为 N 的探测序列，$p(t)$ 是已知形状的脉冲。式（4.20）描述了接收信号，序列 $a_\ell[n]$ 满足：

$$a_\ell[n] = x_n \sum_{k=1}^{K_\ell} a_{\ell k} e^{j2\pi\nu_{\ell k}nT} \tag{4.105}$$

延迟和序列 $a_\ell[n]$ 可以使用时间延迟恢复的通用方案来恢复。使用标准谱估计工具从序列 $a[n]$ 中确定多普勒频移和反射系数[18]。只要发送带宽为 $W \geqslant 4\pi K/T$、探测序列的长度满足 $N \geqslant 2\max K_\ell$ 的脉冲，即可准确识别目标[27]。从而有满足 $WT \geqslant 8\pi K \max K_\ell$ 的输入信号的最小时间带宽乘积，其远低于使用标准雷达处理技术（例如匹配滤波（MF））获得的输入信号。

图4.22a描述了9个闭合目标的一个例子。使用的采样滤波器是一个简单的LPF。原始和恢复的目标显示在多普勒延迟平面上。显然，使用我们的基于FRI的方法，所有目标都能正确识别。通过MF获得的具有相同时间带宽乘积的结果如图4.22b所示。显然，相比标准MF方法，FRI方法具有更好的分辨率。因此，FRI不仅提供了降采样方法，也让我们提高了目标识别的分辨率。

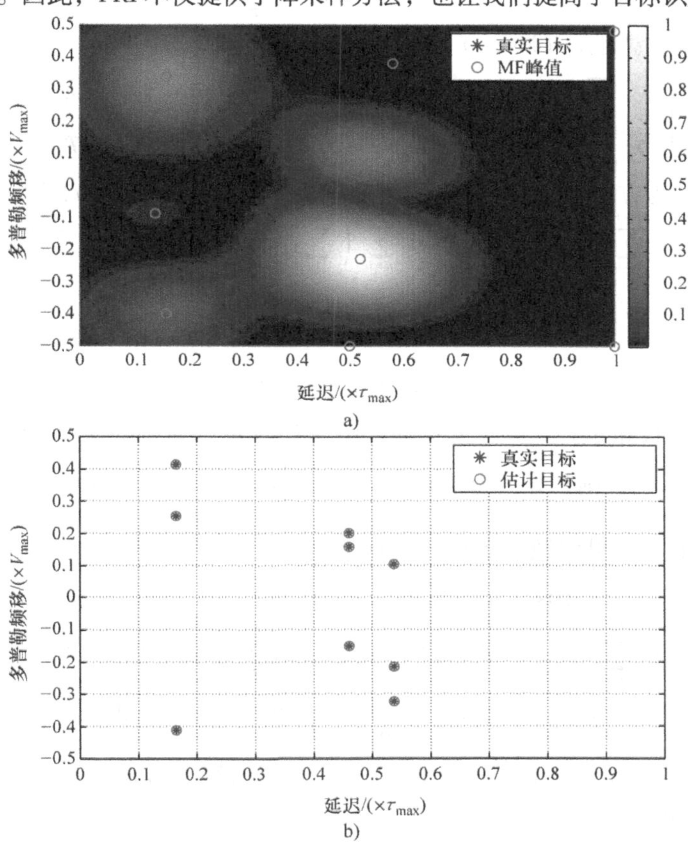

图4.22　匹配滤波的目标检测性能与参考文献［27］中描述的程序之间的比较。参考文献［27］是$\tau_{max}=10\mu s$，$v_{max}=10kHz$，$W=1.2$，$T=0.48ms$的延迟多普勒空间中的9个目标（由*表示）的情况。探测序列$\{x_n\}$对应于$N=48$的随机二进制（±1）序列，脉冲$p(t)$被设计为具有接近于频率响应的脉冲，并且脉冲重复间隔为$T=10\mu s$。a）通过匹配滤波进行目标检测；b）使用$P=12$的所提出的程序进行目标检测

附录　Cramér - Rao界限推导

1. Cramér - Rao界限sinc核

此处是一个简化了的情况，输入是一个周期为τ的Dirac，对此得到一个闭合形式如式（4.85）。没有噪声时，以均匀间隔T采样$K=1$的Dirac，该采样表示如下：

$$y_n=a_0\psi(nT-t_0)=f(\theta,n) \tag{4.106}$$

式中，$\psi(t)$是 Dirichlet 核：

$$\psi(t)=\sum_{m\in\mathbb{Z}}\phi_B(t-m\tau)=\frac{1}{B\tau}\frac{\sin\left(\frac{\pi(2M+1)t}{\tau}\right)}{\sin\left(\frac{\pi t}{\tau}\right)}=\frac{1}{B\tau}\frac{\sin(\pi Bt)}{\sin\left(\frac{\pi t}{\tau}\right)} \tag{4.107}$$

和 $\theta=(t_0,a_0)^{\mathrm{T}}$。费舍尔（Fisher）信息矩阵是下面的 2×2 矩阵：

$$I(\theta)=\sigma^{-2}\begin{pmatrix}\sum_{n=0}^{N-1}(a_0\psi'(nT-t_0))^2 & \sum_{n=0}^{N-1}a_0\psi'(nT-t_0)\psi(nT-t_0)\\ \sum_{n=0}^{N-1}\psi(nT-t_0)a_0\psi'(nT-t_0) & \sum_{n=0}^{N-1}(\psi(nT-t_0))^2\end{pmatrix} \tag{4.108}$$

由于下式成立，为方便求和，用信号的傅里叶级数表达 $\psi(t)$ 和 $\psi'(t)$[55]：

$$\begin{aligned}\sum_{n=0}^{N-1}f(nT)g*(nT)&\overset{(a)}{=}\sum_{n=0}^{N-1}\left(\sum_k\hat{f}_k\mathrm{e}^{\mathrm{j}2\pi kn\frac{T}{\tau}}\right)\left(\sum_{k'}\hat{g}_{k'}^*\mathrm{e}^{-\mathrm{j}2\pi k'n\frac{T}{\tau}}\right)\\&=\sum_k\hat{f}_k\sum_{k'}\hat{g}_{k'}^*\frac{1-\mathrm{e}^{\mathrm{j}2\pi(k-k')N\frac{T}{\tau}}}{\mathrm{e}^{-\mathrm{j}2\pi(k-k')\frac{T}{\tau}}}\\&\overset{(b)}{=}\sum_x\hat{f}_k\sum_{k'}\hat{g}_{k'}^*N\delta_{k,k'}=N\sum_k\hat{f}_k\hat{g}_k^*\end{aligned} \tag{4.109}$$

式中，（a）中假设 $f(t)$ 和 $g(t)$ 是周期的；（b）中当 $k=k'$ 时，对于 $\tau=NT$，总和非零。此外，我们若称 $\psi(t)$ 的系数为 $\hat{\psi}_k$，则其导数为系数 $\hat{\psi}'_k=\mathrm{j}2\pi\frac{k}{\tau}\hat{\psi}_k$，平移 t_0 后其系数为 $\hat{\psi}_k^{(t_0)}=\mathrm{e}^{-\mathrm{j}2\pi k\frac{t_0}{\tau}}\hat{\psi}_k$。

因为函数 $\psi(t)$ 由傅里叶级数系数 $\hat{\psi}_k=\frac{1}{B_\tau}|k|\leqslant M$ 和 $\hat{\psi}_k=0$（其他）所表征，这些最后的等式和式（4.109）简化了式（4.108）中的加和计算。因此式（4.108）中元素（1，1）为

$$\sigma^{-2}\sum_{n=0}^{N-1}(\alpha_0\psi'(nT-t_0))^2=\sigma^{-2}a_0^2N\sum_{|k|\leqslant M}\psi'_k\mathrm{e}^{-\mathrm{j}2\pi k\frac{t_0}{\tau}}\psi'^*_k\mathrm{e}^{\mathrm{j}2\pi k\frac{t_0}{\tau}}$$

$$[I(\theta)]_{11}=N\left(\frac{a_0}{\sigma}\frac{2\pi}{B\tau^2}\right)^2\frac{M(M+1)(2M+1)}{3} \tag{4.110}$$

式（4.108）中的其他元素也可同样计算。由于反对角线中的元素为零，所以可以通过求反对角线元素来计算 Fisher 信息矩阵的逆，产生：

$$\mathrm{CRB}(\theta)=\begin{pmatrix}\frac{1}{N}\left(\frac{\sigma}{a_0}\frac{B\tau^2}{2\pi}\right)^2\frac{3}{M(M+1)(2M+1)} & 0\\ 0 & \frac{1}{N}\sigma^2B^2\tau^2\frac{1}{2M+1}\end{pmatrix} \tag{4.111}$$

式中，$M=\left\lfloor\frac{B\tau}{2}\right\rfloor$。注意，对于该 M，总有 $2M+1=B\tau$。

最终，我们可以从 CRB 中推导的值确定位置和幅度的不确定性。我们知道式（4.111）中的对角线值分别是 $\mathrm{var}\{t_0\}$ 和 $\mathrm{var}\{a_0\}$ 的下限。由于我们对无偏估计量感兴趣，因此对于每个未知数，方差等于 MSE。所以位置不确定度如下：

$$\begin{aligned}\frac{\Delta t_0}{\tau}&\geqslant\sqrt{\frac{1}{N}\left(\frac{\sigma}{a_0}\frac{B\tau}{2\pi}\right)^2\frac{3}{M(M+1)(2M+1)}}\\&\overset{(a)}{=}\frac{1}{\pi}\sqrt{\frac{3B\tau}{N(B^2\tau^2-1)}}\mathrm{PSNR}^{-\frac{1}{2}}\end{aligned} \tag{4.112}$$

式中，峰值信噪比为 PSRN $=(a_0/\sigma)^2$，(a) 中有 $4M(M+1)=(2M+1)^2-1=B^2\tau^2-1$。我们也可以将幅度的不确定度写为

$$\frac{\Delta a_0}{|a_0|}\geqslant\sqrt{\frac{1}{N}\frac{\sigma^2}{a_0^2}B^2\tau^2\frac{1}{2M+1}}=\sqrt{\frac{B\tau}{N}}\mathrm{PSNR}^{-\frac{1}{2}} \tag{4.113}$$

2. Cramér – Rao 界限 SoS 核

对于 SoS 核，CRB 的推导与上一节中的 sinc 完全相同。首先，我们将采样表达为 $y_n=a_0\eta(t_0-nT)=f(\theta,n)$，其中 $\eta(t)=\sum_{m\in\mathbb{Z}}g(t-m\tau)$，$g(t)$是式（4.34）中的滤波器。我们现在可以再次用信号的傅里叶级数表达来求和。式（4.33）中核 $\eta(t)$的周期性延拓的傅里叶级数系数为 $\eta_k=\frac{1}{\tau}\hat{g}\left(\frac{2\pi k}{T}\right)=b_k$，其中 $k\in\mathcal{K}$。

正如 sinc 的情况一样，使用式（4.109）中的等式和 $\eta(t)$的导数系数及其移位 t_0 后的属性，可以找到 Fisher 信息矩阵的元素。当计算反对角线的元素时，唯一还需要考虑的是形式为 $\sum_{k\in\mathcal{K}}k|b_k|^2$ 的项。例如，如果我们想设计真正的滤波器，对此，$b_k=b_{-k}^*$，只要 $|b_k|=|b_{-k}|$是真的，它总是等于零。因此：

$$\mathrm{CRB}(\theta)=\begin{pmatrix}\frac{1}{N}\left(\frac{\sigma}{a_0}\right)^2\left(\frac{\tau}{2\pi}\right)^2\frac{1}{\sum_{k\in\mathcal{K}}k^2|b_k|^2} & 0\\ 0 & \sigma^2\frac{1}{N}\frac{1}{\sum_{k\in\mathcal{K}}|b_k|^2}\end{pmatrix} \tag{4.114}$$

位置的不确定性是

$$\frac{\Delta t_0}{\tau}\geqslant\frac{1}{2\pi}\sqrt{\frac{1}{N}\frac{1}{\sum_{k\in\mathcal{K}}k^2|b_k|^2}}\mathrm{PSNR}^{-\frac{1}{2}} \tag{4.115}$$

幅度的不确定性：

$$\frac{\Delta a_0}{|a_0|}\geqslant\sqrt{\frac{1}{N}\frac{1}{\sum_{k\in\mathcal{K}}|b_k|^2}}\mathrm{PSNR}^{-\frac{1}{2}} \tag{4.116}$$

3. Cramér – Rao 界限 B 样条

采样核是 B 样条时，估计周期为 τ 的单个 Dirac 的位置 t_0 和幅度 a_0，可以得到方差下界。我们将只分析采样一个 Dirac 的最短 B 样条，即通过卷积两个框函数获得一阶 B 样条（$P=1$）。它具有如下形式：

$$\beta_1(t)=\begin{cases}t, & 0\leqslant t<1\\ 2-t, & 1\leqslant t<2\end{cases} \tag{4.117}$$

没有噪声时以间隔 T 均匀采样，有 $y_n=a_0\sum_{m\in\mathbb{Z}}\beta_1(t_0/T-n-mN)=f(\theta,n)$，其中，$\tau=NT$。

如果我们想用一个有限支持核对一个无限长的信号进行采样，就需要在非零采样块之间有零个采样。对于大小为 $L=P+1$ 的核，每个周期至少需要 1 个零点 $\tau\geqslant(L+1)T\leftrightarrow N\geqslant L+1$。我们假设唯一的非零采样样本在位置 $n=0,\cdots,L-1$ 处（否则我们将进行循环移位）。

我们正使用长度为 $L=P+1=2$ 的有限支持核。因为 $t_0\in[PT,(P+1)T)=[T,2T)$，其等价于 $n=0,\cdots,L-1$，使唯一可能的 m 值等于零，这让我们消除了 Fisher 信息矩阵对 m 的依赖性。

我们现在可以评估 Fisher 信息矩阵项，其形式与式（4.108）相同。与前面部分相反，现在

我们必须在时域中使用B样条式（4.117）及其导数的定义。我们有n个长度的总和，所以有可能推导出闭合形式的结果。例如，对角线的第一个元素可以计算为

$$\sigma^{-2}\sum_{n=0}^{1}\left(\frac{a_0}{T}\beta'_1\left(\frac{t_0}{T}-n\right)\right)^2=\sigma^{-2}\left(\frac{a_0}{T}\right)^2[1^2+1^2]$$

$$[I(\theta)]_{11}=2\sigma^{-2}\left(\frac{a_0}{T}\right)^2 \tag{4.118}$$

一旦我们获得所有项，可以通过求逆Fisher信息矩阵来找到CRB。此时，边界取决于t_0：

$$\mathrm{CRB}(\theta)=\begin{pmatrix}(2t_0^2-6Tt_0+5T^2)\left(\frac{\sigma}{a_0}\right)^2 & (3T-2t_0)\frac{\sigma^2}{a_0}\\ (3T-2t_0)\frac{\sigma^2}{a_0} & 2\sigma^2\end{pmatrix} \tag{4.119}$$

为了不依赖t_0，我们有各种选择。例如，假设t_0在τ上均匀分布，我们可以计算出CRB(θ)的期望值。这就有：

$$\frac{\Delta t_0}{\tau}\geqslant\frac{1}{N}\sqrt{\frac{2}{3}}\mathrm{PSNR}^{-\frac{1}{2}} \tag{4.120}$$

$$\frac{\Delta a_0}{|a_0|}\geqslant\sqrt{2}\mathrm{PSNR}^{-\frac{1}{2}} \tag{4.121}$$

4. Cramér－Rao界限E样条

总之，当采样核是E样条时，我们得出周期为τ的单个Dirac的估计位置和幅度方差的下界。该方法与对B样条的解释相同，但需要进一步假设。

我们只需分析假定为三角函数的基数指数样条[35]。第一个属性意味着指数样条定义在均匀网格上，第二个属性是复数参数是纯虚数，围绕原点均匀分布，该属性会产生一个实值函数。

使用E样条时需要注意两点。首先，复指数的周期性会使矩也是周期性的。这会对位置的恢复施加限制。其次，E样条不再是复数参数的某些组合的基础[35]。这些条件加上我们希望指数再现公式系数在$\omega_0=2\pi/N$的情况下形成正交基的事实，转化为t_0必须满足$t_0<NT/2=\tau/2$的样本数的界。有关这些条件的更详细解释见参考文献［56］。

如果我们专注于一阶实数E样条，那么可以为CRB推导一个闭合表达式。注意，该函数可以通过与具有复数参量$\pm \mathrm{j}\omega_0$的0阶分量的卷积获得。获得的核形式如下：

$$e_1(t)=\begin{cases}\dfrac{\sin(\omega_0 t)}{\omega_0}, & 0\leqslant t<1\\ -\dfrac{\sin(\omega_0(t-2))}{\omega_0}, & 1\leqslant t<2\end{cases} \tag{4.122}$$

通过求逆Fisher信息矩阵可以获得CRB，它与B样条的情况类似。这种情况下，边界取决于t_0。计算平均值有：

$$\frac{\Delta t_0}{\tau}\geqslant\frac{1}{N}\sqrt{\frac{\omega_0-\cos\omega_0\sin\omega_0}{\omega_0\sin^2\omega_0}}\mathrm{PSNR}^{-\frac{1}{2}} \tag{4.123}$$

$$\frac{\Delta a_0}{|a_0|}\geqslant\sqrt{\omega_0\frac{\omega_0+\cos\omega_0\sin\omega_0}{\sin^2\omega_0}}\mathrm{PSNR}^{-\frac{1}{2}} \tag{4.124}$$

参考文献

[1] E. T. Whittaker. On the functions which are represented by the expansions of the interpolation theory. *Proc. Roy Soc Edin A*, 35:181–194, 1915.

[2] H. Nyquist, Certain topics in telegraph transmission theory. *Trans AIEE*, 47:617–644, 1928.

[3] C. Shannon. A mathematical theory of communication. *Bell Syst Tech J*. 27:379–423, 623–656, 1948.

[4] M. Vetterli, P. Marziliano, and T. Blu. Sampling signals with finite rate of innovation. *IEEE Trans Signal Proc*, 50:1417–1428, 2002.

[5] Y. C. Eldar and T. Michaeli. Beyond bandlimited sampling. *IEEE Sig Proc Mag*, 26:48–68, 2009.

[6] M. Unser. Sampling – 50 years after Shannon, in *Proc IEEE*, pp. 569–587, 2000.

[7] Y. M. Lu and M. N. Do. A theory for sampling signals from a union of subspaces. *IEEE Trans Sig Proc*, 56(6):2334–2345, 2008.

[8] M. Mishali and Y. C. Eldar. Robust recovery of signals from a structured union of subspaces. *IEEE Trans Inf Theory*, 55:5302–5316, 2009.

[9] P. L. Dragotti, M. Vetterli, and T. Blu. Sampling moments and reconstructing signals of finite rate of innovation: Shannon meets Strang-Fix. *IEEE Tran Sig Proc*, 55(5):1741–1757, 2007.

[10] R. Tur, Y. C. Eldar, and Z. Friedman. Innovation rate sampling of pulse streams with application to ultrasound imaging. *IEEE Trans Sig Proc*, 59(4):1827–1842, 2011.

[11] K. Gedalyahu, R. Tur, and Y. C. Eldar. Multichannel sampling of pulse streams at the rate of innovation. *IEEE Trans Sig Proc*, 59(4):1491–1504, 2011.

[12] Z. Ben-Haim, T. Michaeli, and Y. C. Eldar. Performance bounds and design criteria for estimating finite rate of innovation signals. Sensor Array and Multichannel Processing Workshop (SAM), Jerusalem, October 4–7, 2010.

[13] I. Maravic and M. Vetterli. Sampling and reconstruction of signals with finite rate of innovation in the presence of noise. *IEEE Trans Sig Proc*, 53:2788–2805, 2005.

[14] V. Y. F. Tan and V. K. Goyal. Estimating signals with finite rate of innovation from noisy samples: A stochastic algorithm. *IEEE Trans Sig Proc*, 56(10):5135–5146, 2008.

[15] A. Erdozain and P. M. Crespo. A new stochastic algorithm inspired on genetic algorithms to estimate signals with finite rate of innovation from noisy samples. *Sig Proc*, 90:134–144, 2010.

[16] J. Berent, P. L. Dragotti, and T. Blu. "Sampling piecewise sinusoidal signals with finite rate of innovation methods." *IEEE Trans Sig Proc*, 58(2):613–625, 2010.

[17] K. Gedalyahu and Y. C. Eldar, Time delay estimation from low rate samples: A union of subspaces approach. *IEEE Trans Sig Proc*, 58:3017–3031, 2010.

[18] P. Stoica and R. L. Moses. *Introduction to Spectral Analysis*. Englewood Cliffs, NJ: Prentice-Hall, 2000.

[19] T. Blu, P. L. Dragotti, M. Vetterli, P. Marziliano, and L. Coulot. Sparse sampling of signal innovations. *IEEE Sig Proc Mag*, 25(2):31–40, 2008.

[20] H. Akhondi Asl, P. L. Dragotti, and L. Baboulaz. Multichannel sampling of signals with finite rate of innovation. *IEEE Sig Proc Letters*, 17:762–765, 2010.

[21] E. Matusiak and Y. C. Eldar, Sub-Nyquist sampling of short pulses: Part I, to appear in *IEEE Trans Sig Proc* arXiv:1010.3132v1.

[22] A. Hormati, O. Roy, Y. M. Lu, and M. Vetterli. Distributed sampling of signals linked by sparse filtering: Theory and applications. *Trans Sig Proc*, 58(3):1095–1109, 2010.

[23] I. Maravic and M. Vetterli. Exact sampling results for some classes of parametric non-bandlimited 2-D signals. *IEEE Trans Sig Proc*, 52(1):175–189, 2004.

[24] P. Shukla and P. L. Dragotti, Sampling schemes for multidimensional signals with finite rate of innovation. *IEEE Trans Sig Proc*, 2006.

[25] L. Baboulaz and P. L. Dragotti. Distributed acquisition and image super-resolution based on continuous moments from samples. *Proc IEEE Int Conf Image Proc (ICIP)*, pp. 3309–3312, 2006.

[26] L. Baboulaz and P. L. Dragotti. Exact feature extraction using finite rate of innovation principles with an application to image super-resolution. *IEEE Trans Image Proc*, 18(2):281–298, 2009.

[27] W. U. Bajwa, K. Gedalyahu, and Y. C. Eldar. Identification of parametric underspread linear systems and super-resolution radar, to appear in *IEEE Trans Sig Proc*, 59(6):2548–2561, 2011.

[28] I. Maravic, J. Kusuma, and M. Vetterli. Low-sampling rate UWB channel characterization and synchronization, *J Commu Networks KOR, special issue on ultra-wideband systems*, 5(4):319–327, 2003.

[29] I. Maravic, M. Vetterli, and K. Ramchandran. Channel estimation and synchronization with sub-Nyquist sampling and application to ultra-wideband systems. *Proc IEEE Int Symp Circuits Syst*, 5:381–384, 2004.

[30] M. Vetterli and J. Kovacevic. *Wavelets and Subband Coding*. Englewood Cliffs, NJ: Prentice Hall, 1995.

[31] I. Gohberg and S. Goldberg. *Basic Operator Theory*. Boston, MA: Birkhäuser, 1981.

[32] Y. Hua and T. K. Sarkar, Matrix pencil method for estimating parameters of exponentially damped/undamped sinusoids in noise. *IEEE Trans Acoust, Speech, Sig Proc*, 70:1272–1281, 1990.

[33] S. Y. Kung, K. S. Arun, and D. V. B. Rao. State-space and singular-value decomposition-based approximation methods for the harmonic retrieval problem. *J Opt Soci Amer*, 73:1799–1811, 1983.

[34] B. D. Rao and K. S. Arun. Model based processing of signals: A state space approach, *Proc IEEE*, 80(2):283–309, 1992.

[35] M. Unser and T. Blu. Cardinal exponential splines: Part I – Theory and filtering algorithms. *IEEE Trans Sig Proc*, 53:1425–1438, 2005.

[36] J. A. Urigüen, P. L. Dragotti, and T. Blu. On the exponential reproducing kernels for sampling signals with finite rate of innovation. *Proc 9th Int Workshop Sampling Theory Appl (SampTA'11)*, Singapore, May 2–6, 2011.

[37] G. Strang and G. Fix, Fourier analysis of the finite element variational method. *Construc Asp Funct Anal*; 796–830, 1971.

[38] V. Chaisinthop and P. L. Dragotti. Semi-parametric compression of piecewise smooth functions. *Proc. Europ Sig Proc Conf (EUSIPCO)*, 2009.

[39] V. Chaisinthop and P. L. Dragotti, Centralized and distributed semi-parametric compression of piecewise smooth functions. *IEEE Trans Sig Proc*, 59(7):3071–3085, 2011.

[40] J. Kusuma and V. Goyal, Multichannel sampling of parametric signals with a successive approximation property. *IEEE Int Conf Image Proc (ICIP2006)*: 1265–1268, 2006.

[41] H. Olkkonen and J. Olkkonen. Measurement and reconstruction of impulse train by parallel exponential filters. *IEEE Sig Proc Letters*, 15:241–244, 2008.

[42] M. Mishali, Y. C. Eldar, O. Dounaevsky, and E. Shoshan. Xampling: Analog to digital at sub-Nyquist rates. *IET Circ, Devices Syst*, 5:8–20, 2011.

[43] M. Mishali and Y. C. Eldar. From theory to practice: Sub-Nyquist sampling of sparse wideband analog signals. *IEEE J Sel Top Sig Proc*, 4:375–391, 2010.

[44] Y. C. Eldar and V. Pohl. Recovering signals from lowpass data. *IEEE Trans Sig Proc*, 58(5):2636–2646, 2010.

[45] M. Mishali and Y. C. Eldar. Blind multiband signal reconstruction: Compressed sensing for analog signals, *IEEE Trans Sig Proc*, 57(3):993–1009, 2009.

[46] R. Roy and T. Kailath. ESPRIT-estimation of signal parameters via rotational invariance techniques. *IEEE Trans Acoust, Speech Sig Proc*, 37:984–995, 1989.

[47] R. Schmidt. Multiple emitter location and signal parameter estimation. *IEEE Trans Antennas Propagation*, 34:276–280, 1986.

[48] S. M. Kay. *Fundamentals of Statistical Sig Processing: Estimation Theory*. Englewood Cliffs, NJ: Prentice Hall, 1993.

[49] S. Mallat. *A Wavelet Tour of Signal Processing*. Academic Press, 1998.

[50] A. Cohen, I. Daubechies, O. G. Guleryuzz, and M. T. Orchard. On the importance of combining wavelet-based nonlinear approximation with coding strategies. *IEEE Trans Inf Theory*, 48:1895–1921, 2002.

[51] S. Farsiu, D. Robinson, M. Elad, and P. Milanfar. Advances and challenges in super-resolution. *Int J Imaging Syst Technol*, 13(10):1327–1344, 2004.

[52] H. Meyr, M. Moeneclaey, and S. A. Fechtel. *Digital Communication Receivers: Synchronization, Channel Estimation, and Signal Processing*. New York: Wiley-Interscience, 1997.

[53] S. E. Bensley and B. Aazhang. Subspace-based channel estimation for code division multiple access communication systems. *IEEE Trans Commun*, 44(8):1009–1020, 1996.

[54] E. G. Strom, S. Parkvall, S. L. Miller, and B. E. Ottersten. DS-CDMA synchronization in time-varying fading channels. *IEEE J Selected Areas in Commun*, 14(8):1636–1642, 1996.

[55] L. Coulot, M. Vetterli, T. Blu, and P. L. Dragotti, Sampling signals with finite rate of innovation in the presence of noise. Tech. rep., École Polytechnique Federale de Lausanne, Switzerland, 2007.

[56] F. J. Homann and P. L. Dragotti. Robust sampling of ‘almost’ sparse signals. Tech. rep., Imperial College London, 2008.

第 5 章　随机矩阵的非渐近分析

Roman Vershynin

本章将介绍随机矩阵理论中有关非渐近的基本方法和基本概念。读者将会学习到几种分析行独立（或者列独立）随机矩阵的最大奇异值方法。这些方法，很多都源于20世纪70年代以来几何泛函分析的发展。并且它们已经应用到很多领域，尤其是理论计算科学、统计学和信号处理。本章也会涉及一些基础的应用，特别是统计学中协方差矩阵的估算问题、压缩感知领域测量矩阵的概率结构的验证。本章专门为研究生及不同领域刚开始从事研究工作的科研人员而写，包括泛函分析师、概然论者、理论统计学家、电气工程师和理论计算机科学家。

5.1　引言

5.1.1　渐近和非渐近的体系

随机矩阵理论研究 $N\times n$ 的矩阵 A 的性质，其中 A 服从某一特定的概率分布。当矩阵的维数 N 和 n 趋于无穷大时，矩阵 A 的谱将趋于稳定。这一点在一些极限定理中得到了证明，这也被看成是随机矩阵版本的中心极限定理。这些极限定理包括求解对称高斯矩阵特征值的维格纳半圆定律、高斯矩阵的循环定理、Wishart 矩阵（$W=A^*A$，其中 A 是一个高斯矩阵）的 Marchenko - Pastur 定理、求解 Wishart 矩阵 W 最大特征值的 Bai - Yin 和 Tracy - Widom 定理。参考文献［51，5，23，6］对随机矩阵理论的典型问题及它们之间的巧妙联系做了详细的介绍。

渐近体系中，矩阵的维数 $N,n\to\infty$，非常适合于统计物理学。例如，把随机矩阵作为无限维算子的有限维模型。但是，在一些其他领域，像统计学、几何泛函分析和压缩感知，这些极限体系可能不会非常有用[69]。例如，假设我们要求解矩阵 A 的最大奇异值 $s_{\max}(A)$（即矩阵$(A^*A)^{1/2}$的最大特征值）；进一步明确地假设矩阵 A 是一个 $n\times n$ 的矩阵，且它的每一个元素都是相互独立的标准正态随机变量。渐近随机矩阵理论按如下方法求解该问题：Bai - Yin 定理（见定理5.31）指出

$$s_{\max}(A)/2\sqrt{n}\to 1$$

当 $n\to\infty$ 时，上式几乎肯定成立。而且，$s_{\max}(A)$的极限分布可由 Tracy - Widom 定理求得（见参考文献［71，27］）。与此相反，对于上述相同的问题，非渐近方法给出的答案如下：在维数 n 的每一种取值下，有

$$s_{\max}(A)\leqslant C\sqrt{n}$$

上式成立的概率至少为 $1-e^{-n}$，这里 C 是一个绝对常量（见定理5.32和定理5.39）。后者给出的求解精度比前者低（由于绝对常量 C 的存在），但是更加定量，因为固定维数 n 将会得到指数

型的成功概率[1]。这正是我们在本章中试图寻找的答案——保证了在所有维数下均以较大概率收敛到绝对常数。

5.1.2　高矩阵是近似等距同构的

接下来介绍的启发式方法将会成为我们的指导方法：高随机矩阵将作为近似等距同构算子。因此，一个 $N\times n$ 的随机矩阵 $A(N>>n)$，其表现应该与一个将 ℓ_2^n 插入到 ℓ_2^N 等距插入算子最为相似：

$$(1-\delta)\ K\|x\|_2\leqslant\|Ax\|_2\leqslant\ (1+\delta)\ K\|x\|_2 \text{ 对于所有 } x\in\mathbb{R}^n$$

式中，K 是一个适当的归一化因子，并且 $\delta<<1$。等价地，上式说明 A 的每一个奇异值都与其他奇异值非常接近：

$$(1-\delta)K\leqslant s_{\min}(A)\leqslant s_{\max}(A)\leqslant(1+\delta)K$$

式中，$s_{\min}(A)$ 和 $s_{\max}(A)$ 分别表示矩阵 A 的最小和最大奇异值。同样等价地，这意味着高矩阵被良好地约束：矩阵 A 的条件数是 $k(A)=s_{\max}(A)/s_{\operatorname{sim}}(A)\leqslant(1+\delta)/(1-\delta)\approx1$。

在渐近体系下，对于元素独立的随机矩阵，我们用 Bai - Yin 定理（定理 5.31）来证明我们的启发式方法。笼统来说，当矩阵 A 的维数 N，n 增大至无穷大，且它们的横纵比 N/n 固定，我们有

$$\sqrt{N}-\sqrt{n}\approx s_{\min}(A)\leqslant s_{\max}(A)\approx\sqrt{N}+\sqrt{n} \tag{5.1}$$

在这里我们注明，我们研究的 $N\times n$ 随机矩阵 A 满足行独立或者列独立，但是整体未必是独立的。针对这些矩阵的式（5.1），我们给出非渐近版本，该版本应该对所有的 N 和 n 均成立。理想的结果应该有如下形式：

$$\sqrt{N}-C\sqrt{n}\leqslant s_{\min}(A)\leqslant s_{\max}(A)\leqslant\sqrt{N}+C\sqrt{n} \tag{5.2}$$

且需要上式成立的概率很大，例如 $1-\mathrm{e}^{-N}$，其中 C 是一个绝对常数[2]。对于高矩阵（$N>>n$），不等式两边均是相近的，这就保证了矩阵 A 是一个近似的等距同构算子。

5.1.3　模型和方法

我们研究随机矩阵最为一般的模型——这些矩阵从高维分布中采样得到，具有独立的行或者独立的列。这指导我们得到四种类型的主要结果：

1）矩阵伴随着亚高斯分布的独立行：定理 5.39。

2）矩阵伴随着重尾分布的独立列：定理 5.41。

3）矩阵伴随着亚高斯分布的独立列：定理 5.58。

4）矩阵伴随着重尾分布的独立行：定理 5.62。

---

[1] 对于这个特定的模型（高斯矩阵），定理 5.32 和定理 5.35 在这里甚至给出了一个锐利的绝对常量 $C\approx2$。但是这里提到的结果更为普遍，我们将在后面看到，它只需要 A 是行或列独立的。——原书注

[2] 更准确地说，我们应该期望 $C=O(1)$ 依赖于分布的易于计算的数量，例如它的矩。从上下文中可以清楚地看到这一点。——原书注

这四种模型囊括了实际应用中很多种类的随机矩阵，包括行列均独立的随机矩阵（尤其是高斯的和伯努利的）、正交矩阵的随机子矩阵（尤其是随机傅里叶矩阵）。

我们借助概率论和几何泛函分析中的多种工具，对这四种模型进行分析。本章介绍传统随机矩阵理论，因此本章没有太多涉及这些分析工具。读者将会学习很多基础知识，包括亚高斯和亚指数随机变量、各向同性向量、大偏差独立随机变量求和不等式及将这些不等式在随机矩阵中的拓展、高维概率的几种基本方法（例如，对称化、去耦）。

5.1.4 应用

在这里，我们将会强调两种应用，一种在统计学中，一种在压缩感知中。我们对独立行随机矩阵的分析将会立刻应用到统计学的一个基本问题中——估计高维分布的协方差矩阵。如果随机矩阵 A 的行 A_i 独立同分布，那么 $A^*A=\sum_i A_i\otimes A_i$ 是样本协方差矩阵。如果随机矩阵 A 的列 A_j 独立，那么 $A^*A=(\langle A_j,A_k\rangle)_{j,k}$ 是格拉姆矩阵。因此，我们对行独立和列独立模型的分析可以理解为对高维分布的样本协方差矩阵和格拉姆矩阵的研究。在 5.4.3 节中，我们将会看到 $\mathfrak{R}^n$ 空间中的一个一般分布，它的协方差矩阵可以从按该分布进行采样的一个样本集中得到估计，采样的大小为 $N=O(n\log n)$。此外，对于亚高斯分布，我们有一个更好的采样范围 $N=O(n)$。对于低维分布，我们只需要更少的样本——如果某个分布非常接近 $\mathfrak{R}^n$ 空间的 r 维子空间，那么我们只需 $N=O(r\log n)$ 个样本便足够估计出协方差矩阵。

在压缩感知中，最有名的测量矩阵是随机的。一个矩阵能够被压缩感知的充分条件是约束等距性。大致地说，这个特性要求所有给定大小的子矩阵是良态的。这一特性在非渐近随机矩阵理论的圆问题中被很好地满足。的确，我们将在 5.6 节中看到，随机矩阵的所有基本模型都有非常好的约束等距性。这些矩阵包括高斯矩阵和伯努利矩阵；更一般地，所有矩阵伴随着亚高斯独立元素；甚至更一般地，所有矩阵伴随着亚高斯独立行或者独立列。同样，按约束等距的种类，包括随机傅里叶矩阵；更一般地，有界正交矩阵的子矩阵；甚至更一般地，矩阵，它的行独立采样于各向同性分布的一致有界坐标。

5.1.5 相关资源

本章是一个教程，而不是一个调查，因此我们着重解释方法而不是结果。这要求我们在主题的选择上做出让步。检测的集中程度以及它在随机矩阵理论中的应用仅仅被简略地提及。对测量中心的介绍，适合于初学者，见参考文献 [9] 和参考文献 [49，第 14 章]；周密的阐述，见参考文献 [56，43]；与随机矩阵的联系，见参考文献 [21，44]。参考文献 [45] 也提供了对测量中心和相关的概率方法（泛函、几何）的介绍，其中一些将会在本章中得到使用。

我们完全避开了主对角线及主对角线上方元素独立的对称随机矩阵模型，这种模型虽然重要但是过于复杂。对称随机矩阵最大奇异值的研究，起始于 Füredi 和 Komlos 的工作[29]，并且在后来成为很多工作的研究主题，例如，见参考文献 [50，83，58] 和其中的参考资料。

我们也不会试图去讨论极端特征值中小的偏差不等式的尖锐化问题。这两个主题和其他更多的内容将会在参考文献 [21，44，69] 中进行讨论。这些调查报告充当着随机矩阵理论中渐近性问题和非渐近性问题的桥梁。

由于5.2节中绝对常量 C 的存在，我们对最小奇异值（“硬边缘”）的分析将仅仅对充分地高矩阵（$N\geqslant C^2n$）起作用。对于方阵或者近似方阵，硬边缘问题仅仅在5.3节中简略地提及。在参考文献［76，69］将会对该问题进行长篇幅的讨论，并且提供了该问题与随机矩阵理论和加性组合学中的其他问题之间一目了然的联系。

本章中提出的方法和结果，将会以一种形式或者其他形式被大家熟知。其中一些方法和结果已经发表，而其他的一些方法和结果作为约定俗成的学问广泛存在于巴拿赫空间概率学、几何泛函分析和相关领域。如果读者想获得这部分内容，可以参考5.7节中具有历史意义的参考文献。

5.2 预备知识

5.2.1 矩阵及其奇异值

我们研究的主体是元素为实数或者复数的 $N\times n$ 维的矩阵 A。我们将会陈述实数情况下的所有结果，读者可以自行将它们拓展到复数情形。通常但也不总是，我们需要考虑高矩阵 A，它们的行列存在如下关系：$N\geqslant n>1$。通过传递到伴随矩阵 A^*，很多结果能留到以后的平矩阵处理，它的行列关系：$N\leqslant n$。

通过 $n\times n$ 维对称半正定矩阵 A^*A 来研究矩阵 A，通常是方便的。其特征值

$|A|:=\sqrt{A^*A}$是非负实数。按非递减顺序将特征值进行排列，我们把 $|A|:=\sqrt{A^*A}$叫作 A 的奇异值[⊖]，记为 $s_1(A)\geqslant\cdots\geqslant s_n(A)\geqslant 0$。很多应用都需要计算极端奇异值：

$$s_{\max}(A):=s_1(A),\ s_{\min}(A):=s_n(A)$$

最小奇异值只有在高矩阵中才有意义，因为对于 $N<n$ 的矩阵，$s_{\min}(A)=0$。

同样地，$s_{\max}(A)$和 $s_{\min}(A)$分别代表 M 的最小值和 m 的最大值：

$$m\|x\|_2\leqslant\|Ax\|_2\leqslant M\|x\|_2\ \text{对于所有}\ x\in\mathbb{R}^n \tag{5.3}$$

为了解释这种定义的几何意义，我们把 A 看成是 $\mathfrak{R}^n\to\mathfrak{R}^N$ 的线性算子。$\mathfrak{R}^n$ 空间中任意两点的欧几里得距离在 A 的作用下，最多增加 $s_{\max}(A)$且最多减小 $s_{\min}(A)$。因此，极端奇异值控制了 A 作用下的欧几里得几何的畸变程度。如果 $s_{\max}(A)\approx s_{\min}(A)\approx 1$，那么算子 A 相当于一个近似等距同构算子，更准确地说，相当于把 ℓ_2^n 嵌入到 ℓ_2^N 的近似等距同构算子。

极端奇异值也可以通过 A 谱范数加以描述，定义如下：

$$\|A\|=\|A\|_{\ell_2^n\to\ell_2^N}=\sup_{x\in\mathbb{R}^n\setminus\{0\}}\frac{\|Ax\|_2}{\|x\|_2}=\sup_{x\in S^{n-1}}\|Ax\|_2 \tag{5.4}$$

式（5.3）给出了极端奇异值与谱范数之间的关系：

⊖ 在文献中，奇异值也叫作 s 数。——原书注

$$s_{\max}(A)=\|A\|,\ s_{\min}(A)=1/\|A^{\dagger}\|$$

式中，$A^{\dagger}$ 表示 A 的伪逆矩阵；如果 A 是可逆的，则 $A^{\dagger}=A^{-1}$。

5.2.2 网络

网络是离散化紧集的一种很方便的手段。在我们的研究中，经常需要在普范数下离散化单位欧几里得球面 S^{n-1}。首先，让我回顾一下 ε 网络的一般定义：

定义 5.1（网络，覆盖数） 令 (X,d) 是一个度量空间，$\varepsilon>0$，$\mathcal{N}_{\varepsilon}$ 是 X 的一个子空间。如果每一个 $x\in X$，都可以被 $\mathcal{N}_{\varepsilon}$ 中的某些点 y 近似表示，即 $d(x,y)\leqslant\varepsilon$，则 $\mathcal{N}_{\varepsilon}$ 叫作 X 的一个 ε 网络。X 的一个 ε 网络，它的最小基数如果有限，则最小基数被叫作 X 在尺度 ε 下的覆盖数，记为 $\mathcal{N}(X,\varepsilon)$[㊀]。

从紧密性的描述，我们知道 X 是紧的，当且仅当对于任意的 $\varepsilon>0$，均有 $\mathcal{N}(X,\varepsilon)>\infty$。对 $\mathcal{N}(X,\varepsilon)$ 的定量估计，将会为我们提供一个关于 X 的紧密性的定量指标[㊁]。让我们举一个度量空间的例子：单位欧几里得球面 S^{n-1}，装备了欧几里得度量[㊂] $d(x,y)=\|x-y\|_2$，计算其覆盖数。

引理 5.2（球的覆盖数） 装备了欧几里得度量的单位欧几里得球 S^{n-1}，对于每一个 $\varepsilon>0$ 满足：

$$\mathcal{N}(S^{n-1},\varepsilon)\leqslant\left(1+\frac{2}{\varepsilon}\right)^{n}$$

证明：这是一个简单的体积论证问题。固定 $\varepsilon>0$，取 $\mathcal{N}_{\varepsilon}$ 为 S^{n-1} 中的最大 ε 离散子集，即 $\mathcal{N}_{\varepsilon}$ 满足 $\forall x,y\in\mathcal{N}_{\varepsilon},x\neq y$，有 $d(x,y)\geqslant\varepsilon$，并且 S^{n-1} 中包含 $\mathcal{N}_{\varepsilon}$ 的任意子集都不满足此条件[㊃]。

极大性说明 $\mathcal{N}_{\varepsilon}$ 是 S^{n-1} 的一个 ε 网络。的确如此，否则将会存在 $x\in S^{n-1}$，使得 x 至少是 ε 远离 $\mathcal{N}_{\varepsilon}$ 中的所有点。因此 $\mathcal{N}_{\varepsilon}\cup\{x\}$ 仍然是一个 ε 离散子集，这与极小性矛盾。

同时，离散性说明，根据三角不等式：以 $\mathcal{N}_{\varepsilon}$ 中的各个点为圆心，半径为 $\varepsilon/2$ 的圆互不相交。另一方面，所有这样的圆落在 $(1+\varepsilon/2)B_2^n$ 中，其中 B_2^n 是中心在圆点的单位欧几里得球。比较体积 $\mathrm{vol}\left(\frac{\varepsilon}{2}B_2^n\right)\cdot|\mathcal{N}_{\varepsilon}|\leqslant\mathrm{vol}\left(\left(1+\frac{\varepsilon}{2}\right)B_2^n\right)$。由于对于所有的 $r\geqslant0$，都有 $\mathrm{vol}(rB_2^n)=r^n\mathrm{vol}(B_2^n)$，我们得出结论：$|\mathcal{N}_{\varepsilon}|\leqslant\left(1+\frac{\varepsilon}{2}\right)^n/\left(\frac{\varepsilon}{2}\right)^n=\left(1+\frac{2}{\varepsilon}\right)^n$。

网络允许我们利用线性算子来降低计算复杂度。其中的一个例子就是谱范数的计算。通过定义 5.4 来计算谱范数，需要利用整个球体 S^{n-1} 的上确界。但是，我们本质上可以用它的 ε 网络来代替这个球。

㊀ 等价地，$\mathcal{N}(X,\varepsilon)$ 是半径 ε 的最小数目的球，X 中的中心需要覆盖 X。——原书注

㊁ 在统计学习理论和几何泛函分析中，$\log\mathcal{N}(X,\varepsilon)$ 被称为 X 的度量熵。在某种意义上，它度量度量空间 X 的“复杂性”。——原书注

㊂ 一个类似的结果适用于球面上的测地线度量，因为对于小 ε，这两个距离是等价的。——原书注

㊃ 实际上，我们可以通过首先选择球面上的任意点来构造 $\mathcal{N}_{\varepsilon}$，在接下来的每一步中，从已经选择的点中选择至少距离 ε 的点。通过紧凑性，该算法将在有限的多个步骤后终止，并根据我们的要求生成一个集合 $\mathcal{N}_{\varepsilon}$。——原书注

引理 5.3（在一个网络上计算谱范数） 令 A 是一个 $N\times n$ 的矩阵，并且令 $\mathcal{N}_\varepsilon$ 是 S^{n-1} 的一个 ε 网络，其中 $\varepsilon\in[0,1)$。那么

$$\max_{x\in\mathcal{N}_\varepsilon}\|Ax\|_2\leqslant\|A\|\leqslant(1-\varepsilon)^{-1}\max_{x\in\mathcal{N}_\varepsilon}\|Ax\|_2$$

证明：结论中的下确界服从定义。为了证明上确界，我们固定 $x\in S^{n-1}$，其中 x 满足 $\|A\|=\|Ax\|_2$。同时，选择 $y\in\mathcal{N}_\varepsilon$ 来近似 x，即 $\|x-y\|_2\leqslant\varepsilon$。根据三角不等式，我们有 $\|Ax-Ay\|_2\leqslant\|A\|\ \|x-y\|\leqslant\varepsilon\|A\|$。由此：

$$\|Ay\|_2\geqslant\|Ax\|_2-\|Ax-Ay\|_2\geqslant\|A\|-\varepsilon\|A\|=(1-\varepsilon)\|A\|$$

取满足上述不等式的所有 $y\in\mathcal{N}_\varepsilon$ 中的最大值，我们便完成了证明。

$n\times n$ 的对称矩阵 A 有相似的结果，它的谱范数可以通过相应的二次方程来计算：$\|A\|=\sup\limits_{x\in S^{n-1}}|<Ax,x>|$。此外，我们本质上可以用它的 ε 网络来代替这个球。

引理 5.4（在一个网络上计算谱范数） 令 A 是一个 $n\times n$ 的矩阵，$\mathcal{N}_\varepsilon$ 是 S^{n-1} 的一个 ε 网络，其中 $\varepsilon\in[0,1)$，则

$$\|A\|=\sup_{x\in S^{n-1}}|\langle Ax,x\rangle|\leqslant(1-2\varepsilon)^{-1}\sup_{x\in\mathcal{N}_\varepsilon}|\langle Ax,x\rangle|$$

证明：选择 $x\in S^{n-1}$，满足 $\|A\|=|\langle Ax,x\rangle|$，并且选择 $y\in\mathcal{N}_\varepsilon$，使得 y 是 x 的近似，满足 $\|x-y\|_2\leqslant\varepsilon$。由三角不等式，我们有

$$\begin{aligned}|\langle Ax,x\rangle-\langle Ay,y\rangle|&=|\langle Ax,x-y\rangle+\langle A(x-y),y\rangle|\\&\leqslant\|A\|\|x\|_2\|x-y\|_2+\|A\|\|x-y\|_2\|y\|_2\leqslant2\varepsilon\|A\|\end{aligned}$$

因此，$|\langle Ay,y\rangle|\geqslant\langle Ax,x\rangle|-2\varepsilon\|A\|=(1-2\varepsilon)\|A\|$，取 $\mathcal{N}_\varepsilon$ 上最大的 y 即可完成证明。

5.2.3 亚高斯随机变量

在本节中，我们将介绍亚高斯随机变量类族[⊖]，这些随机变量的分布被一个中心高斯随机变量的分布支配。这是一个实用且非常宽泛的类，它包括了标准正态随机变量和所有的有界随机变量。

让我们简要地回顾一下标准正态随机变量 X 的一些著名的性质。X 的分布，密度函数为 $\frac{1}{\sqrt{2\pi}}e^{-x^2/2}$，记为 $N(0,1)$。在 t 和 ∞ 之间对密度函数求积分，我们可以得出结论：标准正态随机变量 X 的尾部按超指数速度衰减：

$$\mathbb{P}\{|X|>t\}=\frac{2}{\sqrt{2\pi}}\int_t^\infty e^{-x^2/2}dx\leqslant2e^{-t^2/2},\ t\geqslant1\tag{5.5}$$

见参考文献［26，定理 1.4］一个更为精确的双边不等式。X 的矩绝对值可以通过下式计算：

$$(\mathbb{E}|X|^p)^{1/p}=\sqrt{2}\left[\frac{\Gamma((1+p)/2)}{\Gamma(1/2)}\right]^{1/p}=O(\sqrt{p}),\ p\geqslant1\tag{5.6}$$

X 矩的母函数等于

$$\mathbb{E}\exp(tX)=e^{t^2/2},\ t\in\mathbb{R}\tag{5.7}$$

⊖ 更严格地说，我们研究亚高斯概率分布，这与本章后面研究的随机变量和随机向量的其他一些性质有关，但是，由于我们将把注意力集中在随机变量和向量上，所以我们可以方便地从它们中形成随机矩阵。——原书注

现在，我们令 X 是一个一般的随机矩阵。我们观察到这三个性质是等价的——超指数尾衰减式（5.5），矩生成式（5.6），矩的母函数的生成式（5.7）。接下来，我们将会把重点放在满足这三个性质的这类随机变量上，我们把这类随机变量叫作亚高斯随机变量。

引理 5.5（亚高斯性质的等价性） 令 X 是一个随机变量。下列性质是等价的，其中 $K_i>0$ 是互不相等的常数，相互之间至多相差一个绝对值常数因子[㊀]。

1）尾：对于所有 $t\geqslant 0$，$\mathbb{P}\{|X|>t\}\leqslant \exp(1-t^2/K_1^2)$；

2）矩：对于所有的 $p\geqslant 1$，$(\mathbb{E}|X|^p)^{1/p}\leqslant K_2\sqrt{p}$；

3）超指数矩：$\mathbb{E}\exp(X^2/K_3^2)\leqslant e$。

并且，如果 $\mathbb{E}X=0$，则性质 1～3 也等价于下面一个性质：

4）矩母函数：对于所有的 $t\in\mathbb{R}$，$\mathbb{E}\exp(tX)\leqslant\exp(t^2K_4^2)$。

证明：**1⇒2** 假设性质 1 满足。由齐次性，将 X 尺度变换为 X/K_1，我们能够假设 $K_1=1$。对于每一个非负随机变量 Z，按分部积分得到的恒等式 $\mathbb{E}Z=\int_0^\infty \mathbb{P}\{Z\geqslant u\}\,\mathrm{d}u$，我们将其应用于 $Z=|X|^p$。变量替换 $u=t^p$，将其应用到性质 1，我们得到：

$$\mathbb{E}|X|^p=\int_0^\infty \mathbb{P}\{|X|\geqslant t\}pt^{p-1}\mathrm{d}t\leqslant\int_0^\infty \mathrm{e}^{1-t^2}pt^{p-1}\mathrm{d}t=\left(\frac{ep}{2}\right)\Gamma\left(\frac{p}{2}\right)\leqslant\left(\frac{ep}{2}\right)\left(\frac{p}{2}\right)^{p/2}$$

取第 p 个根，便得到了性质 2，其中存在一个合适的绝对值常数 K_2。

2⇒3 假设性质 2 满足。和之前一样，由齐次性，我们假设 $K_2=1$。取 $c>0$ 是足够小的绝对值常数。性质 2 中指数函数的泰勒展开式：

$$\mathbb{E}\exp(cX^2)=1+\sum_{p=1}^\infty\frac{c^p\,\mathbb{E}(X^{2p})}{p!}\leqslant 1+\sum_{p=1}^\infty\frac{c^p(2p)^p}{p!}\leqslant 1+\sum_{p=1}^\infty(2c/e)^p$$

对于第一个不等式，满足性质 2；在第二个不等式中，我们使用 $p!\geqslant(p/e)^p$。对于小的 c，由上述不等式，得出 $\mathbb{E}\exp(cX^2)\leqslant e$，这便是性质 3，其中 $K_3=c^{-1/2}$。

3⇒1 假设性质 3 满足。和之前一样，由齐次性，我们假设 $K_3=1$。取幂，并且使用马尔可夫不等式[㊁]，则由性质 3，我们有

$$\mathbb{P}\{|X|>t\}=\mathbb{P}\{e^{X^2}\geqslant e^{t^2}\}\leqslant e^{-t^2}\mathbb{E}\,e^{X^2}\leqslant e^{1-t^2}$$

这便证明了性质 1，其中 $K_1=1$。

2⇒4 现在我们假设 $\mathbb{E}X=0$，并且性质 2 满足。和之前一样，我们假设 $K_2=1$。证明性质 4 成立，且伴随着一个适当大的绝对值常数 $C=K_4$。计算指数函数的泰勒展开式：

$$\mathbb{E}\exp(tX)=1+t\mathbb{E}X+\sum_{p=2}^\infty\frac{t^p\mathbb{E}X^p}{p!}\leqslant 1+\sum_{p=2}^\infty\frac{t^pp^{p/2}}{p!}\leqslant 1+\sum_{p=2}^\infty\left(\frac{e|t|}{\sqrt{p}}\right)^p \tag{5.8}$$

当 $\mathbb{E}X=0$，并且性质 2 满足，第一个不等式成立；第二个不等式成立，因为 $p!\geqslant(p/e)^p$。与泰勒展开式比较：

$$\exp(C^2t^2)=1+\sum_{k=1}^\infty\frac{(C|t|)^{2k}}{k!}\geqslant 1+\sum_{k=1}^\infty\left(\frac{C|t|}{\sqrt{k}}\right)^{2k}=1+\sum_{p\in 2\mathbb{N}}\left(\frac{C|t|}{\sqrt{p/2}}\right)^p \tag{5.9}$$

㊀ 这个等价的精确含义是这样的。存在一个绝对常数 C，使得性质 i 蕴含参数为 $K_j\leqslant CK_i$ 的性质 j，对任意两个性质 i，$j=1,2,3$。——原书注

㊁ 这个简单的论点有时被称为指数化马尔可夫不等式。——原书注

第一个不等式成立，因为 $p!\leqslant p^p$；第二个不等式可以通过变量替换 $p=2k$ 得到。可以看出，式（5.8）在式（5.9）下是有界的。我们得出结论：$\mathbb{E}\exp(tX)\leqslant\exp(C^2t^2)$，这便证明了性质 4。

4⇒1 假设性质 4 满足；我们同样假设 $K_4=1$。令 $\lambda>0$，这是一个后面将会用到的系数。通过指数化马尔可夫不等式，并且使用性质 4 给出的矩母函数的界限，我们得到

$$\mathbb{P}\{X\geqslant t\}=\mathbb{P}\{e^{\lambda X}\geqslant e^{\lambda t}\}\leqslant e^{-\lambda t}\mathbb{E}\,e^{\lambda X}\leqslant e^{-\lambda t+\lambda^2}$$

最优化 λ，因此选择 $\lambda=t/2$，我们得出结论 $\mathbb{P}\{X\geqslant t\}\leqslant e^{-t^2/4}$。取 $-X$，重复上述结论，得到 $\mathbb{P}\{X\leqslant -t\}\leqslant e^{-t^2/4}$。结合这两个边界，我们得到 $\mathbb{P}\{|X|\geqslant t\}\leqslant 2e^{-t^2/4}\leqslant e^{1-t^2/4}$。因此性质 1 成立，其中 $K_1=2$。综上，此引理得到证明。

备注 5.6

1）为简便起见，性质 1 和 2 中分别选择常数 1 和 e。因此，常数 1 可以被任意正数取代，常数 e 可以被任意大于 1 的数取代。

2）假设 $\mathbb{E}X=0$ 仅仅在证明性质 4 的必要性时才需要；充分性成立，无需此假设。

定义 5.7（亚高斯随机变量）　一个随机变量 X，满足引理 5.5 中的等价性质 1 ~ 3 中的一个，是一个亚高斯随机变量。X 的亚高斯范数，记为 $\|X\|_{\psi_2}$，定义为性质 2 中最小的 K_2，换言之[1]：

$$\|X\|_{\psi_2}=\sup_{p\geqslant 1}p^{-1/2}(\mathbb{E}\,|X|^p)^{1/p}$$

因此，亚高斯随机变量类在给定的概率空间上，是一个范数空间。由引理 5.5，每一个亚高斯随机变量满足：

$$\mathbb{P}\{|X|>t\}\leqslant\exp(1-ct^2/\|X\|_{\psi_2}^2)\text{对于所有 }t\geqslant 0 \tag{5.10}$$

$$(\mathbb{E}\,|X|^p)^{1/p}\leqslant\|X\|_{\psi_2}\sqrt{p}\text{对于所有 }p\geqslant 1 \tag{5.11}$$

$$\mathbb{E}\exp(cX^2/\|X\|_{\psi_2}^2)\leqslant e$$

$$\text{如果}\mathbb{E}\,X=0\text{，则}\mathbb{E}\exp(tX)\leqslant\exp(Ct^2\|X\|_{\psi_2}^2)\text{对于所有 }t\in\mathbb{R} \tag{5.12}$$

式中，C，$c>0$ 是绝对常量，并且 $\|X\|_{\psi_2}$ 是满足这些不等式的最小可能的数。

例 5.8　亚高斯随机变量的典型例子有高斯随机变量、伯努利随机变量和所有有界随机变量。

1）（高斯）：标准正态随机变量 X，当 $\|X\|_{\psi_2}\leqslant C$ 时，X 是亚高斯的，其中 C 是一个绝对常量。这点可以从式（5.6）看出。更一般地，如果 X 是一个中心正态随机变量，方差为 σ^2，则 X 是亚高斯的，且 $\|X\|_{\psi_2}\leqslant C\sigma$。

2）（伯努利）：考虑这样一个随机变量 X，它的分布 $\mathbb{P}\{X=-1\}=\mathbb{P}\{X=1\}=1/2$，我们称 X 是一个对称伯努利随机变量。因为 $|X|=1$，因此 X 是亚高斯随机变量，其中 $\|X\|_{\psi_2}=1$。

3）（有界）：更一般地，考虑任意有界随机变量 X，因此 $|X|\leqslant M$。此时，X 是一个亚高斯随机变量，其中 $\|X\|_{\psi_2}\leqslant M$。我们可以更简洁地写成 $\|X\|_{\psi_2}\leqslant\|X\|_\infty$。

正态分布有一个卓越的性质是旋转不变性。给定有限数目的一组独立中心高斯随机变量 X_i，它们的求和 $\sum_i X_i$ 也是一个中心正态随机变量，显然有 $\mathrm{Var}(\sum_i X_i)=\sum_i\mathrm{Var}(X_i)$。旋转不变性可以沿用到亚高斯随机变量中，尽管是近似的：

---

[1] 亚高斯范数在文献中也称为 ψ_2 范数。——原书注

引理 5.9（旋转不变性） 考虑一组有限数目的独立中心亚高斯随机变量 X_i，它们的求和 $\sum_i X_i$ 也是一个中心亚高斯随机变量，并且

$$\| \sum_i X_i \|_{\psi_2}^2 \leqslant C \sum_i \| X_i \|_{\psi_2}^2$$

式中，C 是一个绝对常量。

证明：论点基于对矩母函数的估计。利用独立性和式（5.12），我们有对于每一个 $t \in \mathbb{R}$

$$\mathbb{E} \exp\left(t \sum_i X_i\right) = \mathbb{E} \prod_i \exp(tX_i) = \prod_i \mathbb{E} \exp(tX_i) \leqslant \prod_i \exp(Ct^2 \| X_i \|_{\psi_2}^2)$$
$$= \exp(t^2 K^2)$$

式中，$K^2 = C \sum_i \| X_i \|_{\psi_2}^2$

利用引理 5.5 中性质 2 和性质 4 的等价性，我们有结论 $\| \sum_i X_i \|_{\psi_2} \leqslant C_1 K$，其中 C_1 是一个绝对常量，证毕。

通过旋转不变性，我们能立刻得到一个关于独立亚高斯随机变量求和的大偏差不等式：

命题 5.10（Hoeffding 型不等式） 令 $X_1, \cdots, X_N$ 是相互独立的中心亚高斯随机变量，令 $K = \max_i \| X_i \|_{\psi_2}$，则对于每一个 $a = (a_1, \cdots, a_N) \in \mathbb{R}^N$ 和每一个 $t \geqslant 0$，有

$$\mathbb{P}\left\{ \left| \sum_{i=1}^N a_i X_i \right| \geqslant t \right\} \leqslant e \cdot \exp\left(-\frac{ct^2}{K^2 \| a \|_2^2}\right)$$

式中，$c > 0$ 是一个绝对常量。

证明：由旋转不变性（引理 5.9）得边界 $\| \sum_i a_i X_i \|_{\psi_2}^2 \leqslant C \sum_i a_i^2 \| X_i \|_{\psi_2}^2 \leqslant CK^2 \| a \|_2^2$。由性质式（5.10）便可产生需要的尾衰减。

备注 5.11 我们把这些结果（引理 5.9 和命题 5.10）解释为中心极限定理的单边非渐近表现。例如，考虑独立对称伯努利随机变量的归一化求和 $S_N = \frac{1}{\sqrt{N}} \sum_{i=1}^N \varepsilon_i$。由命题 5.10 可得，对于任意数量的 N，尾边界 $\mathbb{P}\{|S_N| > t\} \leqslant e \cdot e^{-ct^2}$。决定于绝对常量 e 和 c，这些尾与式（5.5）标准正态随机变量的尾一致。

使用式（5.11）中的矩增长，而不是式（5.10）中的尾衰减，我们能够立刻从引理 5.9 中得到一般形式的著名的 Khintchine 不等式：

推理 5.12（Khintchine 不等式） 令 X_i 是一组有限数量的独立亚高斯随机变量，它们的均值为 0，方差为 1，并且 $\| X_i \|_{\psi_2} \leqslant K$。对于每一个 a_i 序列和每一个指数 $p \geqslant 2$，我们有

$$\left(\sum_i a_i^2\right)^{1/2} \leqslant \left(\mathbb{E} | \sum_i a_i X_i |^p\right)^{1/p} \leqslant CK\sqrt{p}\left(\sum_i a_i^2\right)^{1/2}$$

式中，C 是一个绝对常量。

证明：由独立性和 Hölder 不等式得下边界：$(\mathbb{E} | \sum_i a_i X_i |^p)^{1/p} \geqslant (\mathbb{E} | \sum_i a_i X_i |^2)^{1/2} = (\sum_i a_i^2)^{1/2}$。对于上边界，正如我们在命题 5.10 中陈述的那样，但是使用的是性质式（5.11）。

5.2.4 亚指数随机变量

尽管亚高斯随机变量类是自然且非常宽泛的，但是它遗漏了一些比高斯随机变量的尾衰减

更严重的有用随机变量。其中一个例子便是标准指数随机变量——一个非负的随机变量，它的尾衰减呈指数型：

$$\mathbb{P}\{X\geqslant t\}=e^{-t},\ t\geqslant 0 \tag{5.13}$$

为了包含这些例子，我们考虑一个亚指数随机变量类，这些变量至少有指数的尾衰减。进行适当的修改，亚高斯随机变量的基本性质在亚指数随机变量中也成立。特别地，亚指数随机变量版本的引理 5.5 有相似的证明，除了性质 4 矩母函数。因此，对于一个随机变量 X，下列性质是等价的，其中 $K_i>0$ 是互不相等的常数，相互之间至多相差一个绝对值常数因子：

$$\mathbb{P}\{|X|>t\}\leqslant\exp(1-t/K_1)\text{对于所有 }t\geqslant 0 \tag{5.14}$$

$$(\mathbb{E}|X|^p)^{1/p}\leqslant K_2 p\text{ 对于所有 }p\geqslant 1 \tag{5.15}$$

$$\mathbb{E}\exp(X/K_3)\leqslant e \tag{5.16}$$

定义 5.13（亚指数随机变量） 一个随机变量 X 满足等价性质式（5.14）~式（5.16）中的一个，便称为亚指数随机变量。X 的亚指数范数，记为 $\|X\|_{\psi_1}$，定义为 K_2 的最小取值，即

$$\|X\|_{\psi_1}=\sup_{p\geqslant 1}p^{-1}(\mathbb{E}|X|^p)^{1/p}$$

引理 5.14（亚指数是亚高斯的平方） 一个随机变量 X 是亚高斯的当且仅当 X^2 是亚指数的，而且

$$\|X\|_{\psi_2}^2\leqslant\|X^2\|_{\psi_1}\leqslant 2\|X\|_{\psi_2}^2$$

证明：从定义可以很容易得出。

亚指数随机变量的矩母函数有一个与亚高斯情形相似的上界（引理 5.5 性质 4）。真正的区别仅仅在于边界条件仅在 0 的一个邻域内成立，而不是在整个实线上。这是必然的，因为当 $t\geqslant 1$ 时，指数随机变量式（5.13）的矩母函数不存在。

引理 5.15（亚指数随机变量的生长因子） 令 X 是一个中心亚指数随机变量，则对于每一个 t 满足 $|t|\leqslant c/\|X\|_{\psi_1}$，我们有

$$\mathbb{E}\exp(tX)\leqslant\exp(Ct^2\|X\|_{\psi_1}^2)$$

式中，C，$c>0$ 是绝对常量。

证明：此论述与亚高斯情形很相似。我们假设 $\|X\|_{\psi_1}=1$，则可以用 X 代替 $X/\|X\|_{\psi_1}$，用 t 代替 $t\|X\|_{\psi_1}$。重复引理 5.5 中 2⇒4 的证明，并且这次使用 $\mathbb{E}|X|^p\leqslant p^p$，我们得到 $\mathbb{E}\exp(tX)\leqslant 1+\sum_{p=2}^{\infty}(e|t|)^p$。如果 $|t|\leqslant 1/2e$，则右侧是有界的：$1+2e^2t^2\leqslant\exp(2e^2t^2)$。证毕。

与亚高斯相似（命题 5.10），亚指数随机变量满足一个大偏差不等式。重要的区别仅仅在于双尾在这里必须出现——一个高斯尾（由于中心极限定理），一个指数尾（来自于它们自身的尾）。

命题 5.16（Bernstein 型不等式） 令 $X_1,\cdots,X_N$ 是相互独立的中心亚指数随机变量，且 $K=\max_i\|X_i\|_{\psi_1}$，则对于每一个 $a=(a_1,\cdots,a_N)\in\mathbb{R}^N$ 和每一个 $t\geqslant 0$，我们有

$$\mathbb{P}\left\{\left|\sum_{i=1}^N a_iX_i\right|\geqslant t\right\}\leqslant 2\exp\left[-c\min\left(\frac{t^2}{K^2\|a\|_2^2},\frac{t}{K\|a\|_\infty}\right)\right]$$

式中，$c>0$ 是一个绝对常量。

证明：不失一般性，我们假设 $K=1$，将 X_i/K 代替为 X_i，t/K 代替为 t。对求和 $S=\sum_i a_iX_i$ 使用指数化马尔可夫不等式：

$$\mathbb{P}\{S\geqslant t\}=\mathbb{P}\{e^{\lambda S}\geqslant e^{\lambda t}\}\leqslant e^{-\lambda t}\mathbb{E}\,e^{\lambda S}=e^{-\lambda t}\prod_i\mathbb{E}\exp(\lambda a_iX_i)$$

式中，$\lambda>0$。

如果 $|\lambda|\leqslant c/\|a\|_\infty$，则对于所有的 i，$|\lambda a_i|\leqslant c$，所以由引理 5.15 得

$$\mathbb{P}\{S\geqslant t\}\leqslant e^{-\lambda t}\prod_i\exp(C\lambda^2a_i^2)=\exp(-\lambda t+C\lambda^2\|a\|_2^2)$$

取 $\lambda=\min(t/2C\|a\|_2^2,c/\|a\|_\infty)$，得

$$\mathbb{P}\{S\geqslant t\}\leqslant\exp\left[-\min\left(\frac{t^2}{4C\|a\|_2^2},\frac{ct}{2\|a\|_\infty}\right)\right]$$

用 $-X_i$ 代替 X_i，我们得到关于 $\mathbb{P}\{-S\geqslant t\}$ 相同的边界。这两个边界结合在一起，便完成了证明。

推理 5.17 令 $X_1,\cdots,X_N$ 是一组独立的中心亚指数随机变量，并且令 $K=\max_i\|X_i\|_{\psi_1}$，则对于每一个 $\varepsilon\geqslant 0$，我们有

$$\mathbb{P}\left\{\left|\sum_{i=1}^N X_i\right|\geqslant\varepsilon N\right\}\leqslant 2\exp\left[-c\min\left(\frac{\varepsilon^2}{K^2},\frac{\varepsilon}{K}\right)N\right]$$

式中，$c>0$ 是一个绝对常量。

证明：当 $a_i=1$ 且 $t=\varepsilon N$，上述推理可以从命题 5.16 得到证明。

备注 5.18（标定中心） 从亚高斯、亚指数随机变量 X 的定义可以看出，并没有要求 X 是中心的。在任何情况下，我们总能简单地使用 X 是亚高斯的（或亚指数的）这一事实来中心化 X，那么 $X-\mathbb{E}X$ 也是如此。而且，

$$\|X-\mathbb{E}X\|_{\psi_2}\leqslant 2\|X\|_{\psi_2},\quad\|X-\mathbb{E}X\|_{\psi_1}\leqslant 2\|X\|_{\psi_1}$$

遵循三角不等式 $\|X-\mathbb{E}X\|_{\psi_2}\leqslant\|X\|_{\psi_2}+\|\mathbb{E}X\|_{\psi_2}$，同时

$\|\mathbb{E}X\|_{\psi_2}=|\mathbb{E}X|\leqslant\mathbb{E}|X|\leqslant\|X\|_{\psi_2}$。亚指数范数有相似的结论。

5.2.5 各向同性随机向量

本节我们把工作放在更高维空间。因此，我们的研究对象变成了随机变量 $X\in\mathbb{R}^n$，或者 $\mathbb{R}^n$ 空间中等效的概率分布。

随机变量 Z 的均值 $\mu=\mathbb{E}Z$ 在高维空间中保持不变，但是二阶矩 $\mathbb{E}Z^2$ 被随机向量 X 的一个 $n\times n$ 的二阶矩矩阵代替，定义为

$$\Sigma=\Sigma(X)=\mathbb{E}\,X\otimes X=\mathbb{E}\,XX^{\mathrm{T}}$$

式中，$\otimes$ 定义为 $\mathbb{R}^n$ 空间中向量的叉积。相似地，方差 $\mathrm{Var}(Z)=\mathbb{E}(Z-\mu)^2=\mathbb{E}Z^2-\mu^2$ 被高维空间中的协方差矩阵代替，定义为

$$\mathrm{Cov}(X)=\mathbb{E}(X-\mu)\otimes(X-\mu)=\mathbb{E}\,X\otimes X-\mu\otimes\mu$$

式中，$\mu=\mathbb{E}X$。也就是说，很多问题可以降为中心随机向量下的情形，其中 $\mu=0$，$\mathrm{Cov}(X)=\Sigma(X)$。我们也需要单位方差的高维版本。

定义 5.19（各向同性随机向量） $\mathbb{R}^n$ 空间中的一个随机向量 X，如果 $\Sigma(X)=I$，则称 X 是各

向同性。等价地，X 是各向同性的，如果

$$\mathbb{E}\langle X,x\rangle^2=\|x\|_2^2 \text{ 对于所有 } x\in\mathbb{R}^n \tag{5.17}$$

假设 $\Sigma(X)$ 是一个可逆矩阵，意味着 X 的分布在 $\mathbb{R}^n$ 的某些适当的子空间中无法被本质地支持。此时 $\Sigma(X)^{-1/2}X$ 是 $\mathbb{R}^n$ 空间中的一个各向同性随机向量。因此每一个非退化的随机向量，通过适当的线性变换，均可变成各向同性的[1]。这允许我们将重心放在对各向同性随机向量的研究上。

引理 5.20　令 X，Y 是 $\mathbb{R}^n$ 空间中相互独立的各向同性随机变量，则 $\mathbb{E}\|X\|_2^2=n$，$\mathbb{E}\langle X,Y\rangle^2=n$。

证明：第一部分：$\mathbb{E}\|X\|_2^2=\mathbb{E}\operatorname{tr}(X\otimes X)=\operatorname{tr}(\mathbb{E}X\otimes X)=\operatorname{tr}(I)=n$。第二部分：将 Y 作为变量，利用 X 是各向同性的及第一部分结论，得 $\mathbb{E}\langle X,Y\rangle^2=\mathbb{E}\|Y\|_2^2=n$。

例 5.21

1）（高斯）：在 $\mathbb{R}^n$ 空间中，依据标准正态分布 $N(0,1)$ 选择的（标准）高斯随机向量 X 是各向同性的。X 的每一维坐标都是独立的标准正态随机变量。

2）（伯努利）：一个相似的离散各向同性例子：在 $\mathbb{R}^n$ 空间中，X 是一个伯努利随机向量，则 X 的每一维坐标都是独立的对称伯努利随机变量。

3）（乘积分布）：更一般地，考虑 $\mathbb{R}^n$ 空间中的一个随机向量 X：如果 X 的每一维坐标都是独立的随机变量，均值为 0，方差为 1，则 X 是各向同性的。

4）（并列）：考虑一个并列随机向量 X，在集合 $\{\sqrt{n}e_i\}_{i=1}^n$ 上均匀分布，其中 $\{e_i\}_{i=1}^n$ 是 $\mathbb{R}^n$ 空间的标准基，则 X 是 $\mathbb{R}^n$ 空间中的各向同性随机变量[2]。

5）（框架）：这是一个更为一般的并列随机向量版本。一个框架是 $\mathbb{R}^n$ 空间中的一个向量集 $\{u_i\}_{i=1}^M$，满足近似 Parseval 不等式，即存在常数 $A,B>0$，使得

$$A\|x\|_2^2\leqslant\sum_{i=1}^M\langle u_i,x\rangle^2\leqslant B\|x\|_2^2 \text{ 对于所有 } x\in\mathbb{R}^n$$

A，B 叫作框架的边界。如果 $A=B$，则此集合被称为紧框架。因此，紧框架是标准正交基的推广，无线性无关这一要求。给定一个紧框架 $\{u_i\}_{i=1}^M$，边界为 $A=B=M$，在集合 $\{u_i\}_{i=1}^M$ 上均匀分布的随机向量 X 是各向同性的[3]。

6）（球面）：在 $\mathbb{R}^n$ 空间中，考虑在单位欧几里得球面上均匀分布的随机向量 X，球的中心在原点，半径为 $\sqrt{n}$，则 X 是各向同性的。确实如此，根据旋转不变性，$\mathbb{E}\langle X,x\rangle^2$ 与 $\|x\|_2^2$ 成正比。引理 5.20 可以导出，正确的归一化因子是 $\sqrt{n}$。

7）（凸集上的均匀分布）：在凸几何中，$\mathbb{R}^n$ 空间上的凸集 K，如果从 K 中均匀选择得到的随机向量 X，根据体积是各向同性的，凸集 K 则是各向同性的。正如我们所指出，每一个全维凸集，都可以通过一个仿射变换，变成各向同性的。各向同性凸集，被视为是良态的（well conditioned），这一点在几何算法中是有利的（例如体积计算）。

---

[1] 这种变换（通常先标定中心）是随机变量标准化的高维版本，它要求零均值和单位方差。——原书注

[2] 高斯随机向量和坐标随机向量的例子是相反的，一个是非常连续的，另一个是非常离散的，它们可以作为我们研究随机矩阵的测试用例。——原书注

[3] 也有明显的逆蕴含，这表明紧框架类可以用离散各向同性随机向量来识别。——原书注

我们利用一维边界，将亚高斯随机变量概念推广到高维空间。

定义 5.22（亚高斯随机向量） $\mathbb{R}^n$空间中的一个随机向量 X，如果对于所有的 $x \in \mathbb{R}^n$，都有一维边界$\langle X,x\rangle$是亚高斯随机变量，则称随机向量 X 是亚高斯的。X 的亚高斯范数被定义为

$$\| X \|_{\psi_2} = \sup_{x \in S^{n-1}} \| \langle X,x \rangle \|_{\psi_2}$$

备注 5.23（高维分布的性质） 从各向同性和亚高斯分布的定义可以得到启发：更为一般地，高维分布的天然特性可以通过一维边界来定义。这是一个自然的方式将随机变量的性质概括到随机向量。例如，我们可以称一个随机向量是亚指数的，如果它的所有一维边界都是亚指数随机变量，等等。

创建$\mathbb{R}^n$空间中的亚高斯分布，一种简单的方式是，在一条直线上，取 n 个亚高斯分布的积。

引理 5.24（亚高斯分布的积） 令 $X_1,\cdots,X_n$ 是独立的中心亚高斯随机变量，则 $X=(X_1,\cdots,X_n)$是$\mathbb{R}^n$空间中的中心亚高斯随机向量，且

$$\| X \|_{\psi_2} \leqslant C \max_{i \leqslant n} \| X_i \|_{\psi_2}$$

式中，C 是一个绝对常量。

证明：这是引理5.9 旋转不变性原理的直接结果。的确如此，对于每一个 $x=(x_1,\cdots,x_n)\in S^{n-1}$，我们有

$$\| \langle X,x \rangle \|_{\psi_2} = \left\| \sum_{i=1}^{n} x_i X_i \right\|_{\psi_2} \leqslant C \sum_{i=1}^{n} x_i^2 \| X_i \|_{\psi_2}^2 \leqslant C \max_{i \leqslant n} \| X_i \|_{\psi_2}$$

此处，我们取 $\sum_{i=1}^{n} x_i^2 = 1$，便完成了证明。

例 5.25 让我们分析一下前面例 5.21 中介绍过的随机向量基本例子。

1）（高斯，伯努利）：高斯和伯努利随机向量是亚高斯的；它们的亚高斯范数是有界的。这是引理 5.24 的一个具体案例。

2）（球面）：一个球面随机向量也是亚高斯的；它的亚高斯范数是有界的。不幸地，这并不满足引理 5.24，因为球面向量的每维坐标不是独立的。反而，根据旋转不变性，下述的几何事实成立：对于每一个 $\varepsilon \geqslant 0$，球冠$\{x \in S^{n-1} : x_1 > \varepsilon\}$至多由 $\exp(-\varepsilon^2 n/2)$ 比例的整个球面组成[⊖]。这可以通过积分直接证明，也可以通过基本几何考虑来证明，见参考文献［9，引理 2.2］。

3）（并列）：尽管并列随机向量 X 在形式上是亚高斯的，因为它的支集是有限的，但是它的亚高斯范数太大了：$\| X \|_{\psi_2} = \sqrt{n} >> 1$。因此我们不把 X 作为亚高斯随机向量。

4）（凸集上的均匀分布）：对于很多各向同性的凸集 K，随机向量 X 在 K 上均匀分布，则 X 是亚高斯的，且 $\| X \|_{\psi_2} = O(1)$。例如，由引理 5.24 得，立方体$[-1,1]^n$ 是一个 ψ_2 体；但是适当归一化的正轴形$\{x \in \mathbb{R}^n : \| x \|_1 \leqslant M\}$却不是。然而，Borell 引理（Brunn－Minkowski 不等式得出的结果）蕴含了一个较弱的性质：X 常常是亚指数的，并且 $\| X \|_{\psi_1} = \sup_{x \in S^{n-1}} \| \langle X,x \rangle \|_{\psi_1}$ 是有界的。见参考文献［33，2.2.b_3 节］的证明和讨论。

5.2.6 独立随机矩阵的求和

在本节中，我们将不加证明地介绍经典概率论中的一些结果，这些结果中的标量可以被矩阵

⊖ 关于球冠的这一事实可能看起来与直觉相反。例如，对于 $\varepsilon=0.1$，球冠看起来类似一个半球，但随着维数 n 的增加，其面积的比例迅速变为零。这是研究测量中心现象的起点，见参考文献［43］。——原书注

替代。这些结果非常有用，尤其是对随机矩阵问题，因为我们可以把随机矩阵看作是随机变量的一般化结果。一般化的其中一个显著的好处是，对于 Khintchine 不等式非常有效，见推论 5.12。标量 a_i 可以被矩阵代替，绝对值可以被 Schatten 范数代替。回顾：对于 $1 \leqslant p \leqslant \infty$，$n \times n$ 的矩阵 A 的 p – Schatten 范数定义为它的奇异值序列的 l_p 范数：

$$\|A\|_{C_p^n} = \|(s_i(A))_{i=1}^n\|_p = \left(\sum_{i=1}^n s_i(A)^p\right)^{1/p}$$

对于 $p=\infty$，Schatten 范数等于谱范数 $\|A\| = \max_{i \leqslant n} s_i(A)$。利用这一点，我们能够迅速核实以下结果：已有 $p=\log n$，Schatten 范数和谱范数是等价的：$\|A\|_{C_p^n} \leqslant \|A\| \leqslant e\|A\|_{C_p^n}$。

定理 5.26（非交替的 Khintchine 不等式，见参考文献［61］9.8 节）　令 $A_1, \cdots, A_N$ 是 $n \times n$ 的自共轭矩阵，$\varepsilon_1, \cdots, \varepsilon_N$ 是相互独立的对称伯努利随机变量，则对于每一个 $2 \leqslant p \leqslant \infty$，我们有

$$\mathbb{E}\left\|\sum_{i=1}^N \varepsilon_i A_i\right\| \leqslant C_1\sqrt{\log n}\left\|\left(\sum_{i=1}^N A_i^2\right)^{1/2}\right\|$$

式中，C 是一个绝对常量。

备注 5.27

1）此结果的标量情形，对于 $n=1$，恢复为经典 Khintchine 不等式，见推论 5.12，其中 $X_i = \varepsilon_i$。

2）当 $p=\log n$，由 Schatten 范数和谱范数的等价性得谱范数下的非交替 Khintchine 不等式满足：

$$\frac{c_1}{\sqrt{\log n}}\left\|\left(\sum_{i=1}^N A_i^2\right)^{1/2}\right\| \leqslant \mathbb{E}\left\|\sum_{i=1}^N \varepsilon_i A_i\right\| \leqslant C_1\sqrt{\log n}\left\|\left(\sum_{i=1}^N A_i^2\right)^{1/2}\right\| \tag{5.18}$$

式中，$C_1, c_1 > 0$ 是绝对常量。不幸的是，上式中的对数因子是必要的；在下节中，当我们讨论此结果在随机矩阵的应用时，对数因子的作用将会变得清晰。

推论 5.28（Rudelson 不等式[65]）　令 $x_1, \cdots, x_N$ 是 $\mathbb{R}^n$ 空间中的向量，$\varepsilon_1, \cdots, \varepsilon_N$ 是相互独立的对称伯努利随机变量，则

$$\mathbb{E}\left\|\sum_{i=1}^N \varepsilon_i x_i \otimes x_i\right\| \leqslant C\sqrt{\log\min(N,n)} \cdot \max_{i \leqslant N}\|x_i\|_2 \cdot \left\|\sum_{i=1}^N x_i \otimes x_i\right\|^{1/2}$$

式中，C 是一个绝对常量。

证明：我们可以假设，当 $n \leqslant N$，必要时可以用 $\{x_1, \cdots, x_N\}$ 的线性张成空间来取代 $\mathbb{R}^n$ 空间。由式（5.18），有下述结果：

$$\left\|\left(\sum_{i=1}^N (x_i \otimes x_i)^2\right)^{1/2}\right\| = \left\|\sum_{i=1}^N \|x_i\|_2^2 x_i \otimes x_i\right\|^{1/2} \leqslant \max_{i \leqslant N}\|x_i\|_2\left\|\sum_{i=1}^N x_i \otimes x_i\right\|^{1/2}$$

Ahlswede 和 Winter[4] 在概率论中，基于迹不等式，例如 Golden – Thompson 不等式，开创了一种不同的方法，用于矩阵值不等式。随着此方法的发展，我们得到了一个非常强烈的结果。我们引用这种不等式[77]的其中一个：

定理 5.29（非交替 Bernstein 型不等式[77]）　考虑一个有限维序列 X_i，X_i 是 $n \times n$ 的独立的中心自共轭随机矩阵。假设对于某些 K 和 σ，我们有

$$\|X_i\| \leqslant K, \quad \left\|\sum_i \mathbb{E} X_i^2\right\| \leqslant \sigma^2$$

则对于每一个 $t \geqslant 0$，我们有

$$\mathbb{P}\left\{\left\|\sum_{i}X_i\right\|\geqslant t\right\}\leqslant 2n\cdot\exp\left(\frac{-t^2/2}{\sigma^2+Kt/3}\right) \tag{5.19}$$

备注 5.30 这是有界随机变量的经典 Bernstein 不等式的直接矩阵推广。将它与亚指数随机变量的 Bernstein 不等式命题 5.16 进行比较，注意式（5.19）中的概率边界等价于 $2n\cdot\exp\left[-c\min\left(\frac{t^2}{\sigma^2},\frac{t}{K}\right)\right]$，其中 $c>0$ 是一个绝对常量。在上述两个结果中，我们可以看到高斯和指数的混合尾。

5.3 具有独立元素的随机矩阵

我们已经准备好去研究随机矩阵的极端奇异值了。在本节中，我们考虑随机的经典模型，它的元素都是独立的且是中心随机变量。之后，我们将研究更为困难的模型，这些模型中仅仅伴随着行独立或者列独立。

读者可以在心里记下一些 $N\times n$ 的伴随着独立元素的随机矩阵的典型例子。最为经典的例子是元素独立且是标准正态随机变量的高斯随机矩阵 A。在这种情况下，$n\times n$ 的对称矩阵 A^*A 被称为 Wishart 矩阵。它是卡方分布随机变量的高维版本。

最简单的离散随机矩阵是元素为独立对称的伯努利随机变量的伯努利随机矩阵 A。换言之，伯努利随机矩阵是在所有 $N\times n$ 矩阵集合上均匀分布的元素为 ± 1 的矩阵。

5.3.1 极限定理和高斯矩阵

考虑 $N\times n$ 的随机矩阵 A，它的元素是独立同分布的中心随机变量。目前为止，矩阵 A 的极端奇异值的极限行为，N，$n\to\infty$，已被很好地理解：

定理 5.31（Bai - Yin 定律，见参考文献［8］） 令 $A=A_{N,n}$ 是一个 $N\times n$ 的随机矩阵，它的元素均为相同的均值为 0、方差为 1、四阶矩有限的随机变量。假设当 $N,n\to\infty$ 时，纵横比 n/N 收敛到 $[0,1]$ 上的一个常数，则

$$s_{\min}(A)=\sqrt{N}-\sqrt{n}+o(\sqrt{n}),\ s_{\max}(A)=\sqrt{N}+\sqrt{n}+o(\sqrt{n})$$

几乎必然。

正如我们在引言中指出的，我们的计划是寻找 Bai - Yin 定律的非渐近版本。这里恰恰有随机矩阵的一个模型，即高斯模型，它的精确非渐近结果是已知的：

定理 5.32（高斯矩阵的 Gordon 定理） 令 A 是一个 $N\times n$ 的矩阵，它的元素是独立的标准正态随机变量，则

$$\sqrt{N}-\sqrt{n}\leqslant\mathbb{E}\,s_{\min}(A)\leqslant\mathbb{E}\,s_{\max}(A)\leqslant\sqrt{N}+\sqrt{n}$$

上界的证明，我们可以模仿参考文献［21］，基于高斯过程的 Slepian 比较不等式[⊖]。

引理 5.33（Slepian 不等式，见参考文献［45］3.3 节） 考虑两个高斯过程 $(X_t)_{t\in T}$ 和

⊖ 回顾一下，高斯过程 $(X_t)_{t\in T}$ 是在同一概率空间上的中心正态随机变量 X_t 的集合，以抽象集 T 中的点 t 索引。——原书注

$(Y_t)_{t\in T}$，对于所有的 $s,t\in T$，它们的增量满足不等式$\mathbb{E}\,|X_s-X_t|^2\leqslant\mathbb{E}\,|Y_s-Y_t|^2$，则$\mathbb{E}\sup_{t\in T}X_t\leqslant\mathbb{E}\sup_{t\in T}Y_t$。

证明（定理 5.32）：取 $s_{\max}(A)=\max_{u\in S^{n-1},v\in S^{N-1}}\langle Au,u\rangle$，是高斯过程 $X_{u,v}=\langle Au,v\rangle$的上确界，索引向量对$(u,v)\in S^{n-1}\times S^{N-1}$。我们应该将此过程与后一过程进行比较，后一过程的上确界更容易被估算：$Y_{u,v}=\langle g,u\rangle+\langle h,v\rangle$，其中，$g\in\mathbb{R}^n$和 $h\in\mathbb{R}^N$是独立的标准高斯随机向量。高斯方法的旋转不变性，使得比较这些过程的增量变得简单。对于每一个$(u,v),(u',v')\in S^{n-1}\times S^{N-1}$，我们证明：

$$\mathbb{E}\,|X_{u,v}-X_{u',v'}|^2=\sum_{i=1}^{n}\sum_{j=1}^{N}|u_iv_j-u'_iv'_j|^2\leqslant\|u-u'\|_2^2+\|v-v'\|_2^2=\mathbb{E}\,|Y_{u,v}-Y_{u',v'}|^2$$

因此引理 5.33 适用，并且它产生了必要的上界

$$\mathbb{E}\,s_{\max}(A)=\mathbb{E}\max_{(u,v)}X_{u,v}\leqslant\mathbb{E}\max_{(u,v)}Y_{u,v}=\mathbb{E}\,\|g\|_2+\mathbb{E}\,\|h\|_2\leqslant\sqrt{N}+\sqrt{n}$$

相似的方法可以被用于估算$\mathbb{E}s_{\min}(A)=\mathbb{E}\max_{v\in S^{N-1}}\min_{u\in S^{n-1}}\langle Au,v\rangle$，见参考文献［21］。在这种情况下，我们将 Slepian 不等式的 Gordon 推广应用到高斯过程的极大极小中去[35,36,37]，见参考文献［45，3.3 节］。

虽然定理 5.32 是关于奇异值的期望，但是它也产生了一个大偏差不等式。此大偏差不等式可以使用高斯空间的测量中心加以推导。

命题 5.34（高斯空间的中心，见参考文献［43］）　令 f 是$\mathbb{R}^n$空间中的一个实值 Lipschitz 函数，伴随着 Lipschitz 常数 K，也就是对于所有 $x,y\in\mathbb{R}^n$，$|f(x)-f(y)|\leqslant K\|x-y\|_2$（这种函数也被称为 K - Lipschitz 函数）。令 X 是$\mathbb{R}^n$空间中的标准正态随机向量，则对于每一个 $t\geqslant0$，我们有

$$\mathbb{P}\{f(X)-\mathbb{E}f(X)>t\}\leqslant\exp(-t^2/2K^2)$$

推论 5.35（高斯矩阵，方差；见参考文献［21］）　令 A 是一个 $N\times n$ 矩阵，它的元素是独立的标准正态随机变量，则对于每一个 $t\geqslant0$，至少有 $1-2\exp(-t^2/2)$的概率下式成立：

$$\sqrt{N}-\sqrt{n}-t\leqslant s_{\min}(A)\leqslant s_{\max}(A)\leqslant\sqrt{N}+\sqrt{n}+t$$

证明：注意到 $s_{\min}(A),s_{\max}(A)$是矩阵 A 的 1 - Lipschitz 函数，其中矩阵 A 可以被看成是$\mathbb{R}^{Nn}$空间中的向量。此时，结论遵从定理 5.32 中期望的估计和命题 5.34 中高斯中心的估算。

在这些注意中，我们发现它更适用于 $n\times n$ 的正定对称矩阵 A^*A，而不是原始的 $N\times n$ 的矩阵 A。观察归一化矩阵 $\bar{A}=\frac{1}{\sqrt{N}}A$，它是近似等距同构的（这正是我们的目标）当且仅当$\bar{A}^*\bar{A}$ 是近似单位矩阵：

引理 5.36（近似等距同构）　考虑一个矩阵 B，对于某些 $\delta>0$，满足

$$\|B^*B-I\|\leqslant\max(\delta,\delta^2)\tag{5.20}$$

则

$$1-\delta\leqslant s_{\min}(B)\leqslant s_{\max}(B)\leqslant1+\delta\tag{5.21}$$

相反地，如果对于某些 $\delta>0$，B 满足式（5.21），则 $\|B^*B-I\|\leqslant3\max(\delta,\delta^2)$。

证明：式（5.20）成立，当且仅当对于所有的 $x\in S^{n-1}$，有 $\big|\|Bx\|_2^2-1\big|\leqslant\max(\delta,\delta^2)$。相似地，式（5.21）成立，当且仅当对于所有的 $x\in S^{n-1}$，有 $\big|\|Bx\|_2-1\big|\leqslant\delta$。因此结论满足下列

基本不等式：

$$\max(|z-1|,|z-1|^2)\leqslant|z^2-1|\leqslant 3\max(|z-1|,|z-1|^2)\text{对于所有 } z\geqslant 0$$

引理 5.36 将我们证明式（5.2）的任务降低为显示一个等价边界（通常更为简便）

$$\left\|\frac{1}{N}A^*A-I\right\|\leqslant\max(\delta,\delta^2)$$

式中，$\delta=O(\sqrt{n/N})$

5.3.2 具有独立元素的一般随机矩阵

现在我们转到随机矩阵的更为一般的模型，这些矩阵的元素是独立的中心随机变量伴随着一般化的分布（未必是正态）。对于一般的随机矩阵，元素是独立但不是同分布的，其最大奇异值（谱范数下）可以通过 Latala 定理估计：

定理 5.37（Latala 定理[42]） 令 A 是一个随机矩阵，它的元素 a_{ij} 是独立的中心随机变量，且四阶矩有限，则

$$\mathbb{E}\,s_{\max}(A)\leqslant C\left[\max_i\left(\sum_j\mathbb{E}\,a_{ij}^2\right)^{1/2}+\max_j\left(\sum_i\mathbb{E}\,a_{ij}^2\right)^{1/2}+\left(\sum_{i,j}\mathbb{E}\,a_{ij}^4\right)^{1/4}\right]$$

如果元素的方差和四阶矩矢一致有界的，则 Latala 定理的结果产生 $s_{\max}(A)=O(\sqrt{N}+\sqrt{n})$。我们的目标是 $s_{\max}(A)=\sqrt{N}+O(\sqrt{n})$，这比我们的目标稍弱，但是对于大多数应用仍然是令人满意的。后面我们还会讲到具有独立行或列的随机矩阵，以及相应的结果。

相似地，我们对最小奇异值的目标式（5.2）是 $s_{\min}(A)\geqslant\sqrt{N}-O(\sqrt{n})$。由于任何情况下奇异值都是非负的，因此这样的一个不等式仅仅对于充分高的矩阵才有用，$N>>n$。对于方阵，估计最小奇异值（也被称为谱的硬边缘）是相当困难的。估计硬边缘取得的进步在参考文献［69］有所总结。如果 A 具有独立的元素，则确实有 $s_{\min}(A)\geqslant c(\sqrt{N}-\sqrt{n})$，下述定理给出了最优可能的边界：

定理 5.38（独立元素，硬边缘[68]） 令 A 是一个 $n\times n$ 的随机矩阵，它的元素是独立同分布的亚高斯随机变量，均值为 0，方差为 1，则对于 $\varepsilon\geqslant 0$，有

$$\mathbb{P}(s_{\min}(A)\leqslant\varepsilon(\sqrt{N}-\sqrt{n-1}))\leqslant(C\varepsilon)^{N-n+1}+c^N$$

式中，$C>0$，$c\in(0,1)$ 仅仅依赖于元素的亚高斯范数。

这一结果给出了方阵（$N=n$）的最优边界。

5.4 具有独立行的随机矩阵

在本节中，我们着重研究随机矩阵的一种更为一般的模型。这种模型中，我们仅仅假设矩阵的行独立，而不是所有元素。这种矩阵很自然地产生于高维分布。的确如此，任意给定一个 $\mathbb{R}^n$ 上的概率分布，我们采样 N 个独立的点，将它们按行排成 $N\times n$ 的矩阵 A。通过研究矩阵 A 的谱特性，我们能够发掘一些有用的潜在分布。例如，正如我们在 5.4.3 节中看到的，矩阵 A 极端奇异值告诉我们，这种分布的协方差矩阵是否能够从 N 个采样点中得到估计。

我们的描述将会稍稍依赖于矩阵 A 的行是否是亚高斯的或者任意分布。对于重尾分布，我们

理想的式（5.2）中将会出现一个额外的对数因子。对亚高斯和重尾矩阵的分析，是完全不同的。

有丰富的例子可以说明本节的结论是非常有用的。这些例子包括所有元素独立的矩阵，不管是亚高斯的，还是零均值、单位方差的一般分布。在后一种情况，我们可以得到一个优于四阶矩的假设，这个假设在 Bai - Yin 定律（定理 5.31）中是必要的。

我们感兴趣的其他例子来源于非积分布，我们可以在例 5.21 中看到一些。从离散目标（矩阵和框架）中采样，非常符合这种框架。给定一个确定性的矩阵 B，我们在矩阵 B 的行集中加入均匀分布，便构造了一个随机矩阵 A——从矩阵 B 中采样 N 行。采样的应用将会在 5.4.4 节中加以讨论。

5.4.1　亚高斯行

研究具有亚高斯独立行的随机矩阵，我们得到下述结论：

定理 5.39（亚高斯行）　令矩阵 A 是 $N\times n$ 的矩阵，它的行 A_i 是 $\mathbb{R}^n$ 空间中独立的亚高斯各向同性随机向量，则对于每一个 $t\geqslant 0$，至少有 $1-2\exp(-ct^2)$ 的概率下式成立

$$\sqrt{N}-C\sqrt{n}-t\leqslant s_{\min}(A)\leqslant s_{\max}(A)\leqslant\sqrt{N}+C\sqrt{n}+t \tag{5.22}$$

式中，$C=C_K$，$c=c_K>0$，仅仅依赖于行的亚高斯范数 $K=\max_i\|A_i\|_{\psi_2}$。

这一结果是推论 5.35 更为一般的版本（关于绝对常量）；我们允许独立的亚高斯行，而不是独立的高斯元素。这一内容，包括了具有独立亚高斯元素的所有矩阵，像高斯的或者伯努利的。这一结果也应用到了一些自然矩阵中，自然矩阵的元素不是独立的。其中的一个例子是例 5.25 的矩阵，它的行是独立的球分布的随机向量。

证明：证明有三个步骤。我们需要调控 $\|Ax\|_2$，使得向量 x 在单位球面 S^{n-1} 上。为了这个目的，我们使用一个网络 N 来离散化单位球面（近似步），对于每一个高度可信的固定的 $x\in N$（集中步），估算一个严格控制的 $\|Ax\|_2$，并且通过网络上所有 x 的联合边界来完成。集中步建立在推理 5.17 中关于亚指数随机变量的大偏差不等式基础上。

步骤 1：近似。回顾引理 5.36，对于矩阵 $B=A/\sqrt{N}$，定理的结论等价于

$$\left\|\frac{1}{N}A^*A-I\right\|\leqslant\max(\delta,\delta^2)=:\varepsilon \tag{5.23}$$

式中，$\delta=C\sqrt{\dfrac{n}{N}}+\dfrac{t}{\sqrt{N}}$

使用引理 5.4，我们能够计算出单位球面 S^{n-1} 的 $\frac{1}{4}$ 网络 N 上的式（5.23）算子范数：

$$\left\|\frac{1}{N}A^*A-I\right\|\leqslant 2\max_{x\in\mathcal{N}}\left|\left\langle\left(\frac{1}{N}A^*A-I\right)x,x\right\rangle\right|=2\max_{x\in\mathcal{N}}\left|\frac{1}{N}\|Ax\|_2^2-1\right|$$

因此，为了完成证明，上式足以说明

$$\max_{x\in\mathcal{N}}\left|\frac{1}{N}\|Ax\|_2^2-1\right|\leqslant\frac{\varepsilon}{2}$$

由引理 5.2，我们可以选择网络 N，使得它的基数 $|N|\leqslant 9^n$。

步骤2：集中。固定任意向量 $x\in S^{n-1}$。我们可以将 $\|Ax\|_2^2$ 表达为一组独立随机变量的和

$$\|Ax\|_2^2 = \sum_{i=1}^{N}\langle A_i,x\rangle^2 =: \sum_{i=1}^{N} Z_i^2 \tag{5.24}$$

式中，A_i 表示矩阵 A 的行。我们假设，$Z_i=\langle A_i,x\rangle$ 是独立的亚高斯随机变量，且满足 $\mathbb{E}Z_i^2=1$，$\|Z_i\|_{\psi_2}\leqslant K$。因此，由备注5.18和引理5.14，可得 Z_i^2-1 是独立的中心亚指数随机变量，且 $\|Z_i^2-1\|_{\psi_1}\leqslant 2\|Z_i^2\|_{\psi_1}\leqslant 4\|Z_i^2\|_{\psi_1}\leqslant 4K^2$。

因此，我们可以运用指数大偏差不等式（推论5.17），来控制式（5.24）的和。由于 $K\geqslant\|Z_i\|_{\psi_2}\geqslant\frac{1}{\sqrt{2}}(\mathbb{E}|Z_i|^2)^{1/2}=\frac{1}{\sqrt{2}}$，因此

$$\mathbb{P}\left\{\left|\frac{1}{N}\|Ax\|_2^2-1\right|\geqslant\frac{\varepsilon}{2}\right\}=\mathbb{P}\left\{\left|\frac{1}{N}\sum_{i=1}^{N}Z_i^2-1\right|\geqslant\frac{\varepsilon}{2}\right\}\leqslant 2\exp\left[-\frac{c_1}{K^4}\min(\varepsilon^2,\varepsilon)N\right]$$

$$=2\exp\left[-\frac{c_1}{K^4}\delta^2N\right]\leqslant 2\exp\left[-\frac{c_1}{K^4}(C^2n+t^2)\right]$$

式中，最后一个不等式可以由 δ 的定义和不等式 $(a+b)^2\geqslant a^2+b^2, a\geqslant 0, b\geqslant 0$ 推得。

步骤3：联合边界。取所有向量 x 的联合边界，其中 x 在基数 $|\mathcal{N}|\leqslant 9^n$ 的网络 $\mathcal{N}$ 上，我们得到

$$\mathbb{P}\left\{\max_{x\in\mathcal{N}}\left|\frac{1}{N}\|Ax\|_2^2-1\right|\geqslant\frac{\varepsilon}{2}\right\}\leqslant 9^n\cdot 2\exp\left[-\frac{c_1}{K^4}(C^2n+t^2)\right]\leqslant 2\exp\left(-\frac{c_1t^2}{K^4}\right)$$

式中，第二个不等式，当 $C=C_K$ 充分大时，始终成立。例如，$C=K^2\sqrt{\ln 9/c_1}$。正如我们在步骤1中标注的那样，这便完成了理论的证明。

备注5.40（非各向同性分布）

1）定理5.39的一般版本，非各向同性亚高斯分布。假设 A 是一个 $N\times n$ 的矩阵，它的行 A_i 是 $\mathbb{R}^n$ 空间中独立的亚高斯随机向量，伴随着二阶矩矩阵 Σ，则对于每一个 $t\geqslant 0$，至少有 $1-2\exp(-ct^2)$ 的概率下式成立：

$$\left\|\frac{1}{N}A^*A-\Sigma\right\|\leqslant\max(\delta,\delta^2) \tag{5.25}$$

式中，$\delta=C\sqrt{\frac{n}{N}}+\frac{t}{\sqrt{N}}$，$C=C_K$，$c=c_K>0$，仅仅依赖于行的亚高斯范数 $K=\max_i\|A_i\|_{\psi_2}$。上述结果是式（5.23）的一般版本。定理5.39的论点稍加修改，便可以完成证明。

2）更自然地，式（5.25）的乘积形式如下所示。假设 $\Sigma^{-1/2}A_i$ 是各向同性的亚高斯随机向量，令 K 是最大的亚高斯范数，则对于每一个 $t\geqslant 0$，至少有 $1-2\exp(-ct^2)$ 的概率下式成立：

$$\left\|\frac{1}{N}A^*A-\Sigma\right\|\leqslant\max(\delta,\delta^2)\|\Sigma\| \tag{5.26}$$

式中，$\delta=C\sqrt{\frac{n}{N}}+\frac{t}{\sqrt{N}}$，$C=C_K$，$c=c_K>0$。上述结果，是将定理5.39应用到各向同性随机向量 $\Sigma^{-1/2}A_i$ 得到的。

5.4.2　重尾行

定理 5.39 中的亚高斯随机变量，有时可能在具体应用中太限制了。例如，如果 A 的行是独立的并列或框架随机变量（例 5.21 和例 5.25），它们是不充分的亚高斯，因此定理 5.39 是非常不牢固的。在这种情况下，我们可以用下述结果来代替，下述结果具有卓越的普适性。

定理 5.41（重尾行）　令 A 是一个 $N\times n$ 的矩阵，它的行 A_i 是 $\mathbb{R}^n$ 空间中独立的各向同性随机向量。令 m 是这样一个数，对于所有的 i，几乎均满足 $\|A_i\|_2\leqslant\sqrt{m}$，则对于每一个 $t\geqslant 0$，我们有

$$\sqrt{N}-t\sqrt{m}\leqslant s_{\min}(A)\leqslant s_{\max}(A)\leqslant\sqrt{N}+t\sqrt{m}\tag{5.27}$$

上式成立的概率至少为 $1-2n\exp(-ct^2)$，其中 $c>0$ 是一个绝对常量。

回顾引理 5.20 中 $(\mathbb{E}\|A_i\|_2^2)^{1/2}=\sqrt{n}$。这表明在使用定理 5.41 时，我们典型地取 $m=O(n)$。在这种情况下，上述结果有如下形式

$$\sqrt{N}-t\sqrt{n}\leqslant s_{\min}(A)\leqslant s_{\max}(A)\leqslant\sqrt{N}+t\sqrt{n}\tag{5.28}$$

上式成立的概率至少为 $1-2n\exp(-c't^2)$。这是理想不等式（5.2）应用在重尾矩阵中的形式。证明过后，我们还会对此讨论更多。

证明：我们将使用非交替 Bernstein 不等式（定理 5.29）。

步骤 1：简化到独立随机矩阵的和。首先，我们注意到 $m\geqslant n\geqslant 1$（引理 5.20），则 $\mathbb{E}\|A_i\|_2^2=n$。现在，我们提出一个与定理 5.39 中的步骤 1 并行的论点。回顾引理 5.36，对于矩阵 $B=A/\sqrt{N}$，我们可以看到理想不等式（5.27）等价于

$$\left\|\frac{1}{N}A^*A-I\right\|\leqslant\max(\delta,\delta^2)=:\varepsilon\tag{5.29}$$

式中，$\delta=t\sqrt{\frac{m}{N}}$

我们将这个随机矩阵表达为一组独立随机矩阵的和的形式：

$$\frac{1}{N}A^*A-I=\frac{1}{N}\sum_{i=1}^{N}A_i\otimes A_i-I=\sum_{i=1}^{N}X_i$$

式中，$X_i:=\frac{1}{N}(A_i\otimes A_i-I)$ 注意，X_i 是 $n\times n$ 的独立的中心随机矩阵。

步骤 2：计算均值、值域、方差。我们将把非交替 Bernstein 不等式（定理 5.29），应用到求和 $\sum_i X_i$ 中。因为 A_i 是各向同性的随机向量，我们有 $\mathbb{E}A_i\otimes A_i=I$。这蕴含了在非交替 Bernstein 不等式中 $\mathbb{E}X_i=0$ 是必然的。

我们使用 $\|A_i\|_2\leqslant\sqrt{m}$ 和 $m\geqslant 1$ 来计算 X_i 的值域：

$$\|X_i\|\leqslant\frac{1}{N}(\|A_i\otimes A_i\|+1)=\frac{1}{N}(\|A_i\|_2^2+1)\leqslant\frac{1}{N}(m+1)\leqslant\frac{2m}{N}=:K$$

为了计算总的方差 $\|\sum_i\mathbb{E}X_i^2\|$，我们首先计算

$$X_i^2=\frac{1}{N^2}[(A_i\otimes A_i)^2-2(A_i\otimes A_i)+I]$$

因此结合各向同性假设$\mathbb{E}A_i\otimes A_i=I$，我们得到

$$\mathbb{E}\,X_i^2=\frac{1}{N^2}[\mathbb{E}\,(A_i\otimes A_i)^2-I] \tag{5.30}$$

由于$(A_i\otimes A_i)^2=\|A_i\|_2^2A_i\otimes A_i$是半正定矩阵，并且由假设$\|A_i\|_2^2\leqslant m$，我们有$\|E(A_i\otimes A_i)^2\|\leqslant m\cdot\|\mathbb{E}A_i\otimes A_i\|=m$。代入式（5.30），我们得到

$$\|\mathbb{E}\,X_i^2\|\leqslant\frac{1}{N^2}(m+1)\leqslant\frac{2m}{N^2}$$

式中，我们再次利用$m\geqslant1$，产生[⊖]

$$\left\|\sum_{i=1}^N\mathbb{E}\,X_i^2\right\|\leqslant N\cdot\max_i\|\mathbb{E}\,X_i^2\|=\frac{2m}{N}=:\sigma^2$$

步骤3：非交替 Bernstein 不等式的应用。应用定理5.29（见备注5.30），并且回顾式（5.29）中ε、δ的定义，我们将问题中的概率限制在

$$\mathbb{P}\left\{\left\|\frac{1}{N}A^*A-I\right\|\geqslant\varepsilon\right\}=\mathbb{P}\left\{\left\|\sum_{i=1}^NX_i\right\|\geqslant\varepsilon\right\}\leqslant2n\cdot\exp\left[-c\min\left(\frac{\varepsilon^2}{\sigma^2},\frac{\varepsilon}{K}\right)\right]$$

$$\leqslant2n\cdot\exp\left[-c\min(\varepsilon^2,\varepsilon)\cdot\frac{N}{2m}\right]=2n\cdot\exp\left(-\frac{c\delta^2N}{2m}\right)=2n\cdot\exp(-ct^2/2)$$

这便完成了证明。

定理5.41（重尾行）与定理5.39（高斯行）是不同的，体现在两个方面：边界假设[⊜] $\|A_i\|_2^2\leqslant m$出现，概率边界更弱。接下来，我们将对这个不同之处加以论述。

备注5.42（有界性假设）　观察到在定理5.41中，有些分布上的边界假设是需要的。让我们看下面一个例子。选择任意小的$\delta\geqslant0$，考察$\mathbb{R}^n$空间中的随机向量$X=\delta^{-1/2}\xi Y$，其中ξ是取值为$\{0,1\}$的随机变量，期望$\mathbb{E}\xi=\delta$（一个“选择器”）；Y是$\mathbb{R}^n$空间中任意分布的独立的各向同性的随机向量，则X也是各向同性的随机向量。考虑一个$N\times n$的随机矩阵A，它的行A_i是X独立的复制。然而，如果$\delta\geqslant0$适当小，那么很大概率$A=0$，因此$s_{\min}(A)$没有非平凡的下界是可能的。

式（5.28）符合我们的目标式（5.2），但并不完全。原因在于概率边界是非平凡的，仅仅当$t\geqslant C\sqrt{\log n}$。因此，实际上定理5.41表述为

$$\sqrt{N}-C\sqrt{n\log n}\leqslant s_{\min}(A)\leqslant s_{\max}(A)\leqslant\sqrt{N}+C\sqrt{n\log n} \tag{5.31}$$

以某一概率成立，比如0.9。这便得到了适用于对数因子的目标式（5.2）。

备注5.43（对数因子）　对于某些重尾分布，对数因子无法被移除。考虑例5.21中介绍的并列分布的例子。为了使得$s_{\min}(A)>0$，矩阵A必须没有零列。等价地，每一个坐标向量$e_1,\cdots,e_n$在N次独立的尝试（A的每一行选择一个独立的坐标向量）中至少被选择一次。回顾经典的优惠券收集器的问题，我们必须进行至少$N\geqslant Cn\log n$次尝试，以保证此事件以较高的概率发生。

⊖ 在这里，三角不等式看似粗糙的应用实际上并不是那么松散。如果行A_i是同分布的，则X_i^2也是如此，这使得上面的三角不等式成为一个等式。——原书注

⊜ 再向前看，我们要指出，几乎肯定的有界性可以放宽到期望$\mathbb{E}\max_i\|A_i\|_2^2\leqslant m$中的界，见定理5.45。——原书注

因此对于式（5.31）的左手边，对数是必要的[⊖]。

定理 5.41 有一个版本，适合于一般的、非各向同性的分布。根据式（5.29）中的等式来陈述这个版本是很方便的：

定理 5.44（重尾行，非各向同性）　令 A 是一个 $N\times n$ 的矩阵，它的行 A_i 是 $\mathbb{R}^n$ 空间中独立的随机向量，并且有公共的二阶矩矩阵 $\Sigma=\mathbb{E}A_i\otimes A_i$。令 m 是这样一个数，对于几乎所有的 i，满足 $\|A_i\|_2\leqslant\sqrt{m}$，则对于每一个 $t\geqslant0$，至少有 $1-n\exp(-ct^2)$ 的概率下式成立：

$$\left\|\frac{1}{N}A^*A-\Sigma\right\|\leqslant\max(\|\Sigma\|^{1/2}\delta,\delta^2)\tag{5.32}$$

式中，$\delta=t\sqrt{\frac{m}{N}}$，$c>0$ 是一个绝对常数。特别地，这个不等式产生

$$\|A\|\leqslant\|\Sigma\|^{1/2}\sqrt{N}+t\sqrt{m}\tag{5.33}$$

证明：我们注意到 $m\geqslant\|\Sigma\|$，因为 $\|\Sigma\|=\|\mathbb{E}A_i\otimes A_i\|\leqslant\mathbb{E}\|A_i\otimes A_i\|=\mathbb{E}\|A_i\|_2^2\leqslant m$，则式（5.32）可由定理 5.41 中的论点进行简单地修改得到。此外，如果式（5.32）成立，则通过三角不等式，我们可得

$$\begin{aligned}\frac{1}{N}\|A\|^2=\left\|\frac{1}{N}A^*A\right\|&\leqslant\|\Sigma\|+\left\|\frac{1}{N}A^*A-\Sigma\right\|\\&\leqslant\|\Sigma\|+\|\Sigma\|^{1/2}\delta+\delta^2\leqslant(\|\Sigma\|^{1/2}+\delta)^2\end{aligned}$$

取平方根，并且两边同乘 $\sqrt{N}$，我们得到式（5.33）。

定理 5.41 中最确定的边界要求有时在应用中可能是过于限制的，它能够被放松到一个期望的边界：

定理 5.45（重尾行；期望的奇异值）　令 A 是一个 $N\times n$ 的矩阵，它的行 A_i 是 $\mathbb{R}^n$ 空间中独立的各向同性的随机向量。令 $m:=\mathbb{E}\max_{i\leqslant N}\|A_i\|_2^2$，则

$$\mathbb{E}\max_{j\leqslant n}|s_j(A)-\sqrt{N}|\leqslant C\sqrt{m\log\min(N,n)}$$

式中，C 是一个绝对常量。

上述定理的证明类似于定理 5.41 的证明，除了我们将使用 Rudelson 定理 5.28 而不是 Bernstein 不等式。为此，我们与对称伯努利随机变量建立一个联系。一个一般化的对称理论提供了这种联系：

引理 5.46（对称化）　令 (X_i) 是取值于某些巴拿赫空间的独立随机向量构成的有限序列，(ε_i) 是独立的对称伯努利随机变量，则

$$\mathbb{E}\left\|\sum_i(X_i-\mathbb{E}X_i)\right\|\leqslant2\mathbb{E}\left\|\sum_i\varepsilon_iX_i\right\|\tag{5.34}$$

证明：我们定义随机变量 $\widetilde{X}=X_i-X'_i$，其中 (X'_i) 是序列 (X_i) 独立复制的结果。因此，$\widetilde{X}_i$ 是独立对称的随机变量。例如，序列 $(\widetilde{X}_i)$ 与 $(-\widetilde{X}_i)$ 同分布，因此与 $(\varepsilon_i\widetilde{X}_i)$ 也是同分布的。将式（5.34）

⊖ 这个论点进一步证明了定理 5.41 中概率界的最优性。例如，对于 $t=\sqrt{N}/2\sqrt{n}$，式（5.28）暗示 A 在概率 $1-n\cdot\exp(-cN/n)$ 下是良态的（即 $\sqrt{N}/2\leqslant s_{\min}(A)\leqslant s_{\max}(A)\leqslant2\sqrt{N}$）。另一方面，利用优惠券收集器问题，我们估计了 $s_{\min}(A)>0$ 的概率为 $1-n\cdot\left(1-\frac{1}{n}\right)^N\approx1-n\cdot\exp(-N/n)$。——原书注

中的$\mathbb{E}X'_i$取代为$\mathbb{E}X'_i$，并且使用Jensen不等式、对称三角不等式，我们便得到了想要的不等式

$$\mathbb{E}\left\|\sum_i(X_i-\mathbb{E}X_i)\right\|\leqslant\mathbb{E}\left\|\sum_i\widetilde{X}_i\right\|=\mathbb{E}\left\|\sum_i\varepsilon_i\widetilde{X}_i\right\|$$

$$\leqslant\mathbb{E}\left\|\sum_i\varepsilon_iX_i\right\|+\mathbb{E}\left\|\sum_i\varepsilon_iX'_i\right\|=2\mathbb{E}\left\|\sum_i\varepsilon_iX_i\right\|$$

我们也需要引理5.36在近似各向同性上的概率版本。引理的证明，基于基本不等式$|z^2-1|\geqslant\max(|z-1|,|z-1|^2)$，其中$z\geqslant0$。这里是一个概率版本：

引理5.47 令Z是一个非负随机变量，则$\mathbb{E}|Z^2-1|\geqslant\max(\mathbb{E}|Z-1|,(\mathbb{E}|Z-1|)^2)$。

证明：因为$|Z-1|^2\leqslant|Z^2-1|$是逐点成立的，我们有$\mathbb{E}|Z-1|\leqslant\mathbb{E}|Z^2-1|$。接下来，我们取平方根和期望，我们得到$\mathbb{E}|Z-1|\leqslant\mathbb{E}|Z^2-1|^{1/2}\leqslant(\mathbb{E}|Z^2-1|)^{1/2}$，其中最后一个边界遵循Jensen不等式。两边同时取平方便完成了证明。

定理5.45的证明：

步骤1：Rudelson不等式的应用。正如定理5.41的证明，我们想要控制

$$E:=\mathbb{E}\left\|\frac{1}{N}A^*A-I\right\|=\mathbb{E}\left\|\frac{1}{N}\sum_{i=1}^{N}A_i\otimes A_i-I\right\|\leqslant\frac{2}{N}\mathbb{E}\left\|\sum_{i=1}^{N}\varepsilon_iA_i\otimes A_i\right\|$$

这里我们使用了对称的引理5.46，其中伴随着独立对称伯努利随机变量ε_i（与A也是独立的）。右手边的期望与随机矩阵A和符号(ε_i)有关。首先在A条件下，取关于(ε_i)的期望，我们由Rudelson不等式（推理5.28），得到

$$E\leqslant\frac{C\sqrt{l}}{N}\mathbb{E}\left(\max_{i\leqslant N}\|A_i\|_2\cdot\left\|\sum_{i=1}^{N}A_i\otimes A_i\right\|^{1/2}\right)$$

式中，$l=\log\min(N,n)$。我们现在运用Cauchy-Schwarz不等式。因为由三角不等式$\mathbb{E}\left\|\frac{1}{N}\sum_{i=1}^{N}A_i\otimes A_i\right\|=\mathbb{E}\left\|\frac{1}{N}A^*A\right\|\leqslant E+1$，我们得

$$E\leqslant C\sqrt{\frac{ml}{N}}(E+1)^{1/2}$$

此不等式很容易求解E。进一步，分别考虑情形$E\leqslant1$和$E>1$，我们有以下结论

$$E=\mathbb{E}\left\|\frac{1}{N}A^*A-I\right\|\leqslant\max(\delta,\delta^2)$$

式中，$\delta:=C\sqrt{\frac{2ml}{N}}$

步骤2：对角化。对角化矩阵A^*A，检查

$$\left\|\frac{1}{N}A^*A-I\right\|=\max_{j\leqslant n}\left|\frac{s_j(A)^2}{N}-1\right|=\max\left(\left|\frac{s_{\min}(A)^2}{N}-1\right|,\left|\frac{s_{\max}(A)^2}{N}-1\right|\right)$$

则下式成立：

$$\max\left(\mathbb{E}\left|\frac{s_{\min}(A)^2}{N}-1\right|,\mathbb{E}\left|\frac{s_{\max}(A)^2}{N}-1\right|\right)\leqslant\max(\delta,\delta^2)$$

（我们将最大值的期望替代为期望的最大值）。分别对左手边的两项使用引理5.47，我们得到

$$\max\left(\mathbb{E}\left|\frac{s_{\min}(A)}{\sqrt{N}}-1\right|,\mathbb{E}\left|\frac{s_{\max}(A)}{\sqrt{N}}-1\right|\right)\leqslant\delta$$

因此

$$\begin{aligned}\mathbb{E}\max_{j\leqslant n}\left|\frac{s_j(A)}{\sqrt{N}}-1\right| &= \mathbb{E}\max\left(\left|\frac{s_{\min}(A)}{\sqrt{N}}-1\right|,\left|\frac{s_{\max}(A)}{\sqrt{N}}-1\right|\right)\\ &\leqslant\mathbb{E}\left(\left|\frac{s_{\min}(A)}{\sqrt{N}}-1\right|+\left|\frac{s_{\max}(A)}{\sqrt{N}}-1\right|\right)\leqslant 2\delta\end{aligned}$$

两边同乘$\sqrt{N}$便完成了证明。

我们注意到定理 5.45 的一般化、非各向同性的版本，与定理 5.44 在某种程度上很相似。

定理 5.48（重尾行，非各向同性，期望）　令 A 是一个 $N\times n$ 的矩阵，它的行 A_i 是$\mathbb{R}^n$空间中独立的随机向量，并且有公共的二阶矩矩阵 $\Sigma=\mathbb{E}A_i\otimes A_i$。令 $m:=\mathbb{E}\max_i\leqslant N\|A_i\|_2^2$，则

$$\mathbb{E}\left\|\frac{1}{N}A^*A-\Sigma\right\|\leqslant\max(\|\Sigma\|^{1/2}\delta,\delta^2)$$

式中，$\delta=C\sqrt{\dfrac{m\log\min(N,n)}{N}}$，$C$ 是一个绝对常量。特别地，此不等式可以产生

$$(\mathbb{E}\|A\|^2)^{1/2}\leqslant\|\Sigma\|^{1/2}\sqrt{N}+C\sqrt{m\log\min(N,n)}$$

证明：第一部分的证明，只需将定理 5.45 的证明做简单地调整。第二部分的证明，可以依据定理 5.44。

备注 5.49（非一致二阶矩）　在定理 5.44 和定理 5.48 中，假设行 A_i 有公共的二阶矩矩阵 Σ，这一假设不是必要的。读者将能够明确地表达这些结果更为一般的版本。例如，如果 A_i 有任意的二阶矩矩阵 $\Sigma_i=\mathbb{E}A_i\otimes A_i$，则定理 5.48 的结论成立，其中 $\Sigma=\frac{1}{N}\sum_{i=1}^N\Sigma_i$。

5.4.3　应用：估算协方差矩阵

我们在统计学领域分析随机矩阵，一个直接的应用是估算协方差矩阵。令 X 是$\mathbb{R}^n$空间中的一个随机向量；为了简化，我们假设 X 是中心的，$\mathbb{E}X=0$[⊖]。回顾 X 的协方差矩阵是 $n\times n$ 的矩阵 $\Sigma=\mathbb{E}X\otimes X$，见 5.2.5 节。

估算Σ最简单的方法，是从分布中独立的采样 N 个样本 X_i，并且形成采样协方差矩阵 $\Sigma_N=\frac{1}{N}\sum_{i=1}^N X_i\otimes X_i$。根据大数定理，当 $N\to\infty$ 时，$\Sigma_N\to\Sigma$。因此，足够多的采样，能够保证估算的协方差矩阵是我们想要的。但是，这种方法不适合处理定量问题：在给定的精度下，如何确定最小采样数 N?

当我们采用这样的采样方式 $X_i:=A_i$，其中 A_i 是 $N\times n$ 的矩阵 A 的行，则上述问题与随机矩阵的联系将变得很清楚：采样协方差矩阵 $\Sigma_N=\frac{1}{N}A^*A$。注意，矩阵 A 具有独立行，通常不是独立

⊖ 更一般地，在本节中，我们估计了任意随机向量 X（不一定中心）的二阶矩矩阵$\mathbb{E}X\otimes X$。——原书注

元素（除非我们从内积分布中采样）。在5.4节中，我们已经分别对亚高斯和一般分布的矩阵进行了分析。从定理5.39，我们可以直接得到下述结论：

推论5.50（亚高斯分布的协方差矩阵估算）　考虑$\mathbb{R}^n$空间中的一个亚高斯分布，协方差矩阵为Σ。令$\varepsilon \in (0,1), t \geqslant 1$。至少有$1-2\exp(-t^2 n)$的概率下式成立：

如果$N \geqslant C(t/\varepsilon)^2 n$则$\|\Sigma_N - \Sigma\| \leqslant \varepsilon$

式中，$C = C_K$，仅仅依赖于此分布下采样的随机向量的亚高斯范数$K = \|X\|_{\psi_2}$。

证明：上式可以从式（5.25）中导出：对于每一个$s \geqslant 0$，至少有$1-2\exp(-ct^2)$的概率，我们有$\|\Sigma_N - \Sigma\| \leqslant \max(\delta, \delta^2)$，其中$\delta = C\sqrt{n/N} + s\sqrt{N}$。此结论要求$s = C' t\sqrt{n}$，其中$C' = C'_K$充分大。

综上，推理5.50给出最小采样数：

$$N = O(n)$$

这样，我们就可以用亚高斯分布的采样协方差矩阵来估算它的协方差矩阵。

备注5.51（乘法估计，高斯分布）　推理5.50的一个缺点是，亚高斯范数K可能会反过来依赖于$\|\Sigma\|$。

为了克服这一缺点，我们可以使用式（5.26）的乘积版本来取代证明过程中使用的式(5.25)。我们鼓励读者自己得出上述论点的一般结果。我们仅仅给出$\mathbb{R}^n$空间中任意中心高斯分布的一个特殊例子。对于每一个$\varepsilon \in (0,1), t \geqslant 1$，至少有$1-2\exp(-t^2 n)$的概率下式成立：

如果$N \geqslant C(t/\varepsilon)^2 n$则$\|\Sigma_N - \Sigma\| \leqslant \varepsilon \|\Sigma\|$

式中，C是一个绝对常数。

最终，定理5.44产生了一个适用于任意分布的估算结果，包括重尾分布：

推论5.52（任意分布的协方差估算）　考虑$\mathbb{R}^n$空间中的任意一个分布，协方差矩阵为Σ，并且被某些中心欧几里得球支持，球的半径记为$\sqrt{m}$。令$\varepsilon \in (0,1), t \geqslant 1$，则至少有$1-n^{-t^2}$的概率下式成立：

如果$N \geqslant C(t/\varepsilon)^2 \|\Sigma\|^{-1} m \log n$则$\|\Sigma_N - \Sigma\| \leqslant \varepsilon \|\Sigma\|$

式中，C是一个绝对常数。

证明：从定理5.44中，我们得对于每一个$s \geqslant 0$，至少有$1-n\exp(-cs^2)$的概率，我们有$\|\Sigma_N - \Sigma\| \leqslant \max(\|\Sigma\|^{1/2}\delta, \delta^2)$，其中$\delta = s\sqrt{m/N}$。因此，如果$N \geqslant (s/\varepsilon)^2 \|\Sigma\|^{-1} m$，则有$\|\Sigma_N - \Sigma\| \leqslant \varepsilon \|\Sigma\|$。此结论要求$s = C' t\sqrt{\log n}$，其中$C'$是充分大的绝对常数。

推论5.52通常与$m = O(\|\Sigma\| n)$连用。进一步，如果X是按问题中的分布采样的一个随机向量，则期望的范数很容易被估算：$\mathbb{E}\|X\|_2^2 = \mathrm{tr}(\Sigma) \leqslant n\|\Sigma\|$。因此，根据马尔可夫不等式，绝大多数分布被半径为$\sqrt{m}$的中心球支持，其中$m = O(\sqrt{n}\|\sqrt{\Sigma}\|)$。如果所有分布在这里均被支持，也就是说，如果$\|X\| = O(\sqrt{n\|\Sigma\|})$几乎处处成立，则推论5.52的结论满足采样大小$N \geqslant C(t/\varepsilon)^2 n \log n$。

备注5.53（低秩估算）　在某些应用中，$\mathbb{R}^n$空间的分布接近低维子空间。在这种情况下，一个更小的采样适用于协方差估算。分布的固有维度能够通过矩阵Σ的有效秩来测算，定义如下：

$$r(\Sigma)=\frac{\operatorname{tr}(\Sigma)}{\|\Sigma\|}$$

通常有 $r(\Sigma)\leqslant\operatorname{rank}(\Sigma)\leqslant n$，并且此环是尖锐的。

例如，如果 X 是$\mathbb{R}^n$空间中的一个各向同性的随机向量，则$\Sigma=I$，且 $r(\Sigma)=n$。一个更为有趣的例子，X 取值于某些 r 维子空间 E，要求 X 在 E 的分布是各向同性的。后者意味着$\Sigma=P_E$，其中 P_E 是$\mathbb{R}^n$在 E 上的正交投影。因此，在这种情况下 $r(\Sigma)=r$。有效秩相比于一般的秩，是一个稳定的保证。对于近似低维的分布，有效秩仍然是很小的。

有效秩 $r(\Sigma)=r$ 通常控制 X 的典型范数，即$\mathbb{E}\ \|X\|_2^2=\operatorname{tr}(\Sigma)=r\|\Sigma\|$。通过马尔可夫不等式，我们有绝大多数分布被半径为$\sqrt{m}$的球支持，其中 $m=O(r\|\Sigma\|)$。这里我们假设所有的分布均被半径为$\sqrt{m}$的球支持，也就是说，如果 $\|X\|=O(\sqrt{r\|\Sigma\|})$几乎处处成立，则推论 5.52 的结论满足采样大小 $N\geqslant C(t/\varepsilon)^2 r\log n$。

我们总结上述讨论：采样大小

$$N=O(n\log n)$$

这样，我们就可以用$\mathbb{R}^n$一般分布的采样协方差矩阵来估算它的协方差矩阵。而且，对于近似低维的分布，更小的采样大小也是充分的。也就是，如果Σ的有效秩等于 r，则充分的采样大小为

$$N=O(r\log n)$$

备注 5.54（有界性假设）　如果分布没有有界性假设，推论 5.52 可能会出错。原因同备注 5.42：对于各向同性的分布，并且高度集中在原点处，则采样协方差矩阵很大可能等于 0。

同样地，在证明推论 5.52 时，我们可以使用定理 5.48 而不是定理 5.44，以达到弱化有界性假设的目的。弱化后的要求是$\mathbb{E}\max_{i\leqslant N}\|X_i\|_2^2\leqslant m$，其中 X_i 是采样点。在这种情况下，协方差的估算将会确保是正确的，而不是以较大的概率保证是正确的。我们把其中的细节留给对此感兴趣的读者。

执行有界性假设的一种不同的方法，是拒绝所有落在半径为$\sqrt{m}$的中心球外的采样点。这等价于在球内进行条件分布采样。条件分布满足有界性要求，因此上述讨论的结果能够提供一个很好的协方差估算。在很多情况下，如果仅有一小部分的分布落在球外，这种估算仍然对于原始分布起作用。我们把其中的细节留给对此感兴趣的读者，见参考文献 [81]。

5.4.4　应用：随机子矩阵和子框架

5.4.2 节中任意的矩假设的缺失（除了有限维变量），都会使这些结果与离散分布密切相关。其中一个情形是随机子矩阵：当我们想从给定的矩阵 B 中采样元素或者行，从而创造了一个随机子矩阵 A。问题：通过观察 A，我们能获取关于 B 的什么信息？这是一个很大的研究，见参考文献 [34, 25, 66]。换言之，我们问 A 传递出 B 的哪些性质？这里，我们应该仅抓住这个问题的表面：我们注意到，某些大小的随机子矩阵保持了近似等距同构的性质。

推论 5.55（随机子矩阵）　考虑一个 $M\times n$ 的矩阵 B，满足 $s_{\min}(B)=s_{\max}(B)=\sqrt{M}$ [⊖]。取这

⊖ 第一种假设是 $B^*B=MI$。等价地，$\bar{B}:=\frac{1}{\sqrt{M}}B$ 是一个等距，即对于所有 x，$\|\bar{B}x\|_2=\|x\|_2$。等价地，$\bar{B}$的列都是正交的。——原书注

样的 m：B 的所有行 B_i，满足 $\|B_i\|_2 \leqslant \sqrt{m}$。令 A 是一个 $N \times n$ 的矩阵，通过独立同分布地采样 B 的 N 个独立行获得，则对于每一个 $t \geqslant 0$，至少有 $1-2n\exp(-ct^2)$ 的概率下式成立：

$$\sqrt{N}-t\sqrt{m} \leqslant s_{\min}(A) \leqslant s_{\max}(A) \leqslant \sqrt{N}+t\sqrt{m}$$

式中，$c>0$ 是一个绝对常量。

证明：通过假设，$I=\frac{1}{M}B^*B=\frac{1}{M}\sum_{i=1}^{M}B_i \otimes B_i$。因此，在行集合$\{B_1,\cdots,B_M\}$上的一致分布是$\mathbb{R}^n$空间中各向同性的分布。上述结论可以从定理 5.41 推得。

注意，推论 5.55 中的结论不依赖于矩阵 B 的维数 M。这是因为此结果是采样的一个特殊的版本，即采样于离散各向同性分布上，其中分布的支持集的大小 M 是不相干的。

推论 5.55 中的假设，蕴含$\frac{1}{M}\sum_{i=1}^{M}\|B_i\|_2^2=n$㊀。因此，根据马尔可夫不等式，绝大多数行 B_i，满足 $\|B_i\|_2=O(\sqrt{n})$。这表明，推论 5.55 常常使用 $m=O(n)$。同时，为了保证概率是正的，t 的量级通常使用 $t \sim \sqrt{\log n}$。出于这一考虑，如果 $N \gg t^2m \sim n\log n$，A 的极端奇异值将会彼此十分接近（接近于$\sqrt{N}$）。

综上，推论 5.55 表明，$M \times n$ 的等距同构矩阵的一个随机 $O(n\log n) \times n$ 子矩阵是近似等距同构的㊁。

随机矩阵，它的行是重尾的、各向同性的，另外一个应用针对采样于框架的情形。回顾一下，框架是没有线性独立的基的推广，见例 5.21。考虑$\mathbb{R}^n$空间中的紧框架$\{u_i\}_{i=1}^{M}$。这样的问题被很自然地提出，因为框架经常在信号处理中被使用，用来创造信号的冗余表达。确实如此，每一个信号 $x \in \mathbb{R}^n$ 允许框架表达 $x=\frac{1}{M}\sum_{i=1}^{M}\langle u_i,x\rangle u_i$。冗余使得框架表达比基表达对误差和损失更加鲁棒。进一步，我们将会展示，即使我们损失了所有，除了 $N=O(n\log n)$ 个随机系数$\langle u_i,x\rangle$，那么我们仍然能够从获得的系数$\langle u_{i_k},x\rangle$来重建 x：$x \approx \frac{1}{N}\sum_{k=1}^{N}\langle u_{i_k},x\rangle u_{i_k}$。这归结于$\mathbb{R}^n$空间中的紧框架，它的一个大小为 $N=O(n\log n)$ 随机子集，是一个近似的紧框架。

推论 5.56（随机子框架，见参考文献［80］） 考虑$\mathbb{R}^n$空间中的紧框架$\{u_i\}_{i=1}^{M}$，框架边界 $A=B=M$。令 m 是这样一个数：所有的框架元素，满足 $\|u_i\|_2 \leqslant \sqrt{m}$。令$\{v_i\}_{i=1}^{N}$是向量的集合，通过从框架$\{u_i\}_{i=1}^{M}$中独立同分布地采样 N 个随机元素获得。令 $\varepsilon \in (0,1)$，$t \geqslant 1$，则至少有 $1-2n^{-t^2}$ 的概率下式成立：

如果 $N \geqslant C(t/\varepsilon)^2 m\log n$ 则$\{v_i\}_{i=1}^{N}$是$\mathbb{R}^n$中的一个框架

边界 $A=(1-\varepsilon)N, B=(1+\varepsilon)N$。这里的 C 是一个绝对常量。

特别地，如果上述事件成立，则对于每一个 $x \in \mathbb{R}^n$，均有一个近似表达，此近似表达仅仅使用了欠采的框架元素：

㊀ 要回顾为什么这是真的，请在恒等式 $I=\frac{1}{M}\sum_{i=1}^{M}B_i \otimes B_i$ 两侧取迹。——原书注

㊁ 为了压缩感知的目的，我们将在 5.6 节中研究随机子矩阵的更困难的一致问题，其中 B 本身将被选择为给定 $M \times M$矩阵的列子矩阵（如 DFT），并且需要同时控制所有这些 B，参见例 5.73。——原书注

$$\left\|\frac{1}{N}\sum_{i=1}^{N}\langle v_i,x\rangle v_i - x\right\| \leqslant \varepsilon \|x\|$$

证明：上述假设蕴含了 $I=\frac{1}{M}\sum_{i=1}^{M} u_i\otimes u_i$。因此，集合 $\{u_i\}_{i=1}^{M}$ 上的均匀分布，在 $\mathbb{R}^n$ 空间中是各向同性的。应用推论 5.52，其中 $\Sigma=I$，$\Sigma_N=\frac{1}{N}\sum_{i=1}^{N} v_i\otimes v_i$，我们有 $\|\Sigma_N - I\|\leqslant\varepsilon$，以我们所需的概率成立。由此，便清晰地完成了证明。

正如之前，我们注意到 $\frac{1}{M}\sum_{i=1}^{M}\|u_i\|_2^2=n$，因此推论 5.56 将会经常被使用，其中 $m=O(n)$。坦率地讲，这说明 $\mathbb{R}^n$ 空间中的一个框架，它的一个随机子集，大小为 $N=O(n\log n)$，仍然是一个框架。

备注 5.57（非均匀采样） 在推论 5.56 中，尽管边界假设 $\|u_i\|_2\leqslant\sqrt{m}$ 仍然需要，但是可以通过非均匀采样的方式消除。为了达到这个目的，我们可以在归一化向量集 $\bar{u}_i:=\sqrt{n}\frac{u_i}{\|u_i\|_2}$ 上进行采样，采样概率与 $\|u_i\|_2^2$ 成正比。这就在 $\mathbb{R}^n$ 空间中定义了一个各向同性分布，并且显然 $\|\bar{u}_i\|_2=\sqrt{n}$。因此，根据定理 5.56，通过这种方式获得的 $N=O(n\log n)$ 个向量的随机样本，构成了 $\mathbb{R}^n$ 空间中的一个近乎紧框架。这一结果不需要 $\|u_i\|_2$ 上的任何边界条件。

5.5 具有独立列的随机矩阵

在本节中，我们研究随机矩阵 A 的极端奇异值，A 大小为 $N\times n$，并且具有独立列 A_j。像以往一样，我们遵循理想界限式（5.2）。和行独立模型一样，列独立模型有相同的现象发生：充分高的随机矩阵 A 是近似等距同构的。正如之前，高意味着对于亚高斯分布 $N\gg n$，对于任意分布 $N\gg n\log n$。

问题等价于研究 $\mathbb{R}^N$ 空间中独立的各向同性的随机向量 $A_1,\cdots,A_n$ 的 Gram 矩阵 $G=A^*A=(\langle A_j,A_k\rangle)_{j,k=1}^{n}$。我们的结果可以用引理 5.36 来解释，正如展示的那样，对于同上 N,n，归一化的 Gram 矩阵 $\frac{1}{N}G$ 是一个近似一致性矩阵。

我们首先尝试用启发式论据来证明上述结果。根据引理 5.20 我们知道，$\frac{1}{N}G$ 的对角元素的均值 $\frac{1}{N}\mathbb{E}\|A_j\|_2^2=1$。非对角元素的均值为 0，方差为 $\frac{1}{N}(\mathbb{E}\langle A_j,A_k\rangle^2)^{1/2}=\frac{1}{\sqrt{N}}$。设想，如果非对角元素是独立的，则我们可以使用 5.4 节中具有独立元素（或者独立行）的矩阵的诸多结论。当 $\frac{1}{N}G$ 的对角部分近似等于 I 时，非对角部分有范数 $O\left(\sqrt{\frac{n}{N}}\right)$。因此我们有

$$\left\|\frac{1}{N}G - I\right\| = O\left(\sqrt{\frac{n}{N}}\right) \tag{5.35}$$

也就是说，当 $N >> n$ 时，$\frac{1}{N}G$ 是近似一致性矩阵。等价地，根据引理5.36，式（5.35）可以在 A 的极端奇异值上产生理想边界式（5.2）。

不幸的是，Gram 矩阵 G 的元素很明显不是相互独立的。为了克服这一阻碍，我们将会采用概率论中的去耦技术[22]。我们观察到，G 的编码仍然具有充分独立性。考查 $G = A^*A$ 的一个主要的子矩阵 $(A_S)^*(A_T)$，其中索引集合 S、T 是互斥的。如果有约束条件 $(A_k)_{k\in T}$，则这个子矩阵有独立行。使用基本去耦技术，我们确实可以找到一个去耦的 $S\times T$ 矩阵，它的行是独立的，可以用这样一个去耦矩阵去代替全 Gram 矩阵，可以利用5.4节中的结果来完成这项工作。

通过置换操作，我们可以尝试将问题转化为研究 $n\times N$ 的矩阵 A^*。A^* 有着独立的行，并且与 A 有着相同的奇异值，因此我们可以运用5.4节中的结果。下述结论以很大的概率成立：

$$\sqrt{n} - C\sqrt{N} \leqslant s_{\min}(A) \leqslant s_{\max}(A) \leqslant \sqrt{n} + C\sqrt{N}$$

这样的估计仅仅对于平矩阵（$N\leqslant n$）是有效的。对于高矩阵（$N\geqslant n$），因为常数 C（可能很大），它的下边界是不重要的。因此从现在起，我们可以把精力集中于具有独立列的高矩阵（$N\geqslant n$）。

5.5.1 亚高斯列

这里，给出定理5.39的独立列版本的证明。

定理5.58（亚高斯列） 令 A 是一个 $N\times n$ 的矩阵（$N\geqslant n$），它的列 A_i 是 $\mathbb{R}^N$ 空间中独立的亚高斯的各向同性的随机向量，且 $\|A_j\|_2 = \sqrt{N}$，则对于每一个 $t\geqslant 0$，至少有 $1-2\exp(-ct^2)$ 的概率，下式成立：

$$\sqrt{N} - C\sqrt{n} - t \leqslant s_{\min}(A) \leqslant s_{\max}(A) \leqslant \sqrt{N} + C\sqrt{n} + t \tag{5.36}$$

式中，$C = C'_K, c = c'_K > 0$，仅仅依赖于列的亚高斯范数 $K = \max_j \|A_j\|_{\psi_2}$。

独立行的定理5.39与独立列的定理5.58，唯一重要的区别在于后者要求归一化的列，$\|A_j\|_2 = \sqrt{N}$ 几乎处处成立。回顾一下，利用 A_j 的各向同性（见引理5.20），我们常有 $(\mathbb{E}\|A_j\|_2^2)^{1/2} = \sqrt{N}$，但是归一化是一个更强的要求。我们将会在定理5.58的证明之后，对此进行更多地讨论。

备注5.59（Gram 矩阵是近似一致的） 根据引理5.36，定理5.58的结论等价于

$$\left\|\frac{1}{N}A^*A - I\right\| \leqslant C\sqrt{\frac{n}{N}} + \frac{t}{\sqrt{N}}$$

上式成立的概率为 $1-2\exp(-ct^2)$。这证实了我们的理想不等式（5.35）。也就是，$\mathbb{R}^N$ 空间中 n 个独立的亚高斯的各向同性的随机向量构成的归一化 Gram 矩阵是近似一致的，无论 $N >> n$。

定理5.58的证明基于去耦技术[22]。这里我们需要的是一个针对两个数组的基本去耦引理。它的陈述涉及给定有限集的随机子集的概念。更细节地，我们定义一个随机集合 T，给定一个平均大小 $m\in[0,n]$。考察独立的取值于 $\{0,1\}$ 的随机变量 $\delta_1,\cdots,\delta_n$，它们的均值为 $\mathbb{E}\delta_i = m/n$；有时叫它们为独立的选择器，则我们定义随机子集 $T = \{i\in[n]:\delta_i = 1\}$。它的平均大小等于 $\mathbb{E}|T| = \mathbb{E}\sum_{i=1}^n \delta_i = m$。

引理5.60（去耦） 考虑实数的双阵列 $(a_{ij})_{i,j=1}^n$，且对于所有的 i，$a_{ii} = 0$，则

$$\sum_{i,j\in[n]} a_{ij} = 4\mathbb{E}\sum_{i\in T,j\in T^c} a_{ij}$$

式中，T 是一个平均大小为 $n/2$ 的随机子集。特别地，

$$4\min_{T\subseteq[n]}\sum_{i\in T,j\in T^c} a_{ij} \leqslant \sum_{i,j\in[n]} a_{ij} \leqslant 4\max_{T\subseteq[n]}\sum_{i\in T,j\in T^c} a_{ij}$$

式中，最大最小值都不在子集 T 上。

证明：将随机子集表达为 $T=\{i\in[n]:\delta_i=1\}$，其中 δ_i 是独立的选择器，均值为 $\mathbb{E}\delta_i=1/2$，我们可以看到

$$\mathbb{E}\sum_{i\in T,j\in T^c} a_{ij} = \mathbb{E}\sum_{i,j\in[n]}\delta_i(1-\delta_j)a_{ij} = \frac{1}{4}\sum_{i,j\in[n]} a_{ij}$$

这里我们使用了$\mathbb{E}\delta_i(1-\delta_j)=1/4$，$i\neq j$ 和假设 $a_{ii}=0$。这证明了引理的第一部分。第二部分的证明简单地从最大最小值的期望估计便可得出。

定理 5.58 的证明。

步骤 1：化简。不失一般性，我们假设列 A_j 的均值为 0。进一步，每一列 A_i 乘以 ± 1 任意的，不会破坏 A 的极端奇异值、A_i 的各向同性、A_i 的亚高斯范数。因此，通过对 A_i 乘以独立对称伯努利随机变量，我们得到 A_i 的均值为 0。

对于 $t=O(\sqrt{N})$，通过对定理 5.39 进行置换操作，我们便可得到定理 5.58 中的结论。进一步，$n\times N$ 的随机矩阵 A^* 具有独立行，因此对于 $t\geqslant 0$，至少有 $1-2\exp(-c_K t^2)$ 的概率，下式成立：

$$s_{\max}(A)=s_{\max}(A^*)\leqslant\sqrt{n}+C_K\sqrt{N}+t \tag{5.37}$$

式中，$c_K>0$，我们可以大胆地假设 $C_K\geqslant 1$。对于 $t\geqslant C_K\sqrt{N}$，我们有 $s_{\max}(A)\leqslant\sqrt{N}+\sqrt{n}+2t$，这边得到了定理 5.58 中的结论（式（5.36）的左手边是不重要的）。因此，当 $t\geqslant C_K\sqrt{N}$时，它足以证明定理 5.58 的结论。我们固定这样的 t。

对 $s_{\max}$的一些先验的控制往往是有用的：$s_{\max}(A)=\|A\|$。我们考虑如下理想结果

$$\varepsilon:=\{s_{\max}(A)\leqslant 3C_K\sqrt{N}\}$$

因为 $3C_K\sqrt{N}\geqslant\sqrt{n}+C_K\sqrt{N}+t$，根据式（5.37），我们可以看到 ε 很可能会发生：

$$\mathbb{P}(\varepsilon^c)\leqslant 2\exp(-c_K t^2) \tag{5.38}$$

步骤 2：近似。这一步与第一步在定理 5.39 的证明上是平行的，除了我们现在要选择的 $\varepsilon:=\delta$。这一次我们按下述方式降低我们的任务。令$\mathcal{N}$是单位球面 S^{n-1}的一个$\frac{1}{4}$网络，$|\mathcal{N}|\leqslant 9^n$。我们足以得到至少有 $1-2\exp(-c'_K t^2)$的概率，下式成立：

$$\max_{x\in\mathcal{N}}\left|\frac{1}{N}\|Ax\|_2^2-1\right|\leqslant\frac{\delta}{2}$$

式中，$\delta=C\sqrt{\frac{n}{N}}+\frac{t}{\sqrt{N}}$

根据式（5.38），足以得到此概率：

$$p:=\mathbb{P}\left\{\max_{x\in\mathcal{N}}\left|\frac{1}{N}\|Ax\|_2^2-1\right|>\frac{\delta}{2}\text{and}\varepsilon\right\} \tag{5.39}$$

满足 $p \leqslant 2\exp(-c''_K t^2)$，其中 $c''_K > 0$ 仅仅依赖于 K。

步骤3：去耦。正如定理5.39的证明，对于固定的 $x \in \mathcal{N}$，我们将会有很大概率得到想要的边界，然后取 x 上的单位边界。因此，对于任意固定的 $x = (x_1, \cdots, x_n) \in S^{n-1}$，我们进行扩展：

$$\| Ax \|_2^2 = \Big\| \sum_{j=1}^{n} x_j A_j \Big\|_2^2 = \sum_{j=1}^{n} x_j^2 \| A_j \|_2^2 + \sum_{j,k \in [n], j \neq k} x_j x_k \langle A_j, A_k \rangle \tag{5.40}$$

根据假设 $\| A_j \|_2^2 = N$，且 $\| x \|_2 = 1$，第一个求和等于 N。因此两边同减去 N，并且除以 N，得到如下边界：

$$\left| \frac{1}{N} \| Ax \|_2^2 - 1 \right| \leqslant \left| \frac{1}{N} \sum_{j,k \in [n], j \neq k} x_j x_k \langle A_j, A_k \rangle \right|$$

右手边的求和为 $\langle G_0 x, x \rangle$，这里 G_0 是 Gram 矩阵 $G = A^* A$ 的非对角部分。正如我们在5.5节开始时指出的那样，我们将会用 G_0 的去耦版本来代替 G_0，去耦后行列索引是互斥的。根据去耦引理5.60，我们得到：

$$\left| \frac{1}{N} \| Ax \|_2^2 - 1 \right| \leqslant \frac{4}{N} \max_{T \subseteq [n]} \| R_T(x) \|$$

式中，$R_T(x) = \sum_{j \in T, k \in T^c} x_j x_k \langle A_j, A_k \rangle$

代入式（5.39），并且在所有 $x \in \mathcal{N}$ 上取单位边界，$T \subseteq [n]$。正如我们所知，$|\mathcal{N}| \leqslant 9^n$，且这里有 2^n 个子集 T，得

$$\begin{aligned} p &\leqslant \mathbb{P}\left\{ \max_{x \in \mathcal{N}, T \subseteq [n]} |R_T(x)| > \frac{\delta N}{8} \text{and} \varepsilon \right\} \\ &\leqslant 9^n \cdot 2^n \cdot \max_{x \in \mathcal{N}, T \subseteq [n]} \mathbb{P}\left\{ |R_T(x)| > \frac{\delta N}{8} \text{and} \varepsilon \right\} \end{aligned} \tag{5.41}$$

步骤4：调整和集中。为了估计式（5.41）的概率，我们固定一个向量 $x \in \mathcal{N}$ 和一个子集 $T \subseteq [n]$，以随机向量 $(A_k)_{k \in T^c}$ 的实现为条件。我们表达：

$$R_T(x) = \sum_{j \in T} x_j \langle A_j, z \rangle \tag{5.42}$$

式中，$z = \sum_{k \in T^c} x_k A_k$

在我们的条件下，z 是一个固定的向量，因此 $R_T(x)$ 是一个关于独立随机变量的求和。而且，如果事件 ε 成立，则 z 是精确有界的：

$$\| z \|_2 \leqslant \| A \| \, \| x \|_2 \leqslant 3 C_K \sqrt{N} \tag{5.43}$$

如果反过来式（5.43）成立，则式（5.42）中的项 $\langle A_j, z \rangle$ 是独立的中心亚高斯随机变量，其中 $\| \langle A_j, z \rangle \|_{\psi_2} \leqslant 3 K C_K \sqrt{N}$。根据引理5.9，它们的线性组合 $R_T(x)$ 也是亚高斯随机变量，其中，

$$\| R_T(x) \|_{\psi_2} \leqslant C_1 \left(\sum_{j \in T} x_j^2 \| \langle A_j, z \rangle \|_{\psi_2}^2 \right)^{1/2} \leqslant \hat{C}_K \sqrt{N} \tag{5.44}$$

式中，$\hat{C}_K$ 仅依赖于 K。

我们可以将这些观察结果总结如下。定义 $\mathbb{P}_T = \mathbb{P}\{ \cdot \mid (A_k)_{k \in T^c} \}$ 表示条件概率，$\mathbb{E}_{T^c}$ 表示 $(A_k)_{k \in T^c}$ 的期望，根据式（5.43）和式（5.44）我们得到

$$\mathbb{P}\left\{ |R_T(x)| > \frac{\delta N}{8} \text{and} \varepsilon \right\} \leqslant \mathbb{E}_{T^c} \mathbb{P}_T \left\{ |R_T(x)| > \frac{\delta N}{8} \text{and} \| z \|_2 \leqslant 3 C_K \sqrt{N} \right\}$$

$$\leqslant 2\exp\left[-c_1\left(\frac{\delta N/8}{\hat{C}_K\sqrt{N}}\right)^2\right]=2\exp\left(-\frac{c_2\delta^2 N}{\hat{C}_K^2}\right)\leqslant 2\exp\left(-\frac{c_2C^2n}{\hat{C}_K^2}-\frac{c_2t^2}{\hat{C}_K^2}\right)$$

第二个不等式成立，因为 $R_T(x)$ 是一个亚高斯随机变量式（5.44），它的尾衰减在式（5.10）中给出。这里 $c_1,c_2>0$ 是绝对常量。最后一个不等式来源于 δ 的定义。代入式（5.41），并且选择 C 充分大（以便 $\ln 36\leqslant c_2C^2/\hat{C}_K^2$），我们得到结论：

$$p\leqslant 2\exp(-c_2t^2/\hat{C}_K^2)$$

这便证明了步骤 2 中我们想要的估计。证毕。

备注 5.61（归一化假设）　列的范数 $\|A_j\|_2$ 的一些先验控制，对于极端奇异值的估计是必要的，因为

$$s_{\min}(A)\leqslant\min_{i\leqslant n}\|A_j\|_2\leqslant\max_{i\leqslant n}\|A_j\|_2\leqslant s_{\max}(A)$$

出于这种考虑，很容易去构建一个例子来说明定理 5.58 中的归一化假设 $\|A_i\|_2=\sqrt{N}$是必不可少的；它甚至不能被边界假设 $\|A_i\|_2=O(\sqrt{N})$代替。

进一步，考虑$\mathbb{R}^N$空间中的一个随机向量 $X=\sqrt{2}\xi Y$，其中 ξ 是取值为$\{0,1\}$的随机变量，均值$\mathbb{E}\zeta=1/2$（一个“选择器”），X 是$\mathbb{R}^n$空间中一个独立的球面的随机向量（见例 5.25）。令 A 是一个随机矩阵，它的列 A_j 是 X 的独立复制，则 A_j 是$\mathbb{R}^n$空间中独立的中心亚高斯的各向同性的随机向量，其中 $\|A_j\|_{\psi_2}=O(1)$，$\|A_j\|_2\leqslant\sqrt{2N}$。因此，定理 5.58 中所有假设，除了归一化假设，均满足。另一方面，$\mathbb{P}\{X=0\}=1/2$，因此矩阵 A 有一个 0 列的概率为压倒性概率 $1-2^{-n}$。这蕴含了 $s_{\min}(A)=0$ 也具有此概率，所以对于所有的非平凡的 N、n、t，式（5.36）中更低的估计都是错误的。

5.5.2　重尾列

这里我们给出定理 5.45 关于独立重尾列版本的证明。因此我们考察 $N\times n$ 的随机矩阵 A，具有独立列 A_j。除了归一化假设 $\|A_j\|_2=\sqrt{N}$已经在定理 5.58 关于亚高斯列版本中呈现过，我们的新结果也必须需要一个对于 Gram 矩阵 $G=A^*A=(\langle A_j,A_k\rangle)_{j,k=1}^n$的非对角部分的先验控制。

定理 5.62（重尾列）　令 A 是一个 $N\times n$ 的矩阵（$N\geqslant n$），它的列 A_j 是$\mathbb{R}^N$空间中独立的各向同性的随机向量，而且 $\|A_j\|_2=\sqrt{N}$。考虑非相干系数

$$m:=\frac{1}{N}\mathbb{E}\max_{j\leqslant n}\sum_{k\in[n],k\neq j}\langle A_j,A_k\rangle^2$$

则$\mathbb{E}\left\|\frac{1}{N}A^*A-I\right\|\leqslant C_0\sqrt{\frac{m\log n}{N}}$。特别地，

$$\mathbb{E}\max_{j\leqslant n}|s_j(A)-\sqrt{N}|\leqslant C\sqrt{m\log n}\tag{5.45}$$

我们简略地阐明非相干系数 m 的作用，它的作用是控制 G 的非对角部分的行的长度。证明之后，我们将会看到在定理 5.41 中 m 的控制是必不可少的。但是截至目前，我们只能尝试典型大小的 m。根据引理 5.20，我们有$\mathbb{E}\langle A_j,A_k\rangle^2=N$，因此对于每一行 j 我们都能看到 $\frac{1}{N}$

$\sum_{k\in[n],k\neq j}\langle A_j,A_k\rangle^2=n-1$。这表明定理 5.62 将会经常被使用，其中 $m=O(n)$。

在这种情况下，定理 5.41 建立了关于对数因子的理想不等式（5.35）。也就是，$\mathbb{R}^N$空间中 n 个独立的各向同性的随机向量构成的归一化 Gram 矩阵是近似一致的，无论 $N<<n\log n$。

定理 5.62 的证明，是基于定理 5.48 对行独立的去耦化的 Gram 矩阵进行去耦化、对称化和应用。去耦化被执行，类似于定理 5.58。然而，这一次我们得益于形式化 Gram 矩阵的去耦不等式：

引理 5.63（矩阵去耦化） 令 B 是一个 $N\times n$ 的随机矩阵，它的列 B_j 满足 $\|B_j\|_2=1$，则

$$\mathbb{E}\|B^*B-I\|\leqslant 4\max_{T\subseteq[n]}\mathbb{E}\|(B_T)^*B_{T^c}\|$$

证明：首先，我们注意到 $\|B^*B-I\|=\sup_{x\in S^{n-1}}\left|\|Bx\|_2^2-1\right|$。我们固定 $x=(x_1,\cdots,x_n)\in S^{n-1}$，正如式（5.40）扩展的那样，观察到

$$\|Bx\|_2^2=\sum_{j=1}^{n}x_j^2\|B_j\|_2^2+\sum_{j,k\in[n],j\neq k}x_jx_k\langle B_j,B_k\rangle$$

第一个和式等于 1，因为 $\|B_j\|_2=\|x\|_2=1$。所以根据去耦引理 5.60，$[n]$ 的一个随机子集 T，平均势为 $n/2$，满足：

$$\|Bx\|_2^2-1=4\mathbb{E}_T\sum_{j\in T,k\in T^c}x_jx_k\langle B_j,B_k\rangle$$

定义$\mathbb{E}_T$和$\mathbb{E}_B$分别为随机集 T 的期望和随机矩阵 B 的期望。使用 Jensen 不等式，我们得到

$$\begin{aligned}\mathbb{E}_B\|B^*B-I\|&=\mathbb{E}_B\sup_{x\in S^{n-1}}\left|\|Bx\|_2^2-1\right|\\&\leqslant 4\mathbb{E}_B\mathbb{E}_T\sup_{x\in S^{n-1}}\left|\sum_{j\in T,k\in T^c}x_jx_k\langle B_j,B_k\rangle\right|=4\mathbb{E}_T\mathbb{E}_B\|(B_T)^*B_{T^c}\|\end{aligned}$$

此结论可以利用 T 的最大值取代期望来推得。

定理 5.62 的证明。

步骤 1：缩减和去耦。对 $s_{\max}(A)$有一个先验的边界 $s_{\max}(A)=\|A\|$ 是非常有用的。我们可以通过转置 A 和应用 5.4 节中的一个结果来得到这个边界。进一步，$n\times N$ 的随机矩阵 A^*，它的行 A_i^* 是独立的。同时根据我们的假设，A_i^* 是归一化的 $\|A_i^*\|_2=\|A_i\|_2=\sqrt{N}$。应用定理 5.45，伴随着 n、N 的转换，根据三角不等式我们得到

$$\mathbb{E}\|A\|=\mathbb{E}\|A^*\|=\mathbb{E}s_{\max}(A^*)\leqslant\sqrt{n}+C\sqrt{N\log n}\leqslant C\sqrt{N\log n}\tag{5.46}$$

由引理 5.20，我们观察到 $n\leqslant m$，因此对于 $j\neq k$，我们有$\frac{1}{N}\mathbb{E}\langle A_j,A_k\rangle^2=1$。我们对 $B=\frac{1}{\sqrt{N}}$ 使用矩阵去耦引理 5.63，得到

$$E\leqslant\frac{4}{N}\max_{T\subseteq[n]}\mathbb{E}\|(A_T)^*A_{T^c}\|=\frac{4}{N}\max_{T\subseteq[n]}\mathbb{E}\|\Gamma\|\tag{5.47}$$

式中，$\Gamma=\Gamma(T)$表示去耦化的 Gram 矩阵：

$$\Gamma=(A_T)^*A_{T^c}=(\langle A_j,A_k\rangle)_{j\in T,k\in T^c}$$

固定 T，则我们的问题降低为求 Γ 的期望范数的边界。

步骤 2：去耦化的 Gram 矩阵的行。对于子集 $S\subseteq[n]$，我们定义$\mathbb{E}_{A_S}$是给定的 A_{S^c} 的条件期望，也就是关于 $A_S=(A_j)_{j\in S}$，因此$\mathbb{E}=\mathbb{E}_{A_{T^c}}\mathbb{E}_{A_T}$。

以 A_{T^c} 为条件。将 $(A_k)_{k\in T^c}$ 处理为固定的向量，有条件地，我们可以看到随机矩阵 Γ 有独立行：

$$\Gamma_j=(\langle A_j,A_k\rangle)_{k\in T^c},\ j\in T$$

所以我们将使用定理 5.48 来求 Γ 范数的边界。为了完成这个工作，我们需要估计（a）范数和（b）行 Γ_j 的二阶矩。

（a）因为对于 $j\in T,T_j$ 是取值于 $\mathbb{R}^{T^c}$ 空间的随机向量，我们通过选择 $x\in\mathbb{R}^{T^c}$ 来估计它的二阶矩，并且评估它的标量二阶矩：

$$\begin{aligned}\mathbb{E}_{A_T}\langle\Gamma_j,x\rangle^2&=\mathbb{E}_{A_T}\Big(\sum_{k\in T^c}\langle A_j,A_k\rangle x_k\Big)^2=\mathbb{E}_{A_T}\Big\langle A_j,\sum_{k\in T^c}x_kA_k\Big\rangle^2\\&=\Big\|\sum_{k\in T^c}x_kA_k\Big\|^2=\|A_{T^c}x\|_2^2\leqslant\|A_{T^c}\|_2^2\|x\|_2^2\end{aligned}$$

第三个不等式，我们使用了 A_j 的各向同性。取所有的 $j\in T$，$x\in\mathbb{R}^{T^c}$ 中的最大值，我们可以看到二阶矩矩阵 $\Sigma(\Gamma_j)=\mathbb{E}_{A_T}\Gamma_j\otimes\Gamma_j$ 满足：

$$\max_{j\in T}\|\Sigma(\Gamma_j)\|\leqslant\|A_{T^c}\|^2\tag{5.48}$$

（b）为了估计 $\Gamma_j,j\in T$ 的范数，注意到 $\|\Gamma_j\|_2^2=\sum_{k\in T^c}\langle A_j,A_k\rangle^2$。这便很容易得到边界，因为上述假设已经说明了随机变量：

$$M:=\frac{1}{N}\max_{j\in[n]}\sum_{k\in[n],k\neq j}\langle A_j,A_k\rangle^2\ \text{满足}\ \mathbb{E}M=m$$

这便产生了边界 $\mathbb{E}\max_{j\in T}\|\Gamma_j\|_2^2\leqslant N\cdot\mathbb{E}M=Nm$。但是在这个矩中，我们需要工作在 A_T 条件下，因此我们需要满足：

$$\mathbb{E}_{A_T}\max_{j\in T}\|\Gamma_j\|_2^2\leqslant N\cdot\mathbb{E}_{A_T}M\tag{5.49}$$

步骤 3：去耦的 Gram 矩阵的范数。我们利用定理 5.48 和备注 5.49 来约束 $T\times T^c$ 的随机 Gram 矩阵 Γ 的范数，其中 Γ 的行是（有条件地）独立的。根据式（5.48），我们有 $\|\frac{1}{|T|}\sum_{j\in T}\Sigma(\Gamma_j)\|\leqslant\frac{1}{|T|}\sum_{j\in T}\|\Sigma(\Gamma_j)\|\leqslant\|A_{T^c}\|^2$，利用式（5.49），我们得到

$$\begin{aligned}\mathbb{E}_{A_{T^c}}\|\Gamma\|&\leqslant(\mathbb{E}_{A_T}\|\Gamma\|^2)^{1/2}\leqslant\|A_{T^c}\|\sqrt{|T|}+C\sqrt{N\cdot\mathbb{E}_{A_T}(M)\log|T^c|}\\&\leqslant\|A_{T^c}\|\sqrt{n}+C\sqrt{N\cdot\mathbb{E}_{A_T}(M)\log n}\end{aligned}\tag{5.50}$$

两边同取关于 A_T 的期望。左边变成了我们寻找的边界，$\mathbb{E}\|\Gamma\|$。右边将会得到某项，该项我们可以通过式（5.46）来估计：

$$\mathbb{E}_{A_{T^c}}\|A_{T^c}\|=\mathbb{E}\|A_{T^c}\|\leqslant\mathbb{E}\|A\|\leqslant C\sqrt{N\log n}$$

另外一项将会出现在式（5.50）的期望中：

$$\mathbb{E}_{A_{T^c}}\sqrt{\mathbb{E}_{A_T}(M)}\leqslant\sqrt{\mathbb{E}_{A_{T^c}}\mathbb{E}_{A_T}(M)}\leqslant\sqrt{\mathbb{E}M}=\sqrt{m}$$

所以，对式（5.50）取期望，并且使用这些边界，我们得到

$$\mathbb{E}\|\Gamma\|=\mathbb{E}_{A_{T^c}}\mathbb{E}_{A_T}\|\Gamma\|\leqslant C\sqrt{N\log n}\sqrt{n}+C\sqrt{Nm\log n}\leqslant 2C\sqrt{Nm\log n}$$

式中，我们利用了 $n\leqslant m$。最后，在式（5.47）中使用这一估计，我们得到结论：

$$E \leqslant 8C\sqrt{\frac{m\log n}{N}}$$

这便估计了定理5.62的第一部分。第二部分可以从定理5.45的证明的步骤2的对角化理论中推得。

备注5.64（非相干性） 在定理5.62中，对非相干性的先验控制，是必不可少的。例如，考虑一个$N \times n$的随机矩阵A，它的列是$\mathbb{R}^N$空间中的独立坐标随机向量。显然$s_{\max}(A) \geqslant \max_j \|A_i\|_2 = \sqrt{N}$。另一方面，如果矩阵不是太高，$n >> \sqrt{N}$，则$A$有两个完全相同的列的概率非常高，这将导致$s_{\min}(A)=0$。

5.6 约束等距同构

在本节中，我们考察非渐近随机矩阵理论在压缩感知中的一个应用。如果想彻底了解压缩感知，见本书的第1章和参考文献［28，20］。

在这个领域，$m \times n$的矩阵A被认为是测量装置，输入一个信号$x \in \mathbb{R}^n$，返回它的测量值$y = Ax \in \mathbb{R}^m$。我们常常想要很少的测量值，因此m尽可能小。同时要保证能够从它的测量值y，恢复出信号x。

压缩感知中我们感兴趣的部分在于：我们取非常少的测量值，$m << n$。这样的矩阵A不是一对一的，因此从y得到的x的恢复值不可能是x的所有信号。但是，在实际应用中，信号x中包含的“信息”总量时常是很小的。数学上，将此表达为x是稀疏的。最简单的情况是，我们假设x有很少的非零坐标，即$|\operatorname{supp}(x)| \leqslant k << n$。在这种情况下，使用任何非退化的矩阵$A$，我们发现只要$m > 2k$，通过最优化问题$\min\{|\operatorname{supp}(x)| : Ax = y\}$，$x$均能够被恢复。

此最优化问题是高度非凸的，一般还是NP完全的。因此，我们常常采用此问题的凸松弛问题$\min\{\|x\|_1 : Ax = y\}$。Candès和Tao[17,16]给出的关于压缩感知的一个基本的结果是，对于稀疏信号$|\operatorname{supp}(x)| \leqslant k$，凸问题能够精确地从测量值$y$恢复信号$x$，只要测量矩阵$A$是非退化的。精确地来说，$A$是非退化的，意味着它满足下述的约束等距同构性，其中$\delta_{2k}(A) \leqslant 0.1$。

定义（约束等距同构） 一个$m \times n$的矩阵A满足约束等距同构性，其中阶数$k \geqslant 1$，只要存在$\delta_k \geqslant 0$，使得下列不等式

$$(1-\delta_k)\|x\|_2^2 \leqslant \|Ax\|_2^2 \leqslant (1+\delta_k)\|x\|_2^2 \tag{5.51}$$

对于所有$x \in \mathbb{R}^n$，$|\operatorname{supp}(x)| \leqslant k$均成立。最小的数$\delta_k = \delta_k(A)$被称为$A$的约束等距同构常数。

也就是说，A具有约束等距同构性，只要A在所有的稀疏向量上均能表现为近似等距同构，即

$$\delta_k(A) = \max_{|T| \leqslant k} \|A_T^* A_T - I_{\mathbb{R}^T}\| = \max_{|T| = \lfloor k \rfloor} \|A_T^* A_T - I_{\mathbb{R}^T}\| \tag{5.52}$$

式中，最大值在所有子集$T \subseteq [n]$上，且$|T| \leqslant k$或者$|T| = \lfloor k \rfloor$。

约束等距同构的概念也可以通过极端奇异值的方式表达，这将会把我们带回先前各节中已经研究过的主题。A是等距同构的，当且仅当所有A的$m \times k$的子矩阵A_T（从A中任意选择k列得到）是近似等距同构的。进一步，对于每一个$\delta \geqslant 0$，引理5.36表明下列两个不等式对于同一个绝对常量是等价的：

$$\delta_k(A) \leqslant \max(\delta, \delta^2) \tag{5.53}$$

$$1-\delta \leqslant s_{\min}(A_T) \leqslant s_{\max}(A_T) \leqslant 1+\delta \text{ 对于所有 } |T| \leqslant k \tag{5.54}$$

更精确地，式（5.53）蕴含式（5.54），式（5.54）蕴含 $\delta_k(A) \leqslant 3\max(\delta, \delta^2)$。

因此，我们的目标是寻找具有良好约束等距同构性的矩阵。良好意味着对于上面描述的压缩感知的目标，它是很明确的。首先，我们需要保持约束等距同构常数 $\delta_k(A)$ 低于某些小的绝对常数，比如0.1。更为重要地，我们想要测量的数量 m 是小的，理想地，m 正比于稀疏度 $k \ll n$。

从这里，我们正式进入非渐近随机矩阵理论的研究。我们进一步应该表明，很大可能地，$m \times n$的随机矩阵 A 是良好的约束等距同构的，阶数 k，测量数 $m = O^*(k)$。这里 O^* 记号表示其中隐含了某些 n 的对数因子。特别地，在定理 5.65 中，对于亚高斯随机矩阵 A（具有独立的行或者列），我们将会看到

$$m = O(k\log(n/k))$$

这是因为这种矩阵的强集中性。这种类型的一般性观察见命题 5.66：如果对于一个给定的 x，随机矩阵 A（取自任何一种分布）以很大的概率满足不等式（5.51），则 A 是良好的约束等距同构的。

在定理 5.71 中，我们将会把这些结论拓展到无集中性的随机矩阵中。推论 5.28，使用均匀延伸的 Rudelson 不等式，对于重尾随机矩阵 A（具有独立的行），我们将会看到

$$m = O(k\log^4 n) \tag{5.55}$$

这包括了随机傅里叶矩阵这个重要的例子。

5.6.1 亚高斯约束等距同构

在本节中，我们将会展示 $m \times n$ 的亚高斯随机矩阵 A 是良好的约束等距同构的。我们已经知道了下列两个模型，在 5.4.1 节和 5.5.1 节中分别分析过：

行独立模型：A 的行是$\mathbb{R}^n$空间中独立的亚高斯的各向同性的随机向量。

列独立模型：A 的列 A_i 是$\mathbb{R}^m$空间中独立的亚高斯的各向同性的随机向量，且 $\|A_i\|_2 = \sqrt{m}$。

回顾一下，这些模型包含了很多天然的例子，包括高斯矩阵、伯努利矩阵（它们的元素是独立的标准正态或者对称伯努利随机变量）、一般的亚高斯随机矩阵（它的元素是独立的亚高斯的随机变量，均值为0，方差为1）、“列球面”矩阵（它的列是独立向量，均匀分布在$\mathbb{R}^m$空间中半径为$\sqrt{m}$的中心欧几里得球面上，同理“行球面”矩阵）等。

定理 5.65（亚高斯约束等距同构）　令 A 是一个 $m \times n$ 的亚高斯随机矩阵，具有独立的行或列，遵循上述两个模型中的一个，则归一化矩阵 $\bar{A} = \frac{1}{\sqrt{m}}A$，对于每一个稀疏度水平 $1 \leqslant k \leqslant n$ 和每一个值 $\delta \in (0,1)$，至少有 $1-2\exp(-c\delta^2 m)$ 的概率满足下列结论：

$$\text{如果 } m \geqslant C\delta^{-2}k\log(en/k) \text{ 则 } \delta_k(\bar{A}) \leqslant \delta$$

式中，$C = C_K, c = c_K > 0$ 仅仅依赖于 A 的行或列的亚高斯范数 $K = \max_i \|A_i\|_{\psi_2}$。

证明：让我们根据定理 5.39 核查行独立模型的结论，根据定理 5.58 核查列独立模型的结论。我们应该用约束等距同构常数的等价描述式（5.52）来调控该常数。显然，我们可以假设 k

是一个正整数。

让我们固定一个子集 $T\subseteq[n],|T|=k$，考察 $m\times k$ 的随机矩阵 A_T。如果 A 满足行独立模型，则 A_T 的行是 A 的行在$\mathbb{R}^T$上的正交投影，因此它们仍然是$\mathbb{R}^T$空间上独立的亚高斯的各向同性的随机向量。非此即彼，A 满足列独立模型时，A_T 的列与 A 的列满足相同的假设。在任何一种情况下，定理5.39 或定理5.58 能应用于A_T 中。因此对于每一个 $s\geqslant 0$，至少有 $1-2\exp(-cs^2)$ 的概率下列不等式成立：

$$\sqrt{m}-C_0\sqrt{k}-s\leqslant s_{\min}(A_T)\leqslant s_{\max}(A_T)\leqslant\sqrt{m}+C_0\sqrt{k}+s \tag{5.56}$$

对 $\bar{A}_T=\frac{1}{\sqrt{m}}A_T$ 使用引理5.36，我们看到式（5.56）蕴含了：

$$\|\bar{A}_T^*\bar{A}_T-I_{\mathbb{R}^T}\|\leqslant 3\max(\delta_0,\delta_0^2)$$

式中，$\delta_0=C_0\sqrt{\frac{k}{m}}+\frac{s}{\sqrt{m}}$

现在，我们在所有子集 $T\subseteq[n],|T|=k$ 上取单位边界。由于这里有$\binom{n}{k}\leqslant(en/k)^k$ 种方法选择 T，我们得到结论：

$$\max_{|T|=k}\|\bar{A}_T^*\bar{A}_T-I_{\mathbb{R}^T}\|\leqslant 3\max(\delta_0,\delta_0^2)$$

上式成立的概率至少为 $1-\binom{n}{k}\cdot 2\exp(-cs^2)\geqslant 1-2\exp(k\log(en/k)-cs^2)$。然后，一旦我们任意选定了 $\varepsilon>0$，并且令 $s=C_1\sqrt{k\log(en/k)}+\varepsilon\sqrt{m}$，我们得到如下结论：至少有 $1-2\exp(-c\varepsilon^2 m)$的概率，下式成立：

$$\delta_k(\bar{A})\leqslant 3\max(\delta_0,\delta_0^2)$$

式中，$\delta_0=C_0\sqrt{\frac{k}{m}}+C_1\sqrt{\frac{k\log(en/k)}{m}}+\varepsilon$

最后，我们将这一结论应用到ε：$=\delta/6$。通过选择定理中常数 C 充分大，我们使得 m 足够大，以至于 $\delta_0\leqslant\delta/3$，这将产生 $3\max(\delta_0,\delta_0^2)\leqslant\delta$。证毕。

定理5.65 成立的主要原因是，随机矩阵 A 有强大的集中性，即 $\|\bar{A}x\|\approx\|x\|_2$ 对于每一个固定的稀疏向量 x 均有很高的概率成立。仅仅这种集中性便可得到约束等距同构性，不论何种特殊的随机矩阵模型：

命题5.66（集中性暗含了约束等距同构性，见参考文献［10］） 令 A 是一个 $m\times n$ 的随机矩阵，且令 $k\geqslant 1,\delta\geqslant 0,\varepsilon>0$。假设对于每一个 $x\in\mathbb{R}^n|\operatorname{supp}(x)|\leqslant k$，不等式

$$(1-\delta)\|x\|_2^2\leqslant\|Ax\|_2^2\leqslant(1+\delta)\|x\|_2^2$$

至少有 $1-\exp(-\varepsilon m)$的概率成立，则我们有下列命题：

$$\text{如果 } m\geqslant C\varepsilon^{-1}k\log(en/k)\text{则 }\delta_k(\bar{A})\leqslant 2\delta$$

至少有 $1-\exp(-\varepsilon m/2)$的概率成立。这里 C 是一个绝对常量。

也就是说，约束等距同构性可以以很高的概率被每一个单个向量 x 检测。

证明：我们将用式（5.52）去估计约束等距同构常数。我们可以确定地假设 k 是一个整数，集中于集合 $T\subseteq[n]$，$|T|=k$ 上。根据引理 5.2，我们能找到单位球 $S^{n-1}\cap\mathbb{R}^T$ 上的一个网络 $\mathcal{N}_T$，其中基数 $|\mathcal{N}_T|\leqslant 9^k$。根据引理 5.4，我们按照下式估计算子范数：

$$\|A_T^*A_T-I_{\mathbb{R}^T}\|\leqslant 2\max_{x\in\mathcal{N}_T}|\langle(A_T^*A_T-I_{\mathbb{R}^T})x,x\rangle|=2\max_{x\in\mathcal{N}_T}|\|Ax\|_2^2-1|$$

在所有子集 $T\subseteq[n]$，$|T|=k$ 上取最大值，我们得到

$$\delta_k(A)\leqslant 2\max_{|T|=k}\max_{x\in\mathcal{N}_T}|\|Ax\|_2^2-1|$$

另一方面，根据假设我们有：对于每一个 $x\in\mathcal{N}_T$

$$\mathbb{P}\{|\|Ax\|_2^2-1|>\delta\}\leqslant\exp(-\varepsilon m)$$

因此，在集合 T 的 $\binom{n}{k}\leqslant(en/k)^k$ 个选择中和 $x\in\mathcal{N}_T$ 的 9^k 个元素中取单位边界，我们得到

$$\mathbb{P}\{\delta_k(A)>2\delta\}\leqslant\binom{n}{k}9^k\exp(-\varepsilon m)\leqslant\exp(k\ln(en/k)+k\ln 9-\varepsilon m)$$
$$\leqslant\exp(-\varepsilon m/2)$$

最后一个不等式可由 m 的假设得到。证毕。

5.6.2　重尾约束等距同构

在本节中，我们将会展现 $m\times n$ 随机矩阵 A 具有独立的重尾行（和一致的边界参数）是良好的约束等距同构的。这一结论将会在定理 5.71 中得到建立。正如之前那样，我们将会通过控制所有的 $m\times k$ 子矩阵 A_T 的极端奇异值来对上述结论进行证明。对于每一个单独的子集 T，通过定理 5.41 我们可以得到

$$\sqrt{m}-t\sqrt{k}\leqslant s_{\min}(A_T)\leqslant s_{\max}(A_T)\leqslant\sqrt{m}+t\sqrt{k}\tag{5.57}$$

成立的概率至少为 $1-2k\cdot\exp(-ct^2)$。尽管这种最优概率估计有最优的阶数，但是这种最优太弱，无法允许在子集 T 的所有 $\binom{n}{k}=(O(1)n/k)^k$ 个选择上有一个联合边界。进一步，为了达到 $1-\binom{n}{k}2k\cdot\exp(-ct^2)>0$，我们可能需要取 $t>\sqrt{k\log(n/k)}$。因此为了在式（5.57）中达到非平凡的下界，我们可能被迫取 $m\geqslant k^2$。这将导致太多的测量值；回顾我们的期望是 $m=O^*(k)$。

上述观察建议，我们应该学着如何去一次性控制所有的子矩阵 A_T，而不是分别去控制每一个 A_T。这是确实可行的，见定理 5.45 的均匀分布的版本：

定理 5.67（重尾行；均匀分布）　令 $A=(a_{ij})$ 是一个 $N\times d$ 的矩阵 $(1<N\leqslant d)$，它的行 A_i 是 $\mathbb{R}^d$ 空间中独立的各向同性的随机向量。令 K 是这样一个数，满足所有元素 $|a_{ij}|\leqslant K$ 几乎处处成立，则对于每一个 $1<n\leqslant d$，我们有

$$\mathbb{E}\max_{|T|\leqslant n}\max_{j\leqslant|T|}|s_j(A_T)-\sqrt{N}|\leqslant Cl\sqrt{n}$$

式中，$l=\log(n)\sqrt{\log d}\sqrt{\log N}$，且 $C=C_K$ 仅仅依赖于 K。通常来说，最大值是所有子集 $T\subseteq[d]$，$|T|\leqslant n$ 上的最大值。

这一结论的不均匀模型（定理 5.45），建立在 Rudelson 不等式（推论 5.28）基础上。非常

相似地，定理 5.67 建立在下述 Rudelson 不等式的均匀版本基础之上。

命题 5.68（均匀 Rudelson 不等式[67]） 令 $x_1,\cdots,x_N$ 是$\mathbb{R}^d$空间中的向量，$1<N\leqslant d$，并且令 K 是这样一个数，满足所有的 $\|x_i\|_\infty\leqslant K$。令 $\varepsilon_1,\cdots,\varepsilon_N$ 是独立的对称的伯努利随机变量，则对于每一个 $1<n\leqslant d$，我们有

$$\mathbb{E}\max_{|T|\leqslant n}\left\|\sum_{i=1}^{N}\varepsilon_i(x_i)_T\otimes(x_i)_T\right\|\leqslant Cl\sqrt{n}\cdot\max_{|T|\leqslant n}\left\|\sum_{i=1}^{N}(x_i)_T\otimes(x_i)_T\right\|^{1/2}$$

式中，$l=\log(n)\sqrt{\log d}\sqrt{\log N}$，且 $C=C_K$ 仅仅依赖于 K。

非均匀的 Rudelson 不等式（推论 5.28）是非可换的 Khintchine 不等式的产物。不幸地，似乎不存在一种方法可以从已知的结论中推导出命题 5.68。进一步，这一命题的证明，是通过在高斯过程中使用 Dudley 积分不等式，并且估计覆盖数以返回到 Carl，见参考文献［67］。然而，现已知 Dudley 不等式这样使用不是最优的（见参考文献［75］）。因此，命题 5.68 中的对数因子也可能不是最优的。

与 Rudelson 不等式的困难重重形成鲜明对比，证明定理 5.45 的其他两个成分的均匀版本——偏差引理 5.47 和对称引理 5.46，是简单明了的。

引理 5.69 令$(Z_t)_{t\in T}$是一个随机过程㊀，满足所有的 $Z_t\geqslant 0$，则

$$\mathbb{E}\sup_{t\in\mathcal{T}}|Z_t^2-1|\geqslant\max(\mathbb{E}\sup_{t\in\mathcal{T}}|Z_t-1|,(\mathbb{E}\sup_{t\in\mathcal{T}}|Z_t-1|)^2)$$

证明：这个论点与引理 5.47 的论点完全平行。

引理 5.70（随机过程的对称化） 令 $X_{it},1\leqslant i\leqslant N,\ t\in\mathcal{T}$，是在巴拿赫空间 B 上的随机向量，$\mathcal{T}$是一个有限索引集。假设随机向量 $X_i=(X_{it})_{t\in\mathcal{T}}$（在乘积空间$\mathcal{B}^{\mathcal{T}}$中的值）是独立的。令 $\varepsilon_1,\cdots,\varepsilon_N$ 是独立对称伯努利随机变量，则

$$\mathbb{E}\sup_{t\in\mathcal{T}}\left\|\sum_{i=1}^{N}(X_{it}-\mathbb{E}X_{it})\right\|\leqslant 2\,\mathbb{E}\sup_{t\in\mathcal{T}}\left\|\sum_{i=1}^{N}\varepsilon_iX_{it}\right\|$$

证明：这一结论可以从引理 5.46 中推导：将引理 5.46 应用到向量 X_i 中，其中 X_i 取值于乘积 Banach 空间 $B^{\mathcal{T}}$，该空间装备了范数 $|||(Z_t)_{t\in\mathcal{T}}|||=\sup_{t\in\mathcal{T}}\|Z_t\|$。读者应该也能够直接证明此结果，遵循定理 5.46 的证明。

定理 5.67 的证明。由于随机向量 A_i 在$\mathbb{R}^d$空间中是各向同性的，对于每一个固定的子集 $T\subseteq[d]$，随机向量$(A_i)_T$ 在$\mathbb{R}^T$空间中也是各向同性的，所以$\mathbb{E}(A_i)_T\otimes(A_i)_T=I_{\mathbb{R}^T}$。正如定理 5.45 的证明那样，我们将要控制

$$E:=\mathbb{E}\max_{|T|\leqslant n}\left\|\frac{1}{N}A_T^*A_T-I_{\mathbb{R}^T}\right\|=\mathbb{E}\max_{|T|\leqslant n}\left\|\frac{1}{N}\sum_{i=1}^{N}(A_i)_T\otimes(A_i)_T-I_{\mathbb{R}^T}\right\|$$

$$\leqslant\frac{2}{N}\mathbb{E}\max_{|T|\leqslant n}\left\|\sum_{i=1}^{N}\varepsilon_i(A_i)_T\otimes(A_i)_T\right\|$$

这里我们使用了对称引理 5.70，其中 $\varepsilon_1,\cdots,\varepsilon_N$ 是独立的对称的伯努利随机变量。右手边的期望与随机矩阵 A 和符号(ε_i)均有关（在 A 的条件下）。求取关于 A 的期望后，我们根据命题 5.68 得到

㊀ 随机过程 (Z_t) 是由抽象集$\mathcal{T}$的元素 t 索引的公共概率空间上随机变量的集合。在我们的特殊应用中，$\mathcal{T}$将包含所有子集 $T\subseteq[d]$，$|T|\leqslant n$。——原书注

$$E \leqslant \frac{C_K l\sqrt{n}}{N}\mathbb{E}\max_{|T|\leqslant n}\left\|\sum_i^N (A_i)_T \otimes (A_i)_T\right\|^{1/2} = \frac{C_K l\sqrt{n}}{\sqrt{N}}\mathbb{E}\max_{|T|\leqslant n}\left\|\frac{1}{N}A_T^* A_T\right\|^{1/2}$$

根据三角不等式，$\mathbb{E}\max_{|T|\leqslant n}\|\frac{1}{N}A_T^* A_T\| \leqslant E + 1 I_{\mathbb{R}^T}$。因此，我们得到

$$E \leqslant C_K l\sqrt{\frac{n}{N}}(E+1)^{1/2}$$

根据 Hölder 不等式。对 E 求解上述不等式，我们得到结论：

$$E = \mathbb{E}\max_{|T|\leqslant n}\left\|\frac{1}{N}A_T^* A_T - I_{\mathbb{R}^T}\right\| \leqslant \max(\delta, \delta^2) \tag{5.58}$$

式中，$\delta = C_K l\sqrt{\frac{2n}{N}}$

上述证明可以通过如下方法完成：使用与定理 5.45 的证明中的步骤 2 相似的一个对角化论点。其中一种方法是利用引理 5.69 中给定的偏差不等式存在一个随机过程均匀版本，标记为集合 $|T| \leqslant n$。具体的细节留给读者。

定理 5.71（重尾的约束等距同构）　令 $A=(a_{ij})$ 是一个 $m\times n$ 的矩阵，它的行 A_i 是$\mathbb{R}^n$空间中独立的各向同性的随机向量。令 K 是这样一个数，满足所有元素$|a_{ij}|\leqslant K$ 几乎处处成立，则归一化矩阵 $\bar{A}=\frac{1}{\sqrt{m}}A$，$m\leqslant n$，对于每一个稀疏水平 $1<k\leqslant n$ 和每一个数 $\delta\in(0,1)$，下式成立：

$$\text{如果 } m \geqslant C\delta^{-2}k\log n\log^2(k)\log(\delta^{-2}k\log n\log^2 k) \text{ 则 } \mathbb{E}\delta_k(\bar{A}) \leqslant \delta \tag{5.59}$$

式中，$C=C_K>0$ 仅仅依赖于 K。

证明：定理 5.67 得到的结论，在它的等价式（5.58）中更为精确。在我们的记号下，它这样表达：

$$\mathbb{E}\delta_k(\bar{A}) \leqslant \max(\delta, \delta^2)$$

式中，$\delta = C_K l\sqrt{\frac{k}{m}} = C_K\sqrt{\frac{k\log m}{m}}\log(k)\sqrt{\log n}$这一定理的结论很容易得出。

在感兴趣的稀疏度范围 $k\geqslant\log n$ 和 $k\geqslant\delta^{-2}$，定理 5.71 的条件显然可以被降低为

$$m \geqslant C\delta^{-2}k\log(n)\log^3 k$$

备注 5.72（有界性要求）　定理 5.71 中对 A 的元素的有界性假设，是必不可少的。进一步，如果 A 的行是$\mathbb{R}^n$空间中独立的坐标向量，则 A 必然有零列（实际上有 $n-m$ 个零列）。这显然就否定了它的约束等距同构性。

例 5.73

1）（随机傅里叶测量值）：定理 5.41 一个重要的例子是，A 实现随机傅里叶测量。考虑 $n\times n$ 的矩阵 W 的离散傅里叶变换（DFT）：

$$W_{\omega,t} = \exp\left(-\frac{2\pi i\omega t}{n}\right),\ \omega, t\in\{0,\cdots,n-1\}$$

考虑$\mathbb{C}^n$空间中的一个随机向量 X，取自 W 的一个随机行（均匀分布）。它满足 Parseval 不等式，

故 X 是各向同性的㊀。因此 $m\times n$ 的随机矩阵 A，它的行是 X 的独立复制，满足定理 5.41 的假设，其中 $K=1$。代数上，我们可以把 A 看成是 DFT 矩阵的随机行子矩阵。

在压缩感知理论中，这样的矩阵 A 有一个显著的意义——它实现了一个信号 $x\in\mathbb{R}^n$ 的 m 个随机傅里叶测量。进一步，$y=Ax$ 是 x 在 m 个随机点处的 DFT；也就是说，y 包含 x 的 m 个随机频率。回顾一下，在压缩感知中，我们想要确保每一个稀疏信号 $x\in\mathbb{R}^n$（即 $|\mathrm{supp}(x)|\leqslant k$）均能以很大概率，从它的 m 个随机频率 $y=Ax$ 中得到有效的恢复。定理 5.71 和 Candès – Tao 的结论（回顾 5.6 节的开头）蕴含了，假设我们观察到频率比信号的稀疏度稍微大一点：$m\gtrsim\geqslant C\delta^{-2}k\log(n)\log^3k$，则一个精确的恢复值可以从凸优化问题 $\min\{\|x\|_1:Ax=y\}$ 中得到。

2)（正交矩阵的随机子矩阵）：相似地，定理 5.71 应用到任意一个有界正交矩阵 W 的随机行子矩阵 A 中。精确地，任意一个 $n\times n$ 的矩阵 $W=(w_{ij})$，满足 $W^*W=nI$，并且具有均匀的有界的系数，$\max_{ij}|w_{ij}|=O(1)$；A 由 m 个从 W 中随机地、均匀地、不可替换地选取的行构成㊁。这样的 W 包括 Hadamard 矩阵类——正交矩阵且所有元素等于 ±1。

5.7 注释

对于 5.1 节

我们研究了随机矩阵的两种矩假设：亚高斯的和重尾的。这里存在两个极值。根据中心极限定理，亚高斯的尾衰减是最强的条件，我们可以从一个各向同性分布中得到。与此相反，重尾模型完全是很一般的——不需要矩假设（除了方差）。在亚高斯和重尾矩假设的中间段来分析具有独立行或列的随机矩阵是很有意思的。我们希望，对于有着适当的有限矩的分布（比方说，$(2+\varepsilon)$ 或者 4），应该和亚高斯分布有着相同的结果，也就是说，无 $\log n$ 因子出现。特别地，高随机矩阵（$N>>n$）应该仍然是近似等距同构的。这确实满足亚指数分布[2]；见参考文献 [82] 尝试延续到有限矩假设。

对于 5.2 节

提出的材料是大家熟知的。在引理 5.2 提出的体积论点是非常灵活的。它很容易推广到更为一般的度量空间的覆盖数中，包括巴拿赫空间中的凸体。见参考文献 [60，引理 4.16] 和参考文献 [60] 的其他部分，提出了控制覆盖数的各种方法。

对于 5.2.3 节

亚高斯随机变量的概念由 Kahane[39] 提出。他给出的定义建立在矩母函数（引理 5.5 中的性质 4）基础上，它自动地要求亚高斯随机变量作为中心。我们发现使用等价的性质 3 更加方便。引理 5.5 中，亚高斯随机变量关于尾衰减和矩上升的特性描述也追溯到参考文献 [39]。

㊀ 为方便起见，我们发展了 $\mathbb{R}$ 上的理论，而这个例子是 $\mathbb{C}$ 上的。正如我们前面所指出的，我们所有的定义和结果都可以传递到复数。所以在这个例子中，我们使用了各向同性概念和定理 5.71 的明显的复版本。——原书注

㊁ 由于在感兴趣的情况下很少选择行，所以 $m<<n$，有或没有替换的采样在形式上是等价的。例如，见参考文献 [67]，它处理的是没有替换的采样模型。——原书注

亚高斯随机变量的旋转不变性（引理 5.9）很早以前便被观察到了[15]。它的结论，命题 5.10，是 Hoeffding 不等式的一般化的形式，经常被表示为有界随机变量。关于大偏差不等式的更多的内容，见 5.2.4 节。

Khintchine 不等式经常被用于对称伯努利随机变量这种特殊情况。通过使用简单的外推法（基于 Hölder 不等式，见参考文献［45，引理 4.1］），Khintchine 不等式可以被扩展到 $0<p<2$。

对于 5.2.4 节

亚高斯和亚指数随机变量可以在一般化的框架中被一起研究。对于给定的指数 $0<\alpha<\infty$，我们定义 ψ_α 个普通的随机变量，它们的矩上升为$(\mathbb{E}|X|^p)^{1/p}=O(p^{1/\alpha})$。亚高斯随机变量符合于 $\alpha=2$，亚指数随机变量符合于 $\alpha=1$。我们鼓励读者将 5.2.3 节和 5.2.4 节的结论推广到一般的情形。

命题 5.16 是 Bernstein 不等式的其中一种形式，经常被用于文献中的有界随机变量。Hoeffding 不等式和 Bernstein 不等式的这些形式（命题 5.10 和命题 5.16），是一个大偏差不等式用于一般的 ψ_α范数的部分情形，可以在参考文献［72，推论 2.10］中找到，其中包含一个相似的证明。相对独立随机变量（和其他更多）求和的大偏差不等式有更彻底地介绍，见参考文献［59，45，24，11］。

对于 5.2.5 节

$\mathbb{R}^n$空间中的亚高斯分布在几何泛函分析中得到了充分的研究；参考文献［53］中有它和压缩感知的一个联系。$\mathbb{R}^n$空间中一般的 ψ_α 分布在参考文献［32］中被讨论。

凸体上的各向同性分布，以及更一般的各向同性的对数凹分布，是渐近凸几何（见参考文献［31，57］）和计算几何[78]的核心。各向同性分布中一个完全不同的方法，出现在凸几何中，是 John 分解作用于凸体的接触点中，见参考文献［9，63，79］。这种分布被有限地支持，因此通常是重尾的。

框架概念的介绍（例 5.21），见参考文献［41，19］。

对于 5.2.6 节

非交换的 Khintchine 不等式（定理 5.26），第一次被 LustPiquard[48]证明，其中使用了一个未详细说明的常数 B_p 替代了 $C\sqrt{p}$。最优的 B_p 值被 Buchholz[13,14]计算出来；参考文献［62，6.5 节］对 Buchholz 的论点有一个详细的介绍。对于互补的范围 $1\leqslant p\leqslant 2$，非交换的 Khintchine 不等式的一个一致性的版本被 Lust－Piquard 和 Pisier 提出[47]。在参考文献［47］中一个对偶论点被含蓄地提出，并且被 Marius Junge 独立地观察，这个后面的不等式也暗示了最优阶数 $B_p=O(\sqrt{p})$，见参考文献［65］和参考文献［61，9.8 节］。

Rudelson 推论 5.28 最初证明使用了一个优化测量技术；我们的证明依据了 Pisier 的论点[65]，基于非交换的 Khintchine 不等式。

对于 5.3 节

Bai－Yin 定律（定理 5.31）由 Geman[30]，Yin、Bai 和 Krishnaiah[84]建立，用于 $s_{\max}(A)$。$s_{\min}(A)$这一部分，由 Silverstein[70]提出，适用于高斯随机矩阵。Bai 和 Yin[8]给出了一般分布的两个极端奇异值的统一的处理方法。Bai－Yin 定律中的四矩假设是必不可少的[7]。

定理 5.32 和它的论点由 Gordon[35,36,37]提出。我们对这一结果以及推论 5.35 的阐述见参考文献［21］。

命题 5.34 仅仅是冰山一角，被称为测量中心。我们在这里不对它进行讨论，因为这里有很

多极好的资源，其中一些在5.1节中已经被提出了。作为替代，我们仅仅给了与推论5.35相关的一个例子。对于一个一般的随机矩阵A，具有独立的中心的元素，边界为1，我们能够使用Talagrand中心不等式在立方体上处理凸Lipschitz函数[73,74]。由于$s_{\max}(A)=\|A\|$是A的一个凸函数，Talagrand中心不等式蕴含了。$\mathbb{P}\{|s_{\max}(A)-\text{Median}(s_{\max}(A))|\geqslant t\}\leqslant 2e^{-ct^2}$。尽管此中位数的精确值可能是未知的，整合此不等式可以看到$|\mathbb{E}s_{\max}(A)-\text{Median}(s_{\max}(A))|\leqslant C$。

对于最近发展起来的方阵硬边缘问题（包括定理5.38），见参考文献［69］。

对于5.4节

定理5.39作用于具有亚高斯行的随机矩阵，它的证明也是通过一个覆盖理论完成的，它是几何泛函分析的一个民间学说。覆盖理论的使用追溯到Milman对Dvoretzky定理的证明[55]；参考文献［9］和参考文献［60，第4章］对此有一个介绍。随机矩阵的极端奇异值更为狭义的内容，最近出现在参考文献［2］中。

重尾的各向同性分布的突破性的工作，由Rudelson提出[65]。他将推论5.28运用到定理5.45的证明中，展示了$\frac{1}{N}A^*A$是近似等距同构的。或许定理5.41也可以通过这种论点的某些改进进行推导；然而，使用非交换的Bernstein不等式更加简单。

对称化技术已经被大家熟知。对于一个比引理5.46稍微更为一般的两边不等式，见参考文献［45，引理6.3］。

协方差矩阵的估算问题在5.4.3节中被描述，这是统计学的一个基本问题，见参考文献［38］。但是统计学中的绝大多数工作都集中在正态分布或者一般的内积分布（相当于线性变换），这相当于研究具有独立元素的随机矩阵。对于非内积分布，我们感兴趣的一个例子是凸集上的均匀分布[40]。正如我们在例5.25中提到的，这种分布是亚指数的，但未必是亚高斯的，因此推论5.50无法应用。尽管如此，在这种情形下[2]，采样大小$N=O(n)$还是可以用到协方差矩阵的估计中。我们推测在更为一般的分布中，有限矩假设仍然需要满足[82]。

作用于随机子矩阵的推论5.55是Rudelson结论的一种变化[64]。随机子矩阵的研究在参考文献［66］中得到延续。随机子框架在参考文献［80］中被研究，并且推论5.56的一个变换得到证明。

对于5.5节

适用于亚高斯列的定理5.58，看起来是一个新的定理。然而，从历史观点上说，几何泛函分析的工作立刻集中在亚指数尾衰减这一更为困难的情形（由凸体上的均匀分布给出）。证明类似于定理5.58这样的结果的指导思想：去耦和覆盖在参考文献［12］以及后面的参考文献［32，2］中提出。

归一化条件$\|A_j\|_2=\sqrt{N}$，在定理5.58中不能被丢弃但是可以被放松。也就是，考虑随机变量$\delta:=\max_{i\leqslant n}\left|\frac{\|A_j\|_2^2}{N}-1\right|$，则定理5.58的结论结合式（5.36），可以被替换为

$$(1-\delta)\sqrt{N}-C\sqrt{n}-t\leqslant s_{\min}(A)\leqslant s_{\max}(A)\leqslant(1+\delta)\sqrt{N}+C\sqrt{n}+t$$

定理5.62适用于重尾列似乎也是新的。非相干系数m在数量上，防止了A的列的冲突。对数因子在定理5.62的结论中是否需要，非相干系数是否单独地对对数因子起作用，仍然是不清晰的。相同的问题在所有其他的重尾矩阵的结论和应用中也被提出，见5.4.2节——我们是否能

够将对数因子替换为更加灵敏的数（例如非相干系数的对数）？

对于 5.6 节

有关压缩感知数学理论介绍，见本书的第 1 章和参考文献［28，20］。

定理 5.65 的行独立版本在参考文献［54］中得到证明；从亚高斯到亚指数分布的拓展在参考文献［3］中被给出。具有亚指数尾的随机过程，它的一个一般性的框架在参考文献［52］中被讨论。对于列独立模型，定理 5.65 似乎是新的。

命题 5.66 正式提出了一种约束等距同构性质的简单的方法，这种方法基于集中性，源于参考文献［10］。像定理 5.65，它也能被用于表明高斯和伯努利随机矩阵是约束等距同构的。进一步核查这些矩阵满足集中性是不困难的，这也是命题 5.66 所需要的[1]。

5.6.2 节中关于重尾的约束等距同构部分，是参考文献［67］中结果的展示。利用测量技术的集中性，我们可以以很高的概率 $1-n^{-c\log^3 k}$ 证明定理 5.71 的某个版本，而不是意料之中的那样[62]。更早地，Candès 和 Tao[18] 证明了随机傅里叶矩阵的一个相似的结果，尽管在式（5.55）中对于测量值的数量，对数因子有一个更大的指数，$m=O(k\log^6 n)$。参考文献［62］为 5.6.2 节中的论点提供了一个详尽的展示。

参 考 文 献

[1] D. Achlioptas. Database-friendly random projections: Johnson-Lindenstrauss with binary coins, in: Special issue on PODS 2001 (Santa Barbara, CA). *J Comput Syst Sci*, 66:671–687, 2003.

[2] R. Adamczak, A. Litvak, A. Pajor, and N. Tomczak-Jaegermann. Quantitative estimates of the convergence of the empirical covariance matrix in log-concave ensembles. *J Am Math Soc*, 23:535–561, 2010.

[3] R. Adamczak, A. Litvak, A. Pajor, and N. Tomczak-Jaegermann. Restricted isometry property of matrices with independent columns and neighborly polytopes by random sampling. *Const. Approx.*, to appear, 2010.

[4] R. Ahlswede and A. Winter. Strong converse for identification via quantum channels. *IEEE Trans. Inform. Theory*, 48:569–579, 2002.

[5] G. Anderson, A. Guionnet, and O. Zeitouni. *An Introduction to Random Matrices*. Cambridge: Cambridge University Press, 2009.

[6] Z. Bai and J. Silverstein. *Spectral Analysis of Large Dimensional Random Matrices*. Second edition. New York: Springer, 2010.

[7] Z. Bai, J. Silverstein, and Y. Yin. A note on the largest eigenvalue of a large-dimensional sample covariance matrix. *J Multivariate Anal*, 26:166–168, 1988.

[8] Z. Bai and Y. Yin. Limit of the smallest eigenvalue of a large-dimensional sample covariance matrix. *Ann Probab*, 21:1275–1294, 1993.

[9] K. Ball. An elementary introduction to modern convex geometry. *Flavors of Geometry*, pp. 1–58. Math. Sci. Res. Inst. Publ., 31, Cambridge: Cambridge University Press., 1997.

[10] R. Baraniuk, M. Davenport, R. DeVore, and M. Wakin. A simple proof of the restricted isometry property for random matrices. *Constr. Approx.*, 28:253–263, 2008.

[11] S. Boucheron, O. Bousquet, and G. Lugosi. Concentration inequalities. *Advanced Lectures in Machine Learning*, eds. O. Bousquet, U. Luxburg, and G. Rätsch, 208–240. Springer, 2004.

[12] J. Bourgain. Random points in isotropic convex sets, in: *Convex Geometric Analysis, Berkeley, CA, 1996*, pp. 53–58. Math. Sci. Res. Inst. Publ., 34, Cambridge: Cambridge University Press, 1999.

[13] A. Buchholz. Operator Khintchine inequality in non-commutative probability. *Math Ann*, 319:1–16, 2001.

[14] A. Buchholz. Optimal constants in Khintchine type inequalities for fermions, Rademachers and q-Gaussian operators. *Bull Pol Acad Sci Math*, 53:315–321, 2005.

[15] V. V. Buldygin and Ju. V. Kozachenko. Sub-Gaussian random variables. *Ukrainian Math J*, 32:483–489, 1980.

[16] E. Candès. The restricted isometry property and its implications for compressed sensing. *C. R. Acad. Sci. Paris Ser. I*, 346:589–592.

[17] E. Candès and T. Tao. Decoding by linear programming. *IEEE Trans Inform Theory*, 51:4203–4215, 2005.

[18] E. Candès and T. Tao. Near-optimal signal recovery from random projections: universal encoding strategies? *IEEE Trans Inform Theory*, 52:5406–5425, 2006.

[19] O. Christensen. *Frames and Bases. An Introductory Course. Applied and Numerical Harmonic Analysis*. Boston, MA: Birkhäuser Boston, Inc., 2008.

[20] Compressive Sensing Resources, http://dsp.rice.edu/cs

[21] K. R. Davidson and S. J. Szarek. Local operator theory, random matrices and Banach spaces, *Handbook of the Geometry of Banach Spaces*, vol. I, pp. 317–366. Amsterdam: North-Holland, 2001.

[22] V. de la Peña and E. Giné. *Decoupling. From Dependence to Independence. Randomly Stopped Processes. U-statistics and Processes. Martingales and Beyond.* New York: Springer-Verlag, 1999.

[23] P. Deift and D. Gioev. *Random Matrix Theory: Invariant Ensembles and Universality.* Courant Lecture Notes in Mathematics, 18. Courant Institute of Mathematical Sciences, New York; Providence, RI: American Mathematical Society, 2009.

[24] A. Dembo and O. Zeitouni. *Large Deviations Techniques and Applications.* Boston, MA: Jones and Bartlett Publishers, 1993.

[25] P. Drineas, R. Kannan, and M. Mahoney. Fast Monte Carlo algorithms for matrices. I, II III. *SIAM J Comput*, 36:132–206, 2006.

[26] R. Durrett. *Probability: Theory and Examples.* Belmont: Duxbury Press, 2005.

[27] O. Feldheim and S. Sodin. A universality result for the smallest eigenvalues of certain sample covariance matrices. *Geom Funct Anal*, to appear, 2008.

[28] M. Fornasier and H. Rauhut. Compressive sensing, in *Handbook of Mathematical Methods in Imaging*, eds. O. Scherzer, Springer, to appear, 2010.

[29] Z. Füredi and J. Komlós. The eigenvalues of random symmetric matrices. *Combinatorica*, 1:233–241, 1981.

[30] S. Geman. A limit theorem for the norm of random matrices. *Ann. Probab.*, 8:252–261, 1980.

[31] A. Giannopoulos. *Notes on Isotropic Convex Bodies*. Warsaw, 2003.

[32] A. Giannopoulos and V. Milman. Concentration property on probability spaces. *Adv. Math.*, 156:77–106, 2000.

[33] A. Giannopoulos and V. Milman. Euclidean structure in finite dimensional normed spaces, in *Handbook of the Geometry of Banach Spaces*, vol. I, pp. 707–779. Amsterdam: North-Holland, 2001.

[34] G. Golub, M. Mahoney, P. Drineas, and L.-H. Lim. Bridging the gap between numerical linear algebra, theoretical computer science, and data applications. *SIAM News*, 9: Number 8, 2006.

[35] Y. Gordon. On Dvoretzky's theorem and extensions of Slepian's lemma, in *Israel Seminar on geometrical Aspects of Functional Analysis (1983/84), II*. Tel Aviv: Tel Aviv University, 1984.

[36] Y. Gordon. Some inequalities for Gaussian processes and applications. *Israel J Math*, 50:265–289, 1985.

[37] Y. Gordon. Majorization of Gaussian processes and geometric applications. *Probab. Theory Related Fields*, 91:251–267, 1992.

[38] I. Johnstone. On the distribution of the largest eigenvalue in principal components analysis. *Ann Statist*, 29:295–327, 2001.

[39] J.-P. Kahane. Propriétés locales des fonctions à séries de Fourier aléatoires. *Studia Math*, 19:1–25, 1960.

[40] R. Kannan, L. Lovász, and M. Simonovits. Isoperimetric problems for convex bodies and a localization lemma. *Discrete Comput Geom*, 13:541–559, 1995.

[41] J. Kovačević and A. Chebira. *An Introduction to Frames*. Foundations and Trends in Signal Processing. Now Publishers, 2008.

[42] R. Latala. Some estimates of norms of random matrices. *Proc Am Math Soc*, 133, 1273–1282, 2005.

[43] M. Ledoux. *The Concentration of Measure Phenomenon*. Mathematical Surveys and Monographs, 89. Providence: American Mathematical Society, 2005.

[44] M. Ledoux. Deviation inequalities on largest eigenvalues, in *Geometric Aspects of Functional Analysis*, pp. 167–219. Lecture Notes in Math., 1910. Berlin: Springer, 2007.

[45] M. Ledoux and M. Talagrand. *Probability in Banach Spaces*. Berlin: Springer-Verlag, 1991.

[46] A. Litvak, A. Pajor, M. Rudelson, and N. Tomczak-Jaegermann. Smallest singular value of random matrices and geometry of random polytopes. *Adv Math*, 195:491–523, 2005.

[47] F. Lust-Piquard and G. Pisier. Noncommutative Khintchine and Paley inequalities. *Ark Mat*, 29:241–260, 1991.

[48] F. Lust-Piquard. Inégalités de Khintchine dans $C_p(1 < p < \infty)$. *C R Acad Sci Paris Sér I Math*, 303:289–292, 1986.

[49] J. Matoušek. *Lectures on Discrete Geometry*. Graduate Texts in Mathematics, 212. New York: Springer-Verlag, 2002.

[50] M. Meckes. Concentration of norms and eigenvalues of random matrices. *J Funct Anal*, 211:508–524, 2004.

[51] M. L. Mehta. *Random Matrices*. Pure and Applied Mathematics (Amsterdam), 142. Amsterdam: Elsevier/Academic Press, 2004.

[52] S. Mendelson. On weakly bounded empirical processes. *Math. Ann.*, 340:293–314, 2008.

[53] S. Mendelson, A. Pajor, and N. Tomczak-Jaegermann. Reconstruction and subgaussian operators in asymptotic geometric analysis. *Geom Funct Anal*, 17:1248–1282, 2007.

[54] S. Mendelson, A. Pajor, and N. Tomczak-Jaegermann. Uniform uncertainty principle for Bernoulli and subgaussian ensembles. *Constr Approx*, 28:277–289, 2008.

[55] V. D. Milman. A new proof of A. Dvoretzky's theorem on cross-sections of convex bodies. *Funkcional Anal i Prilozhen*, 5:28–37, 1974.

[56] V. Milman and G. Schechtman. *Asymptotic Theory of Finite-Dimensional Normed Spaces. With an appendix by M. Gromov.* Lecture Notes in Mathematics, 1200. Berlin: Springer-Verlag, 1986.

[57] G. Paouris. Concentration of mass on convex bodies. *Geom Funct Anal*, 16:1021–1049, 2006.

[58] S. Péché and A. Soshnikov. On the lower bound of the spectral norm of symmetric random matrices with independent entries. *Electron. Commun. Probab.*, 13:280–290, 2008.

[59] V. V. Petrov. *Sums of Independent Random Variables*. New York-Heidelberg: Springer-Verlag, 1975.

[60] G. Pisier. *The Volume of Convex Bodies and Banach Space Geometry.* Cambridge Tracts in Mathematics, 94. Cambridge: Cambridge University Press, 1989.

[61] G. Pisier. *Introduction to Operator Space Theory.* London Mathematical Society Lecture Note Series, 294. Cambridge: Cambridge University Press, 2003.

[62] H. Rauhut. Compressive sensing and structured random matrices, in *Theoretical Foundations and Numerical Methods for Sparse Recovery*, eds. M. Fornasier, Radon Series Comp Appl Math, vol 9, pp. 1–92. deGruyter, 2010.

[63] M. Rudelson. Contact points of convex bodies. *Israel J. Math.*, 101:93–124, 1997.

[64] M. Rudelson. Almost orthogonal submatrices of an orthogonal matrix. *Israel J Math*, 111:143–155, 1999.

[65] M. Rudelson. Random vectors in the isotropic position. *J. Funct. Anal.*, 164:60–72, 1999.

[66] M. Rudelson and R. Vershynin. Sampling from large matrices: an approach through geometric functional analysis. *J ACM*, 54, Art. 21, 2007.

[67] M. Rudelson and R. Vershynin. On sparse reconstruction from Fourier and Gaussian measurements. *Comm Pure Appl Math*, 61:1025–1045, 2008.

[68] M. Rudelson and R. Vershynin. Smallest singular value of a random rectangular matrix. *Comm. Pure Appl Math*, 62:1707–1739, 2009.

[69] M. Rudelson and R. Vershynin. Non-asymptotic theory of random matrices: extreme singular values. *Proce Int Congr Math*, Hyderabad, India, to appear, 2010.

[70] J. Silverstein. The smallest eigenvalue of a large-dimensional Wishart matrix. *Ann Probab*, 13:1364–1368, 1985.

[71] A. Soshnikov. A note on universality of the distribution of the largest eigenvalues in certain sample covariance matrices. *J Statist Phys*, 108:1033–1056, 2002.

[72] M. Talagrand. The supremum of some canonical processes. *Am Math*, 116:283–325, 1994.

[73] M. Talagrand. Concentration of measure and isoperimetric inequalities in product spaces. *Inst Hautes Études Sci Publ Math*, 81:73–205, 1995.

[74] M. Talagrand. A new look at independence. *Ann. of Probab.*, 24:1–34, 1996.

[75] M. Talagrand. *The Generic Chaining. Upper and Lower Bounds of Stochastic Processes.* Springer Monographs in Mathematics. Berlin: Springer-Verlag, 2005.

[76] T. Tao and V. Vu. From the Littlewood-Offord problem to the circular law: universality of the spectral distribution of random matrices. *Bull Am Math Soc (NS)*, 46:377–396, 2009.

[77] J. Tropp. User-friendly tail bounds for sums of random matrices, submitted, 2010.

[78] S. Vempala. Geometric random walks: a survey, in *Combinatorial and Computational Geometry*, pp. 577–616. Math Sci Res Inst Publ, 52. Cambridge: Cambridge University Press, 2005.

[79] R. Vershynin. John's decompositions: selecting a large part. *Israel J Math*, 122:253–277, 2001.

[80] R. Vershynin. Frame expansions with erasures: an approach through the non-commutative operator theory. *Appl Comput Harmon Anal*, 18:167–176, 2005.

[81] R. Vershynin. Approximating the moments of marginals of high-dimensional distributions. *Ann Probab*, to appear, 2010.

[82] R. Vershynin. How close is the sample covariance matrix to the actual covariance matrix?. *J Theor Probab*, to appear, 2010.

[83] V. Vu. Spectral norm of random matrices. *Combinatorica*, 27:721–736, 2007.

[84] Y. Q. Yin, Z. D. Bai, and P. R. Krishnaiah. On the limit of the largest eigenvalue of the large-dimensional sample covariance matrix. *Probab Theory Related Fields*, 78:509–521, 1998.

第 6 章 自适应感知的稀疏重建

Jarvis Haupt，Robert Nowak

近年来，通过探索低维的本质结构来进行高维推理取得了很大的进展。稀疏性也许是低维结构的最简单模型。在稀疏理论中，假设感兴趣目标可以表示为一小部分初等函数的线性组合，这些初等函数被认为属于一个更大的集合或者字典。稀疏重建解决基于目标测量下决定表达中需要哪个组成部分的问题。大部分关于稀疏重建的理论和方法是基于非自适应性目标测量的假设。本章考察了顺序测量方案的优势，它能利用测量过程中收集到的信息自适应地聚焦感知。特别地，当测量结果被加性噪声污染时，自适应感知方法的效果非常显著。

6.1 引言

如果被推测目标的本质没有被庞大的数据或者先验假设，高维推理问题无法得到准确的解答。近几年在高维目标中探索低维空间的本质结构取得了很大的进展。稀疏性或许是充分利用降低维度优势的最简单的模型。它假设感兴趣目标可以表示为一系列初等函数的线性组合。表示中需要的具体函数被认为属于一个更大的集合或者函数字典，但是其余是未知的。稀疏重建问题决定基于目标测量下表示中需要的函数。这个普遍的问题通常被认为是从测量中在 n 维空间中确定一个向量 x。这个向量有 $k(k \ll n)$ 个非零元素，然而这些非零元素的位置是未知的。

对于稀疏重建问题，现有的大部分理论和方法都是基于非自适应性的方法。在本章中，我们研究了利用采样过程中收集到的信息来适应于 x 的顺序采样方案的优势。自适应和非自适应方法之间的差异可以有如下简洁的描述。信息以$y_1(x), y_2(x)\cdots$的形式由采样或测量得到，其中y_t是空间 Y 中的函数，表示所有可能的测量形式，$y_t(x)$表示函数在 x 处的取值。我们区别两种类型的信息：

非自适应性信息：$y_1, y_2, \cdots \in Y$ 非自适应地（确切地，随机地）且独立于 x 地选择。

自适应性信息：$y_1, y_2, \cdots \in Y$ 被顺序地选择，且y_{t+1}可能依赖于之前收集到的信息$y_1(x), \cdots, y_t(x)$。

在本章中，我们可以看出，当测量被加性噪声污染时，自适应信息有很显著的效果。特别地，我们将讨论大量自适应测量过程，逐渐聚焦于子空间和稀疏支撑集，其中 x 发挥很大作用，能够得到更加简洁的测量形式。我们在两个常见场景中探讨了自适应方案，下面将会有更多细节描述。

6.1.1 去噪

经典的去噪问题处理如下。假设我们根据非自适应测量模型在有噪声下观测 x：

$$y = x + e \tag{6.1}$$

式中，$e \in \mathbb{R}^n$表示加性高斯白噪声，$e_j(j=1,\cdots,n)$独立同分布于标准高斯分布$\mathcal{N}(0,1)$，在这个

模型中考虑单元方差噪声是足够的，因为其他值可以通过对 x 进行合理地归一化来解释。

假设 x 是确定的且稀疏的，但其他未知。我们这里考虑的去噪问题的目标是从测量 y 中决定非零元素 x 的位置。由于噪声被认为是独立同分布的，通常的策略是简单地在 y 中设置某个阈值 τ，然后检测那些超过阈值的值。这比较有挑战性，原因很简单。考虑概率 $\Pr(\max_j e_j > \tau)$，其中 $\tau > 0$。在高斯尾部和联合边界处使用一个简单的边界，我们可以得到

$$\Pr(\max_j e_j > \tau) \leqslant \frac{n}{2}\exp\left(-\frac{\tau^2}{2}\right) = \exp\left(-\frac{\tau^2}{2} + \log n - \log 2\right) \tag{6.2}$$

可以看出，如果 $\tau > \sqrt{2\log n}$，错误检测的概率可以得到控制。事实上，在高维限制中[1]，

$$\Pr\left(\lim_{n\to\infty}\frac{\max_{j=1,\cdots,n} e_j}{\sqrt{2\log n}} = 1\right) = 1 \tag{6.3}$$

所以，如果 n 非常大，我们可以看出，错误检测在 $\tau > \sqrt{2\log n}$ 的情况下无法避免。这些事实意味着，这个经典的去噪问题不能有效地解决，除非 x 中的非零元素在数量级上超过 $\sqrt{2\log n}$。这种对问题量级 n 的依赖可以看成统计上的“维数灾难”。

经典模型是基于非自适应方法的。不妨假设测量可以按如下方式顺序进行。假设每一个测量值 y_j 由时间上的积分或者重复独立观测的平均值得到。经典的非自适应模型给每一个 x 中的元素分配等量的全测量预算。在顺序自适应模型中，预算以一种更加灵活和自适应的方式被分配。例如，顺序感知模型可以首先用总预算的 1/3 来测量元素，对应于每个元素的观测值，加上分布为 $\mathcal{N}(0,3)$ 的加性噪声。测量的噪声非常多，但可能有足够的信息去可靠地找出非零元素所在的大部分位置。排除很多位置之后，剩余 2/3 的测量预算可以针对仍不确定的位置。现在，由于考虑比较少的位置，与随后测量相关的方差会比经典模型更小。这个过程的一个说明性的例子如图 6.1 所示。在之后的各节中我们将会看到这样的顺序测量模型可以有效地降低高维稀疏推理问题中的维数灾难。这使得信号恢复中，非零元素的大小增长得比 $\sqrt{2\log n}$ 慢。

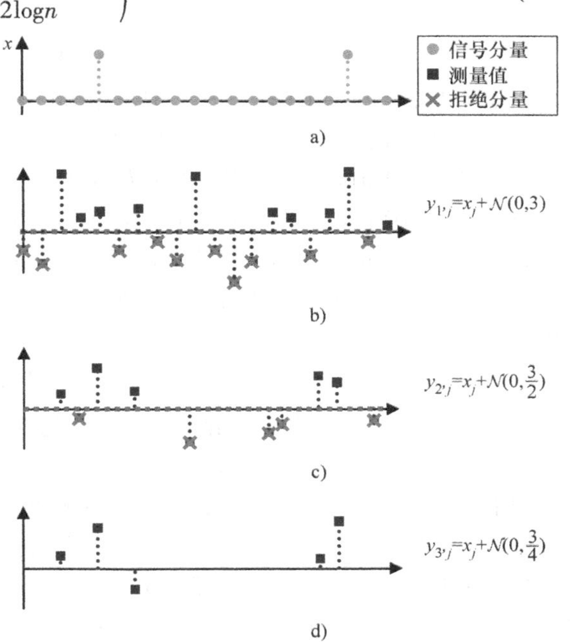

图 6.1　顺序感知过程的定性描述。一共分三个步骤，并且测量预算按步骤均匀地分配。原始信号描述如图 a 所示。在第一步观测中，像图 b 中显示的一样，所有的元素被观测到，且一个简单的测试确定两个子集——一个对应于接下来被测量的位置，另一个对应于随后忽略的位置。在第二步观测中（见图 c），每个观测值有两倍于前面步骤中测量的精度，因为相同的测量预算被用于测量一半的位置。另一个细化步骤产生了在图 d 中描述的最终观测集。注意，单步观测过程将会产生方差为 1 的测量结果，而自适应过程则会在感兴趣位置产生更低方差的测量

6.1.2 逆问题

经典逆问题以如下观测模型来处理。假设我们根据非自适应测量模型在有噪声情况下观测 x，则

$$y = Ax + e \tag{6.4}$$

式中，$A \in \mathbb{R}^{m \times n}$是一个已知的测量矩阵，$e \in \mathbb{R}^n$仍然是表示独立高斯白噪声的一个向量，$x$ 是确定且稀疏的，但是其他未知。我们通常认为 A 的列向量有单位范数。这样是为了信噪比不是行数 m 的函数。注意，在去噪问题中，我们有 $A = I_{n \times n}$单位矩阵，也是单位范数的列向量。

逆问题的目标是从 y 中恢复出 x。解决这个问题的一个自然的方法是找到有约束的最优化问题的解：

$$\min_x \| y - Ax \|_2^2, \ \| x \|_0 \leqslant k \tag{6.5}$$

式中，如第 1 章所写的那样，$\| x \|_0$是l_0（伪）范数，表示 x 中非零元素的个数。把l_0约束称为稀疏约束是很常见的。注意，在 $A = I_{n \times n}$的特殊例子里，这个最优化问题的解对应于 y 在 y 中前 k 个最大分量的最小值处的硬阈值。所以l_0约束最优化问题和前面描述的去噪问题是一致的。

对于一般的逆问题，A 并不等于单位矩阵，且可能甚至是不可逆的。尽管这样，因为稀疏性约束，上面提到的最优化问题仍然有特解。不幸的是，这种情况下式（6.5）中的最优化问题本质上是组合的，通常要求在所有的稀疏模式上进行穷举检索。一个常见的替代方法是解决一个凸松弛形式的问题：

$$\min_x \| y - Ax \|_2^2, \ \| x \|_1 \leqslant \tau \tag{6.6}$$

式中，$\tau > 0$。这个l_1约束的最优化问题用凸优化方法相对容易求解。显然，最优化问题式（6.6）的解是稀疏的，且 τ 越小，解越稀疏。

如果 A 的所有列相关性不大，且合理地选择 τ，这个最优化问题的解和l_1约束的最优化问题的解接近。例如，压缩感知方法通常选用一个由独立同分布的对称随机变量的松弛项构成的 A。如果行数 m 只是比 k 稍大一些，那么 A 中每个 k 列的子集将会是正交的[2,3,4]。这个条件足够可以保证，任何一个具有 k 个或者更少非零成分的稀疏信号可以从$\{y,A\}$中恢复出来[5]。

当噪声在测量中出现时，较可靠地决定 x 中非零成分的位置要求这些非零成分比噪声相对大很多。比如，如果 A 中的所有列归一到单位范数，近期有研究[6]表明，只有当非零成分的幅值超出一个固定常数乘以 $\sqrt{\log n}$时，式（6.6）中的最优化问题才能或是有大概率地解决。在本章中，我们将会看到这个基本限制可以再一次通过顺序地设计 A 中的行来解决，这样随着信息的收集，它们倾向于关注相关的成分。

6.1.3 贝叶斯的角度

去噪问题及其逆问题都有一个简单的贝叶斯解释，这是发展更一般方法的很方便的视角。回想一下式（6.5）中的l_1约束的最优化问题，其拉格朗日形式为

$$\min_x \{ \| y - Ax \|_2^2 + \lambda \| x \|_0 \} \tag{6.7}$$

式中，$\lambda>0$ 是拉格朗日乘子。这个最优化问题可以看成一个贝叶斯过程，其中 $\|y-Ax\|_2^2$ 项是关于 x 的负高斯对数似然函数，$\lambda\|x\|_0$ 是 x 支撑下的先验分布的负对数值。也就是说，以 k 个非零成分分配给 x 的量在 $\binom{n}{k}$ 个可能的稀疏模式上是均匀分布的。最小化这两项的和等于解决最大后验概率（MAP）估计。

l_1 约束的最优化问题也有贝叶斯解释，其拉格朗日形式是

$$\min_x\{\|y-Ax\|_2^2+\lambda\|x\|_1\} \tag{6.8}$$

这样，先验知识正比于 exp（$-\lambda\|x\|_1$），将 x 的成分独立地模拟成一个重尾（双指数或拉普拉斯）分布。从某种意义上来说，l_0 和 l_1 先验都反映出一种想法：我们所寻求的 x 是稀疏的（或者几乎是稀疏的），但是从所有稀疏模式是同等可能先验的角度来说，其他方面是非结构化的。

6.1.4 结构稀疏性

贝叶斯的视角还为更结构化的模型提供了一个自然框架。通过修改先验条件（因此在优化中加入惩罚项），可以提出更有结构化稀疏模式的解决方案。针对这个问题的一个非常通用的信息理论方法在参考文献［7］中有所介绍，并且我们在接下来的实例中采用那个方法。先验可以通过为每个可能的 x 分配一个二进制编码来构造。任何给定 x 的先验概率正比于 exp（$-\lambda K(x)$），其中 $\lambda>0$ 是一个常数，$K(x)$ 是分配给 x 的编码的比特长度。如果 A 是一个 $m\times n$ 的矩阵，其中的项分别服从一个对称的二进制值分布，那么估计的期望方均误差：

$$\hat{x}=\arg\min_{x\in\mathcal{X}}\{\|y-Ax\|_2^2+\lambda K(x)\} \tag{6.9}$$

在最优化候选集合 $\mathcal{X}$ 中被选出（$\mathcal{X}$ 可以是 $\mathbb{R}^n$ 所有向量集合中的离散子集，且 l_2 范数受某个特定的值约束），而且满足：

$$\mathbb{E}\|\hat{x}-x^*\|_2^2/n\leqslant C\min_{x\in\mathcal{X}}\{\|x-x^*\|_2^2/n+cK(x)/m\} \tag{6.10}$$

式中，x^* 是由 y 和 C 生成的向量，$c>0$ 是由 λ 决定的常数。符号 $\mathbb{E}$ 表示期望，这里是关于 A 的分布和观测模型式（6.4）中的加性噪声。$\|x\|_0$ 被恢复为一个特殊情况，其中 $\log n$ 个比特被用于编码 x 中每个非零元素的位置和值，这样 $K(x)$ 正比于 $\|x\|_0\log n$。误差满足边界：

$$\mathbb{E}\|\hat{x}-x^*\|_2^2/n\leqslant C'\|x^*\|_0\log n/m \tag{6.11}$$

$C'>0$ 为常数。

贝叶斯角度也可以使用更结构化的模型。为了阐述这个，来考虑一个简单的稀疏二进制信号 x^*（如所有非零元素的值为1）。如果我们不对稀疏模式做假设，那么每个非零成分的位置可以用 $\log n$ 个比特来编码，这导致和式（6.11）同样形式的边界。假设 x 的稀疏模式可以表示为节点对应于 x 中元素的二叉树。对于小波系数的典型系数模式，这是一个很普遍的模型[8]。树形结构的限制意味着一个节点可以是非零的，当且仅当它的父节点也是非零的。因此，每一个可能的稀疏模式对应于全二叉树上的一个特定的分支。二叉树存在简单的前缀编码，且一棵有 k 个顶点的树的编码长度最多为 $2k+1$。换句话说，我们要求每个成分仅 2bit，而不是 $\log n$。应用通用的误差边界式（6.10），我们得到

$$\mathbb{E}\|\hat{x}-x^*\|_2^2/n \leqslant C''\|x^*\|_0/m \tag{6.12}$$

式中，$C''>0$，模常数是一个 $\log n$ 的因子，优于非结构化假设下的边界。所以我们看到，贝叶斯视角为处理更广泛的模型假设和得到的性能边界提供了一种形式。一些作者已经想出多种多样的其他发掘稀疏模式结构的方法[10-14]。

另一个由贝叶斯角度提供的可能性是，为了发掘更丰富的关于 x 的已知先验信息（除了简单的非结构化稀疏），可以自定义感知矩阵。这是一个贝叶斯实验设计问题[15,16]。大体上说，这个想法是确定一个 x 的较好的先验分布，然后优化感知矩阵 A 的选择，以最大化测量信息的期望。在下一节中，我们将讨论这个想法如何更进一步达到顺序贝叶斯实验设计，可以以一种在线的方式，自适应地感知潜在的信息。

6.2 贝叶斯自适应感知

贝叶斯视角为顺序自适应感知提供了一个自然的框架，其中从先前的测量中收集到的信息用于自动地调整和聚焦感知。原则上这个想法很简单。令 Q_1 表示对所有期望上具有单位欧几里得范数的 $m\times n$ 矩阵的概率测度。这个归一化概括了前面讨论的列归一化。它仍然意味着 SNR 与 m 无关，但它也允许在整个列中更灵活地分布测量预算。这对于自适应感知的过程是至关重要的。比如，在很多应用中，感知矩阵有服从对称分布的独立同分布的项（参考第5章随机矩阵的详细讨论）。自适应感知过程，包括在本章后几节中讨论的那些，通常也由来自对称而非相同分布的项构造。通过自适应地调整用于生成这些项的分布的方差，这些感知矩阵可以或多或少地强调信号的某些组成部分。

现在我们考虑如何在稀疏恢复中利用自适应性。我们从 x 的一个先验概率分布 $p(x)$ 开始。首先根据感知模型 $y=Ax+w$（$A\sim Q_1$，其中 Q_1 是 $m\times n$ 感知矩阵的先验概率分布）采集一系列测量值 $y\in\mathbb{R}^m$。比如，Q_1 可以对应于从一个常见的对称分布独立地获取的项。通过将这些数据和 x 的先验概率模型结合，利用贝叶斯原理，可以计算出 x 的前向概率。我们令 $p(x\mid y)$ 表示这个前向概率。很自然地会产生疑问，哪个感知行为可以提供 x 的最新信息呢？换句话说，我们对设计 Q_2 感兴趣，这样使用感知矩阵 $A\sim Q_2$ 得到的测量值最大化我们对 x 信息的收益。例如，如果某些位置不太可能（或者甚至完全不可能）观察到数据 y，那么 Q_2 应该被设计成在感知矩阵的相应列为小（或零）概率。我们的目标是制定策略，利用先前测量的信息，有效地将后续测量的感知能量“聚焦”到与真正感兴趣的真实信号相对应的子空间（以及远离较少兴趣的位置）。图6.2展示了一个描述聚焦感知概念的例子。

更一般地，下一个感知行为的目标应该尽可能减少 x 的不确定性。有大量的文献研究这个问题，通常是在“顺序实验”的基础上。经典贝叶斯观点在 DeGroot 的著作[17]中得到很好的总结。他认为 Lindley[18]首先提出使用香农熵作为一种测量不准确定性的方法，以在实验的顺序设计中得到优化。利用香农熵的概念，一个实验的“信息增益”可以被新数据在与未知参数关联的熵中产生的变化量化。可以递归地定义一系列连续实验的优化设计，并将其视为一个动态规划问题。不幸的是，在最简单的情况下，优化是难以解决的。相反，通常的方法是以一种贪婪的方式运作，在一系列的实验中，在每一步中最大限度地获取信息。这可能不是最优，但是通常在计算

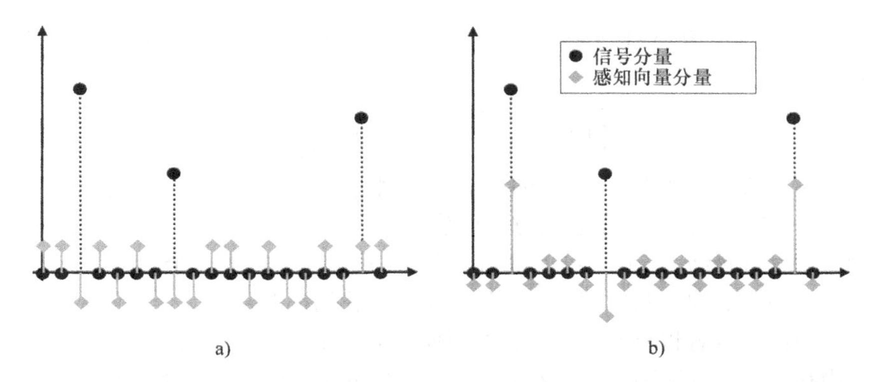

图 6.2　传统与聚焦感知。a）描述了一种可用于传统非自适应测量方法的感知向量。感知向量的分量具有同样的振幅，这意味着无论测量的信号如何，都将等量的“感知能量”分配给所有位置。b）描述了一个聚焦的感知向量，其中大部分的感知能量聚焦于对应于信号相关项的分量的一小部分

上可行有效。

这种自适应的感知过程可以设计如下。令 $p(x)$ 表示第 t 个测量步骤后 x 的概率分布。想象在第 $t+1$ 步中，我们测量 $y=Ax+e$，其中 $A\sim Q$ 和 Q 是我们可以任意设计的一个分布。$p(x|y)$ 表示根据贝叶斯原理得到的后验分布。这种测量提供的“信息”可以被从 $p(x)$ 到 $p(x|y)$ 的 Kullback－Leibler（KL）散度量化：

$$\mathbb{E}_X\left[\log\frac{p(x|y)}{p(x)}\right] \tag{6.13}$$

式中，期望表示的是对一个随机变量 $X\sim p(x|y)$ 的分布的期望。注意，这个表达式是 y 的函数，在进行测量之前，它是不确定的。因此，很自然地考虑到 KL 散度对 y 分布的期望，它依赖于先验 $p(x)$，噪声的分布，以及最重要的 Q 的选择。令 $p(y)$ 表示使用观测矩阵 $A\sim Q$ 获得的随机测量的分布。从基于 A 的测量值的期望信息定义为

$$\mathbb{E}_{Y_Q}\mathbb{E}_X\left[\log\frac{p(x|y)}{p(x)}\right] \tag{6.14}$$

式中，外部的期望与随机变量 $Y_Q\sim p(y)$ 有关。这表示为下一个测量选择一个感知矩阵的分布，以最大化预期的信息增益，它是

$$\mathcal{Q}_{t+1}=\arg\max_{\mathcal{Q}}\mathbb{E}_{Y_Q}\mathbb{E}_X\left[\log\frac{p(x|y)}{p(x)}\right] \tag{6.15}$$

式中，最优化是在 $m\times n$ 矩阵可能分布的一个空间上进行的。

这个选择准则的一个有用的解释是，观察最大化期望的信息增益等于最小化后验分布的条件熵。事实上，简化上面的表达式，我们可以得到

$$\begin{aligned}\mathcal{Q}_{t+1}&=\arg\max_{\mathcal{Q}}\mathbb{E}_{Y_Q}\mathbb{E}_X\left[\log\frac{p(x|y)}{p(x)}\right]\\&=\arg\min_{\mathcal{Q}}-\mathbb{E}_{Y_Q}\mathbb{E}_X\log p(x|y)+\mathbb{E}_{Y_Q}\mathbb{E}_X\log p(x)\\&=\arg\min_{\mathcal{Q}}H(X|Y_Q)-H(X)\\&=\arg\min_{\mathcal{Q}}H(X|Y_Q)\end{aligned} \tag{6.16}$$

式中，$H(X)$表示香农熵，$H(X|Y_Q)$表示X在Y_Q条件下的熵。另一个直观的信息增益标准的解释是基于事实：

$$\mathbb{E}_{Y_Q}\mathbb{E}_X\left[\log\frac{p(x|y)}{p(x)}\right]=\mathbb{E}_{X,Y_Q}\left[\log\frac{p(x,y)}{p(x)p(y)}\right] \tag{6.17}$$

式中，右边式子是随机变量X和Y_Q之间的互信息。因此，信息增益标准等同于表明，下一个测量应该以最大化X和Y_Q之间的互信息的方式构建。

现在，给定这种选择$\mathcal{Q}_{t+1}$，我们可以得到一个$A\sim\mathcal{Q}_{t+1}$，收集下一个测量值$y=Ax+e$，并使用贝叶斯规则获取新的后向。其原理是，在每一步中，我们都在选择一个能最大限度地增加预期信息增益的感知矩阵，或者将新的后验分布的预期熵最小化。理想情况下，这种自适应和顺序的感知方法将集中在x上，这样感知能量就被分配到正确的子空间，增加了相对于非自适应感知的测量的信噪比。例如，可以通过比较几个自适应步骤的结果来对性能进行评估。

上面概述的方法有一些固有的局限性。首先，在最大化预期信息增益的同时，对于关注的焦点是一个合理的标准，但对于这些方法的性能，这种解释并没有保证。也就是说，不能立即断定这一过程将带来效果的改善。其次，也许在实践中更重要的是，选择能使预期信息增益最大化的感知矩阵，会有很大的计算代价。在接下来的几节中，我们将讨论一些在使用前的近似或明智的选择来减轻这些过程中的计算负担。

6.2.1 使用一个简单生成模型进行贝叶斯推理

为了说明贝叶斯序列实验设计的原理，我们讨论在参考文献［19］中提出的方法。他们的工作使用一个简单的信号模型，其中信号向量$x\in\mathbb{R}^n$被认为只包含一个非零项。尽管可能存在模型错误规范，但这种简化使模型参数更新规则的闭环表达式的求导得以实现。这也引出了一个在顺序采样过程中形成投影向量的简单直观的方法。

6.2.1.1 单成分生成模型

我们从构造这类信号的生成模型开始。该模型将允许我们定义感兴趣的问题参数，并对其进行推理。首先，我们定义L为一个随机变量，它的范围是信号索引的集合，$j=\{1, 2, \cdots, n\}$。L的概率质量函数表示为$q_j=\Pr(L=j)$，它包含了我们关于哪个索引对应于单个非零成分的真实位置的信念。这个单一非零信号成分的幅值是关于它的位置L的函数，表示为α。此外，基于结果$L=j$的条件，我们把非零成分的幅值看作一个高斯随机变量，其对应的均值μ_j和方差ν_j与位置相关。也就是说，在给定$L=j$的条件下，α的分布为

$$p(\alpha|L=j)\sim\mathcal{N}(\mu_j,\nu_j) \tag{6.18}$$

因此我们在信号x上的先验为$p(\alpha, L)$，并且可以描述为超参数$\{q_j, \mu_j, \nu_j\}_{j=1}^n$。

我们将对超参数进行推导，使用根据标准观测模型收集的标量观测更新我们的知识：

$$y_t=A_tx+e_t \tag{6.19}$$

式中，A_t是一个$1\times n$的向量，并且对于已知的$\sigma>0$，噪声$\{e_t\}$被认为独立同分布于$\mathcal{N}(0, \sigma^2)$。我们将先验的超参数初始化为$q_j(0)=1/n$，$\mu_j(0)=0$，$\nu_j(0)=\sigma_0^2$（对于某些特定的σ_0和所有的$j=1, 2, \cdots, n$）。现在，在时刻$t\geqslant1$，在特定位置j的未知参数的后验概率可以表示为

$$p(\alpha,L=j|y_t,A_t)=p(\alpha|y_t,A_t,L=j)\cdot q_j(t-1) \tag{6.20}$$

利用贝叶斯规则，我们可以把右边的第一项简化，得到

$$p(\alpha|y_t,A_t,L=j)\propto p(y_t|A_t,\alpha,L=j)\cdot p(\alpha|L=j) \tag{6.21}$$

并且未知参数的后验概率满足：

$$p(\alpha,L=j|y_t,A_t)\propto p(y_t|A_t,\alpha,L=j)\cdot p(\alpha|L=j)\cdot q_j(t-1) \tag{6.22}$$

这种比例表示法已被用于抑制归一化因子的显式说明。注意，通过这种构建，似然函数 $p(y_t \mid A_t,\ \alpha,\ L=j)$ 是先验 $p(\alpha|L=j)$ 的共轭，因为每一个都是高斯的。在相应的密度函数中进行替换，并遵循一些简单的代数操作，我们得到了关于超参数的以下更新规则：

$$\mu_j(t)=\frac{A_{t,j}\nu_j(t-1)y_t+\mu_j(t-1)\sigma^2}{A_{t,j}^2\nu_j(t-1)+\sigma^2} \tag{6.23}$$

$$\nu_j(t)=\frac{\nu_j(t-1)\sigma^2}{A_{t,j}^2\nu_j(t-1)+\sigma^2} \tag{6.24}$$

$$q_j(t)\propto\frac{q_j(t-1)}{\sqrt{A_{t,j}^2\nu_j(t-1)+\sigma^2}}\exp\left(-\frac{1}{2}\frac{(y_t-A_{t,j}\mu_j(t-1))^2}{A_{t,j}^2\nu_j(t-1)+\sigma^2}\right) \tag{6.25}$$

6.2.1.2 测量适应性

如上所述，我们的目标是双重的。一方面，我们要估计未知信号分量的位置和幅值对应的参数。另一方面，我们想设计一种策略，将后续的测量集中到感兴趣的特性上，以提高我们的推理方法的性能。这可以通过使用信息增益标准来实现，也就是说，选择我们的下一个测量是最具信息量的测量，可以根据我们目前对未知数量的知识来进行。这个知识是由我们当前对问题参数的估计封装起来的。

我们采用式（6.16）中的标准，如下所示。假设下一个测量向量 A_{t+1} 来自 $1\times n$ 向量上的某种分布$\mathcal{Q}$。令 $Y_{\mathcal{Q}}$ 表示由 A_{t+1} 得到的随机测量。我们的目标是根据我们的生成模型（其参数反映了获得的时间 t 的信息）选择$\mathcal{Q}$，将随机变量 X 的条件熵最小化。换句话说，信息增益标准表明我们选择的是根据式（6.16）下一个感知矩阵来自的分布。

为了便于优化，我们将考虑对$\mathcal{Q}$的选择空间进行简单的构造。即我们假定下一个投影向量是由随机符号向量 $\xi\in\{-1,\ 1\}^n$ 和一个非负的单位范数的权重矩阵 $\psi\in\mathbb{R}^n$逐元素相乘得到，因此 $A_{t+1,j}=\xi_j\psi_j$。此外，我们假设符号向量的每一项是等可能且独立的。换句话说，我们将假设整个观测过程如图6.3所示，并且我们的目标是要确定权向量 ψ。

回想一下，优化式（6.16）等价于最大化 X 和 $Y_{\mathcal{Q}}$之间的互信息。因此优化式（6.16）等价于：

$$\mathcal{Q}_{t+1}=\arg\max_{\mathcal{Q}}H(Y_{\mathcal{Q}})-H(Y_{\mathcal{Q}}|X)$$

这是我们将在这里使用的公式，但是不是直接解决这个优化问题，而是采用边界优化的方法。也就是说，我们考虑将这个目标函数的下限最大化，这样我们得到如下结果。

首先，我们利用条件差分熵是微分熵的下限，在目标的第一项上建立了一个下界。在已知 $L=j$ 和对应的符号向量项 ε_j 的条件下，Y_Q 的分布为$\mathcal{N}$（$\psi_j\xi_j\mu_j(t)$，$\psi_j^2\xi_j^2v_j(t)+\sigma^2$），这等价于$\mathcal{N}$（$\psi_j\xi_j\mu_j(t)$，$\psi_j^2v_j(t)+\sigma^2$），因为 $\xi_j^2=1$。因此它满足：

$$H(Y_{\mathcal{Q}})\geqslant H(Y_{\mathcal{Q}}\mid L,\xi)=\frac{1}{2}\sum_{j=1}^{n}q_j(t)\log(2\pi e(\psi_j^2v_j(t)+\sigma^2)) \tag{6.26}$$

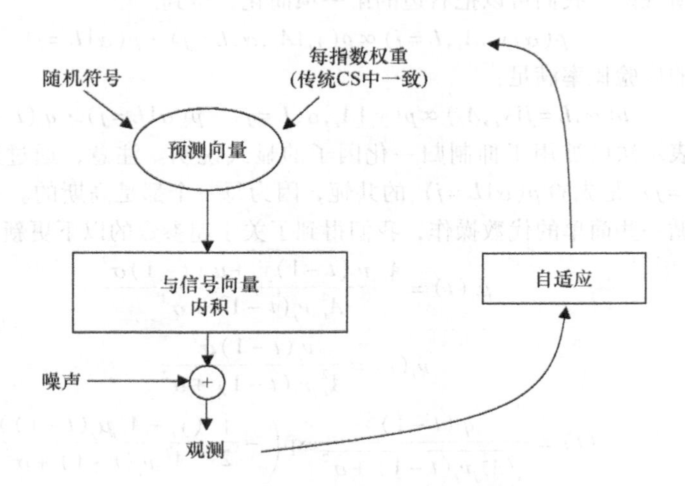

图 6.3 自适应聚焦过程框图。以前的观测被用来构造与随机向量的每一个位置相关的权重，它们被用于感知过程

其次，注意到在 $X=x$（或者等价地，$L=j$ 和 $X_j=x_j$）的条件下，Y_Q的分布为一个两成分的高斯混合，其中每个成分的方差为 σ^2。将微分熵的定义直接代入这个分布，很容易建立起边界：

$$H(Y_Q|X) \leqslant \log(2) + \frac{1}{2}\log(2\pi e\sigma^2) \tag{6.27}$$

现在，注意式（6.26）和式（6.27）中的边界，只有式（6.26）依赖于Q的选择，并且这种依赖只是通过投影权重 ψ_j。因此，我们选择投影权重的标准简化为

$$\psi = \arg\max_{z\in\mathbb{R}^n:\|z\|_2=1}\sum_{j=1}^{n} q_j(t)\log(z_j^2\nu_j(t) + \sigma^2)$$

这种约束优化可以通过简单地应用拉格朗日乘子来解决，但可以考虑在低噪声环境下进一步简化，这可能更具有说明性。特别地，我们假设 $\sigma^2\approx 0$，那么优化变成了：

$$\psi = \arg\max_{z\in\mathbb{R}^n:\|z\|_2=1}\sum_{j=1}^{n} q_j(t)\log(z_j^2) \tag{6.28}$$

可以很容易地看出这个式子中的目标在 $z_j=\sqrt{q_j(t)}$时取得最大值。

这里得到的聚焦准则与我们对这个问题的直觉大致一致。它表明，应该分配给给定位置j的“感知能量”的数量与我们当前的非零信号分量在位置j的信念成正比。起初，当我们假设非零成分的位置在索引集合中均匀分布时，这一准则指示我们均匀地分配我们的感知能量，就像传统的“非自适应”压缩感知方法一样。另一方面，当我们对自己的信念变得更加自信时，我们已经确定了一系列可能存在非零成分的可能的位置，这个标准提示我们把能量集中在这些位置，以减少测量的不确定性（也就是说，以获得尽可能高的信噪比测量值）。

这里提出的过程，可以很简单地扩展到未知向量 x 有多个非零项的情况。基本思想是，使用提出过程的一系列迭代来识别信号的非零项。对于每一次迭代，按照上面所述执行这一过程，直到后验分布位置参数的一项超出某个指定阈值 $\tau\in(0,1)$。即当前顺序感知过程的迭代终止时，

在任一位置的一个非零成分的后验似然变得很大，对应于事件 $q_j(t)>\tau$ 对任意 $j\in\{1,2,\cdots,n\}$，指定 τ（我们选择其接近1）。在这一点上，我们得出的结论是，在相应的位置存在一个非零信号量。然后重新启动顺序感知过程，且参数 $\{q_j,\mu_j,v_j\}_{j=1}^n$ 重新初始化，除了 $\{q_j\}_{j=1}^n$ 的初值在之前迭代过程中存在信号成分的位置设置为零，且在其余位置均匀分布。这样产生的多步骤过程类似于“洋葱剥皮”的过程。

6.2.2　使用多成分模型进行贝叶斯推理

上面所描述的未知信号 x 的简单单成分模型是许多可能的生成模型中的一种，它可能被用于处理稀疏推理问题的贝叶斯处理。另一个可能更自然的选择是，用一个更复杂的模型，明确地允许信号具有多个非零成分。

6.2.2.1　多成分生成模型

正如上面所讨论的，一个广泛使用的稀疏促进先验是拉普拉斯分布：

$$p(x\mid\lambda)=\left(\frac{\lambda}{2}\right)^n\cdot\exp\left(-\lambda\sum_{j=1}^{n}\mid x_j\mid\right)\tag{6.29}$$

然而，从贝叶斯推理的分析角度来看，关于 x 的这种特殊选择的先验可能会导致困难。特别地，在高斯噪声的假设下，观测结果的似然函数（给定 x 和投影向量时，其为条件高斯的）并不是拉普拉斯先验的共轭，所以不能很容易地得到更新规则的闭环解。

相反，我们在这里讨论了在参考文献［21］中被核实的方法，该方法在信号 x 上使用了一种层次先验，类似于在参考文献［22］中的稀疏贝叶斯学习环境中提出的一种构造。像以前一样，我们首先构造一个信号 x 的生成模型。对于每个 x_j，$j=1,2,\cdots,n$，我们关联一个参数 $\rho_j>0$。在参数向量 $\rho=(\rho_1,\rho_2,\cdots,\rho_n)$ 的条件下，x 中所有项的联合分布是一种乘积形式的分布：

$$p(x\mid\rho)=\prod_{j=1}^{n}p(x_j\mid\rho_j)\tag{6.30}$$

且我们令 $p(x_j\mid\rho_j)\sim\mathcal{N}(0,\rho_j^{-1})$。因此，我们可以将 ρ_j 解释为精度或者“逆方差”参数。此外，我们对 ρ 的项施加一种先验。对于全局参数 α，$\beta>0$，我们令

$$p(\rho\mid\alpha,\beta)=\prod_{j=1}^{n}p(\rho_j\mid\alpha,\beta)\tag{6.31}$$

式中，$p(\rho_j\mid\alpha,\beta)\sim\mathrm{Gamma}(\alpha,\beta)$ 服从参数为 α 和 β 的Gamma分布。也就是，

$$p(\rho_j\mid\alpha,\beta)=\frac{\rho_j^{\alpha-1}\beta^{\alpha}\exp(-\beta\rho_j)}{\Gamma(\alpha)}\tag{6.32}$$

式中，

$$\Gamma(\alpha)=\int_0^{\infty}z^{\alpha-1}\exp(-z)\,\mathrm{d}z\tag{6.33}$$

是Gamma函数。我们将噪声作为零均值未知方差的高斯模型，并在噪声精度的分布上施加一个Gamma先验。这导致一个类似于用于信号向量的层次先验。形式上，我们用标准矩阵向量的公式来为我们的观测建模：

$$y=Ax+e\tag{6.34}$$

式中，$y \in \mathbb{R}^m$，$A \in \mathbb{R}^{m\times n}$，且我们令 $p(e|\rho_0) \sim \mathcal{N}(0, \rho_0 I_{m\times m})$，$p(\rho_0|\gamma, \delta) \sim \text{Gamma}(\gamma, \delta)$。这种生成模型和观测模型的图形总结如图 6.4 所示。

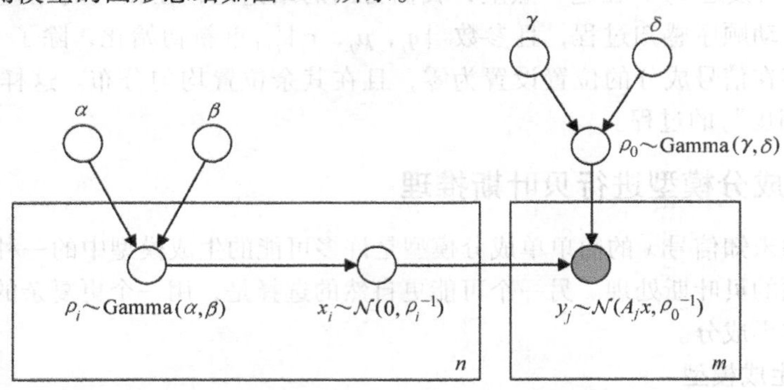

图 6.4 与多分量贝叶斯 CS 模型相关的图形化模型

现在，选择分层模型主要是为了便于分析，因为在信号分量上的高斯先验是对观测的高斯（条件）似然的共轭。一般来说，高斯先验本身不会促进稀疏性，然而结合 Gamma 先验分布，可以进一步了解这种情况。通过边缘化参数 ρ，我们可以用参数 α 和 β 得到信号成分的整体先验分布的表达式：

$$p(x \mid \alpha,\beta) = \prod_{j=1}^{n}\int_0^{\infty} p(x_j \mid \rho_j)\cdot p(\rho_j \mid \alpha,\beta)\,\mathrm{d}\rho_j \tag{6.35}$$

这个积分可以直接得到

$$\begin{aligned} p(x_j \mid \alpha,\beta) &= \int_0^{\infty} p(x_j \mid \rho_j)\cdot p(\rho_j \mid \alpha,\beta)\,\mathrm{d}\rho_j \\ &= \frac{\beta^{\alpha}\Gamma(\alpha+1/2)}{(2\pi)^{1/2}\Gamma(\alpha)}\left(\beta+\frac{x_j^2}{2}\right)^{-(\alpha+1/2)} \end{aligned} \tag{6.36}$$

换句话说，信号系数的规定层次先验的有效效应是在每个信号分量上施加一个学生 t 先验分布。其结果是，对于参数 α 和 β 的某些选择，这个分布乘积可以强烈地达到峰值零，类似于拉普拉斯分布——见参考文献［22］中的进一步讨论。

给定超参数 ρ 和 ρ_0，以及观测向量 y 和相应的测量矩阵 A，x 的后验条件是一个均值为 μ、方差矩阵为 Σ 的多元高斯分布。令 $R = \text{diag}(\rho)$，且假设矩阵（$\rho_0 A^{\mathrm{T}}A + R$）是满秩的，我们得到

$$\Sigma = (\rho_0 A^{\mathrm{T}}A + R)^{-1} \tag{6.37}$$

且

$$\mu = \rho_0 \Sigma A^{\mathrm{T}} y \tag{6.38}$$

那么这个推理过程的目标是从观测数据 y 中估计超参数 ρ 和 ρ_0。根据贝叶斯规则，我们有

$$p(\rho,\rho_0|y) \propto p(y|\rho,\rho_0)p(\rho)p(\rho_0) \tag{6.39}$$

现在根据参考文献［22］中的推导，我们考虑通过把参数 α、β、γ 和 δ 设为零获得的不合理的先验，并且不是寻求一个完全指定的超参数后验，而是通过最大似然过程得到点估计。特别地，ρ 和 ρ_0 和最大似然估计可以通过以下方式得到

$$p(y|\rho,\rho_0) = (2\pi)^{-m/2}\left|\frac{1}{\rho_0}I_{m\times m} + AR^{-1}A^{\mathrm{T}}\right|^{-1/2}$$

$$\exp\left\{-\frac{1}{2}y^{\mathrm{T}}\left(\frac{1}{\rho_0}I_{m\times m}+AR^{-1}A^{\mathrm{T}}\right)^{-1}y\right\} \tag{6.40}$$

这可以推导出如下更新规则：

$$\rho_j^{\text{new}}=\frac{1-\rho_j\sum_{j,j}}{\mu_j^2} \tag{6.41}$$

$$\rho_0^{\text{new}}=\frac{m-\sum_{j=1}^{n}(1-\rho_j\sum_{j,j})}{\|y-A\mu\|_2^2} \tag{6.42}$$

总的来说，这一推导过程通过式（6.41）和式（6.42）中 μ 和 Σ 的函数交替求解 ρ 和 ρ_0，同时使用式（6.37）和式（6.38）中 ρ 和 ρ_0 的函数求解 μ 和 Σ。

6.2.2.2　测量适应性

正如在前一节中，我们首先制定一个标准，使得下一个投影向量可以被选择为最具信息量的，最终可以设计一个顺序感知过程。我们用 $p(x)$ 表示给定前 t 个测量值的情况下，x 的分布。假设第 $t+1$ 个测量值可以通过投影到向量 $A_{t+1}\sim\mathcal{Q}$ 上获得，并且 $p(x|y)$ 表示这个后验。现在，选择 $\mathcal{Q}_{t+1}$ 分布的标准由式（6.16）给出（从这个标准中，下一个测量向量应该可以得到）。就像前面的例子一样，我们将通过首先限制优化目标的分布的空间来简化标准。在这种情况下，我们将考虑一个退化分布的空间。我们假设每一个 $\mathcal{Q}$ 对应于一个分布，这个分布依概率需要一个确定值 $Q\in\mathbb{R}^n$，其中 $\|Q\|_2=1$。那么优化的目标，将决定方向向量 Q。

回顾一下，给定超参数 ρ_0 和 ρ 的情况下，通过构造，信号 x 是均值向量为 μ、协方差矩阵为 Σ 的多元高斯函数。ρ_0 和 ρ 上的层次先验使得求解 $H\ (X\mid Y_{\mathcal{Q}})$ 变得很困难。相反，我们假设 x 是无条件的高斯函数（即 ρ_0 和 ρ 是确定且已知的），从而进一步地简化了问题。在这种情况下，信息增益标准的目标函数可以直接求解，而选择下一个测量向量的标准就变成了：

$$A_{t+1}=\arg\min_{Q\in\mathbb{R}^n,\ \|Q\|_2=1}-\frac{1}{2}\log(1+\rho_0 Q\Sigma Q^{\mathrm{T}}) \tag{6.43}$$

式中，Σ 和 ρ_0 反映了不考虑时间 t 时参数的内容。由此可见，显而易见地，A_{t+1} 应该在对应于协方差矩阵 Σ 最大特征值的方向上。

与前一节中描述的简单单成分信号模型的情况一样，这里得到的聚焦规则也有一些直观的解释。在顺序感知过程给定的步骤中，Σ 既包含了我们对未知信号各项相关性的不确定，也包含了我们对实际成分的不确定。特别注意，在信号幅值为零均值高斯先验的假设下，R 对角线上的较大值可以被理解为在对应的位置存在一个真正的非零信号分量。因此，上述聚焦准则表明，我们将感知能量集中在那些我们非常确信存在信号分量（由对角阵 R 中的较大值量化），又由于测量噪声（由 $\rho_0A^{\mathrm{T}}A$ 量化）十分不确定其真实值的位置上。此外，每一项的相对贡献取决于加性噪声的水平，或者更准确地说，我们对它目前的估计。

6.2.3　量化性能

在前几节中讨论的自适应过程实际上可以提供相对于非自适应压缩感知方法的可实现的效果改进。通过仿真实验表明，这些自适应感知过程在噪声环境下的性能优于传统的压缩感知方法。比如，相对于非自适应 CS 方法，在使用相同观测数量的情况下，自适应方法可以减少均方重构误差。类似地，在某些情况下，自适应方法可以使用较少的测量值，达到与非自适应方法同样的误差表现。我们建议读者阅读参考文献［19，21］和［23，24］，以获得更广泛的实证结果，以及对这些过程更详细的性能比较。

对这些自适应感知过程的完整分析，最好还包括解析性能的评估。不幸的是，对于贝叶斯顺序方法，像那些已知的非自适应感知一样，很难设计出定量的误差边界。因为每个感知矩阵都依赖于前面步骤中收集的数据，因此整个过程中存在着复杂的依赖关系，这些依赖关系阻碍了通常方法的使用，以获取基于测量和其他工具的误差边界。

在下一节中，我们介绍了一种最近研究的贝叶斯顺序设计，称为蒸馏感知（DS）。本质上，DS 框架封装了顺序贝叶斯方法的含义，但使用了一种更简单的策略，利用一个感知步骤到下一个步骤来获得信息。其结果是一个强大的、计算效率很高的过程，它也适合于分析，这使得我们可以通过自适应性来量化可以实现的效果改善。

6.3 准贝叶斯自适应感知

在前一节中，我们讨论了用于自适应感知的贝叶斯方法，并通过几个例子来说明如何在实践中实现这种方法。从本质上讲，这些技术的突出方面在于利用先前的测量数据来指导后续测量的获取，以获得最具信息量的样本。这导致了感知行为，将感知资源集中到更有可能包含信号成分的位置，并远离可能不存在信号成分的位置。虽然这个概念很直观，但它的实现引入了统计依赖关系，这使得对这种方法的性能进行分析处理非常困难。

在本节中，我们讨论了一种最新研究的一种自适应感知过程，称为蒸馏感知（DS），它的灵感来自于贝叶斯自适应感知技术，但同时也有其在理论性能分析方面的优势。DS 过程非常简单，它由一系列迭代组成，每个迭代都由一个观测阶段和随后的一个改进阶段组成。在每一个观测阶段，测量都是在一组可能对应于非零分量的位置上得到的。在相应的改进阶段，在测量阶段中收集到的位置集合被划分为两个互斥集合——一个对应于下一次迭代中获得额外测量值的位置，另一个对应于随后忽略的位置。这种类型的自适应过程是图 6.1 示例的基础。在 DS 中使用的改进策略是一种“穷人的贝叶斯”方法，旨在通过采用信息增益标准的方法来近似地估计聚焦行为。这里的结论是，这种简单的改进仍然有效地将感知资源集中到感兴趣的位置。在本节中，我们将研究使用 DS 过程实现的性能保证。

为了便于比较，我们首先简要讨论了非自适应采样过程的性能限制，并在 6.1.1 节中进行了去噪问题的讨论。然后我们详细讨论了 DS 过程，并对其可以通过自适应实现增益的性能提供了理论保证。在最后一节中，我们讨论了 DS 到欠定压缩感知观测模型的扩展，并且我们在此基础上提供了一些初步的结果。

6.3.1 用非自适应测量去噪

考虑从样本中恢复一个稀疏向量 $x\in\mathbb{R}^n$的一般性问题。我们假设 x 的观测值可以通过简单的模型来描述：

$$y = x + e \tag{6.44}$$

式中，$e \in \mathbb{R}^n$表示加性干扰或者噪声的向量。信号x是稀疏的，且在本节中为了便于分析，我们假设x的所有非零成分都有同样的值$\mu>0$。即使对x的形式有这一限制，我们将看到，非自适应的感知方法也不能可靠地恢复信号，除非幅值μ远大于噪声水平。回顾一下，x的支撑集$S=S(x)=\mathrm{supp}(x)$定义为向量x所有非零成分的索引集合。稀疏水平$\|x\|_0$只是这个集合的基数。为了量化加性噪声的效应，我们假设e中的各项服从独立同分布的$\mathcal{N}(0,1)$。我们的目标将是进行支撑集恢复（也叫作模型选择），或者使用噪声数据y获得对x支撑集的准确估计。我们把支撑集估计表示为$\hat{S}=\hat{S}(y)$。

当然，任何基础噪声数据的估计过程，都受到误差的影响。为了评估给定的支撑集$\hat{S}$估计的质量，我们定义了两个标准来量化在这种情况下可能发生的两种不同类型的误差。第一类误差对应于我们声明非零信号成分存在于它们不在的位置，并且我们把这种误差称为错误发现。我们用错误发现率（FDP）来量化这些误差，定义为

$$\mathrm{FDP}(\hat{\mathcal{S}}):=\frac{|\hat{\mathcal{S}}\backslash\mathcal{S}|}{|\hat{\mathcal{S}}|} \tag{6.45}$$

式中，符号$\hat{S}\backslash S$表示差集。也就是说，$\hat{S}$的FDP是被错误声明为非零成分的数量和声明为非零成分的总数量之比。当我们决定一个特定的位置不包含真正的非零信号成分时，会发生第二类误差。我们把这类误差称为未发现，且我们用未发现率（NDP）来量化这一误差：

$$\mathrm{NDP}(\hat{\mathcal{S}}):=\frac{|\mathcal{S}\backslash\hat{\mathcal{S}}|}{|\mathcal{S}|} \tag{6.46}$$

也就是，$\hat{S}$的NDP表示丢失的非零成分的数量和真正非零成分的数量之比。出于我们的目的，我们将考虑一个测试过程，如果它在两个指标中的误差都很小，那么它是有效的。

与上面讨论的贝叶斯处理方法不同，这里我们假设x是固定的，但它是未知的。回想一下，假设x的非零分量是非负的。在这种情况下，很自然地将重点放在S的一种特定类型的估计上，它可以通过应用一个简单的、坐标态的、单向的阈值测试检验每一个观测结果来获得。特别地，我们这里考虑的支撑集为

$$\hat{\mathcal{S}}=\hat{\mathcal{S}}(y,\tau)=\{j:y_j>\tau\} \tag{6.47}$$

式中，$\tau>0$是特定的边界。

为了量化该估计的误差性能，我们研究了由此产生的FDP和NDP对由维度参数n索引的一系列估计问题的行为。即对每个n，我们考虑应用于有$k=k(n)$个非零项、幅值为$\mu=\mu(n)$的信号$x\in\mathbb{R}^n$的估计过程。作为相应问题参数的函数，分析n的递增过程是在高维情况中量化性能的常用方法。为此我们考虑令n趋于无穷来识别信号幅值μ的一个关键值，低于这个值估计过程失败，高于这个值估计过程成功。这个定理描述如下[26,25]：

定理6.1 存在$\beta\in(0,1)$，$r>0$，假设x有$n^{1-\beta}$个幅值为$\mu=\sqrt{2r\log n}$的非零分量。如果$r>\beta$，则存在一个坐标态阈值过程，相应的阈值$\tau(n)$产生一个估计量$\hat{S}$，满足：

$$\mathrm{FDP}(\hat{\mathcal{S}})\xrightarrow{P}0,\ \mathrm{NDP}(\hat{\mathcal{S}})\xrightarrow{P}0 \tag{6.48}$$

式中，$\xrightarrow{P}$表示随着$n\to\infty$依概率收敛。如果$r<\beta$，那么不存在一个坐标态阈值过程可以保证FDP和NDP都随着$n\to\infty$趋向0。

这个结果可以很容易地扩展到x的非零项是正的和负的，而且可能还有不相等的幅值。在这

些情况下，可以设计一种类似的支撑集估计过程，将阈值测试应用到观测值的大小。因此，可以将定理6.1理解为6.1.1节中关于去噪问题的一般性声明的形式化。基于简单高斯尾界的方法，为了从噪声测量中可靠地识别出相关信号成分的位置，需要满足条件$\mu \approx \sqrt{2\log n}$。尽管对问题维度$n$的表现是相同的，但是使用更复杂的分析得到了上述结果。此外，也许更有趣的是，定理6.1还得到了一个相反的结果——从非自适应测量中进行可靠的恢复是不可能的，除非随着n的增大，μ正比于$\sqrt{\log n}$增加。这个结果为我们提供了一个基线，用来比较自适应感知的性能，这在下一节中将讨论。

6.3.2 蒸馏感知

我们通过对采样模型式（6.44）的一个简单的概括来开始我们对蒸馏法的讨论。这有助于解释这一过程，并可以和非自适应方法进行直接比较。假设我们能够在T个观测步骤中收集到x分量的测量值，根据模型：

$$y_{t,j} = x_j + \rho_{t,j}^{-1/2} e_{t,j}, j=1,2,\cdots,n, t=1,2,\cdots,T \tag{6.49}$$

式中，$e_{t,j}$是服从独立同分布$\mathcal{N}(0,1)$的噪声，t表示观测步骤，$\rho_{t,j}$是非负的精度参数，可以修改给定观测值的噪声方差。换句话说，观测值$y_{t,j}$相关的加性噪声的方差为$\rho_{t,j}^{-1}$，所以较大的$\rho_{t,j}$对应于更精准的观测值。这里，我们按惯例设置$\rho_{t,j}=0$，(t,j)表示分量j在第t步未被观测到。

这种多步观测模型具有很自然的实践实现。例如，假设观测是通过在每个位置测量一次或多次，然后求均值得到的，那么$\sum_{t,j}\rho_{t,j}$表示对可以测量的总数的限制。这种测量预算可以均匀地或非均匀地自适应分布在不同位置（如非自适应性感知）。或者，假设每一个观测都是基于一种能够随时间整合的感知机制来减少噪声。在这种情况下，$\sum_{t,j}\rho_{t,j}$对应于对总观测时间的一种约束。在任何情况下，模型都封装了采样过程中固有的灵活性。在这个过程中，感知资源可以优先分配到感兴趣的位置。注意，通过除以$\rho_{t,j}>0$，我们得到一个等效观测模型，$\widetilde{y}_{t,j} = \rho_{t,j}^{1/2} x_j + e_{t,j}$，它适合前几节中使用的一般线性观测模型。我们的分析在这两种情况下都是相似的，我们选择按照式（6.49）中所述的模型进行，因为它有较为自然的解释。

为了解决问题的参数，并与非自适应方法进行比较，我们将对整个测量预算施加一个约束。特别地，我们假设$\sum_{t=1}^{T}\sum_{j=1}^{n}\rho_{t,j} \leqslant B(n)$。在$T=1$和$\rho_{t,j}=1$，$j=1,2,\cdots,n$（对应于选择$B(n)=n$）的情况下，模型式（6.49）退化为标准非自适应观测模型式（6.44）。这里我们将采用相同的测量预算约束$B(n)=n$。

在这个框架下，我们现在讨论DS过程的描述。首先，我们通过选择要执行的观测步骤的数量T来初始化。然后将总测量预算$B(n)$除以步骤T，这样B_t部分被分配到第t步（$t=1,2,\cdots,T$且$\sum_{t=1}^{T}B_t \leqslant B(n)$）。在第一步测量的索引集合被初始化为所有索引的集合$I_1=\{1,2,\cdots,n\}$。现在，为第一步指定的测量预算B_1均匀地被分配到要测量的索引上，这得到精度的分配$\rho_{1,j}=B_1/|I_1|$。对每一项$j \in I_1$，在给定精度下，收集噪声观测值。下一步要测量的观测集合I_2通过对每个观测值应用一个简单的阈值测试获得。具体地说，我们确定下一步要测量的位置，就像那些对应于严格大于零的观测值一样。这一过程在每个测量步骤中不断重复，其中像之前所述一样，$\rho_{t,j}=0$表示信号分量在第t步测量中在位置j未被观测到。这一过程的输出包含了测

量位置的最终集合 I_T 和在这些位置收集到的观测值 $y_{T,j}$，$j\in I_T$。整个过程总结为算法 6.1。

算法 6.1（蒸馏感知）

输入：

观测步骤数 T

资源分配顺序 $\{B_t\}_{t=1}^{T}$ 满足 $\sum_{t=1}^{T} B_t \leqslant B(n)$

初始化：

初始索引集合 $\mathcal{I}_1 = \{1, 2, \cdots, n\}$

蒸馏：

Fot $t=1$ to T

分配资源 $\rho_{t,j}=\begin{cases} B_t/|\mathcal{I}_t| & j\in\mathcal{I}_t \\ 0 & j\notin\mathcal{I}_t \end{cases}$

观测：$y_{t,j}=x_j+\rho_{t,j}^{-1/2}e_{t,j}$，$j\in\mathcal{I}_t$

提炼：$\mathcal{I}_{t+1}=\{j\in\mathcal{I}_t: y_{t,j}>0\}$

End for

输出：

最终索引集合 $\mathcal{I}_T$

蒸馏观测 $y_T=\{y_{T,j}: j\in\mathcal{I}_T\}$

DS 过程的一些方面值得进一步解释。首先，我们对改进步骤的表面上的简单性进行注释，它确定了在后续观测步骤中测量的位置集合。这个简单的标准封装了一个概念，即假定非零信号分量具有正幅值，我们期望它们相应的噪声观测也应该是非负的。从贝叶斯的角度来解释，硬阈值选择操作包含了已知 $x_j=\mu$ 和 $\rho_{t,j}>0$，$y_{t,j}>0$ 的概率约等于 1 的想法。实际上，在高斯分布的尾界使用一个标准，我们得到

$$\Pr(y_{t,j}>0\,|\,\rho_{t,j}>0, x_j=\mu)\geqslant 1-\exp\left(-\frac{\rho_{t,j}\mu^2}{2}\right) \tag{6.50}$$

这表明，根据特定的信号幅值 μ 和给定的观测 $\rho_{t,j}$ 的精度参数，这种近似的质量可能会很好。

其次，就像在 6.3.1 节中描述的简单测试问题一样，DS 过程也可以以一种简单的方式来扩展，以得到包含正负项的信号。一种可能的方法是将每一步的测量预算分配 B_t 分成两部分，然后执行整个 DS 过程两次。对于第一次，该过程按照算法 6.1 中所述的方法执行，目标是识别正信号分量。对于第二次，用 $I_{t+1}=\{i\in I_t: y_{t,j}<0\}$ 替换改进标准，将使过程能够识别与负信号分量相对应的位置。

6.3.2.1　蒸馏感知的分析

相对于问题的完全贝叶斯处理，DS 的简单自适应行为，使得该过程易于分析。正如在 6.3.1 节中一样，我们感兴趣的对象是有 $n^{1-\beta}$ 个非零项的稀疏向量 $x\in\mathbb{R}^n$，其中 $\beta\in(0, 1)$ 是一个固定的（且通常是未知的）参数。我们的目标是获取信号支撑集 S 的估计值 $\hat{S}$，其中量化为错误发现率和未发现率的误差同时被控制。下面的定理表明，DS 过程使用相同的测量预算，对比

较相当的非自适应测试过程有显著的改进。这是通过仔细校准问题参数，即观测步骤的数量 T 和测量预算分配 $\{B_t\}_{t=1}^{T}$。

定理 6.2 假设 x 有 $n^{1-\beta}$个非零分量，其中 $\beta\in(0,1)$ 固定，且每个非零项幅值为 $\mu(n)$。蒸馏感知过程采样 x：

- $T=T(n)=\max\{\lceil\log_2\log n\rceil,0\}+2$ 个测量步骤
- 测量预算分配 $\{B_t\}_{t=1}^{T}$满足 $\sum_{t=1}^{T}B_t\leqslant n$，且
  - $B_{t+1}/B_t\geqslant\delta>1/2$
  - 对于 c_1，$c_T\in(0,1)$，$B_1=c_1n$，$B_T=c_Tn$

如果 n 的函数 $\mu(n)\to\infty$，那么用 DS 算法的输出构造的支撑集估计：

$$\hat{\mathcal{S}}_{\mathrm{DS}}:=\{j\in\mathcal{I}_T:y_{T,j}>\sqrt{2/c_T}\}\tag{6.51}$$

满足随着 $n\to\infty$，

$$\mathrm{FDP}(\hat{\mathcal{S}}_{\mathrm{DS}})\xrightarrow{P}0,\ \mathrm{NDP}(\hat{\mathcal{S}}_{\mathrm{DS}})\xrightarrow{P}0\tag{6.52}$$

这个结果可以直接与定理 6.1 的结果进行比较。结果表明，与非自适应性观测所得的估计量相关的误差，只在$\mu>\sqrt{2\beta\log n}$的情况下收敛到零。相比之下，定理 6.2 的结果表明，在更弱约束$\mu(n)\to\infty$ 的情况下，从自适应样本中获得的估计可以达到同样的性能指标。这包括非零分量在$\mu\sim\sqrt{\log\log n}$或$\mu\sim\sqrt{\log\log\log\cdots\log n}$的顺序上有幅值的信号，事实上，如果$\mu(n)$是任意缓慢增长的 n 的函数，其结果是成立的。如果我们将非零信号分量的幅值平方与噪声方差之间的比例作为信噪比，定理6.2 的结果表明，相比于相应的非自适应方法，自适应方法可以提高 $\log n$ 倍的有效信噪比。这一提高在高维测试问题中是非常显著的，因为在这些问题中，n 可能是几百或几千，甚至更大。

从另一个角度解释，定理 6.2 的结果表明，自适应能力可以显著地减轻“维数灾难”，因为DS 的误差表现比非自适应过程的误差表现更依赖于环境信号维度。图 6.5 的仿真结果显示了这一效果。图中的每个分图都描述了 FDP 和 NDP 值的散点图，这些值来自于自适应 DS 过程的1000 个试验，以及在定理 6.1 中量化了性能的非自适应过程。每个试验使用一个不同的（随机选择的）阈值来形成支撑集估计。图 6.5a ~ d 分别对应 n 的 4 个不同的值：$n=2^{10}$、2^{13}、2^{16}、2^{19}。在所有情况下，要估计的信号幅值有 128 个非零项，且信噪比固定选择为$\mu^2=8$。对于每个 n 值，选择测量预算分配参数 B_t，满足 $B_{t+1}=0.75B_t$（$t=1,\cdots,T-2$），$B_1=B_T$，且 $\sum_{t=1}^{T}B_t=n$。通过对各个分图的结果进行比较，我们发现，非自适应过程的误差性能明显地退化为环境维度的函数，而 DS 的误差性能在 9 个数量级上基本不变。这证明了 DS 用于获取高精度观测的有效性，主要是在感兴趣的信号位置。

对 DS 过程的分析本质上依赖于在每次迭代中与改进步骤的操作相关的两个关键思想。首先，对于任何迭代过程，在没有信号分量的位置收集的观测将是零均值高斯噪声过程的独立样本。尽管测量噪声的方差取决于感知资源的分配，但高斯分布的对称性保证了每一个观测得到的值都是正的，概率为 1/2。这个概念可以通过直接应用 Hoeffding 不等式而得到形式化。

引理 6.1 令 $\{y_j\}_{j=1}^{m}\overset{iid}{\sim}\mathcal{N}(0,\sigma^2)$，对任一$0<\varepsilon<1/2$，大于零的 y_j 的个数满足：

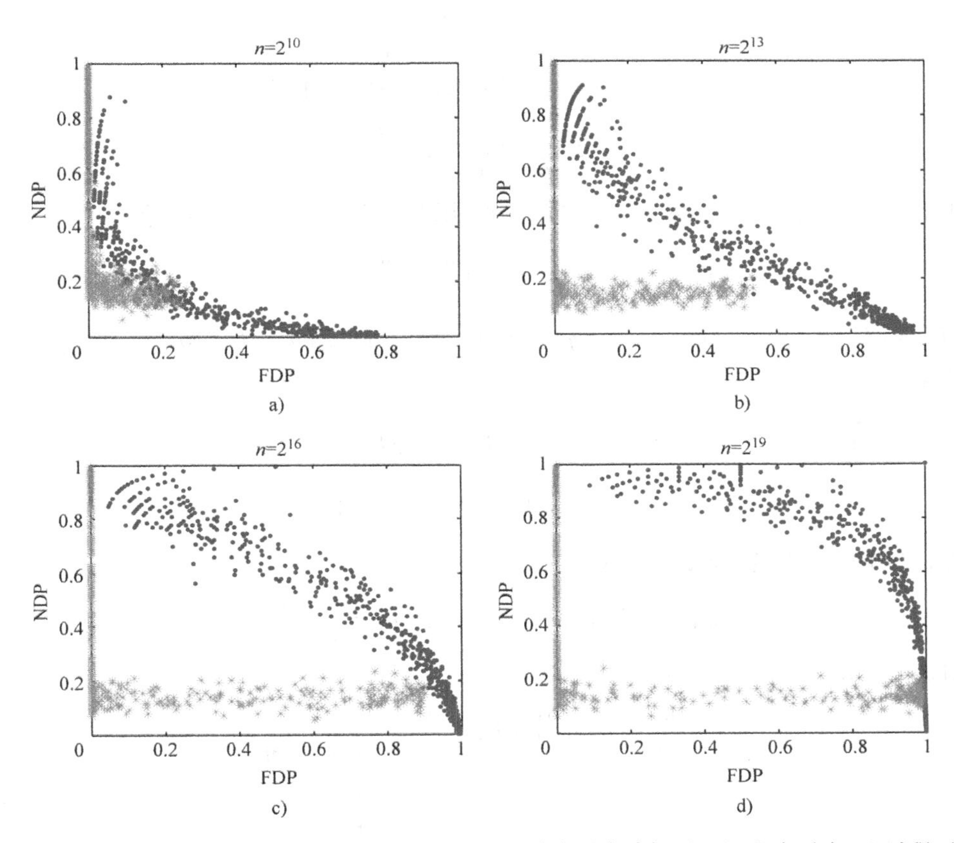

图 6.5　维数灾难和自适应性的优点。每个分图描述了非自适应感知（·）和自适应 DS 过程（*）。DS 不仅优于非自适应方法，它对环境维度的依赖性也大大降低

$$\left(\frac{1}{2}-\epsilon\right)m\leqslant |\{j\in\{1,2,\cdots,m\}:y_j>0\}|\leqslant\left(\frac{1}{2}+\epsilon\right)m \tag{6.53}$$

其概率至少为 $1-2\exp(-2m\epsilon^2)$。

换句话说，每一个改进步骤将消除高概率没有信号分量的（剩余）位置的一半。

第二个关键思想是，简单的改进步骤不会错误地消除非零信号分量所对应的太多位置。这一结果的正确表述，从根本上说是关于二项分布的表述，是在下面的引理中给出的。为了完整起见，这里重复了这个证明。

引理 6.2　令 $\{y_j\}_{j=1}^{m}\overset{iid}{\sim}\mathcal{N}(\mu,\sigma^2)$，其中 $\sigma>0$，$\mu>2\sigma$。令

$$\delta=\frac{\sigma}{\mu\sqrt{2\pi}} \tag{6.54}$$

且假设 $\delta<0.2$，那么，

$$(1-\delta)m\leqslant |\{j\in\{1,2,\cdots,m\}:y_j>0\}|\leqslant m \tag{6.55}$$

其概率至少为

$$1-\exp\left(-\frac{\mu m}{4\sigma\sqrt{2\pi}}\right) \tag{6.56}$$

证明：令 $q=\Pr\{y_j>0\}$。利用高斯分布尾部的标准界，我们得到

$$1-q\leqslant\frac{\sigma}{\mu\sqrt{2\pi}}\exp\left(-\frac{\mu^2}{2\sigma^2}\right) \tag{6.57}$$

接下来，我们使用了参考文献［27］中的二项式尾界：对于任何 $0<b<\mathbb{E}\left[\sum_{j=1}^{m}1_{\{y_j>0\}}\right]=mq$，

$$\Pr\left(\sum_{j=1}^{m}1_{\{y_j>0\}}\leqslant b\right)\leqslant\left(\frac{m-mq}{m-b}\right)^{m-b}\left(\frac{mq}{b}\right)^{b} \tag{6.58}$$

注意，$\delta>1-q$（或等价地，$1-\delta<q$），因此，我们可以用 $b=(1-\delta)m$ 和 $\sum_{j=1}^{m}1_{\{y_j>0\}}$ 的二项尾界来得到

$$\Pr\left(\sum_{j=1}^{m}1_{\{y_j>0\}}\leqslant(1-\delta)m\right)\leqslant\left(\frac{1-q}{\delta}\right)^{\delta m}\left(\frac{q}{1-\delta}\right)^{(1-\delta)m} \tag{6.59}$$

$$\leqslant\exp\left(-\frac{\mu^2\delta m}{2\sigma^2}\right)\left(\frac{1}{1-\delta}\right)^{(1-\delta)m} \tag{6.60}$$

现在，为了确定所述结果，只需说明

$$\exp\left(-\frac{\mu^2\delta m}{2\sigma^2}\right)\left(\frac{1}{1-\delta}\right)^{(1-\delta)m}\leqslant\exp\left(-\frac{\mu m}{4\sigma\sqrt{2\pi}}\right) \tag{6.61}$$

取对数，用 δm 相除，建立条件成为

$$-\frac{\mu^2}{2\sigma^2}+\left(\frac{1-\delta}{\delta}\right)\log\left(\frac{1}{1-\delta}\right)\leqslant-\frac{\mu}{4\delta\sigma\sqrt{2\pi}}$$

$$=-\frac{\mu^2}{4\sigma^2} \tag{6.62}$$

式中，最后一个等式来自于 δ 的定义。界限保持提供 $\mu\geqslant2\sigma$，因为对于 $\delta\in(0,1)$，$0<\delta<1$ 和

$$\left(\frac{1-\delta}{\delta}\right)\log\left(\frac{1}{1-\delta}\right)\leqslant1 \tag{6.63}$$

总的来说，对 DS 过程的分析需要在整个迭代过程中反复应用这两个引理。注意，引理 6.1 的结果独立于噪声功率，而引理 6.2 中的参数 δ 是信号振幅和观测噪声方差的一个函数。后者是如何分配感知资源到每个迭代，以及在此步骤中测量了多少位置的函数。换句话说，统计依赖关系在迭代过程中出现，就像上面描述的贝叶斯方法一样。然而，与贝叶斯方法不同的是，这里的依赖关系可以通过对该过程的前一个迭代的输出进行判断这种直接的方式得到容忍。

我们并不是在这里展示证明的全部细节，而是提供了一个概观的简图。为了澄清说明，我们发现修正一些额外的符号是有用的。首先，我们令 $S_t=|S\cap I_t|$ 表示在步骤 t 中被观测到的非零信号分量相应位置的数量。类似地，令 $N_t=|S^c\cap I_t|=|I_t|-S_t$ 表示在第 t 次迭代中被测量的剩余位置的数量，令 $\sigma_1=\sqrt{|I_1|/B_1}$ 表示在一次迭代中观测噪声的标准差，令 δ_1 表示引理 6.2 中描述的数量 σ_1 对应的数量。注意，$|I_1|$ 是固定且已知的，σ_1 和 δ_1 是确定的。应用引理 6.1 和引理 6.2，我们确定第一次迭代中改进步骤的结果是，对于任何 $0<\epsilon<1/2$，边界同时满足 $(1-\delta_1)S_1\leqslant S_2\leqslant S_1$ 和 $(1/2-\epsilon)N_1\leqslant N_2\leqslant(1/2+\epsilon)N_1$，除非发生的概率不大于

$$2\exp(-2N_1\epsilon^2)+\exp\left(-\frac{\mu S_1}{4\sigma_1\sqrt{2\pi}}\right) \tag{6.64}$$

为了评估第二次迭代的结果，我们以在上面所述的 S_2 和 N_2 的边界为条件。这种情况下，我们可以得到 $I_2=S_2+N_2$ 的边界，这反过来意味着在第二次迭代中观测噪声的方差的上限。令 σ_2 表示这样一个边界，δ_2 表示它在定理6.2中对应的量。根据第二次迭代步骤，我们得到边界 $(1-\delta_2)S_1\leqslant S_3\leqslant S_1$ 和 $(1/2-\epsilon)^2N_1\leqslant N_3\leqslant(1/2+\epsilon)^2N_1$ 同时满足，除非发生的概率不大于

$$2\exp(-2N_1\epsilon^2)+\exp\left(-\frac{\mu S_1}{4\sigma_1\sqrt{2\pi}}\right)+ \tag{6.65}$$

$$2\exp(-2(1-\epsilon)N_1\epsilon^2)+\exp\left(-\frac{\mu(1-\delta_1)S_1}{4\sigma_2\sqrt{2\pi}}\right) \tag{6.66}$$

通过对引理6.1和引理6.2进行迭代应用，分析得到了这种方式的结果。最终的结果是边界 $\prod_{t=1}^{T-1}(1-\delta_t)S_1\leqslant S_T\leqslant S_1$ 和 $(1/2-\epsilon)^{T-1}N_1\leqslant N_s\leqslant(1/2+\epsilon)^{T-1}N_1$ 在第 $T-1$ 步迭代中同时满足的量化概率。因此，最终的测试问题在结构上等价于在6.1.1节中考虑的形式的一般测试问题，但用不同的有效观测噪声方差。定理6.2证明的最后一部分需要在资源分配策略的设计、观测步骤的数量 T 和参数规范 ϵ 之间进行仔细的权衡。目标是确保当 n 趋近于无穷大时，S_T 和 N_T 的界限是有效的，概率趋近于1，在整个优化过程中信号丢失的成分趋近于0，最后一组观测的噪声的有效方差足够地小，保证弱特性信号的成功测试。完整的细节可以在参考文献［25］中找到。

6.3.3 压缩感知中的蒸馏法

上述结果表明，在一定的稀疏恢复问题中，采样的适应性可以极大地改善有效的测量信噪比，而自适应的优点在其他问题参数方面则不那么清晰。特别地，上面概述的比较是在每个过程都提供相同的测量预算的基础上进行的，这是由一个在总样本预算或总时间限制条件下具有自然解释的整体数量进行量化的。比较的另一个基础是每个过程收集的测量总数。在6.3.1节的非自适应方法中，总共收集了 n 个测量值（每个信号分量一个）。相比之下，通过DS过程获得的测量值必然要大一些，因为每个分量至少要被直接测量一次，并且某些分量可以被测量到总共 T 次（每个迭代过程一次）。严格地说，在DS过程中收集的测量总量是一个随机的量，它隐含地依赖于每一步改进的结果，而这反过来又是噪声测量的函数。然而，我们对这一过程行为的高级直觉允许我们做一些说明性的近似。回想一下，每个优化步骤消除了（平均）大约一半没有信号成分的位置。此外，在我们的分析中假定的稀疏水平下，所观测到的信号几乎是稀疏的。也就是说，随着 n 趋向于无穷大，对应于非零分量的 x 的位置趋向于0。因此，对于大 n，由 $n\cdot 2^{-(t-1)}$ 近似地给出了在DS过程的第 t 步收集的测量数，这意味着（在 t 上求和）DS过程需要 $2n$ 个总测量的阶数。

通过这种分析，自适应性的信噪比增益是以所收集到的测量值的相对增加为代价的。通过这种比较，我们很自然地会问，蒸馏感知方法是否也可以推广到所谓的不确定的观测位置，例如，在标准CS问题中发现的那些。另外，也许更重要的是，可以使用类似于DS的分析框架来获得自适应CS过程的性能保证吗？我们将在这里讨论这些问题，首先讨论如何在CS设置中应用DS过程。

在较高的水平上，由于观测模型的变化，导致了相对于原始 DS 过程的主要实现差异。回想一下，对于 $\rho_{t,j}>0$，观测模型式（6.49）可以表示为

$$y_{t,j}=\rho_{t,j}^{1/2}x_j+e_{t,j}, j=1,2,\cdots,n, t=1,2,\cdots,T \tag{6.67}$$

受 $\sum_{t,j}e_{t,j}$ 的全局约束。在这个公式中，可以用矩阵向量的公式 $y=Ax+e$ 有效地描述整个采样过程，其中 A 矩阵的元素或者为 0，或者等于某些特定的 $\rho_{t,j}^{1/2}$。我们的第一点是关于采样或者测量预算的说明。在这个背景下，我们可以利用自然的方式来解释我们的测量资源的预算。回想一下，在我们最初的公式中，约束是强加在 $\sum_{t,j}\rho_{t,j}$ 上的。在矩阵向量的公式中，这直接转化为对 A 的平方和的约束。因此，我们可以将测量预算约束推广到当前的设置中，将一个条件强加于 A 的 Frobenius 范数上。为了解释感知矩阵的随机特性（正如传统 CS 应用中），我们将约束强加于期望

$$\mathbb{E}[\|A\|_F^2]=\mathbb{E}\Big[\sum_{t,j}A_{t,j}^2\Big]\leqslant B(n) \tag{6.68}$$

注意，由于在标准 CS 设置中使用的随机矩阵通常构造为含有单位范数的列，所以当 $B(n)=n$ 时，它们满足这个约束条件。

第二点是由于每一个观测步骤都包含了一些 x 的噪声投影样本。这就产生了另一组算法参数，以指定每一步中获得了多少测量值，而这些参数本身就依赖于所获得的信号的稀疏性。一般来说，我们将用 m_t 表示在步骤 t 中使用的测量矩阵中的行数。

在此设置中要处理的最后一点是细化步骤。在原来的 DS 公式中，由于测量过程得到了信号分量的直接样本加上独立的高斯噪声，所以简单的单边阈值测试是一个自然的选择。这里的问题稍微复杂一些。从根本上说，目标是相同的——处理当前的观察，以便准确地确定后续步骤中可能的位置。然而，在当前设置中，必须使用（平均）在每个位置上不超过一个测量。在这种情况下，每个细化决策本身都可以被认为是一个粗粒度的模型选择任务。

我们将讨论这个压缩式压缩感知（CDS）过程的一个实例，对应于算法参数和优化策略的特定选择。也就是说，对于每一步，$t=1, 2, \cdots, T$，我们将获得使用 $m_t\times n$ 采样矩阵 A_t 得到的测量值。对于 $u=1, 2, \cdots, m_t$ 和 $v\in I_t$，矩阵 A_t 中的（u, v）项独立同分布于 $\mathcal{N}$（0, τ_t/m_t），其中 $\tau_t=B_t/|I_t|$。A_t 中的其余项等于 0。注意，这个选择自动满足整体的测量预算约束 $\mathbb{E}[\|A\|_F^2]\leqslant B(n)$。每一步的细化是由粗略估计 $\hat{x}_t=A_t^{\mathrm{T}}y_t$ 的坐标阈值来执行的。特别地，随后要考虑的位置的集合 I_{t+1} 作为其对应于 $\hat{x}_t$ 为正的位置的子集 I_t。算法 6.2 概述了这种方法。

算法 6.2（压缩蒸馏感知）

输入：

观测步骤数 T

测量分配顺序 $\{m_t\}_{t=1}^T$

资源分配顺序 $\{B_t\}_{t=1}^T$ 满足 $\sum_{t=1}^T B_t\leqslant B(n)$

初始化：

初始索引集合：$\mathcal{I}_1=\{1, 2, \cdots, n\}$

蒸馏：

For $t=1$ to T

构造 $m_t \times n$ 测量矩阵：

$$A_t\ (u,\ v)\ \sim \mathcal{N}\left(0,\ \frac{B_t}{m_t\ |\ \mathcal{I}_t\ |}\right),\ u=1,\ 2,\ \cdots,\ m_t,\ v \in \mathcal{I}_t$$

$$A_t\ (u,\ v)\ =0,\ u=1,\ 2,\ \cdots,\ m_t,\ v \in \mathcal{I}_t^c$$

观测：$y_t = A_t x + e_t$

计算：$\hat{x}_{t,i} = A_t^T y_t$

提炼：$\mathcal{I}_{t+1} = \ \{i \in \mathcal{I}_t:\ \hat{x}_{t,i} > 0\}$

End for

输出：

索引集合 $\{\mathcal{I}_t\}_{t=1}^T$

蒸馏观测 $\{y_t,\ A_t\}_{t=1}^T$

最终的支撑估计是通过将最小绝对收缩和选择算子（LASSO）应用到蒸馏观测得到的。也就是说，对于某些 $\lambda > 0$，我们得到估计：

$$\tilde{x} = \arg\min_{z \in \mathbb{R}^n} \| y_T - A_T z \|_2^2 + \lambda \| z \|_1 \tag{6.69}$$

并且由此可以得到支撑估计 $\hat{S}_{\mathrm{DS}} = \{j \in I_T : \tilde{x}_j > 0\}$。下面的定理描述了利用 CDS 自适应压缩采样过程得到的支撑估计的误差性能。结果表明，在参考文献［28］中，引理 1 和引理 2 的迭代应用，类似于引理 6.1 和引理 6.2，以及参考文献［29］中的结果描述了 LASSO 的模型选择性能。

定理 6.3　令 $x \in \mathbb{R}^n$ 为一个向量，且对于某些固定的 $\beta \in (0,\ 1)$ 有至多 $k(n) = n^{1-\beta}$ 个非零项，同时每个非零项有同样的值 $\mu = \mu(n) > 0$。用上面描述的压缩蒸馏感知过程来对 x 进行采样：

- $T = T(n) = \max\{[\log_2 \log n],\ 0\}\ +2$ 个测量步骤。
- 测量预算分配 $\{B_t\}_{t=1}^T$ 满足 $\sum_{t=1}^T B_t \leqslant n$。
- $B_{t+1}/B_t \geqslant \delta > 1/2$。
- 同时对于某些 $c_1,\ c_T \in (0,\ 1)$，$B_1 = c_1 n$，$B_T = c_T n$。

存在常量 $c,\ c',\ c'' > 0$ 和 $\lambda = O(1)$，使得当 $\mu \geqslant c\ \sqrt{\log\log\log n}$ 且测量收集的数量满足 $m_t = c' \cdot k \cdot \log\log\log n$ 时，获得的支撑估计 $\hat{S}_{\mathrm{DS}}$ 满足当 n 趋向于无穷大时，

$$\mathrm{FDP}(\hat{S}_{\mathrm{DS}}) \xrightarrow{P} 0,\ \mathrm{NDP}(\hat{S}_{\mathrm{DS}}) \xrightarrow{P} 0 \tag{6.70}$$

关于定理 6.2 和定理 6.3 的结果，有一些评论。首先，当定理 6.2 保证恢复只提供了 $\mu(n)$ 是一个逐渐增长的函数，定理 6.3 中的结果要求 $\mu(n)$ 随 $\log\log\log n$ 增长，这稍微更受限一些。即便如此，相对于 6.3.1 节中的非自适应测试案例而言，这仍然是一个显著的改进。第二，我们注意到定理 6.3 实际上要求信号分量具有相同的振幅（或者，更准确地说，它们的振幅在彼此的常数倍之间），而定理 6.2 的结果没有对相对于彼此的信号振幅的值设限。从本质上说，这两点是

由优化过程的选择引起的。这里，阈值测试不再像原始的 DS 公式那样独立于统计数据，而用于容忍这种依赖的方法产生了这些差异。

在有限样本机制中也可以观察到 CDS 的有效性。这里，我们通过实验检验 CDS 相对于非自适应压缩感知的性能，它利用了一种随机测量矩阵，该矩阵的项独立同分布于零均值高斯分布。对于这两种情况，我们所考虑的支撑估计都是利用相应的自适应或非自适应测量得到的 LASSO 估计的正分量。我们的 CDS 恢复过程的应用与定理 6.3 的条件略有不同，因为我们将 LASSO 应用于所有自适应收集的测量。

比较的结果如图 6.6 所示。图中的每个分图都显示了 FDP 和 NDP 值的散点图，这是由 CDS 过程和非自适应感知方法的 1000 个试验得出的，每一个都使用了不同的随机选择的 LASSO 正则化参数。对于每个案例，未知信号 $x\in\mathbb{R}^n$ 构造为包含平均幅度为 μ 的 128 个非零项，且信号比由 $\mu^2=12$ 固定。图 6.6a ~ d 分别对应于 $n=2^{13}$、2^{14}、2^{15}、2^{16}，且测量的数量均为 $m=2^{12}$。CDS 的测量预算分配参数 B_t 满足 $B_{t+1}=0.75B_t$，$B_1=B_T$，且 $\sum_{t=1}^{T}B_t=n$，其中 n 是每个情况下的环境信号维数。测量分配参数 m_t 满足 $\lfloor m/3\rfloor=1365$ 个测量值在该过程的最后一步中使用，并且其余 $\lfloor 2m/3\rfloor$ 个测量值同等地分配在 $T-1$ 个观测步骤中。采用梯度投影法进行稀疏重建（GPSR）软件的仿真[30]。

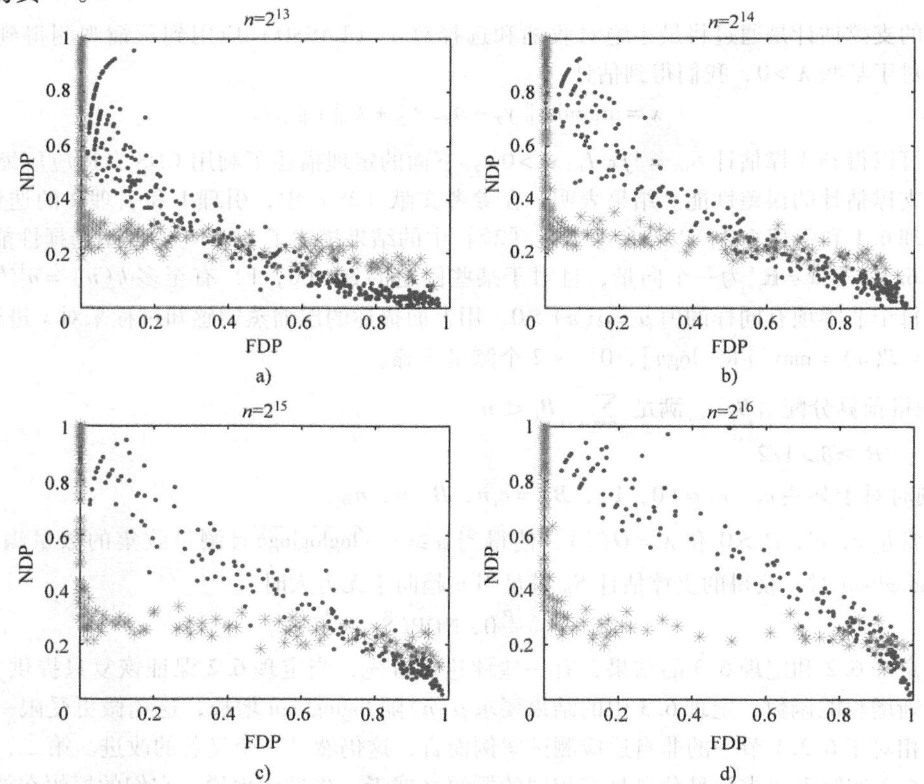

图 6.6 压缩感知中的自适应。每个分图描绘了非自适应 CS（·）和自适应 CDS（＊）过程的 FDP 和 NDP 值的散点图

对比图6.6中所有分图的结果，我们发现CDS与非自适应过程相比，对环境维度的依赖性更小。特别要注意的是，在环境维度的四个数量级上，CDS过程的性能保持相对不变，而非自适应过程的性能随着维度的增加而显著降低。正如上面的例子所示，我们认为CDS是一种有效的方法来减轻“维数灾难”。

最后，我们注意到定理6.3的结果，已经成功地解决了我们最初的问题，至少在一定程度上是这样的。我们已经证明，在一些特殊的设置中，CDS过程可以达到与DS过程相似的性能，但使用的总测量值要少得多。特别是，当定理6.2的结果要求总测量值时，在定理6.3中得到结果所需的总测量数是 $m=O(k\cdot \log\log\log n\cdot \log\log n+k\log n)=O(k\log n)$。本节的讨论表明，自适应采样和压缩感知有诸多优势。这对充分理解在CS中适应性的好处来说，是非常有意义的一步。

6.4 相关工作和进一步阅读的建议

高维推理问题的自适应感知方法在许多现代应用中越来越普遍，主要是由于我们的获取、存储和计算能力的持续增长。例如，多个测试和去噪过程是许多现代生物信息学应用过程的一个组成部分（见参考文献［31］和其中的参考文献），而在此领域中讨论的类似的顺序获取技术在这个领域中变得非常流行。特别是，在基因关联和表达研究中[32,33,34]进行了两阶段的检测方法。这些工作描述了在最初测试大量基因来确定一个可能的子集的过程，然后在第二个阶段进行更密切的研究。在参考文献［35］中讨论了多阶段方法的扩展。在信号处理文献中，也研究了两阶段顺序采样技术。在参考文献［36］中，对两阶段目标检测过程进行了检测，后续的工作检查了贝叶斯方法将先验信息纳入这个两步检测过程[37]。

最近在参考文献［38］中研究了连续压缩测量的目标检测和定位问题。该工作研究了一种多步骤二元二分过程，用于从噪声投影测量中识别信号分量，并为其样本复杂性提供了边界。在参考文献［39］中，研究了基于二元二分相似自适应压缩感知技术。在参考文献［40］中，提出了一种自适应压缩采样方法来获取小波稀疏信号。利用在自然图像小波分解中经常出现的固有树结构，该工作讨论了一种过程，即在给定的尺度下，感知行为受显著特征的存在（或缺失）的指导，以确定在更精细的尺度上获得哪些系数。

最后，我们注意到顺序实验设计在其他领域也很流行，比如计算机视觉和机器学习领域。我们建议读者查阅参考文献［41，42，43］及其参考文献，以获得关于主动视觉和主动学习的更多信息。

参考文献

[1] M. R. Leadbetter, G. Lindgren, and H. Rootzen, *Extremes and Related Properties of Random Sequences and Processes*. Springer-Verlag; 1983.

[2] D. Donoho. Compressed sensing. *IEEE Trans Inform Theory*, 52(4):1289–1306, 2006.

[3] E. Candés and T. Tao. Near optimal signal recovery from random projections: Universal encoding strategies? *IEEE Trans Information Theory*, 52(12):5406–5425, 2006.

[4] R. Baraniuk, M. Davenport, R. DeVore, and M. Wakin. A simple proof of the restricted isometry property for random matrices. *Construc Approx*, 28(3):253–263, 2008.

[5] E. Candés. The restricted isometry property and its implications for compressed sensing. *C Re l'Acad Scie Paris*, 346:589–592, 2008.

[6] E. Candés and Y. Plan. Near-ideal model selection by ℓ_1 minimization. *Ann Stat*, 37(5A):2145–2177, 2009.

[7] J. Haupt and R. Nowak. Signal reconstruction from noisy random projections. *IEEE Trans Information Theory*, 52(9):4036–4048, 2006.

[8] M. Crouse, R. Nowak, and R. Baraniuk. Wavelet-based statistical signal processing using hidden Markov models. *IEEE Trans Sig Proc*, 46(4):886–902, 1998.

[9] G. Jacobson. Space-efficient static trees and graphs. *Proc 30th Ann Symp Found Comp. Sci.* 549–554, 1989.

[10] J. Huang, T. Zhang, and D. Metaxas. Learning with structured sparsity. In: *ICML '09: Proc 26th Ann Int Conf Machine Learning*. New York: ACM, 417–424, 2009.

[11] Y. C. Eldar and M. Mishali. Robust recovery of signals from a structured union of subspaces. *IEEE Trans Information Theory*, 55(11):5302–5316, 2009.

[12] R. Baraniuk, V. Cevher, M. Duarte, and C. Hedge. Model-based compressive sensing. *IEEE Trans Information Theory*, 56(4):1982–2001, 2010.

[13] Y. C. Eldar, P. Kuppinger, and H. Bolcskei. Block-sparse signals: Uncertainty relations and efficient recovery. *IEEE Trans Sig Proc*, 58(6):3042–3054, 2010.

[14] M. Mishali and Y. C. Eldar. From theory to practice: Sub-Nyquist sampling of sparse wideband analog signals. *IEEE J Sel Topics Sig Proc* 4(2):375–391, 2010.

[15] M. Seeger. Bayesian inference and optimal design in the sparse linear model. *J Machine Learning Res* 9:759–813, 2008.

[16] M. Seeger, H. Nickisch, R. Pohmann, and B. Schölkopf. Optimization of k-Space trajectories for compressed sensing by Bayesian experimental design. *Magn Res Med*, 63:116–126, 2009.

[17] DeGroot, M. Uncertainty, information, and sequential experiments. *Ann Math Stat*, 33(2):404–419, 1962.

[18] D. Lindley. On the measure of the information provided by an experiment. *Ann Math Stat*, 27(4):986–1005, 1956.

[19] R. Castro, J. Haupt, R. Nowak, and G. Raz. Finding needles in noisy haystacks. *Proc IEEE Int Conf Acoust, Speech, Sig Proc*, Las Vegas, NV, pp. 5133–5136, 2008.

[20] T. Cover and J. Thomas. *Elements of Information Theory*. 2nd edn. Wiley, 2006.

[21] S. Ji, Y. Xue, and L. Carin. Bayesian compressive sensing. *IEEE Trans Signal Proc* 56(6):2346–2356, 2008.

[22] M. Tipping. Sparse Bayesian learning and the relevance vector machine. *J Machine Learning Res*, 1:211–244, 2001.

[23] M. Seeger. Bayesian inference and optimal design for the sparse linear model. *J Machine Learning Res*, 9:759–813, 2008.

[24] M. Seeger and H. Nickisch. Compressed sensing and Bayesian experimental design. In *Proc Int Conf Machine Learning*. Helsinki, Finland, 2008.

[25] J. Haupt, R. Castro, and R. Nowak. Distilled sensing: Adaptive sampling for sparse detection and estimation. *IEEF Trans Inform Theory*, 57(9):6222–6235, 2011.

[26] D. Donoho and J. Jin. Higher criticism for detecting sparse heterogeneous mixtures. *Ann Stat* 32(3):962–994, 2004.

[27] H. Chernoff. A measure of asymptotic efficiency for tests of a hypothesis based on the sum of observations. *Ann Stat*, 23(4):493–507, 1952.

[28] J. Haupt, R. Baraniuk, R. Castro, and R. Nowak. Compressive distilled sensing: Sparse recovery using adaptivity in compressive measurements. *Proc 43rd Asilomar Conf Sig, Syst, Computers*. Pacific Grove, CA, pp. 1551–1555, 2009.

[29] M. Wainwright. Sharp thresholds for high-dimensional and noisy sparsity pattern recovery using ℓ_1 constrained quadratic programming (Lasso). *IEEE Trans Inform Theory*, 55(5):2183–2202, 2009.

[30] M. A. T. Figueiredo, R. D. Nowak, and S. J. Wright. Gradient projection for sparse reconstruction. *IEEE J Sel Topics Sig Proc*, 1(4):586–597, 2007.

[31] S. Dudoit and M. van der Laan. *Multiple Testing Procedures with Applications to Genomics*. Springer Series in Statistics. Springer, 2008.

[32] H. H. Muller, R. Pahl, and H. Schafer. Including sampling and phenotyping costs into the optimization of two stage designs for genomewide association studies. *Genet Epidemiol*, 31(8):844–852, 2007.

[33] S. Zehetmayer, P. Bauer, and M. Posch. Two-stage designs for experiments with large number of hypotheses. *Bioinformatics*, 21(19):3771–3777, 2005.

[34] J. Satagopan and R. Elston. Optimal two-stage genotyping in population-based association studies. *Genet Epidemiol*, 25(2):149–157, 2003.

[35] S. Zehetmayer, P. Bauer, and M. Posch. Optimized multi-stage designs controlling the false discovery or the family-wise error rate. *Stat Med*, 27(21):4145–4160, 2008.

[36] E. Bashan, R. Raich, and A. Hero. Optimal two-stage search for sparse targets using convex criteria. *IEEE Trans Sig Proc*, 56(11):5389–5402, 2008.

[37] G. Newstadt, E. Bashan, and A. Hero. Adaptive search for sparse targets with informative priors. In: *Proc. Int Conf Acoust, Speech, Sig Proc*. Dallas, TX, 3542–3545, 2010.

[38] M. Iwen and A. Tewfik. Adaptive group testing strategies for target detection and localization in noisy environments. Submitted. 2010 June.

[39] A. Aldroubi, H. Wang, and K. Zarringhalam. Sequential adaptive compressed sampling via Huffman codes. Preprint, http://arxiv.org/abs/0810.4916v2, 2009.

[40] S. Deutsch, A. Averbuch, and S. Dekel. Adaptive compressed image sensing based on wavelet modeling and direct sampling. *Proc. 8th Int Conf Sampling Theory Appli*, Marseille, France, 2009.

[41] Various authors. Promising directions in active vision. *Int J Computer Vision*, 11(2):109–126, 1991.

[42] D. Cohn. Neural network exploration using optimal experiment design. *Adv Neural Information Proc Syst (NIPS)*, 679–686, 1994.

[43] D. Cohn, Z. Ghahramani, and M. Jordan. Active learning with statistical models. *J Artif Intelligence Res*, 4:129–145, 1996.

第7章 压缩感知的基本阈值方法：一种高维几何方法

Weiyu Xu，Babak Hassibi

在本章中，我们介绍一个统一的高维几何框架，用以分析在压缩感知中ℓ_1最小化的相变现象。这个框架在学习ℓ_1最小化的相变现象和计算高维凸几何的Grassmann角之间建立了联系。通过介绍ℓ_1最小化恢复鲁棒性的尖锐相变、加权最小化算法和迭代重加权最小化算法，阐述Grassmann角框架的广泛应用。

7.1 引言

压缩感知是信号处理的一个领域，由于其广泛的应用和强大的数学背景[7,19]，近来受到大量的关注。在压缩感知中，我们希望恢复一个$n\times1$的实值信号x，但是我们仅有$m<n$个通过x线性混合的测量样本。即

$$y=Ax \tag{7.1}$$

式中，A是一个$m\times n$大小的测量矩阵，y是$m\times1$的测量数据。在压缩感知的理想模型中，x是一个$n\times1$的未知的信号向量，其稀疏度为k，即仅有k个非零元素。这种特殊的结构使得x可以从压缩的数据y中恢复得到。

要从测量数据y中恢复信号x，一种简单直接的方法是枚举x的支撑集，有$\binom{n}{k}$种可能性，然后观察是否存在这样的一个x满足$y=Ax$。但是，如果稀疏度k是随着x的长度成比例增长，那么计算复杂度将以指数增长，是不可行的。在压缩感知的实际应用中，存在有效的解码算法才能够从压缩测量的数据y中恢复x。可以论证，最显著和有效的方法是基追踪算法，也就是ℓ_1最小化方法[13, 15]。ℓ_1最小化方法解决以下问题：

$$\begin{aligned}&\min\ \|z\|_1\\&\text{服从}\ y=Az\end{aligned} \tag{7.2}$$

式中，$\|z\|_1$表示z的ℓ_1范数，即z的所有元素的绝对值之和。这是一个凸规划问题，比较容易求解。经验上，这可以很好地产生一个稀疏解。在理解为什么ℓ_1最小化可以提升解的稀疏性，近年来有很多的研究突破[11,15,20]，这也使得对于压缩感知的研究急剧增长，见第1章。

注意，本章我们需要特别关注的是参数k和m随着n成比例增大的情况。换言之，$m=\delta n$，x的非零元素个数$k=\rho\delta n=\zeta n$，其中$0<\rho<1$和$0<\delta<1$是独立于n的参数，以及$\delta>\zeta$。

从经验上和理论上可知[15, 20]，ℓ_1最小化方法通常存在“相变”的现象：当信号的支撑集大小小于一个特定的阈值时，ℓ_1最小化方法以极大的概率恢复信号向量；然而当信号支撑集的大小高于这个特定的阈值时，ℓ_1最小化方法有较大的概率不能恢复这个信号向量。在压缩感知理论的

发展中，研究这个“相变”现象和描述与k有关的阈值成为了非常重要和活跃的研究分支（见参考文献［15，20］［4］［29，43，44］［28，40，45，46］［21，38，39］［34，36］［16，17］和第9章）。这个研究分支提供了对稀疏恢复算法的精确预测，给压缩感知理论带来了理论上的严谨，也促进了新的强有力的稀疏恢复算法的发展。

有文献显示的关于相变的第一项工作[15, 20]，在高维凸多面体的投影与ℓ_1最小化之间建立了漂亮的联系。在参考文献［15，20］中，Donoho 和 Tanner 把测量矩阵A描述成一个k邻近凸多面体，用以在ℓ_1最小化中产生原始稀疏信号。如参考文献［15］显示，这个k邻近凸多面体实际上是式（7.2）产生稀疏解并满足式（7.1）的充要条件。这种几何视角与有名的凸几何投影多面体的邻近度[1, 41]结论的结合，导致了ℓ_1最小化表现的尖锐边界。参考文献［15］中指出，如果矩阵A具有零均值高斯分布的特点，那么当k足够小的时候，矩阵A以极大的概率是k邻近多面体情形。对于本章讨论的m、n和k成比例的情形，为了得到k邻近多面体条件，m、n和k需要满足一定的关系，这在参考文献［15］中有精确的表征和计算。事实上，通过仿真可知，当n很大时，从满足邻近多面体条件[15]的不同δ得到的计算值ζ，即“软”阈值，精确符合相变的现象。

然而，参考文献［15］中的邻近多面体方法只在理想的稀疏信号向量，即除了k个非零元素，其他元素的值精确为零的情况下有效。通过比较，有名的约束等距性质（RIP）条件（参考文献［11，4］和第1章）也可以用来分析ℓ_1最小化的鲁棒性[10]，不过RIP条件通常比邻近多面体条件具有更宽的相变结果[4]。那么问题来了，在更广的应用中，我们是否有统一的方法来精确判断ℓ_1最小化的相变现象。更具体地说，这种方法应该给我们提供比RIP条件更紧的相变；同时在更一般的情形也能获得相变，比如：

- 在恢复近似稀疏的信号而不是完美稀疏时[43]。
- 当压缩观测的信号受到噪声干扰[42]。
- 对于加权的ℓ_1最小化，而不是常规的ℓ_1最小化[29]。
- 迭代重加权ℓ_1最小化算法[12,44]。

在本章中，我们着重提供一个高维几何框架用以分析ℓ_1最小化的相变现象。我们会看到，在很多应用中，ℓ_1最小化及其变种的表现通常依赖于测量矩阵A的零空间“平衡性”的性质，见第1章。这个高维几何框架使用Grassmann角的概念来考察零空间“平衡性”情形的相变现象。这个框架推广了在恢复完美稀疏信号时得到相变的邻近多面体方法[15, 20]；然而，这个Grassmann角框架也可用以分析对于近似稀疏信号的ℓ_1最小化、加权ℓ_1最小化和迭代加权ℓ_1最小化的表现阈值。在本章中，我们会通过在恢复近似稀疏信号过程中表征ℓ_1最小化鲁棒性的阈值边界的例子，展示这个Grassmann角框架用以分析零空间“平衡性”性质的细节。然后我们会简明阐述Grassmann角框架在表征加权ℓ_1最小化和迭代ℓ_1最小化的相变中的应用。本章的框架和结果最早出现在参考文献［43，29，44］。

在阐述Grassmann角几何框架是如何分析零空间“平衡性”性质之前，我们会给出主要结果，这个Grassmann角框架与其他方法的对比，本章频繁出现的几何概念的概述，以及本章的组织结构。

7.1.1 ℓ_1最小化鲁棒性的阈值边界

摒弃 x 是完美稀疏信号的假设，我们现在假设 x 的 k 个元素具有较大的幅值，而包含其余 $(n-k)$ 个元素的向量具有小于某个值，比如说 $\sigma_k(x)_1$ 的 ℓ_1 范数。我们称这种类型的信号为近似 k - 稀疏信号，或者简称近似稀疏信号。有可能 y 也受到测量噪声的干扰。在这种情况下对于精确的信号向量 x 的恢复通常是不可能的。于是，我们关注的是得到一个“接近”真实的信号重建。更精确来说，如果我们表示未知的信号为 x，式（7.2）的解是 $\hat{x}$，可以证明对于任意给定的约束 $0<\delta<1$ 和任意的 $C>1$（表示恢复信号 $\hat{x}$ 的 ℓ_1 范数有多接近 x），存在常量 $\zeta>0$ 和测量矩阵 $A\in\mathbb{R}^{m\times n}$ 的一个数列，当 $n\to\infty$ 时，有

$$\|\hat{x}-x\|_1\leqslant\frac{2(C+1)\sigma_k(x)_1}{C-1} \tag{7.3}$$

式中，$x\in\mathbb{R}^n$，$\sigma_k(x)_1$ 是 x 的余下 $(n-k)$ 个元素的所有可能的最小 ℓ_1 范数（$k=\zeta n$）。这里 ζ 是 C 和 δ 的函数，但是独立于 n。特别地，我们有以下定理。

定理 7.1 n、m、k、x、$\hat{x}$ 和 $\sigma_k(x)_1$ 的定义如上。定义 K 为 $\{1, 2, \cdots, n\}$ 的子集，且 $|K|=k$，其中 $|K|$ 表示 K 的基数，K_i 表示 K 的第 i 个元素，$\overline{K}=\{1, 2, \cdots, n\}\setminus K$。

然后式（7.2）产生的解 $\hat{x}$ 对于所有的 $x\in\mathbb{R}^n$ 满足：

$$\|\hat{x}-x\|_1\leqslant\frac{2(C+1)\sigma_k(x)_1}{C-1} \tag{7.4}$$

对于所有在 A 的零空间的向量 $w\in\mathbb{R}^n$ 以及所有的 K 满足 $|K|=k$，有

$$C\|w_K\|_1\leqslant\|w_{\overline{K}}\|_1 \tag{7.5}$$

式中，w_K 表示取子集 K 部分的 w。

进一步，如果 $A\in\mathbb{R}^{m\times n}$ 是一个随机矩阵，且满足零均值高斯分布，则当 $n\to\infty$ 时，对于任意的常量 $C>1$ 和任意的 $\delta=m/n>0$，存在 $\zeta(\delta, C)=k/n>0$，使得式（7.4）和式（7.5）以极大的概率成立。

正如我们所说，推广的 Grassmann 角几何框架可以用来分析零空间“平衡性”的情形式（7.5），因此建立了 δ、ζ 和 C 之间的关系。比如，当 $\delta=m/n$ 变化时，图 7.1 展示了信号稀疏度 ζ 与参数 C 之间的趋势，这决定了 ℓ_1 最小化的鲁棒性[㊀]。我们注意到上述的定理包括了精确 k 稀疏的信号的完美重建。对于精确 k 稀疏的信号，$\sigma_k(x)_1=0$，所以由式（7.4）得到当 $C\to1$ 时 $\|\hat{x}-x\|_1=0$，即 $\hat{x}=x$。当 $C=1$ 时，由参考文献［15］可知，对于精确 k 稀疏的信号，这个零空间的特征实质上等价于邻近多面体的表征。

Grassmann 角框架可以用来描述受到噪声干扰的测量模型 $y=Ax+e$ 的稀疏信号恢复的表现，此处 e 是一个 $m\times1$ 的加性噪声向量，且 $\|e\|_2\leqslant\epsilon$。我们仍然可以使用式（7.2）来求解 $\hat{x}$。只要矩阵 A 的秩为 m，以及它的最小奇异值 $\sigma_m>0$，总存在一个 $n\times1$ 的向量 Δx 满足 $\|\Delta x\|_2\leqslant\frac{1}{\sigma_r}\epsilon$ 以及 $y=A(x+\Delta x)$，即 y 可以看成是由 x 的扰动生成的。在分析 $\|x-\hat{x}\|_1$ 时，扰动 Δx 同样也可以

㊀ 在其他文献中，这种意义上的“鲁棒性”的概念通常称为“稳定性”，如参考文献［7］。——原书注

看成是x_K。为了进一步界定$\| x-\hat{x} \|_2$，可以使用 7.1.3 节描述的欧几里得性质。更多关于基于 Grassmann 角框架的观测噪声，请见参考文献［42］。

除了在定理 7.2 中讨论的ℓ_1范数的鲁棒性，关于ℓ_p范数的鲁棒性也有讨论，后者包含了其他类型的零空间性质。读者可以参考第 1 章关于这个主题的概述。在参考文献［14］中阐述了关于恢复近似稀疏信号的ℓ_1范数鲁棒性的一个类似的表达，其中使用了 RIP 条件来分析关于恢复近似稀疏信号的零空间性质；然而，没有给定ζ的特定值。通过消息传递分析方法，参考文献［16］最近对一个相关但不同的问题——描述 LASSO 恢复方法的信号稀疏与噪声敏感度之间的趋势进行了研究。在本书第 9 章中有关于这个消息传递分析方法的概述。

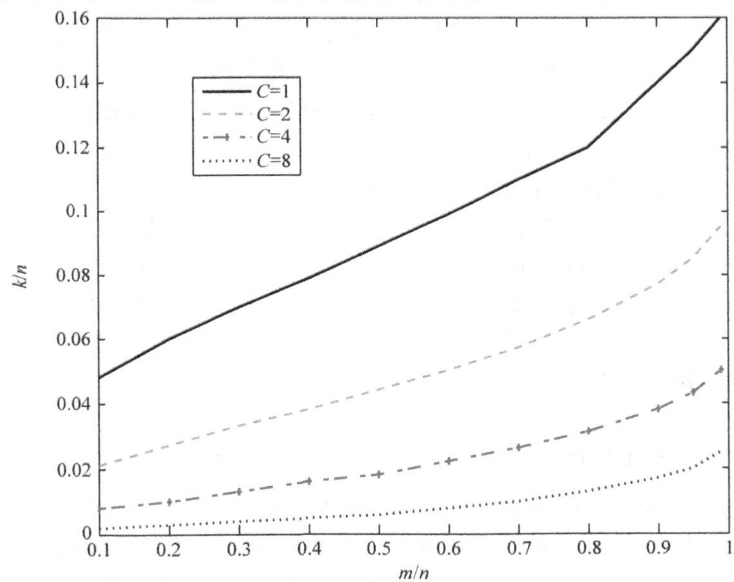

图 7.1　信号稀疏度与ℓ_1恢复鲁棒性之间的趋势，两者是 C 的函数（恢复信号的允许误差是$\frac{2(C+1)\sigma_k(x)_1}{C-1}$）。

7.1.2　加权和迭代重加权 ℓ_1最小化阈值

虽然信号 x 的统计先验知识已知，但是应该使用更好的解码方法来解决加权ℓ_1最小化规划问题[29]。加权ℓ_1最小化解决以下广义版本的ℓ_1最小化问题：

$$\min_{Az=y} \| z \|_{w,1} = \min_{Az=y} \sum_{i=1}^{n} w_i \mid z_i \mid \tag{7.6}$$

式中，权重w_i可以是调节先验信息的任何非零实数。比如，如果先验信息表明x_i很可能为零或者很小，那么可以使用与之对应的较大权重来抑制它在解码过程中趋于零或很小。

再者，加权ℓ_1最小化的成功解码是零空间“平衡”情形的一个加权版本。结果表明零空间 Grassmann 角框架也可以给出加权ℓ_1最小化算法的锐利稀疏恢复阈值分析[29]。如果先验知识可知，相变现象会更好。如果信号的先验知识不可知，这个零空间角框架也可以用来分析迭代重加权 ℓ_1 最小化算法[44]。在其中我们第一次严格表明，重加权 ℓ_1 算法与简单的 ℓ_1 最小化算法比较，可以提高感兴趣类型信号的相变阈值。

7.1.3 与其他阈值边界的比较

在本节中，我们将回顾建立 ℓ_1 最小化稀疏恢复阈值的其他方法，并比较它们的优势和缺陷。

1. 约束等距性质

在参考文献［9，11］中指出，如果矩阵 A 满足著名的约束等距性质（RIP），那么任何非零元素个数不超过 $k=\zeta n$ 的未知向量 x 都可以通过解式（7.2）重建，其中 ζ 是一个绝对常数且为 δ 的函数，但是独立于 n，并且有确界[11]。请参看第 1 章关于 RIP 条件的定义和应用。然而，注意到 RIP 条件仅仅是 ℓ_1 最小化式（7.2）产生稀疏解的充分条件。而这是由 RIP 条件获得的 ζ 的阈值边界不太锐利的原因之一。此阈值边界通常是由邻近多面体方法或在本章讨论的其推广的 Grassmann 角方法获得的 ζ 的阈值边界的一小部分。

RIP 条件的其中一个优势是其适用于大规模测量矩阵。结果表明，对于每个元素符合零均值高斯独立同分布的测量矩阵，符合伯努利分布的测量矩阵，以及随机傅里叶测量矩阵，都以极大概率满足 RIP 条件[11, 2, 33]。与之相反，虽然实验证明邻近多面体方法和 Grassmann 角方法在预测相变方面具有普遍性[18]，但是仅仅对于零均值高斯独立同分布的测量矩阵得到严格有效的应用。当存在观测噪声时，RIP 条件对界定重建误差的 ℓ_1 范数也比较方便。

2. 邻近多面体方法

正如之前讨论的，在求解理想 k 稀疏信号过程中，通过建立 k 邻近多面体与 ℓ_1 最小化的联系，Donoho 和 Tanner 给出了求解理想 k 稀疏信号的精确相变[15, 20]。本章中的 Grassmann 角方法是邻近多面体方法的推广[15, 20]。邻近多面体方法只能用以分析理想稀疏向量，而推广的 Grassmann 角方法是用来给出零空间“平衡”情形的锐利相变，这在一般情形下很有用，比如分析 ℓ_1 最小化、加权 ℓ_1 最小化和迭代重加权 ℓ_1 最小化的鲁棒性。数学上，在本章我们需要使用 Grassmann 角方法推导适用于多种几何角的公式。在本章中，与参考文献［15］中估计渐进面类似，使用同样的计算技术来估计 Grassmann 角的近似。

3. 球面切割性质方法

在参考文献［28，40，45，46］中，使用从 Kashin - Garnaev - Gluskin 不等式[23, 27, 46]推导的线性子空间的球面分割性质，分析零空间情形 ζ 的阈值边界。Kashin - Garnaev - Gluskin 不等式表明一个均匀分布的（$n-m$）维子空间，所有来自这个子空间的向量 w 以极大的概率满足球面切割性质：

$$\| w \|_1 \geqslant \frac{c_1 \sqrt{m}}{\sqrt{1+\log(n/m)}} \| w \|_2 \tag{7.7}$$

式中，c_1 是独立于问题维数的常量。注意，$\| w \|_1 \leqslant \sqrt{n} \| w \|_2$ 成立，当且仅当 w 是恒定幅度的完全平衡向量时等式成立。所以自然地，看看这个球面切割性质是否可以被用来研究子空间的“平衡”性质[45]。这个方法延伸到一般的矩阵，如随机高斯矩阵、随机伯努利矩阵、随机傅里叶

矩阵[40]，以及适用于稀疏恢复的鲁棒性[46]。通过此方法给出的阈值边界 ζ 有时比 RIP 条件给出的要好[45]，但是通常情况下比邻近多面体方法给出的要差，部分原因是文献中使用的c_1是粗略估计的。

4. 球面覆盖方法

参考文献［21，38，39］使用球面覆盖方法分析了零空间情形。对于 A 的零空间中的每个向量 w，假定子空间性质式（7.5）成立。我们可以把注意力放在满足 $w=Bv$ 的点，其中 $B\in\mathbb{R}^{n\times(n-m)}$是 A 的零空间的一个恒定的基，v 是$\mathbb{R}^{n-m}$空间中单位欧几里得球面上的任意点。这个提出的球面覆盖方法用密集的离散点覆盖单位欧几里得球面，所以这个球面上的任意一点都有对应的足够近的离散点。如果这些离散点产生的向量满足零空间情形式（7.5），可以推测单位欧几里得球面上的所有点和 A 的零空间的所有点也满足零空间情形。

根据这个方法，参考文献［21，38，39］建立了不同的阈值边界。这些边界通常比 RIP 条件产生的边界要好，但是比 Grassmann 角方法产生的边界弱。但是当 m 非常接近于 n 的情况下，球面覆盖方法产生的阈值边界比邻近多面体方法好。

5. "网格逃离"方法

最近，参考文献［36］使用"网格逃离"理论建立了 ℓ_1最小化的锐利阈值的一个代替框架。这个"网格逃离"理论对$\mathbb{R}^n$空间上均匀分布的（$n-m$）维子空间偏离$\mathbb{R}^n$上单位欧几里得球面的一组点集的概率进行了计算。"网格逃离"理论在参考文献［34］中首次用来分析稀疏重建。根据这个理论，参考文献［36］设计并计算了$\mathbb{R}^n$空间的均匀分布（$n-m$）维子空间偏离 $C=1$ 情况下违背零空间"平衡"情形点集的概率。

参考文献［36］的这个方法产生的阈值边界几乎与邻近多面体方法一致；然而，对于部分或强恢复，它给出不同的阈值边界（在某些区域邻近多面体方法给出的边界更好，在其他区域"网格逃离"方法更好）。完全理解"网格逃离"方法与邻近多面体方法的联系应该是一大热点。

6. 消息传递分析方法

最近的研究工作[16,17]通过图像模型和新的消息传递分析方法给出了大规模 ℓ_1最小化和 ℓ_1正则回归问题的阈值边界。对于这些有趣方法的具体细节，读者可以参考第9章。通过比较，Grassmann 角方法可以提供在"弱""部分"和"强"感知的 ℓ_1范数边界鲁棒性的结果（见7.8节），同时在平均情况下消息传递分析方法在提供鲁棒结果方面具有更强大的能力[17]。

7.1.4　高维几何的一些概念

在本节中，我们会给出一些经常使用的几何术语的解释，用于快速参考。

1. Grassmann 流形

Grassmann 流形是指 j 维欧几里得空间$\mathbb{R}^j$的 i 维子空间 $\mathrm{Gr}_i(j)$。可知在空间$\mathrm{Gr}_i(j)$总存在一个特殊的不变测度μ'满足$\mu'(\mathrm{Gr}_i(j))=1$。

更多关于 Grassmann 流形的细节，请见参考文献［5］。

2. 多面体，面，点

本章中的多面体指的是欧几里得空间有限个数的点组成的凸包。多面体的任意一个端点都是这个多面体的顶点。多面体的面定义为一组顶点的凸包，使得该凸包中的任意点都不是多面体的内部点。一个面的维度指的是这个面的仿射包的维度。关于凸多面体请见参考文献［26］。

3. 正轴形

n 维正轴形指的是单位 ℓ_1 球的多面体，即其集合

$$\{x \in \mathbb{R}^n \mid \| x \|_1 = 1\}$$

n 维度正轴形有 $2n$ 个顶点，即 $\pm e_1$，$\pm e_2$，…，$\pm e_n$，其中 e_i，$1 \leqslant i \leqslant n$ 是第 i 个元素为 1 的单位向量。在同一个坐标轴上，任意 k 个没有相反对的顶点组成了（$k-1$）维的多面体的面。所以正轴形具有 $2^k\binom{n}{k}$ 个维度是（$k-1$）的面。

4. Grassmann 角

Grassmann 流形下 n 维锥体的 Grassmann 角是与锥体非平凡相交（即除了原点之外的另一点）的 i 维子空间（在 $\mathrm{Gr}_i(n)$ 上）的测度。更多关于 Grassmann 角、内角和外角的细节，请见参考文献［25，26，31］。

5. 通过从集合 A 中观察集合 B 获得的锥体

在本章中，当我们说"通过从集合 A 中观察集合 B 获得的锥体"，指的是所有形式为 $x_1 - x_2$ 的向量组成的圆锥壳，其中 $x_1 \in B$，$x_2 \in A$。

6. 内角

处于多面体或多面锥体的两个面 F_1 和 F_2 之间的内角 $\beta(F_1, F_2)$，是通过面 F_1 观察到的面 F_2 获得的锥体覆盖下的超球体 S 的一部分。当 $F_1 \not\subseteq F_2$ 时内角 $\beta(F_1, F_2)$ 定义为 0，当 $F_1 = F_2$ 时定义为 1。注意，超球体 S 的维度与讨论的对应的锥体的维度相匹配。超球体的中心也是对应锥体的顶点。所有这些默认值也适用于外角的定义。

7. 外角

处于多面体或多面锥体的两个面 F_3 和 F_4 之间的外角 γ（F_3，F_4），是超平面法外线的锥体覆盖下的超球体 S 的部分，其中超平面支撑面 F_3 和 F_4。当 $F_3 \not\subseteq F_4$ 时外角 $\gamma(F_3, F_4)$ 定义为 0，当 $F_3 = F_4$ 时定义为 1。

7.1.5　组织结构

余下的其他部分的组织结构如下。7.2 节介绍了零空间特征，用以保证使用 ℓ_1 最小化进行信号恢复的鲁棒性。7.3 节展示了用于分析零空间特征的基于 Grassmann 角的高维几何框架。7.4～7.7 节给出了一些满足矩阵零空间特征的解析边界，这些矩阵满足旋转不变形，如独立同分布的高斯矩阵。7.8 节展示了 Grassmann 角分析框架可以拓展到分析信号恢复鲁棒性的"弱""部分"和"强"概念。

7.9 节给出了信号恢复鲁棒性性能边界的数值估计。7.10 节和 7.11 节介绍了 Grassmann 角框架方法在分析加权 ℓ_1 最小化和迭代重加权 ℓ_1 最小化算法的应用。

7.12 节是总结。在 7.13 节中提供了相关引理和定理的证明。

7.2　零空间特征

本节将介绍矩阵 A 的一个有用的特征描述。这个特征描述将建立矩阵 A 的充要条件，使得式

(7.2) 的解逼近式 (7.1) 的解，这样式 (7.3) 成立。(这个结果的变种详见参考文献 [22, 30, 45, 14, 38, 39, 28] 等)。

定理7.2　假设 A 是一个 $m\times n$ 的一般测量矩阵。令 $C>1$ 为一个正数。假设 $y=Ax$ 且 w 是一个 $n\times 1$ 的向量。令 K 是 $\{1, 2, \cdots, n\}$ 的子集满足 $|K|=k$，其中 $|K|$ 是 K 的基数，K_i 表示 K 的第 i 个元素。令 $\overline{K}=\{1, 2, \cdots, n\}\backslash K$。然后对于任意的 $x\in\mathbb{R}^n$，任意满足 $|K|=k$ 的 K，式 (7.2) 产生的任意解 $\hat{x}$ 将满足：

$$\|x-\hat{x}\|_1\leqslant\frac{2(C+1)}{C-1}\|x_{\overline{K}}\|_1 \tag{7.8}$$

如果 $\forall w\in\mathbb{R}^n$ 满足：

$$Aw=0$$

且 $\forall K$ 满足 $|K|=k$，我们有

$$C\|w_K\|_1\leqslant\|w_{\overline{K}}\|_1 \tag{7.9}$$

相反地，存在测量矩阵 A、向量 x 及对应的 $\hat{x}$ ($\hat{x}$ 是式 (7.2) 的一个极小值，使得对于某些集合 K 的基数 k 和零空间 A 的一些向量 w，式 (7.9) 不成立)，并且

$$\|x-\hat{x}\|_1>2\frac{(C+1)}{C-1}\|x_{\overline{K}}\|_1$$

证明：首先假设矩阵 A 满足零空间性质，即式 (7.9)，我们想证明任意解 $\hat{x}$ 满足式 (7.8)。注意，式 (7.2) 的解满足：

$$\|\hat{x}\|_1\leqslant\|x\|_1$$

式中，x 是原始信号。由于 $A\hat{x}=y$，易知 $w=\hat{x}-x$ 在 A 的零空间中。所以我们可以进一步写成 $\|x\|_1\geqslant\|x+w\|_1$。使用 ℓ_1 范数的三角不等式，可以得到

$$\begin{aligned}\|x_K\|_1+\|x_{\overline{K}}\|_1&=\|x\|_1\\&\geqslant\|\hat{x}\|_1=\|x+w\|_1\\&\geqslant\|x_K\|_1-\|w_K\|_1+\|w_{\overline{K}}\|_1-\|x_{\overline{K}}\|_1\\&\geqslant\|x_K\|_1-\|x_{\overline{K}}\|_1+\frac{C-1}{C+1}\|w\|_1\end{aligned}$$

式中，最后的不等式是从零空间性质得到的。联立以上不等式的头和尾，

$$2\|x_{\overline{K}}\|_1\geqslant\frac{(C-1)}{C+1}\|w\|_1$$

现在我们证明该理论的第二部分，即当式 (7.9) 不成立时，存在误差约束式 (7.8) 不成立的情况。

考察一个 $m\times n$ 的一般矩阵 A'。对于每个整数 $1\leqslant k\leqslant n$，所有大小为 $|K|\leqslant k$ 的集合 K，矩阵 A' 零空间的所有非零向量 w，定义 h_k 是 $\frac{\|w_K\|_1}{\|w_{\overline{K}}\|_1}$ 的上确界。令 k^* 为满足 $h_k\leqslant 1$ 的最大的 k。然后总存在 A 零空间的非零向量 w' 和大小为 k^* 的集合 K^*，满足

$$\|w'_{K^*}\|_1=h_{k^*}\|w'_{\overline{K^*}}\|_1$$

通过矩阵 A' 的部分 A'_{K^*} 与 h_{k^*} 的相乘，产生一个新的测量矩阵 A。然后我们有 A 的零空间的向量 w，满足

$$\| w_{K^*} \|_1 = \| w_{\overline{K^*}} \|_1$$

现在我们令信号向量 $x = (-w_{K^*}, 0_{\overline{K^*}})$，并且 $\hat{x} = (0, w_{\overline{K^*}})$ 是式（7.2）的最小值。实际上，注意到h_{k^*}的定义，我们知道矩阵 A 的零空间的所有向量w''满足 $\| x + w'' \|_1 \geq \| x \|_1$。假设 $k^* \geq 2$ 且 $K'' \subseteq K^*$ 是对应于 x_{K^*} 的最大幅度的（$k^* - i$）个元素的索引集合，其中 $1 \leq i \leq (k^* - 1)$。从k^*的定义可知，因为对于集合K^*的任意索引，w 是非零向量，显然有 $C' = \dfrac{\| w_{\overline{K''}} \|_1}{\| w_{K''} \|_1} > 1$。现在令$C = \dfrac{\| w_{\overline{K''}} \|_1}{\| w_{\overline{K''}} \|_1} + \epsilon$，其中 $\epsilon > 0$ 是集合K^*的任意小的正数。所以对于向量 w，集合K''，以及定义的常量 C，式（7.9）不成立。

通过观察，解的误差是

$$\| x - \hat{x} \|_1 = \frac{2(C'+1)}{C'-1} \| x_{K''} \|_1 > \frac{2(C+1)}{C-1} \| x_{K''} \|_1$$

超过了误差边界式（7.8）（对于集合K''）。

1. 讨论

注意，对于基数 k 的所有集合 K，式（7.9）成立，则

$$2 \| x_{\bar{K}} \|_1 \geq \frac{(C-1)}{C+1} \| \hat{x} - x \|_1$$

对于与向量 x 的 k 个最大（幅度）成分对应的集合 K 也成立。所以，

$$2\sigma_k(x)_1 \geq \frac{(C-1)}{C+1} \| \hat{x} - x \|_1$$

与式（7.3）精确对应。有趣的结果是，对于一个固定的测量矩阵 A，由于 $C > 1$ 而式（7.9）不成立，并不一定意味着存在向量 x 和式（7.2）的最小解$\hat{x}$使得式（7.8）不成立。比如，假设 $n = 2$，测量矩阵 A 的零空间是一个一维子空间，并且向量（1，100）是它的基。然后当 $C = 101$，集合 $K = \{1\}$ 时，矩阵 A 的零空间不满足式（7.9）。但是仔细观察发现，当 x 为（-1，1）时，可能的最大值$\dfrac{\| x - \hat{x} \|_1}{\| x_{\bar{K}} \|_1}$（$\| x_{\bar{K}} \|_1 \neq 0$）等于$\dfrac{100+1}{100} = \dfrac{101}{100}$。实际上，所有 $b \neq 0$ 的向量 $x = (a, b)$ 都有$\dfrac{\| x - \hat{x} \|_1}{\| x_{\bar{K}} \|_1} = \dfrac{101}{100}$。然而，式（7.8）有$\dfrac{2(C+1)}{C-1} = \dfrac{204}{100}$。这表示对于特定的测量矩阵 A，对于$\dfrac{\| x - \hat{x} \|_1}{\| x_{\bar{K}} \|_1}$的最紧的误差边界应该包含矩阵 A 的零空间的具体结构。但是对于一般的测量矩阵 A，如定理 7.2 所示，式（7.9）情形是保证式（7.8）成立的充要条件。

2. 分析零空间情形：高斯情形

在本章的其余部分，对于给定值 $\delta = m/n$ 和任意值 $C \geq 1$，我们致力于寻找一个可行值 $\zeta = \rho\delta = k/n$，存在矩阵 A 的一个序列使得对于所有大小为 k 的集合 K，当 n 趋于无穷大且 $m/n = \delta$ 时，零空间情形式（7.9）成立。对于一个特定的矩阵 A，很难检查式（7.9）情形是否满足。取而代之，我们考虑选择一个矩阵 A，A 的每个元素满足高斯独立同分布$\mathcal{N}(0, 1)$，并分析对于什么样的 ζ，当 n 趋于无穷大时零空间以极大概率满足式（7.9）情形。这个高斯矩阵在压缩感知

研究中广泛应用，见第 1 章和第 9 章。

以下的引理描述了 A 的零空间结果，这个结果也是相当的有名[8,32]。

引理 7.1　令 $A \in \mathbb{R}^{m \times n}$ 是一个满足高斯独立同分布 $\mathcal{N}$（0，1）的矩阵。有以下结论：

- A 的分布具有右旋转不变性：对于任意的 Θ 满足 $\Theta\Theta^* = \Theta^*\Theta = I$，$P_A(A) = P_A(A\Theta)$。
- 存在一个 A 的零空间的基 Z，使得 Z 的分布具有左旋转不变性：对于任意的 Θ 满足 $\Theta\Theta^* = \Theta^*\Theta = I$，$P_Z(Z) = P_Z(\Theta^* Z)$。
- 总存在零空间的基 Z 满足高斯独立同分布 $\mathcal{N}$（0，1）。

从定理 7.2 和引理 7.1 可以看出，A 的零空间满足旋转不变性。对满足旋转不变性的分布采样，等价于对高斯流形 $\mathrm{Gr}_{(n-m)}(n)$ 的随机（$n-m$）维子空间的均匀采样。对于任意的 A 和理想的稀疏信号，锐利边界[15]适用。然而，对于近似稀疏信号，我们可以看到理想稀疏信号的邻近多面体情形已经不适用于提出的零空间分析方法。取而代之，在本章我们将给出统一的 Grassmann 角框架直接分析提出的零空间性质。

7.3　零空间特征的 Grassmann 角框架

在本节我们将具体讨论用于分析在 $\zeta = k/n$ 的边界 Grassmann 角框架，使得对于零空间的每个向量都成立，该零空间用 Z 表示。更详细地，对于一个特定的常量 $C > 1$（或 $C \geqslant 1$），对应于恢复近似稀疏信号的精确水平，我们感兴趣的是可以获得什么缩放比例 k/n，同时在 $Z(|K| = k)$ 满足以下情形：

$$\forall w \in Z, \forall K \subseteq \{1,2,\cdots,n\}, C\|w_K\|_1 \leqslant \|w_{\overline{K}}\|_1 \tag{7.10}$$

从式（7.10）情形的定义可知，在最大的稀疏水平 k 和参数 C 之间存在平衡。当 C 增大时，最大的 k 使得式（7.10）稀疏越明显，同时由于项 $\|x_{\overline{K}}\|_1$，ℓ_1 最小化越鲁棒。我们推导过程的关键是以下的引理：

引理 7.2　对于特定的子集 $K \subseteq \{1, 2, \cdots, n\}$ 满足 $|K| = k$，零空间 Z 满足：

$$C\|w_K\|_1 \leqslant \|w_{\overline{K}}\|_1, \forall w \in Z$$

等价于对于 k 子集 K 上任意的 x（或 K 子集支撑）：

$$\|x_K + w_K\|_1 + \left\|\frac{w_{\overline{K}}}{C}\right\|_1 \geqslant \|x_K\|_1, \forall w \in Z \tag{7.11}$$

证明：首先，假设 $C\|w_K\|_1 \leqslant \|w_{\overline{K}}\|_1$，$\forall w \in Z$。使用三角不等式，我们有

$$\begin{aligned} &\|x_K + w_K\|_1 + \left\|\frac{w_{\overline{K}}}{C}\right\|_1 \\ \geqslant &\|x_K\|_1 - \|w_K\|_1 + \left\|\frac{w_{\overline{K}}}{C}\right\|_1 \\ \geqslant &\|x_K\|_1 \end{aligned}$$

于是证明了这个引理的前面部分。现在假设用 $\exists w \in Z$ 代替，于是 $C\|w_K\|_1 > \|w_{\overline{K}}\|_1$。然后我们可以构造一个在集合 K（或 K 子集）的向量 x，有 $x_K = -w_K$。然后我们有

$$\| x_K + w_K \|_1 + \| \frac{w_{\bar{K}}}{C} \|_1$$

$$= 0 + \| \frac{w_{\bar{K}}}{C} \|_1$$

$$< \| x_K \|_1$$

证明了引理的后面部分。

如果在 Grassmann 流形的（$n-m$）维子集 Z 均匀采样，对于 $|K|=k$ 考虑情形式（7.10）满足的概率。基于引理 7.2，我们可以等价地考虑互补概率 P，即存在子集 $K \subseteq \{1, 2, \cdots, n\}$ 且 $|K|=k$，集合 K（或 K 子集）的向量 $x \in \mathbb{R}^n$ 不满足情形式（7.11）。由于子空间 Z 的线性，为了获取 P，我们可以着重关注在集合 K（或 K 子集）的正轴形（单位 ℓ_1 球体）的向量 x（$\{x \in \mathbb{R}^n \mid \| x \|_1 = 1\}$）。

首先，我们通过集合 $K \subseteq \{1, 2, \cdots, n\}$ 的标准一致界和 k 稀疏向量的符号模式提高概率 P 的上界。因为 k 稀疏向量 x 有 $\binom{n}{k}$ 个可能的支撑集和 2^k 个符号模式（非负或非正），我们有

$$P \leqslant \binom{n}{k} \times 2^k \times P_{K,-} \tag{7.12}$$

式中，$P_{K,-}$ 是对于特定的支撑集 K 的概率，存在一个特定符号模式的 k 稀疏的向量 x 不满足情形式（7.11）。对称地，不失一般性地，我们假设向量 x 的元素的符号模式是非正的。

现在关注概率 $P_{K,-}$ 的推导。因为 x 是集合 K（或 K 子集）的非正 k 稀疏向量，并且限制在正轴形 $\{x \in \mathbb{R}^n \mid \| x \|_1 = 1\}$，$x$ 也是在偏斜的正轴形（加权 ℓ_1 球）的（$k-1$）维面上，用 F 表示：

$$\mathrm{SP} = \{ y \in \mathbb{R}^n \mid \| y_K \|_1 + \| \frac{y_{\bar{K}}}{C} \|_1 \leqslant 1 \} \tag{7.13}$$

然后，$P_{K,-}$ 是存在 $x \in F$，$w \in Z$（$w \neq 0$）使得

$$\| x_K + w_K \|_1 + \| \frac{w_{\bar{K}}}{C} \|_1 \leqslant \| x_K \|_1 = 1 \tag{7.14}$$

不失一般性地，我们首先关注于一个特定的点 $x \in F$，假设其在 F 的（$k-1$）维面上的点。对于这个特定的 x，概率 P'_x，即 $\exists w \in Z$（$w \neq 0$），式（7.14）成立，是均匀选择的（$n-m$）维子空间 Z 被 x 偏移的概率，即（$Z+x$），与偏曲的正轴形相交：

$$\mathrm{SP} = \{ y \in \mathbb{R}^n \mid \| y_K \|_1 + \| \frac{y_{\bar{K}}}{C} \|_1 \leqslant 1 \} \tag{7.15}$$

即除了 x 外的其他点。

由于子空间 Z 的线性性质可知，（$Z+x$）与偏曲的正轴形 SP 相交等价于 Z 与从点 x 观察偏曲的正轴形 SP 的锥体 SP－Cone（x）非平凡相交。即 SP－Cone（x）是点集（SP－x）的圆锥壳，并且 SP－Cone（x）具有原点作为它的顶点。然而，注意到凸多面体的对称性[25,26]，SP－Cone（x）等同于任意位于面 F 的相对内点。这意味着虽然 x 是面 F 的唯一相对内点，概率 $P_{K,-}$ 与 P'_x 相等。读者可能注意到这里的一些奇异情况，因为 $x \in F$ 可能不在 F 的相对内点，但是当 x 是在 F 的内点时，SP－Cone（x）是锥体的一个子集。所以当我们将 x 限制于 F 的相对内点，不会失

去广泛性。总而言之，我们有

$$P_{K,-}=P'_x$$

我们仅仅需要确定 P'_x。从这个定义，P'_x 是关于 Grassmann 流形 $\mathrm{Gr}_{(n-m)}$（n）下多面体 SP 的面 F 的互补 Grassmann 角[25]：Grassmann 流形 $\mathrm{Gr}_{(n-m)}$（n）的（$n-m$）维均匀分布的子空间 Z 与从内点 $x\in F$ 观察偏曲多面体 SP 构建的 SP－Cone（x）非平凡相交的概率。

建立在 L. A. Santalö[35] 和 P. McMullen[31] 等人在高维积分集合和凸多面体的工作上，（$k-1$）维面 F 的互补 Grassmann 角表示成内角和外角乘积的和：

$$2\times\sum_{s\geqslant 0}\sum_{G\in\Im_{m+1+2s}(\mathrm{SP})}\beta(F,G)\gamma(G,\mathrm{SP})\tag{7.16}$$

式中，s 是任意的非负整数，G 是偏曲正轴形（$\Im_{m+1+2s}(\mathrm{SP})$ 是所有面的集合）的任意（$m+1+2s$）维面，β（·，·）表示内角，γ（·，·）表示外角。

内角和外角的基本定义如下[26,31]：

- 内角 β（F_1，F_2）是从面 F_1 观察面 F_2 得到的圆锥体覆盖的超面体 S 的一部分㊀。当 $F_1\not\subseteq F_2$ 时内角 β（F_1，F_2）定义为 0，当 $F_1=F_2$ 时定义为 1。
- 外角 γ（F_3，F_4）是在面 F_3 支撑面 F_4 的法外线的圆锥体覆盖下超面体 S 的一部分。当 $F_3\not\subseteq F_4$ 时外角 γ（F_3，F_4）定义为 0，当 $F_3=F_4$ 时定义为 1。

举个二维的偏曲多面体的例子，图 7.2 中

$$\mathrm{SP}=\{(y_1,\ y_2)\in\mathbb{R}^2\mid\|y_2\|_1+\|\frac{y_1}{C}\|_1\leqslant 1\}$$

（即钻石），其中 $n=2$，$(n-m)=1$，$k=1$。然后点 $x=(0,\ -1)$ 是偏曲多面体 SP 的零维面（即顶点）。现在从它们的定义来看，内角 $\beta(x,\ \mathrm{SP})=\beta/2\pi$ 和外角 $\gamma(x,\ \mathrm{SP})=\gamma/2\pi$，$\gamma(\mathrm{SP},\ \mathrm{SP})=1$。关于多面体 SP 的顶点 x 的互补 Grassmann 角是被 x 偏移的一维子空间（即一条线，用 Z 表示）与 $\mathrm{SP}=\{(y_1,\ y_2)\in\mathbb{R}^2\mid\|y_2\|_1+\|\frac{y_1}{C}\|_1\leqslant 1\}$ 平凡相交的概率（或等价于 Z 与从点 x 观察 SP 得到的锥体相交的概率）。显然这个概率是 β/π。对于这个例子，读者也可以轻易证实式（7.16）的准确性。

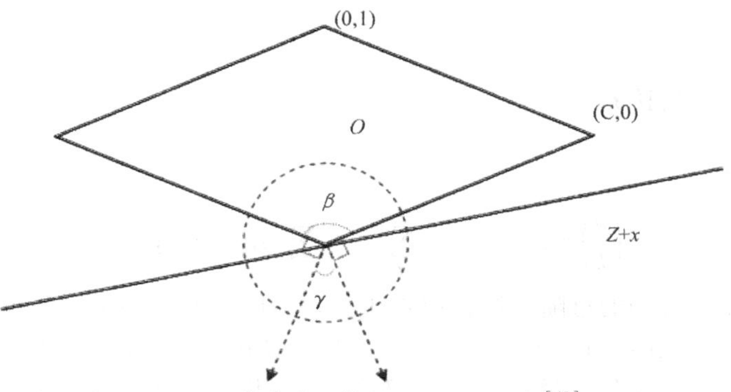

图 7.2　偏曲多面体的 Grassmann 角[42]

㊀ 注意，这里超球面 S 的维度与讨论的对应锥体的维度匹配。超球面的中心也是对应锥体的顶点。所有的默认值也适用于外角的定义。——原书注

一般来说，可能很难对涉及的外角和内角给出特定的公式，但是幸运的是在偏曲正轴形的例子中，外角和内角都可以很容易推导。这些量的推导包含了高维几何锥体体积的计算，将在7.13 节里给出。这里我们给出最后的结果。

首先，观察（$k-1$）维面F与（$\ell-1$）维面F之间的内角β（F，G）。注意，感兴趣的情形是$F\subseteq G$，因为仅当$F\subseteq G$时β（F，G）$\neq 0$。我们会看到，如果$F\subseteq G$，从F观察G构建的锥体是直接（$k-1$）维线性子空间和（$\ell-k$）个单位向量组成的凸多面锥体的和，这些单位向量相互的内积是$\frac{1}{1+C^2k}$。所以7.13 节推导的内角是

$$\beta(F,G)=\frac{V_{l-k-1}(\frac{1}{1+C^2k},l-k-1)}{V_{l-k-1}(S^{l-k-1})} \tag{7.17}$$

式中，$V_i(S^i)$表示单位球面S^i的第i维曲面测量，同时$V_i(\alpha',\ i)$表示规则球面单纯形的球面测量，其中（$i+1$）个顶点落在单位球面S^i，（$i+1$）个顶点之间的内积是α'。所以在7.13 节里，式（7.17）等于$B(\frac{1}{1+C^2k},\ l-k)$，其中，

$$B(\alpha',m')=\theta^{\frac{m'-1}{2}}\sqrt{(m'-1)\alpha'+1}\pi^{-m'/2}\alpha'^{-1/2}J(m',\theta) \tag{7.18}$$

式中，$\theta=(1-\alpha')/\alpha'$，并且，

$$J(m',\theta)=\frac{1}{\sqrt{\pi}}\int_{-\infty}^{\infty}(\int_0^{\infty}\mathrm{e}^{-\theta v^2+2iv\lambda}\mathrm{d}v)^{m'}\mathrm{e}^{-\lambda^2}\mathrm{d}\lambda \tag{7.19}$$

第二，我们在7.13 节里推导的（$l-1$）维面G与偏曲正轴形SP之间的外角γ（G，SP）是

$$\gamma(G,\mathrm{SP})=\frac{2^{n-l}}{\sqrt{\pi}^{n-l+1}}\int_0^{\infty}\mathrm{e}^{-x^2}(\int_0^{C\sqrt{\frac{x}{k+\frac{l-k}{C^2}}}}\mathrm{e}^{-y^2}\mathrm{d}y)^{n-l}\mathrm{d}x \tag{7.20}$$

总而言之，合并式（7.12）、式（7.16）、式（7.17）和式（7.20），我们得到概率P的上确界。如果我们可以给出特定的$\zeta=k/n$，当$n\to\infty$时P趋向于零。这是下一节计算边界ζ的路线。

7.4 评估阈值界限ζ

总结一下，我们有

$$P\leqslant\binom{n}{k}\times 2^k\times 2\times\sum_{s\geqslant 0}\sum_{G\in\Im_{m+1+2s}(\mathrm{SP})}\beta(F,G)\gamma(G,\mathrm{SP}) \tag{7.21}$$

这个违背概率的上界与通过随机投影矩阵A得到的标准ℓ_1球的丢失随机投影的期望值是相似的，原始推导见参考文献［1］并在参考文献［15］使用过。然而，这两个边界之间存在两点差异。第一，不同于参考文献［15］，在式（7.21），这里不存在维度小于（$k-1$）的处理面F的项。这是因为正如在上一节解释的，在（$k-1$）维面F的相对内点仅仅考虑Grassmann角，不会丢失任何东西。第二，式（7.21）的内角和外角表达在$C\geqslant 1$时会改变，同时式（7.21）对应的角度是邻近多面体，其中$C=1$。

在接下来的几节，我们将建立参考文献［15，41］发展的技术，用于估计式（7.21）的 ζ 的边界，使得当 $C>1$、n 增大时 P 逐渐趋于 0。为了说明 C 对 ζ 的边界的影响，也为了完整性，我们将保留详细的推导。同时，为了读者更好地跟随步骤，我们对相关的量采用相同的符号。

为了分析的简化，我们定义 $l=(m+1+2s)+1$ 以及 $\nu=l/n$。在斜正轴形 SP 中，我们注意到一共有 $\binom{n-k}{l-k}2^{l-k}$ 个（$\ell-1$）维的面 G，满足 $F\subseteq G$ 以及 $\beta(F,G)\neq 0$。由于对称性，从式（7.21）得到

$$P\leqslant\sum_{s\geqslant 0}\underbrace{\underbrace{2\binom{n}{k}2^{l}\times\binom{n-k}{l-k}}_{COM_s}\beta(F,G)\gamma(G,\mathrm{SP})}_{D_s} \tag{7.22}$$

式中，$l=(m+1+2s)+1$ 且 $G\subseteq \mathrm{SP}$ 是满足 $F\subseteq G$ 的（$\ell-1$）维的单面。我们也将每个求和项和其系数定义为 D_s 和 COM_s，正如式（7.22）所示。

为了使得式（7.22）中 P 的上界当 $n\to\infty$ 时趋于 0，一个充分条件是式（7.22）的每个求和项 D_s 当 n 增大时以指数趋于 0。因为

$$n^{-1}\log(D_s)=n^{-1}\log(COM_s)+n^{-1}\log(\gamma(G,\mathrm{SP}))+n^{-1}\log(\beta(F,G))$$

如果我们要使得自然对数 $n^{-1}\log(D_s)$ 是负数，那么非负项 $n^{-1}\log(COM_s)$ 需要小于对数求和项的绝对值，后者对于内角和外角是非正的。

对于固定的 ρ、δ 和 C，结果表明存在指数衰减的 $\psi_{ext}(\nu;\rho,\delta,C)$，是 $\nu=l/n$ 的函数，其中 $\gamma(G,\mathrm{SP})$ 以指数衰减。即对于每个 $\epsilon>0$，一致性地对于 $l\geqslant\delta n$，$n\geqslant n_0(\rho,\delta,\epsilon,C)$，有

$$n^{-1}\log(\gamma(G,\mathrm{SP}))\leqslant-\psi_{ext}(\nu;\rho,\delta,C)+\epsilon$$

式中，$n_0(\rho,\delta,\epsilon,C)$ 是依赖于 ρ、δ、ϵ 和 C 的足够大的自然数。这个指数 $\psi_{ext}(\nu;\rho,\delta,C)$ 在 7.6 节有明确的说明。

类似地，对于固定的 ρ、δ 和 C，内角 $\beta(F,G)$ 以速率 $\psi_{int}(\nu;\rho,\delta,C)$ 衰减，这在 7.5 节有定义。即对任意的 $\epsilon>0$，一致性地对于 $l\geqslant\delta n$ 和 $n\geqslant n_0(\rho,\delta,\epsilon,C)$，我们有

$$n^{-1}\log(\beta(F,G))=-\psi_{int}(\nu;\rho,\delta,C)+\epsilon$$

式中，$n_0(\rho,\delta,\epsilon,C)$ 是足够大的自然数。

对于式（7.21）的系数项 COM_s，经过一些代数运算，我们知道对于任意的 $\epsilon>0$，当 $l\geqslant\delta n$ 和 $n>n_0(\rho,\delta,\epsilon)$ 时（其中 $n_0(p,\delta,\epsilon)$ 是足够大的自然数），有

$$n^{-1}\log(COM_s)=\underbrace{\nu\log(2)+H(\rho\delta)+H\left(\frac{\nu-\rho\delta}{1-\rho\delta}\right)(1-\rho\delta)}_{\text{组合增长指数}\psi_{com}(\nu;\rho,\delta)}+\epsilon \tag{7.23}$$

式中，$H(p)=p\log(1/p)+(1-p)\log(1/(1-p))$。在式（7.23）中，我们使用著名的结论：当 n 趋于无穷大时，$\frac{1}{n}\log\left(\binom{n}{\lfloor pn\rfloor}\right)$ 任意趋近于 $H(p)$[15]。

总之，如果我们定义指数：

$$\psi_{net}(\nu;\rho,\delta,C)=\psi_{com}(\nu;\rho,\delta)-\psi_{int}(\nu;\rho,\delta,C)-\psi_{ext}(\nu;\rho,\delta,C)$$

然后对于任意的 $C\geqslant 1$，任意固定的 ρ，δ，$\epsilon>0$ 和足够大的 n，有

$$n^{-1}\log(D_s) \leqslant \psi_{net}(\nu;\rho,\delta,C) + 3\epsilon \tag{7.24}$$

对于式（7.16）的求和参数 s 一致成立。

现在我们可以定义阈值边界 $\rho_N(\delta, C)$ 使得任意的 $\rho<\rho_N(\delta, C)$，式（7.21）中的概率 P 当 n 增大时以指数衰减为0。

定义 7.1 对于任意的 $\delta\in(0, 1]$ 和任意的 $C\geqslant 1$，我们定义关键的阈值 $\rho_N(\delta, C)$，作为 $\rho\in[0, 1]$ 的上确界，使得对于任意的 $\nu\in[\delta, 1]$，有

$$\psi_{net}(\nu; \rho, \delta, C)<0$$

现在是时候描述如何分别计算内角和外角的指数 ψ_{int} 和 ψ_{ext} 了。当参数 ρ、δ 和 C 是在上下文中明确的，我们可以从组合的、内在的和外在的指数概念中省略它们。

7.5 内角指数的计算

在本节中，我们首先阐述如何计算内角指数 $\psi_{int}(\nu; \rho, \delta, C)$，然后证明这个计算过程。

对于每个 v，我们有

$$\xi_{\gamma'}(y) = \frac{1-\gamma'}{\gamma'}y^2/2 + \Lambda^*(y) \tag{7.25}$$

式中，

$$\gamma' = \frac{\rho\delta}{\frac{C^2-1}{C^2}\rho\delta + \frac{\nu}{C^2}}$$

$\Lambda^*(\cdot)$是对偶大偏差率函数，由下式给出：

$$\Lambda^*(y) = \max_s sy - \Lambda(s)$$

这里的 $\Lambda(s)$ 是半正态随机量 Y 的累积量生成函数：

$$\Lambda(s) = \log(E(\exp(sY))) = \frac{s^2}{2} + \log(2\Phi(s))$$

式中，Φ 是标准高斯随机量 $\mathcal{N}(0, 1)$ 的累积分布函数。注意，一个标准的半正态随机量 $Y\sim HN(0, 1)$ 是符合标准高斯随机分布的 $X\sim\mathcal{N}(0, 1)$ 的绝对值 $|X|$。

因为对偶大偏差率函数 $\Lambda^*(\cdot)$是凸函数，在 $E(Y)=\sqrt{2/\pi}$ 取得极小值，所以 $\xi_{\gamma'}(y)$ 也是凸函数，在区间（0，$\sqrt{2/\pi}$）取得极小值。我们将 $\xi_{\gamma'}(y)$ 的极小值表示为 $y_{\gamma'}$，然后对于任意的 $C\geqslant 1$，内角指数可以计算为

$$\psi_{int}(\nu;\rho,\delta,C) = (\xi_{\gamma'}(y_{\gamma'}) + \log(2))(\nu-\rho\delta) \tag{7.26}$$

下面我们将展示式（7.26）实际上是对于任意 $C\geqslant 1$ 的内角衰减指数，即我们以类似于证明引理 6.1 的方式[15]证明下面的引理：

引理 7.3 对于 $k=\rho\delta n$，任意的 $\epsilon>0$ 和任意的 $C\geqslant 1$，当 $n>n_0(\rho, \delta, \epsilon, C)$，其中 $n_0(\rho, \delta, \epsilon, C)$ 是一个足够大的数，有

$$n^{-1}\log(\beta(F, G)) \leqslant -\psi_{int}(l/n; \rho, \delta, C) + \epsilon$$

对于任意的 $l\geqslant\delta n$ 一致成立。

实际上，使用 7.13 节里推导的内角公式，我们知道：

$$-n^{-1}\log(\beta(F,G)) = -n^{-1}\log(B(\frac{1}{1+C^2k},l-k)) \tag{7.27}$$

式中，

$$B(\alpha',m') = \theta^{\frac{m'-1}{2}}\sqrt{(m'-1)\alpha'+1}\,\pi^{-m'/2}\alpha'^{-1/2}J(m',\theta) \tag{7.28}$$

$\theta=(1-\alpha')/\alpha'$，且

$$J(m',\theta) = \frac{1}{\sqrt{\pi}}\int_{-\infty}^{\infty}\left(\int_0^{\infty}e^{-\theta v^2+2iv\lambda}dv\right)^{m'}e^{-\lambda^2}d\lambda \tag{7.29}$$

为了求解式（7.27），我们需要求解复数积分 $J(m', \theta')$。参考文献［41］详细描述了一种基于轮廓积分的鞍点方法。参考文献［15］发展了一种利用大偏差理论的概率统计方法。这两种方法都可以用在我们的例子中，当然它们的结果是一样的。我们在本章中将使用概率统计方法。基本的思想是在傅里叶域表达作为 $(m'+1)$ 概率密度的卷积的积分 $J(m', \theta')$。

引理 7.4[15]　令 $\theta=(1-\alpha')/\alpha'$。令 T 是一个满足 $N(0, \frac{1}{2})$ 分布的随机变量，$W_{m'}$ 是满足独立半正态同分布 $U_i \sim HN(0, \frac{1}{2\theta})$ 的 m' 的求和。T 和 $W_{m'}$ 是统计独立的，令 $gT_{+W_{m'}}$ 表示随机变量 $T+W_{m'}$ 的概率密度函数。有㊀

$$B(\alpha',m') = \sqrt{\frac{\alpha'(m'-1)+1}{1-\alpha'}}\cdot 2^{-m'}\cdot\sqrt{\pi}\cdot gT_{+W_{m'}}(0) \tag{7.30}$$

这里我们将这个引理应用到对于 $C \geqslant 1$ 的 $\alpha'=\frac{1}{C^2k+1}$。应用这个概率积分以及大偏差技术，正如在参考文献［15］计算的

$$gT_{+W_{m'}}(0) \leqslant \frac{2}{\sqrt{\pi}}\cdot\left(\int_0^{\mu_{m'}}ve^{-v^2-m'\Lambda^*(\frac{\sqrt{2\theta}}{m'}v)}dv + e^{-\mu_{m'}^2}\right) \tag{7.31}$$

式中，Λ^* 是满足标准半正态分布的随机变量 $HN(0, 1)$ 的速率函数，$\mu_{m'}$ 是 $W_{m'}$ 的期望。实际上，求和的第二项可以忽略，因为当 m' 增大时它的衰减速度大于第一项（注意，$-v^2-m'\Lambda^*\left(\frac{\sqrt{2\theta}}{m'}v\right)$ 是当 $v<\mu_{m'}$ 时取得最大值的凹函数；而当 $v=\mu_{m'}$ 时 $-v^2-m'\Lambda^*\left(\frac{\sqrt{2\theta}}{m'}v\right)$ 等于 $-\mu_{m'}^2$。下面描述的拉普拉斯方法表明了积分的第一项实际上衰减速度比 $e^{-\mu_{m'}^2}$ 慢）。使 $y=\frac{\sqrt{2\theta}}{m'}v$，我们得到第一项的上界：

$$\frac{2}{\sqrt{\pi}}\cdot\frac{m'^2}{2\theta}\cdot\int_0^{\sqrt{2/\pi}}ye^{-m'(\frac{m'}{2\theta})y^2-m'\Lambda^*(y)}dy \tag{7.32}$$

我们知道，m' 在式（7.32）定义为 $(l-k)$，现在我们注意到式（7.25）的函数 $\xi_{\gamma'}$ 出现在式（7.32），其中 $\gamma'=\frac{\theta}{m'+\theta}$。因为 $\theta=\frac{1-\alpha'}{\alpha'}=C^2k$，我们有

㊀ 在参考文献［15］中，项 $2^{-m'}$ 是 $2^{1-m'}$，但我们认为 $2^{-m'}$ 应该是正确的项。——原书注

$$\gamma'=\frac{\theta}{m'+\theta}=\frac{C^2k}{(C^2-1)k+l}$$

因为 k 以 $\rho\delta n$ 伸缩，l 以 νn 伸缩，我们进一步有

$$\gamma'=\frac{k}{\frac{1}{C^2}+\frac{C^2-1}{C^2}k}=\frac{\rho\delta}{\frac{C^2-1}{C^2}\rho\delta+\frac{\nu}{C^2}}$$

与我们之前在式（7.25）的定义显然一致。

回顾一下式（7.25）定义的 $\xi_{\gamma'}(y)$，然后拉普拉斯方法将给出上界：

$$gT_{+W_{m'}}(0)\leqslant \mathrm{e}^{-m'\xi_{\gamma'}(y_{\gamma'})}R_{m'}(\gamma')$$

式中，$m'^{-1}\sup_{\gamma'\in[\eta,1]}\log(R_{m'}(\gamma'))=o(1)$，对于任何 $\eta>0$，$m'\to\infty$。

把这个上界代入式（7.30），并回顾一下 $m'=(\nu-\rho\delta)n$，对于任意的 $\epsilon>0$，以及足够大的 n，

$$n^{-1}\log(\beta(F,G))\leqslant(-\xi_{\gamma'}(y_{\gamma'})-\log(2))(\nu-\rho\delta)+\epsilon$$

对于 $l\geqslant\nu n$ 一致成立，产生了在参考文献［15］中 $C=1$ 的例子。

对于任意的 $C\geqslant1$，正如在参考文献［15］所示，$\xi_{\gamma'}(y_{\gamma'})$ 变化如下：

$$\frac{1}{2}\log(\frac{1-\gamma'}{\gamma'}),\gamma'\to0 \tag{7.33}$$

因为 $\gamma'=\dfrac{\rho\delta}{\frac{C^2-1}{C^2}\rho\delta+\frac{\nu}{C^2}}$，对于任意的 $\nu\in[\delta,1]$，如果我们将 ρ 取得足够小，γ' 可以变成任意小。渐进式（7.33）意味着当 $\rho\to0$ 时，

$$\psi_{int}(\nu;\rho,\delta,C)\geqslant(\frac{1}{2}\cdot\log(\frac{1-\gamma'}{\gamma'})(1-\eta)+\log(2))(\nu-\rho\delta) \tag{7.34}$$

这产生了参考文献［15］中 $C=1$ 的例子。注意，C 增大时，内角指数渐进式（7.34）减小。

7.6　外角指数的计算

紧随着[15]，令 X 是半正态随机变量 $HN(0,1/2)$，即随机变量 $X=|Z|$，其中 $Z\sim\mathcal{N}(0,1/2)$。对于 $\nu\in(0,1]$，定义 x_ν 是下式的解：

$$\frac{2xG(x)}{g(x)}=\frac{1-\nu}{\nu'} \tag{7.35}$$

式中，$\nu'=(C^2-1)\rho\delta+V$，$G(x)$ 是 X 的累积分布函数，然后 $G(x)$ 是误差函数：

$$G(x)=\frac{2}{\sqrt{\pi}}\int_0^x\mathrm{e}^{-y^2}\mathrm{d}y \tag{7.36}$$

且对于 $x\geqslant0$，$g(x)=\frac{2}{\sqrt{\pi}}\exp(-x^2)$ 是 X 的密度函数。

考虑 $C\geqslant1$ 时 x_ν 的独立性，我们定义：

$$\psi_{ext}(\nu;\rho,\delta,C)=-(1-\nu)\log(G(x_\nu))+\nu' x_\nu^2$$

当 $C=1$ 时，我们由参考文献［15］有渐进式：

$$\psi_{ext}(\nu;\rho,\delta,1)\sim\nu\log(\frac{1}{\nu})-\frac{1}{2}\nu\log(\log(\frac{1}{\nu}))+o(\nu),\nu\to 0 \tag{7.37}$$

我们现在来证明外角指数实际上是右指数。我们首先在7.13节里给出一个 $C\geqslant 1$ 作为参数的函数的外角公式。从外角公式[15]提取指数，包含了考虑到 $C\geqslant 1$ 的必要改变。证明总结为如下引理：

引理7.5　对于任意的 $C\geqslant 1$，$\rho=k/n$ 和 $\delta=m/n$，对于任意固定的 $\epsilon_1>0$，

$$n^{-1}\log(\gamma(G,\mathrm{SP}))<-\psi_{ext}(\frac{l}{n};\rho,\delta,C)+\epsilon_1 \tag{7.38}$$

当 n 足够大，对于 $l\geqslant\delta n$ 一致成立。

证明：在7.13节里，我们推导了明确的外角积分公式：

$$\gamma(G,\mathrm{SP})=\frac{2^{n-l}}{\sqrt{\pi}^{n-l+1}}\int_0^\infty \mathrm{e}^{-x^2}(\int_0^{\frac{x}{C\sqrt{k+\frac{l-k}{C^2}}}}\mathrm{e}^{-y^2}\mathrm{d}y)^{n-l}\mathrm{d}x \tag{7.39}$$

改变积分变量之后，我们有

$$\gamma(G,\mathrm{SP})=\sqrt{\frac{(C^2-1)k+l}{\pi}}\int_0^\infty \mathrm{e}^{-((C^2-1)k+l)x^2}(\frac{2}{\sqrt{\pi}}\int_0^x\mathrm{e}^{-y^2}\mathrm{d}y)^{n-l}\mathrm{d}x \tag{7.40}$$

令 $\nu=l/n$，$\nu'=(C^2-1)\rho\delta+\nu$，然后积分公式可以写成：

$$\sqrt{\frac{n\nu'}{\pi}}\int_0^\infty \mathrm{e}^{-n\nu' x^2+n(1-\nu)\log(G(x))}\mathrm{d}x \tag{7.41}$$

式中，G 是式（7.36）的误差函数。观察到式（7.41）的渐进性，仿照参考文献［15］的方法论，我们首先定义：

$$f_{\rho,\delta,\nu,n}(y)=\mathrm{e}^{-n\psi_{\rho,\delta,\nu}(y)}\cdot\sqrt{\frac{n\nu'}{\pi}} \tag{7.42}$$

式中，

$$\psi_{\rho,\delta,\nu}(y)=\nu' y^2-(1-\nu)\log(G(y))$$

对 $\psi_{\rho,\delta,\nu}$ 应用拉普拉斯方法，得到引理7.6，其思想与参考文献［15］的引理5.2类似。我们在本章省略其证明过程。

引理7.6　对于 $C\geqslant 1$ 和 $\nu\in(0,1)$，令 x_ν 表示 $\psi_{\rho,\delta,\nu}$ 的最小值，有

$$\int_0^\infty f_{\rho,\delta,\nu,n}(x)\mathrm{d}x\leqslant \mathrm{e}^{-n\psi_{\rho,\delta,\nu}(x_\nu)(1+R_n(\nu))}$$

式中，对于 δ，$\eta>0$，

$$\sup_{\nu\in[\delta,\Gamma-\eta]}R_n(\nu)=o(1),n\to\infty$$

x_ν 正是之前式（7.35）定义的 x_ν。

回顾一下，定义的指数由下式给出：

$$\psi_{ext}(\nu;\rho,\delta,C)=\psi_{\rho,\delta,\nu}(x_\nu) \tag{7.43}$$

从$\psi_{\rho,\delta,\nu}(x_\nu)$的定义和式（7.43）可知，不难看出当$\nu\to1$，$x_\nu\to0$且$\psi_{ext}(\nu;\ \rho,\ \delta,\ C)\to0$。所以从式（7.43）和引理7.6，有

$$n^{-1}\log(\gamma(G,\mathrm{SP}))<-\psi_{ext}(l/n;\rho,\delta,C)+\epsilon_1$$

当n足够大时，对于$l\geqslant\delta n$一致成立。

7.7　$\rho_N(\delta,\ C)$的存在性与缩放

回顾一下，在确定ρ_N（δ，C）时，指数ψ_{com}需要被指数$\psi_{int}+\psi_{net}$湮没，式（7.37）和式（7.33）使我们知道ρ_N（δ，C）的如下关键事实，证明过程见7.13节。

引理7.7　对于任意的$\delta>0$和任意的$C>1$，我们有

$$\rho_N(\delta,C)>0,\delta\in(0,1) \tag{7.44}$$

这使得$\rho_N(\delta,\ C)$对于任意的$C\geqslant1$是非平凡的。最后，我们有$\rho_N(\delta,\ C)$的上界和下界，这表明了$\rho_N(\delta,\ C)$的范围是C的函数。

引理7.8　当$C\geqslant1$，对于任意的固定的$\delta>0$，有

$$\Omega(\frac{1}{C^2})\leqslant\rho_N(\delta,C)\leqslant\frac{1}{C+1} \tag{7.45}$$

式中，$\Omega(\frac{1}{C^2})\leqslant\rho_N(\delta,\ C)$表示存在一个常量$\iota(\delta)$，有

$$\frac{\iota(\delta)}{C^2}\leqslant\rho_N(\delta,C),C\to\infty$$

式中，$\iota(\delta)=\rho_N(\delta,\ 1)$。

7.8　弱、部分和强鲁棒性

截至目前，我们讨论了稀疏信号重建在“强”情形的ℓ_1最小化的鲁棒性，即我们要求对于所有k稀疏信号向量x的稳定恢复。但是在应用或性能分析中，我们也经常对弱感知的信号恢复感兴趣。正如我们将看到的，前面各节中给出的框架可以自然地扩展到分析稀疏信号恢复的鲁棒性的其他概念，形成相干分析方案。例如，我们希望得到一个针对单个向量的紧框架，而不是针对所有可能向量的广泛但是宽松的框架。在本节中，我们将展现矩阵A的零空间情形以保证式（7.2）在“弱”“部分”和“强”感知的性能。这里在“强”感知的鲁棒性正是我们在之前各节讨论的鲁棒性。

定理7.3　令A是一个广义的$m\times n$测量矩阵，x是一个n元素的向量，且$y=Ax$。令K表示$\{1,\ 2,\ \cdots,\ n\}$的子集，使得它的基数$|K|=k$，进一步表示$\overline{K}=\{1,\ 2,\ \cdots,\ n\}\backslash K$。令$w$表示一个$n\times1$的向量。$C>1$是一个固定的数。

- （弱鲁棒性）给定一个特定的集合K，假设x在集合K的部分，即x_K是固定的。$\forall x_{\overline{K}}$，对于式（7.2）产生的任意解满足：

$$\| x_K \|_1 - \| \hat{x}_K \|_1 \leqslant \frac{2}{C-1} \| x_{\bar{K}} \|_1$$

和

$$\| (x-\hat{x})_{\bar{K}} \|_1 \leqslant \frac{2C}{C-1} \| x_{\bar{K}} \|_1$$

当且仅当 $\forall w \in \mathbb{R}^n$ 使得 $Aw=0$，我们有

$$\| x_K + w_K \|_1 + \| \frac{w_{\bar{K}}}{C} \|_1 \geqslant \| x_K \|_1 \tag{7.46}$$

- （部分鲁棒性）给定一个特定的集合 $K \subseteq \{1, 2, \cdots, n\}$。然后 $\forall x \in \mathbb{R}^n$，式（7.2）产生的任意解将满足：

$$\| x - \hat{x} \|_1 \leqslant \frac{2(C+1)}{C-1} \| x_{\bar{K}} \|_1$$

当且仅当 $\forall x' \in \mathbb{R}^n$，$\forall w \in \mathbb{R}^n$ 使得 $Aw=0$，

$$\| x'_K + w_K \|_1 + \| \frac{w_{\bar{K}}}{C} \|_1 \geqslant \| x'_K \|_1 \tag{7.47}$$

- （强鲁棒性）如果对于所有可能的 $K \subseteq \{1, 2, \cdots, n\}$，以及对于所有的 $x \in \mathbb{R}^n$，式（7.2）产生的任意解 $\hat{x}$ 满足：

$$\| x - \hat{x} \|_1 \leqslant \frac{2(C+1)}{C-1} \| x_{\bar{K}} \|_1$$

当且仅当 $\forall K \subseteq \{1, 2, \cdots, n\}$，$\forall x' \in \mathbb{R}^n$，$\forall w \in \mathbb{R}^n$ 使得 $Aw=0$

$$\| x'_K + w_K \|_1 + \| \frac{w_{\bar{K}}}{C} \|_1 \geqslant \| x'_K \|_1 \tag{7.48}$$

证明：我们将首先展示对于鲁棒性不同的定义的零空间情形的充分性。让我们从“弱”鲁棒性部分开始。令 $w=\hat{x}-x$，我们必须有 $Aw=A(\hat{x}-x)=0$。由 ℓ_1 范数的三角不等式和 $\| x \|_1 \geqslant \| x+w \|_1$，我们有

$$\begin{aligned} &\| x_K \|_1 - \| x_K + w_K \|_1 \\ &\geqslant \| w_{\bar{K}} + x_{\bar{K}} \|_1 - \| x_{\bar{K}} \|_1 \\ &\geqslant \| w_{\bar{K}} \|_1 - 2 \| x_{\bar{K}} \|_1 \end{aligned}$$

但是式（7.46）的情形保证了：

$$\| w_{\bar{K}} \|_1 \geqslant C(\| x_K \|_1 - \| x_K + w_K \|_1)$$

所以我们有

$$\| w_{\bar{K}} \|_1 \leqslant \frac{2C}{C-1} \| x_{\bar{K}} \|_1$$

和

$$\| x_K \|_1 - \| \hat{x}_K \|_1 \leqslant \frac{2}{C-1} \| x_{\bar{K}} \|_1$$

对于“部分”鲁棒性，我们再次令 $w=\hat{x}-x$。然后这里存在一个 $x' \in \mathbb{R}^n$ 使得

$$\| x'_K + w_K \|_1 = \| x'_K \|_1 - \| w_K \|_1$$

仿照式（7.47）情形，我们有

$$\| w_K \|_1 \leqslant \| \frac{w_{\bar{K}}}{C} \|_1$$

因为

$$\| x \|_1 \geqslant \| x + w \|_1$$

仿照定理7.2的证明，我们有

$$\| x - \hat{x} \|_1 \leqslant \frac{2(C+1)}{C-1} \| x_{\bar{K}} \|_1$$

式（7.48）对于强鲁棒性的充分性如下。

必要性：因为在充分性的证明过程中，等式在三角不等式可以取得，情形式（7.46）、式（7.47）和式（7.48）对于每个 x 也是各自的鲁棒性的必要条件（否则，对于特定的 x'S，这里有 $x' = x + w$，其中 $\| x' \|_1 < \| x \|_1$，这违背了各自的鲁棒性定义。这个x'也可以是式（7.2）的解）。具体的讨论将类似地在定理7.2的第二部分的证明里进行。

"弱""部分"和"强"鲁棒性的情形看起来很类似，但是存在关键的不同。"弱"鲁棒性是对于特定的子集 K 的特定的x_K成立，"部分"鲁棒性是对于特定的子集 K 的任意x_K成立，"强"鲁棒性是对于所有可能子集的任意的x_K成立。从根本上说，"弱"鲁棒性情形式（7.46）保证了 $\hat{x}_K$ 的 ℓ_1 范数不会离 x_K 的 ℓ_1 范数太远，而且误差向量 $w_{\bar{K}}$的 ℓ_1 范数随着 $\| x_{\bar{K}} \|_1$ 线性变化。注意，如果我们定义

$$\kappa = \max_{Aw=0, w \neq 0} \frac{\| w_K \|_1}{\| w_{\bar{K}} \|_1}$$

则有

$$\| x - \hat{x} \|_1 \leqslant \frac{2C(1+\kappa)}{C-1} \| x_{\bar{K}} \|_1$$

这意味着，如果 κ 对于矩阵 A 不是无穷大，当 $\| x_{\bar{K}} \|_1$ 趋于0时，$\| x - \hat{x} \|_1$ 也趋于0。事实上，不难看出，给定一个矩阵 A，只要矩阵A_K的秩等于 $|K| = k$，则 $\kappa < \infty$，这对于 $k < m$ 广泛成立。

"弱"鲁棒性情形仅仅是对于特定的信号 x 成立，而"部分"鲁棒性情形保证了给定任意在子集 K 支撑的近似 k 稀疏信号，通过满足式（7.3），ℓ_1最小化给出了靠近原始信号的解。当我们使用一个随机产生的测量矩阵测量一个近似 k 稀疏的信号（虽然不知道解码，但是其 k 个最大幅度分量的支撑域是固定的），"部分"鲁棒性情形描述了 ℓ_1最小化对于子集 K 上的任何信号满足式（7.3）的概率。如果对于任意子集 K 当 $n \to \infty$ 时概率趋于1，我们知道存在测量矩阵 A 保证在"几乎所有"支撑域式（7.3）成立（即式（7.3）"几乎总是"成立）。而"强"鲁棒性情形保证了由任意子集 K 支撑的近似稀疏信号的恢复。"强"鲁棒性情形对于所有近似 k 稀疏信号在单个测量矩阵 A 同时保证解码边界很有用。

备注：我们应该从实践的角度注意到鲁棒性是最有意义的，并且可以从仿真中观察到（由于在检查部分和强鲁棒性时不能检查所有的x_K和所有子集 K）。

正如所期望的，当我们取 $C=1$，式（7.46）、式（7.47）和式（7.48）在矩阵 A 的零空间中对于所有的 $w \neq 0$ 严格不等，式（7.46）、式（7.47）和式（7.48）情形对于在"弱""部分"和"强"感知的理想 k 稀疏信号的精确恢复是充分必要条件[15]。

对于给定的值 $\delta = m/n$ 和任意的 $C \geqslant 1$，我们将确定可行的 $\zeta = k/n$ 的值，使得当 $n \to \infty$ 和 $m/n = \delta$ 时存在一个 A 的序列使这三种情形都满足。正如三种情形式（7.46）、式（7.47）和式（7.48）以及之前 7.3 节讨论的，我们可以自然地拓展 Grassmann 角方法来分析式（7.46）、式（7.47）和式（7.48）不满足的概率的边界。这里我们将这些概率分别表示为P_1、P_2和P_3。注意，信号x_K有$\binom{n}{k}$种可能的支撑子集 K 以及2^k种不同的信号模式。从之前的讨论中，我们知道式（7.46）情形在特定的支撑集和信号模式下不满足。然后与之前 7.3 节的推理一样，我们有 $P_1 = P_{K,-}$、$P_2 \leqslant 2^k \times P_1$ 和 $P_3 \leqslant \binom{n}{k} \times 2^k \times P_1$，其中 $P_{K,-}$是式（7.12）的概率。

值得提醒的是公式里的P_1是精确的，因为这里没有包含统一的边界，所以“弱”鲁棒性的阈值边界是紧的。总而言之，本节的结果表明即使 k 对于理想稀疏信号非常接近于弱阈值，我们仍然可以具有对于近似稀疏信号的鲁棒性结果，而使用约束等距情形的结果[10]提示对恢复鲁棒性具有更小的稀疏水平。这是第一个如此的结果。

7.9　ζ 界限的数值计算

在本节中，我们将数值估计 $\zeta = k/n$ 的性能边界，使得式（7.9）、式（7.46）、式（7.47）和式（7.48）情形当 $n \to \infty$ 时以极大概率满足。

首先，我们知道式（7.9）情形以以下概率不满足：

$$P \leqslant \binom{n}{k} \times 2^k \times 2 \times \sum_{s \geqslant 0} \sum_{G \in \Im_{m+1+2s}(\mathrm{SP})} \beta(F,G)\gamma(G,\mathrm{SP}) \tag{7.49}$$

回顾一下，我们假设 $m/n = \delta$，$l = (m+1+2s)+1 \nu = l/n$。为了使得 P 当 $n \to \infty$ 以极大概率收敛于 0，在 7.4 节讨论，一个充分条件是保证组合因子的指数：

$$\psi_{com} = \lim_{n \to \infty} \frac{\log\left(\binom{n}{k} 2^k 2 \binom{n-k}{l-k} 2^{l-k}\right)}{n} \tag{7.50}$$

和角因子的负指数：

$$\psi_{angle} = -\lim_{n \to \infty} \frac{\log(\beta(F,G)\gamma(G,\mathrm{SP}))}{n} \tag{7.51}$$

在 $\nu \in [\delta, 1)$ 满足 $\psi_{com} - \psi_{angle} < 0$ 一致成立。

仿照参考文献［15］，我们取 $m = 0.5555n$。通过在 7.6 节和 7.5 节用拉普拉斯方法分析外角和内角的衰减指数，我们可以计算其数值结果，如图 7.3、图 7.5 和图 7.6 所示。在图 7.3，我们展示了最大稀疏水平 $\zeta = k/n$（作为 C 的函数），这使得 $n \to \infty$ 时式（7.11）情形的不满足概率渐近趋于 0。我们可以看到，当 $C = 1$ 时，我们得到边界 $\zeta = 0.095 \times 0.5555 \approx 0.0528$，与参考文献［15］中得到的理想稀疏信号的“弱”边界相同。正如所期望的，当 C 增大，ℓ_1最小化要求更小的稀疏水平 ζ 来获得更高的信号恢复精度。

在图 7.4a 中，我们展示了在参数 $C = 2$、$\delta = 0.5555$ 和 $\zeta = 0.0265$ 下的指数 ψ_{com}、ψ_{int}、ψ_{ext}。

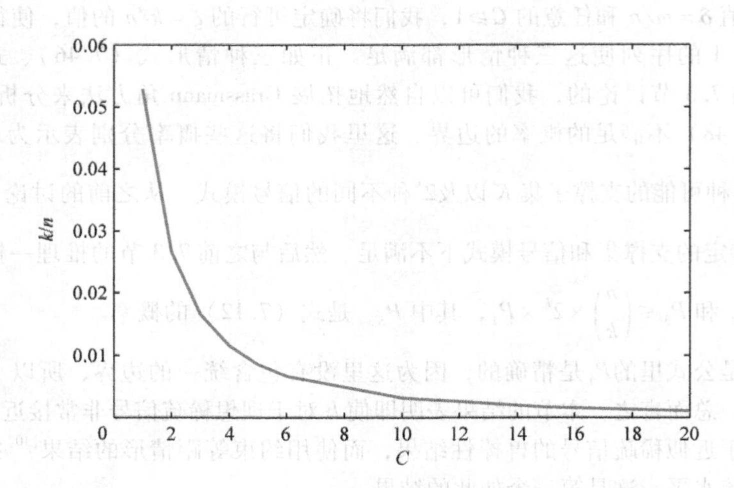

图 7.3 作为 C 的函数的允许稀疏度（允许的恢复信号不完美度是$\frac{2(C+1)\sigma_k(x)_1}{C-1}$）

对于相同的参数集，在图 7.4b 中，我们比较指数 ψ_{com} 和 ψ_{angle}：实线表示 ψ_{angle}，虚线表示 ψ_{com}。结果表示，在 $\zeta=0.0265$ 下，$\psi_{com}-\psi_{angle}<0$ 对于 $\delta\leqslant\nu\leqslant1$ 一致成立。事实上，$\zeta=0.0265$ 是图 7.3 所示的 $C=2$ 的边界。在图 7.5 中，对于参数 $\delta=0.5555$，我们给出作为 C 的函数的边界 ζ，分别在“弱”“部分”和“强”感知下满足信号恢复鲁棒性情形式（7.46）、式（7.47）和式（7.48）。在图 7.6 中，固定 $C=2$，我们画出对于不同的 $\delta's$，分别在“弱”“部分”和“强”感知下满足信号恢复鲁棒性情形式（7.46）、式（7.47）和式（7.48）的同时，$\rho=\zeta/\delta$ 可以是多大。

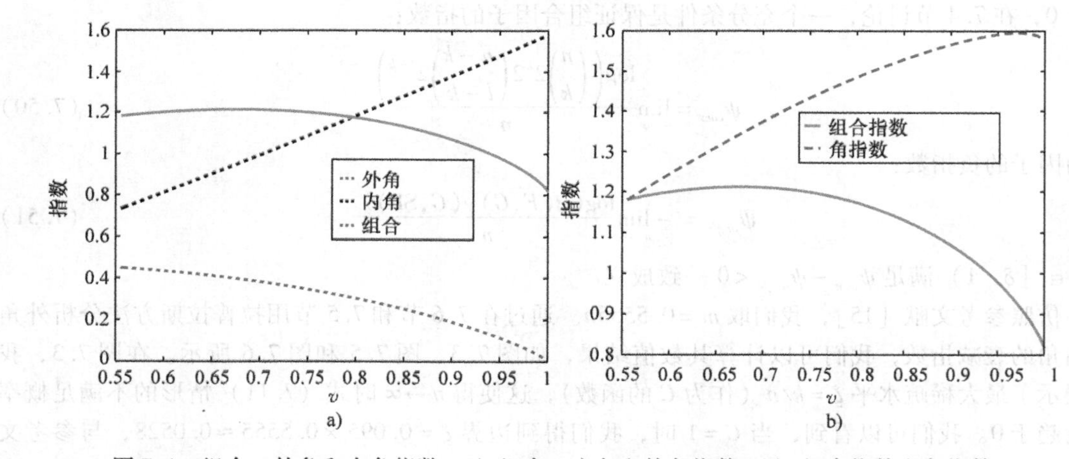

图 7.4 组合、外角和内角指数。a）组合、内角和外角指数，b）组合指数和角指数

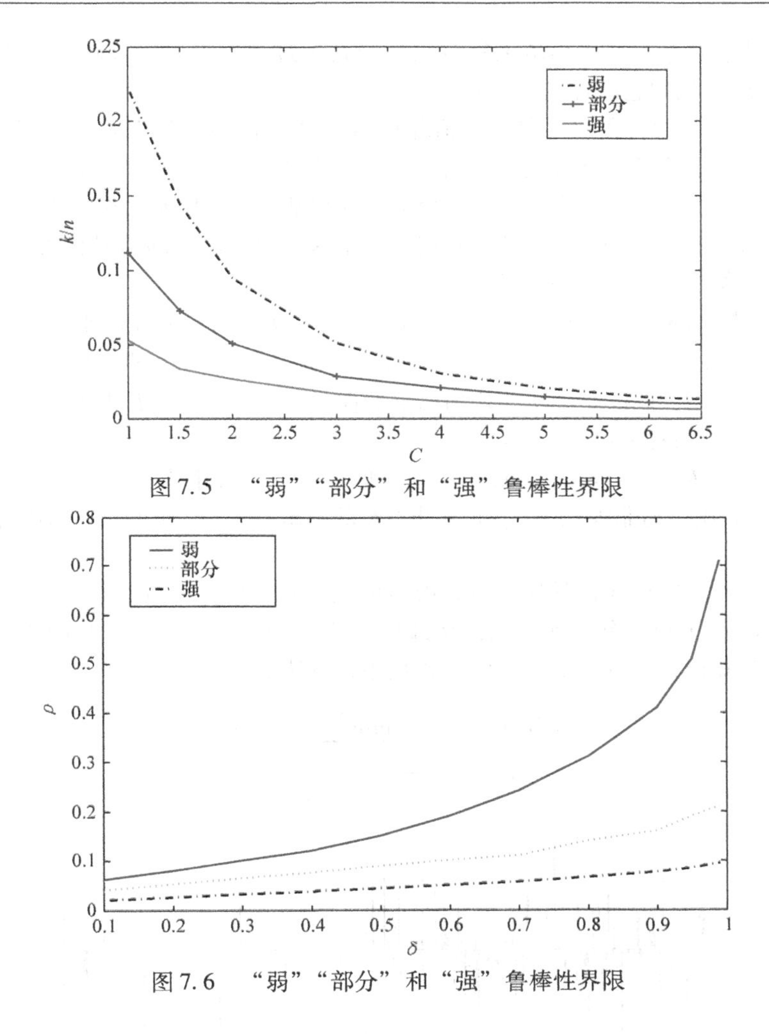

图 7.5　"弱""部分"和"强"鲁棒性界限

图 7.6　"弱""部分"和"强"鲁棒性界限

7.10　加权 ℓ_1 最小化的恢复阈值

截至目前，我们已经使用零空间 Grassmann 角几何方法对于在压缩感知中稀疏度和 ℓ_1 恢复稳定性趋势给出清晰的描述。结果表明零空间 Grassmann 角框架方法是一个可以用来对其他恢复算法给出清晰描述的广泛框架，例如，加权 ℓ_1 最小化算法和迭代重加权 ℓ_1 最小化算法。在这些应用中，这些算法的成功也可以简化为测量矩阵的零空间与多面体锥平凡相交。与这些应用类似，我们也可以描述这些锐利的稀疏转变阈值。反之，这些阈值可以帮助我们优化加权算法的结构。

压缩感知的传统方法是假设对于未知的信号向量没有先验知识，而这个信号在特定的基充分稀疏。然后在许多应用中，附加的先验信息是可以知道的，比如说自然图像、医学图像和 DNA 微阵列。在稀疏信号中怎么样挖掘这些结构信号，导致了近年来结构稀疏模型的发展，见第 1 章。比如在 DNA 微阵列中，信号通常是块稀疏的，即信号倾向于在特定的块是稀疏的[37]。

即使没有可用的先验信息，一些稀疏恢复算法的预处理过程也可以给稀疏恢复算法的内层循环提供“先验”信息（例如它的稀疏模式）[12, 29]。

在参考文献［29］中，我们考虑一个稀疏信号的特定模型，其中未知向量的项形成 u 类，每一类有一定比例的非零项。标准的压缩感知模型是只有一个类的特殊情况。我们将关注于未知信号的项有固定 u 类的情形；在第 i 个集合K_i中具有基数n_i，非零元素的比例是p_i。这个模型足够捕捉许多具有先验信息的突出特征。我们将基于这个模型产生的信号称为非均匀稀疏信号。为了完整性，我们给出一个广泛的定义。

定义 7.2 令$\mathcal{K}=\{K_1, K_2, \cdots, K_u\}$ 是 $\{1, 2, \cdots, n\}$ 的一部分，即对于 $i\neq j$，（$K_i\cap K_j=\emptyset$ 和 $\cup_{i=1}^{n} K_i=\{1, 2, \cdots, n\}$，$P=\{p_1, p_2, \cdots, p_u\}$ 是［0，1］之间的正数的集合。一个 $n\times1$ 的向量 $x=(x_1, x_2, \cdots, x_n)^{\mathrm{T}}$ 是随机非均匀稀疏的向量，具有在集合K_i上的稀疏度p_i，其中 $1\leqslant i\leqslant u$。X 是通过以下的随机过程产生的：

- 对于每个集合K_i，$1\leqslant i\leqslant u$，x 的非零元素集合是一个大小为 $p_i|K_i|$ 的随机集合。换言之，在集合K_i中有p_i比例的非零元素，p_i是在集合K_i的稀疏度。x 的非零元素的值可以是任意的非零实数值。

图 7.7 是非零元素项符合高斯分布的非均匀稀疏信号。集合的数量是 $u=2$，两个集合的大小都是 $n/2$，其中 $n=1000$。第一个类K_1的稀疏比例是 $p_1=0.3$，第二个类K_2的比例是 $p_2=0.05$。

为了应用先验知识，可以简单修改加权 ℓ_1最小化算法的 ℓ_1最小化项：

$$\min_{Az=y}\|z\|_{w,1}=\min_{Az=y}\sum_{i=1}^{n} w_i|z_i| \tag{7.52}$$

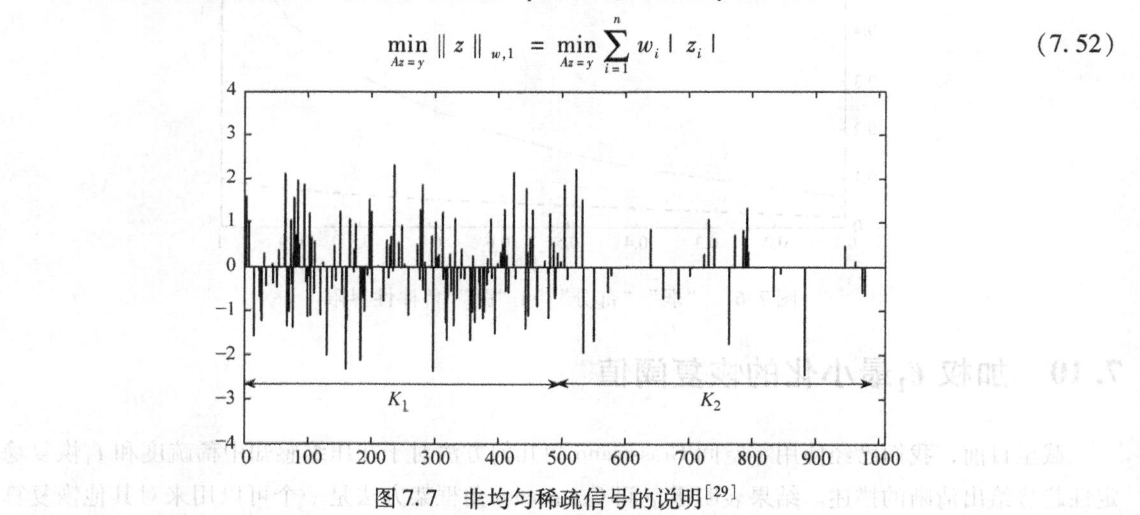

图 7.7 非均匀稀疏信号的说明[29]

范数里的索引 w 是 $n\times1$ 的非负加权向量的指示。自然地，如果我们想在解码过程中使得第 i 项的元素为 0，我们应该分配更大的w_i。为了促进稀疏恢复的性能，最好给零元素较多的块更大的权重。例如，在图 7.7 中，我们可以分配权重$W_1=1$ 给第一个块K_1，分配另一个权重$W_2>1$ 给更稀疏的块K_2。

现在问题是，为了保证一个非均匀模型的信号向量以极大概率恢复，加权 ℓ_1最小化式（7.52）以最小化测量的数量（或者测量数量的阈值）的最优权重集合是什么？

这个看起来与我们本章前面讨论的 ℓ_1最小化鲁棒性问题非常不同。然而，这两个问题通过

矩阵 A 的零空间情形联系在一起，所以 Grassmann 角框架方法可以应用到这个问题中。更具体地，假设 K 是非均匀稀疏模型的信号向量的支撑域，$\overline{K}$ 是支撑集的补，然后当且仅当下面的情形，加权 ℓ_1 最小化可以恢复 K 支撑的所有向量：

$$\| v_K \|_{w_K,1} < \| v_{\overline{K}} \|_{w_{\overline{K}},1} \tag{7.53}$$

对于矩阵 A 的零空间的每一个非零向量 v 成立。与定理 7.2 的证明同样的道理，这个加权零空间情形的证明是显然的。

在分析这个加权零空间情形时，可以将 Grassmann 角框架扩展到分析矩阵 A 的零空间不与向量 v 的“加权”锥体非平凡相交的概率：

$$\| v_K \|_{w_K,1} \geqslant \| v_{\overline{K}} \|_{w_{\overline{K}},1} \tag{7.54}$$

正如分析 ℓ_1 最小化鲁棒性，这个“不满足”的概率可以简化为分析矩阵 A 的零空间与一系列的“加权”多面体锥的相交。这当然简化为每个锥体的 Grassmann 角的计算和评估，只有这次是“加权”多面体锥体。事实上，对于任意的特殊块和稀疏参数，以及任意的权重集合，可以使用 Grassmann 角方法计算 $\delta_c = m/n$（测量所需要的）使得非均匀稀疏模型的稀疏信号向量以高的概率恢复。推导和计算与之前几节的 ℓ_1 最小化鲁棒性的步骤一样，这里为了节省篇幅就省略了。具体的技术细节，读者可以阅读参考文献［29］。下面的定理是主要的结果，证明过程可以详见参考文献［29］。

定理 7.4　令高斯测量矩阵 $A \in \mathbb{R}^{m\times n}$ 的 $\delta = m/n$，$\gamma_1 = n_1/n$，$\gamma_2 = n_1/n$。对于固定值 γ_1、γ_2、p_1、p_2、$\omega = w_{K_2}/w_{K_1}$，定义 E 是事件：随机非均匀稀疏向量 x_0（定义 7.2）在集合 K_1 和 K_2 上具有 $|K_1| = \gamma_1 n$ 和 $|K_2| = \gamma_2 n$，稀疏度分别为 p_1 和 p_2，通过加权 ℓ_1 最小化恢复。这里存在可计算的关键阈值 $\delta_c = \delta_c(\gamma_1, \gamma_2, p_1, p_2, \omega)$ 使得如果 $\delta = m/n \geqslant \delta_c$，那么当 $n \to \infty$ 时 E 以极大的概率发生。

让我们再次观察一下图 7.7 中非均匀稀疏模型。对于 $u = 2$、$\gamma_1 = |K_1|/n = 0.5$、$\gamma_2 = |K_2|/n = 0.5$、$p_1 = 0.3$、$p_2 = 0.05$，我们可以数值计算 w_{K_2}/w_{K_1} 的函数 $\delta_c(\gamma_1, \gamma_2, p_1, p_2, w_{K_2}/w_{K_1})$，结果曲线如图 7.8a 所示。这表明 $w_{K_2}/w_{K_1} \approx 2.5$ 是我们可选择的最优比例。另一个选择 p_1、p_2 的值 δ_c 如图 7.8b 所示。

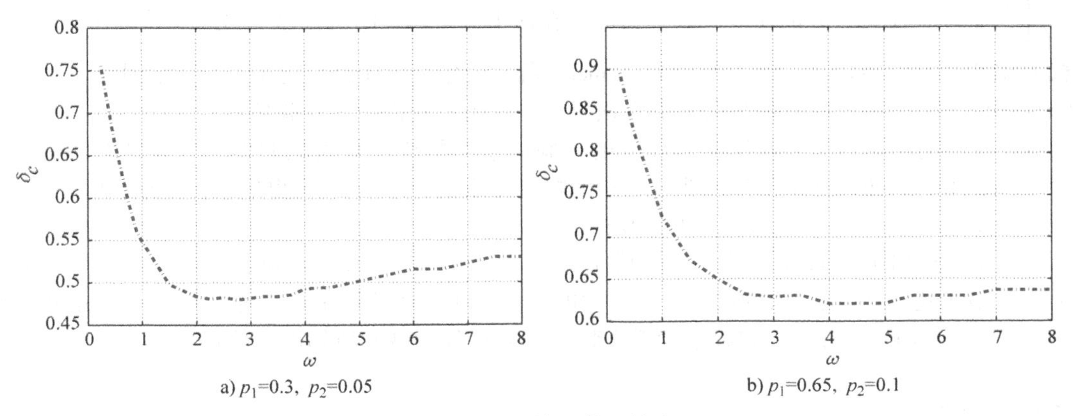

a) p_1=0.3, p_2=0.05　　b) p_1=0.65, p_2=0.1

图 7.8　δ_c 是 $\omega = w_{K_2}/w_{K_1}$ 的函数，其中 $\gamma_1 = \gamma_2 = 0.5$

7.11　近似支撑恢复和迭代重加权 ℓ_1

虽然有了一些其他多项式复杂度的稀疏恢复算法的简单和扩展研究，当没有先验知识可用时，正则化的 ℓ_1 最小化在求解广泛的稀疏信号向量中理论上仍然是具有最好的稀疏恢复阈值的性能。然而，使用 Grassmann 角框架分析方法，即使没有先验知识可用，我们也可以首次得到一类（迭代）加权 ℓ_1 最小化算法，其在可恢复稀疏水平比正则化的 ℓ_1 最小化算法具有更高的恢复阈值。因为篇幅限制，其技术细节不在这里讨论，更全面的研究可以详见参考文献［44］。

在参考文献［44］中的加权 ℓ_1 最小化算法包含了两个步骤。在第一个步骤中，使用标准的 ℓ_1 最小化算法来求解信号。注意，如果非零元素的数量超过恢复阈值，ℓ_1 最小化算法通常不会废除初始的稀疏信号。基于 ℓ_1 最小化算法的输出，识别出非零元素比较可能保留的项（所谓的近似支撑域）。未知信号的元素分成了两类：一类是具有相对高密度的非零项的近似支撑域，另一类是近似支撑域的补集，其非零元素的密度比较小。加权 ℓ_1 最小化恢复的第二个步骤是进行加权 ℓ_1 最小化（见上一节），其中近似支撑域之外的元素以大于 1 的权重进行惩罚。

算法如下，其中 k 是非零元素的数量，w 是可以调整的加权参数。

算法 7.1

1）求解 ℓ_1 最小化问题：

$$\hat{x} = \operatorname{argmin} \| z \|_1 \quad Az = Ax \tag{7.55}$$

2）获得 x 的支撑域的近似：寻找一个索引集 $L \subset \{1, 2, \cdots, n\}$，对应于 $\hat{x}$ 中幅度最大的 k 个元素。

3）求解加权 ℓ_1 最小化问题，其解如下：

$$x^* = \operatorname{argmin} \| z_L \|_1 + w \| z_{\bar{L}} \|_1 \quad Az = Ax \tag{7.56}$$

对于一个给定的测量数量，如果 x 的集合大小，即 $k = |K|$，比 ℓ_1 最小化的稀疏阈值大一点，那么 ℓ_1 最小化的鲁棒性可以通过本章的 Grassmann 角方法分析，帮助寻找一个更小的边界 $\frac{|L \cap K|}{|L|}$，即 x 在集合 L 的非零元素的密度。在这个类型的 x 的支撑域“先验”信息的帮助下，加权 ℓ_1 最小化算法可以通过上一节的 Grassmann 角方法分析，即使它的非零元素数量小于 ℓ_1 最小化恢复阈值，也保证了原始稀疏向量的全恢复。一开始，我们没有先验信息。

需要注意的是，由于一开始没有任何的先验信息，稀疏恢复阈值的提升不是针对所有类型的信号都有用。例如，如果信号的非零元素的幅度是常量，第一个步骤的支撑域估计可能非常误导人[12]，并在第二个步骤导致糟糕的恢复性能。

文献中也提出了重加权 ℓ_1 最小化的其他变种。例如，参考文献［12］的算法对每一个基于正则化 ℓ_1 最小化解 $\hat{x}$ 的绝对值的倒数分配不用的权重。在一些情形中，参考文献［44］的理论结果，通过 Grassmann 角分析，解释了参考文献［12］中经验观察所知的阈值提高。

7.12　总结

本章分析了测量矩阵的零空间描述，来保证近似稀疏信号的 ℓ_1 范数最优的特定性能。使用高维几何工具，我们给出了一个统一的基于 Grassmann 角的零空间压缩感知分析框架。这个新的框架给出了信号稀疏参数和广泛信号或近似稀疏信号的 ℓ_1 最优恢复精度之间的锐利的量化趋势。正如所料，参考文献［15］对于理想稀疏信号的邻近多面体结果可以看作是这个趋势曲线的特殊情形。所以在信号不是理想稀疏和对信号恢复质量感兴趣的应用中，这个理论很实用。例如，使用本章和参考文献［15］中的结果和它们的扩展，当先验信息可知时，我们可以给出加权 ℓ_1 最小化的精确稀疏阈值分析[29]。在参考文献［44］中，使用本章的鲁棒性结果，我们可以看到，对于感兴趣类型的信号，当先验信息不可知时，两个步骤的加权 ℓ_1 最小化算法可以提高 ℓ_1 最小化稀疏阈值。

实质上，这个工作研究了线性子空间的基础的“平衡性”。在未来的工作中，更让人感兴趣的是对含有测量噪声的压缩感知信号进行更精确的分析。

7.13　附录

7.13.1　内角的推导

引理 7.9　假设 F 是一个 $a(k-1)$ 维的斜正轴形：

$$SP=\{y\in\mathbb{R}^n \mid \|y_K\|_1+\|\frac{y_{\bar{K}}}{C}\|_1\leqslant 1\}$$

在支撑域 K 里，其中 $|K|=k$。然后（$k-1$）维的面 F 和（$\ell-1$）维的面 G（$F\subseteq G$，$G\neq SP$）之间的内角 β（F，G）由下式给出：

$$\beta(F,G)=\frac{V_{l-k-1}\left(\frac{1}{1+C^2k},l-k-1\right)}{V_{l-k-1}(S^{l-k-1})} \tag{7.57}$$

式中，$V_i(S^i)$ 表示单位球体 S^i 的第 i 维面，且 $V_i(\alpha',i)$ 表示普通球面单形的面测量，其有（$i+1$）个顶点落在单位球面 S^i，这（$i+1$）个顶点之间的内积是 α'。

式（7.57）等于 $B\left(\frac{1}{1+C^2k},\ l-k\right)$，其中，

$$B(\alpha',m')=\theta^{\frac{m'-1}{2}}\sqrt{(m'-1)\alpha'+1}\,\pi^{-m'/2}\alpha'^{-1/2}J(m',\theta) \tag{7.58}$$

其中，$\theta=(1-\alpha')/\alpha'$，

$$J(m',\theta)=\frac{1}{\sqrt{\pi}}\int_{-\infty}^{\infty}(\int_0^{\infty}\mathrm{e}^{-\theta v^2+2iv\lambda}\mathrm{d}v)^{m'}\mathrm{e}^{-\lambda^2}\mathrm{d}\lambda \tag{7.59}$$

证明：不失广泛性地，假设 F 是一个（$k-1$）维的面，其中 k 个顶点是 e_p，$1\leqslant p\leqslant k$，其中 e_p 是 n 维的标准单位向量，第 p 个元素是 1；假设（$\ell-1$）维的面 G 是 ℓ 个顶点的凸包：e_p，$1\leqslant p\leqslant k$ 和 C_{e_p}，$(k+1)\leqslant p\leqslant l$。那么通过面 F 的一个内点 x^F 观察的斜正轴形 SP 的（$\ell-1$）维面 G 构成的锥体 $\mathrm{Con}_{F,G}$ 是正的向量锥体：

$$Ce_j-e_i,\text{对于所有 } j\in J\backslash K,i\in K \tag{7.60}$$

同时向量

$$e_{i_1}-e_{i_2}, \text{对于所有 } i_1\in K, i_2\in K \tag{7.61}$$

式中，$J=\{1,2,\cdots,l\}$ 是面 G 的支撑域。

所以锥体 $\mathrm{Con}_{F,G}$ 是式（7.61）的向量构成的线性闭包 $L_F=\mathrm{lin}\{F-x^F\}$ 的直接求和，锥体 $\mathrm{Con}_{F^\perp,G}=\mathrm{Con}_{F,G}\cap L_F^\perp$，其中 $L_F^\perp$ 是线性子空间 L_F 的正交补。那么 $\mathrm{Con}_{F^\perp,G}$ 与 $\mathrm{Con}_{F,G}$ 有相同的球面体积。

现在让我们分析一下 $\mathrm{Con}_{F^\perp,G}$ 的结构，我们注意到向量

$$e_0 = \sum_{p=1}^{k} e_p$$

在线性空间 $L_F^\perp$ 中，也是在 K 上支持的唯一这样的向量（直到线性缩放）。因此，正锥体 $\mathrm{Con}_{F^\perp,G}$ 中的向量 x 必须是以下的形式

$$-\sum_{i=1}^{k} b_i \times e_i + \sum_{i=k+1}^{l} b_i \times e_i \tag{7.62}$$

式中，b_i，$1\leqslant i\leqslant l$ 是非负的实数，且

$$C\sum_{i=1}^{k} b_i = \sum_{i=k+1}^{l} b_i$$

$$b_1 = b_2 = \cdots = b_k$$

也就是说，$(\ell-1)$ 维的 $\mathrm{Con}_{F^\perp,G}$ 是 $(\ell-k)$ 个向量 a^1，a^2，…，a^{l-k} 组成的正锥体，其中，

$$a^i = C\times e_{k+i} - \sum_{p=1}^{k} e_p/k, 1\leqslant i\leqslant (l-k)$$

这些 $(\ell-k)$ 个向量之间的任意两个向量之间的归一化内积是

$$\frac{\langle a^i, a^j\rangle}{\|a^i\|\,\|a^j\|} = \frac{k\times\frac{1}{k^2}}{C^2+k\times\frac{1}{k^2}} = \frac{1}{1+kC^2}$$

（事实上，a^i 也是通过 $Ec=\sum_{p=1}^{k} e_p/k$ 观察顶点 e_{k+1}，…，e_l 得到的向量，面 F 的中心。）

截至目前我们简化了评估式（7.57）的内角的计算，即对应于球面 S^{l-k-1} 的相关锥体 $\mathrm{Con}_{F^\perp,G}$ 的球面体积。这是在给出的引理[41, 6]计算得到向量的正锥体，其中通过使用变量的转换和以下著名的公式得到相等的内积

$$V_{i-1}(S^{i-1}) = \frac{i\pi^{\frac{i}{2}}}{\Gamma\left(\frac{i}{2}+1\right)}$$

式中，$\Gamma(\cdot)$ 是通常的伽马函数。

7.13.2 外角的推导

引理 7.10 假设 F 是一个 $(\ell-1)$ 维的斜正轴形的面

$$SP=\{y\in\mathbb{R}^n \mid \|y_K\|_1+\|\frac{y_{\bar K}}{C}\|_1\leqslant 1\}$$

支撑域是子集 K，其中 $|K|=k$。那么，$(\ell-1)$ 维的面 G $(F\subseteq G)$ 与斜正轴形 SP 之间的外角

$\gamma(G, \mathrm{SP})$ 由下式给出：

$$\gamma(G,\mathrm{SP}) = \frac{2^{n-l}}{\sqrt{\pi}^{n-l+1}}\int_0^{\infty} \mathrm{e}^{-x^2}\left(\int_0^{\frac{x}{c\sqrt{k+\frac{l-k}{c^2}}}} \mathrm{e}^{-y^2}\mathrm{d}y\right)^{n-l}\mathrm{d}x \tag{7.63}$$

证明：我们使用同样的证明技术，即在法外线锥将外角计算转换为满足高斯分布的内角[3]。不失广泛性地，我们假设 $K=\{1, \cdots, k\}$。由于 $(\ell-1)$ 维的面 G 是 k 个长度为 1 的常规顶点和 $(\ell-k)$ 个长度为 C 的顶点组成的闭包。不失广泛性地，我们再次有斜正轴形的 $(\ell-1)$ 维的面：

$$G=\mathrm{conv}\ \{e^1, \cdots, e^k, C\times e^{k+1}, \cdots, C\times e^l\}$$

由于有 2^{n-l} 个切面包含面 G，2^{n-l} 个包含面 G 的球面支撑超平面的法外线向量由下式给出：

$$\left\{\sum_{p=1}^{k} e_p + \sum_{p=l+1}^{n} j_p e_p/C + \sum_{p=k+1}^{l} e_p/C, j_p \in \{-1,1\}\right\}$$

在面 G 的法外锥 $c(G, \mathrm{SP})$ 是这些法向量的正闭包，我们有

$$\int_{c(G,\mathrm{SP})} \mathrm{e}^{-\|x\|^2}\mathrm{d}x = \gamma(G,\mathrm{SP})V_{n-l}(S^{n-l})$$
$$\times\int_0^{\infty} \mathrm{e}^{-r^2}r^{n-l}\mathrm{d}x = \gamma(G,\mathrm{SP})\cdot\pi^{(n-l+1)/2} \tag{7.64}$$

式中，$V_{n-l}(S^{n-l})$ 是 $(n-\ell)$ 维的球面 S^{n-l} 的球面体积。

假设锥体 $c(G, \mathrm{SP})$ 的一个向量在索引 $i=1$ 处取得值 t，那么这个向量可以在区间 $[-t/C, t/C]$ 的索引 $(l+1)\leqslant i\leqslant n$（由于法外向量在这些索引的正负符号）取得任意值，而且这些向量在索引 $(k+1)\leqslant i\leqslant l$ 取得值 t/C。所以我们仅仅需要 $(n-l+1)$ 个自由变量来描述法外锥 $c(G, \mathrm{SP})$，我们定义一个集合 U 为

$$\left\{x\in\mathbb{R}^{n-l+1} \mid x_{n-l+1}\geqslant 0, |x_p|\leqslant\frac{x_{n-l+1}}{C}, 1\leqslant p\leqslant(n-l)\right\}$$

所以我们进一步从描述锥体的变量定义一个一对一的映射：$c(G, \mathrm{SP})\ f(x_1, \cdots, x_{n-l+1})$：$U\to c(G, \mathrm{SP})$

$$f(x_1,\cdots,x_{n-l+1}) = \sum_{p=l+1}^{n} x_{p-l}e_p + \sum_{p=k+1}^{l}\frac{x_{n-l+1}}{C}e_p + \sum_{p=1}^{k} x_{n-l+1}\times e_p$$

然后我们可以估算：

$$\begin{aligned}
&\int_{c(G,\mathrm{SP})} \mathrm{e}^{-\|x'\|^2}\mathrm{d}x' \\
&= \sqrt{k+\frac{l-k}{C^2}}\int_U \mathrm{e}^{-\|f(x)\|^2}\mathrm{d}x \\
&= \sqrt{k+\frac{l-k}{C^2}}\int_0^{\infty}\int_{-\frac{x_{n-l+1}}{C}}^{\frac{x_{n-l+1}}{C}}\cdots\int_{-\frac{x_{n-l+1}}{C}}^{\frac{x_{n-l+1}}{C}} \\
&\mathrm{e}^{-x_1^2-\cdots-x_{n-l}^2-\left(k+\frac{l-k}{C^2}\right)x_{n-l+1}^2}\mathrm{d}x_1\cdots\mathrm{d}x_{n-l+1} \\
&= \sqrt{k+\frac{l-k}{C^2}}\int_0^{\infty}\mathrm{e}^{-\left(k+\frac{l-k}{C^2}\right)x^2}\times\left(\int_{-\frac{x}{C}}^{\frac{x}{C}}\mathrm{e}^{-y^2}\mathrm{d}y\right)^{n-l}\mathrm{d}x \\
&= 2^{n-l}\int_0^{\infty}\mathrm{e}^{-x^2}\left(\int_0^{\frac{x}{C\sqrt{k+\frac{l-k}{C^2}}}}\mathrm{e}^{-y^2}\mathrm{d}y\right)^{n-l}\mathrm{d}x
\end{aligned}$$

式中，$\sqrt{k+\frac{l-k}{C^2}}$是由于积分变量的改变。我们通过式（7.64）结合这个积分结果得出这个引理的结论。

7.13.3 引理 7.7 的证明

证明：考虑一个任意的固定 $\delta>0$。首先，我们考虑到内角指数 ψ_{int}，其中我们定义 $\gamma'=\frac{\rho\delta}{\frac{C^2-1}{C^2}\rho\delta+\frac{\nu}{C^2}}$。然后对于这个固定的 δ，

$$\frac{1-\gamma'}{\gamma'}\geqslant\frac{\frac{C^2-1}{C^2}\rho\delta+\frac{\delta}{C^2}}{\rho\delta}-1$$

在 $\nu\in[\delta, 1]$ 一致成立。

现在如果我们取 ρ 足够小，$\frac{\frac{C^2-1}{C^2}\rho\delta+\frac{\delta}{C^2}}{\rho\delta}$可以是任意大。通过渐进式（7.34），这导致了足够大的内部衰减指数 ψ_{int}。同时，外角指数 ψ_{ext} 是由 0 定义的较低边界，组合指数是由一些有限值定义的上界。那么如果 ρ 足够小，我们将得到下一步指数 ψ_{net} 是在区间 $\nu\in[\delta, 1]$ 一致为负。

7.13.4 引理 7.8 的证明

证明：假设 $\rho_N(\delta, C)>\frac{1}{C+1}$。那么，对于矩阵 A 的零空间的每一个向量 w，w 中 n 个分量的任意 $\rho_N(\delta, C)$ 部分不大于 $\|w\|_1$ 的$\frac{1}{C+1}$倍。但是如果我们考虑到具有最大幅度的 w 的 $\rho_N(\delta, C)$ 部分，这个结论不为真。

现在我们仅仅需要证明 $\rho_N(\delta, C)$ 的下界。事实上，我们认为

$$\rho_N(\delta,C)\geqslant\frac{\rho_N(\delta,C=1)}{C^2}$$

我们从引理 7.7 可知，对于任意的 $C\geqslant1$ 有 $\rho_N(\delta, C)>0$。对于特定的 C，$\psi_{net}(C)$、$\psi_{com}(\nu;\rho,\delta,C)$、$\psi_{int}(\nu;\rho,\delta,C)$ 和 $\psi_{ext}(\nu;\rho,\delta,C)$ 分别表示各自的指数。由于对于任意的 $\rho=\rho_N(\delta, C=1)-\epsilon$ 有 $\rho_N(\delta, C=1)>0$，其中 $\epsilon>0$ 是一个任意小的数，下一个指数 $\psi_{net}(C=1)$ 在区间 $\nu\in[\delta, 1]$ 是负的。

通过验证外角 $\gamma(G, \mathrm{SP})$ 的式（7.20），其中 G 是斜正轴形 SP 的一个（$\ell-1$）维的面，我们有 $\gamma(G, \mathrm{SP})$ 对于固定的 ℓ 在 k 和 C 都是衰减的函数。所以 $\gamma(G, \mathrm{SP})$ 的上界是

$$\frac{2^{n-l}}{\sqrt{\pi}^{n-l+1}}\int_0^{\infty}\mathrm{e}^{-x^2}\left(\int_0^{\frac{x}{\sqrt{l}}}\mathrm{e}^{-y^2}\mathrm{d}y\right)^{n-l}\mathrm{d}x \tag{7.65}$$

即当 $C=1$ 时外角的描述。那么对于任意的 $C>1$ 和任意的 k，$\psi_{ext}(\nu;\rho,\delta,C)$ 的下界是 $\psi_{ext}(\nu;\rho,\delta,C=1)$。

让我们使用式（7.26）检查 ψ_{int}（ν；ρ，δ，C）。

$$\gamma' = \frac{\rho\delta}{\frac{C^2-1}{C^2}\rho\delta + \frac{\nu}{C^2}}$$

我们有

$$\frac{1-\gamma'}{\gamma'} = -\frac{1}{C^2} + \frac{\nu}{C^2\rho\delta} \tag{7.66}$$

然后对于任意固定的 $\delta>0$，如果我们取 $\rho = \frac{\rho_N(\delta, C=1)-\epsilon}{C^2}$，其中 ϵ 是任意小的正数，那么对于任意的 $\nu \geqslant \delta$，$\frac{1-\gamma'}{\gamma'}$ 是一个在 C 递增的函数。所以，从其定义容易知道，$\xi_{\gamma'}(y_{\gamma'})$ 是一个在 C 递增的函数。这进一步表明，如果我们取 $\rho = \frac{\rho_N(\delta,\ C=1)\ -\epsilon}{C^2}$，对于任意的 $\nu \geqslant \delta$，ψ_{int}（ν；ρ，δ）是一个在 C 递增的函数。

同样地，对于固定的 v 和 δ，不难得知，如果取 $\rho = \frac{\rho_N(\delta,\ C=1)}{C^2}$，那么 $\psi_{com}(\nu$；ρ，δ，$C)$ 是一个在 C 递增的函数。这是因为在式（7.16）中，

$$\binom{n}{k}\binom{n-k}{l-k} = \binom{n}{l}\binom{l}{k}$$

所以对于任意的 $C>1$，如果 $\rho = \frac{\rho_N(\delta, C=1)-\epsilon}{C^2}$，指数 $\psi_{net}(C)$ 在区间 $\nu \in [\delta,\ 1]$ 也是负的。因为参数 ϵ 可以是任意小，我们的结论和引理 7.8 成立。

参考文献

[1] F. Affentranger and R. Schneider. Random projections of regular simplices. *Discrete Comput Geom*, 7(3):219–226, 1992.

[2] R. Baraniuk, M. Davenport, R. DeVore, and M. Wakin. A simple proof of the restricted isometry property for random matrices. *Construc Approx*, 28(3):253–263, 2008.

[3] U. Betke and M. Henk. Intrinsic volumes and lattice points of crosspolytopes. *Monat für Math*, 115(1-2):27–33, 1993.

[4] J. Blanchard, C. Cartis, and J. Tanner. Compressed sensing: How sharp is the restricted isometry property? 2009. www.maths.ed.ac.uk/ tanner/.

[5] W. M. Boothby. *An Introduction to Differential Manifolds and Riemannian Geometry*. Springer-Verlag, 1986. 2nd edn. San Diego, CA: Academic Press.

[6] K. Böröczky and M. Henk. Random projections of regular polytopes. *Arch Math (Basel)*, 73(6):465–473, 1999.

[7] E. J. Candès. Compressive sampling. In *Int Congr Math. Vol. III*: 1433–1452. Eur. Math. Soc., Zürich, 2006.

[8] E. J. Candès and P. Randall. Highly robust error correction by convex programming. *IEEE Trans Inform Theory*, 54:2829–2840, 2008.

[9] E. J. Candès, J. Romberg, and T. Tao. Robust uncertainty principles: exact signal recon-

struction from highly incomplete frequency information. *IEEE Trans Inform Theory*, 52(2):489–509, 2006.

[10] E. J. Candès, J. Romberg, and T. Tao. Stable signal recovery from incomplete and inaccurate measurements. *Commun Pure Appl Math*, 59:1208–1223, 2006.

[11] E. J. Candès and T. Tao. Decoding by linear programming. *IEEE Trans Inform Theory*, 51(12):4203–4215, 2005.

[12] E. J. Candès, M. P. Wakin, and S. P. Boyd. Enhancing sparsity by reweighted ℓ_1 minimization. *J Fourier Anal Appl*, 14(5):877–905, 2008.

[13] J. F. Claerbout and F. Muir. Robust modeling with erratic data. *Geophysics*, 38(5):826–844, 1973.

[14] A. Cohen, W. Dahmen, and R. DeVore. Compressed sensing and best k-term approximation. *J Am Math Soc*, 22:211–231, 2008.

[15] D. Donoho. High-dimensional centrally symmetric polytopes with neighborliness proportional to dimension. *Discrete Comput Geom*, 35(4):617–652, 2006.

[16] D. Donoho, A. Maleki, and A. Montanari. The noise-sensitivity phase transition in compressed sensing. *arXiv:1004.1218*, 2010.

[17] D. Donoho, A. Maleki, and A. Montanari. Message passing algorithms for compressed sensing. In *Proc Nat Acad Sci (PNAS)*, November 2009.

[18] D. Donoho and J. Tanner. Observed universality of phase transitions in high-dimensional geometry. *Phil Trans Roy Soc A*, 367:4273–4293, 2009.

[19] D. L. Donoho. Compressed sensing. *IEEE Trans Inform Theory*, 52(4): 1289–1306, 2006.

[20] D. L. Donoho and J. Tanner. Neighborliness of randomly projected simplices in high dimensions. *Proc Nat Acad Sci USA*, 102(27):9452–9457, 2005.

[21] C. Dwork, F. McSherry, and K. Talwar. The price of privacy and the limits of lp decoding. *Proc 39th Ann ACM Symp Theory of Comput (STOC)*, 2007.

[22] A. Feuer and A. Nemirovski. On sparse representation in pairs of bases. *IEEE Trans Information Theory*, 49(6):1579–1581, 2003.

[23] A. Garnaev and E. Gluskin. The widths of a Euclidean ball. *Dokl Acad Nauk USSR*, 1048–1052, 1984.

[24] Y. Gordon. On Milman's inequality and random subspaces which escape through a mesh in R^n. *Geome Asp Funct Anal*, 84–106, 1987.

[25] B. Grünbaum. Grassmann angles of convex polytopes. *Acta Math*, 121:293–302, 1968.

[26] B. Grünbaum. Convex polytopes, *Graduate Texts in Mathematics*, vol 221. Springer-Verlag, New York, 2nd edn., 2003. Prepared and with a preface by Volker Kaibel, Victor Klee, and Günter M. Ziegler.

[27] B. Kashin. The widths of certain finite dimensional sets and classes of smooth functions. *Izvestia*, 41:334–351, 1977.

[28] B. S. Kashin and V. N. Temlyakov. A remark on compressed sensing. *Math Notes*, 82(5):748–755, November 2007.

[29] M. A. Khajehnejad, W. Xu, A. S. Avestimehr, and B. Hassibi. Weighted ℓ_1 minimization for sparse recovery with prior information. In *Proc Int Symp Inform Theory*, 2009.

[30] N. Linial and I. Novik. How neighborly can a centrally symmetric polytope be? *Discrete Comput Geom*, 36(6):273–281, 2006.

[31] P. McMullen. Non-linear angle-sum relations for polyhedral cones and polytopes. *Math Proc Camb Phil Soc*, 78(2):247–261, 1975.

[32] M. L. Mehta. *Random Matrices*. Amsterdam: Academic Press, 2004.

[33] M. Rudelson and R. Vershynin. Geometric approach to error correcting codes and reconstruction of signals. *Int Math Res Notices*, 64:4019–4041, 2005.

[34] M. Rudelson and R. Vershynin. On sparse reconstruction from Fourier and Gaussian measurements. *Commun Pure and Appl Math*, 61, 2007.

[35] L. A. Santaló. Geometría integral enespacios de curvatura constante. *Rep. Argentina Publ. Com. Nac. Energí Atómica, Ser. Mat 1, No.1*, 1952.

[36] M. Stojnic. Various thresholds for ℓ_1-optimization in compressed sensing. 2009. Preprint available at http://arxiv.org/abs/0907.3666.

[37] M. Stojnic, F. Parvaresh, and B. Hassibi. On the reconstruction of block-sparse signals with an optimal number of measurements. *IEEE Trans Signal Proc*, 57(8):3075–3085, 2009.

[38] M. Stojnic, W. Xu, and B. Hassibi. Compressed sensing – probabilistic analysis of a null-space characterization. *Proc IEEE Int Conf Acoust, Speech, Signal Proc (ICASSP)*, 2008.

[39] M. Stojnic, W. Xu, and B. Hassibi. Compressed sensing of approximately sparse signals. *IEEE Int Symp Inform Theory*, 2008.

[40] S. Vavasis. Derivation of compressive sensing theorems for the spherical section property. *University of Waterloo, CO 769 lecture notes*, 2009.

[41] A. M. Vershik and P. V. Sporyshev. Asymptotic behavior of the number of faces of random polyhedra and the neighborliness problem. *Sel Math Soviet*, 11(2):181–201, 1992.

[42] W. Xu and B. Hassibi. Compressed sensing over the Grassmann manifold: A unified geometric framework. Accepted to *IEEE Trans Inform Theory*.

[43] W. Xu and B. Hassibi. Compressed sensing over the Grassmann manifold: A unified analytical framework. *Proc 46th Ann Allerton Conf Commun, Control Comput*, 2008.

[44] W. Xu, A. Khajehnejad, S. Avestimehr, and B. Hassibi. Breaking through the thresholds: an analysis for iterative reweighted ℓ_1 minimization via the Grassmann angle framework. *Proc Int Conf Acoust, Speech, Signal Proc (ICASSP)*, 2010.

[45] Y. Zhang. When is missing data recoverable? 2006. Available online at www.caam.rice.edu/~zhang/reports/index.html.

[46] Y. Zhang. Theory of compressive sensing via ℓ_1-minimization: a non-RIP analysis and extensions. 2008. Available online at www.caam.rice.edu/~zhang/reports/index.html.

第8章 压缩感知贪婪算法

Thomas Blumensath, Michael E. Davies, Gabriel Rilling

压缩感知通常被等同于基于 ℓ_1 范数的最优化问题。然而，当为某一具体应用选择算法时，需要考虑一系列不同的算法特性以及在这些特性之间做出权衡。一些重要的特性包括：计算速度、存储量、易于实现、灵活性、恢复性能，都需要被考虑。因此，本章将介绍一类替代算法。它可以用来求解基于压缩感知的恢复问题，并在某些方面要优于凸集最优化的方法。这些方法将使压缩感知算法工具更加丰富。

8.1 贪婪算法，凸集最优化的一个灵活替代算法

贯穿本章所有方法的主线是这些算法的"贪婪特性"。"贪婪"这一名词暗示着这样一种策略，即在每一步迭代中，基于某种局部最优条件做出一种"强硬"的决策。让我们先回顾一下含有噪声的压缩感知问题㊀：

$$y = Ax + e \tag{8.1}$$

对于一个给定的 $y \in \mathbb{R}^m$，我们希望恢复一个近似 k 稀疏的向量 $x \in \mathbb{R}^n$，以使得以下假设成立：误差 $e \in \mathbb{R}^m$ 是有界的且测量矩阵 A 满足约束等距性质（Restricted Isometry Property，RIP）：

$$(1-\delta_{2k})\|x\|_2^2 \leqslant \|Ax\|_2^2 \leqslant (1+\delta_{2k})\|x\|_2^2 \tag{8.2}$$

此时，x 是任意 $2k$ 稀疏的向量，$0 \leqslant \delta_{2k} < 1$。

本章主要考虑两大类贪婪算法以恢复向量 x。第一类方法我们统称为"贪婪追踪"算法，将在8.2节中介绍。这类方法通过迭代的方式逐步建立 x 的估计。算法以零值作为初始值，逐步添加被认定是非零值的新元素。这些非零值在每一步迭代通过最优化方法估计得到。这类方法通常能非常快速地处理较大的数据。然而，它们的理论性能保证比常规方法弱。

第二类贪婪算法同时迭代非零元素的选择以及非零元素的剔除。鉴于它们能够去除非零元素，这些算法被称作"阈值类"算法。它们将在8.3节中介绍。这类算法通常实施简单且运行速度较快。它们具有能够与凸集最优化算法（见第1章）相竞争的理论性能保证。就像我们在8.4节中详细介绍的那样，这一类算法不但能够用来恢复稀疏信号，而且能够方便地用于表示额外的信号结构，甚至能够用来恢复非稀疏的信号。

8.2 贪婪追踪

本节将讨论一类统称为贪婪追踪的算法。"追踪"这个术语的历史可以追溯到1974年[1]提出

㊀ 我们在这里的讨论主要局限于实向量，虽然这里讨论的所有思想也都扩展到 $\mathbb{C}$ 中元素的向量。——原书注

投影追踪概念的时候。该技术将数据沿给定方向做投影，并用于测试高斯性的偏差。而 Mallat 和 Zhang[2] 正是运用这种沿不同方向进行投影的想法实现了信号的近似表示。

在信号近似领域，贪婪追踪技术是一个庞大且不断增长的大家庭，具有长远且多根源的历史。类似的想法也在不同的学科中独立出现过。例如，统计学中的向前逐步回归[3]，非线性逼近中的纯贪婪算法[4]，信号处理中的匹配追踪[2]，以及无线天文学中的 CLEAN 算法[5]都是密切相关且独立发明的。

这里，我们将集中于少量贪婪追踪的算法，并主要介绍它们之间有趣的区别。

8.2.1 基本框架

贪婪追踪作为一类算法，共享以下两个基本步骤：原子选择和系数更新。这些方法通常都是以零值作为初始估计，$\hat{x}^{[0]}=0$。初始化后，初始残差可以表示为 $r^{[0]}=y-A\hat{x}^{[0]}=y$，初始估计的支集集合（即非零元素的位置索引）为空集 $T=\emptyset$。每次迭代将往支集集合 T 里加入额外的原子（矩阵 A 的列），并更新信号的估计值 $\hat{x}$，进而减少残余的观测误差。算法 8.1 总结了该算法的基本模型。

算法 8.1　基本贪婪追踪框架

输入： y，A，k

for $i=1$；$i:=i+1$ 直到达到停止准则 **do**

　计算 $g^{[i]}=A^{\mathrm{T}}r^{[i]}$ 从 $g^{[i]}$ 的元素大小选择元素（矩阵 A 的列）

　通过降低代价函数计算 $\hat{x}^{[i]}$（以及 $\hat{y}^{[i]}$）的订正估计

$$F(\hat{x}^{[i]})=\|y-A\hat{x}^{[i]}\|_2^2 \tag{8.3}$$

end for

输出： $r^{[i]}$ 和 $\hat{x}^{[i]}$

1. 匹配追踪

匹配追踪（MP）[2]是其中一个最简单的追踪算法（即近似理论中的纯贪婪算法[4]），见算法 8.2。这种近似方法是渐进的，每次只从 A 中选择一列，每步迭代时就更新该列所对应的系数。

算法 8.2　匹配追踪（MP）

输入： y，A，k

$r^{[0]}=y$，$\hat{x}^{[0]}=0$

for $i=1$；$i:=i+1$ 直到达到停止准则 **do**

　$g^{[i]}=A^{\mathrm{T}}r^{[i-1]}$

　$j^{[i]}=\mathrm{argmax}_j\,|g_j^{[i]}|/\|A_j\|_2$

　$\hat{x}_{j[i]}^{[i]}=\hat{x}_{j^{[i]}}^{[i-1]}+g_{j^{[i]}}^{[i]}/\|A_{j^{[i]}}\|_2^2$

　$r^{[i]}=r^{[i-1]}-A_{j[i]}g_{j^{[i]}}^{[i]}/\|A_{j^{[i]}}\|_2^2$

end for

输出： $r^{[i]}$ 和 $\hat{x}^{[i]}$

在每步迭代中，更新估计 $\hat{x}_{j^{[i]}}^{[i]} = \hat{x}_{j^{[i]}}^{[i-1]} + g_{j^{[i]}}^{[i]} / \| A_{j^{[i]}} \|_2^2$ 将使得对于当前选择的系数，代价函数 $\| y - A\hat{x}^{[i]} \|_2^2$ 最小。这里以及整章中，A_j 表示矩阵 A 的第 j 列。值得注意的是，MP 一般会反复选择矩阵 A 的同一列，以进一步减小逼近误差。然而，我们知道，只要矩阵 A 的列张成了整个 $\mathbb{R}^m$ 空间[2]，$\| r^{[i]} \|$ 将线性收敛于零。因此，如果用 $r^{[i]}$ 的范数来确定算法停止的准则，MP 会在有限次迭代后中止。

MP 需要反复计算涉及 A^{T} 的矩阵乘法。这也是算法复杂度的主要因素。因此，MP 通常与能够快速运算的矩阵 A 一起使用，如快速傅里叶变换（FFT）。当矩阵 A 的列有有限支集时，MP 算法已经可以很快实现了[6]。

2. 正交匹配追踪

正交匹配追踪（OMP）（即近似理论中正交贪婪算法[4]）是一个更为复杂的策略[7,8]。在 OMP 的每次迭代中，通过将 y 正交投影到当前支集集合 $T^{[i]}$ 所对应的矩阵 A 的列上，来更新 x 的近似。因此，OMP 对于具有支集集合 $T^{[i]}$ 的所有 x，使得 $\| y - A\hat{x} \|_2$ 最小。完整的算法流程见算法 8.3，其中，步骤 7 中 † 表示矩阵的伪逆算子。请注意，与 MP 不同的是，OMP 的最小化是针对所有当前选择的系数：

$$\hat{x}_{T^{[i]}}^{[i]} = \underset{\tilde{x}_{T^{[i]}}}{\operatorname{argmin}} \| y - A_{T^{[i]}} \tilde{x}_{T^{[i]}} \|_2^2 \tag{8.4}$$

算法 8.3　正交匹配追踪（OMP）

输入：y，A，k

初始化：$r^{[0]} = y$，$\hat{x}^{[0]} = 0$，$T^{[0]} = \varnothing$

for $i=1$；i：$=i+1$ 直到达到停止准则 **do**

　$g^{[i]} = A^{\mathrm{T}} r^{[i-1]}$

　$j^{[i]} = \operatorname{argmax}_j |g_j^{[j]}| / \| A_j \|_2$

　$T^{[i]} = T^{[i-1]} \cup j^{[i]}$

　$\hat{x}_{T^{[i]}}^{[i]} = A_{T^{[i]}}^{\dagger} y$

　$r^{[i]} = y - A\hat{x}^{[i]}$

end for

Output：$r^{[i]}$ and $\hat{x}^{[i]}$

不像 MP，OMP 从不反复选择同一个原子，并且每一次迭代的残余误差总是正交于所有当前选择的元素。

对于一般与 MP 类似的字典，OMP 的计算成本主要取决于矩阵向量积。当使用快速变换后，OMP 中正交化的步骤则通常成为算法的瓶颈。人们已经提出了各种技术用于求解该最小二乘问题，包括 QR 分解[8]，Cholesky 分解[9]，或迭代技术如共轭梯度法。尽管 OMP 比 MP 运算更复杂，但它享有更优越的性能，尤其是在 CS 领域。8.2.4 节将会给出计算和存储成本的详细比较。

将 OMP 算法作用于大规模数据主要存在两个问题：第一，在单次迭代中，OMP 的运算成本和存储成本对于大数据而言是相当大的；第二，每次只选择一个原子意味着，当需要用 k 个原子

逼近 y 时，必须经过 k 次迭代。当 k 过大时，这将会是相当慢的。下文我们将讨论的一些变型算法，将针对性地解决这些问题。

8.2.2　系数更新变型

尽管 MP 和 OMP 具有相同的选择策略，且都是通过最小化平方误差准则 $\| y - A\hat{x}^{[i]} \|_2^2$ 来更新其系数，它们更新的形式本质上是不同的。OMP 对迭代中所有选中的元素做最小化估计，而 MP 的最小化只涉及最近所选择的原子系数。然而，现在只有这两种方式。我们有必要考虑还有什么其他的更新方法可以使用。例如，现有的一个 MP 的宽松形式引入了一个阻尼因子[10]㊀。

参考文献［11］中提出了一个具有不同方向更新策略的追踪框架，即在第 i 次迭代中，沿着其他方向 $d_{T^{[i]}}^{[i]}$，更新选择系数 $\hat{x}_{T^{[i]}}^{[i-1]}$：

$$\hat{x}_{T^{[i]}}^{[i]} = x_{T^{[i]}}^{[i-1]} + a^{[i]} d_{T^{[i]}}^{[i]} \tag{8.5}$$

和以前最小化二次代价函数一样，步长 $a^{[i]}$ 可以明确地选为

$$a^{[i]} = \frac{\langle r^{[i]}, c^{[i]} \rangle}{\| c^{[i]} \|_2^2} \tag{8.6}$$

式中，$c^{[i]} = A_{T^{[i]}} d_{T^{[i]}}^{[i]}$。如果我们将该更新方法和标准的 MP/OMP 选择准则一起使用，那么这种方向追踪方法就是参考文献［12］中定义的一般匹配追踪算法家族中的一员。它和 OMP 一样，共享着精确重建的必要条件和充分条件[13]。

值得注意的是，当我们把 MP 和 OMP 的更新方向定义为 $\delta_{j^{[i]}}$ 和 $A_{T^{[i]}}^{\dagger} g_{T^{[i]}}$ 时，它们很自然地隶属于这个框架。

算法 8.4 总结了该定向追踪算法。引入定向更新的目的在于通过减小计算成本，产生一个近似的正交投影。这里，我们将主要关注基于梯度的更新策略[11]㊁。

1. 梯度追踪

一个通常的更新方向是代价函数 $\| y - A_{T^{[i]}} \tilde{x}_{T^{[i]}} \|_2^2$ 的负梯度方向：

$$d_{T^{[i]}}^{[i]} := g_{T^{[i]}}^{[i]} = A_{T^{[i]}}^{T} (y - A_{T^{[i]}} \hat{x}_{T^{[i]}}^{[i-1]}) \tag{8.7}$$

幸运的是，在原子选择过程中，我们已经知道了代价函数的梯度。我们只需要将向量 $g^{[i]}$（已经计算过的）限制到支集集合 $T^{[i]}$ 上。利用式（8.7）作为定向更新的准则，我们将得到定向追踪最基本的形式，称之为梯度追踪（GP）[11]。

算法 8.4　定向追踪

输入：y，A，k

初始化：$r^{[0]} = y$，$\hat{x}^{[0]} = 0$，$T^{[0]} = \emptyset$

for $i = 1$；$i := i + 1$ 直到达到停止准则 **do**

㊀ 在 CLEAN 算法中也使用了类似的思想来消除点扩散函数在天文成像中的影响。——原书注

㊁ 在参考文献［14］中给出了另一个方向追踪的实例，并通过局部方向更新来利用某些字典中的局部结构。——原书注

$g^{[i]} = A^{\mathrm{T}} r^{[i-1]}$

$j^{[i]} = \mathrm{argmax}_j |g_j^{[i]}| / \| A_j \|_2$

$T^{[i]} = T^{[i-1]} \cup j^{[i]}$

计算更新方向 $d_{T^{[i]}}^{[i]}$；$c^{[i]} = A_{T^{[i]}} d_{T^{[i]}}^{[i]}$ 和 $a^{[i]} = \dfrac{\langle r^{[i]}, c^{[i]} \rangle}{\| c^{[i]} \|_2^2}$

$x_{T^{[i]}}^{[i]} := x_{T^{[i]}}^{[i-1]} + a^{[i]} d_{T^{[i]}}^{[i]}$

$r^{[i]} = r^{[i-1]} - a^{[i]} c^{[i]}$

end for

输出：$r^{[i]}$，$\hat{x}^{[i]}$

相比 MP 算法而言，GP 在计算复杂度上的增幅很小。当 A 的子矩阵是良态的（即 A 具有一个良好的约束等距性质），沿梯度方向的最小化将是求解最小二乘问题的一个很好的近似。

具体来说，假设 A 有一个很小的约束等距常数 δ_k，那么我们就可以把对应于支集集合 $T^{[i]}$ 的 Gram 矩阵 $G^{[i]} = A_{T^{[i]}}^{\mathrm{T}} A_{T^{[i]}}$ 的条件数 κ 限制在一个边界内，

$$\kappa(G^{[i]}) \leqslant \left(\frac{1+\delta_k}{1-\delta_k} \right) \tag{8.8}$$

对于所有 $T^{[i]}$，$|T^{[i]}| \leqslant k$。梯度线搜索的一种最坏情况分析[15]表明，对于小的 δ_k，梯度更新将能实现大部分的最小化作用：

$$\begin{aligned} \frac{F(\hat{x}_{T^{[i]}}^{[i]}) - F(\hat{x}_{T^{[i]}}^{*})}{F(\hat{x}_{T^{[i]}}^{[i-1]}) - F(\hat{x}_{T^{[i]}}^{*})} &\leqslant \left(\frac{\kappa-1}{\kappa+1} \right)^2 \\ &\leqslant \delta_k^2 \end{aligned} \tag{8.9}$$

式中，$\hat{x}_{T^{[i]}}^{*}$ 表示 $F(\tilde{x}_{T^{[i]}}) = \| y - A\tilde{x}_{T^{[i]}} \|_2^2$ 的最小二乘解。因此，对于小值 δ_k，即便是单次梯度迭代，其收敛性也是不错的。

2. 共轭梯度

共轭梯度是另一种基于梯度的更新方法，常用于解决二次最优化问题。共轭梯度法沿着 G 共轭方向做连续的线最小化。其中，当对于所有 $i \neq j$，$\langle d^{[i]}, Gd^{[j]} \rangle = 0$ 时，我们说向量组 $\{d^{[1]}, d^{[2]}, \cdots, d^{[i]}\}$ 是 G 共轭的［见参考文献［16］，10.2 节］。共轭梯度法的神奇之处在于，如果我们从当前的负梯度方向 $d^{[1]} = -g^{[1]}$ 开始，那么经过线最小化后，一个新的共轭方向可计算为

$$d^{[i+1]} = g^{[i+1]} + \beta^{[i]} d^{[i]} \tag{8.10}$$

式中，$\beta^{[i]} = \langle g^{[i+1]}, Gd^{[i]} \rangle / \langle d^{[i]}, Gd^{[i]} \rangle$，以确保 $\langle d^{[i+1]}, Gd^{[i]} \rangle = 0$。请注意，这保证了该 $d^{[i+1]}$ 共轭于以前所有的搜索方向，即便我们只设置 $\beta^{[i]}$ 针对 $d^{[i]}$ 是共轭的。

我们同样可以对追踪最优化的任意迭代做相同原理的处理，令 $G^{[i]} = A_{T^{[i]}}^{\mathrm{T}} A_{T^{[i]}}$。而这确实也是一个实现正交化[17]的有效方法。然而，这忽略了以前的迭代所完成的工作。参考文献［11］研究了横跨整个追踪迭代过程的共轭梯度法。这使得追踪代价函数式（8.3）只使用单个更新方向

就能被充分最小化，并且无需直接计算矩阵 A 的伪逆。然而，不同于传统的共轭梯度法，我们必须明确地指定每个新的方向是与之前的方向共轭的。这也是每次迭代时解空间维数变化的结果。所得算法与 OMP 的 QR 分解实现具有相似的结构和计算成本。

原则上，我们可以实现一个与之前尽可能多的方向共轭的方向追踪，进而可以提供一类追踪算法介于 OMP（共轭各个方向）和 GP（不与之前任意方向共轭）的共轭梯度实现。

在本节的剩余部分，我们将主要集中于只执行与前一方向共轭的具体情况。我们称之为共轭梯度追踪（CGP）[11]。

在式（8.10）的第 i 次迭代之后，我们可以选择更新方向

$$d_{T^{[i]}}^{[i]} = g_{T^{[i]}}^{[i]} + \beta^{[i]} d_{T^{[i]}}^{[i-1]} \tag{8.11}$$

在这里我们可以计算出 $\beta^{[i]}$ 如下：

$$\beta^{[i]} = \frac{\langle (A_{T^{[i-1]}} d_{T^{[i-1]}}^{[i-1]}), (A_{T^{[i]}} g_{T^{[i]}}^{[i]}) \rangle}{\| A_{T^{[i-1]}} d_{T^{[i-1]}}^{[i-1]} \|_2^2} \tag{8.12}$$

$$= \frac{\langle c^{[i]}, A_{T^{[i]}} g_{T^{[i]}}^{[i]} \rangle}{\| c^{[i]} \|_2^2} \tag{8.13}$$

式中，与之前的 GP 一样，$c^{[i]} = A_{T^{[i-1]}} d_{T^{[i-1]}}^{[i-1]}$。这一迭代方向表明，相对于 GP，CGP 将需要额外的矩阵向量积 $A_{T^{[i]}} g_{T^{[i]}}^{[i]}$。然而，计算 $A_{T^{[i]}} g_{T^{[i]}}^{[i]}$ 使得我们能够不使用额外的矩阵向量积，而是通过如下的递归方式评估 $c^{[i+1]}$[18]：

$$\begin{aligned} c^{[i+1]} &= A_{T^{[i]}} d_{T^{[i]}}^{[i]} \\ &= A_{T^{[i]}} (g_{T^{[i]}}^{[i]} + \beta^{[i]} d_{T^{[i]}}^{[i-1]}) \\ &= A_{T^{[i]}} g_{T^{[i]}}^{[i]} + \beta^{[i]} c^{[i]} \end{aligned} \tag{8.14}$$

因此，CGP 的计算成本与 GP 完全相同。此外，运用参考文献［19］中的论述，可以证明 CGP 的更新，就减少代价函数式（8.3）而言[18]，至少总是会和 GP 更新一样好。这使 CGP 成为较优先的选择。

8.2.3　元素选择的几种变型

MP/OMP 类策略的第二个问题是必须至少运行和被选中原子数目相同的迭代次数。这不适合大尺寸，即被选择的原子数量很多（但相对于 A 的大小仍然很小）。为了加快追踪算法，有必要同时选择多个原子。这个想法在参考文献［17］中被首次提出，并命名为分步选择。

在 MP/OMP 中，选择步骤选择的是最大程度地与残差相关的原子：$j^{[i]} = \operatorname{argmax}_j |g_j^{[i]}| / \|A_j\|_2$。一个很自然的分步策略是通过一个阈值进行选择，以取代仅仅选择最大值。

设 $\lambda^{[i]}$ 为第 i 次迭代的阈值，那么分步选择即是

$$T^{[i]} = T^{[i-1]} \cup \{ j : |g_j^{[i]}| / \|A_j\|_2 \geqslant \lambda^{[i]} \} \tag{8.15}$$

$\lambda^{[i]}$ 有多种可能的选择。例如，式（8.15）包括简单的（非迭代）阈值处理[20]。尽管这是迄今为止最简单的计算过程，但是它只有有限的恢复保证，见 Schnass 和 Vandergheynst 的论述[20]。因

此，我们专注于迭代阈值处理的策略㊀。具体而言，我们将集中讨论两个提出的方案：分步正交匹配追踪（StOMP），其中$\lambda^{[i]}$是残差$r^{[i-1]}$的函数[17]；分步弱梯度追踪（StWGP），其中$\lambda^{[i]}$是与残差$g^{[i]}$相关的函数[18]。

1. StOMP

参考文献［17］提出StOMP的目的在于，当处理大规模问题，在提供良好的CS应用的同时，保持较低的计算成本。其阈值策略是

$$\lambda_{stomp}^{[i]}=t^{[i]}\parallel r^{(i-1)}\parallel_2/\sqrt{m} \tag{8.16}$$

式中，作者给出的$t^{[i]}$的一个不错的选择是$2\leqslant t^{[i]}\leqslant 3$。参考文献［17］的附录给出了稀疏系数符合伯努利分布，且A由一个均匀的球形集合产生的前提下$t^{[i]}$推导的具体公式㊁。当该方法应用到更一般的矩阵A和系数时，它不再具有理论保证。而且，从实际情况来看，参数t的选择对良好性能至关重要。

一个可能发生的具体问题是，该算法会在所有内积低于阈值时提前中止迭代。实际上，参考文献［18］提出的StOMP实验确实给出了好坏不一的结果。

2. 分步弱原子选择

StOMP的选择策略很难一般化到常规的场合。因此，Blumensath和Davies[18]提出了一种弱选择策略。该策略和MP/OMP的恢复效果联系得更紧密。

弱选择策略最初来自参考文献［2］，用来处理在无限维字典中评估有限个内积的问题。弱选择允许选择一个单一的元素$A_{j^{[i]}}$，其与残差的相关接近最大值：

$$\frac{|g_{j^{[i]}}^{[i]}|}{\parallel A_{j^{[i]}}\parallel_2}\geqslant\alpha\max_j\frac{|g_j^{[i]}|}{\parallel A_j\parallel_2} \tag{8.17}$$

弱正交匹配追踪（WOMP）的一个很好的特性是，它继承了MP/OMP[13]恢复性质的一个弱化的版本。

不同于选择单个元素，分步弱原子选择策略选择相关性接近最大值的所有元素。令式(8.16)中的阈值为

$$\lambda_{weak}^{[i]}=\alpha\max_j\frac{|g_j^{[i]}|}{\parallel A_j\parallel_2}$$

在实践中，选择策略的变化与方向更新的变化是相辅相成的。参考文献［18］提出CGP和分步弱选择组合，是因为它具有良好的理论和实践性能。该组合被称为分步弱共轭梯度追踪(StWGP)。

3. ROMP

正则正交匹配追踪（ROMP）是另一种多元素选择策略[24,22]。该方法将内积g_i分组到集合J_k中，使得每组中的元素具有相近的幅度，即它们满足：

㊀ 注意，这里讨论的阈值化方法不同于如迭代硬阈值化方法[21]、CoSaMP[22]和子空间追踪[23]。这些算法并不是简单地使用阈值来增加支持集。它们还用来剪除先前选定的元素。这些算法及其令人印象深刻的理论保证将在8.3节中详细讨论。——原书注

㊁ 在经典检测准则的基础上，推导出两个阈值：恒虚警率和恒错误发现率。——原书注

$$\frac{|g_i|}{\|A_i\|_2}\leqslant\frac{1}{r}\frac{|g_j|}{\|A_j\|_2},\text{对于所有 } i,j\in J_k$$

ROMP 接着选择使得 $\sum_{j\in J_k}(|g_j|/\|A_j\|_2)^2$ 最大的集合 J_k。

参考文献 [22, 24] 中提出的 ROMP 选择策略，r 被设为 0.5。在这种情况下，该算法表现出比现有的 OMP 及其衍生方法更接近基于 ℓ_1 范数方法的统一性能保证。

ROMP 在贪婪算法的研究中具有重要的历史作用。它是第一个具有如此“良好的”统一恢复保证的算法。然而，其理论保证中的常数比那些 ℓ_1 最小化方法要大，因此很快就被我们将在 8.3 节中讨论的阈值技术所取代。再加上 ROMP 在实践中不如其他追踪算法[18]，这就意味着 ROMP 通常不是一个很好的 CS 应用的实用算法。

4. ORMP

顺序递归匹配追踪（ORMP）是一种值得一提的原子选择变型方法。不同于分步选择（分步选择的目的是降低计算复杂度），ORMP 的目的是为了改善 OMP 方法的近似性能。

ORMP 有过很多名字，如逼近理论中的分步投影[10]和神经网络中的正交最小二乘法等。此外，历史上 ORMP 与 OMP 之间也存在很大的混淆——关于历史的进一步讨论，请参阅 Blumensath[26]。

尽管 OMP 在每次迭代中选择与当前残差最相关的原子，但是这并不能保证正交化后代价函数的减幅最大。这是因为它并没有考虑当前原子与我们已经选择了的原子之间的相关性。

ORMP 纠正了这方面的不足。ORMP 将选择在下次系数更新时（使用正交投影）能够最大限度减少残差的原子。这可以写作一个联合选择和更新的步骤：

$$j^{[i]}=\underset{j}{\operatorname{argmin}}\min_{\{\widetilde{x}_{T^{[i-1]}},\widetilde{x}_j\}}\|y-A_{T^{[i-1]}}\widetilde{x}_{T^{[i-1]}}-A_j\widetilde{x}_j\|_2^2 \tag{8.18}$$

我们可以利用 $r^{[i-1]}$ 和所选择的字典原子 $A_{T^{[i-1]}}$ 之间的正交性来计算上式。我们定义正交投影算子 $P_{T^{[i]}}^{\perp}:=(I-A_{T^{[i]}}A_{T^{[i]}}^{\dagger})$，ORMP 选择步骤可以写为

$$j^{[i]}=\underset{j}{\operatorname{argmax}}\frac{|A_j^{\mathrm{T}}r^{[i-1]}|}{\|P_{T^{[i-1]}}^{\perp}A_j\|_2} \tag{8.19}$$

也就是说，ORMP 将选择在空间（$A_{T^{[i-1]}}$）上的归一正交投影与 $r^{[i-1]}$ 最相关的原子。

尽管 ORMP 在理论依据上比 OMP 有优势，但它需要更高的计算成本。类似于 OMP[25]，ORMP 可以通过使用 QR 分解有效地予以实现。但将原子 A_j，$j\notin T^{[i-1]}$ 正交投影到 $A_{T^{[i-1]}}$ 上需要额外的计算成本。

此外，对于 CS 的应用，如果我们精心设计字典以使它拥有一个较小的 RIP 常数，那么正交投影所带来的好处将会是比较小的。事实上，经验表明，ORMP 的性能不会比 OMP 有显著改善。

8.2.4　计算

每个追踪算法的计算要求取决于具体的实施细节、感知矩阵 A 的结构以及迭代次数。鉴于矩阵 A 的计算量和存储成本的变化性（从快速博里叶变换类的矩阵运算 $\mathcal{O}(n\log(m))$ 到无特殊结构的矩阵运算 $\mathcal{O}(nm)$），我们显式地计算矩阵向量积 Ax 和 $A^{\mathrm{T}}y$ 的数目，但并不指定一个不好的数

目。值得注意的是，即使使用快速变换矩阵，矩阵向量积将主导计算的成本。因此这个指标是非常重要的。表 8.1 中总结了各追踪算法每次迭代中整体的计算和存储成本。

表 8.1 追踪方法在每次迭代和存储要求（浮点数）方面的比较，其中 k 是指当前迭代 i 中支持集的大小，A 是应用或存储转换 A 或 A^T 的计算成本。对于 StOMP（CG），ν 是每次迭代使用的共轭梯度步骤数，在最坏的情况下等于所选元素的数目

算法	计算成本	存储成本
MP	$m+A+n$	$A+m+2k+n$
OMP(QR)	$2mk+m+A+n$	$2(m+1)k+0.5k(k+1)+A+n$
OMP(Chol)	$3A+3k^2+2m+n$	$0.5k(i+1)+A+m+2k+n$
GP	$2A+k+3m+n$	$2m+A+2k+n$
CGP	$2A+k+3m+n$	$2m+A+2k+n$
StWGP	$2A+k+3m+2n$	$2m+A+2k+n$
StOMP(CG)	$(\nu+2)A+k+3m+n$	$2m+A+2k+n$
ORMP	$2m(n-k)+3m+A+n$	$2(m+1)k+0.5k(k+1)+nm+n$

8.2.5 性能保证

CS 的基石之一是它提供了某些算法的理论恢复保证。然而不幸的是，尽管在经验上贪婪追踪算法与 ℓ_1 最小化表现出相当的竞争力，但这些算法还是不完美，其主要弱点在于其理论恢复保证的不足。确实，在参考文献［27，28］提到过，对于某些随机矩阵 A，当 $m\sim k\log(n)$ 时，存在一个 k 稀疏向量 x，OMP 算法很有可能在第一次迭代就会选择一个错误的原子。也就是说，如果我们使用 OMP 恢复 k 个原子，那么这个矩阵并不能够使得所有的稀疏向量都被统一地恢复。由于本节讨论的所有追踪算法在第一次迭代会选择与在 OMP 相同的原子，所有贪婪追踪算法都具有这个弱点。

对“恢复”的定义也许是对这种分析的一个可行的批判，即 OMP 只能从 A 中选择正确的原子。这就排除这样一种可能性，即算法也许进行了错误的选择，但可以通过选择大于 k 个原子来修正这些错误㊀（如果 A 的列位于正常的位置，那么 $A\hat{x}=y$ 的任意精确解中少于 m 个原子将提供一个正确的恢复[27]）。虽然对于在这种情况下它能不能被统一地恢复还存在疑问[27,28]，但这仍然是当前研究的一个活跃的话题。

那么，贪婪追踪算法何时才能提供一个统一的稀疏恢复呢？参考文献［13］中提出了关于 OMP 最初最坏的情况分析，并且这里面的大部分结果只经少许改动，都延续到一般的弱 MP 算法中（如 MP、GP、CGP、StWGP）。在 CS 领域，对于 StWGP 或其他弱梯度追踪算法[18]，对 $\|\hat{x}^{[i]}-x\|_2$ 的近似结果以矩阵 A 的约束等距性质的形式推导出来（对 OMP 独立推导了类似的结果[29]）。

㊀ 在支持选择中允许少量错误似乎可以在实践中显著提高 OMP 的稀疏恢复性能。——原书注

定理 8.1（弱梯度追踪的统一恢复）　对于任意的 x，设 $y=Ax+e$，并且在选择超过 k 个非零元素时中止算法。令最后一次迭代为 i^*，令 $\hat{x}^{[i^*]}$ 为当前迭代中 x 的估计，如果

$$\delta_{k+1}<\frac{\alpha}{\sqrt{k}+\alpha} \tag{8.20}$$

那么，存在一个常数 C（由 α 和 δ_{2k} 决定），使得

$$\|\hat{x}^{[i^*]}-x\|_2\leqslant C\left(\|(x-x_k)\|_2+\frac{\|(x-x_k)\|_1}{\sqrt{k}}+\|e\|_2\right) \tag{8.21}$$

式中，x_k 是 x 最好的 k 项逼近。

误差 ϵ 的界最优可达到一个恒定值，并且是和第 1 章中讨论的 ℓ_1 最小化形式相同[30]。但在这里我们需要 $k^{0.5}\delta_{2k}$ 较小，即要求 $m\geqslant\mathcal{O}(k^2\log(n/k))$。这类似于其他 OMP 恢复的结果[13]。

虽然在 $m=\mathcal{O}(k\log(n/k))$ 时，追踪算法不享受统一的恢复特性，但通过观察，我们发现贪婪算法的表现与 ℓ_1 最小化类似。这表明，定理 8.1 所描述的最坏情况并不一定代表典型的算法性能。为了解 OMP 及其变型的典型行为，我们可以检查随机字典的典型（不均匀）恢复表现。具体来说，假设我们给定一个任意 k 稀疏的向量 x，然后我们从一个合适的随机集中随机抽取 A。在什么情况下，OMP 能够以高概率恢复 x 呢？需要注意的是，A 只被要求用来恢复特定的 x，而非所有的 k 稀疏向量。这个问题首先已经在参考文献［31］中研究了。其结果表明，采用 OMP 可以通过 $m=\mathcal{O}(k\log(n))$ 次采样成功恢复稀疏向量。具体来说，Tropp 和 Gilbert[31] 得到如下的结果：

定理 8.2（OMP 的随机测量[31]）　假设 x 是 $\mathbb{R}^n$ 空间任意的 k 稀疏信号，并且一个 $m\times n$ 维的随机矩阵 A 的元素通过独立同分布高斯分布或伯努利分布独立选取。给定 $y=Ax$ 和 $m\geqslant Ck\log(n/\sqrt{\delta})$，其中 C 是一个取决于 A 中随机变量的常数，那么 OMP 至少可以以 $1-\delta$ 的概率恢复 x。

定理 8.2 表明，如果我们独立于待恢复的信号去选择 A，那么即便 m 随着 k 呈线性增长，OMP 也应该表现出良好的性能。当 A 服从高斯分布，那么随着 $n\to\infty$ 渐近发展，该常数 $C=2$[32]。此外，只要信噪比逐渐趋向无穷大，采样带噪也是可行的。

将 Troppand 和 Gilbert[31] 的结果应用于一般的弱 MP 算法也是非常简便的。定理 8.2 证明过程中关于 OMP 的唯一特性是，如果 OMP 成功地终止于 k 次迭代。对于一般的弱 MP 算法，我们可以声明如下[18]：

定理 8.3（随机测量的一般弱 MP）　假设 x 是 $\mathbb{R}^n$ 空间内任意的 k 稀疏信号，并且 $m\times n$ 维的随机矩阵 A 的元素通过独立同分布高斯分布或伯努利分布独立选取。给定数据 $y=Ax$，任意拥有弱参数 α 的弱 MP 算法只会在前 L 次迭代中做出正确的原子选择，这样的概率至少为

$$1-(4L(n-k))\mathrm{e}^{-\alpha^2m/(Ck)}$$

式中，C 是一个依赖于 A 中随机变量的常数。

这提供了一个"依赖于结果"的保证：

推论 8.1　假定一个弱 MP 算法在前 $L\leqslant k$ 次迭代中选择了 k 个元素。那么，如果 $m\geqslant 2C\alpha^{-2}L\log(n/\sqrt{\delta})$，找到 x 的正确支集的概率至少是 $1-\delta$。

请注意，在无噪且 x 是精确稀疏的情况下，如果我们确切使用如 StOMP 中的正交化，那么条件 $L \leqslant k$ 将自动满足。

8.2.6 经验比较

我们考虑一个简单的问题：有 10000 个大小为 128×256 的字典，是从单位球中均匀选取的 A_i 的列生成。从每个字典中，且基于不同的稀疏性，随机选取原子并乘以单位方差、零均值的高斯系数[⊖]来生成 10000 个不同的信号。我们首先分析了各种贪婪追踪方法在准确恢复用于产生信号的原子的平均性能。

结果显示于图 8.1。我们这里展示了 MP、GP、StWGP、ACGP 和 OMP 的结果。在选择了与用于生成信号的原子数相同的原子后，算法都将中止。很显然，削弱了的选择标准（以一种可控的方式）降低了恢复的性能。这样做的优点是降低了计算的成本，如图 8.2 所示。其中曲线对应（从上到下）为 α = 1.0、0.95、0.9、0.85、0.8、0.75 和 0.7。顶部曲线表明 ACGP 的计算成本（StWGP 中 $\alpha = 1.0$）随非零系数的数目呈线性增长。与之相反，$\alpha < 1.0$ 时，计算成本增长的速度要慢很多。应该注意的是，因为所使用的字典不具备一个快速的实现方式，这里的图并不能完全表示 StWGP 的性能。但是它们确实提供了不同 α 值间一个相对公平的比较。

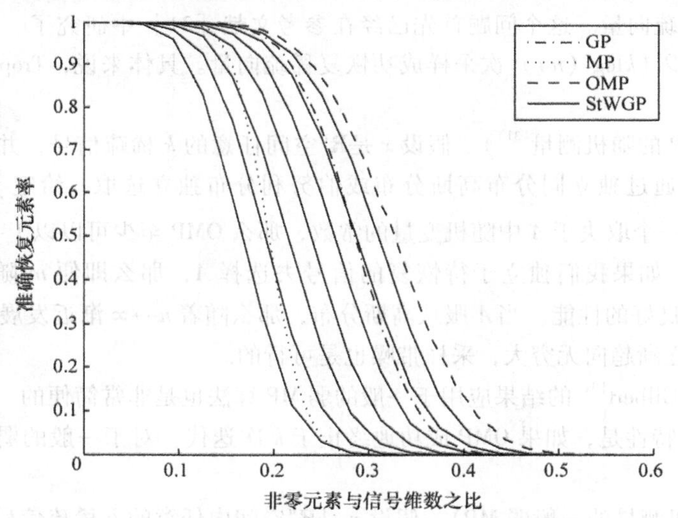

图 8.1 比较 MP（点线）、OMP（虚线）、GP（点画线）和 StWGP（实线）在精确恢复原始系数方面的优劣。纵坐标显示运行的分数，其中算法准确地恢复了用于生成数据的索引集 T，而横坐标则显示 T 的大小与 x 的维数之比。结果平均超过 10000 次运行。实线对应于（从左到右）：α = 0.7、0.75、0.8、0.85、0.9、0.95、1.0（CGP）

⊖ 值得指出的是，许多追踪算法的观测平均性能随非零系数的分布而变化，如果将非零元素设置为 1 或 −1 且概率相等，则往往比这里显示的差。——原书注

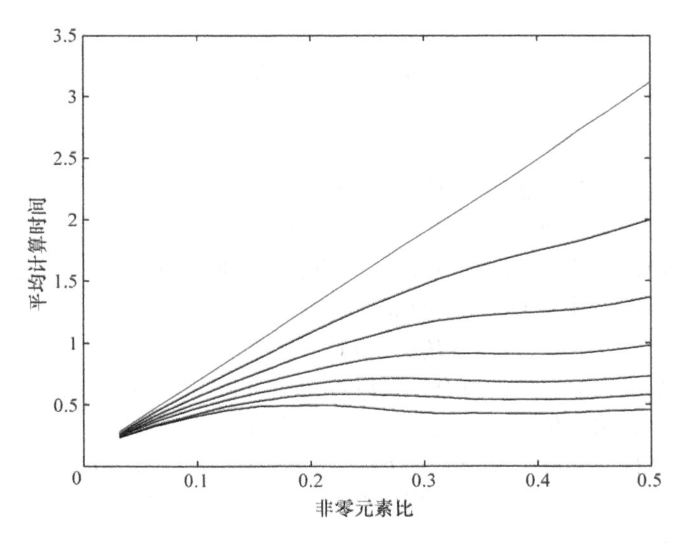

图 8.2　将 StWGP 的计算时间与图 8.1 中不同的 α 值进行比较。曲线对应于（自上而下）：$\alpha=1.0$、0.95、0.9、0.85、0.8、0.75 和 0.7

8.3　阈值类算法

如前所述，贪婪追踪实现和使用都比较容易，而且会非常快。然而，它们没有如凸集松弛一样强的恢复保证。本节中将要讨论的方法弥补了这一空白。它们实现也是相当容易的，而且可以非常快，但同时也具备如凸集松弛一样强劲的性能保证。因此，这些方法为 *CS* 的应用提供了一套强大的工具。此外，如 8.4 节中详细讨论的，这些方法可以很方便地应用于更一般的低维信号模型。

我们主要集中于三种算法，迭代硬阈值（IHT）算法[21]，压缩采样匹配追踪（CoSaMP）[34]，以及子空间追踪（SP）[23]。参考文献［35－38］中也提出了类似思路的方法。

8.3.1　迭代硬阈值

在 Kingsbury 和 Reeves[35] 的发展带动下，参考文献［21，36］独立提出了 IHT 算法。

IHT 是一种贪婪算法，通过迭代求解以得到 CS 恢复问题的一个局部逼近：

$$\min_{\widetilde{x}} \| y-A\widetilde{x}\|_2^2 \quad \|\widetilde{x}\|_0 \leqslant k \tag{8.22}$$

该非凸问题的局部近似可以通过最优化转变框架[39]得到。与直接优化式（8.22）不同，取而代之的是另一个替代目标函数：

$$C_k^S(\widetilde{x},z)=\mu\| y-A\widetilde{x}\|_2^2-\mu\| A\widetilde{x}-Az\|_2^2+\|\widetilde{x}-z\|_2^2 \tag{8.23}$$

这个代价函数的好处是，我们可以将式（8.23）写为

$$C_k^S(\widetilde{x},z) \propto \sum_j \left[\widetilde{x}_j^2-2\widetilde{x}_j(z_j+\mu A_j^{\mathrm{T}}y-A_j^{\mathrm{T}}Az)\right] \tag{8.24}$$

式中，A_j是 A 的第 j 列。

式（8.24）可以独立优化每个 $\widetilde{x}_j$。如果我们忽略约束条件 $\|\widetilde{x}\|_0\leqslant k$，那么式（8.23）具有解

$$x^{\star}=z+\mu A^{\mathrm{T}}(y-Az) \tag{8.25}$$

此时，代价函数式（8.23）的值与下式成正比：

$$C_k^S(x^{\star},z)\propto\|x^{\star}\|_2^2-2\langle x^{\star},(z+\mu A^{\mathrm{T}}(y-Az))\rangle=-\|x^{\star}\|_2^2 \tag{8.26}$$

因此，选择系数 $x^{\star}$的前 k 个最大值（绝对值）并设置其他值为 0，便可强制执行该约束。

于是式（8.23）满足约束 $\|\widetilde{x}\|_0\leqslant k$ 的最小值为

$$\hat{x}=H_k(z+\mu A^{\mathrm{T}}(y-Az)) \tag{8.27}$$

式中，H_k表示将除 k 个最大值以外的所有元素设置为 0 的非线性投影。当前 k 个最大系数不唯一的情况下，我们假设该算法会依据某预先设定的顺序进行选择。

通过设 $z=\hat{x}^{[i]}$，这种局部最优化方法将可变成一种迭代算法，即迭代硬阈值（IHT）算法 8.5。根据当前的估计 $\hat{x}^{[i]}$，该算法可以贪婪地找到该约束代价函数的全局最小值。

算法 8.5　迭代硬阈值（IHT）

输入：y，A，k，μ

初始化：$\hat{x}^{[0]}=0$

for $i=0$，$i:=i+1$，直到达到停止准则 **do**

　$\hat{x}^{[i+1]}=H_k(\hat{x}^{[i]}+\mu A^{\mathrm{T}}(y-A\hat{x}^{[i]}))$

end for

输出：$\hat{x}^{[i]}$

IHT 算法实现很容易，而且计算效率高。除了向量加法，主要的计算量是向量与矩阵 A 及其转置的乘法，以及阈值处理步骤中的部分排序。因此，该算法的存储需求很小，并且如果利用具有某些结构特征的测量矩阵时，与矩阵 A 及其转置的乘法也可以很快地实现。

1. 性能保证

任何迭代算法的一个基本性质是它的收敛性。对于 IHT 算法，其收敛可以基于步长 μ 的某种条件下表示出来。这种条件取决于 A 的特性，即 β_{2k}值，定义为满足下式的最小值：

$$\|A(x_1-x_2)\|_2^2\leqslant\beta_{2k}\|x_1-x_2\|_2^2 \tag{8.28}$$

对于所有 k 稀疏向量 x_1 和 x_2 成立。显然，$\beta_{2k}\leqslant(1+\delta_{2k})\leqslant\|A\|_2^2$，其中 δ_{2k}是式（8.2）中定义的对称 RIP 常数。

经 Blumensath 和 Davies[21] 的推导，其主要的收敛结果可以阐述为

定理 8.4　如果 $\beta_{2k}<\mu^{-1}$，$k\leqslant m$，并假设 A 是满秩的，那么由 IHT 算法定义的序列 $\{\hat{x}^{[i]}\}_i$ 收敛于式（8.22）的一个局部最小值。

收敛性显然是我们所需要的，但在 CS 中，一个算法更重要的特性是它能够恢复稀疏或近似稀疏信号的能力，即对于一种方法来说，它计算并估计的 $\hat{x}$ 是接近于 x 的。IHT 算法的一个基本特性是，当 RIP 条件满足时，它具有一个接近最优的误差保证。事实上，它在这方面的表现与第

1 章中讨论的凸集最优化方法非常相似。

由于式（8.2）中的约束等距性质对矩阵 A 的缩放比较敏感，这里我们将基于非对称的 RIP 条件阐明主要的结果：

$$\alpha_{2k}\|x_1-x_2\|_2^2\leqslant\|A(x_1-x_2)\|_2^2\leqslant\beta_{2k}\|x_1-x_2\|_2^2 \tag{8.29}$$

对所有的 k 稀疏 x_1 和 x_2。请注意，我们主要关注 A 如何作用于两个 k 稀疏向量的差，因此这里采用的是 RIP 条件的一种特殊形式[⊖]。

IHT 算法的第一个恢复结果在参考文献［40］中推导出来。后来在 Meka 等[41]以及 Garg 和 Khandekar[42]的工作中被进一步提升。该提升在参考文献［43］中报道出来。8.3.4 节中一个较为谨慎的说法给出了以下的性能保证。

定理 8.5　对于任意的 x，给定 $y=Ax+e$，其中 A 满足非对称 RIP 条件，且 $\beta_{2k}\leqslant\mu^{-1}<1.5\alpha_{2k}$，那么在

$$i^{\star}=\left\lceil 2\frac{\log(\|\tilde{e}\|_2/\|x_k\|_2)}{\log(2/(\mu\alpha_{2k})-2)}\right\rceil \tag{8.30}$$

次迭代后，IHT 算法计算出的解 $\hat{x}^{[i^{\star}]}$满足：

$$\|x-\hat{x}^{[i^{\star}]}\|_2\leqslant(1+c\sqrt{\beta_{2k}})\|x-x_k\|_2+c\sqrt{\beta_{2k}}\frac{\|x-x_k\|_1}{\sqrt{k}}+c\|e\|_2 \tag{8.31}$$

式中，$c\leqslant\sqrt{\dfrac{4}{3\alpha_{2k}-2\mu}}+1$。

类似地，如果对于某些 $s<\dfrac{6}{5}$，满足 $s\alpha_{2k}\leqslant\mu^{-1}\leqslant\beta_{2k}$，且 $\dfrac{\beta_{2k}}{\alpha_{2k}}<\dfrac{3+\frac{6}{s}}{8}$，那么在 $c\leqslant\sqrt{\dfrac{4+16s-16\frac{\beta_{2k}}{\alpha_{2k}}}{(3+6s)\alpha_{2k}-8\beta_{2k}}}+1$ 和 $i^{\star}=\left\lceil 2\dfrac{\log(\|\tilde{e}\|_2/\|x_k\|_2)}{\log\left(\dfrac{4\frac{\beta_{2k}}{\alpha_{2k}}-2(1+s)}{1+4s-4\frac{\beta_{2k}}{\alpha_{2k}}}\right)}\right\rceil$ 的条件下，满足类似的有界条件。

2. 步长选取

为了利用定理 8.5 的恢复结果，我们需要适当地选择 $1/\mu$。然而，正如第 1 章所述，对于任何给定的测量矩阵 A，我们通常不知道 RIP 条件是否满足。即便满足，确切的 RIP 常数又是多少。那么，如果我们不知道 α_{2k}和 β_{2k}，我们该如何选取 μ 呢？如果我们采用随机的方法构建了一个矩阵 A，并且我们对 α_{2k}和 β_{2k}有一个很好界限，使得 $\beta_{2k}\leqslant1.5\alpha_{2k}$以很高的概率满足，那么我们可以设 $\beta_{2k}\leqslant\mu^{-1}\leqslant1.5\alpha_{2k}$。这将保证算法的收敛，并保证如定理 8.5 所述的提供接近最优的恢复结

⊖ 在这种形式下，RIP 也可以理解为双 Lipschitz 条件，其中 $\sqrt{\beta_{2k}}$是映射 A 在所有 k 稀疏信号集上的 Lipschitz 常数，而 $1/\sqrt{\alpha_{2k}}$是其逆映射的 Lipschitz 常数。我们的 RIP 版本可以使用 $\alpha_{2k}\geqslant(1-\delta_{2k})$ 和 $\beta_{2k}\leqslant(1+\delta_{2k})$ 轻松地转换为对称的 RIP。——原书注

果。然而，在许多实际问题中，物理以及计算的限制使我们无法使用任何一种被充分认识的随机结构去构建矩阵 A，因此 RIP 常数通常是未知的。此外，通常需要在 RIP 条件不成立的条件下，也去使用该方法。在这种情况下，运用固定的步长将会产生混淆的结果。并且，Blumensath 和 Davies[44] 建议，一种明智的选择是在每次迭代中自适应地选择步长。

设 $T^{[i]}$ 是 $\hat{x}^{[i]}$ 的支集集合，并令 $g^{[i]}=A^{\mathrm{T}}(y-A\hat{x}^{[i]})$ 是 $\|y-A\tilde{x}\|_2^2$ 当前估计 $\hat{x}^{[i]}$ 的负梯度。(只有在第一次迭代我们以零值初始化时，$\hat{x}^{[i]}$ 才为 0。我们将 $A^{\mathrm{T}}y$ 的前 k 个最大值（绝对值）的索引设定为 $T^{[i]}$。）假设我们已经确定了正确的支集集合，也就是说，$T^{[i]}$ 是 x 的最好的 k 项近似的支集集合。在这种情况下，我们希望使 $\|y-A_{T^{[i]}}\tilde{x}_{T^{[i]}}\|_2^2$ 最小。运用梯度下降法，这将可以通过迭代 $\hat{x}_{T^{[i]}}^{[i+1]}=\hat{x}_{T^{[i]}}^{[i]}+\mu A_{T^{[i]}}^{\mathrm{T}}(y-A_{T^{[i]}}x_{T^{[i]}}^{[i]})$ 来完成。重要的是，在支集集合固定的情况下，我们可以计算一个最佳的步长，即该步长可以在每次迭代时最大限度地减少残差。该步长为[16]

$$\mu=\frac{\|g_{T^{[i]}}^{[i]}\|_2^2}{\|A_{T^{[i]}}g_{T^{[i]}}^{[i]}\|_2^2} \tag{8.32}$$

式中，$g_{T^{[i]}}^{[i]}$ 是将 $g^{[i]}$ 中不属于 $T^{[i]}$ 的元素去除后的子向量。类似地，$A_{T^{[i]}}$ 是去除矩阵 A 中相应列后的子矩阵。评价该数值需要计算 $A_{T^{[i]}}g_{T^{[i]}}^{[i]}$。其计算成本与计算 $A\hat{x}^{[i]}$ 和 $A^{\mathrm{T}}(y-A\hat{x}^{[i]})$ 一样。因此，IHT 算法的计算复杂度只会增加一个恒定的分数。重要的是，使用式（8.32），我们不要求精确地知道 RIP 常数，因为如果 A 具有非对称的 RIP 常数 α_{2k} 和 β_{2k}，那么因为 $g_{T^{[i]}}^{[i]}$ 只有 k 个非零元素，可以得到

$$\alpha_{2k}\leqslant\frac{\|A_{T^{[i]}}g_{T^{[i]}}^{[i]}\|_2^2}{\|g_{T^{[i]}}^{[i]}\|_2^2}\leqslant\beta_{2k} \tag{8.33}$$

这样，如果 $\beta_{2k}/\alpha_{2k}<9/8$，则定理 8.5 成立。于是，我们有了以下推论。

推论 8.2 给定 $y=Ax+e$，如果 A 满足非对称 RIP 常数 $\beta_{2k}/\alpha_{2k}<9/8$，那么，在

$$i^{\star}=\left\lceil 2\frac{\log(\|\tilde{e}\|_2/\|x_k\|_2)}{\log\left(\dfrac{4\dfrac{\beta_{2k}}{\alpha_{2k}}-4}{5-4\dfrac{\beta_{2k}}{\alpha_{2k}}}\right)}\right\rceil \tag{8.34}$$

次迭代后，由迭代定义的解

$$\hat{x}^{[i+1]}=H_k\left(\hat{x}^{[i]}+\frac{\|g_{T^{[i]}}^{[i]}\|_2^2}{\|A_{T^{[i]}}g_{T^{[i]}}^{[i]}\|_2^2}A^{\mathrm{T}}(y-A\hat{x}^{[i]})\right) \tag{8.35}$$

满足

$$\|x-\hat{x}^{[i^{\star}]}\|_2\leqslant(1+c\sqrt{\beta_{2k}})\|y-x_k\|_2+c\sqrt{\beta_{2k}}\frac{\|x-x_k\|_1}{\sqrt{k}}+c\|e\|_2 \tag{8.36}$$

式中，$c\leqslant\sqrt{\dfrac{20-16\dfrac{\beta_{2k}}{\alpha_{2k}}}{9\alpha_{2k}-8\beta_{2k}}+1}$。

这里仍存在一个问题。我们通常不能保证测量矩阵满足 RIP 常数所要求的有界条件。因此，我们需要确保在定理条件不符合的情况下，该算法仍是鲁棒的。尽管我们不能保证将高精度地恢复 x，我们至少可以保证，如果 RIP 条件不满足，算法仍将收敛。为了做到这一点，我们需要监控收敛性，并运用线搜索方法以保证算法的稳定性。

在 $\widetilde{x}^{[i+1]}$ 和 $\hat{x}^{[i]}$ 支集集合相同的情况下，我们所选择的步长保证了代价函数最大限度地减小。这进而保证了算法的稳定性。然而，如果 $\widetilde{x}^{[i+1]}$ 与 $\hat{x}^{[i]}$ 的支集不同，μ 的最优性将无法保证。在这种情况下，一个保证算法收敛的充分条件是[44]

$$\mu\leqslant(1-c)\frac{\|\widetilde{x}^{[i+1]}-\hat{x}^{[i]}\|_2^2}{\|A(\widetilde{x}^{[i+1]}-\hat{x}^{[i]})\|_2^2} \tag{8.37}$$

式中，c 是任何小的固定常数。

因此，如果我们的第一个估计 $\widetilde{x}^{[i+1]}$ 拥有不同的支集，我们需要检查 μ 是否满足上述收敛条件。如果条件成立，那么我们采用新的更新并设置 $\hat{x}^{[i+1]}=\widetilde{x}^{[i+1]}$。否则，我们需要缩小步长 μ。最简单的方法是令 $\mu\leftarrow\mu/(\kappa(1-c))$，$\kappa$ 取常数 $\kappa>1/(1-c)$。有了这个新的步长，可以计算出一个新的估计 $\widetilde{x}^{[i+1]}$。如此反复，直到条件式（8.37）满足或 $\widetilde{x}^{[i+1]}$ 与 $\hat{x}^{[i]}$ 的支集相同，该流程被终止。我们采用最近的一次更新并进入下一次迭代㊀。

可以表明，使用这种步长自动缩小的方法，算法可以收敛到一个固定的点[44]，该算法概括于算法 8.6。

定理 8.6　如果 rank（A）$=m$ 且 rank（A_T）$=k$，对于所有 $|T|=k$ 成立，那么归一化后的 IHT 算法将收敛于最优化问题式（8.22）的一个局部最小值。

算法 8.6　归一化迭代硬阈值算法

输入： y，A，k

初始化： $\hat{x}^{[0]}=0$，$T^{[0]}=\text{supp}(H_k(A^{\mathrm{T}}y))$

for $i=0$，$i:=i+1$，直到达到停止准则 **do**

　$g^{[i]}=A^{\mathrm{T}}(y-A\hat{x}^{[i]})$

　$\mu^{[i]}=\dfrac{\|g_{T^{[i]}}^{[i]}\|_2^2}{\|A_{T^{[i]}}g_{T^{[i]}}^{[i]}\|_2^2}$

　$\widetilde{x}^{[i+1]}=H_k(\hat{x}^{[i]}+\mu^{[i]}g^{[i]})$

　$T^{[i+1]}=\text{supp}(\widetilde{x}^{[i+1]})$

　if $T^{[i+1]}=T^{[i]}$ **then**

　　$\hat{x}^{[i+1]}=\widetilde{x}^{[i+1]}$

　else if $T^{[i+1]}\neq T^{[i]}$ **then**

　　if $\mu^{[i]}\leqslant(1-c)\dfrac{\|\widetilde{x}^{[i+1]}-\hat{x}^{[i]}\|_2^2}{\|A(\widetilde{x}^{[i+1]}-\hat{x}^{[i]})\|_2^2}$ **then**

㊀ 注意，可以看出，经过有限的尝试，该算法将接受一个新的步长。——原书注

$\hat{x}^{[i+1]} = \widetilde{x}^{[i+1]}$

else if $\mu^{[i]} > (1-c)\dfrac{\| \widetilde{x}^{[i+1]} - \hat{x}^{[i]} \|_2^2}{\| A(\widetilde{x}^{[i+1]} - \hat{x}^{[i]}) \|_2^2}$ **then**

repeat

$\mu^{[i]} \leftarrow \mu^{[i]} / (\kappa(1-c))$

$\widetilde{x}^{[i+1]} = H_k(\hat{x}^{[i]} + \mu^{[i]} g^{[i]})$

until $\mu^{[i]} \leqslant (1-c)\dfrac{\| \widetilde{x}^{[i+1]} - \hat{x}^{[i]} \|_2^2}{\| A(\widetilde{x}^{[i+1]} - \hat{x}^{[i]}) \|_2^2}$

$T^{[i+1]} = \text{supp}(\widetilde{x}^{[i+1]})$

$\hat{x}^{[i+1]} = \widetilde{x}^{[i+1]}$

end if

end if

end for

输出： $r^{[i]}$，$\hat{x}^{[i]}$

8.3.2 压缩采样匹配追踪和子空间追踪

Needell 和 Tropp[34] 提出的压缩采样匹配追踪（CoSaMP）算法与 Dai 和 Milenkovic[23] 提出的子空间追踪（SP）算法非常相似，并共享许多特性。因此，我们将共同介绍这两种方法。

1. 基本框架

CoSaMP 和 SP 两种算法都将追踪一个活动的非零元素集合，并在每次迭代中都会向其中添加或去除某些元素。在每次迭代开始时，通过一个 k 稀疏的估计值 $\hat{x}^{[i]}$ 计算残差 $y - A\hat{x}^{[i]}$，并计算其与矩阵 A 的列的内积。将其中前 k（或 $2k$）个最大的内积所对应的列添加到 $\hat{x}^{[i]}$ 的支集中，以得到一个更大的集合 $T^{[i+0.5]}$。求解最优化问题 $\text{argmin}_{\widetilde{x}_{T^{[i+0.5]}}} \| y - A\widetilde{x}_{T^{[i+0.5]}}^{[i+0.5]} \|_2$，计算出一个中间值 $\hat{x}^{[i+0.5]}$，并检测该中间值的前 k 个最大元素作为新的支集集合 $T^{[i+1]}$。这两种方法在最后一步中有所不同。CoSaMP 算法将中间值 $\hat{x}^{[i+0.5]}$ 看作新的支集集合 $T^{[i+1]}$ 上的一个新估计，而 SP 算法将在新的支集集合 $T^{[i+1]}$ 上重新求解该最小二乘问题。

2. CoSaMP

算法 8.7 总结了由 Needell 和 Tropp[34] 提出并分析的 CoSaMP 算法。

算法 8.7 压缩采样匹配追踪（CoSaMP）

输入： y，A，k

初始化： $T^{[0]} = \text{supp}(H_k(A^{\mathrm{T}} y))$，$\hat{x}^{[0]} = 0$

for $i = 0$，$i := i+1$，直到达到停止准则 **do**

$g^{[i]}=A^{\mathrm{T}}(y-A\hat{x}^{[i]})$

$T^{[i+0.5]}=T^{[i]}\cup \operatorname{supp}(g_{2k}^{[i]})$

$\hat{x}_{T^{[i+0.5]}}^{[i+0.5]}=A_{T^{[i+0.5]}}^{\dagger}y,\hat{x}\frac{[i+0.5]}{T^{[i+0.5]}}=0$

$T^{[i+1]}=\operatorname{supp}(\hat{x}_k^{[i+0.5]})$

$\hat{x}_{T^{[i+1]}}^{[i+1]}=\hat{x}_{T^{[i+1]}}^{[i+0.5]},\hat{x}\frac{[i+1]}{T^{[i+1]}}=0$

end for

输出：$r^{[i]},\hat{x}^{[i]}$

在每次迭代中，计算 $A_{T^{[i+0.5]}}^{\dagger}y$ 是非常需要计算量的。参考文献［34］提出了一种快速的近似算法以取而代之。该快速算法用三个梯度下降迭代或共轭梯度算子取代了精确的最小二乘估计 $\hat{x}_{T^{[i+0.5]}}^{[i+0.5]}=A_{T^{[i+0.5]}}^{\dagger}y$。重要的是，虽然该算法在经验上的性能趋于恶化（参见 8.3.3 节中的模拟实验），但它仍然满足定理 8.7 给出的理论保证。

Needell 和 Tropp[34] 提出用不同的策略来中止 CoSaMP 算法。如果 RIP 条件成立，则误差 $y-A\hat{x}^{[i]}$ 的大小可以用来限定误差 $x-\hat{x}^{[i]}$，进而用来停止算法。然而，在实践中，如果不知道 RIP 条件是否成立，那么这种关系是没有保证的。在这种情况下，另一种选择是当 $\|\hat{x}^{[i]}-\hat{x}^{[i+1]}\|_2$ 很小或者近似误差 $\|y-A\hat{x}^{[i]}\|_2<\|y-A\hat{x}^{[i+1]}\|_2$ 开始增加时中止算法。虽然第一种方法不能保证算法的收敛性，但是第二种方法是以保证算法的稳定性的。然而，在 RIP 条件成立时，这仍是有些过于严格的 。

3. SP

由 Dai 和 Milenkovic[23] 开发分析的 SP 算法与 CoSaMP 非常相似，其流程如算法 8.8 所示。

算法 8.8　子空间追踪（SP）

输入：y，A，k

初始化：$T^{[0]}=\operatorname{supp}\ (H_k(A^{\mathrm{T}}y))$，$\hat{x}^{[0]}=A_{T^{[0]}}^{\dagger}y$

for $i=0$，$i:=i+1$，until $\|y-A\hat{x}^{[i+1]}\|_2\geqslant\|y-A\hat{x}^{[i]}\|_2$ **do**

$g^{[i]}=A^{\mathrm{T}}(y-A\hat{x}^{[i]})$

$T^{[i+0.5]}=T^{[i]}\cup \operatorname{supp}(g_k^{[i]})$

$\hat{x}_{T^{[i+0.5]}}^{[i+0.5]}=A_{T^{[i+0.5]}}^{\dagger}y,\ \hat{x}\frac{[i+0.5]}{T^{[i+0.5]}}=0$

$T^{[i+1]}=\operatorname{supp}\ (\hat{x}_k^{[i+0.5]})$

$\hat{x}^{[i+1]}=A_{T^{+1}}^{\dagger}y$

end for

输出：$r^{[i]}$，$\hat{x}^{[i]}$

这里，Dai 和 Milenkovic[23]提出了相同的基于误差 $\| y - A\hat{x}^{[i]} \|_2 - \| y - A\hat{x}^{[i+1]} \|_2$ 的算法中止规则。这保证了该算法的稳定性，即便是在 RIP 条件不成立的情况下 。

这两种算法的主要区别是每次迭代中添加到支集集合 $T^{[i]}$ 中的集合大小不一样，而且 SP 算法需要求解一个额外的最小二乘解。此外，CoSaMP 算法中能够用三个基于梯度的更新代替最小二乘解，意味着 CoSaMP 比 SP 实现得更加有效率。

4. 性能保证

和 IHT 算法一样，CoSaMP 和 SP 在 RIP 条件下都能够提供接近最优的性能保证。CoSaMP 算法是第一个被证明具有和 ℓ_1 最优化相似的性能保证的贪婪方法[34]。虽然 CoSaMP 算法明显比 IHT 算法涉及了更多的步骤，其性能保证的证明仍采用了类似于 8.3.4 节中证明 IHT 性能保证的思想。而且其性能保证证明相当冗长，所以在这里就省略了。

定理 8.7[34] 对于任意 的 x，给定 $y = Ax + e$，其中 A 满足 RIP 条件，且对于所有 $2k$ 稀疏的向量满足 $0.9 \leqslant \frac{\| Ax_1 - Ax_2 \|_2^2}{\| x_1 - x_2 \|_2^2} \leqslant 1.1$，那么在

$$i^\star = \lceil \log(\| x_k \|_2 / \| \widetilde{e} \|_2) \log 2 \rceil \tag{8.38}$$

次迭代后，CoSaMP 算法求得的解 $\hat{x}^{[i^\star]}$ 满足：

$$\| x - \hat{x}^{[i^\star]} \|_2 \leqslant 21 \left(\| y - x_k \|_2 + \frac{\| x - x_k \|_1}{\sqrt{k}} + \| e \|_2 \right) \tag{8.39}$$

对于 SP，Dai 和 Milenkovic[23]采用了类似的方法，并得出了相似的结果。

定理 8.8[23] 对于任意的 x，给定 $y = Ax + e$，其中对于所有 k 稀疏的向量 x_1 和所有 $2k$ 稀疏的向量 x_2，满足 RIP 条件 $0.927 \leqslant \frac{\| Ax_1 - Ax_2 \|_2^2}{\| x_1 - x_2 \|_2^2} \leqslant 1.083$，那么 SP 算法求得的解满足：

$$\| x - \hat{x} \|_2 \leqslant 1.18 \left(\| y - x_k \|_2 + \frac{\| x - x_k \|_1}{\sqrt{k}} + \| e \|_2 \right) \tag{8.40}$$

8.3.3 实验比较

为了突出本节所讨论的不同方法的性能，我们重复 8.2.6 节中的实验，比较标准化的 IHT 算法、CoSaMP 算法以及基于 ℓ_1 的方法（最小化 $\| x \|_1$ 且满足 $y = Ax$）。这里，CoSaMP 采用两种不同的实现方式（图 8.3 中的点画线表示运用精确最小二乘 CoSaMP 的性能；虚线表示运用固定共轭梯度步数的 CoSaMP 的性能，从左到右，每次迭代中分别使用 3、6、9 个共轭梯度算子）。

在这种均衡的情况下，即便是 RIP 条件不成立，标准化 IHT 算法都表现出良好的性能。在这里，标准化 IHT 算法要优于采用精确最小二乘解的 CoSaMP 算法，且几乎和 ℓ_1 的方法一样好。当然值得注意的是，正如 Blumensath 和 Davies[44]所报道的，如果 x 中的非零元素都具有相同的大小，那么采用精确最小二乘解的 CoSaMP 要稍微优于标准化的 IHT 算法。

图 8.4 给出了图 8.3 中算法表现良好时的计算时间㊀。标准化 IHT 算法的速度优势是显而易见的。

㊀ 为了解 ℓ_1 优化问题，我们使用了 spgl1[45]算法（见 www.cs.vbc.ca/labs/scl/spgl1/）。——原书注

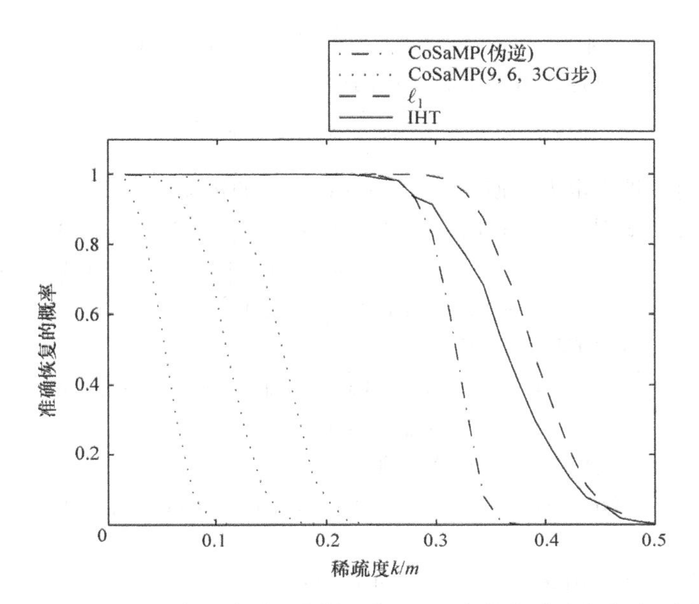

图 8.3　算法能准确识别 x 中元素为非零的实例百分比。x 中的非零元素为独立同分布正态分布。结果如下：归一化 IHT（实线），ℓ_1 解（虚线），用伪逆实现的 CoSaMP（点画线），以及使用（从左到右）3、6 或 9 共轭梯度迭代的 CoSaMP（点线）

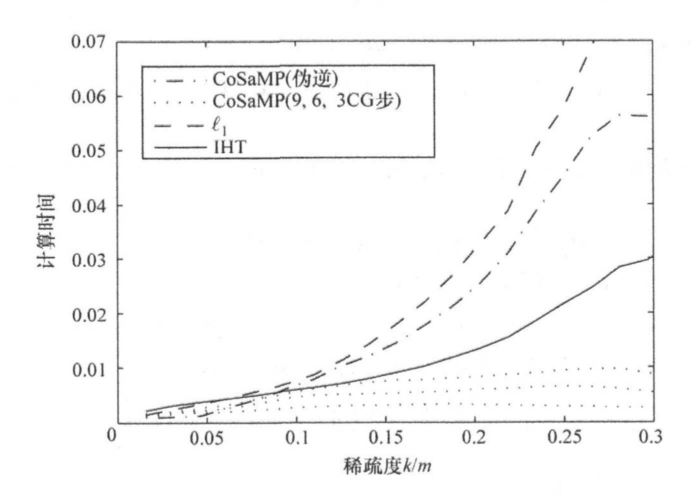

图 8.4　计算时间归一化 IHT（实线），ℓ_1 解（虚线），用伪逆实现的 CoSaMP（点画线），以及使用（从左到右）3、6 或 9 共轭梯度迭代的 CoSaMP（点线）

8.3.4　恢复证明

定理 8.5 的证明。为了证明 IHT 算法的恢复界限，我们采用三角不等式将估计误差项分成两部分：

$$\| x-\hat{x}^{[i+1]} \|_2 \leqslant \| x_k-\hat{x}^{[i+1]} \|_2 + \| x_k-x \|_2 \tag{8.41}$$

我们现在继续运用非对称的 RIP 限制右边的第一项：

$$\| x_k-\hat{x}^{[i+1]} \|_2^2 \leqslant \frac{1}{\alpha_{2k}} \| A(x_k-\hat{x}^{[i+1]}) \|_2^2 \tag{8.42}$$

反过来，它又可以被界定为（使用 $\widetilde{e}=A(x-x_k)+e$ 的定义）

$$\begin{aligned}
\| A(x_k-\hat{x}^{[i+1]}) \|_2^2 &= \| y-A\hat{x}^{[i+1]} \|_2^2 + \| \widetilde{e} \|_2^2 - 2\langle \widetilde{e},(y-A\hat{x}^{[i+1]}) \rangle \\
&\leqslant \| y-A\hat{x}^{[i+1]} \|_2^2 + \| \widetilde{e} \|_2^2 + \| \widetilde{e} \|_2^2 + \| y-A\hat{x}^{[i+1]} \|_2^2 \\
&= 2\| y-A\hat{x}^{[i+1]} \|_2^2 + 2\| \widetilde{e} \|_2^2
\end{aligned} \tag{8.43}$$

式中，最后一个不等式由如下推导得到：

$$\begin{aligned}
-2\langle \widetilde{e},(y-A\hat{x}^{[i+1]}) \rangle &= -\| \widetilde{e}+(y-A\hat{x}^{[i+1]}) \|_2^2 + \| \widetilde{e} \|_2^2 + \| (y-A\hat{x}^{[i+1]}) \|_2^2 \\
&\leqslant \| \widetilde{e} \|_2^2 + \| (y-A\hat{x}^{[i+1]}) \|_2^2
\end{aligned} \tag{8.44}$$

我们使用下式界定式（8.43）中的第一项

$$\| y-A\hat{x}^{[i+1]} \|_2^2 \leqslant (\mu^{-1}-\alpha_{2k}) \| (x_k-\hat{x}^{[i]}) \|_2^2 + \| \hat{e} \|_2^2 + (\beta_{2k}-\mu^{-1}) \| \hat{x}^{[i+1]}-\hat{x}^{[i]} \|_2^2 \tag{8.45}$$

它由如下推导得到（使用 $g^{[i]}=2A^{\mathrm{T}}(y-A\hat{x}^{[i]})$）：

$$\begin{aligned}
&\| y-A\hat{x}^{[i+1]} \|_2^2 - \| y-A\hat{x}^{[i]} \|_2^2 \\
&\leqslant -\langle (x_k-\hat{x}^{[i]}),g^{[i]} \rangle + \mu^{-1} \| x_k-\hat{x}^{[i]} \|_2^2 + (\beta_{2k}-\mu^{-1}) \| \hat{x}^{[i+1]}-\hat{x}^{[i]} \|_2^2 \\
&\leqslant -\langle (x_k-\hat{x}^{[i]}),g^{[i]} \rangle + \| A(x_k-\hat{x}^{[i]}) \|_2^2 \\
&\quad + (\mu^{-1}-\alpha_{2k}) \| x_k-\hat{x}^{[i]} \|_2^2 + (\beta_{2k}-\mu^{-1}) \| \hat{x}^{[i+1]}-\hat{x}^{[i]} \|_2^2 \\
&= \| \widetilde{e} \|_2^2 - \| y-A\hat{x}^{[i]} \|_2^2 + (\mu^{-1}-\alpha_{2k}) \| (x_k-\hat{x}^{[i]}) \|_2^2 + (\beta_{2k}-\mu^{-1}) \| \hat{x}^{[i+1]}-\hat{x}^{[i]} \|_2^2
\end{aligned} \tag{8.46}$$

式中，第二个不等式运用了非对称的 RIP，第一个不等式由参考文献［43］中证明的以下引理得到。

引理 8.1 如果 $\hat{x}^{[i+1]}=H_k(\hat{x}^{[i]}+\mu A^{\mathrm{T}}(y-A\hat{x}^{[i]}))$，那么

$$\begin{aligned}
&\| y-A\hat{x}^{[i+1]} \|_2^2 - \| y-A\hat{x}^{[i]} \|_2^2 \\
&\leqslant -\langle (x_k-\hat{x}^{[i]}),g^{[i]} \rangle + \mu^{-1} \| x_k-\hat{x}^{[i]} \|_2^2 + (\beta_{2k}-\mu^{-1}) \| \hat{x}^{[i+1]}-\hat{x}^{[i]} \|_2^2
\end{aligned} \tag{8.47}$$

结合式（8.41）、式（8.42）和式（8.45），如果 $\beta_{2k} \leqslant \mu^{-1}$，那么

$$\| x_k-\hat{x}^{[i+1]} \|_2^2 \leqslant 2\left(\frac{1}{\mu\alpha_{2k}}-1\right) \| (x_k-\hat{x}^{[i]}) \|_2^2 + \frac{4}{\alpha_{2k}} \| \widetilde{e} \|_2^2 \tag{8.48}$$

因此，条件 $2\left(\frac{1}{\mu\alpha_{2k}}-1\right)<1$ 表明

$$\| x_k-x^{[i]} \|_2^2 \leqslant \left(2\left(\frac{1}{\mu\alpha_{2k}}-1\right)\right)^i \| x_k \|_2^2 + c\| \widetilde{e} \|_2^2 \tag{8.49}$$

式中，$c \leqslant \dfrac{4}{3\alpha_{2k}-2\mu^{-1}}$。那么，该定理服从以下界限：

$$\| x-x^{[i]} \|_2 \leqslant \sqrt{\left(\frac{2}{\mu\alpha_{2k}}-2\right)^i \| x_k \|_2^2 + c\| \widetilde{e} \|_2^2} + \| x_k-x \|_2$$

$$\leqslant\left(\frac{2}{\mu\alpha_{2k}}-2\right)^{i/2}\|x_k\|_2+c^{0.5}\|\widetilde{e}\|_2+\|x_k-x\|_2 \tag{8.50}$$

因此，在 $i^{\star}=\left\lceil 2\frac{\log(\|\widetilde{e}\|_2/\|x_k\|_2)}{\log(2/(\mu\alpha_{2k})-2)}\right\rceil$ 次迭代后，我们有

$$\|x-x^{[i^{\star}]}\|_2\leqslant(c^{0.5}+1)\|\widetilde{e}\|_2+\|x_k-x\|_2 \tag{8.51}$$

另外，如果 $\beta_{2k}>\mu^{-1}$，那么

$$\begin{aligned}\|x_k-\hat{x}^{[i+1]}\|_2^2&\leqslant 2\left(\frac{1}{\mu\alpha_{2k}}-1\right)\|(x_k-\hat{x}^{[i]})\|_2^2+\frac{2}{\alpha_{2k}}(\beta_{2k}-\mu^{-1})\|\hat{x}^{[i+1]}-\hat{x}^{[i]}\|_2^2+\frac{4}{\alpha_{2k}}\|\widetilde{e}\|_2^2\\&\leqslant 2\left(\frac{1}{\mu\alpha_{2k}}-1\right)\|(x_k-\hat{x}^{[i]})\|_2^2+\frac{4}{\alpha_{2k}}(\beta_{2k}-\mu^{-1})\|x_k-\hat{x}^{[i]}\|_2^2\\&\quad+\frac{4}{\alpha_{2k}}(\beta_{2k}-\mu^{-1})\|x_k-\hat{x}^{[i+1]}\|_2^2+\frac{4}{\alpha_{2k}}\|\widetilde{e}\|_2^2\end{aligned} \tag{8.52}$$

因此，

$$\|x_k-\hat{x}^{[i+1]}\|_2^2\leqslant\frac{4\frac{\beta_{2k}}{\alpha_{2k}}-\frac{2}{\mu\alpha_{2k}}-2}{1-4\frac{\beta_{2k}}{\alpha_{2k}}+\frac{4}{\mu\alpha_{2k}}}\|(x_k-\hat{x}^{[i]})\|_2^2+\frac{4}{\alpha_{2k}}\|\widetilde{e}\|_2^2 \tag{8.53}$$

运用从式（8.48）推导出第一部分同样的原理，该定理的第二部分也可以由此得到。最后，$\|\widetilde{e}\|_2$ 被界定为

引理 8.2（Needell 和 Tropp，引理 6.1[34]）　若 A 满足 $2k$ 次的 RIP 条件，那么

$$\|\widetilde{e}\|_2\leqslant\sqrt{\beta_{2k}}\|y-x_k\|_2+\sqrt{\beta_{2k}}\frac{\|x-x_k\|_1}{\sqrt{k}}+\|e\|_2 \tag{8.54}$$

8.4 由贪婪算法推广到结构化模型

除了实现和计算方面的优势，贪婪算法还有一个非常重要的特性将它们与凸集松弛的方法区分开来。它们更容易适用于比稀疏模型结构更加复杂的信号模型。比如，我们知道自然图像的小波变换表现出树状结构，因此在 CS 成像中，我们不仅要求稀疏的小波表示，而且更进一步地去寻找具有稀疏性和树状结构的表示。具有树状结构的稀疏信号集合要远小于所有稀疏信号的集合，因此这个额外的信息能够使我们通过更少的数据准确地恢复信号。

对于众多具有结构的稀疏问题，如树状结构的稀疏重构问题，通常很难设计成一个凸集最优化问题。实际上，一个正确的代价函数应该是怎么样的？或者说是否存在一个凸代价函数，能够提供比标准的不运用这些结构信息的 ℓ_1 方法更好的重构性能？这些问题的答案并不清晰。而另一方面，贪婪算法能够非常容易地引入并运用这些结构信息。这是怎么做到的呢？这样做有什么好处？这就是本节的主要内容。

8.4.1 子空间联合模型

在 CS 中被应用的大多数结构都是基于子空间联合（UoS）模型的。在这里我们主要关注这

一类重要的模型。然而，这里为 UoS 模型发明的某些思想也适于开发其他低维信号模型（包括第 1 章中讨论的流场模型）[43]。Lu 和 Do[46] 最先研究了 UoS 模型。Blumensath 和 Davies[47] 从理论上继续发展了该模型。参考文献［48］最先推导了块稀疏信号模型明确的恢复成果和实践算法，而 Baraniuk 等[49] 推导了关于结构化稀疏模型的结果。Blumensath[43] 推导了一类适合于一般 UoS 设置的 IHT 类型算法的恢复结果。

1. UoS 模型

在稀疏信号模型中，我们假定信号属于或接近若干个 k 维子空间的联合。其中，每个子空间都是由信号空间$\mathbb{R}^n$中的 k 个基向量生成的 k 维基空间。UoS 模式将这个概念进一步推广。

第 1 章已经介绍过 UoS 模型的几个例子。我们在这里给出一个相当广泛的定义。假设 x 属于 Hilbert 空间（具有范数 $\|\cdot\|\mathcal{H}$），并且，假设 x 属于或接近一个线性子空间的联合$\mathcal{U}\subset\mathcal{H}$，定义为

$$\mathcal{U}=\bigcup_{j\in I}\mathcal{S}_j \tag{8.55}$$

式中，$\mathcal{S}_j\subset\mathcal{H}$是$\mathcal{H}$的任意闭子空间 。最一般的情况，$\mathcal{H}$可以是一个无限维的 Hilbert 空间，$\mathcal{U}$有可能是无限维子空间的一个不可数无限联合。然而，在许多实际情况中，子空间$\mathcal{S}_j$ 是有限维的，其个数也是有限的（这时，我们令其个数为 $L:=|I|$）。在有限维子空间的 UoS 模型中，子空间的最大维数与 CS 中的稀疏性起着相同的作用。因此，我们采用一个相似注释，定义 $k:=\sup\dim\mathcal{S}_j$。

UoS 模型的一个重要子集是结构化的稀疏信号。这些信号是 k 稀疏的，其支集受到进一步的限制。Baraniuk[49] 首先介绍了这些模型，并称作“模型稀疏”。稀疏模型和结构化稀疏模型的主要区别是，结构化模型所包含的稀疏子空间数量要远小于（且应该具有一些好处）k 稀疏子空间的总个数。直觉上，这意味识别出信号所属的子空间要更为容易。反过来这也说明，通过更少的数据便可恢复该信号。树状稀疏模型和块稀疏模式都是结构化稀疏模型的重要实例，将在下文做更详细地讨论。

2. UoS 模型的实例

我们现在将描述一个针对 CS 所选择的重要的 UoS 模型。如上面所指出的，标准的稀疏模型，即假定 x 具有不超过 k 个非零元素，是一种典型的 UoS 模型。

另一种 UoS 模型定义为在字典 Φ 中稀疏的信号。令$\mathbb{R}^n$空间的字典 Φ，且 $\Phi\in\mathbb{R}^{n\times d}$，其列向量 $\{\phi_j,\ j\in\{1,\cdots,d\}\}$ 横跨$\mathbb{R}^n$空间。给定一个字典 Φ（当 $n=d$ 时，可能是空间的基），由 Φ 的 k 个列的所有组合所横跨的子空间构成一个 UoS 模型。换言之，对于该模型中的每个信号 x，存在一个 k 稀疏的系数，使得 $x=\Phi c$。如果 Φ 是一个基，那么这样的子空间的个数为$\binom{n}{k}$。如果 Φ 是一个过完备的字典（$d>n$），那么这种 k 稀疏子空间的个数最多是$\binom{d}{k}$。

块稀疏信号是$\mathbb{R}^n$空间中另一种 UoS 模型，也是结构化稀疏模型的一个重要实例。在块稀疏模型中，x 被分为若干块。令 $B_j\subset\{1,\cdots,n\}$，$j\in\{1,\cdots,J\}$ 为第 j 个块中的索引集合。若信号 x 的支集包含于不超过 k 个块中，那么该信号被定义为 k 块稀疏的，即

$$\operatorname{supp}(x)\subset\bigcup_{j\in\mathcal{J}:\mathcal{J}\subset\{1,2,\cdots,J\},|\mathcal{J}|\leq k}B_j \tag{8.56}$$

通常情况下，假定 B_j 是不重叠的（$B_j \cap B_l = \emptyset$，如果 $j \neq l$）。

另一种结构化稀疏模型是树状稀疏模型，其非零系数符合一种内在的树状结构。这类模型通常出现于图像的小波分解中[50,51,52]，并被运用于现代最先进的图像压缩方法中[53,54]。树状稀疏模型中的一种重要的特殊情况是根树状稀疏模型，通常用于小波系数的建模，其中所述稀疏子树必须包含小波树的根系数。

另外，除了假设 x 是结构化稀疏的，我们也可以定义一个 UoS 模型 $x = \Phi c$，其中 Φ 是一个字典，c 是块状或树状稀疏的。需要注意的是，如 Eldar 和 Mishali[55] 所指出的，所有有限维 UoS 模型都可以写成 $x = \Phi c$ 的形式，其中对于某个字典 Φ，c 是块稀疏的。不幸的是，将一个 UoS 问题重新制定成一个块稀疏的问题并不总是最优的。因为 $x_1 = \Phi c_1$ 和 $x_2 = \Phi c_2$ 之间的距离一般不等于 c_1 和 c_2 之间的距离。因此，对于一个本身稳定的 UoS 恢复问题，其重新制定的块稀疏恢复问题可能是不稳定的。第1章中介绍的 MMV 恢复问题就是这样一个例子，即新制定的块稀疏恢复方法的性能是次优的[56]。这是因为它忽略了这样一个事实，即所有的向量都是由相同的采样算子采集的。我们将在8.4.6节中详细讨论这个问题。

UoS 模型的另一类例子（见第1章）是低秩矩阵模型，其包括给定大小的矩阵 X 的秩是 k 或者更少，连续多波段模型（也称作模拟平移不变子空间模型），以及有限速率的时变信号。这些都是具有无限个子空间的 UoS 模型。

3. UoS 模型投影

对于 k 稀疏模型，真实世界中的信号很少与 UoS 模型完全吻合。在这种情况下，结构化模型的 CS 重建算法只能够恢复一个与实际信号近似的 UoS 模型。最好的情况是，该近似是与实际信号最接近的 UoS 信号，也称作信号到 UoS 模型的投影。其与真实信号的差距可以使用的范数 $\mathcal{H}\ \|\cdot\|_{\mathcal{H}}$ 来量化。

对于一个闭子空间的联合 $\mathcal{U}$，该投影的一般定义为，任意一个由 $\mathcal{H}$ 到 $\mathcal{U}$ 的映射 $P_{\mathcal{U}}$，且满足：

$$\forall x \in \mathcal{H}, P_{\mathcal{U}}(x) \in \mathcal{U}, \|x - P_{\mathcal{U}}(x)\|_{\mathcal{H}} = \inf_{x' \in \mathcal{U}} \|x - x'\|_{\mathcal{H}} \tag{8.57}$$

需要注意的是，当处理无限联合时，式（8.57）所定义的投影对某些 $\mathcal{U}$ 并不一定存在，即便是闭子空间的情况。我们这里假设这样一个投影是存在的，虽然这种假设是不严格的。这是因为，首先，对于有限的闭子空间联合，该投影是存在的；其次，对无穷的联合，也可以通过稍微改变投影的定义使得投影是存在的[43]。

8.4.2 采样并重建子空间联合信号

在标准的 CS 和 UoS 的设置中，采样通常是通过线性的采样系统来完成的：

$$y = Ax + e \tag{8.58}$$

式中，$x \in \mathcal{H}$，y 和 e 是 Hilbert 空间 $\mathcal{L}$（具有范数 $\|\cdot\|_{\mathcal{L}}$）的元素。e 表示观测误差，A 是由 $\mathcal{H}$ 到 $\mathcal{L}$ 的映射。对于稀疏信号模型，当 x 属于或接近子空间联合中的某一个子空间时，需要采用能够利用 UoS 结构信息的有效算法。理想情况下，我们会构建一个如下形式的最优化问题：

$$x_{opt} = \underset{\tilde{x}:\tilde{x} \in \mathcal{U}}{\operatorname{argmin}} \|y - A\tilde{x}\|_{\mathcal{L}} \tag{8.59}$$

然而，即使上述极小值存在，如标准稀疏 CS 所述，该问题只对最简单的 UoS 模型有显式解。相反，我们必须依靠该问题的近似解，而这又可以分为两种方法：凸优化算法和贪婪算法。

对于某些结构化稀疏模型，如块稀疏模型，人们提出了凸优化方法（参见参考文献［55］）。然而，我们主要关注的是贪婪算法。只要我们能够高效地计算出投影式（8.57），那它就具有适用于所有 UoS 模型的优势。

La 和 Do[57]及 Duarte 等[58]提出将贪婪追踪型算法扩展至树状模型中。尽管该扩展在实践中似乎表现良好，不幸的是它没有强大的理论保证。另一方面，阈值型算法应用更广泛，而且更容易从理论的角度来研究。具体而言，8.3 节中提出的贪婪阈值算法可以很容易地修改到更一般的模型。其关键在于，这些算法在每次迭代中都通过将信号投影到 k 稀疏（或 $2k$ 稀疏）空间来处理信号。因此，对于 UoS 模型，我们只需要运用投影式（8.57）代替之前的阈值操作。Baraniuk 等[49]最先提出了这个想法，并用于结构化稀疏模型。后来，Blumensath[43]将这种想法用于一般的 UoS 模型。Blumensath[43]将这种由 IHT 算法到 UoS 模型的扩展称作投影兰德韦伯算法（PLA），并总结成算法 8.9。它与算法 8.5 唯一的不同之处是，我们用 UoS 模型的投影取代了硬阈值操作算子。需要注意的是，如 IHT 方法中所建议的，PLA 可以使用类似的策略来自适应地确定 μ。

算法 8.9　投影兰德韦伯算法（PLA）

输入： y，A，μ

初始化： $x^{[0]}=0$

for $i=0$，$i:=i+1$，直到达到停止准则 **do**

　$\hat{x}^{[i+1]}=P_{\mathcal{U}}\left(\hat{x}^{[i]}+\mu A^{*}\left(y-A\hat{x}^{[i]}\right)\right)$，式中 A^{*} 是 A 的伴随矩阵

end for

输出： $\hat{x}^{[i]}$

PLA 将 IHT 算法扩展成了一般的 UoS 方法。对于结构化稀疏模型，此类方法可以用于扩展 CoSaMP（或子空间追踪）算法。算法 8.10 描述了修改后的适用于结构化稀疏模型的 CoSaMP 算法。对于这些方法，我们只需要将硬阈值处理替换为 UoS 投影式（8.57）。

算法 8.10　用于结构化稀疏模型的 CoSaMP 算法

输入： y，A，k

初始化： $T^{[0]}=\mathrm{supp}(P_{\mathcal{U}}(A^{\mathrm{T}}y))$，$x^{[0]}=0$

for $i=0$，$i:=i+1$，直到达到停止准则 **do**

　$g=A^{\mathrm{T}}(y-Ax^{n})$

　$T^{[i+0.5]}=T^{[i]}\cup\mathrm{supp}\left(P_{\mathcal{U}2}\left(g\right)\right)$

　$x_{T^{[i+0.5]}}^{[i+0.5]}=A_{T^{[i+0.5]}}^{\dagger}y$，$x\dfrac{[i+0.5]}{T^{[i+0.5]}}=0$

　$T^{[i+1]}\mathrm{supp}(P_{\mathcal{U}}(x^{[i+0.5]}))$

　$x_{T^{[i+1]}}^{[i+1]}=x_{T^{[i+1]}}^{[i+0.5]}$，$x\dfrac{[i+1]}{T^{[i+1]}}=0$

end for

输出： $r^{[i]}$，$\hat{x}^{[i]}$

UoS 投影算子实例

与标准的 IHT 和 CoSaMP 算法不同，基于复杂 UoS 模型投影的算法的时间复杂度不是主要取决于矩阵向量积，而是取决于投影本身。投影到 k 稀疏信号集合只需要一个简单的排序和阀值处理步骤，而投影到一个任意的 UoS 空间通常不是一项简单的工作，其最坏的情况需要对整个子空间联合做彻底的搜索。实际上，除非子空间的个数很少，否则这样的搜索是很困难的。因此，对于给定的 UoS 模型及应用，存在一种高效的算法计算 UoS 上的投影式（8.57）将是非常重要的。幸运的是，对于许多感兴趣的 UoS 模型，这种高效的算法是存在的。

具体而言，对于块稀疏模型、树状稀疏模式、低秩矩阵模型以及连续多频段信号模型，都存在高效计算的方法。

例如，假设$\mathcal{U}$是通过将索引 $\{1, 2, \cdots, n\}$ 分类到不相交的集合 B_j 所定义的块稀疏模型。那么在$\mathcal{U}$上的投影可以通过直接扩展对应于 k 稀疏向量的排序和阈值原则得到。给定一个信号 $x \in \mathbb{R}^n$，块 B_j 中信号的能量可以表示为$\sum_{i \in B_j} |x_i|^2$。该投影保持 k 个块中能量最大的元素不变，其他的元素都置为 0。

另一个重要的例子是根树状稀疏模型。其上的投影可以通过一个被称为浓缩排序和选择算法（CSSA）的高效算法予以实现。该算法求解的时间复杂度为$\mathcal{O}(n\log n)$[59]。

近似 k 秩矩阵上的投射可以通过简单的计算奇异值分解，并保留前 k 个最大的奇异值得到。

最后一个例子是 8.2.3 节中定义的连续多频段信号。其上的投影至少从理论上而言是可以实现的。连续多频段信号的傅里叶变换集中于某几个窄频段中。为了定义其上的投影，一个简单的方法是考虑一个简化的模型。该模型的傅里叶变换仅位于若干个划分的小块中[61,62]。这与原始模型不同，在原始模型中，非零频带的位置不被限制在预定义的块中，而是可以是任意的㊀。重要的是，对于该简化的模型，投影算子在本质上和块稀疏模型相同：计算每个块中的能量（通过对每个频带的傅里叶变换求积和再平方），并只保留 k 个具有最大能量的块。

对于其他 UoS 模型，例如，在某字典中的稀疏信号模型，计算式（8.57）的投影是困难的。例如，如果 UoS 包含了可以写作 $x = \Phi c$ 的所有 $x \in \mathbb{R}^n$，其中 $c \in \mathbb{R}^d$是一个 k 稀疏的向量，$\Phi \in \mathbb{R}^{n \times d}$且 $d > n$，那么计算到 UoS 模型上的投影与解一个标准的 CS 稀疏问题一样困难。对于标准的 CS 问题，即使字典 Φ 本身满足 RIP 条件，这也是需要大量计算成本的。然而，在这种情况下，人们仍然有可能证明乘积 $A\Phi$ 满足 RIP 条件[63]。这种情况下，一个更好的方法是直接尝试求解以下问题：

$$\min_{\widetilde{c}: \|\widetilde{c}\|_0 \leqslant k} \| y - A\Phi \widetilde{c} \|_2^2 \tag{8.60}$$

8.4.3 性能保证

将硬阈值处理步骤替换成其他一般的投影，在概念上是微不足道的。然而，修改后的算法是否能够恢复 UoS 信号是不清楚的。在什么条件这才是可能的也是不知道的。因为对于稀疏信号，

㊀ 在实际应用中，许多恢复算法都把这种简化的模型看作是一个信号，它遵循具有任意频带位置的一般连续多频带信号模型，这种模型总是可以用简化模型来描述，但代价是有源频带数的加倍。——原书注

采样运算能够采集一个完全符合 UoS 模型信号所需要的首要条件是 A 必须是一对一的，这样采集的样本才能够对应唯一的 UoS 信号：

$$\forall x_1,\ x_2 \in \mathcal{U},\ Ax_1 = Ax_2 \Rightarrow x_1 = x_2$$

式中，$\mathcal{L} = \mathbb{R}^m$ 且如果 $\mathcal{U}$ 是许多维数小于无穷大或更小的可数子空间的联合，那么，只要 $m \geqslant k_2$，对 $\mathcal{U}$ 中信号是一对一的线性映射 A 的集合在所有从 $\mathcal{H}$ 到 $\mathbb{R}^m$ 的映射集合中是紧密的[46]，其中 $k_2 = k + k_1$，k_1 是 $\mathcal{U}$ 中第二大子空间的维数。此外，如果 $\mathcal{L} = \mathbb{R}^m$、$\mathcal{H} = \mathbb{R}^n$ 且 $\mathcal{U}$ 是一个有限的联合，那么只要 $m \geqslant k_2$，几乎所有的线性映射都是一对一的。同时，如果我们假设 $\mathcal{U}$ 中的每个子空间都是平滑测量的，那么只要 $m \geqslant k$[47]，几乎所有的线性映射对 $\mathcal{U}$ 中的所有元素都是一对一的。

更一般地，一个良好的采样策略对于测量误差要是鲁棒的。对于稀疏信号模型，这可以通过一个类似于 RIP 的指标进行量化，我们称之为 $\mathcal{U}$ - RIP[47]。在这里，它是我们针对任意子集 $\mathcal{U} \subset \mathcal{H}$ 定义的。在参考文献［49］中，该特性被称作“基于模型的 RIP”。它与 Lu 和 Du[46] 提出的稳定采样条件密切相关。

定义 8.1 对于任意矩阵 A 和任意子集 $\mathcal{U} \subset \mathcal{H}$，我们定义 $\mathcal{U}$ 约束等距常数 $\alpha_{\mathcal{U}}(A)$ 和 $\beta_{\mathcal{U}}(A)$ 是满足下式的最紧的常数

$$\alpha_{\mathcal{U}}(A) \leqslant \frac{\|Ax\|_{\mathcal{L}}^2}{\|x\|_{\mathcal{H}}^2} \leqslant \beta_{\mathcal{U}}(A) \tag{8.61}$$

这对于所有 $x \in \mathcal{U}$ 都成立。

如果我们定义 $\mathcal{U}^2 = \{x = x_1 + x_2:\ x_1,\ x_2 \in \mathcal{U}\}$，那么 $\alpha_{\mathcal{U}^2}(A)$ 和 $\beta_{\mathcal{U}^2}(A)$ 描述了 A 所定义的对 $\mathcal{U}$ 中元素的采样策略的特征。具体而言，当且仅当 $\alpha_{\mathcal{U}^2}(A) > 0$ 时，采样运算 A 对信号 $x \in \mathcal{U}$ 是一对一的。同样，在 8.3.1 节中提到的，$\alpha_{\mathcal{U}^2}(A)$ 和 $\beta_{\mathcal{U}^2}(A)$ 作为对 $x \in \mathcal{U}$ 的映射 $x \mapsto Ax$ 的 Lipschitz 常数的解释，在该一般情况下仍然是有效的。

与 k 稀疏的恢复保证需要 $2k$ - RIP、$3k$ - RIP 等条件类似，某种理论保证需要 $\mathcal{U}^2$ - RIP、$\mathcal{U}^3$ - RIP 等。增大的 UoS $\mathcal{U}^p$ 可以被定义为定义信号的 UoS 模型的 Minkowski 和，并推广了之前 $\mathcal{U}^2$ 的定义。给定一个 UoS 模型 $\mathcal{U}$，我们这样定义，对于 $p > 0$

$$\mathcal{U}^p = \left\{ x = \sum_{j=1}^{p} x^{(j)},\ x^{(j)} \in \mathcal{U} \right\} \tag{8.62}$$

1. PLA 恢复结果

PLA 具有以下理论结果。该结果进一步推广了定理 8.5[43] 的结果。

定理 8.9 对于任意的 $x \in \mathcal{H}$，给定 $y = Ax + e$，其中 A 满足 $\mathcal{U}^2$ - RIP 且 $\beta_{\mathcal{U}^2}(A)/\alpha_{\mathcal{U}^2}(A) < 1.5$，那么给定某任意的 $\delta > 0$ 和满足 $\beta_{\mathcal{U}^2}(A) \leqslant 1/\mu < 1.5\alpha_{\mathcal{U}^2}(A)$ 的步长 μ，在

$$i^\star = \left\lceil 2\,\frac{\log\left(\delta \dfrac{\|\widetilde{e}\|_{\mathcal{L}}}{\|P_{\mathcal{U}}(x)\|_{\mathcal{H}}}\right)}{\log(2/(\mu\alpha) - 2)} \right\rceil \tag{8.63}$$

次迭代后，PLA 求得的解 $\hat{x}$ 满足：

$$\|x - \hat{x}\|_{\mathcal{H}} \leqslant (\sqrt{c} + \delta)\|\widetilde{e}\|_{\mathcal{L}} + \|P_{\mathcal{U}}(x) - x\|_{\mathcal{H}} \tag{8.64}$$

式中，$c \leqslant \dfrac{4}{3\alpha_{\mathcal{U}^2}(A) - 2\mu}$ 且 $\widetilde{e} = A(x - P_{\mathcal{U}}(x)) + e$。

需要强调的是，对于 UoS 模型，上面的结果是接近最优的。也就是说，即便我们能够精确的求解问题式（8.59），估计 x_{opt} 会有一个与 $\| \widetilde{e} \|_{\mathcal{L}} + \| P_{\mathcal{U}}(x) - x \|_{\mathcal{H}}$ 线性相关的最差情况下的误差界限[43]。

2. 结构化稀疏模型的改进界限

在 $\mathbb{R}^n$ 空间 k 稀疏信号的情况下，如果 A 满足 $2k$ 次 RIP 条件，那么误差 $\| \widetilde{e} \|_2 = \| e + A(x - x_k) \|_2$ 的界限为（见引理 8.2）

$$\| \widetilde{e} \|_2 \leqslant \sqrt{\beta_{2k}} \| y - x_k \|_2 + \sqrt{\beta_{2k}} \frac{\| x - x_k \|_1}{\sqrt{k}} + \| e \|_2 \tag{8.65}$$

而在最坏的情况下，$\| e + A(x - x_k) \|_2^2 = \| e \|_2^2 + \| A \|_{2,2}^2 \| (x - x_k) \|_2^2$，如果我们假设经排序后的 x 迅速衰减，即 $\| x - x_k \|_1$ 很小，且如果 A 满足 RIP 条件，那么引理 8.2 给出的是一个较为乐观的误差边界。为了针对 UoS 模型推导出一个类似改进的误差边界，我们只需要施加额外的限制条件。不幸的是，对于最一般的结构化稀疏模型，不存在一般化的条件和边界。但是，对于结构化稀疏模型，Baraniuk 等人[49]推导出了类似的紧边界。

第一个施加的条件是嵌套逼近特性（NAP）。此特性要求结构化稀疏模型具有一个嵌套特性。该特性要求结构化稀疏模型必须对任意的 $k \in \{1, \cdots, n\}$ 都有定义，这样我们就有一系列的 UoS 模型 $\mathcal{U}_k$。其中每个 k 都有一个模型。当谈及这些模型时，我们将用 $\mathcal{U}$（无下标）表示整类模型。为了具备嵌套特性，该类模型中的每个模型 $\mathcal{U}_k$ 必须产生嵌套逼近特性。

定义 8.2　一类模型 $\mathcal{U}_k$，$k \in \{1, 2, \cdots, n\}$，当

$$\forall k < k', \forall x \in \mathbb{R}^n, \operatorname{supp}(P_{\mathcal{U}_k}(x)) \subset \operatorname{supp}(P_{\mathcal{U}_{k'}}(x)) \tag{8.66}$$

满足时，具有嵌套逼近特性。就 UoS 而言，这意味着，其中一个包含 $P_{\mathcal{U}_k}(x)$ 的 k 稀疏的子空间必定包含在一个包含 $P_{\mathcal{U}_{k'}}(x)$ 的 k' 稀疏的子空间中。

给定具有 NAP 的一系列模型，我们还需要考虑大小 k 的残余子空间。

定义 8.3　对于一类给定的 UoS 模型 $\mathcal{U}$，大小 k 的残余子空间被定义为

$$\mathcal{R}_{j,k} = \{ x \in \mathbb{R}^n : \exists x' \in \mathbb{R}^n, x = P_{\mathcal{U}_{jk}}(x') - P_{\mathcal{U}_{(j-1)k}}(x') \} \tag{8.67}$$

式中，$j \in \{1, \cdots, \lceil n/k \rceil\}$。

残余子空间允许我们将任何 $x \in \mathbb{R}^n$ 信号的支集划分成不大于 k 的集合。确实，x 可以写作 $x = \sum_{j=1}^{\lceil n/k \rceil} x_{T_j}$，其中 $x_{T_j} \in \mathcal{R}_{j,k}$。

这种机制允许我们定义一个类似于在第 1 章中讨论的可压缩信号的概念，即 $\sigma_k(x)_p = \| x - x_k \|_p$ 随着 k 的增加而衰减描述了 ℓ_p 可压缩信号的特征。与此类似，这些所谓的 $\mathcal{U}$ 可压缩信号被 $\| P_{\mathcal{U}_k}(x) - x \|_2$ 的快速衰变所表征。这表明，随着 j 的增加，x_{T_j} 的能量将迅速衰减。

定义 8.4　给定一类结构化稀疏 UoS 模型 $\{\mathcal{U}_k\}_{k \in \{1, \cdots, n\}}$，对于某个 $c < \infty$，当

$$\forall k \in \{1, \cdots, n\}, \| x - P_{\mathcal{U}_k} x \|_2 \leqslant c k^{-1/s} \tag{8.68}$$

满足时，信号 $x \in \mathbb{R}^n$ 是 s 模型可压缩的。此外，使式（8.68）对于 x 和 s 成立的最小值 c，将被称作 s 模型可压缩常数 $c_s(x)$。

结构化稀疏模型中满足 NAP 的 s 可压缩信号的特征是由其连续的残余子空间 $\mathcal{R}_{j,k}$ 中的系数随着 j 的递增而迅速衰减描述的。当采样这样一个信号时，感知矩阵 A 有可能会过分放大 x 的某些

残余成分分量 $x_{T_j}\in\mathcal{R}_{j,k}$。直觉上而言，只要这种放大被 x_{T_j} 的能量衰减所补偿，该信号仍然能够有效地被 A 所采集。这种现象由另一种被称作约束放大特性（RAmP）的属性所控制。它控制着感知矩阵可以放大 x_{T_j} 多少。

定义 8.5 给定一个满足嵌套逼近特性且可缩放的模型$\mathcal{U}$，如果

$$\forall j\in\{1,\cdots,\lceil n/k\rceil\},\ \forall x\in\mathcal{R}_{j,k}\ \|Ax\|_2^2\leqslant(1+\epsilon_k)j^{2r}\|x\|_2^2 \tag{8.69}$$

矩阵 A 对于$\mathcal{U}$中的残余子空间$\mathcal{R}_{j,k}$具有（ϵ_k，r）-约束放大特性。

注意，对于标准的稀疏模型，RIP 条件为嵌套稀疏子空间自动地赋予一个约束放大特性，因此对于标准稀疏信号模型的 CS，不需要额外的属性。重要的是，s 可压缩 NAP 稀疏模型通过一个满足（ϵ_k，$s-1$）-RAmP 的映射 A 进行采样。这满足一个类似于标准稀疏模型引理 8.2 的引理[49]。

引理 8.3 任何通过满足（ϵ_k，$s-1$）-RAmP 的矩阵 A 进行采样的 s 模型可压缩信号满足：

$$\|A(x-P_{\mathcal{U}_k}(x))\|_2\leqslant\sqrt{1+\epsilon_k}k^{-s}c_s(x)\log\left\lceil\frac{n}{k}\right\rceil \tag{8.70}$$

尽管被额外的假设条件所控制，引理8.3 提供了定理8.9 中 $\|\tilde{e}\|_2$ 更紧的约束。这直接使得，对于采用了符合引理8.3 中约束放大特性的采样系统的 s 模型可压缩信号，PLA 的恢复性能有了理论保证级的改进。有了在 $\|A(x-P_{\mathcal{U}_k}(x))\|_2$ 上更紧的边界，PLA 在如此更多约束的条件下，其更好的重建性能有了保证。

参考文献［49］推导了一个类似的基于模型 CoSaMP 算法的恢复保证。

定理 8.10 给定 $y=Ax+e$，其中 A 具有$\mathcal{U}_k^4$-RIP 常数满足㊀$\beta_{\mathcal{U}_k^4}/\alpha_{\mathcal{U}_k^4}\leqslant1.22$，且满足（$\epsilon_k$，$s-1$）-RAmP，那么在 i 次迭代后，信号估计 $\hat{x}$ 满足

$$\|x-\hat{x}\|_2\leqslant2^{-i}\|x\|_2+35\left(\|e\|_2+c_s(x)k^{-s}\left(1+\log\left\lceil\frac{n}{k}\right\rceil\right)\right) \tag{8.71}$$

式中，$c_s(x)$是定义 8.4 中定义的 x 的 s 模型可压缩常数。

8.4.4 恢复条件何时成立

前一小节所述的 UoS 和 s 模型可压缩信号的强恢复确界分别要求 A 满足$\mathcal{U}^2$-RIP 和$\mathcal{U}_k^4$-RIP 以及（ϵ_k，$s-1$）-RAmP。什么样的采样系统满足这些条件呢？我们如何设计这些系统以及我们如何检查一个系统是否满足这些条件？与标准 RIP 一样，检查线性映射 A 是否满足这些条件在计算上是不可行的，但是，仍然有可能证明，一些随机构建的采样系统会具有很高的概率满足这些适当的条件。

1. 给定$\mathcal{U}$-RIP 条件的矩阵存在的充分条件

考虑一个 L 有限维子空间$\mathcal{U}$的有限联合，其中每个子空间的维数小于 k。参考文献［47］中给出，只要采样数目足够大，独立同分布的子高斯 $m\times n$ 矩阵将非常有可能满足$\mathcal{U}$-RIP 条件。

㊀ 参考文献［49］的结果实际上是基于一个对称的$\mathcal{U}_k^4$-RIP，而这里考虑的是非对称版本。在对称$\mathcal{U}_k^4$-RIP 中，常数 $\alpha_{\mathcal{U}_k^4}$和 $\beta_{\mathcal{U}_k^4}$分别被 $1-\delta_{\mathcal{U}_k^4}$和 $1+\delta_{\mathcal{U}_k^4}$所代替。关于对称$\mathcal{U}_k^4$-RIP，参考文献［49］中的条件是 $\delta_{\mathcal{U}_k^4}\leqslant0.1$（对于一些适当重新缩放的 A），当 $\beta_{\mathcal{U}_k^4}/\alpha_{\mathcal{U}_k^4}\leqslant1.22$ 时保证成立。——原书注

更精确地说，对于任何 $t>0$ 和 $0<\delta<1$，独立同分布的子高斯随机矩阵 $A\in\mathbb{R}^{m\times n}$，当

$$m\geqslant\frac{1}{c(\delta/6)}\left(2\log(L)+2k\log\left(\frac{36}{\delta}\right)+t\right) \tag{8.72}$$

时，有$\mathcal{U}$ - RIP 常数 $\alpha_{\mathcal{U}}(A)\geqslant 1-\delta$ 和 $\beta_{\mathcal{U}}(A)\leqslant 1+\delta$。这种概率至少是 $1-\mathrm{e}^{-t}$。式（8.72）中 $c(\delta)$的值取决于 A 中值的具体的子高斯分布。对于独立同分布的高斯和伯努利 $\pm 1/\sqrt{n}$矩阵，$c(\delta)=\delta^2/4-\delta^3/6$。

在传统的 CS 设置中，k 稀疏子空间的个数为 $L=\binom{n}{k}\approx(ne/k)^k$。上述充分条件蜕变为标准的 CS 采样要求$\mathcal{O}(k\log(n/k))$。在 k 稀疏的结构化稀疏模型$\mathcal{U}$中，子空间的个数 L 会远小于传统 CS 的情况。这表明，可接受的$\mathcal{U}$ - RIP 常数通过矩阵的较少行就可获得。反过来这意味着，通过较少的采样样本信号便可恢复信号。同样值得注意的是，与传统的 CS 设置不同，式（8.72）所要求的采样个数不直接取决于环境空间的维数 n。

基于上述理论保证，感知矩阵 A 将需要验证$\mathcal{U}^2$ - RIP、$\mathcal{U}^3$ - RIP 或$\mathcal{U}^4$ - RIP 条件。这些联合比$\mathcal{U}$含有较多的子空间。对于$\mathcal{U}^p$ - RIP，有$\binom{L}{p}$个子空间。对于较小的 p，和 L^p 规模相当。因此，对于一个具有 $L<\binom{n}{k}$个子空间的 UoS 模型$\mathcal{U}$，$\mathcal{U}^p$ 中子空间的个数与 pk 稀疏模型（$\approx L^p-\binom{n}{k}^p$）中为子空间的相关个数的差远大于原始模型之间的差 $L-\binom{n}{k}$。

虽然上述结果包括了所有有限维子空间的有限联合，对于其他那些无限个子空间或无限维子空间的 UoS 模型，也可以推导出类似的结果。例如，Recht 等人[64]已经证明，随机构造的线性映射对于所有的 k 秩矩阵满足$\mathcal{U}^2$ - RIP 条件。

定理 8.11 令矩阵 $A\in\mathbb{R}^{m\times n_1n_2}$。其元素服从独立同分步的高斯分布，且是具有适当的缩放。定义线性映射 $PX_1=Ax_1$，其中 x_1 是矩阵 X_1 的矢量化形式，那么，在概率 $1-\mathrm{e}^{-c_1m}$下，

$$(1-\delta)\|X_1-X_2\|_F\leqslant\|P(X_1-X_2)\|_2\leqslant(1+\delta)\|X_1-X_2\|_F \tag{8.73}$$

对于所有 k 秩矩阵 $X_1\in\mathbb{R}^{n_1\times n_2}$和 $X_2\in\mathbb{R}^{n_1\times n_2}$，当 $m\geqslant c_0k(n_1+n_2)\log(n_1n_2)$时成立。其中 c_1 和 c_0 是只取决于 δ 的常数。

如 Mishali 和 ELdar[62]、Blumensath[43] 所述，对于参考文献［62］中提出的用于模拟平移不变子空间模型的采样策略，类似的结果同样成立。这里，一个实值时间序列 $x(t)$被映射到一个实值时间序列 $y(t)$。$x(t)$的傅里叶变换$\mathcal{X}(f)$具有有限的带宽 B_n。$y(t)$的傅里叶变换$\mathcal{Y}(f)$具有有限的带宽 B_m。该映射是通过将$\mathcal{X}(f)$的最大支集分成 n 个大小相同的块$\mathcal{X}(S_j)$，$\mathcal{Y}(f)$的最大支集分成 m 个大小相同的块$\mathcal{Y}(S_i)$实现的。该映射被定义成一个 $m\times n$ 的矩阵 A：

$$\mathcal{Y}(\widetilde{S}_i)=\sum_{j=1}^{n}[A]_{i,j}\mathcal{X}(S_j) \tag{8.74}$$

定理 8.12 令$\mathcal{U}\subset L_{\mathbb{C}}^2([0,B_n])$是某平方可积实函数集合的子集。该实函数的傅里叶变换具有正支集 $S\subset[0,B_n]$，其中 S 表示不多于 k 个间隔的联合。其中，间隔的宽度小于 B_k。如果矩阵 $A\in\mathbb{R}^{m\times n}$作为一个从$\mathbb{R}^n$中所有 $2k$ 稀疏向量到$\mathbb{R}^m$的映射并满足 RIP 条件，其中 RIP 常数为 α_{2k}

和β_{2k}，那么由式（8.74）定义的映射满足$\mathcal{U}^2$ - RIP 条件，$\mathcal{U}^2$ - RIP 常数也为α_{2k}和β_{2k}。

2. 给定 RAmP 常数的矩阵存在的充分条件

与给定$\mathcal{U}$ - RIP 条件的矩阵存在的充分条件类似，我们可以证明，具有足够多行的子高斯矩阵非常有可能满足 RAmP。

给定一类满足嵌套逼近性质的模型$\mathcal{U}$，具有独立同分布子高斯元素的矩阵$A \in \mathbb{R}^{m\times n}$，只要

$$m \geqslant \max_{j\in\{1,\cdots,\lceil n/k\rceil\}} \frac{1}{(j^r\sqrt{1+\epsilon_k}-1)^2}\left(2k+4\log\frac{R_j n}{k}+2t\right) \tag{8.75}$$

其就以概率$1-\mathrm{e}^{-t}$具有（ϵ_k，r）- RAmP。其中，R_j表示$\mathcal{R}_{j,k}$中k稀疏子空间的个数。对于$\mathcal{U}$ - RIP，可以证明，对k稀疏模型，$R_j=\binom{n}{k}$且使 RAmP 成立的m大约需要$k\log$（n/k）个。这和 RIP 是一样的。对于满足 NAP 的结构化稀疏模型，R_j要小于$\binom{n}{k}$。这使得对测量个数m的约束可以适当放宽。

为了证明这一结果的重要性，值得考虑根树状稀疏模型。重要的是，这些模型中子空间的个数要远小于无约束的稀疏模型中的子空间个数。因此，对于这些模型可以证明[49]，对某些随机构造的矩阵，只要当

$$m=\mathcal{O}(k) \tag{8.76}$$

时，$\mathcal{U}$ - RIP 和（ϵ_k，r）- RAmP 都会以很高的概率成立。采样根树状压缩信号所需的观测值数目要远小于$m=\mathcal{O}(k\log(n/k))$。这是当只假设稀疏性时我们所需要的采样数。

8.4.5 实验比较

为了演示如何利用额外的结构以提高贪婪算法的恢复性能，我们将 IHT 算法和 PLA 算法作用于具有根树状稀疏结构的信号。树状支集是依照k稀疏树上的均匀分布生成的。非零系数服从独立同分布的正态分布。正如 8.2.6 节给出的模拟实验，$m=128$，$n=256$，且对每个k/m值，生成1000 个测量矩阵A。它们的列都是从单位球中独立均匀抽取的。从图 8.5 可以观察到，基于树状结构的 PLA 算法明显优于标准的 IHT 算法，且最多当$k/m\approx 0.35$时，可以实现完美的重构。

8.4.6 MMV 问题中的秩结构

在本节的最后，我们将简要地讨论一个额外的可用于多测量向量（MMV）稀疏恢复问题的秩结构（这里我们只讨论无噪的 MMV）。

由第 1 章回顾可知，在 MMV 问题中，我们观察到多个稀疏信号$\{x_i\}_{i=1:l}$，$x_i\in\mathbb{R}^n$。我们进一步假设稀疏信号x_i共享相同的潜在支集。和以前一样，我们的目标是从观测数据中恢复未知信号x_i。至此，等价的基于ℓ_0范数的最优化问题可以写作：

$$\hat{X}=\underset{X}{\operatorname{argmin}}|\operatorname{supp}(X)|\ \mathrm{s.t.}\ AX=Y \tag{8.77}$$

式中，$X=\{x_i\}_{i=1:l}$，$Y=\{y_i\}_{i=1:l}$。$\operatorname{supp}(X):=\cup_i\operatorname{supp}(x_i)$是$X$行的支集。该问题是结构化稀疏近似最早的形式之一。而且正如我们将看到的，它与阵列信号处理领域具有紧密的联系。

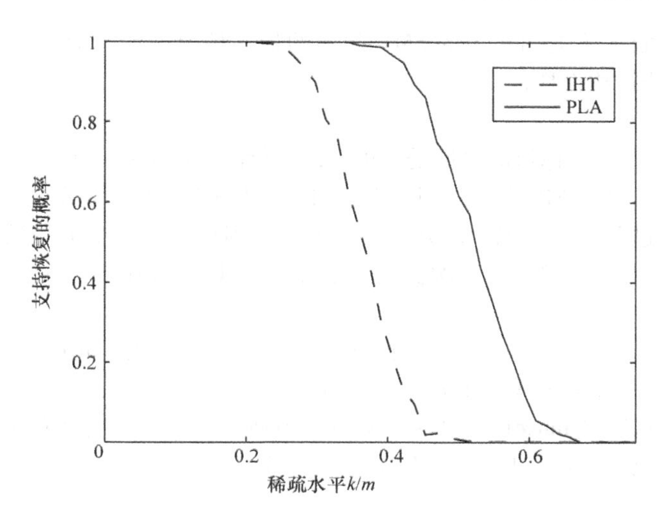

图 8.5　使用 IHT（虚线）和基于树的 PLA（实线）在具有树结构支持的信号上找到正确的树支持的概率。x 中的非零元素被定义为独立同分布正态分布，树支持是根据 k 大小的树的均匀分布而产生的

1. 精确恢复

当 $\operatorname{rank}(X)=1$ 时，MMV 问题简化为单测量向量（SMV）问题。这是因为没有可利用的额外的信息。然而，当 $\operatorname{rank}(X)>1$ 时，该多信号确实可以提供额外的有利于信号恢复的信息。从几何上而言，我们现在观测的是子空间级的数据，而非单个的数据。

对于 SMV 问题，我们知道（见第 1 章），测量 $y=Ax$ 可以唯一确定每个 k 稀疏向量 x 的充分必要条件是 $k<\operatorname{spark}(A)/2$。其中 spark 表示 A 中线性相关列的最少个数。与此相反，在 MMV 问题中，当且仅当[65,56]

$$|\operatorname{supp}(X)|<\frac{\operatorname{spark}(A)-1+\operatorname{rank}(Y)}{2} \tag{8.78}$$

（或者将 $\operatorname{rank}(Y)$ 替换为 $\operatorname{rank}(X)$）时，$AX=Y$ 有唯一的联合 k 稀疏解。这表明，至少在应对式（8.77）时，随着 X 的秩的增加，问题更简单。确实，在最好的情况下，当 X 和 Y 具有最大秩时，$\operatorname{rank}(X)=\operatorname{rank}(Y)=k$，且 $\operatorname{spark}(A)>k+1$，对每个信号只需要 $k+1$ 个测量值就可以保证唯一性。

2. MMV 的流行方法

尽管观察矩阵 Y 的秩可以用来提高恢复性能，迄今为止最流行技术却忽略了这个事实。事实上，大多数求解 MMV 问题的办法是求解单测量向量算法的简单扩展。这些算法，通常将 SMV 问题中的一个向量范数 $\|x\|_p$ 替换为矩阵范数：

$$\|X\|_{p,q}:=\left(\sum_i\|X_{i,:}\|_p^q\right)^{1/q} \tag{8.79}$$

例如，凸最优化方法[65,66]，对于某 $1\leqslant q\leqslant\infty$，将最大限度地减少 $\|X\|_{1,q}$。而 MMV 贪婪追踪算法，如同步正交匹配追踪（SOMP）[67,65,68]，将最大相关选择替换为涉及 $\|A^{\mathrm{T}}X\|_{q,\infty}$ 的选择，其中 $q\geqslant1$。不幸的是，式（8.79）的范数没有“看到”矩阵秩的信息。可以表明，MMV 算法基于这

些混合范数的最坏性能本质上和相关的 SMV 问题的最坏情况下的边界是一样的[56]。参考文献［56］中，这样的算法被称作秩盲。

3. MUSIC

MMV 情景中另一个令人惊讶的事情是，虽然最流行的算法是秩盲的，当 $\text{rank}(Y)=k$ 时，恢复问题的计算复杂度不再是 NP 困难的。该问题可以通过一个复杂度和系数空间的维数成多项式比例关系的详尽枚举过程予以实现。该方法采用的是阵列信号处理中流行的 MUSIC（多信号分类）算法[69]。Feng 和 Bresler[70,71]第一次提出用它求解多频段（压缩）采样中的一个更抽象的 MMV 问题。

让我们简要地介绍一下这个过程。鉴于 $\text{rank}(Y)=k$，我们有 $\text{range}(Y)=\text{range}(A_\Omega)$，$\Omega=\text{supp}(X)$。于是我们可以单独考虑 A 的每一列。每个 A_j，$j\in\Omega$ 一定位于 Y 的范围内。而且，在假设唯一性的情况下，这些是 $\text{range}(Y)$ 中唯一所包含的列。于是，我们针对 Y 的范围利用诸如特征值或奇异值分解形成一组正交基 $U=\text{orth}(Y)$。X 的支集如下确定：

$$\frac{\|A_j^{\mathrm{T}}U\|_2}{\|A_j\|}=1\text{，当且仅当 } j\in\Omega \tag{8.80}$$

那么 X 可以通过 $X=A_\Omega^{\dagger}Y$ 恢复。注意，MUSIC 也可以通过适当的特征值阈值[69]有效地处理噪声。

4. 秩追踪

虽然 MUSIC 可以提供 MMV 问题在最大秩时的恢复保证，如果 $\text{rank}(X)<k$ 时，MUSIC 是没有恢复保证的，而且实际中的表现也不好。这促使许多研究者[56,72,73]研究了一种算法的可能性。该算法以某种方式介于经典的 SMV 问题贪婪算法与 $\text{rank}(X)=k$ 时的 MUSIC 算法之间。

参考文献［72，73］提出了一种针对各种贪婪算法的可能的解决方案。它采用一种混合的方法，并应用众多贪婪算法中的一种来选择前 $i=k-\text{rank}(Y)$ 个元素。其余元素通过将 MUSIC 算法作用于一个增强的数据矩阵 $[Y, A_T^{[i]}]$ 以得到。该增强矩阵在可识别的假设下，横跨 A_Ω 的范围。这种方法的不足是需要知道信号稀疏性的先验信息以运用 MUSIC 算法。

一个更直接的解决方案是通过仔细修改 ORMP 算法[56]使其具有秩意识。其关键是修改选择步骤。

假设在第 i 次迭代开始时，我们有一个已选择的支集集合 $T^{[i-1]}$。基于以下准则，一个新的列 A_j 将被选择：

$$j^{[i]}=\underset{j}{\text{argmax}}\frac{\|A_j^{\mathrm{T}}U^{[i-1]}\|_2}{\|P_{T^{[i-1]}}^{\perp}A_j\|_2} \tag{8.81}$$

与式（8.19）相比，我们只是将内积 $A_j^{\mathrm{T}}r^{[i-1]}$ 替换成内积 $A_j^{\mathrm{T}}U^{[i-1]}$。因此，式（8.81）的右边项测量了单位化矢量 $P_{T^{[i-1]}}^{\perp}A_j/\|P_{T^{[i-1]}}^{\perp}A_j\|$ 到 $U^{[i-1]}$ 所横跨子空间的距离，进而表示了 $U^{[i-1]}$ 的子空间几何。算法 8.11 完整描述了具有秩意识的 ORMP 算法。和传统的 ORMP 算法一样，它可以通过 QR 分解进行高效的实现。

算法 8.11　秩意识－顺序递归匹配追踪

输入： Y，A

初始化： $R^{[0]}=Y$，$\hat{X}^{[0]}=0$，$T^{[0]}=\varnothing$

---

for $i=1$；$i:=i+1$ 直到达到停止准则 **do**

计算残差的正交基：$U^{[i-1]}=\text{orth}\ (R^{[i-1]})$

$j^{[i]}=\text{argmax}_{j\notin T^{[i-1]}}\ \|A_j^{\mathrm{T}}U^{[i-1]}\|_2/\|P_{T^{[i-1]}}^{\perp}A_j\|_2$

$T^{[i]}=T^{[i-1]}\cup j^{[i]}$

$\hat{X}^{[i]}_{\{T^{[i]},:\}}=A^{\dagger}_{T^{[i]}}Y$

$R^{[i]}=Y-A\hat{X}^{[i]}$

end for

值得注意的是，在最大秩的情况下，运用 ORMP 单位化列向量以保证重复的正确选择是非常关键的。当在 MMV OMP 算法中运用一个简单的选择策略时，会产生一个秩退化的影响——每次正确的选择后，残余矩阵的秩将减小，而稀疏程度通常仍保持为 k。这意味着该算法可以而且确实会产生不正确选择。更多详情见参考文献［56］。相反地，与 MUSIC 类似，当 $\text{rank}(X)=k$ 时，RA－ORMP 能保证正确地识别 X 且满足可识别条件[56]。

图 8.6 描述了通过正确使用秩信息可以获得的性能改进。在该模拟实验中，尺寸为 32×256 的字典的列是均匀地从一个单元球里随机抽取的。测量矢量的个数量在 1～32 之间变化。X 的非零元素也是从一个单位方差的高斯分布中独立选取的。注意，这意味着 $\text{rank}(X)=\text{rank}(Y)=\min\{l,k\}$ 的概率是 1。

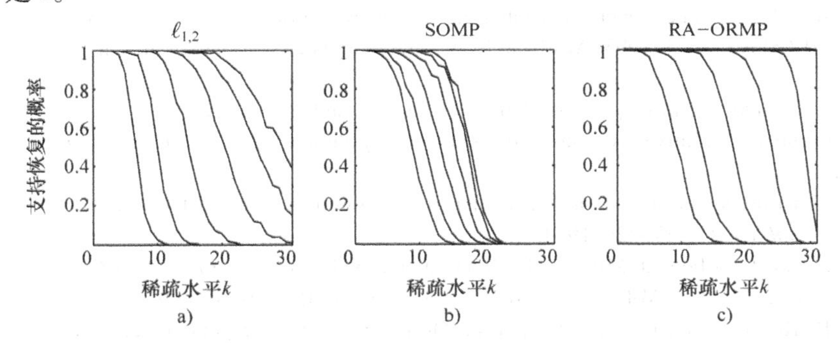

图 8.6　a）混合 $\ell_{1,2}$ 极小化、b）SOMP 和 c）RA－ORMP 的经验恢复概率与稀疏水平 k 的关系。每幅图中的曲线为 l = 1、2、4、16、32（从左到右）。注意，对于 RA－ORMP 的最右曲线（$l=32$）是不可见的，因为对所有 k 的值都实现了完美的恢复

图 8.6 表明，当多测量向量存在时，基于 $\ell_{1,2}$ 最小化和 SOMP 的恢复显示出改进的性能。但当 X 的秩增加时，它们没能表现出 MUSIC 方法类似的性能。相比之下，在 SMV 的情况下（$l=1$），RA－ORMP 能够实现类似 OMP 的表现性能。在最大秩时能够保证精确恢复，且随着秩的增加，表现性能将会改善。

8.5　总结

正如本章一再强调的，贪婪算法提供了一种强大的用于 CS 信号恢复的方法。8.2 节所讨论

的贪婪追踪算法比基于 ℓ_1 的方法要快得多，并且通常适用于非常大型的稀疏恢复问题。8.3 节介绍的迭代阈值方法，提供了另一种快速实现的选择。而且，它具有基于 ℓ_1 方法所提供的近似最优恢复保证。此外，如 8.4 节所讨论的，这些方法更容易适用于一些更一般的信号模型。

虽然我们在这里已经专门研究了 UoS 类的模型，仍然值得指出的是，对于更广泛的低维信号模型[43]，类似的结果仍然成立。此外，这些方法也适应于非线性观测模型的情形[74]，即 $y=A(x)+e$，其中 A 是非线性映射。于是，投影 Landweber 算法变成：

$$\hat{x}^{[i+1]}=P_{\mathcal{U}}\left(\hat{x}^{[i]}-\frac{\mu}{2}\nabla(\hat{x}^{[i]})\right) \tag{8.82}$$

式中，$\nabla(\hat{x}^{[i]})$ 是误差 $\|y-A\tilde{x}\|_{\mathcal{L}}^2$ 在 $\hat{x}^{[i]}$ 点的（广义）梯度。注意，这一提法允许使用更广泛的代价函数 $\|y-A\tilde{x}\|_{\mathcal{L}}^2$（不一定非要是 Hilbert 空间的范数）。重要的是，Blumensath[74] 最近推导了第一个将 CS 理论推广到非线性设置的理论恢复保证。

因此，贪婪算法是处理 CS 恢复问题的强大工具。它们是快速的、多功能的，且能适用于远超出传统 CS 标准稀疏设置所考虑的范围。因此，这些方法仍处于 CS 活跃研究的前沿，并为广泛的 CS 应用提供了重要的求解工具。

参考文献

[1] J. H. Friedman and J. W. Tukey. A projection pursuit algorithm for exploratory data analysis. *IEEE Trans Comput*, 23(9):881–890, 1974.

[2] S. Mallat and Z. Zhang. Matching pursuits with time-frequency dictionaries. *IEEE Trans Signal Proc*, 41(12):3397–3415, 1993. Available from: citeseer.nj.nec.com/mallat93matching.html.

[3] A. Miller. *Subset Selection in Regression.* 2nd edn. Chapman and Hall; 2002.

[4] R. A. DeVore and V. N. Temlyakov. Some remarks on greedy algorithms. *Adv Comput Math*, 5:173–187, 1996.

[5] J. Hogbom. Aperture synthesis with a non-regular distribution of interferometer baselines. *Astrophys J Suppl Ser*, 15:417–426, 1974.

[6] S. Krstulovic and R. Gribonval. MPTK: Matching pursuit made tractable. *Proc of Int Conf Acoust, Speech, Signal Proc*, Vol. 3. Toulouse, France; 2006. pp. III–496–III–499.

[7] Y. C. Pati, R. Rezaifar, and P. S. Krishnaprasad. Orthogonal matching pursuit: recursive function approximation with applications to wavelet decomposition. *Rec 27th Asilomar Conf Sign, Syst Comput*, 1993.

[8] S. Mallat, G. Davis, and Z. Zhang. Adaptive time-frequency decompositions. *SPIE J Opt Eng*, 33(7):2183–2191, 1994.

[9] S. F. Cotter, J. Adler, B. D. Rao, and K. Kreutz-Delgado. Forward sequential algorithms for best basis selection. In: *IEE Proc Vision, Image Signal Proc*, 235–244, 1999.

[10] A. R. Barron, A. Cohen, R. A. DeVore, and W. Dahmen. Approximation and learning by greedy algorithms. *Ann Stati*, 2008;36(1):64–94.

[11] T. Blumensath and M. Davies. Gradient pursuits. *IEEE Trans Sign Proc*, 56(6):2370–2382, 2008.

[12] R. Gribonval and P. Vandergheynst. On the exponential convergence of Matching Pursuits in Quasi-Incoherent Dictionaries. *IEEE Trans Inform Theory*, 52(1):255–261, 2006.

[13] J. A. Tropp. Greed is good: algorithmic results for Sparse Approximation. *IEEE Trans Inform*

Theory, 2004;50(10):2231–2242, 2004.

[14] B. Mailhe, R. Gribonval, F. Bimbot, and P. Vandergheynst. A low complexity Orthogonal Matching Pursuit for sparse signal approximation with shift-invariant dictionaries. *Proc IEEE Int Conf Acoust, Speech, Signal Proc*, Washington, DC, USA, pp. 3445–3448, 2009.

[15] J. R. Shewchuk. An introduction to the conjugate gradient method without the agonizing pain. School of Computer Science, Carnegie Mellon University, 1994.

[16] G. H. Golub and F. Van Loan. *Matrix Computations*. 3rd edn. Johns Hopkins University Press, 1996.

[17] D. L. Donoho, I. Drori, Y. Tsaig, and J. L. Starck. Sparse solution of underdetermined linear equations by stagewise orthogonal matching pursuit. Stanford University, 2006.

[18] T. Blumensath and M. Davies. Stagewise weak gradient pursuits. *IEEE Trans Sig Proc*, 57(11):4333–4346, 2009.

[19] H. Crowder and P. Wolfe. Linear convergence of the Conjugate Gradient Method. *Numer Comput*, 16(4):431–433, 1972.

[20] K. Schnass and P. Vandergheynst. Average performance analysis for thresholding. *IEEE Sig Proc Letters*, 14(11):431–433, 2007.

[21] T. Blumensath and M. Davies. Iterative thresholding for sparse approximations. *J Fourier Anal Appl*, 14(5):629–654, 2008.

[22] D. Needell and R. Vershynin. Signal recovery from incomplete and inaccurate measurements via regularized orthogonal matching pursuit. *IEEE J Sel Topics Sig Proc*, 4(2):310–316, 2010.

[23] W. Dai and O. Milenkovic. Subspace pursuit for compressive sensing signal reconstruction. *IEEE Trans Inform Theory*, 55(5):2230–2249, 2009.

[24] D. Needell and R. Vershynin. Uniform uncertainty principle and signal recovery via regularized Orthogonal Matching Pursuit. *Found Comput Math*, 9(3):317–334, 2008.

[25] S. Chen, S. A. Billings, and W. Luo. Orthogonal least-squares methods and their application to non-linear system identification. *Int J Control*, 50(5):1873–1896, 1989.

[26] T. Blumensath and M. Davies. On the difference between Orthogonal Matching Pursuit and Orthogonal Least Squares; 2007. Unpublished manuscript, available at: http://eprints.soton.ac.uk/142469/. Available from: www.see.ed.ac.uk/~tblumens/publications.html.

[27] D. L. Donoho. For most large underdetermined systems of linear equations the minimal 1-norm solution is also the sparsest solution. *Commun Pure Appl Math*, 59(6):797–829, 2006.

[28] H. Rauhut. On the impossibility of uniform sparse reconstruction using greedy methods. *Sampling Theory Signal Image Proc*, 7(2):197–215, 2008.

[29] M. A. Davenport and M. B. Wakin. Analysis of orthogonal matching pursuit using the restricted isometry property. *IEEE Trans Inform Theory*, 56(9):4395–4401, 2009.

[30] E. Candès. The restricted isometry property and its implications for compressed sensing. *C R Acad Sci, Paris, Serie I*, 346:589–592, 2008.

[31] J. A. Tropp and A. C. Gilbert. Signal recovery from partial information via Orthogonal Matching Pursuit. *IEEE Trans Inform Theory*, 53(12):4655–4666, 2006.

[32] A. K. Fletcher, S. Rangan, and V. K. Goyal. Necessary and sufficient conditions for sparsity pattern recovery. *IEEE Trans Inform Theory*, 55(12):5758–5772, 2009.

[33] M. E. Davies and T. Blumensath. Faster and greedier: algorithms for sparse reconstruction of large datasets. In: *3rd Int Symp Commun, Control Signal Proc*, pp. 774–779, 2008.

[34] D. Needell and J. A. Tropp. CoSaMP: iterative signal recovery from incomplete and inaccurate samples. *Appl Comput Harmonic Anal*, 26(3):301–321, 2008.
[35] N. G. Kingsbury and T. H. Reeves. Iterative image coding with overcomplete complex wavelet transforms. *Proc Conf Visual Commun Image Proc*, 2003.
[36] J. Portilla. Image restoration through l0 analysis-based sparse optimization in tight frames. *Proc IEEE Int Conf Image Proc*, 2009.
[37] A. Cohen, W. Dahmen, and R. DeVore. Instance optimal decoding by thresholding in compressed sensing. *Proc 8th Int Conf Harmonic Anal Partial Differential Equations*. Madrid, Spain, pp. 1–28, 2008.
[38] R. Berind and P. Indyk. Sequential Sparse Matching Pursuit. In: *Allerton'09 Proc 47th Ann Allerton Conf Commun, Control, Comput*, 2009.
[39] K. Lange, D. R. Hunter, and I. Yang. Optimization transfer using surrogate objective functions. *J Comput Graphical Stat*, 9:1–20, 2006.
[40] T. Blumensath and M. Davies. Iterative hard thresholding for compressed sensing. *Appl Comput Harmonic Anal*, 27(3):265–274, 2009.
[41] R. Meka, P. Jain, and I. S. Dhillon. Guaranteed rank minimization via singular value projection. arXiv:09095457v3, 2009.
[42] R. Garg and R. Khandekar. Gradient Descent with Sparsification: an iterative algorithm for sparse recovery with restricted isometry property. *Proc Int Conf Machine Learning*, Montreal, Canada; 2009.
[43] T. Blumensath. Sampling and reconstructing signals from a union of linear subspaces. Submitted to *IEEE Trans Inform Theory*, 2010.
[44] T. Blumensath and M. Davies. Normalised iterative hard thresholding; guaranteed stability and performance. *IEEE J Sel Topics Sig Proc*, 4(2):298–309, 2010.
[45] E. van den Berg and M. P. Friedlander. Probing the Pareto frontier for basis pursuit solutions. *SIAM J Sci Comput*, 31(2):890–912, 2008.
[46] Y. Lu and M. Do. A theory for sampling signals from a union of subspaces. *IEEE Trans Signal Proc*, 56(6):2334–2345, 2008.
[47] T. Blumensath and M. E. Davies. Sampling theorems for signals from the union of finite-dimensional linear subspaces. *IEEE Trans Inform Theory*, 55(4):1872–1882, 2009.
[48] Y. C. Eldar, P. Kuppinger, and H. Bolcskei. Block-sparse signals: uncertainty relations and efficient recovery. *IEEE Trans Signal Proc*, 58(6):3042–3054, 2010.
[49] R. G. Baraniuk, V. Cevher, M. F. Duarte, and C. Hegde. Model-based compressive sensing. *IEEE Trans Inform Theory*, 56(4):1982–2001, 2010.
[50] M. Crouse, R. Nowak, and R. Baraniuk. Wavelet-based statistical signal processing using hidden Markov models. *IEEE Trans Sig Proc*, 46(4):886–902, 1997.
[51] J. K. Romberg, H. Choi, and R. G. Baraniuk. Bayesian tree-structured image modeling using wavelet-domain hidden Markov models. *IEEE Trans Image Proc*, 10(7):1056–1068, 2001.
[52] J. Portilla, V. Strela, M. Wainwright, and E. P. Simoncelli. Image denoising using scale mixtures of Gaussians in the wavelet domain. *IEEE Trans Image Proc*, 12(11):1338–1351, 2003.
[53] J. M. Shapiro. Embedded image coding using zerotrees of wavelet coefficients. *IEEE Trans Signal Proc*, 41(12):3445–3462, 1993.
[54] A. Cohen, W. Dahmen, I. Daubechies, and R. Devore. Tree approximation and optimal encoding. *J Appl Comp Harmonic Anal*, 11:192–226, 2000.

[55] Y. Eldar and M. Mishali. Robust recovery of signals from a structured union of subspaces. *IEEE Trans Inform Theory*, 55(11):5302–5316, 2009.

[56] M. E. Davies and Y. C. Eldar. Rank awareness in joint sparse recovery. arXiv:10044529v1. 2010.

[57] C. La and M. Do. Signal reconstruction using sparse tree representations. *Proc SPIE Conf Wavelet Appl Signal Image Proc XI*. San Diego, California, 2005.

[58] M. F. Duarte, M. B. Wakin, and R. G. Baraniuk. Fast reconstruction of piecewise smooth signals from random projections. *Proc Workshop Sig Proc Adapt Sparse Struct Repres*, Rennes, France; 2005.

[59] R. G. Baraniuk. Optimal tree approximation with wavelets. *Wavelet Applications in Signal and Image Processing VII*, vol 3813, pp. 196–207, 1999.

[60] D. Goldfarb and S. Ma. Convergence of fixed point continuation algorithms for matrix rank minimization. arXiv:09063499v3. 2010.

[61] M. Mishali and Y. C. Eldar. From theory to practice: sub-Nyquist sampling of sparse wideband analog signals. *IEEE J Sel Topics Sig Proc*, 4(2):375–391, 2010.

[62] M. Mishali and Y. C. Eldar. Blind multi-band signal reconstruction: compressed sensing for analog signals. *IEEE Trans Sig Proc*, 57(3):993–1009, 2009.

[63] H. Rauhut, K. Schnass, and P. Vandergheynst. Compressed sensing and redundant dictionaries. *IEEE Trans Inform Theory*, 54(5):2210–2219, 2008.

[64] B. Recht, M. Fazel, and P. A. Parrilo. Guaranteed minimum-rank solution of linear matrix equations via nuclear norm minimization. To appear in *SIAM Rev*. 2010.

[65] J. Chen and X. Huo. Theoretical results on sparse representations of multiple-measurement vectors. *IEEE Trans Sig Proc*, 54(12):4634–4643, 2006.

[66] J. A. Tropp. Algorithms for simultaneous sparse approximation. Part II: Convex relaxation. *Sig Proc*, 86(3):589–602, 2006.

[67] S. F. Cotter, B. D. Rao, K. Engan, and K. Delgado. Sparse solutions to linear inverse problems with multiple measurement vectors. *IEEE Trans Sig Proc*, 53(7):2477–2488, 2005.

[68] J. A. Tropp. Algorithms for simultaneous sparse approximation. Part II: Convex relaxation. *Sig Proc*, 86:589–602, 2006.

[69] R. O. Schmidt. Multiple emitter location and signal parameter estimation. *Proc RADC Spectral Estimation Workshop*, 243–258, 1979.

[70] P. Feng. Universal minimum-rate sampling and spectrum-blind reconstruction for multiband signals. University of Illinois; 1998.

[71] P. Feng and Y. Bresler. Spectrum-blind minimum-rate sampling and reconstruction of multiband signals. *Proc IEEE Int Conf Acoust, Speech, Signal Proc*, 1688–1691, 1996.

[72] K. Lee and Y. Bresler. iMUSIC: iterative MUSIC Algorithm for joint sparse recovery with any rank. 2010;Arxiv preprint: arXiv:1004.3071v1.

[73] J. M. Kim, O. K. Lee, and J. C. Ye. Compressive MUSIC: a missing link between compressive sensing and array signal processing;Arxiv preprint, arXiv:1004.4398v1.

[74] T. Blumensath. Compressed sensing with nonlinear observations. Preprint, available at: http://eprintssotonacuk/164753. 2010.

第9章 压缩感知中的图模型概念

Andrea Montanari

本章综述了利用图模型和消息传递算法中的一些方法来求解大规模正则化回归问题的最新的一些研究工作。本章重点是基于 ℓ_1 惩罚最小二乘的压缩感知重建算法（LASSO 算法或 BPDN 算法）。讨论了如何快速获得近似消息传递来求解这一问题的算法。令人惊讶的是，对此类算法进行的分析还验证了 LASSO 风险的精确高维极限条件。

9.1 引言

从统计学习到信号处理，都存在这样的问题，即要从观测集 $y \in \mathbb{R}^m$ 中重建高维向量 $x \in \mathbb{R}^n$。测量过程通常认为是近似线性的，如

$$y = Ax + w \tag{9.1}$$

式中，$A \in \mathbb{R}^{m \times n}$ 是已知的测量矩阵，w 是噪声向量。

对上面的重建问题，图模型方法在（x，y）上假定了一个联合概率分布，为了不失一般性，这个联合概率分布可定义为

$$p(\mathrm{d}x, \mathrm{d}y) = p(\mathrm{d}y | x) p(\mathrm{d}x) \tag{9.2}$$

式中，条件分布 $p(\mathrm{d}y|x)$ 模拟了噪声过程，先验 $p(\mathrm{d}x)$ 在向量 x 上编码了信息，在压缩感知中，它能够描述稀疏特性。这两个分布中的一个或者两个分布是根据特定的图形结构来进行分解的，由此产生的后验分布 $p(\mathrm{d}x|y)$ 用于在给定 y 的情况下来推定 x。

对于联合概率分布能够被确定以及被用于重建 x 这一观点，很多人持怀疑态度。其中一个原因是，任何有限样本仅能在有限的精度范围内确定 x 的先验分布 $p(\mathrm{d}x)$。基于后验分布 $p(\mathrm{d}x|y)$ 的重建算法可能对由于先验分布的变化而导致的系统误差非常敏感。有人会因此放弃整个方法，但我们坚信这一方法是富有成效的，理由如下：

1）算法。现有的一些重建方法实际上是 M 估计方法。它们是通过最小化 $x \in \mathbb{R}^n$ 上一个合适的代价函数 $\mathcal{C}_{A,y}(x)$ 来定义的。这些估计可以作为特定表达式 p（$\mathrm{d}x$）和 $p(\mathrm{d}y|x)$（如 $p(\mathrm{d}x|y) \propto \exp\{-c_{A,y}(x)\}\mathrm{d}x$）的贝叶斯估计（如最大后验概率）来得到。这种关系在解释或对比不同的方法，以及运用已知的贝叶斯估计算法上都非常有效。参考文献［33］是一个经典的例子，这篇综述探讨了基于图模型推理算法的几个例子。

2）极大极小化。当先验分布 $p(\mathrm{d}x)$ 或噪声分布甚至是条件分布 $p(\mathrm{d}y|x)$ “存在”但未知时，假设它们属于特定结构的类是合理的。这些类通常指的是具有特定属性的概率分布。比如，在压缩感知中我们通常假设 x 最多有 k 个非零元素，我可以把 $p(\mathrm{d}x)$ 当作是 k 稀疏向量 $x \in \mathbb{R}^n$ 上的一个分布。如果 $\mathcal{F}_{n,k}$ 表示这一类分布，极大极小值算法力求达到 $\mathcal{F}_{n,k}$ 上均匀的保证。换言之，极大

极小值估计实现了$\mathcal{F}_{n,k}$中“最坏”分布的最小期望误差（如方均误差）。

统计决策理论[52]（冯诺依曼极大极小值定理的推广）中一个值得注意的事实是，极大极小值估计与一个特定（最坏情况）先验$p \in \mathcal{F}_{n,k}$的贝叶斯估计相一致。在一个维度中，可以得到关于最坏情况分布和渐近最优估计的大量信息（见 9.3 节）。这里开发的方法允许我们在高维中开发类似的见解。

3）建模。在某些应用程序中，可以构造相当精确的先验分布模型$p(\mathrm{d}x)$和测量过程模型$p(\mathrm{d}y|x)$。例如，在某些通信问题中x是由发射机产生的信号（根据已知的码本随机均匀地生成），w是由明确的物理过程产生的噪声（如接收机电路中的热噪声）。参考文献［11］中讨论了一些有趣的先验分布$p(\mathrm{d}x)$。此外，参考文献［43］从贝叶斯理论的角度探讨了压缩感知中的先验建模问题。

本章的剩余部分组织如下：9.2 节描述了与压缩感知重建问题相关的图模型。9.3 节介绍了一维情况的重要背景知识。9.4 节描述了一个标准的消息传递算法——最小和算法，及其如何被简化为求解 LASSO 最优化问题。9.5 节进一步简化了这个算法并生成了 AMP 算法。9.6 节概述了最小和算法的分析。分析的结果表明，该算法可以准确计算 LASSO 估计的高维极限。9.7 节我们例举了所开发的方法如何用于解决实现丰富结构信息的重建问题。

本章用到的一些符号如下：

在本综述中，对实数线$\mathbb{R}$或欧氏空间$\mathbb{R}^K$上的概率测度发挥了特殊作用，因此注意概率理论符号是有用的。更倾向于“行动”的读者可以跳过这些介绍。

本章中p或p（$\mathrm{d}x$）代表概率测度（最终有下标），$\mathrm{d}x$仅用于提示分布于测量p的变量（读者也可以将$\mathrm{d}x$看作是一个无穷区间，但这仅限于p满足一个密度函数时才成立）。

勒贝格测度（Lebesgue measure）是一个正的没有归一化的非概率特殊测度，我们保留了符号$\mathrm{d}x$且为了便于用公式表述“关于 Lebesgue 测度的p满足一个密度函数f，f是一个波雷尔函数（Borel function）$f: x \mapsto f(x) \equiv \exp(-x^2/(2a))/\sqrt{2\pi a}$”，我们定义$p(\mathrm{d}x)$如下：

$$p(\mathrm{d}x) = \frac{1}{\sqrt{2\pi a}} \mathrm{e}^{-x^2/2a} \mathrm{d}x \tag{9.3}$$

众所周知，期望是关于概率测度的积分：

$$\mathbb{E}_p\{f\} = \int_{\mathbb{R}} f(x) p(\mathrm{d}x) \tag{9.4}$$

式中，$\mathbb{E}_p$的下标p以及$f_{\mathbb{R}}$的下标$\mathbb{R}$可以省略。除非特殊情况，本章中我们不假定这些概率测度要满足与 Lebesgue 测度相关的一个密度函数。概率测度p是一个定义在波雷尔σ代数上的集合函数，具体可见参考文献［7，82］。$p((-1, 3])$表示测度p下区间$(-1, 3]$的概率，$p(\{0\})$表示 0 点的概率。以下表述同样有效，如$\mathrm{d}x((-1, 3])$表示区间$(-1, 3]$的 Lebesgue 测度，$p(\mathrm{d}x)((-1, 3])$表示测度p下区间$(-1, 3]$的概率，但要尽量避免使用它们。

$p(\mathrm{d}x, \mathrm{d}y)$表示$x \in \mathbb{R}^K$及$y \in \mathbb{R}^L$上的联合概率测度（这只是$\mathbb{R}^K \times \mathbb{R}^L = \mathbb{R}^{K+L}$上的概率测度）。$p(\mathrm{d}x|y)$表示相应的给定$x$下$y$的条件概率测度（严格定义见参考文献［7，82］）。

本章中我们没有采用概率论中称为分布函数的累积分布函数这一名称，而使用了“概率分布”，并与“概率测度”交替使用。

本章还用了一些标准的离散数学符号，第一个 K 个整数的集合可表示为 $[K]=\{1,\cdots,K\}$。不同函数的增长率用 O 表示，对于一些有限的常数 C，$M\to\infty$，如果 $f(M)\leqslant Cg(M)$，有 $f(M)=O(g(M))$；如果 $f(M)\geqslant g(M)/C$，有 $f(M)=\Omega(g(M))$；如果 $g(M)/C\leqslant f(M)\leqslant Cg(M)$，有 $f(M)=\Theta(g(M))$；如果 $f(M)/g(M)\to 0$，有 $f(M)=o(g(M))$。当 f 和 g 的参数变为0时可以使用相似的符号。

9.2 基本模型及其图结构

指定给定 x 下 y 的条件分布等于指定噪声向量 w 的分布。在本章中我们将 $p(w)$ 看作是均值为0、方差为$\beta^{-1}I$的高斯分布，由此，

$$p_{\beta}(\mathrm{d}y|x)=\left(\frac{\beta}{2\pi}\right)^{n/2}\exp\left\{-\frac{\beta}{2}\|y-Ax\|_2^2\right\}\mathrm{d}y \tag{9.5}$$

对于先验分布最简单的选择是将 $p(\mathrm{d}x)$ 看成是相同因数的分布的乘积：$p(\mathrm{d}x)=p(\mathrm{d}x_1)\times\cdots\times p(\mathrm{d}x_n)$，因此我们得到联合分布如下：

$$p_{\beta}(\mathrm{d}x,\mathrm{d}y)=\left(\frac{\beta}{2\pi}\right)^{n/2}\exp\left\{-\frac{\beta}{2}\|y-Ax\|_2^2\right\}\mathrm{d}y\prod_{i=1}^{n}p(\mathrm{d}x_i) \tag{9.6}$$

通过在向量 x 上或测度过程中加入进一步的信息，我们可以从一开始就定义基本模型。举个例子，考虑块稀疏的情况，索引集 $[n]$ 被划分为等长度为 n/ℓ 的块 $B(1)$，$B(2)$，$\cdots$，$B(\ell)$，仅有一小部分块是非零的。这种情况假设先验 $p(\mathrm{d}x)$ 对块有影响，由此可得联合分布为

$$p_{\beta}(\mathrm{d}x,\mathrm{d}y)=\left(\frac{\beta}{2\pi}\right)^{n/2}\exp\left\{-\frac{\beta}{2}\|y-Ax\|_2^2\right\}\mathrm{d}y\prod_{j=1}^{\ell}p(\mathrm{d}x_{B(j)}) \tag{9.7}$$

式中，$x_{B(j)}\equiv(x_i:\ i\in B(j))\in\mathbb{R}^{n/\ell}$。关于其他结构化先验的例子本章9.7节还将会详细介绍。

在给定观测 y 的条件下 x 的后验分布满足一个明确的表达式，这个表达式可以由式（9.6）推导而来：

$$p_{\beta}(\mathrm{d}x\mid y)=\frac{1}{Z(y)}\exp\left\{-\frac{\beta}{2}\|y-Ax\|_2^2\right\}\prod_{i=1}^{n}p(\mathrm{d}x_i) \tag{9.8}$$

式中，$Z(y)=(2\pi/\beta)^{n/2}p(y)$保证归一化 $\int p(\mathrm{d}x\mid y)=1$。这里需要强调一下，尽管表达式很明确，但计算期望或边缘分布却很难。

最后，残差的平方可以分解成 m 项的和，且满足如下关系：

$$p_{\beta}(\mathrm{d}x\mid y)=\frac{1}{Z(y)}\prod_{a=1}^{m}\exp\left\{-\frac{\beta}{2}(y_a-A_a^{\mathrm{T}}x)^2\right\}\prod_{i=1}^{n}p(\mathrm{d}x_i) \tag{9.9}$$

式中，A_a是矩阵 a 的第 a 行，这种因式分解的结构很方便用因数图来描述，如包含有对于每一个变量 x_i相对应的“变量节点” $i\in\lceil n\rceil$，以及对于每一项 $\psi_a(x)=\exp\{-\beta(y_a-A_a^{\mathrm{T}}x)^2/2\}$相对应的“因数节点” $a\in[m]$的二分图。当且仅当 $\psi_a(x)$非平凡依赖于 x_i时如 $A_{ai}\neq 0$，变量 i 和因数 a 是通过一个边缘相连接的。这样的因数图如图9.1所示。

信号的估计可以通过不同的方法从后验分布式（9.9）中提取出来，其中一种方法是利用条件期望：

$$\hat{x}_\beta(y;p) \equiv \int_{\mathbb{R}^n} x p_\beta(\mathrm{d}x \mid y) \quad (9.10)$$

这个估计是合理的，只要 p_β（$\mathrm{d}x$，$\mathrm{d}y$）是（x，y）实际的联合分布，它就能达到最小方均误差。在本章中我们不假设“假定的”先验分布 $p_\beta(\mathrm{d}x)$ 与 x 的实际分布相一致，因此 $\hat{x}_\beta(y;p)$ 不一定是最优的（就方均误差而言）。最合理的 $\hat{x}_\beta$（y；p）是形如式（9.10）的一个广泛的估计量。

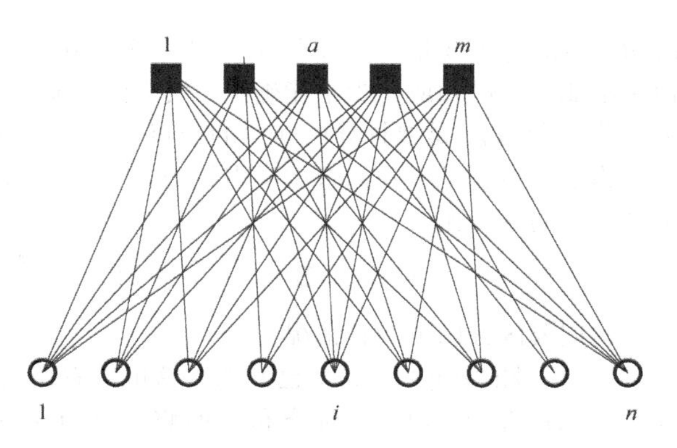

图9.1 与概率分布式（9.9）相关的因数图。空圆圈表示变量 x_i，$i\in[n]$，正方形表示测量 y_a，$a\in[m]$

式（9.10）中的估计量一般很难计算出来，为了获得一个容易得到的替代值，对于一个非归一化的概率密度函数 $f_{\beta,h}(x_i)=\mathrm{e}^{-\beta h(x_i)}$，假设 $p(\mathrm{d}x_i)=p_{\beta,h}(\mathrm{d}x_i)=cf_{\beta,h}(x_i)\mathrm{d}x_i$，当 β 变大时，式（9.10）中的积分由带最大后验概率 p_β 的向量 x 来支配，我们可以用最大化 x 来代替这个积分并定义：

$$\hat{x}(y;h) \equiv \operatorname{argmin}_{z\in\mathbb{R}^n} \mathcal{C}_{A,y}(z;h)$$

$$\mathcal{C}_{A,y}(z;h) \equiv \frac{1}{2}\| y - Az \|_2^2 + \sum_{i=1}^{n} h(z_i) \quad (9.11)$$

式中，出于简便的目的，我们假定$\mathcal{C}_{A,y}(z;h)$有唯一的最小值。

如前面所述，估计量 $\hat{x}(y;h)$ 可以被认为是式（9.10）一般估计 $\beta\to\infty$ 时的极限值。事实上，我们也很容易验证当 $x_i\mapsto h(x_i)$ 是上半连续时，我们有

$$\lim_{\beta\to\infty}\hat{x}_\beta(y;p_{\beta,h}) = \hat{x}(y;h)$$

换句话说，后验均值以极限形式收敛于后验分布模型。此外，$\hat{x}(y;h)$ 采用了可分离正则化回归估计的常见形式。如果 h（·）是凸的，那么就可以计算$\hat{x}$。这里有几个特例需要注意，$h(x_i)=\lambda x_i^2$ 相当于岭回归[39]，$h(x_i)=\lambda|x_i|$ 相当于 LASSO[77] 或基追踪降噪（BPDN）[10]。对于后一种情形，由于其在压缩感知中的特殊作用，我们重写了式子：

$$\hat{x}(y) \equiv \operatorname{argmin}_{z\in\mathbb{R}^n} \mathcal{C}_{A,y}(z)$$

$$\mathcal{C}_{A,y}(z) \equiv \frac{1}{2}\| y - Az \|_2^2 + \lambda \| z \|_1 \quad (9.12)$$

9.3 标量情形

在进一步讨论前，我们考虑一下单一的标量测量的特殊情况（比如 $m=n=1$），由此我们有

$$y = x + w \quad (9.13)$$

且我们想从 y 中估计出 x。这个问题表面上看起来很简单，但有很多文献表明，关于这个问题存在很多悬而未决的问题[24,23,22,41]。本章我们只想阐明以下几点：

为了对比不同的估计量，我们假定（x，y）是服从某些基本概率分布 $p_0(\mathrm{d}x,\mathrm{d}y)=p_0(\mathrm{d}x)$

$p_0(\mathrm{d}y|x)$的随机变量，需要强调的是，这种分布在概念上和推导上是不同的（见式（9.10））。由于不能假定已知或至少不能确定 x 实际的先验分布，因此 $p(\mathrm{d}x)$ 和 $p_0(\mathrm{d}x)$ 是不一致的。“实际的”先验分布 p_0 是要推导的向量的分布，而“假设的”分布 p 是用于设计推导算法的。

为了简单起见，我们考虑噪声级为 σ^2 的高斯噪声 $w \sim \mathrm{N}(0, \sigma^2)$，通过均方误差来进行不同的估计量间的对比：

$$\mathrm{MSE} = \mathbb{E}\{|\hat{x}(y) - x|^2\} = \int_{\mathbb{R}\times\mathbb{R}} |\hat{x}(y) - x|^2 p_0(\mathrm{d}x, \mathrm{d}y)$$

我们要区分以下两种情况：

1）信号的分布 $p_0(x)$ 是已知的，这可以看作是“预定的”设置。为了与压缩感知联系起来，我们考虑产生稀疏信号的分布，如将至少 $1-\varepsilon$ 的大概率放在 $x=0$，用公式表示出来为 $p_0(\{0\}) \geqslant 1-\varepsilon$。

2）信号分布是未知的，但是已知其是“稀疏的”，也就是说，它属于以下一类：

$$\mathcal{F}_\varepsilon \equiv \{p_0 : p_0(\{0\}) \geqslant 1-\varepsilon\} \tag{9.14}$$

最小方均误差，即可通过任意的估计量 $\hat{x}$：$\mathbb{R}\to\mathbb{R}$ 得到的最小 MSE 为

$$\mathrm{MMSE}(\sigma^2; p_0) = \inf_{\hat{x}:\mathbb{R}\to\mathbb{R}} \mathbb{E}\{|\hat{x}(y) - x|^2\}$$

众所周知，下确界是通过条件期望来得到的

$$\hat{x}^{\mathrm{MMSE}}(y) = \int_{\mathbb{R}} x p_0(\mathrm{d}x \mid y)$$

但是，估计量假设我们是处于上述的情形 1 中，比如先验分布 p_0 是已知的。

图 9.2 给出了一个三点分布得到的 MSE，

$$p_0 = \frac{\varepsilon}{2}\delta_{+1} + (1-\varepsilon)\delta_0 + \frac{\varepsilon}{2}\delta_{-1} \tag{9.15}$$

从结构上看，MMSE 以 σ^2 来增加且在无噪声极限 $\sigma\to 0$ 时收敛于 0（实际上通过简单的条件 $\hat{x}(y)=y$ 就能满足 MSE 等于 σ^2），在大噪声极限 $\sigma\to\infty$ 时收敛于 ε（当满足 $\hat{x}=0$ 时 MSE 等于 ε）。

在更理想的情形 2 中，我们不知道先验分布 p_0。处理未知分布的一个原则性方式是最小化类 $\mathcal{F}_\epsilon$ 中最坏情形分布的 MSE，如用下面的极大极小值问题来代替式（9.15）中的最小化问题：

$$\inf_{\hat{x}:\mathbb{R}\to\mathbb{R}} \sup_{p_0\in\mathcal{F}_\varepsilon} \mathbb{E}\{|\hat{x}(y) - x|^2\} \tag{9.16}$$

关于这个问题，已有很多文献有研究[22-24,41]，广义的决策理论[52,41]表明，最优估计仅仅是特定的最坏情况先验下的后验期望。但即使是对这些文献的最浅显的讨论也超出了本综述的范围。本章探讨了 LASSO 估计式（9.12）情况下优化问题：

$$\hat{x}(y;\lambda) = \mathrm{argmin}_{z\in\mathbb{R}}\left\{\frac{1}{2}(y-z)^2 + \lambda|z|\right\} \tag{9.17}$$

注意，估计量对先验 p_0 的细节不敏感，完整的极大极小值问题式（9.16）可以变为通过 λ 简单地优化 MSE。

一维优化问题式（9.17）在软阈值函数 η：$\mathbb{R}\times\mathbb{R}_+\to\mathbb{R}$ 上有一个显示解，且定义如下：

$$\eta(y;\theta) = \begin{cases} y-\theta & y>\theta \\ 0 & -\theta\leqslant y\leqslant\theta \\ y+\theta & y<-\theta \end{cases} \tag{9.18}$$

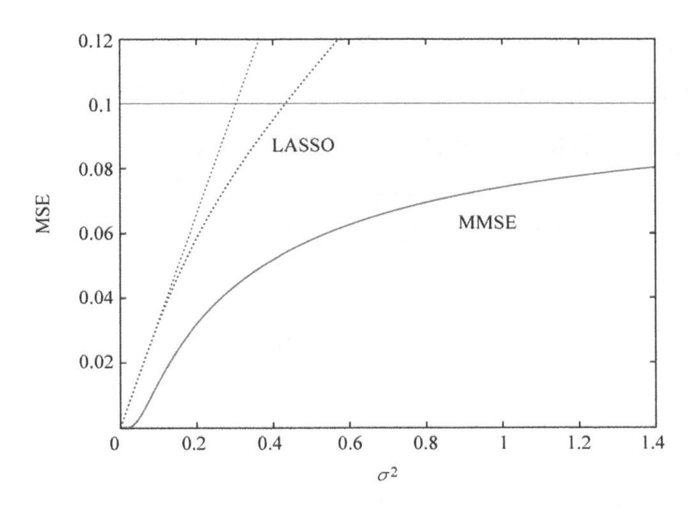

图9.2　一个高斯噪声非零概率为 $\varepsilon=0.1$ 的三点随机变量估计的方均误差。下方曲线：由条件期望而获得的最小方均误差（厚线）及其大的噪声渐进线（薄线）；上方曲线：LASSO 或等效为软阈值的方均误差（厚线）及其小的噪声渐进线（薄线）

阈值 θ 必须等于正则化参数 λ，且满足下面简单的解：

$$\hat{x}(y;\lambda)=\eta(y;\theta),\text{对于 }\lambda=\theta \tag{9.19}$$

（我们强调 θ 和 λ 在标量情况下的恒等性是因为它突破了向量情况。）

参数 θ（或者说 λ）是如何确定的呢？规则很简单：对于类 $\mathcal{F}_\varepsilon$，θ 必须最小化方均误差的最大值。很明显，这个复杂的鞍点问题可以更明确地得到求解。其中关键一点是能够确定类 $\mathcal{F}_\varepsilon$ 上最坏情况下的分布且满足下式：$p^{\#}=(\varepsilon/2)\ \delta_{+\infty}+(1-\varepsilon)\ \delta_0+(\varepsilon/2)\ \delta_{-\infty}$[23,22,41]。

让我们概述一下如何从这个关键事实中得到解。首先，将 λ 缩放到噪声标准差级别是合理的，因为估计量要滤除噪声。我们可以令 $\theta=\alpha\sigma$。图9.2中我们画出了 $\theta=\alpha\sigma$，$\alpha\approx1.1402$ 时获得的 MSE。我们用 mse（σ^2；p_0，α）来表示当噪声方差为 σ^2，$x\sim p_0$ 以及正则化参数 $\lambda=\theta=\alpha\sigma$ 时的 LASSO 与软阈值方均误差的比值。最坏情况下的方均误差表示为 $\sup_{p_0\in\mathcal{F}_\varepsilon}\mathrm{mse}$（$\sigma^2$；$p_0$，$\alpha$）。由于类 $\mathcal{F}_\varepsilon$ 经过缩放是不变的，这种最坏情况下的 MSE 必须与问题中的唯一比例成正比，如 σ^2，我们得到

$$\sup_{p_0\in\mathcal{F}_\varepsilon}\mathrm{mse}(\sigma^2;p_0,\alpha)=M(\varepsilon,\alpha)\sigma^2 \tag{9.20}$$

通过估计最坏情况下分布 $p^{\#}$ 的方均误差[23,22,41]，可以明确地计算出函数 M。由此简单计算出 M 为（见参考文献［26］的补充信息和参考文献［28］）

$$M(\varepsilon,\alpha)=\varepsilon(1+\alpha^2)+(1-\varepsilon)[2(1+\alpha^2)\Phi(-\alpha)-2\alpha\phi(\alpha)] \tag{9.21}$$

式中，$\phi(z)=\mathrm{e}^{-z^2/2}/\sqrt{2\pi}$ 是高斯分布的密度，$\Phi(z)=\int_{-\infty}^{z}\phi(u)\mathrm{d}u$ 是高斯分布。不难看出，$M(\varepsilon,\alpha)$ 是图9.2所示中软阈值 MSE 在 $\sigma^2=0$ 时的斜率。

在 α 上最小化上述表达式，即可得到软阈值极大极小化风险，及相应的最优阈值：

$$M^{\#}(\varepsilon)\equiv\min_{\alpha\in\mathbb{R}_+}M(\varepsilon,\alpha),\alpha^{\#}(\varepsilon)\equiv\arg\min_{\alpha\in\mathbb{R}_+}M(\varepsilon,\alpha) \tag{9.22}$$

函数$M^{\#}$（ε）及$\alpha^{\#}$（ε）如图9.3所示。出于对比的目的，我们同时画出了当类$\mathcal{F}_{\varepsilon}$被替换为带有界二阶矩的随机变量所在的类$\mathcal{F}_{\varepsilon}(a)=\{p_0\in\mathcal{F}_{\varepsilon}:\int x^2p_0(\mathrm{d}x)\leqslant a^2\}$时的相似的函数。我们尤为感兴趣的是，在特别稀疏的极限$\varepsilon\to 0$条件下这些曲线的走向：

$$\alpha^{\#}(\varepsilon)=\sqrt{2\log(1/\varepsilon)}\{1+o(1)\} \tag{9.23}$$

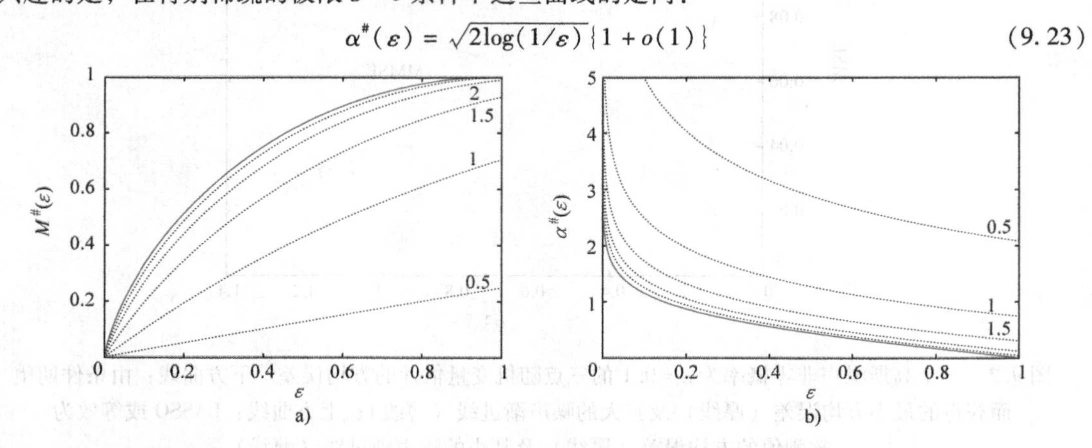

图9.3 a）实线表示高斯噪声中ε稀疏随机变量估计量的软阈值下的极大极小方均误差，虚线表示二阶矩信号（曲线上的标号表示$[\int x^2p_0(\mathrm{d}x)]^{1/2}$允许的最大值）；b）实线表示相同估计问题下的最优阈值级别，虚线仍表示有界二阶矩的情形

回到图9.2，读者可能注意到在最小的MSE和通过软阈值得到的MSE间有很大的一个间隙。这是由于使用了一个在类$\mathcal{F}_{\varepsilon}$上一致好的估计量，而不是专门为分布$p_0$设计所付出的代价。图9.4对比了$\sigma=0.3$时的这两个估计量。人们可能会想知道这个代价是否都要付出呢，比如说我们是否能够通过一个更复杂的函数来减少这个间隙，而不是仅仅通过一个阈值$\eta(y;\theta)$。答案既是肯定的又是否定的。从极大极小值方面上看，$\mathcal{F}_{\varepsilon}$上存在着可验证的更好的估计量。这些估计量肯定比简单的阈值更复杂。另一方面，更好的估计量在最稀疏极限下有相同的极大极小风险$M^{\#}(\varepsilon)=(2\log(1/\varepsilon))^{-1}\{1+o(1)\}$，例如，$\varepsilon\to 0$时它们只改善了$o(1)$[22,23,41]。

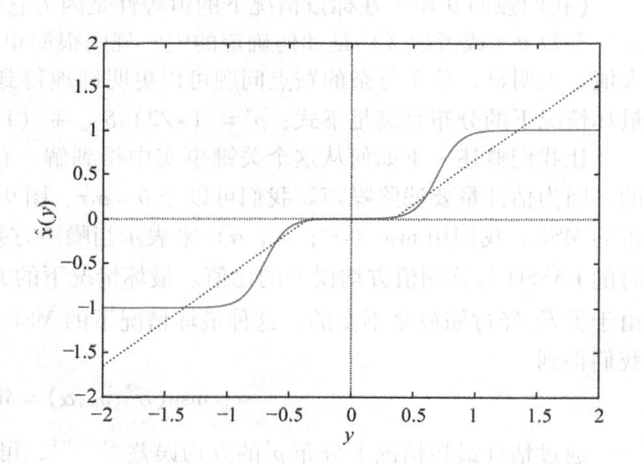

图9.4 实线：式（9.15）中$\varepsilon=0.1$，当噪声标准差为$\sigma=0.3$时的三点分布的MMSE估计量。虚线：相同设置下的极大极小软阈值估计量。相应的方均误差如图9.2所示

9.4 消息传递的推导

将前一节的理论扩展到向量情形式(9.1)的任务可能有些艰巨。事实证明，在特定的高维极限条件下这样的扩展反而变得可能，其关键的一步是引入适当的消息传递算法来解决式(9.12)的优化问题，然后分析其反应。

9.4.1 最小和算法

本节我们开始考虑最小和算法。最小和是一种常用的图结构代价函数优化算法（见参考文献[65，42，58，61]及其引用的参考文献）。为了介绍这个算法，我们考虑 $x=(x_1,\cdots,x_n)$ 上一般的代价函数，这个代价函数可以根据图9.1所示的因数图进行分解：

$$\mathcal{C}(x)=\sum_{a\in F}\mathcal{C}_a(x_{\partial a})+\sum_{i\in V}\mathcal{C}_i(x_i) \tag{9.24}$$

式中，F 是 m 个因数节点（如图9.1中的正方形）的集合，V 是 n 个变量节点（如图9.1中的圆圈）的集合。进一步，∂a 是节点 a 及 $x_{\partial a}=(x_i:i\in\partial a)$ 的邻节点。最小和算法是置信传播类型的一种迭代算法。它的基本变量是消息：每条消息与底层因数图中的定向边缘相关。在本书中，消息是优化变量的函数，$J^t_{i\to a}(x_i)$ 表示从变量到因数，$\hat{J}^t_{a\to i}(x_i)$ 表示从因数到变量，t 表示迭代数。图9.5描述了因数图中消息与定向边缘的关系。消息达到一个加常数是有意义的，因此我们将使用特殊符号≅来表示恒等于一个与参数 x_i 无关的加常数，在第 t 次迭代时它们的更新如下㊀：

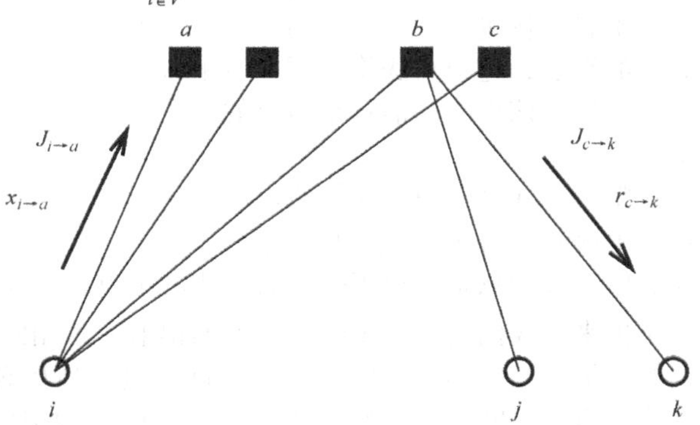

图9.5　图9.1中用于标记消息的部分因数图

$$J^{t+1}_{i\to a}(x_i)\cong\mathcal{C}_i(x_i)+\sum_{b\in\partial i\backslash a}\hat{J}^t_{b\to i}(x_i) \tag{9.25}$$

$$\hat{J}^t_{a\to i}(x_i)\cong\min_{x_{\partial a\backslash i}}\left\{\mathcal{C}_a(x_{\partial a})+\sum_{j\in\partial a\backslash i}J^t_{j\to a}(x_j)\right\} \tag{9.26}$$

最终，最佳的近似为

$$\hat{x}_i^{t+1}=\arg\min_{x_i\in\mathbb{R}}J_i^{t+1}(x_i) \tag{9.27}$$

$$J_i^{t+1}(x_i)\cong\mathcal{C}_i(x_i)+\sum_{b\in\partial i}\hat{J}^t_{b\to i}(x_i) \tag{9.28}$$

有很多的文献证明了使用这种类型算法的正确性，将其应用于具体的问题并开发了具有更好性能的修改了基本迭代的算法[65, 42, 58, 61, 83, 44]。这里我们仅限于回顾将迭代式(9.25)、式(9.26)

㊀ 读者会注意到，对于稠密矩阵 A，$\partial i=[n]$ 和 $\partial a=[m]$。但是我们将坚持更普遍的表示法，因为它更透明。——原书注

看作是一个动态规划迭代，当底层图是树时这个迭代的计算成本最低。这种算法对环图的应用一般不能保证其收敛（如闭合回路图）。

在这点上我们注意到 LASSO 代价函数式（9.12）可以分解为形如式（9.24）：

$$\mathcal{C}_{A,y}(x) \equiv \frac{1}{2}\sum_{a\in F}(y_a - A_a^{\mathrm{T}}x)^2 + \lambda\sum_{i\in V}|x_i| \tag{9.29}$$

最小和更新如下：

$$J_{i\to a}^{t+1}(x_i) \cong \lambda|x_i| + \sum_{b\in\partial i\backslash a}\hat{J}_{b\to i}^{t}(x_i) \tag{9.30}$$

$$\hat{J}_{a\to i}^{t}(x_i) \cong \min_{x_{\partial a\backslash i}}\left\{\frac{1}{2}(y_a - A_a^{\mathrm{T}}x)^2 + \sum_{j\in\partial a\backslash i}J_{j\to a}^{t}(x_j)\right\} \tag{9.31}$$

9.4.2 通过二次近似简化最小和

精确实现最小和迭代非常困难，因为它需要追踪 $2mn$ 条消息，每条消息是一个实数轴上的函数。一种可能的方法是开发消息的数值逼近。这一系列研究是由参考文献［69］开始的。

这里我们将概述一个替代的方法，其中包括获得解析逼近解[26,27,28]。其优点是会产生一个非常简单的算法，这个算法将在下一节中讨论。为了验证这个算法，我们首先获得了一种简化的消息传递算法，该算法的消息是简单的实数（而不是函数），下一节中我们将消息的数量由 $2mn$ 减少至 $m+n$。

在整个推导过程中，我们假设矩阵 A 以这样一种方式进行归一化：A 的列有零均值和单位 ℓ_2 范数。由此我们有 $\sum_{a=1}^{m}A_{ai}=0$ 及 $\sum_{a=1}^{m}A_{ai}^2=1$。事实上，只有满足这些条件才能渐进满足大系统的规模。由于我们只是提出了一个启发式的论点，因此我们将这个假设的明确的公式推迟到 9.6.2 节展示出来。我们也假定矩阵的元素的幅值大致相同且等于 $O(1/\sqrt{m})$，且 m 与 n 呈线性缩放。这些假设被压缩感知中的感知矩阵的许多例子所验证，例如，矩阵元素满足独立同分布的随机矩阵或随机傅里叶部分。参考文献［8］讨论了不满足这些假设条件下如何修正基本算法。

由 9.1 节很容易看到，如果消息 $J_{i\to a}^{t}(x_i)$、$\hat{J}_{a\to i}^{t}(x_i)$ 在 $t=0$ 时初始化为凸函数，那么对于任意的 t，它们仍是凸函数。为了简化最小和公式，我们将通过二次函数来近似表示它们。第一步我们注意到，作为式（9.31）的结果，函数 $\hat{J}_{a\to i}^{t}(x_i)$ 仅仅通过组合 $A_{ai}x_i$ 依赖于它的参数。由于 $A_{ai}\ll 1$，我们可以通过泰勒展开式来近似表示这种依赖性（不失一般性的设置 $\hat{J}_{a\to i}^{t}(0)=0$）：

$$\hat{J}_{a\to i}^{t}(x_i) \cong -\alpha_{a\to i}^{t}(A_{ai}x_i) + \frac{1}{2}\beta_{a\to i}^{t}(A_{ai}x_i)^2 + O(A_{ai}^3x_i^3) \tag{9.32}$$

上述展开式止于第三阶的原因很清晰，实际上替换掉式（9.30），我们有

$$J_{i\to a}^{t+1}(x_i) \cong \lambda|x_i| - \Big(\sum_{b\in\partial_i\backslash a}A_{bi}\alpha_{b\to i}^{t}\Big)x_i + \frac{1}{2}\Big(\sum_{b\in\partial i\backslash a}A_{bi}^2\beta_{a\to i}^{t}\Big)x_i^2 + O(nA_i^3x_i^3) \tag{9.33}$$

由于 $A_{ai}=O(1/\sqrt{n})$，最后一项可以忽略。在这一点上我们想通过二阶泰勒展开式在其最小值周围来近似表示 $J_i^t\to a$。这样做的原因在于只有当插入式（9.31）中的消息来计算 $\alpha_{a\to i}^{t}$、$\beta_{a\to i}^{t}$ 时，展开式的这一阶才起作用。因此我们定义数量 $x_{i\to a}^{t}$、$\gamma_{i\to a}^{t}$ 作为这一泰勒展开式的参数：

$$J_{i\to a}^{t}(x_i) \cong \frac{1}{2\gamma_{i\to a}^{t}}(x_i - x_{i\to a}^{t})^2 + O((x_i - x_{i\to a}^{t})^3) \tag{9.34}$$

式中，我们包含了令 $\gamma_{i\to a}^{t}=0$ 使得 $J_{i\to a}^{t}(x_i)$ 的最小值在 $x_i=0$ 获得的情形（因此函数在最小值点是不可微的）。对比式（9.33）和式（9.34）以及回顾 $\eta(\cdot;\cdot)$（见式（9.18）），我们得到

$$x_{i\to a}^{t+1}=\eta(a_1;a_2),\ \gamma_{i\to a}^{t+1}=\eta'(a_1;\ a_2) \tag{9.35}$$

式中，$\eta'(\cdot;\cdot)$表示η对第一个参数的导数，我们定义：

$$a_1=\frac{\sum_{b\in\partial i\backslash a}A_{bi}\alpha_{b\to i}^t}{\sum_{b\in\partial i\backslash a}A_{bi}^2\beta_{b\to i}^t},\ a_2=\frac{\lambda}{\sum_{b\in\partial i\backslash a}A_{bi}^2\beta_{b\to i}^t} \tag{9.36}$$

最后，通过在式（9.31）中插入参数化式（9.34）且与式（9.32）相比，我们可以计算出参数$\alpha_{a\to i}^t$，$\beta_{a\to i}^t$。一个长但简单的结果如下：

$$\alpha_{a\to i}^t=\frac{1}{1+\sum_{j\in\partial a\backslash i}A_{aj}^2\gamma_{j\to a}^t}\left\{y_a-\sum_{j\in\partial a\backslash i}A_{aj}x_{j\to a}^t\right\} \tag{9.37}$$

$$\beta_{a\to i}^t=\frac{1}{1+\sum_{j\in\partial a\backslash i}A_{aj}^2\gamma_{j\to a}^t} \tag{9.38}$$

式（9.35）~式(9.38）定义了一个比原始的最小和算法相对简单的消息传递算法：每条消息由一对实数组成，即（$x_{i\to a}^t$，$\gamma_{i\to a}^t$）对应变量 - 因数的消息；（$\alpha_{a\to i}$，$\beta_{a\to i}$）对应因数 - 变量的消息。下一节中我们将进一步简化它，并且构造了一个具有几个有趣性质的算法（AMP）。现在让我们停下来观察一下：

1）软阈值操作在标量情况下发挥了重要的作用（见式（9.3）、式（9.35））。尽管我们推导出来的软阈值并不简单，即等于正则化参数λ，但是它是一个可调的值。

2）我们的推导都是假设矩阵元素A_{ai}的阶数相同，即都为$O(1/\sqrt{m})$。在不同假设条件下对感知矩阵重复上述的推导非常有意思。

9.5 近似消息传递

上面推导的算法仍然很复杂，因为它需要的内存大小与信号的维数和测量的大小的乘积成正比。此外，每次迭代的计算复杂度也变成了原来的平方。本节我们介绍了一个简单的算法，并且讨论了如何从上一节内容来推导它。

9.5.1 AMP 算法及其性质

AMP（Approximate Message Passing，近似消息传递）算法是由两个标量序列参数化的算法：阈值$\{\theta_t\}_{t\geqslant 0}$以及反应项$\{b_t\}_{t\geqslant 0}$。在初始化条件$x^0=0_{下}$，对于所有的$t\geqslant 0$（$r^{-1}=0$），这个算法根据下面的迭代过程构造了一个估计量序列$x^t\in\mathbb{R}^n$以及残差$r^t\in\mathbb{R}^m$：

$$x^{t+1}=\eta(x^t+A^{\mathrm{T}}r^t;\ \theta_t) \tag{9.39}$$

$$r^t=y-Ax^t+b_tr^{t-1} \tag{9.40}$$

给定一个标量函数f：$\mathbb{R}\to\mathbb{R}$以及向量$u\in\mathbb{R}^{\ell}$，我们用$f(u)$表示向量$(f(u_1),\cdots,f(u_{\ell}))$。

参数$\{\theta_t\}_{t\geqslant 0}$和$\{b_t\}_{t\geqslant 0}$的选择严格受限于与最小和算法的关系。正如下面要讨论的那样，与LASSO的关系更普遍。事实上，正如下述命题所规定的那样，只要（x^t，z^t）收敛，一般的序列$\{\theta_t\}_{t\geqslant 0}$和$\{b_t\}_{t\geqslant 0}$就可以使用。

命题 9.1　令（x^*，r^*）是迭代式（9.39）和式（9.40）中固定$\theta_t=\theta$、$b_t=b$的一个固定的

点，则 x^* 是 LASSO 代价函数式（9.12）在以下条件下的最小值：

$$\lambda=\theta(1-b) \tag{9.41}$$

证明 从式（9.39）我们可以得到固定点的条件：

$$x^*+\theta v=x^*+A^{\mathrm{T}}r^* \tag{9.42}$$

对于 $v\in\mathbb{R}^n$，如果 $x_i^*\neq 0$ 有 $v_i=\mathrm{sign}(x_i^*)$；否则 $v_i\in[-1,+1]$。换句话说，v 是ℓ_1范数在 x^*，$v\in\partial\|x^*\|_1$处的子梯度。从式（9.40）我们还能得到$(1-b)r^*=y-Ax^*$。代入上述等式，可得

$$\theta(1-b)v^*=A^{\mathrm{T}}(y-Ax^*)$$

这只是 LASSO 代价函数在 $\lambda=\theta(1-b)$时的稳态条件。

作为这一命题的结果，如果我们发现$\{\theta_t\}_{t\geqslant 0}$、$\{b_t\}_{t\geqslant 0}$收敛，估计量 x^t 也收敛，我们保证极限值是一个 LASSO 最优值。与消息传递最小和算法（见 9.5.2 节）的关系表明 b_t 有一个明确的规定：

$$b_t=\frac{1}{m}\|x^t\|_0 \tag{9.43}$$

式中，$\|u\|_0$ 表示向量 u 的伪 0 范数，如非零元素的个数。对于阈值序列$\{\theta_t\}_{t\geqslant 0}$的选择更灵活。我们回顾一下探讨标量的情形，当 $\alpha>0$ 且 τ_t 是非阈值估计量$(x^t+A^{\mathrm{T}}r^t)$的均方根误差时，看起来使用 $\theta_t=\alpha\tau_t$ 是一个很好的选择。可以看出，τ_t 也可以用（$\|r^t\|_2^2/m)^{1/2}$ 近似表示（高维情形中），我们得到

$$\theta_t=\alpha\hat{\tau}_t,\ \hat{\tau}_t^2=\frac{1}{m}\|r^t\|_2^2 \tag{9.44}$$

上面定义的$\hat{\tau}_t$可以用其他替代估计量来代替，例如，$\{|r_i^t|\}i\in[m]$ 的中值可用于定义替代估计量：

$$\hat{\tau}_t^2=\frac{1}{\Phi^{-1}(3/4)}|r^t|(m/2) \tag{9.45}$$

式中，$|u|(\ell)$是向量 u 的元素中第 l 个最大的幅值，$\Phi^{-1}(3/4)\approx 0.6745$ 表示高斯随机变量绝对值的中值。

通过命题 9.1，如果迭代收敛于（$\hat{x}$，$\hat{r}$），那么这就是 LASSO 代价函数的最小值，且正则化参数等于（如果阈值是按式（9.44）来选择的）

$$\lambda=\alpha\frac{\|\hat{r}\|_2}{\sqrt{m}}\left(1-\frac{\|\hat{x}\|_0}{m}\right) \tag{9.46}$$

尽管 α 和 λ 的关系不是很明确（需要找到最优的$\hat{x}$），实际中 α 和 λ 的作用是一样的：两者都起到了门把手的作用，用于调整我们所求解的稀疏水平。

我们得出了以下结论：AMP 算法式（9.39）、式（9.40）非常接近于一个著名的迭代软阈值算法，这个算法解决了相同的问题：

$$x^{t+1}=\eta(x^t+A^{\mathrm{T}}r^t;\ \theta_t) \tag{9.47}$$

$$r^t=y-Ax^t \tag{9.48}$$

这两个算法唯一的区别在于第二个公式（见式（9.40））中的 b_tr^{t-1}项，这可以看作是一个明确规定了大小的动量项（见式（9.43））。下面要展示的一个相似项在统计物理上被称为昂萨格项

(Onsager term)[64,76,60]。

9.5.2 AMP 算法的推导

本节中我们在式（9.39）和式（9.40）中做了一个启发式的推导。整个推导开始于从式（9.35）~式（9.38）给出的标准消息传递公式。我们的目的是开发一个能直观理解的 AMP 迭代及式（9.43）给出的方法。在整个论证过程中，m 是随着 n 线性缩放的。对于推导的合理解释不在本综述的范畴内：对于 AMP 算法的严谨的分析需要一个间接的非常技术性的数学证明[9]。

需要注意的是，$\sum_{j\in\partial a\setminus i}A_{aj}^2\gamma_{j\to a}^t$ 和 $\sum_{b\in\partial i\setminus a}A_{bi}^2\beta_{b\to i}^t$ 是每个 $1/n$ 阶（由于 $A_{ai}^2=O(1/n)$）$\Theta(n)$ 项的和。这些和中的项不是相互独立的，然而通过类比稀疏图的情况，我们希望这种依赖性较弱。因此，有理由认为大数定律适用，这些和可以被不依赖实例或行/列索引的数量所取代。

令 $r_{a\to i}^t=\alpha_{a\to i}^t/\beta_{a\to i}^t$，重写消息传递迭代，见式（9.35）~式（9.38），有

$$r_{a\to i}^t = y_a - \sum_{j\in[n]\setminus i}A_{aj}x_{j\to a}^t \tag{9.49}$$

$$x_{i\to a}^{t+1} = \eta\Big(\sum_{b\in[m]\setminus a}A_{bi}r_{b\to i}^t;\ \theta_t\Big) \tag{9.50}$$

式中，$\theta_t\approx\lambda/\sum_{b\in\partial i\setminus a}A_{bi}^2\beta_{b\to i}^t$ 是独立于 b 的。

上面两个公式的右边，消息是以 $\Theta(n)$ 项的和的形式出现的。例如，考虑一个固定节点 $a\in[m]$ 的消息 $\{r_{a\to i}^t\}_{i\in[n]}$，由于式（9.49）右边的和之外的项是变化的，这些消息仅依赖于 $i\in[n]$。因此我们很自然地猜想 $r_{a\to i}^t=r_a^t+O(n^{-1/2})$，$x_{i\to a}^t=x_i^t+O(m^{-1/2})$，其中 r_a^t 仅与 a 有关（与 i 无关），x_i^t 仅与 i 有关（与 a 无关）。

一个简单的近似是忽略 $O(n^{-1/2})$ 修正，但是这种近似是不准确的，即使是在大 n 极限条件下。我们转而设

$$r_{a\to i}^t=r_a^t+\delta r_{a\to i}^t,\quad x_{i\to a}^t=x_i^t+\delta x_{i\to a}^t$$

代入式（9.49）和式（9.50），得到

$$r_a^t+\delta r_{a\to i}^t = y_a-\sum_{j\in[n]}A_{aj}(x_j^t+\delta x_{j\to a}^t)+A_{ai}(x_i^t+\delta x_{i\to a}^t)$$

$$x_i^{t+1}+\delta x_{i\to a}^{t+1} = \eta\Big(\sum_{b\in[m]}A_{bi}(r_b^t+\delta r_{b\to i}^t)-A_{ai}(r_a^t+\delta r_{a\to i}^t);\ \theta_t\Big)$$

我们将丢掉那些可忽略的没有显式地写出误差项的项。首先形如 $A_{ai}\delta r_{a\to i}^t$ 的单个项的阶数为 $1/n$ 且可以被忽略。根据我们的拟设，实际上 $\delta r_{a\to i}=O(n^{-1/2})$，根据定义，$A_{ai}=O(n^{-1/2})$。我们可得

$$r_a^t+\delta r_{a\to i}^t = y_a-\sum_{j\in[n]}A_{aj}(x_j^t+\delta x_{j\to a}^t)+A_{ai}x_i^t$$

$$x_i^{t+1}+\delta x_{i\to a}^{t+1} = \eta\Big(\sum_{b\in[m]}A_{bi}(r_b^t+\delta r_{b\to i}^t)-A_{ai}r_a^t;\ \theta_t\Big)$$

接下来我们用 $\delta x_{i\to a}^t$ 和 $\delta r_{a\to i}^t$ 将第二个公式展开成线性次序：

$$r_a^t+\delta r_{a\to i}^t = y_a-\sum_{j\in[n]}A_{aj}(x_j^t+\delta x_{j\to a}^t)+A_{ai}x_i^t$$

$$x_i^{t+1}+\delta x_{i\to a}^{t+1} = \eta\Big(\sum_{b\in[m]}A_{bi}(r_b^t+\delta r_{b\to i}^t);\ \theta_t\Big)-\eta'\Big(\sum_{b\in[m]}A_{bi}(r_b^t+\delta r_{b\to i}^t);\ \theta_t\Big)A_{ai}r_a^t$$

读者可能会有疑惑：软阈值函数 $u \mapsto \eta(u; \theta)$ 在 $u \in \{+\theta, -\theta\}$ 上是不可微的。但是参考文献[9]通过一种不同的（更技术性的）方法经过严谨的分析表明，这里每一处都是可微的。

上面第一个公式的右边只有最后一项是依赖于 i 的，因此我们可以用 $\delta r_{a\to i}^t$ 来确定这一项。由此得到以下分解：

$$r_a^t = y_a - \sum_{j \in [n]} A_{aj}(x_j^t + \delta x_{j\to a}^t) \tag{9.51}$$

$$\delta r_{a\to i}^t = A_{ai} x_i^t \tag{9.52}$$

类似于第二个公式，我们得到

$$x_i^{t+1} = \eta\Big(\sum_{b \in [m]} A_{bi}(r_b^t + \delta r_{b\to i}^t);\ \theta_t\Big) \tag{9.53}$$

$$\delta x_{i\to a}^{t+1} = -\eta'\Big(\sum_{b \in [m]} A_{bi}(r_b^t + \delta r_{b\to i}^t);\ \theta_t\Big) A_{ai} r_a^t \tag{9.54}$$

代入式（9.52）到式（9.53）来去掉 $\delta r_{b\to i}^t$，有

$$x_i^{t+1} = \eta\Big(\sum_{b \in [m]} A_{bi} r_b^t + \sum_{b \in [m]} A_{bi}^2 x_i^t;\ \theta_t\Big) \tag{9.55}$$

对 A 归一化，我们得到 $\sum_{b \in [m]} A_{bi}^2 \to 1$，由此，

$$x^{t+1} = \eta(x^t + A^{\mathrm{T}} r^t;\ \theta_t) \tag{9.56}$$

类似地，代入式（9.54）到式（9.51），得到

$$z_a^t = y_a - \sum_{j \in [n]} A_{aj} x_j^t + \sum_{j \in [n]} A_{aj}^2 \eta'(x_j^{t-1} + (A^{\mathrm{T}} r^{t-1})_j;\ \theta_{t-1}) r_a^{t-1} \tag{9.57}$$

再次，利用大数定律及对 A 归一化，我们得到

$$\sum_{j \in [n]} A_{aj}^2 \eta'(x_j^{t-1} + (A^{\mathrm{T}} r^{t-1})_j;\ \theta_{t-1}) \approx \frac{1}{m} \sum_{j \in [n]} \eta'(x_j^{t-1} + (A^{\mathrm{T}} r^{t-1})_j;\ \theta_{t-1}) = \frac{1}{m} \| x^t \|_0 \tag{9.58}$$

由此代入式（9.57），我们得到带昂萨格项式（9.43）的式（9.40）。

9.6 高维分析

AMP 算法有几个独特的性质，它允许对不同大小的序列有近似精确的分析。这是非常值得注意的，因为对于解决 LASSO 问题的其他算法的所有分析都只适用于“待定常量”。特别是在大系统的限制条件下（相变线除外），AMP 以指数收敛的速度收敛到 LASSO 最优。因此，对 AMP 算法的分析是对解决 LASSO 问题的近似精确的预测，其中包含每个变量的近似方均误差。

9.6.1 AMP 算法的一些数值实验

AMP 算法是如何进行近似精确的分析的？图 9.6 描述了其中的重点，它显示了没有经过阈值处理的坐标为 i 的估计值 $(x^t + A^{\mathrm{T}} r^t)_i$ 的分布，原始信号的值为 $x_i = +1$。图 9.6a 的估计值是由选择式（9.43）中 b_t 的 AMP 算法式（9.39）、式（9.40）而获得的，图 9.6b 估计值是由迭代软阈值算法式（9.47）、式（9.48）而获得的。两种情形中使用了相同的实例（如相同的矩阵 A 以及测量向量 y），但是导致的分布却截然不同。在 AMP 中，其分布接近于高斯分布，且均值有一个准确的值，即 $x_i = +1$，而对于迭代软阈值方法，其估计值没有准确的均值，也不是高斯分布。

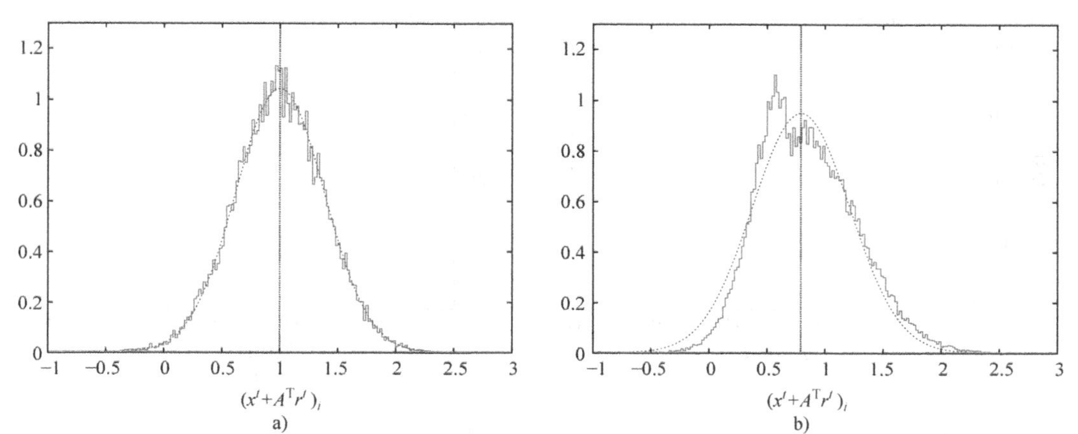

图 9.6　10 次迭代后 AMP（a）以及 IST（b）的未经过阈值处理的估计值的分布。这些数据是用感知矩阵（$m=2000$，$n=4000$，矩阵元素满足独立同分布且均匀分布在 $\{+1/\sqrt{m},\ -1/\sqrt{m}\}$）得到的。信号 x 包含 500 个均匀分布在 $\{+1,\ -1\}$ 的非零元素。直方图由 40 个实例构造而成。点线是高斯拟合，垂直线表示拟合的均值

作为实验观测而出现的这种现象，对于特定的迭代次数 t，以及特定的维度 m、n 是有效的。在下一节中我们将解释对于所有的迭代次数 t，在一个大的维度极限下，这种现象可以被严格证明出来。也就是说，当 x^t 和 r^t 是用 AMP 方法计算时，在给定的迭代次数 t 下，m，$n\to\infty$ 时，$\{(x^t+A^Tr^t)_i-x_i\}_{i\in[n]}$ 的经验分布收敛于高斯分布。这个分布的方差与 t 相关，且其随着 t 的变化关系可以精确地计算出来。反之亦然，对于迭代软阈值，相同数量的分布仍然是非高斯的。

即使当 AMP 和 IST 收敛于同一个最小值时，这种巨大的差异对于任意的 t 仍然存在。事实上由于加入了昂萨格项，即使在给定的点，这两个算法中的残差 r^t 也是不同的。

更为重要的是，这两个算法收敛的速率截然不同。我们可以将向量 $(x^t+A^Tr^t)-x$ 看作是经过 t 次迭代后的有效噪声。AMP 和 IST 算法都利用软阈值操作算子来对向量（$x^t+A^Tr^t$）进行去噪。正如 9.3 节所讨论的，软阈值操作对于去除高斯噪声基本上是最优的。这就提示了我们，在更快地收敛到 LASSO 最小上，与简单的 IST 相比，AMP 应该具有更好的效果。

图 9.7 展示了这一猜想的一个小实验的结果。我们随机生成了一个大小为 $m=1600$、$n=8000$ 的测量矩阵 A，A 的元素 $A_{ai}\in\{+1/\sqrt{m},\ -1/\sqrt{m}\}$ 是均匀随机的，且服从独立分布。现在我们考虑这样一个问题：对于不同程度稀疏的无噪测量 $y=Ax$，如何从中重建出信号 x，使得 x 的元素满足 $x_i\in\{+1,0,-1\}$。对于 AMP 算法，阈值是根据式（9.44）来设置的，且 $\alpha=1.41$（参考文献［26］中相似的理论推出 $\alpha\approx1.40814$）；对于 IST 算法，$\alpha=1.8$（根据经验来优化）。为了使 $\|A\|_2=0.95$，后一个算法对矩阵 A 还重新调整了比例。

收敛到原始信号 x 的速度越来越慢，因为这变得越来越稀疏[⊖]。总的来说，AMP 即使在最稀疏的向量（图中最低的曲线）上也至少快 10 倍。

⊖ 事实上，如果 $\|x\|_0/m\geq0.243574$，则基追踪（即通过 ℓ_1 最小化重建）失败的概率很高，见参考文献［29］和 9.6.6 节。——原书注

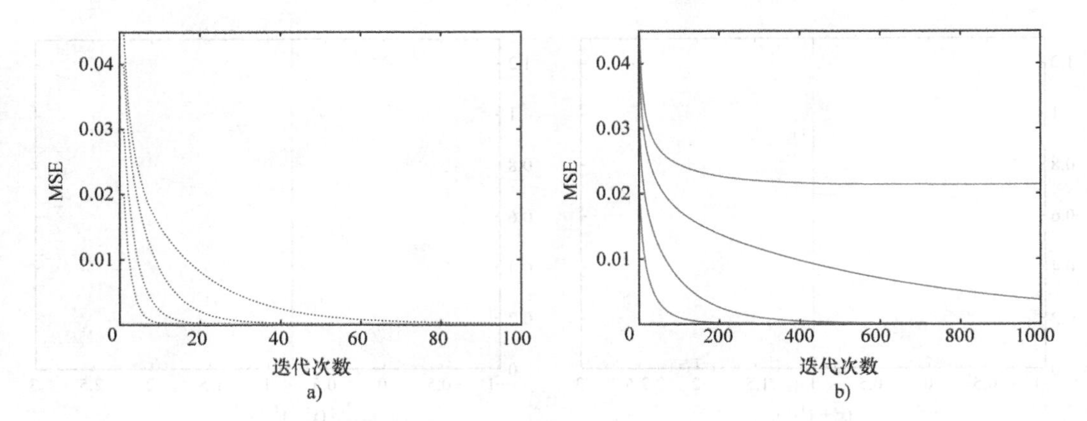

图9.7　对于元素 $A_{ai} \in \{+1/\sqrt{m}, -1/\sqrt{m}\}$ 随机均匀且满足独立分布的矩阵 A。a）AMP 算法不同迭代次数下方均误差的变化过程。b）AMP 算法不同迭代软阈值下方均误差的变化过程。注意：横坐标轴上所使用的刻度是不同的！这里 $n=8000$、$m=1600$。不同的曲线其稀疏度不同。对于不同的曲线，信号 x 的非零元素的个数从下到上依次为 $\|x\|_0=160$，240，320，360

9.6.2　状态演变

状态演变描述了当 m，$n\to\infty$ 时，AMP 估计的逼近极限。其中演变是指随着 t 的变化而发生的变化。状态是指通过单个参数（状态）$\tau_t \in \mathbb{R}$ 在这个极限中获得的算法行为。

我们考虑大小递增的序列实例，沿着序列 AMP 算法行为允许一个复杂的极限条件，这个实例完全由测量矩阵 A、信号 x、噪声向量 w、测量向量 y 来决定，且满足 $y=Ax+w$（见式(9.1)）。然而只有在下面情况下才能证明出严谨的结果：感知矩阵 A 中有服从高斯独立分布的元素，为了保持状态演变，序列需要满足以下几个基本条件：

定义 9.1　以 n 为索引的序列 $\{x(n), w(n), A(n)\}_{n\in\mathbb{N}}$，如果 $x(n)\in\mathbb{R}^n$，$\omega(n)\in\mathbb{R}^m$，$A(n)\in\mathbb{R}^{m\times n}$，当 $m=m(n)$，$m/n\to\delta\in(0,\infty)$ 且满足下面条件时，我们就称这个序列为收敛序列：

(a) $x(n)$ 元素的经验分布以有界的二阶矩弱收敛于 $\mathbb{R}$ 上的一个概率测量 p_0。进一步有 $n^{-1}\sum_{i=1}^{n} x_i(n)^2 \to \mathbb{E}_{p0}\{X_0^2\}$。

(b) $w(n)$ 元素的经验分布以有界的二阶矩弱收敛于 $\mathbb{R}$ 上的一个概率测量 pw。进一步有 $m^{-1}\sum_{i=1}^{m} w_i(n)^2 \to \mathbb{E}_{pw}\{W^2\} \equiv \sigma^2$。

(c) 如果 $\{e_i\}_{1\leqslant i\leqslant n}$，$e_i\in\mathbb{R}^n$ 表示典范基，则 $\lim_{n\to\infty}\max_{i\in[n]}\|A(n)e_i\|_2=1$，$\lim_{n\to\infty}\min_{i\in[n]}\|A(n)e_i\|_2=1$。

如上所述，仅对于收敛序列的子类，即在假定矩阵 $A(n)$ 有高斯独立同分布的元素时，我们才能证明出一个严谨的结果。注意，这样的矩阵是通过在卡方随机变量上加上基本的尾界来满足条件（c）的。通过集中不等式，对于元素满足子高斯独立分布的矩阵，也同样满足条件[53]。

另一方面，数值仿真实验也表明，相同的极限方式应当应用于更广的领域，比如在适当阶条件下元素满足独立同分布的矩阵。这种普遍性现象在随机矩阵理论中是众所周知的，初步建立了高斯矩阵的相近结果，随后被证明为更广泛的类矩阵。参考文献［46］提出了这一方面的严谨的证据。本章展示了归一化代价$\min_{x\in\mathbb{R}^n}\mathcal{C}_{A(n),y(n)}(x)/n$对于$n\to\infty$有一个极限值，且对于元素满足独立同分布的随机矩阵$A$是普遍适用的。（准确来说，对于某些$n$独立的常数$C$，当$\mathbb{E}\{A_{ij}\}=0$，$\mathbb{E}\{A_{ii}^2\}=1/m$以及$\mathbb{E}\{A_{ij}^6\}\leqslant C/m^3$时是普遍适用的。）

对于一个收敛的实例序列$\{x(n),w(n),A(n)\}_{n\in\mathbb{N}}$以及任意的阈值序列$\{\theta_t\}_{t\geqslant 0}$（与$n$相互独立），AMP 迭代式（9.39）、式（9.40）允许一个可准确特征化的高维极限，假定式（9.43）被用于修正昂萨格项。这个极限是以简单的一维迭代的轨迹命名的，称为状态演变，接下来我们将描述它。

定义序列$\{\tau_t^2\}_{t\geqslant 0}$，令$\tau_0^2=\sigma^2+\mathbb{E}\{X_0^2\}/\delta$（对于$X_0\sim p_0$和$\sigma^2\equiv\mathbb{E}\{W^2\}$，$W\sim pw$），对所有的$t\geqslant 0$，设

$$\tau_{t+1}^2=\mathsf{F}(\tau_0^2,\theta_t) \tag{9.59}$$

$$\mathsf{F}(\tau^2,\theta)\equiv\sigma^2+\frac{1}{\delta}\mathbb{E}\{[\eta(X_0+\tau Z;\theta)-X_0]^2\} \tag{9.60}$$

式中，$Z\sim\mathsf{N}(0,1)$，独立于$X_0\sim p_0$。注意，函数F是隐含在p_0中的。状态演变$\{\tau_t^2\}_{t\geqslant 0}$通过$p_0$和噪声的二阶矩$\mathbb{E}_{pw}\{W^2\}$，取决于特定的收敛序列，参见定义 9.1。

如果存在一个常数$L>0$，使得对于所有的$x,y\in\mathbb{R}^k$，满足$|\psi(x)-\psi(y)|\leqslant L(1+\|x\|_2+\|y\|_2)\|x-y\|_2$，我们说函数伪 Lipschitz。这是参考文献［9］中使用的定义的特殊情况，这种函数称为 2 阶伪 Lipschitz。

在参考文献［26］中推测了下面的定理，并在参考文献［9］中证明了这一定理。它表明，通过上述状态演变递归可以跟踪 AMP 的行为。

定理 9.1（参考文献［9］）　设$\{x(n),w(n),A(n)\}_{n\in\mathbb{N}}$是一个收敛的实例序列，$A(n)$的元素服从独立同分布，且均值为 0，方差为 1/m，而信号$x(n)$和噪声向量$w(n)$满足定义 9.1 的假设。设$\psi_1:\mathbb{R}\to\mathbb{R}$，$\psi_2:\mathbb{R}\times\mathbb{R}\to\mathbb{R}$为伪 Lipschitz 函数。最后，设$\{x^t\}_{t\geqslant 0}$、$\{r^t\}_{t\geqslant 0}$是由 AMP 估计的残差序列，参见式（9.39）、式（9.40）。我们有

$$\lim_{n\to\infty}\frac{1}{m}\sum_{a=1}^{m}\psi_1(r_a^t)=\mathbb{E}\{\psi_1(\tau_t Z)\} \tag{9.61}$$

$$\lim_{n\to\infty}\frac{1}{n}\sum_{i=1}^{n}\psi_2(x_i^{t+1},x_i)=\mathbb{E}\{\psi_2(\eta(X_0+\tau_t Z;\theta_t),X_0)\} \tag{9.62}$$

式中，$Z\sim\mathsf{N}(0,1)$独立于$X_0\sim p_0$。

以下是几个备注：

备注 9.1　定理 9.1 对于任意选择的阈值$\{\theta_t\}_{t\geqslant 0}$都成立。序列不需要如后者收敛这样的条件。事实上，参考文献［9］证明了更广泛的近似消息传递算法的更一般的结果。这一更一般的定理在广泛的条件下确定了状态演变的有效性。

例如，假定式（9.40）中的系数b_t可以适当地修改，软阈值函数$\eta(\cdot;\theta_t)$可以由一个通用的 Lipschitz 连续函数序列来代替。

备注 9.2　这个定理不要求向量$x(n)$是稀疏的。除了算法中的软阈值函数$\eta(\cdot;\theta_t)$，其他函数也可以用于估计这样的非稀疏向量。当可以提供$x(n)$的元素的额外信息时，也可以使用可

选择的非线性函数。

备注9.3 虽然定理要求矩阵$A(n)$是随机的，不论是信号$x(n)$和噪声向量$w(n)$都必须是随机的。它们是定义9.1条件下一般确定性的向量序列。

这种普遍性的根本原因是矩阵A是行和列可交换的。行可互换保证了与信号$x(n)$相关的普遍性，而列可互换保证了与噪声$w(n)$相关的普遍性。经过行互换，$x(n)$可以由通过随机变换其元素而获得的随机向量来代替。这样的随机向量的分布非常接近于一个元素服从独立同分布的随机向量，这些元素的分布与$x(n)$的经验分布相匹配。

定理9.1既可以使用软阈值，又可以选择式（9.44）和式（9.45）中的阈值水平。事实上，式（9.61）表明，r^t的组成成分近似服从$\mathsf{N}(0,\tau_t^2)$，因此式（9.44）和式（9.45）中$\hat{\tau}_t$的定义为τ_t提供了一致估计。式（9.61）暗含了（$x^t+A^{\mathrm{T}}r^t-x$）的导数的成分也大致服从$\mathsf{N}(0,\tau_t^2)$。换句话说，估计（$x^t+A^{\mathrm{T}}r^t$）等于实际信号加噪声的方差τ_t^2，如图9.6所示。根据我们在9.3节讨论的标量估计，降低噪声的正确方法是应用软阈值和阈值水平$\alpha\tau_t$。

固定α来选择$\theta_t=\alpha\tau_t$的另一个重要优势是，在这种情况下，序列$\{\tau_t\}_t\geqslant 0$是由一维递归确定的：

$$\tau_{t+1}^2=\mathsf{F}(\tau_t^2,\alpha\tau_t) \tag{9.63}$$

函数$\tau^2\mapsto\mathsf{F}(\tau^2,\alpha\tau)$取决于$X_0$的分布以及这个问题的一些其他参数。图9.8中绘制了一个示例。结果表明，这里所示的行为是通用的：函数总是不递减的和凹的。根据这个备注，我们可以很容易证明下面的命题。

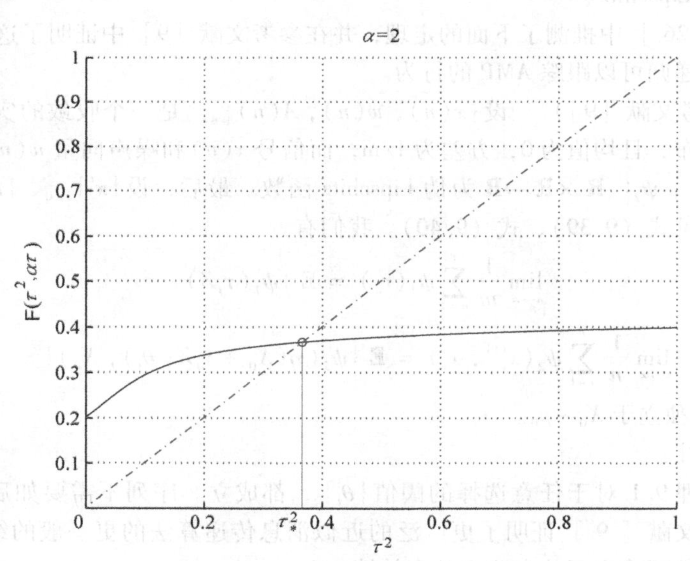

图9.8 当$\alpha=2$，$\delta=0.64$，$\sigma^2=0.2$，$p_0(\{+1\})=p_0(\{-1\})=0.064$，以及$p_0(\{0\})=0.872$时，$\tau^2\mapsto\mathsf{F}(\tau^2,\alpha\tau)$的映射

命题9.2 令$\alpha_{\min}=\alpha_{\min}(\delta)$是下面方程唯一的非负解：

$$(1+\alpha^2)\Phi(-\alpha)-\alpha\phi(\alpha)=\frac{\delta}{2} \tag{9.64}$$

式中，$\phi(z)\equiv e^{-z^2/2}/\sqrt{2\pi}$是标准高斯密度，$\Phi(z)\equiv\int_{-\infty}^{z}\phi(x)\mathrm{d}x$。

对于任意 $\sigma^2>0$，$\alpha>\alpha_{\min}(\delta)$，固定点方程 $\tau^2=\mathsf{F}(\tau^2,\alpha\tau)$有唯一解，记为 $\tau_*=\tau_*(\alpha)$，我们有$\lim_{t\to\infty}\tau_t=\tau_*(\alpha)$。

可以看出来，在选择 $\theta_t=\alpha\tau_t$ 下，除非这个问题的参数采用一些“特殊”的值，否则收敛速度可以达到指数级（即下面讨论的相变边界）。

9.6.3 LASSO 的风险

状态演变提供了一个高维环境中 AMP 动态的比例极限。通过展示 AMP 收敛于 LASSO 估计，我们可以将信息传输到 LASSO 估计本身的比例极限结果中。

在介绍这个极限前，我们必须描述 AMP 参数 α（用于定义阈值序列$\{\theta_t\}_{t\geq 0}$）和 LASSO 正则化参数 λ 之间的校准映射关系。这个关系最初是由参考文献［28］提出的。

我们定义函数 $\alpha\mapsto\lambda(\alpha)$在$(\alpha_{\min}(\delta),\infty)$为

$$\lambda(\alpha)\equiv\alpha\tau_*\left[1-\frac{1}{\delta}\mathbb{P}\{|X_0+\tau_*Z|\geq\alpha\tau_*\}\right] \tag{9.65}$$

式中，$\tau_*=\tau_*(\alpha)$是命题9.2 中定义的固定点的状态演变。注意，这个关系与式（9.41）一般关系的比例极限相对应。我们假设 LASSO 优化问题式（9.12）的解实际上可以由状态演变的解（等价于 $t\to\infty$ 时的极限）所描述。注意以下关系：$\theta_t\to\alpha\tau_*$，$\|x\|_0/n\to\mathbb{E}\{\eta'(X_0+\tau_*Z;\alpha\tau_*)\}$。虽然这只是定义式（9.65）的一个解释，但随后的结果表明这个解释是正确的。

接下来我们将需要插入函数 $\alpha\mapsto\lambda(\alpha)$，因此我们定义 $\alpha:(0,\infty)\to(\alpha_{\min},\infty)$为

$$\alpha(\lambda)\in\{a\in(\alpha_{\min},\infty):\lambda(a)=\lambda\}$$

事实上右边是非空的，因此函数 $\lambda\mapsto\alpha(\lambda)$是定义良好的，这是本节的一部分主要结果。

定理 9.2　设$\{x(n),w(n),A(n)\}_{n\in\mathbb{N}}$是一个实例收敛序列，且 $A(n)$的元素服从均值为 0、方差为 $1/m$ 的正态分布，记$\hat{x}(\lambda)$为实例$(x(n),w(n),A(n))$的 LASSO 估计值，σ^2，$\lambda>0$，设 ψ：$\mathbb{R}\times\mathbb{R}\to\mathbb{R}$ 是一个伪 Lipschitz 函数，则有

$$\lim_{n\to\infty}\frac{1}{n}\sum_{i=1}^{n}\psi(\hat{x},x_i)=\mathbb{E}\{\psi(\eta(X_0+\tau_*Z;\theta_*),X_0)\} \tag{9.66}$$

式中，$Z\sim\mathsf{N}(0,1)$独立于 $X_0\sim p_0$，$\tau_*=\tau_*(\alpha(\lambda))$，且 $\theta_*=\alpha(\lambda)\tau_*(\alpha(\lambda))$。进一步，我们可以得到函数 $\lambda\mapsto\alpha(\lambda)$是良好定义的，且在（0，∞）有唯一解。

序列收敛问题的假设对于结果的成立非常重要，而高斯测量矩阵 $A(n)$的假设对于证明来说也是非常适用的。另一方面，我们限制 λ，$\sigma^2>0$ 及$\mathbb{P}\{X_0\neq 0\}>0$（由此 $\tau_*\neq 0$ 时使用式（9.65）），这是为了避免由于退化情形而造成的技术并发结果，退化情况下可以用连续性参数来求解。

这里我们强调一下状态演变过程中一些备注（参见定理9.1）同样适用于最后一条定理，更准确地：

备注 9.4　定理9.2 没有要求信号 $x(n)$或噪声向量 $w(n)$是随机的。它们是在定义 9.1 条件

下一般的确定性向量序列。

特别地，向量 $x(n)$ 也不必是稀疏的。缺少稀疏会造成通过式（9.66）计算方均误差的风险增大。

另一方面，当限制 $x(n)$ 为 k 稀疏（$k=n\varepsilon$）时（如在类$\mathcal{F}_{n,k}$中），我们可以得到这个类上极大极小风险的近似精确估计值。这将在 9.6.6 节中进一步讨论。

备注 9.5 作为一个特例，对于 $\sigma=0$ 的无噪测量来说，当 $\lambda\to 0$ 时，上述公式描述的是用基追踪估计时，最小化 $\|x\|$ 使得 $y=Ax$ 的近似的风险（如方均误差）。对于稀疏信号 $x(n)\in\mathcal{F}_{n,k}$，$k=np\delta$，在一定的相变线 $\rho<\rho_c(\delta)$ 下风险消失了：这一点将在 9.6.6 节中进一步讨论。

现在让我们讨论一下这个结果的局限性。定理 9.2 假设矩阵 A 的元素服从高斯独立同分布。另外，这个结果是近似的，因此我们可能想知道它对于适当维度的准确性是多少。

参考文献［28，4］中进行了数值仿真，在更广泛的类中这个结果是普适的，并且对于秩 n 为几百时这个结果是相关的。作为一个例子，图 9.9 和图 9.10 展示了两种不同随机矩阵的仿真结果。参考文献［4］还提供了真实数据的仿真结果。我们随机生成了信号向量，其元素在 $\{+1,0,-1\}$ 之间，且满足 $\mathbb{P}(x_{0,i}=+1)=\mathbb{P}(x_{0,i}=-1)=0.064$。噪声向量 w 是利用独立同分布 $\mathsf{N}(0,0.2)$ 的元素生成的。

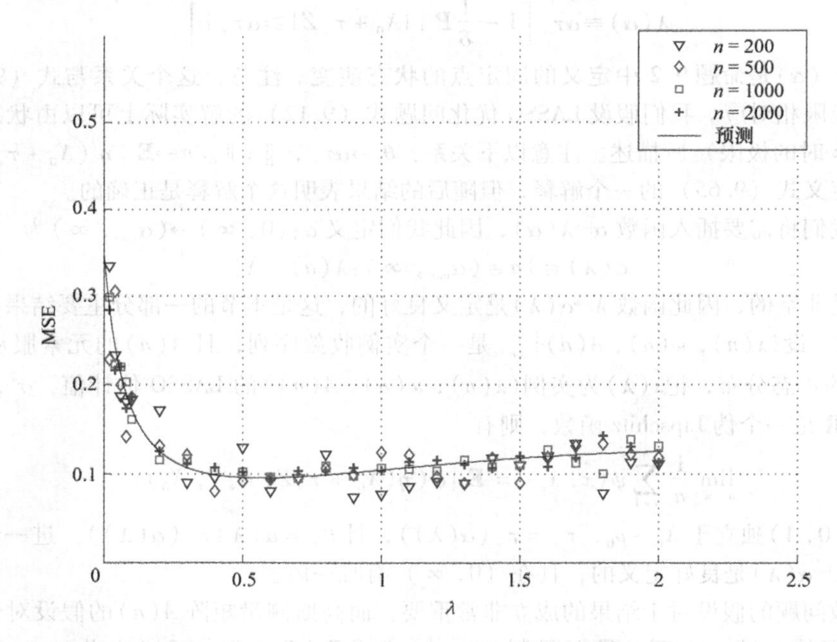

图 9.9 MSE 作为正则化参数 λ 的函数与 $\delta=0.64$ 和 $\delta^2=0.2$ 的近似估计的对比。这里测量矩阵 A 的元素服从独立同分布 $\mathsf{N}(0.1/m)$。曲线中的每个点是对独立信号向量 x、独立噪声向量 w、独立矩阵 A，用一个测量向量 $y=Ax+w$ 找到 LASSO 的估计值来生成的

我们求解了 LASSO 问题式（9.12）且用 CVX 计算了估计值 $\hat{x}$，CVX 是一个专门用于求解凸问题的包[34]，OWLQN 是一个求解高维版本的 LASSO 的包[1]。我们使用的 λ 的值在 0~2 之间，

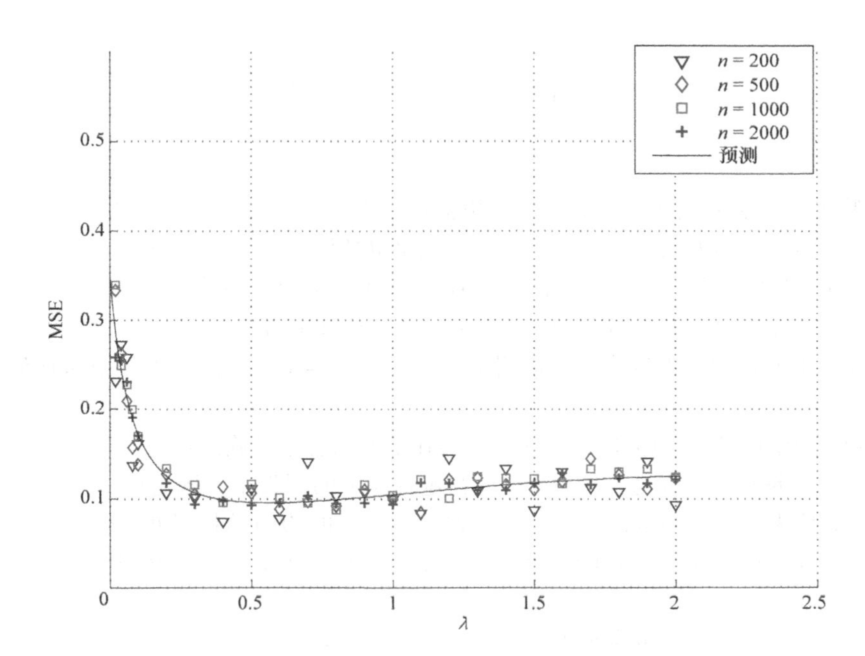

图 9.10　如图 9.9 一样，但是测量矩阵 A 的元素服从独立同分布，且以相同的概率等于 $\pm 1\sqrt{m}$

且 n 等于 200、500、1000、2000。在所有情况下，矩阵的长宽比固定为 $\delta = 0.64$。在每一种情况下，绘制了点（λ，MSE），其结果如图 9.10 所示。连续点对应于 $\psi(a, b) = (a-b)^2$ 的定理 9.2 的近似估计值，即

$$\lim_{n\to\infty}\frac{1}{n}\|\hat{x}-x\|_2^2 = \mathbb{E}\{[\eta(X_0+\tau_* Z;\theta_*)-X_0]^2\} = \delta(\tau_*^2-\sigma^2)$$

这种一致性对于秩为几百的 n、m 是非常好的，其偏差与统计学扰动一致。

图 9.9 和图 9.10 对应不同的元素分布：①随机高斯矩阵，长宽比为 δ，且元素服从独立同分布 $\mathsf{N}(0, 1/m)$（如定理 9.2）；②长宽比为 δ 的 ± 1 随机矩阵。矩阵每个元素是相互独立的，且以相同概率等于 $+1/\sqrt{m}$或 $-1/\sqrt{m}$，其导致的 MSE 曲线是很难辨认的。对于普适性的更进一步的证据将在 9.6.7 节中讨论。

注意，近似估计有一个以 λ 为函数的最小值。这个最小值的位置可用于选择正则化参数。

9.6.4　去耦原理

与定理 9.2 中确定的 LASSO 比例极限一样，定理 9.1 的状态演变结果中有一个暗示的解释：向量模型 $y = Ax + w$ 的估计问题近似减少到一个 n 非耦合的标量估计问题$\widetilde{y}_i = x_i + \widetilde{w}_i$，但是噪声方差却从 σ^2 增加到 τ_t^2（或者是 LASSO 情形下的 τ_*^2），由于原始坐标之间的“干扰”：

$$y = Ax + w \quad \Leftrightarrow \quad \begin{cases} \widetilde{y}_1 = x_1 + \widetilde{w}_1 \\ \widetilde{y}_2 = x_2 + \widetilde{w}_2 \\ \vdots \\ \widetilde{y}_n = x_n + \widetilde{w}_n \end{cases} \tag{9.67}$$

在统计物理学和概率论中有名的一个相似的现象，有时我们叫“相关衰减”[81,36,58]。在CDMA系统分析通过复制方法的环境下，相同的现象也被称为“去耦原理”[75,38]。

注意，AMP算法给了这个去耦原理一个精确的实现。由于对于每一个$i \in [n]$，每一个迭代次数t都产生了一个估计，我们称为$(x^t + A^{\mathrm{T}} r^t)_i$，这个估计值可以看作上述观测$\widetilde{y}_i$的实现。事实上，定理9.1（下面定理中也讨论了）声明了$(x^t + A^{\mathrm{T}} r^t)_i = x_i + \widetilde{w}_i$，$\widetilde{w}_i$近似服从均值为0、方差为$\tau_t^2$的高斯分布。

不同坐标的观测值是近似去耦的，这一事实在下面内容中精确阐述了。

推论 9.1（去耦原理，参考文献[9]） 在定理9.1的假设下，固定$\ell \geqslant 2$，设$\psi: \mathbb{R}^{2\ell} \to \mathbb{R}$是Lipschitz函数，$\mathsf{E}$表示与不同坐标$J(1), \cdots, J(\ell) \in [n]$的均匀随机子集相关的期望。进一步，对于一些固定的$t > 0$，设$\widetilde{y}^t = x^t + A^{\mathrm{T}} r^t \in \mathbb{R}^n$，那么对于$X_{0,i} \sim p_0$，$Z_i \sim \mathsf{N}(0, 1)$，$i = 1, \cdots, \ell$相互独立，有

$$\begin{aligned} &\lim_{n \to \infty} \mathsf{E}\psi(\widetilde{y}^t_{J(1)}, \cdots, \widetilde{y}^t_{J(\ell)}, x_{J(1)}, \cdots, x_{J(\ell)}) \\ &= \mathbb{E}\{\psi(X_{0,1} + \tau_t Z_1, \cdots, X_{0,\ell} + \tau_t Z_\ell, X_{0,1}, \cdots, X_{0,\ell})\} \end{aligned}$$

9.6.5 状态演变的启发式推导

递归状态演变有一个简单的启发式描述，这一描述在这里是有用的，因为它澄清了定理中涉及的难点。特别地，这个描述将式（9.40）中出现的“昂萨格项”所发挥的作用提出来了[26]。

再考虑下递归式（9.39）、式（9.40），但引入下面3个修正：①在每次迭代t中，用一个新的独立复制$A(t)$代替随机矩阵A；②相应地，用$y^t = A(t)x + w$代替观测向量y；③忽略r^t，更新公式中的最后一项。我们由此可以得到下面的动态项：

$$x^{t+1} = \eta(A(t)^{\mathrm{T}} r^t + x^t; \theta_t) \tag{9.68}$$

$$r^t = y^t - A(t)x^t \tag{9.69}$$

式中，$A(0), A(1), A(2), \cdots$是大小为$m \times n$，元素服从$A_{ij}(t) \sim \mathsf{N}(0, 1/m)$的独立同分布矩阵（注意，与本章剩余内容不同，我们这里用A来标示迭代次数，而不是矩阵维数）。通过消除r^t，这个递归可以方便地写为

$$\begin{aligned} x^{t+1} &= \eta(A(t)^{\mathrm{T}} y^t + (I - A(t)^{\mathrm{T}} A(t))x^t; \theta_t) \\ &= \eta(x + A(t)^{\mathrm{T}} w + B(t)(x^t - x); \theta_t) \end{aligned} \tag{9.70}$$

式中，我们定义$B(t) = I - A(t)^{\mathrm{T}} A(t) \in \mathbb{R}^{n \times n}$。我们强调这个递归不对应于任何具体的算法，因为矩阵A随着迭代次数的变化而变化。

利用中心极限定理，很容易表明$B(t)$的元素是近似正态分布的，其均值为0，方差为$1/m$。另外，不同的元素是两两独立的。因此，如果我们设$\widetilde{\tau}_t^2 = \lim_{n \to \infty} \| x^t - x \|_2^2 / n$，则$B(t)(x^t - x)$收

敛于一个元素服从于均值为 0、方差为 $n\widetilde{\tau}_t^2/m=\widetilde{\tau}_t^2/\delta$ 的向量。这是正确的，因为 $A(t)$ 独立于 $\{A(s)\}_{1\leqslant s\leqslant t-1}$，尤其是 (x^t-x)。

在 w 上的条件，$A(t)^{\mathrm{T}}w$ 是一个元素服从均值为 0、方差为 $(1/m)\|w\|_2^2$ 的正态分布的向量，且按假设收敛于 σ^2。一个相对长的练习表明这些元素近似独立于 $B(t)(x^t-x_0)$。总结来说，式（9.70）中参数 η 的向量的每个元素收敛于 $X_0+\tau_t Z$，$Z\sim\mathsf{N}(0,1)$ 独立于 X_0，且

$$\tau_t^2=\sigma^2+\frac{1}{\delta}\widetilde{\tau}_t^2 \tag{9.71}$$

$$\widetilde{\tau}_t^2=\lim_{n\to\infty}\frac{1}{n}\|x^t-x\|_2^2$$

另一方面，根据式（9.70），$x^{t+1}-x$ 的每个元素收敛于 $\eta(X_0+\tau_t Z;\ \theta_t)-X_0$，因此有

$$\widetilde{\tau}_{t+1}^2=\lim_{n\to\infty}\frac{1}{n}\|x^{t+1}-x\|_2^2=\mathbb{E}\{[\eta(X_0+\tau_t Z;\theta_t)-X_0]^2\} \tag{9.72}$$

将式（9.71）和式（9.72）结合起来，我们最终可以得到状态演变递归式（9.59）。

我们得出这样的结论：在每次迭代中，如果矩阵 A 都独立于同一高斯分布，那么状态演变成立。出于兴趣考虑，A 在迭代中没有改变，由于 x^t 和 A 相互依赖，因此上述论点分崩离析了。即使在大的系统限制 $n\to\infty$ 下，这种依赖性也是不可忽略的。这一点可以通过考虑式（9.47）、式（9.48）给出的 IST 算法来阐明。迭代软阈值的数值研究表明[57,26]，其行为与 AMP 算法显著不同，尤其是状态演变不适用于 IST 时，即使是在大的系统限制下。

这并不奇怪，A 和 x^t 之间的关联性根本不容忽视。另一方面，昂萨格项的加入导致了这些关联的近似取消。因此，状态演变适用于 AMP 迭代。

9.6.6　噪声敏感度相变

截至目前开发的公式允许我们将 9.3 节进行的标量情形最大最小化分析扩展到向量估计问题[28]。当信号的经验分布收敛于 p_0 时，我们定义每个坐标的 LASSO 方均误差为

$$\mathsf{MSE}(\sigma^2;\ p_0,\ \lambda)=\lim_{n\to\infty}\frac{1}{n}\mathbb{E}\{\|\hat{x}(\lambda)-x\|_2^2\} \tag{9.73}$$

式中，极限是沿着收敛序列的极限。对于任意特定的分布 p_0，用定理 9.2 可以计算出极限值。

我们再考虑一下稀疏类 $\mathcal{F}_E$，$\varepsilon=\rho\delta$。因此 $\rho=\|x\|_0/m$ 测量了每次测量的非零坐标的数量。考虑这个类上最坏情形下的 MSE，然后通过正则化参数 λ 进行最小化，我们得到了一个取决于 ρ、δ 和噪声水平 σ^2 的结果。因为类 $\mathcal{F}_{\rho\delta}$ 的大小不变，σ^2 上的依赖性关系必须是线性的，由此对于某些函数 $(\delta,\rho)\mapsto M^*(\delta,\rho)$，我们得到

$$\inf_{\lambda}\sup_{p_0\in\mathcal{F}_{\rho\delta}}\mathsf{MSE}(\sigma^2;\ p_0,\ \lambda)=M^*(\delta,\rho)\sigma^2 \tag{9.74}$$

我们将这个称为 LASSO 最大最小化风险，它可以被解释为测量中 LASSO 估计对噪声的敏感度（在方均误差方面）。

很明显，由定理 9.2 提供的 $\mathsf{MSE}(\sigma^2;\ p_0,\ \lambda)$ 预估值可以被用于表示 LASSO 最大最小化风险，值得注意的是，由此产生的公式是非常简单的。

定理 9.3[28]　假定定理 9.2 的假设成立，$M^{\#}(\varepsilon)$ 表示类 $\mathcal{F}_\varepsilon$ 上的软阈值最大最小化风险（见

式（9.20）、式（9.22））。另外，设$\rho_c(\delta)$为$\rho = M^{\#}(\rho\delta)$的唯一解。对于任意$\rho < \rho_c(\delta)$，LASSO是有界的，且为

$$M^*(\delta, \rho) = \frac{M^{\#}(\rho\delta)}{1 - M^{\#}(\rho\delta)/\delta} \tag{9.75}$$

反之亦然，对于任意$\rho \geqslant \rho_c(\delta)$，我们有$M^*(\delta, \rho) = \infty$。

图9.11表明了噪声敏感度界限$\rho_c(\delta)$的位置，也表明了$\rho < \rho_c(\delta)$时$M^*(\delta, \rho)$的等位线。在$\rho_c(\delta)$上LASSO的MSE在测量噪声σ^2方面不是一致有界的。其他的估计（如软阈值的一步）可以在这一方面提供更好的稳定性保障。

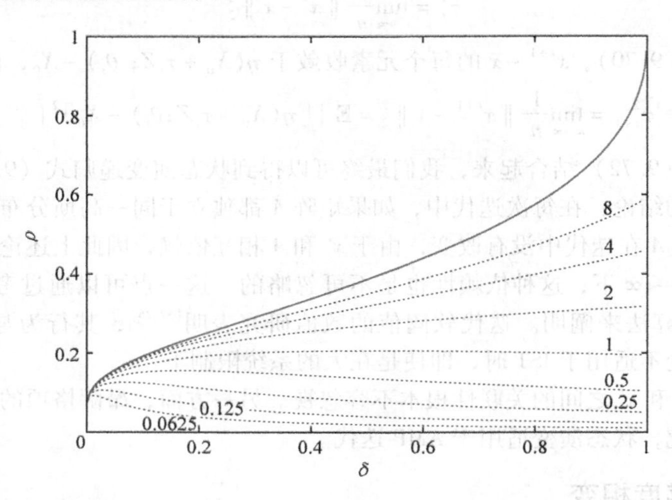

图9.11　平面（δ, ρ）中的噪声敏感度相变（这里$\delta = m/n$是降采率，$\rho = \|x\|_0/m$是每次测量的非零系数的个数）。实线：相变界限$\rho = \rho_c(\delta)$；点线：LASSO最大最小$M^*(\delta, \rho)$的等位线。注意，当$\rho \uparrow \rho_c(\delta)$时，$M^*(\delta, \rho) \uparrow \infty$

一个显著的事实是，相位的界限$\rho = \rho_c(\delta)$与Donoho[29]早期基于由Affentranger - Schneider[2]提出的随机多面体结果等价推导的$\ell_0 - \ell_1$的相变是一致的。Donoho、Tan及其合作人随后在与无噪声估计问题相关联的一系列论文中进一步研究了相同的相变。对于$\rho < \rho_c$，通过ℓ_1范数最小化估计x以高概率返回了正确的信号（选择随机矩阵A），对于$\rho > \rho_c(\delta)$，ℓ_1范数最小化却失败了。

这里相变作为一个来自完全不同视角的特殊情况的更强结果。我们确实使用了一种新的方法——AMP算法的状态演变分析，这种方法同时提供了噪声情况下的定量信息，即它允许我们计算$\rho < \rho_c(\delta)$时$M^*(\delta, \rho)$的值。在目前的方法中，线$\rho_c(\delta)$有一个非常简单的表达式，用参数的形式，其表达为

$$\delta = \frac{2\phi(\alpha)}{\alpha + 2(\phi(\alpha) - \alpha\Phi(-\alpha))} \tag{9.76}$$

$$\rho = 1 - \frac{\alpha\Phi(-\alpha)}{\phi(\alpha)} \tag{9.77}$$

式中，ϕ 和 Φ 是高斯密度和高斯分布函数，$\alpha \in [0, \infty)$ 是参数。实际上 α 有一个简单的且非常重要的解释。回顾一下，AMP 算法使用了一个阈值序列 $\theta_t = \alpha \hat{\tau}_t$（见式（9.44）、式（9.45）），怎么固定参数 α 呢？一个简单的方法是考虑无噪的情形。对于给定降采率 δ 下所有的 $\rho < \rho_c(\delta)$，为了实现精确的重建，α 应满足$(\delta, \rho_c(\delta)) = (\delta(\alpha), \rho(\alpha))$，其中函数 $\alpha \mapsto \delta(\alpha)$、$\alpha \mapsto \rho(\alpha)$ 如式（9.76）和式（9.77）所定义。换句话说，这个参数表达式使得相位界限的每个点满足阈值参数的一个函数，这个函数通过 AMP 算法实现精确重建。

9.6.7 普适性

本节给出的主要结果，即定理 9.1、定理 9.2 和定理 9.3，对于元素满足高斯分布的测量矩阵被证明是正确的。正如上面所强调的，对于一个更广泛的矩阵类，它有相同的结果。特别地，它们应该扩展到元素弱相关的矩阵。出于清晰的考虑，提出一个正式的推论是有用的，这推广了定理 9.2。

猜想 9.1　设 $\{x(n), w(n), A(n)\}_{n \in \mathbb{N}}$ 是一个实例收敛序列，$A(n)$ 的元素服从均值为 $\mathbb{E}\{A_{ij}\} = 0$、方差为 $\mathbb{E}\{A_{ij}^2\} = 1/m$ 的独立同分布，且对于某一固定的常数 C，有 $\mathbb{E}\{A_{ij}^6\} \leqslant C/m$。记 $\hat{x}(\lambda)$ 为 σ^2，$\lambda > 0$ 时实例$(x(n), w(n), A(n))$的 LASSO 估计，设 ψ: $\mathbb{R} \times \mathbb{R} \to \mathbb{R}$ 是一个伪 Lipschitz 函数，有

$$\lim_{n \to \infty} \frac{1}{n} \sum_{i=1}^{n} \psi(\hat{x}_i, x_i) = \mathbb{E}\{\psi(\eta(X_0 + \tau_* Z; \theta_*), X_0)\} \tag{9.78}$$

式中，$Z \sim \mathsf{N}(0, 1)$独立于 $X_0 \sim p_0$，$\tau_* = \tau_*(\alpha(\lambda))$ 和 $\theta_* = \alpha(\lambda)\tau_*(\alpha(\lambda))$ 对于高斯矩阵是由相同的公式给出的（见 9.6.3 节）。

这个推论中用公式表示的条件是以参考文献［46］中的普适性结果为动机的，参考文献［46］提供了针对这一论断的部分证据。仿真结果非常支持这一论断（见图 9.10 和参考文献［4］）。

尽管证明推论 9.1 是一个非常具有数学性的挑战，许多感兴趣的测量模型并不适合独立同分布模型。本节中提到了关于这种测量的任何内容吗？系统的数值仿真表明[28,4]，即使是高度结构化的矩阵，相同的式（9.78）也令人惊奇地接近于实际的经验表现。

作为一个例子，图 9.12 给出了作为正则化参数 λ 的函数的一个部分傅里叶测量矩阵 A 的经验方均误差。这个矩阵是通过降采大小为 $N \times N$ 的傅里叶矩阵 F 而得到的，F 的元素为 $F_{ii} = \mathrm{e}^{2\pi ij\sqrt{-1}}$。更确切地说，我们重复采样 F 的 $n/2$ 行，通过实部和虚部构造 A 的两行，并且将所获得的矩阵的列进行归一化。

图 9.13 给出了参考文献［78］中模 - 数转换器（ADC）核心的随机解调矩阵相类似的结果。通过示意图，我们可以通过正则化 $\widetilde{A} = HDF$ 的列得到这个结果，其中 F 为傅里叶矩阵，D 是随机对角矩阵，且 $D_{ii} \in \{+1, -1\}$ 是一致随机的，H 是一个“累加器”：

$$H = \begin{bmatrix} 1111 & & & \\ & 1111 & & \\ & & \cdots & \\ & & & 1111 \end{bmatrix}$$

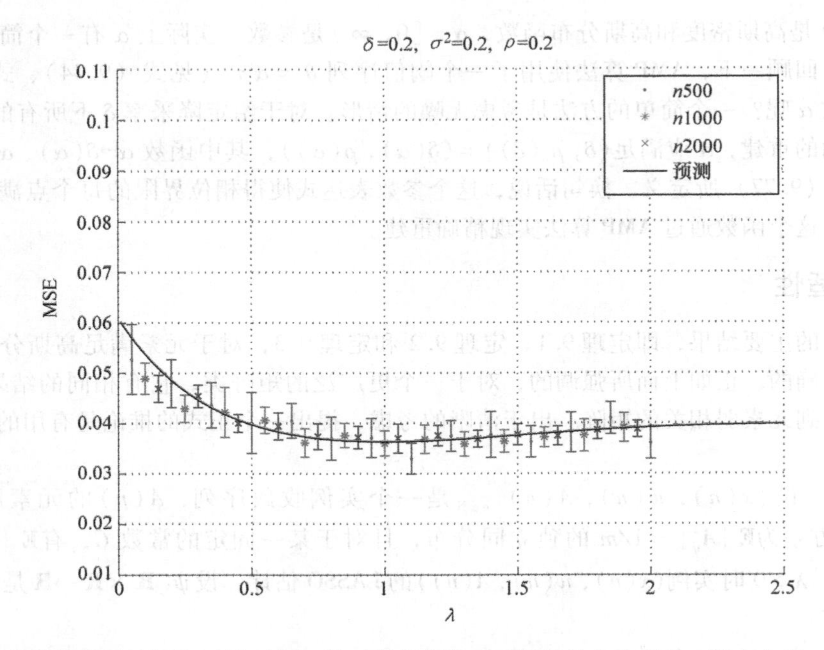

图 9.12 部分傅里叶矩阵（见正文）的正则化参数 λ 的函数的方均误差。噪声方差 $\sigma^2=0.2$，降采因子 $\delta=0.2$，稀疏度 $\rho=0.2$。数据点是通过对 20 个实现做平均而得到的，误差条的置信区间为 95%。实线表示定理 9.2 的一个估计值

这两个例子很好地展示了由定理 9.2 提出的近似估计值和经验方均误差间的一致性。这样的一致性是令人惊讶的，假设在两种情况下，与高斯矩阵相比，测量矩阵是以小的随机性生成的。例如，ADC 矩阵只需要 n 随机位。虽然可以观测到统计上显著的差异（见图 9.13 中的例子），当前方法出于设计的目的对于感兴趣的部分提供了定量的估计。想了解更为系统的研究，读者可见参考文献［4］。

9.6.8 与其他分析方法的比较

这里给出的分析与更一般的方法明显不同。在随机感知矩阵收敛序列假设条件下，我们推导了 LASSO 估计问题高维极限的一个精确的描述。

交替逼近方法对于矩阵 A 假设了一个“等距”或“非相干”条件，在这个条件下证明了方均误差的上界。例如，Candès、Romberg 和 Tao[19] 证明了方均误差对于某个常数 C 有界于 $C\sigma^2$。Candès 和 Tao[21] 在 Dantzig 选择器上的工作，将方均误差上界于 $C\sigma^2(k/n)\log n$，其中 k 为信号 x 的非零元素的个数。

这些类型的结果是非常鲁棒的，但是展示了两个局限性：①它不允许我们区分相差一个常数因子的重建方法（如两个不同的 λ 值）；②约束等距条件（或相似的条件）有很大的限制性，例如只有随机矩阵在很强的稀疏假设下它才成立。这些局限性是参考文献［19，21］中研究的最坏情况下的固有属性。

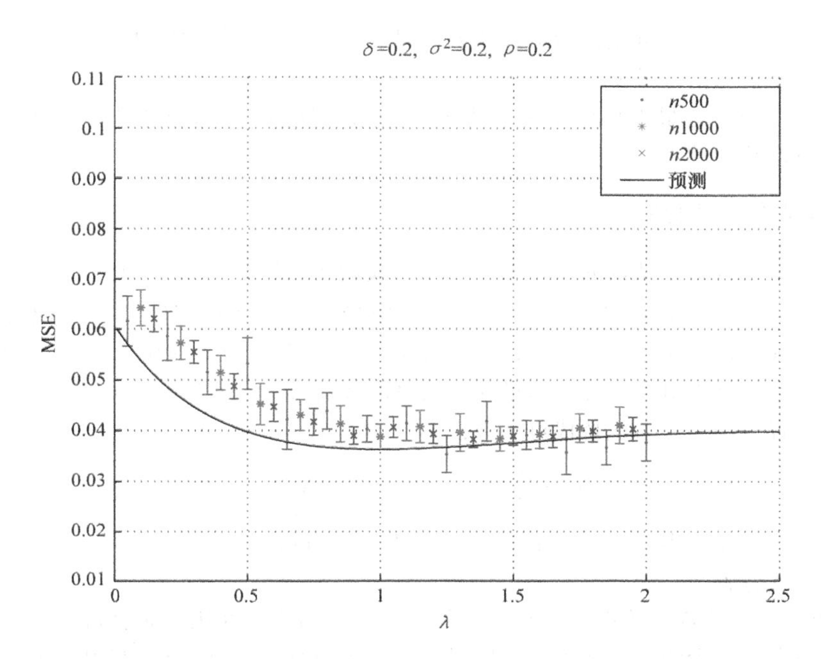

图 9.13　与图 9.12 一样，但测量矩阵 A 的模型是参考文献［78］中的模 - 数转换器（ADC）

在假设矩阵 A 满足非相干性的条件下，参考文献［85］中已经证明了正确支集恢复的保障条件。但是支集恢复对于某些应用来说是一个非常有趣的概念（如模型选择）。本章中考虑的度量标准（方均误差）提供了补充信息，因此在许多不同领域中是非常标准的。

参考文献［67］推导了本书中考虑的相同模型下的方均误差公式。最近，参考文献［50，35］提出了相似的结果，这些论文认为 LASSO 风险的一个急剧的渐进特性可以在实际应用中提供有价值的指导。不幸的是，这些结果是不严格的，且是通过统计物理学著名的“复制法”获得的[58]。在最新的研究进展上，这里讨论的方法提供了两个优点：①这种方法是完全严格的，因此为这一研究奠定了更为坚固的基础；②该算法的优点是，LASSO 方均误差与一种低复杂度的消息传递算法实现的方均误差等价。

对于测量矩阵最新的随机模型已经在参考文献［15，17］中研究过了。这些论文中所开发的方法允许我们处理不一定满足约束等距条件或相似条件的矩阵，并且应用到一般的随机矩阵 A 的类，这些矩阵的行服从独立同分布。另一方面，由此产生的边界不是近似急剧变化的。

9.7　范化

基于图模型的观点最重要的优点在于它在开发信号 x 的结构信息时提供了一个严格的方法，使用这些信息可以大大减少所需的压缩感知测量的量。

基于“模型”的压缩感知[5]为指定这些信息提供了一个通用的框架。但是，它侧重于关于信号的“硬”组合信息。图模型相对而言是一种丰富的语言，用于指定“软”依赖性或约束，以及更为复杂的模型。这些可能包括组合约束，但可以极大地一般化这些约束。同样，图模型算法可以用于更为复杂的信号模型。

探索这种潜在的范化很大程度上是将来的一个研究项目，这个项目目前正处于起步阶段。这里我们将只讨论几个例子。

9.7.1 结构化先验信息

块稀疏是一个组合信号结构的简单例子[74,32]。我们将信号分解为 $x=(x_{B(1)}, x_{B(2)}, \cdots, x_{B(\ell)})$，其中 $x_{B(i)}\in\mathbb{R}^{n/\ell}$ 是一个块，且 $\ell\in\{1, \cdots, \ell\}$。这些块中只有一部分 $\varepsilon\in(0, 1)$ 是非零的。这种类型的模型自然地出现在很多应用中，例如，$\ell=n/2$ 的情形（大小为 2 的块）可以用复数值元素来建模信号。更大的块可以对应于许多向量间的共享的稀疏模式，或集群的稀疏。

通常在此设置中用下式来代替代价函数：

$$\mathcal{C}_{A,y}^{\text{Block}}(z)\equiv\frac{1}{2}\|y-Az\|_2^2+\lambda\sum_{i=1}^{\ell}\|z_{B(i)}\|_2 \tag{9.79}$$

ℓ_2 正则块改进了块稀疏，当然，新的正则项可以用一个新的假设先验来解释，这个先验可以在块与块之间进行因式分解。

图 9.14 重现了在块稀疏约束中编码的两种可能的图结构。在第一种情况下，这是显式地建模为变量节点块上的一个约束。在第二种情况下，块明确对应于值为 $\mathbb{R}^{n/\ell}$ 的块。每个图规定了不同的消息传递算法。

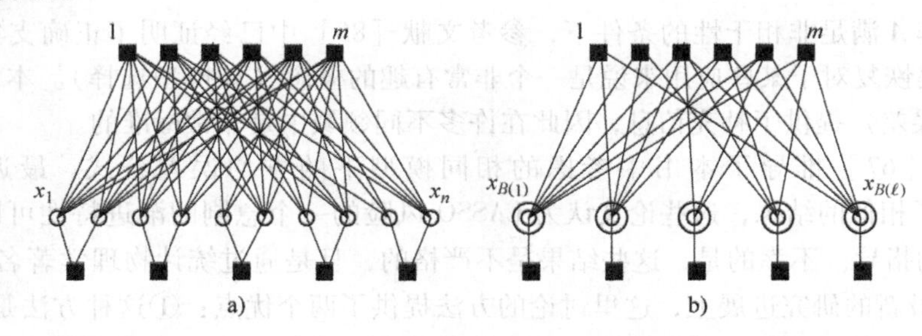

图 9.14　块稀疏压缩感知的两种可能的图表示（与代价函数式（9.9）相关）。上面的正方形与测量 y_a 相对应，$a\in[m]$，下面的正方形与块稀疏约束相对应（在这种情况下块的大小为 2）。图 a 中的圆圈对应着变量 $x_i\in\mathbb{R}$，$i\in[n]$。图 b 中的双圆圈对应着块 $x_{B(i)}\in\mathbb{R}^{n/\ell}, i\in[\ell]$

参考文献［25］开发了一种适用于这种情形的近似消息传递算法。它的分析允许我们对块稀疏情况生成 9.6.6 节中所述的 $\ell_0-\ell_1$ 相变曲线。这准确地量化了通过简单的 ℓ_1 惩罚来最小化式(9.79)。

如上所述，对于一大类的信号，稀疏不是均匀的：一些元素的子集比其他子集更稀疏。Tanaka 和 Raymond[79]，以及 Som、Potter 和 Schniter[73]研究了不同稀疏水平的信号情形。最简单的例子由信号 $x=(x_{B(1)}, x_{B(2)})$ 组成，其中 $x_{B(1)}\in\mathbb{R}^{n_1}$，$x_{B(2)}\in\mathbb{R}^{n_2}$，$n_1+n_2=n$。块 $i\in\{1, 2\}$ 有一个非零元素的因子 ε_i，且 $\varepsilon_1\neq\varepsilon_2$。在最复杂的情况下，我们可以考虑一般的因式分解先验：

$$p(\mathrm{d}x) = \prod_{i=1}^{n} p_i(\mathrm{d}x_i)$$

式中，每个$i \in [n]$有一个不同的稀疏参数$\varepsilon_i \in (0, 1)$，且$p_i \in \mathcal{F}_{\varepsilon_i}$。在这种情况下很自然地使用加权$\ell_1$正则化，如对于选择合适的权重$w_1, \cdots, w_n \geqslant 0$，最小化

$$\mathcal{C}_{A,y}^{\text{weight}}(z) \equiv \frac{1}{2} \| y - Az \|_2^2 + \lambda \sum_{i=1}^{n} w_i |z_i| \tag{9.80}$$

参考文献［79］研究了$\lambda \to 0$的情形（等价于最小化$\sum_i w_i |z_i|$，使得$y = Az$），其使用的方法为不严格的统计学方法，且这些方法等同于这里给出的状态演变方法。在一个高维极限中，它决定了给定稀疏ε_i下的最优调优参数w_i。相反，参考文献［73］使用了本章中解释的状态演变方法。这些作者开发了一个合适的AMP迭代并计算了用这个算法的最优阈值。这些都对应于上述的最优权重w_i，且可以在前面所开发的最大最小化框架内来解释。

图模型框架特别方便地利用了本质上是概率的先验信息，见参考文献［12，13］。Schniter[71]研究了一个典型的例子，并考虑了信号x由隐马尔可夫模型（HMM）产生的情况。至于块稀疏模型，这可以用于模型化非零系数是集群的信号，虽然在这种情况下可以容纳更大的集群大小的随机变化。

在参考文献［71］详细研究的简单情形中，潜在的马尔可夫链有两个状态，以$s_i \in \{0, 1\}$为索引，有

$$p(\mathrm{d}x) = \sum_{s_1, \cdots, s_n} \left\{ \prod_{i=1}^{n} p(\mathrm{d}x_i | s_i) \cdot \prod_{i=1}^{n-1} p(s_{i+1} | s_i) \cdot p_1(s_1) \right\} \tag{9.81}$$

式中，$p(\cdot|0)$和$p(\cdot|1)$属于两种不同的稀疏类$\mathcal{F}_{\varepsilon 0}$、$\mathcal{F}_{\varepsilon 1}$。如我们可以考虑$\varepsilon_0 = 0$和$\varepsilon_1 = 1$的情形，也就是$x$的支集与满足$s_i = 1$的坐标的子集相一致。

图9.15重现了与这种类型的模型相关联的图结构。这可以分成两个部分：与压缩感知测量相对应的二分图（图9.15上半部分）；与隐马尔可夫模型结构先验相对应的链图（图9.15下半部分）。

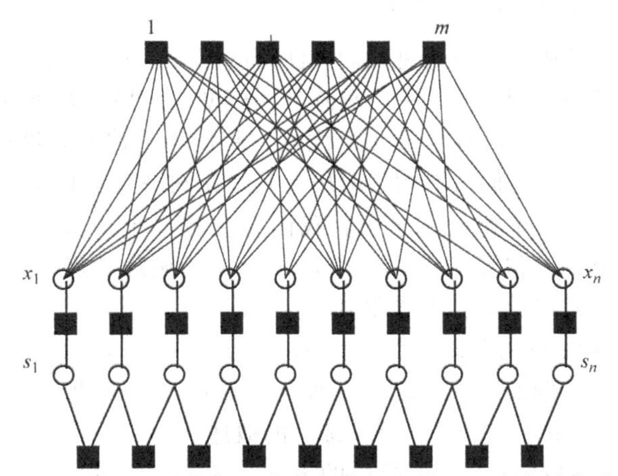

图9.15　带集群支集的压缩感知信号图模型。支集结构由隐马尔可夫模型来描述，这个模型由低因子节点（实的正方形）和变量节点（空的圆圈）组成。上面的变量节点与信号元素x_i，$i \in [n]$相对应，上面的因子节点与测量y_a，$a \in [m]$相对应

参考文献［71］中的重建使用了一个适当的AMP一般化。概略说来，用AMP的论断执行上半部分图，用前后向算法执行下半部分图。两部分之间的信息交换相似于Turbo码中的信息交换[68]。

HMM先验的例子阐明了图模型结构在诱发概率模型中易处理的子结构上的有用性，因此导

致了一个自然的迭代算法。对于一个 HMM 先验，由于暗含的图是一个简单的链，因此推论可以有效地进行。

由马尔可夫树提供了一个更广泛的先验类，其推理更容易处理[72]。这些图模型根据树图（也就是没有循环的图）来进行因式分解。生成的压缩感知模型的草图如图 9.16 所示。

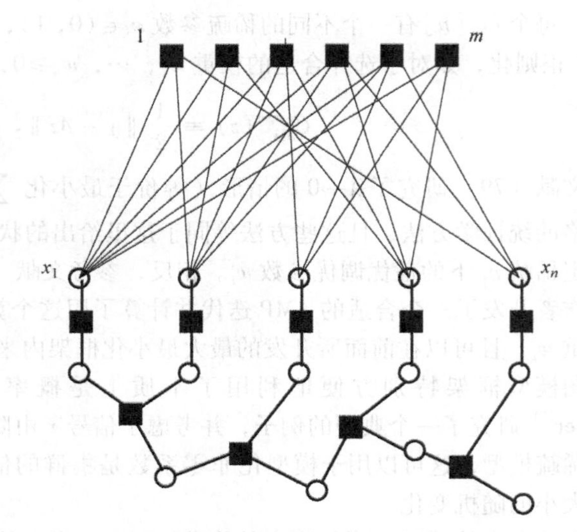

图 9.16　带树结构先验的压缩感知信号图模型。其支集结构是一个树图模型，由图下面部分的因子节点和变量节点组成。上面的变量节点对应于信号的元素 x_i，$i\in[n]$，上面的因子节点对应于测量 y_a，$a\in[m]$

树结构先验的情形在成像应用中尤其相关。自然图像的小波系数是稀疏的（对于压缩感知来说，这是一个非常重要的补充），非零元素倾向于出现在图像边缘。因此，它们聚集在小波系数树的子树中。一个马尔可夫树先验可以很好地捕捉到这个结构。

再次强调，重建是在树结构先验上进行的（这可以通过信念传播来有效完成），但是 *AMP* 用于推断压缩感知测量（图 9.16 的上半部分）。

9.7.2　稀疏感知矩阵

在本章中为简单起见我们关注密度测量矩阵 A。前面几节中给出的数学结果有几个确实满足元素服从独立同分布的密度矩阵。图模型概念另一方面对于稀疏测量特别有用。

稀疏感知矩阵存在着几个优点，测量和重建复杂度明显降低[6]。虽然稀疏结构不适用于所有的应用，但它们对于网络应用尤其是在网络流量监控中[14,56]有一个非常光明的前景。

在一个简单化的例子中，我们想监测一个路由器上 n 个数据包流的大小。这是一个不断循环的经验观测，大部分流由几个数据包组成，而大部分的流量由少数的几个流决定。设 x_1，x_2，…，x_n 表示流的大小（例如用属于流的数据包来衡量），我们想保持一个小的向量 $x=(x_1,\cdots,\psi_n)$ 的概述。

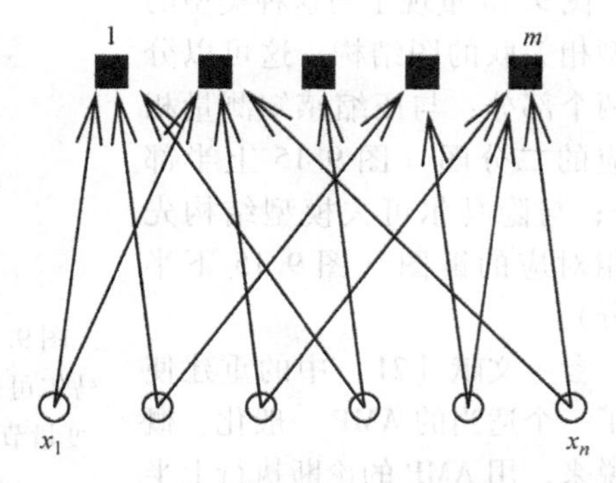

图 9.17　网络应用中的稀疏感知图。每个网络流（下面的空心圆）被分成 $k=2$ 个计数器（实心正方形）

图 9.17 描述了一个简单的方法：流 i 分成少量的内存空间，即 k 个内存空间 $\partial i=\{a_1(i),\cdots,a_k(i)\}\subseteq[m]$，对于流 i，每次来了一个新的包，∂i 中的计数器就增加。如果我们设 $y=(y_1,\cdots,y_m)$ 是计数器的内容，则有

$$y=Ax \tag{9.82}$$

式中，$x\geqslant 0$，A 是一个列服从独立同分布，且每一列

的 k 个元素等于 1，其他元素等于 0 的矩阵。虽然这个简单的方案需要不切实际的深度计数器（y 的元素可以非常大），参考文献 [56] 表明了如何通过多层图来克服这个困难。

用稀疏测量矩阵来进行压缩感知重建，已开发了许多算法[14,84,6,40]。大部分算法是基于贪婪算法，这类算法本质上是消息传递类型的方法。图模型思想可以通过一种很自然的方式来构造这类算法。例如，参考文献 [56] 中的算法（为进一步研究相同的算法，可见参考文献 [54, 55, 20]）与本章中剩余部分给出的思想是密切相关的。它使用了消息 $x_{i\to a}^{t}$（从变量节点到函数节点）和 $r_{a\to i}^{t}$（从函数节点到变量节点）。这些是根据下面的公式来进行更新的：

$$r_{a\to i}^{t} = y_a - \sum_{j\in\partial a\backslash i} x_{j\to a}^{t} \tag{9.83}$$

$$x_{i\to a}^{t+1} = \begin{cases} \min\{r_{b\to i}^{t} : b\in\partial i\backslash a\} & \text{对于偶次迭代} \\ \max\{r_{b\to i}^{t} : b\in\partial i\backslash a\} & \text{对于奇次迭代} \end{cases} \tag{9.84}$$

式中，∂a 表示因数图中节点 a 的邻节点的集合。这些更新与我们之前在 AMP 的推导中所介绍的式（9.49）和式（9.50）非常相似。

9.7.3　矩阵的填充

矩阵填充的任务是通过观测矩阵元素的少量子集，从中推断出一个（近似）低秩矩阵。由于其在许多应用领域内的相关性（协同过滤、定位、计算机视觉等），近年来这个问题引起了广泛的关注。

目前已在理论方面取得了重大进展。参考文献 [18, 16, 37, 63] 类比于压缩感知解决了重建的问题，参考文献 [48, 49, 45] 基于贪婪算法提出了一种交替逼近方法。虽然本章没有详细讨论矩阵填充，有趣的是，图模型思想在这种情况下也是有用的。

设 $M\in\mathbb{R}^{m\times n}$ 是要重建的矩阵，且假定其元素的子集 $E\subseteq[m]\times[n]$ 被观测到了。我们很自然地想到在观测的元素上通过最小化 ℓ_2 距离，来完成这一任务。对于 $X\in\mathbb{R}^{m\times r}$，$Y\in\mathbb{R}^{n\times r}$，我们引入代价函数：

$$\mathcal{C}(X, Y) = \frac{1}{2}\|\mathcal{P}_E(M - XY^T)\|_F^2 \tag{9.85}$$

式中，$\mathcal{P}_E$ 是投影算子，且将 E 以外的元素置为 0（也就是，如果 $(i, j)\in E$，则 $\mathcal{P}_E(L)_{ij} = L_{ij}$，否则 $\mathcal{P}_E(L)_{ij} = 0$）。我们定义 X 的行为 $x_1, \cdots, x_m\in\mathbb{R}^r$，$Y$ 的行为 $y_1, \cdots, y_n\in\mathbb{R}^r$，上面的代价函数可以重写如下：

$$\mathcal{C}(X, Y) = \frac{1}{2}\sum_{(i,j)\in E}(M_{ij} - \langle x_i, y_j\rangle)^2 \tag{9.86}$$

$\langle\cdot, \cdot\rangle$ 表示 $\mathbb{R}^r$ 上的标准内积，这个代价函数因此根据二分图 G 进行因式分解。二分图的顶点集为 $V_1 = [m]$ 和 $V_2 = [n]$，边缘集为 E。代价函数分解成与 G 的边相关的两两项的和。

图 9.18 展示了与代价函数 $\mathcal{C}(X, Y)$ 相关的图 G。值得注意的是，重建问题的一些属性可以从图中“读”出来。例如，在简单的情形 $r = 1$ 下，当且仅当 G 是关联时，矩阵 M 才能重建出来（禁止退化的情形）[47]。当秩 r 的值较高时，图的刚性与重建问题的解的唯一性相关[70]。最后，参考文献 [51, 45] 对这个问题的消息传递算法进行了研究。

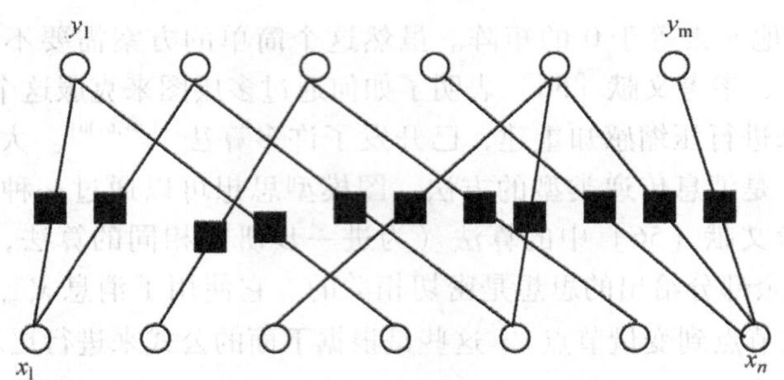

图9.18 代价函数式（9.86）针对矩阵填充问题所描述的因数图。x_i，$y_j\in\mathbb{R}^r$是要优化的变量，代价是与M中观测的元素相对应的两两项的和（实心正方形）

9.7.4 广义回归

本综述中讨论的基本重建算法是式（9.12）中定义的正则化最小二乘回归，也即 LASSO。虽然对于信号处理应用来说这是最有趣的设置，但对于许多统计学习问题来说，线性模型式（9.1）是不恰当的。广义的线性模型对于扩展这里讨论的方法提供了一个灵活的框架。

一个重要的例子是逻辑回归，这尤其适用于测量y_1，…，y_m的值为0-1时的情形。在逻辑回归中，这些被建模为独立伯努利随机变量，且满足

$$p(y_a=1|x)=\frac{e^{A_a^{\mathrm{T}}x}}{1+e^{A_a^{\mathrm{T}}x}} \tag{9.87}$$

A_a是特征化第a个实验的特征向量。我们的目标是学习向量x，其系数编码每个特征的相关性。一种可能的方法是最小化正则化的（负的）对数似然函数，即

$$\mathcal{C}_{A,y}^{\mathrm{LogReg}}(z)\equiv-\sum_{a=1}^{m}y_a(A_a^{\mathrm{T}}z)+\sum_{a=1}^{m}\log(1+e^{A_a^{\mathrm{T}}z})+\lambda\|z\|_1 \tag{9.88}$$

参考文献［66，8］为求解这类优化问题开发了适当的消息传递算法。

参考文献

[1] G. Andrew and G. Jianfeng, Scalable training of l^1-regularized log-linear models. *Proc 24th Inte Conf Mach Learning*, 2007, pp. 33–40.

[2] R. Affentranger and R. Schneider, Random projections of regular simplices. *Discr Comput Geom*, 7:219–226, 1992.

[3] D. Aldous and J. M. Steele. The objective method: probabilistic combinatorial optimization and local weak convergence. *Probability on Discrete Structures* H. Kesten, ed., Springer Verlag, pp. 1–72, 2003.

[4] M. Bayati, J. Bento, and A. Montanari. Universality in sparse reconstruction: A comparison between theories and empirical results, in preparation, 2011.

[5] R. G. Baraniuk, V. Cevher, M. F. Duarte, and C. Hegde. Model-based compressive sensing, *IEEE Trans Inform Theory* 56:1982–2001, 2010.

[6] R. Berinde, A. C. Gilbert, P. Indyk, H. Karloff, and M. J. Strauss. Combining geometry and combinatorics: a unified approach to sparse signal recovery. *46th Ann Allerton Conf* (Monticello, IL), September 2008.

[7] P. Billingsley. *Probability and Measure*, Wiley, 1995.

[8] M. Bayati and A. Montanari. Approximate message passing algorithms for generalized linear models, in preparation, 2010.

[9] M. Bayati and A. Montanari. The dynamics of message passing on dense graphs, with applications to compressed sensing. *IEEE Trans Inform Theory*, accepted, http://arxiv.org/pdf/1001.3448, 2011.

[10] S. S. Chen and D. L. Donoho. Examples of basis pursuit. *Proc Wavelet Appl Sig Image Proc III*, San Diego, CA, 1995.

[11] V. Cevher, Learning with compressible priors. *Neur Inform Proc Syst*, Vancouver, 2008.

[12] V. Cevher, C. Hegde, M. F. Duarte, and R. G. Baraniuk, Sparse signal recovery using Markov random fields. *Neur Inform Proc Syst*, Vancouver, 2008.

[13] V. Cevher, P. Indyk, L. Carin, and R. G. Baraniuk. Sparse signal recovery and acquisition with graphical models. *IEEE Sig Process Mag* 27:92–103, 2010.

[14] G. Cormode and S. Muthukrishnan. Improved data streams summaries: The count-min sketch and its applications. LATIN, Buenos Aires, pp. 29–38, 2004.

[15] E. J. Candès and Y. Plan. Near-ideal model selection by ℓ_1 minimization. *Ann Statist*, 37:2145–2177, 2009.

[16] E. J. Candès and Y. Plan, Matrix completion with noise. *Proc IEEE* 98:925–936, 2010.

[17] E. J. Candès and Y. Plan. A probabilistic and ripless theory of compressed sensing. arXiv:1011.3854, November 2010.

[18] E. J. Candès and B. Recht. Exact matrix completion via convex optimization. *Found Comput Math* 9:717–772, 2009.

[19] E. Candès, J. K. Romberg, and T. Tao. Stable signal recovery from incomplete and inaccurate measurements. *Commun Pure Appl Math*, 59:1207–1223, 2006.

[20] V. Chandar, D. Shah, and G. W. Wornell, A simple message-passing algorithm for compressed sensing, *Proc IEEE Int Symp Inform Theory (ISIT)* (Austin), 2010.

[21] E. Candès and T. Tao. The Dantzig selector: statistical estimation when p is much larger than n. *Ann Stat*, 35:2313–2351, 2007.

[22] D. L. Donoho and I. M. Johnstone. Ideal spatial adaptation via wavelet shrinkage. *Biometrika*, 81:425–455, 1994.

[23] D. L. Donoho and I. M. Johnstone. Minimax risk over l_p balls. *Prob Th Rel Fields*, 99:277–303, 1994.

[24] D. L. Donoho, I. M. Johnstone, J. C. Hoch, and A. S. Stern. Maximum entropy and the nearly black object. *J Roy Statist Soc, Ser. B (Methodological)*, 54(1):41–81, 1992.

[25] D. Donoho and A. Montanari. Approximate message passing for reconstruction of block-sparse signals, in preparation, 2010.

[26] D. L. Donoho, A. Maleki, and A. Montanari. Message passing algorithms for compressed sensing. *Proc Nat Acad Sci* 106:18914–18919, 2009.

[27] D. L. Donoho, A. Maleki, and A. Montanari. Message passing algorithms for compressed sensing: I. Motivation and construction. *Proc IEEE Inform Theory Workshop*, Cairo, 2010.

[28] D. L. Donoho, A. Maleki, and A. Montanari. The noise sensitivity phase transition in compressed sensing, http://arxiv.org/abs/1004.1218, 2010.

[29] D. Donoho. High-dimensional centrally symmetric polytopes with neighborliness proportional to dimension. *Discr Comput* Geom, 35:617–652, 2006.

[30] D. L. Donoho and J. Tanner. Neighborliness of randomly-projected simplices in high dimensions. *Proc Nat Acad Sci*, 102(27):9452–9457, 2005.

[31] D. L. Donoho and J. Tanner. Counting faces of randomly projected polytopes when the projection radically lowers dimension, *J Am Math Soc*, 22:1–53, 2009.

[32] Y. C. Eldar, P. Kuppinger, and H. Bolcskei. Block-sparse signals: uncertainty relations and efficient recovery. *IEEE Trans Sig Proc*, 58:3042–3054, 2010.

[33] M. A. T. Figueiredo and R. D. Nowak. An EM algorithm for wavelet-based image restoration. *IEEE Trans Image Proc*, 12:906–916, 2003.

[34] M. Grant and S. Boyd. *CVX: Matlab software for disciplined convex programming, version 1.21*, http://cvxr.com/cvx, May 2010.

[35] D. Guo, D. Baron, and S. Shamai. A single-letter characterization of optimal noisy compressed sensing. *47th Ann Allerton Conf* (Monticello, IL), September 2009.

[36] D. Gamarnik and D. Katz. Correlation decay and deterministic FPTAS for counting list-colorings of a graph. *18th Ann ACM-SIAM Symp Discrete Algorithms*, New Orleans, 1245–1254, 2007.

[37] D. Gross. Recovering low-rank matrices from few coefficients in any basis. arXiv:0910.1879v2, 2009.

[38] D. Guo and S. Verdu. Randomly spread CDMA: asymptotics via statistical physics. *IEEE Trans Inform Theory*, 51:1982–2010, 2005.

[39] T. Hastie, R. Tibshirani, and J. Friedman. *The Elements of Statistical Learning*, Springer-Verlag, 2003.

[40] P. Indyk. Explicit constructions for compressed sensing of sparse signals, *19th Ann ACM-SIAM Symp Discrete Algorithm*, San Francisco, 2008.

[41] I. Johnstone, *Function Estimation and Gaussian Sequence Models*. Draft of a book, available at www-stat.stanford.edu/~imj/based.pdf, 2002.

[42] M. Jordan (ed.). *Learning in Graphical Models*, MIT Press, 1998.

[43] S. Ji, Y. Xue, and L. Carin. Bayesian compressive sensing. *IEEE Trans Sig Proc*, 56:2346–2356, 2008.

[44] D. Koller and N. Friedman. *Probabilistic Graphical Models*, MIT Press, 2009.

[45] R. H. Keshavan and A. Montanari. Fast algorithms for matrix completion, in preparation, 2010.

[46] S. Korada and A. Montanari. Applications of Lindeberg Principle in communications and statistical learning. http://arxiv.org/abs/1004.0557, 2010.

[47] R. H. Keshavan, A. Montanari, and S. Oh. Learning low rank matrices from $O(n)$ entries. *Proc Allerton Conf Commun, Control Comput*, September 2008, arXiv:0812.2599.

[48] R. H. Keshavan, A. Montanari, and S. Oh, Matrix completion from a few entries. *IEEE Trans Inform Theory*, 56:2980–2998, 2010.

[49] R. H. Keshavan, A. Montanari, and S. Oh. Matrix completion from noisy entries. *J Mach Learn Res* 11:2057–2078, 2010.

[50] Y. Kabashima, T. Wadayama, and T. Tanaka, A typical reconstruction limit for compressed sensing based on lp-norm minimization. *J Stat Mech*, L09003, 2009.

[51] B.-H. Kim, A. Yedla, and H. D. Pfister. Imp: A message-passing algorithm for matrix completion. *Proc Stand 6th Inte Symp Turbo Codes*, September 2010, arXiv:1007.0481.

[52] E.L. Lehmann and G. Casella. *Theory of Point Estimation*, Springer-Verlag, 1998.

[53] M. Ledoux, *The Concentration of Measure Phenomenon*, American Mathematical Society, 2001.

[54] Y. Lu, A. Montanari, and B. Prabhakar, Detailed network measurements using sparse graph counters: The Theory, *45th Ann Allerton Confe* Monticello, IL, 2007.

[55] Y. Lu, A. Montanari, and B. Prabhakar. Counter braids: asymptotic optimality of the message passing decoding algorithm. *46th Ann Allerton Confe*, Monticello, IL, 2008.

[56] Y. Lu, A. Montanari, B. Prabhakar, S. Dharmapurikar, and A. Kabbani. Counter braids: a novel counter architecture for per-flow measurement. *SIGMETRICS 2010*, 2008.

[57] A. Maleki and D. L. Donoho, Optimally tuned iterative thresholding algorithm for compressed sensing. *IEEE J Sel Topics Sig Process*, 4:330–341, 2010.

[58] M. Mézard and A. Montanari. *Information, Physics and Computation*. Oxford University Press, 2009.

[59] A. Montanari. Estimating random variables from random sparse observations. *Eur Trans Telecom*, 19:385–403, 2008.

[60] M. Mézard, G. Parisi, and M. A. Virasoro. *Spin Glass Theory and Beyond*. World Scientific, 1987.

[61] C. Moallemi and B. Van Roy. Convergence of the min-sum algorithm for convex optimization. *45th Ann Allerton Confe* (Monticello, IL), September 2007.

[62] A. Montanari and D. Tse. Analysis of belief propagation for non-linear problems: the example of CDMA (or: how to prove Tanaka's formula). *Proc IEEE Inform Theory Workshop* (Punta de l'Este, Uruguay), 2006.

[63] S. Negahban and M. J. Wainwright. Estimation of (near) low-rank matrices with noise and high-dimensional scaling. arXiv:0912.5100, 2009.

[64] L. Onsager. Electric moments of molecules in liquids. *J Am Chem Soc*, 58:1486–1493, 1936.

[65] J. Pearl. *Probabilistic Reasoning in Intelligent Systems: Networks of Plausible Inference*. Morgan Kaufmann, 1988.

[66] S. Rangan. Generalized approximate message passing for estimation with random linear mixing. arXiv:1010.5141, 2010.

[67] S. Rangan, A. K. Fletcher, and V. K. Goyal. *Asymptotic Analysis of Map Estimation via the Replica Method and Applications to Compressed Sensing*, 2009.

[68] T. J. Richardson and R. Urbanke. *Modern Coding Theory*, Cambridge University Press, 2008.

[69] S. Sarvotham, D. Baron, and R. Baraniuk. Bayesian compressive sensing via belief propagation. *IEEE Trans Sig Proc*, 58:269–280, 2010.

[70] A. Singer and M. Cucuringu. Uniqueness of low-rank matrix completion by rigidity theory. arXiv:0902.3846, 2009.

[71] P. Schniter. Turbo reconstruction of structured sparse signals. *Proc Conf Inform Sci Syst*, Princeton, NJ, 2010.

[72] S. Som, L. C. Potter, and P. Schniter. Compressive imaging using approximate message passing and a Markov-Tree Prior. *Proc Asilomar Conf Sig Syst Comput*, 2010.

[73] L. C. Potter, S. Som, and P. Schniter. On approximate message passing for reconstruction of non-uniformly sparse signals, *Proc Nati Aereospace Electron Confe*, Dayton, OH, 2010.

[74] M. Stojnic, F. Pavaresh, and B. Hassibi. On the reconstruction of block-sparse signals with an optimal number of measurements. *IEEE Trans Sig Proc*, 57:3075–3085, 2009.

[75] T. Tanaka. A statistical-mechanics approach to large-system analysis of CDMA multiuser detectors. *IEEE Trans Inform Theory*, 48:2888–2910, 2002.

[76] D. J. Thouless, P. W. Anderson, and R. G. Palmer. Solution of "Solvable model of a spin glass." *Phil Mag* 35:593–601, 1977.

[77] R. Tibshirani. Regression shrinkage and selection with the lasso. *J Roy Stat Soc*, B 58:267–288, 1996.

[78] J. A. Tropp, J. N. Laska, M. F. Duarte, J. K. Romberg, and R. G. Baraniuk. Beyond Nyquist: efficient sampling of sparse bandlimited signals. *IEEE Trans Inform. Theory*, 56:520–544, 2010.

[79] T. Tanaka and J. Raymond. Optimal incorporation of sparsity information by weighted L_1 optimization. *Proc IEEE Int Symp Inform Theory (ISIT)*, Austin, 2010.

[80] A. W. van der Vaart. *Asymptotic Statistics*. Cambridge University Press, 2000.

[81] D. Weitz. Combinatorial criteria for uniqueness of Gibbs measures. *Rand StructAlg*, 27:445–475, 2005.

[82] D. Williams. *Probability with Martingales*. Cambridge University Press, 1991.

[83] M. J. Wainwright and M. I. Jordan. Graphical models, exponential families, and variational inference. *Found Trends Mach Learn*, 1, 2008.

[84] W. Xu and B. Hassibi. Efficient compressive sensing with deterministic guarantees using expander graphs. *Proc IEEE Inform Theory Workshop*, Tahoe City, CA, 2007.

[85] P. Zhao and B. Yu. On model selection consistency of Lasso. *J Mach Learn Res*, 7:2541–2563, 2006.

第 10 章　在压缩干草堆中找针

Robert Calderbank，Sina Jafarpour

摘要

本章我们将介绍压缩学习，直接在压缩域中学习，是可能的。特别地，我们提供了紧边界来演示在测量域线性核 SVM 的分类器有很大可能性正确率与数据域的最优线性阈值分类器的正确率接近。我们认为这无论从压缩感知的观点来看还是从机器学习的观点来看都是有益的。此外，我们指出，对于众所周知的压缩感知矩阵，压缩学习是动态提供的。最后，我们用文本分析的实验结果来证明我们的观点。

10.1　引言

在多数应用中，数据在更高维空间的基下有稀疏表示。例如，图像在小波域的稀疏表示，单词袋子的文本模型，以及数据检测系统的路由表。

压缩感知结合测量来降低相关数据的维数，通过重建方法从测量域的投影中恢复稀疏数据。然而，存在很多目标不能被完整重建出来，而是关于某些信号进行分类的感知应用。例如，雷达，微量化学物质检测，人脸识别[7,8]，以及我们可能对在数据域中与小波系数的变化一致的异常现象感兴趣的视频流媒体[9]。在所有这些情况中我们的目标是在测量域中的模式识别。

测量域中的分类提供了一种解决这种挑战的方法，我们的分析表明设计有性能保证的测量是可能的。与压缩感知类似，线性测量被用来去除逐点采样和压缩的成本。然而，压缩学习的最终目标不是从线性测量中重建稀疏数据。相反，这里我们提供压缩的采样训练数据，目标是在测量域直接设计一个分类器，使得它的精度与数据域最好的分类器一样。

无论是从压缩感知的角度看还是从机器学习的角度看，能够从压缩域学习是有益的。从压缩感知的角度看，它消减了恢复无关数据的大量成本；换句话说，测量域的分类像一个筛子，使只恢复想要的信号成为可能，如果我们只对分类的结果感兴趣，它甚至可以完全移除恢复期。这就像从一堆压缩采样的干草堆中找一根针无需恢复所有的干草。另外，当无法观察到数据域或者测量是困难或代价高时，压缩学习有着成功应用的潜力。

在很多不同的应用中，降维是一个基本步骤，例如，最近邻近似[1,2]、数据流[3]、机器学习[4,5]、图近似[6]等。在压缩学习中，感知过程可以看作是一个线性降维步骤。本章我们将会证明大多数压缩感知矩阵也提供良好的线性维数下降矩阵的所需特性。

在几何方面，压缩感知和压缩学习的不同是前者关注分离测量域中的点对来明确恢复出稀疏数据，而后者关注连续分离数据域和测量域中的点云。在本章中，我们演示在测量域中模式识别的可行性。我们提供了PAC式的边界保证，即若数据直接从压缩域得到，从压缩数据训练得到的一个软间隔SVM分类器性能几乎和数据域最佳的SVM分类器一样好。在测量中，其结果对噪声鲁棒。

压缩学习框架可应用到任意稀疏的高维数据集。例如，在文本分析[10]中，目标是只通过图像的小波系数来预测图像的方向。每个图像在水平方向和垂直方向的小波系数的加权投票可以准确地预测图像是垂直的、水平的或者都不是。然而，在压缩成像中，并没有提供图像的高维小波表示。相反，一个非自适应的低秩感知矩阵用来将小波向量投影到低秩空间。这里我们证明这些测量向量的加权投票与原始的文本分析任务中的小波加权投票的准确性基本一致。

10.2节阐明了本章所用的符号。支持向量机（SVM）在10.3节中介绍。10.4节和10.5节中我们介绍了距离保真性质，并证明如果一个感知矩阵关于某个特征空间具有距离保真性质，那么测量域中的SVM分类器近乎最优。10.6节表明著名的Johnson - Lindenstrauss特性是距离保真的充分条件。10.7节和10.8节中，我们提供了两个在压缩感知中广泛应用且关于稀疏特征空间满足Johnson - Lindenstrauss特性的感知矩阵的实例。10.9节验证了一般情形下压缩学习的主要结果，10.10节对本章进行了总结。

10.2 背景及符号

10.2.1 符号

n表示正整数，k表示小于n的正整数。有时我们将$\{1, \cdots, n\}$用$[n]$来表示。我们假定所有数据都可用$\mathbb{R}^n$中的向量表示。特征空间$\mathcal{X}$（我们也称为数据域）是整个n维空间的子集，且特征空间中每个数据点是一个向量。选择适当的特征空间$\mathcal{X}$高度依赖于数据的先验信息。例如，如果没有先验信息，那么特征空间就是整个$\mathbb{R}^n$空间。然而，如果知道先验是所有数据点都是k稀疏的，那么特征空间就被限制于$\mathbb{R}^n$的所有k维子空间的集合。

令$\mathcal{X}$表示n维特征空间。我们将两个参数与$\mathcal{X}$联系起来，这两个参数我们后续会在分析中用到。半径R和特征空间$\mathcal{X}$的形变$\ell_{2\to1}$定义如下：

$$R \doteq \max_{x\in\mathcal{X}} \| x \|_2 \qquad \ell_{2\to1}(\mathcal{X}) \doteq \max_{x\in\mathcal{X}} \frac{\|x\|_1}{\|x\|_2} \tag{10.1}$$

一方面它遵循Cauchy - Schwarz不等式，如果$\mathcal{X}$的每个元素都是k稀疏的，那么$\ell_{2\to1}(\mathcal{X}) = \sqrt{k}$。另一方面，如果特征空间覆盖了整个$\mathbb{R}^n$空间，那么$\ell_{2\to1}(\mathcal{X}) = \sqrt{n}$。

向量$x \in \mathbb{R}^n$的汉明权重，表示为$\|x\|_0$，定义为x的非零元素的个数。k稀疏向量x的支持supp（x）包括x的非零元素的索引。本章中我们令$\Pi_1^k = \{\Pi_1, \cdots, \Pi_k\}$为$[n]$的均匀随机$k$子集，且$\pi_1^k = \{\pi_1, \cdots, \pi_k\}$为$[n]$的一个固定的$k$子集。我们使用$v_1^{\top} v_2$来表示两个向量$v_1$和$v_2$的内积。显然，我们从向量的$\ell_2$范数移除了下标。

令A为$m \times n$的矩阵。我们用A_j表示感知矩阵A的第j列；其元素用a_{ij}表示，行标i从0到$m-1$。当且仅当$AA^{\dagger} = \frac{n}{m} I_{m\times m}$时，矩阵$A$是冗余度为$\frac{n}{m}$的紧框架。注意，若$A$是冗余度为$\frac{n}{m}$的紧

框架，那么 $\| A \|^2 = \frac{n}{m}$。

10.2.2 集中不等式

这里我们提供了本章使用的主要的不等式。

命题 10.1（Azuma 不等式[11]）　令 $\langle Z_0, Z_1, \cdots, Z_k \rangle$ 为一组复值随机变量，对每个 i，有 $\mathbb{E}[Z_i] = Z_{i-1}$，$|Z_i - Z_{i-1}| \leqslant c_i$，那么对于所有 $\epsilon > 0$，

$$\Pr[\,|Z_k - Z_0| \geqslant \epsilon] \leqslant 4\exp\left\{\frac{-\epsilon^2}{8\sum_{i=1}^{k} c_i^2}\right\}$$

命题 10.2　（Azuma 不等式在偏差有很高概率是有界时的扩展[12]）　若 $\langle Z_0, Z_1, \cdots, Z_k \rangle$ 是一个复值鞅序列，对每个 i，都有 $\mathbb{E}[Z_i] = Z_{i-1}$。此外，假定对所有 i，$|Z_i - Z_{i-1}| \leqslant c_i$ 的概率为 $1-\delta$，且总是有 $|Z_i - Z_{i-1}| \leqslant b_i$，那么对所有 $\epsilon > 0$，

$$\Pr[\,|Z_k - Z_0| \geqslant \epsilon] \leqslant 4\left(\exp\left\{\frac{-\epsilon^2}{32\sum_{i=1}^{k} c_i^2}\right\} + \delta\sum_{i=1}^{k}\frac{b_i}{c_i}\right)$$

10.2.3 群论

本章中，我们将会分析确定性感知矩阵，矩阵的列在逐点相乘的情况下构成一个群 $\mathcal{G}$。乘法单位是每个元素都为 1 的列 $\mathbf{1}$。以下性质是基本的。

引理 10.1　若每一行都有一些不为 1 的元素，那么列群 $\mathcal{G}$ 满足 $\sum_{g \in \mathcal{G}} g = 0$。

证明：给出行 i 和元素 $f_i \neq 1$，则有

$$f_i\left(\sum_g g_i\right) = \sum_g (f_i g_i) = \sum_g g_i$$

10.3 支持向量机

支持向量机（SVM）[13] 在一些特征空间里是有最大间隔和与训练样本一致的线性阈值分类器。任一线性阈值分类器 $w(x)$ 相当于满足 $w(x) = \mathrm{sign}(w^\top x)$ 的向量 $w \in \mathbb{R}^n$；因此，我们使用相应的向量来识别线性阈值分类器。为简单起见，我们只关注通过原点的分类器。结果可简单地扩展到一般情况。

当训练样本不是线性可分时，使用软间隔 SVM。这种想法可同时最小化间隔和经验铰链损失。更确切地说，令

$$H(x) \doteq (1+x)_+ = \max\{0, 1+x\}$$

且令 $S \doteq \langle (x_1, l_1), \cdots, (x_M, l_M) \rangle$ 为一组分布 $\mathcal{D}$ 中满足独立同分布的 M 个标记的训练数据。对任意分类器 $w \in \mathbb{R}^n$，我们定义其真实的铰链损失为

$$H_D(w) \doteq \mathbb{E}_{(x,l)\sim\mathcal{D}}[(1 - lw^\top x)_+]$$

经验铰链损失为

$$\hat{H}_S(w) \doteq \mathbb{E}_{(x_i,l_i)\sim S}[(1 - l_i w^\top x_i)_+]$$

我们也定义分类器 w 的真实正则损失为

$$L(w) \doteq H_{\mathcal{D}}(w) + \frac{1}{2C}\|w\|^2 \tag{10.2}$$

式中，C 是正则常数。经验正则损失简单定义为

$$\hat{L}(w) \doteq \hat{H}_S(w) + \frac{1}{2C}\|w\|^2 \tag{10.3}$$

软间隔 SVM 最小化经验正则损失，这是一个凸优化方案。

下面的定理是凸对偶性的一个直接结果。我们给出了一个完整的证明。

定理 10.1　令 $\langle (x_1, 1_1), \cdots, (x_M, 1_M) \rangle$ 为一组从分布 $\mathcal{D}$ 中选择的满足独立同分布的 M 个标记的训练数据，令 w 为最小化式（10.3）得到的 SVM 分类器。那么，这个 SVM 分类器可表示为训练数据的线性组合，如 $w = \sum_{i=1}^{M} s_i 1_i x_i$ 且 $\|w\|^2 \leqslant C$。另外，对于所有 $i \in [M]$，$0 \leqslant s_i \leqslant \frac{C}{M}$。

证明：最优化式（10.3）可写为

$$\text{minimize } \frac{1}{2}\|w\|^2 + \frac{C}{M}\sum_{i=1}^{M}\xi_i \tag{10.4}$$

$$\forall i: \xi_i \geqslant 0$$

$$\forall i: \xi_i \geqslant 1 - 1_i w^\top x_i$$

我们将目标函数和约束线性组合来建立上述最优化问题的 Lagrangian 形式：

$$\mathcal{L}(w, \xi, s, \eta) = \frac{1}{2}\|w\|^2 + \frac{C}{M}\sum_{i=1}^{M}\xi_i + \sum_{i=1}^{M} s_i(1 - 1_i w^\top x_i - \xi_i) - \sum_{i=1}^{M}\eta_i\xi_i \tag{10.5}$$

通过 KKT 条件，我们得到 Lagrangian 方程的鞍点的以下条件：

- 最优分类器是训练样本的线性组合：

$$w - \sum_{i=1}^{M} s_i 1_i x_i = 0$$

- 最优的对偶变量 s_i 和 η_i 非负。
- 对每个 i，有 $\frac{C}{M} - s_i - \eta_i = 0$，这说明 $s_i \leqslant \frac{C}{M}$。

因此，对偶形式可写为

$$\text{maximize} \sum_{i=1}^{M} s_i - \frac{1}{2}\sum_{i,j=1}^{M} s_i s_j 1_i 1_j x_i^\top x_j$$

$$\text{s. t. } \forall i \in [M]: 0 \leqslant s_i \leqslant \frac{C}{M}$$

最终，我们指出 SVM 分类器以 ℓ_2 范数为界。我们有

$$\frac{1}{2}\|w\|^2 \leqslant \frac{1}{2}\|w\|^2 + \frac{C}{M}\sum_{i=1}^{M}\xi_i = \sum_{i=1}^{M} s_i - \frac{1}{2}\|w\|^2 \leqslant C - \frac{1}{2}\|w\|^2$$

式中，第一个不等式由铰链损失的非负性产生，下一个等式由最优原始数值和凸方案的最优对偶数值及最优分类器是训练数据的线性组合这一事实产生，最后的不等式则是由对每个 i，$s_i \leqslant \frac{C}{M}$ 这一事实产生。

为了分析 SVM 分类器的性能，我们将会使用定理 10.1 的如下推论：

推论 10.1　令 w 为优化式（10.3）得到的软间隔 SVM 分类器，那么 w 在特征空间的 C 凸包中，特征空间的 C 凸包定义为

$$\mathcal{C}H_C(\mathcal{X}) \doteq \left\{\sum_{i=1}^{n} t_i x_i : n \in \mathbb{N},\ x_i \in \mathcal{X},\ \sum_{i=1}^{n} |t_i| \leqslant C\right\}$$

本章中，我们将会使用预言模型来分析 SVM 分类器的性能。和之前一样，令$\mathcal{X}$表示特征空间，$\mathcal{D}$表示空间$\mathcal{X}$中的某种分布。我们假定存在一个线性阈值分类器 $w_0 \in \mathbb{R}^n$，该分类器有较大间隔和较小范数 $\|w_0\|$，且真实正则损失达到一个较低的泛化误差（期望铰链损失）。对每个正则参数 C，我们也定义 $w^* = \operatorname{argmin} L_{\mathcal{D}}(w)$。这是由定义 $L_{\mathcal{D}}(w^*) \leqslant L_{\mathcal{D}}(w_0)$ 产生。为了对比 SVM 分类器的真实铰链损失和预言分类器 w_0 的真实铰链损失，我们使用如下 Sridharan 等人[14]提出的定理。

定理 10.2　令$\mathcal{X}$表示特征空间，假定$\mathcal{D}$是空间$\mathcal{X}$中的某种分布。令

$$S \doteq \langle (x_1, l_1), \cdots, (x_M, l_M) \rangle$$

表示$\mathcal{D}$中符合独立同分布的 M 个标记训练数据。那么对每个线性阈值分类器 w，$\|w\|^2 \leqslant 2C$，在训练集 S 上至少以概率 $1-\delta$ 满足：

$$L_{\mathcal{D}}(w) - L_{\mathcal{D}}(w^*) \leqslant 2[\hat{L}_S(w) - \hat{L}_S(w^*)]_+ + \frac{8R^2 C\log\left(\frac{1}{\delta}\right)}{M} \tag{10.6}$$

10.4　近等距投影

给定一个 n 维特征空间$\mathcal{X}$中的分布$\mathcal{D}$，SVM 学习机的目标是从独立同分布的训练样本中近似出最佳的大间隔线性阈值分类器。然而，正如之前提到的，在多数应用中，如压缩感知和数据流，数据并不是直接表示在特征空间$\mathcal{X}$中，相反，一个 $m \times n$ 大小的感知矩阵 A 用来将数据变换到某些 m 维空间中。在本节中，我们提供充分条件（关于$\mathcal{X}$），即一个投影矩阵必须满足 m 维 SVM 分类器有近乎最优的泛化精度这一条件。

这里，我们令 A 通过一个随机过程产生。然而，沿用标准批学习范例，我们假定产生投影矩阵 A 的过程是非自适应的（如独立于$\mathcal{D}$的选择）。本节中我们假定特征空间$\mathcal{X}$没有先验稀疏结构。这里提供的结果是一般性的，且可以应用到任一大概保存$\mathcal{X}$中实例间内积的投影矩阵。后续在 10.6 节中，我们将会展示一些满足所需要求的投影矩阵的实例。

我们也假定投影是有噪声的。在我们的分析中，为简单起见，假定每个 $x \to y$ 的投影都包含ℓ_2范数有界的噪声向量，即 $y \doteq Ax + e$，$\|e\|_2 \leqslant \sigma R$，其中 σ 是一个较小的数。我们定义测量域如下：

$$A\mathcal{X} \doteq \{y = Ax + e : x \in \mathcal{X},\ \|e\|_2 \leqslant \sigma R\}$$

直观地，如果投影矩阵 A 大概保存训练样本间的内积（间隔），则它适用于压缩学习。首先我们对以上直观论点提供一个形式定义，然后我们证明如果一个投影矩阵满足这个证明了的性质，那么直接从测量域学习到的 SVM 分类器具有所需的近乎最优的性能。

这里，我们定义了投影矩阵的距离保真性质，后续我们使用距离保真性质来证明测量域的

SVM 分类器近乎最优。

定义 10.1 ((M, L, ϵ, δ) - 距离保真性质) 令 L 为大于 1 的正数，M 为正整数，ϵ 和 δ 是很小的正数，$S \doteq \langle(x_1, l_1), \cdots, (x_M, l_M)\rangle$ 表示一组 M 个任意训练样本，那么，投影矩阵 A 是 (M, L, ϵ, δ) - 距离保真的((M, L, ϵ, δ_M) - DP)，如果它以至少 $1-\delta$ 的概率（在投影矩阵 A 张成的空间中）同时满足以下条件：

- (C1) 对每个 $x \in \mathcal{X}$，$\|Ax\|_2 \leqslant L\|x\|_2$。
- (C2) 对 [M] 中的每个索引 i，$(1-\varepsilon)\|x_i\|^2 \leqslant \|y_i\|^2 \leqslant (1+\epsilon)\|x_i\|^2$。
- (C3) 对每个 [M] 中每个不同的 i 和 j，$|x_i^\top x_j - y_i^\top y_i| \leqslant \epsilon R^2$。

接下来我们证明距离保真性质是保证从测量域直接训练的 SVM 分类器与数据域最优线性阈值分类器有同样性能的充分条件。为了达到这个目的，我们必须弄清楚本章余下内容使用的符号。

我们将高维空间中的任一分类器用字母 w 表示，低维空间中的任一分类器用 z 表示。令 w^* 表示数据域最小化真实正则损失的分类器，例如

$$w^* = \arg_w \min L(w) \tag{10.7}$$

且令 z^* 表示测量域最小化正则损失的分类器，例如

$$z^* \doteq \arg_z \min L(z) \tag{10.8}$$

令 $\hat{\omega}_S$ 表示数据域训练集 S 上训练得到的软间隔分类器，例如

$$\hat{w}_S \doteq \arg_w \min \hat{L}_{\langle(x_1,l_1),\cdots,(x_M,l_M)\rangle}(w)$$

类似地，$\hat{z}_{AS}$ 表示测量域压缩训练集 AS 上训练得到的分类器：

$$\hat{z}_{AS} \doteq \arg_z \min \hat{L}_{\langle(y_1,l_1),\cdots,(y_M,l_M)\rangle}(z)$$

最后，令 $A\hat{w}_S$ 表示将 $\hat{w}_S$ 从数据域投影到测量域所得到的测量域分类器。注意，我们在分析中将会只使用 $A\hat{w}_S$ 来证明 $\hat{z}_{AS}$ 分类器的泛化误差有界。

定理 10.3 令 L、M、ϵ、δ 如定义 10.1 中所定义的，假如投影矩阵 A 关于特征空间 $\mathcal{X}$ 具有 ($M+1$, L, ϵ, δ) - 距离保真性质，令 w_0 表示数据域预言分类器，且令

$$C \doteq \sqrt{\frac{\|w_0\|^2\left(\dfrac{3R^2\epsilon}{2} + \dfrac{8(1+(L+\sigma)^2)\log\left(\dfrac{1}{\delta}\right)}{M}\right)}{2}}$$

为 SVM 分类器的正则参数。令 $S \doteq \langle(x_1, l_1), \cdots, (x_M, l_M)\rangle$ 表示数据域 M 个训练样本，$AS \doteq \langle(y_1, l_1), \cdots, (y_M, l_M)\rangle$ 表示训练样本的测量域表示，最后令 $\hat{z}_{AS}$ 表示在 AS 上训练得到的测量域 SVM 分类器。那么至少以概率 $1-3\delta$，下式成立：

$$H_{\mathcal{D}}(\hat{z}_{AS}) \leqslant H_{\mathcal{D}}(w_0) + O\left(R\|w_0\|\sqrt{\left(\epsilon + \frac{(L+\sigma)^2\log\left(\frac{1}{\delta}\right)}{M}\right)}\right) \tag{10.9}$$

10.5 定理 10.3 的证明

本节中我们将证明在测量域距离保真性质为 SVM 的学习提供保障。我们使用一个混合参数

来表明测量域的 SVM 分类器与数据域最优的 SVM 分类器具有近乎相同的精度。定理 10.1 和结构风险最小化理论强调，如果数据在高维空间中表示，高维 SVM 分类器$\hat{w}_S$ 与最优的分类器 w_0 有相似的性能。我们表明，如果将 SVM 分类器$\hat{w}_S$ 投影到测量域，分类器 $A\hat{w}_S$ 的真实正则损失与高维 SVM 分类器$\hat{w}_S$ 的真实正则损失几乎一样。我们再一次强调，我们在分析中只使用投影分类器 $A\hat{w}_S$。压缩学习算法只使用它自己从测量域训练样本中学习到的 SVM 分类器。

为了证明测量域的 SVM 分类器是近乎最优的，我们首先表明，如果矩阵 A 关于训练集 S 是距离保真的，那么它也大概保留训练样本的凸包中任意两点之间的距离。这个性质接下来被用来表明数据域 SVM 分类器和任意训练样本之间的距离（间隔）也被感知矩阵 A 大概保留。

引理 10.2　令 M 为一个正整数，D_1 和 D_2 是正数，A 是关于 $\mathcal{X}$ 具有 $(M+1, L, \epsilon, \delta)$ - 距离保真性质的 $m\times n$ 的感知矩阵，$\langle(x_1, l_1), \cdots, (x_M, l_M)\rangle$ 表示 $\mathcal{X}$ 中任意 M 个元素，$\langle(y_1, l_1), \cdots, (y_M, l_M)\rangle$ 为相应的标记投影向量。那么以概率 $1-\delta$，下面的论点是有效的：

对每个非负数 $s_1, \cdots, s_M$ 和 $t_1, \cdots, t_M$，$\sum_{i=1}^{M} s_i \leqslant D_1$，且 $\sum_{j=1}^{M} t_j \leqslant D_2$，令

$$w_1 \doteq \sum_{i=1}^{M} s_i l_i x_i,\ w_2 = \sum_{i=1}^{M} t_i l_i x_i \tag{10.10}$$

相似地，定义

$$z_1 \doteq \sum_{i=1}^{M} s_i l_i y_i,\ z_2 \doteq \sum_{i=1}^{M} t_i l_i y_i \tag{10.11}$$

那么，

$$|w_1^{\top} w_2 - z_1^{\top} z_2| \leqslant D_1 D_2 R^2 \epsilon$$

证明：这是根据 z_1 和 z_2 的定义和三角不等式得出的，三角不等式为

$$\begin{aligned} |z_1^{\top} z_2 - w_1^{\top} w_2| &= \left| \sum_{i=1}^{M} \sum_{j=1}^{M} s_i t_j l_i l_j (y_i^{\top} y_j - x_i^{\top} x_j) \right| \\ &\leqslant \sum_{i=1}^{M} \sum_{j=1}^{M} s_i t_j |y_i^{\top} y_j - x_i^{\top} x_j| \\ &\leqslant \epsilon R^2 \left(\sum_{i=1}^{M} s_i \right) \left(\sum_{j=1}^{M} t_i \right) \leqslant D_1 D_2 R^2 \epsilon \end{aligned} \tag{10.12}$$

接下来，我们使用引理 10.2 和 SVM 分类器在训练样本的凸包中这一事实来说明 SVM 分类器的间隔和真实铰链损失并不会因距离保真矩阵 A 而显著失真。

引理 10.3　令 $\mathcal{D}$ 为特征空间 $\mathcal{X}$ 中的某种分布，$S=\langle(x_1, l_1), \cdots, (x_M, l_M)\rangle$ 为 $\mathcal{D}$ 中 M 个独立同分布的标记数据，$\langle(y_1, l_1), \cdots, (y_M, l_M)\rangle$ 为相应的测量域标记向量，$\hat{w}_S \doteq \sum_{i=1}^{M} s_i l_i x_i$ 为数据域训练集 S 上训练得到的软阈值 SVM 分类器，$A\hat{w}_S = \sum_{i=1}^{M} s_i l_i y_i$ 为测量域相应的线性阈值分类器。假定感知矩阵是关于 $\mathcal{X}$ 具有 $(M+1, L, \epsilon, \delta)$ - 距离保真性质的，那么以概率 $1-\delta$，

$$L_{\mathcal{D}}(A\hat{w}_S) \leqslant L_{\mathcal{D}}(\hat{w}_S) + \frac{3CR^2\epsilon}{2}$$

证明：由于距离保真特性与 $\mathcal{D}$ 的选择无关，我们首先假定 $\langle(x_1, l_1), \cdots, (x_M, l_M)\rangle$ 是数据域 M 个确定的向量，令 (x_{M+1}, l_{M+1}) 为 $\mathcal{D}$ 中的新样本（我们用来分析测量域 SVM 分类器的真实铰链损失）。因为 A 是以概率 $1-\delta$ 具有 $(M+1, L, \epsilon, \delta)$ - 距离保真性质，它保留任意点对 x_i 和 x_j

之间的距离（$i, j \in [M+1]$）。通过定理 10.1，软阈值 SVM 分类器是支持向量的线性组合，每个 s_i 是正数且 $\sum_{i=1}^{M} s_i \leqslant C$，那么使用定理 10.2，当 $D_1 = D_2 = C$ 时，有

$$\frac{1}{2C}\|A\hat{w}_S\|^2 \leqslant \frac{1}{2C}\|\hat{w}_S\|^2 + \frac{CR^2\epsilon}{2} \tag{10.13}$$

现在，我们说明使用 A 进行维数下降不会使 $\hat{w}_S$ 的真实铰链损失显著失真。再一次地，因为 A 具有（$M+1, L, \epsilon, \delta$）-距离保真性质，引理 10.2 中，当 $D_1 = C$ 和 $D_2 = 1$ 时，有

$$1 - l_{M+1}(A\hat{w}_S)^{\top}(y_{M+1}) \leqslant 1 - l_{M+1}\hat{w}_S^{\top}x_{M+1} + CR^2\epsilon \tag{10.14}$$

现在因为

$$1 - l_{M+1}\hat{w}_S^{\top}x_{M+1} \leqslant [1 - l_{M+1}\hat{w}_S^{\top}x_{M+1}]_+$$

且因为

$$[1 - l_{M+1}\hat{w}_{Sx_{M+1}}^{\top}]_+ + CR_{\epsilon}^2$$

总是非负的，我们有

$$[1 - l_{M+1}(A\hat{w}_S)^{\top}(y_{M+1})]_+ \leqslant [1 - l_{M+1}\hat{w}_S^{\top}x_{M+1}]_+ + CR^2\epsilon \tag{10.15}$$

式（10.15）以概率 $1-\delta$ 对 A 的分布中的每个样本（x_{M+1}，l_{M+1}）都成立。因为 A 的分布与 $\mathcal{D}$ 无关，取式（10.15）关于 $\mathcal{D}$ 的期望，我们可以得到上界

$$H_{\mathcal{D}}(A\hat{w}_S) \leqslant H_{\mathcal{D}}(\hat{w}_S) + CR^2\epsilon$$

截至目前，我们已经通过距离保真矩阵 A 使投影后的 SVM 分类器的正则误差有界。接下来我们说明 $\hat{z}_{AS}$ 的正则损失，$\hat{z}_{AS}$ 是我们直接从测量域学习得到的分类器，与线性阈值分类器 $A\hat{w}_S$ 的正则损失相近。我们用这个来推断出 $\hat{z}_{AS}$ 的正则损失与数据域最优分类器 w^* 的正则损失相近。这使我们的混合参数更加完整。

定理 10.3 的证明：从正则损失的定义我们得到

$$H(\hat{z}_{AS}) \leqslant H(\hat{z}_{AS}) + \frac{1}{2C}\|\hat{z}_{AS}\|^2 = L(\hat{z}_{AS})$$

由于 A 是距离保真的，且每个噪声向量有界，遵循三角不等式有

$$\begin{aligned}\max_y \|f\|_2 &= \max_{x,e}\|Ax+e\|_2 \leqslant \max_x \|Ax\|_2 + \max_e \|e\|_2 \\ &\leqslant L\max_x \|x\|_2 + \max_e \|e\|_2 \leqslant LR + \sigma R\end{aligned}$$

定理 10.2 指出以概率 $1-\delta$，测量域 SVM 分类器 $\hat{z}_{AS}$ 的正则损失与测量域的最优分类器 z^* 的正则损失相近：

$$L_{\mathcal{D}}(\hat{z}_{AS}) \leqslant L_{\mathcal{D}}(z^*) + \frac{8(L+\sigma)^2R^2C\log\left(\frac{1}{\delta}\right)}{M} \tag{10.16}$$

根据式（10.8）中 z^* 的定义，z^* 是测量域最优分类器，那么

$$L_{\mathcal{D}}(z^*) \leqslant L_{\mathcal{D}}(A\hat{w}_S) \tag{10.17}$$

引理 10.3 将数据域 SVM 分类器 $\hat{w}_S$ 的正则损失融入到其投影向量 $A\hat{w}_S$ 的正则损失中。也就是说，以概率 $1-\delta$，

$$L_{\mathcal{D}}(A\hat{w}_S) \leqslant L_{\mathcal{D}}(\hat{w}_S) + \frac{3CR^2\epsilon}{2} \tag{10.18}$$

现在定理 10.2 应用在数据域，将 SVM 分类器$\hat{w}_S$与最优分类器 w^* 的正则损失联系起来：

$$\Pr\left[L_{\mathcal{D}}(\hat{w}_S) \geqslant L_{\mathcal{D}}(w^*) + \frac{8R^2 C\log\left(\frac{1}{\delta_{M+1}}\right)}{M}\right] \leqslant \delta \tag{10.19}$$

将式（10.16）代入到式（10.19）中，则有以概率 $1-3\delta$

$$H_{\mathcal{D}}(\hat{z}_{AS}) \leqslant H_{\mathcal{D}}(w^*) + \frac{1}{2C}\|w^*\|^2 + \frac{3CR^2\epsilon}{2} + \frac{8R^2 C\log\left(\frac{1}{\delta}\right)}{M} + \frac{8(L+\sigma)^2 R^2 C\log\left(\frac{1}{\delta}\right)}{M}$$

注意，对每个 C 的选择，由于 w^* 是真实正则损失的最小化（关于 C 的选择），我们有 $L_{\mathcal{D}}(w^*) \leqslant L_{\mathcal{D}}(w_0)$；因此，对每个 C 的选择，至少以概率 $1-3\delta$

$$H_{\mathcal{D}}(\hat{z}_{AS}) \leqslant H_{\mathcal{D}}(w_0) + \frac{1}{2C}\|w_0\|^2 + \frac{3CR^2\epsilon}{2} + \frac{8R^2 C\log\left(\frac{1}{\delta}\right)}{M} + \frac{8(L+\sigma)^2 R^2 C\log\left(\frac{1}{\delta}\right)}{M} \tag{10.20}$$

特别地，通过选择

$$C \doteq \sqrt{\frac{\|w_0\|^2\left(\frac{3R^2\epsilon}{2} + \frac{8(1+(L+\sigma)^2)\log\left(\frac{1}{\delta}\right)}{M}\right)}{2}}$$

来最小化式（10.6）的右半部分，我们得到

$$H_{\mathcal{D}}(\hat{z}_{AS}) \leqslant H_{\mathcal{D}}(w_0) + O\left(R\|w_0\|\sqrt{\left(\epsilon + \frac{(L+\sigma)^2\log\left(\frac{1}{\delta}\right)}{M}\right)}\right) \tag{10.21}$$

10.6　通过 Johnson – Lindenstrauss 特性的距离保真

本节中，我们介绍 Johnson – Lindenstrauss 特性[15]。我们也会证明这个特性是如何说明距离保真性质和约束等距性质，约束等距性质是压缩感知的充分特性。本节中，令 ε 和 ρ 表示两个正数，且 $\varepsilon<0.2$，与前文一样，令 k 表示小于 n 的正整数。

定义 10.2　令x_1和x_2表示特征空间$\mathcal{X}$中的两个任意向量，那么 A 满足(ε,ρ) – Johnson – Lindenstrauss 特性((ε,ρ) – JLP)，当 A 以至少 $1-\rho$ 的概率近似于x_1和x_2之间的距离，失真最大为距离乘以 ε：

$$(1-\varepsilon)\|x_1-x_2\|^2 \leqslant \|A(x_1-x_2)\|^2 \leqslant (1+\varepsilon)\|x_1-x_2\|^2 \tag{10.22}$$

Johnson – Lindenstrauss 特性现在被广泛用于不同应用中，例如，最近邻近似[1,2]、数据流[3]、机器学习[4,5]、图近似[6]和压缩感知。

本节中，我们证明满足 JL 特性的矩阵也适合于压缩学习。我们首先证明 JL 特性为最坏情况下的压缩感知提供充分条件：

定义 10.3　大小为 $m\times n$ 的矩阵 A 满足（k，ε）– 约束等距特性((k,ε) – RIP)，如果它在每个 k 稀疏的向量 x 上都是近等距的，例如

$$(1-\varepsilon)\|x\|^2 \leqslant \|Ax\|^2 \leqslant (1+\varepsilon)\|x\|^2$$

以下定理由 Baraniuk 等人证明[16]，且将 JL 特性与 RIP 联系起来：

定理 10.4 令 A 为满足(ε, ρ)－JLP 的大小为 $m \times n$ 的感知矩阵，那么对每个正整数 k，至少以 $1-\binom{n}{k}\left(\frac{6}{\sqrt{\varepsilon}}\right)^k \rho$ 的概率，A 是$(k, 5\varepsilon)$－RIP 的。

证明：首先注意到如果一个向量 x 是 k 稀疏的，那么归一化向量$\frac{x}{\|x\|_2}$也是 k 稀疏的。此外，由于感知矩阵 A 是线性的，我们有

$$A\left(\frac{x}{\|x\|_2}\right)=\frac{1}{\|x\|_2}Ax$$

因此，矩阵近似保存 x 的范数当且仅当它近似保存$\frac{x}{\|x\|_2}$的范数。于是，为了证明矩阵满足 RIP，证明 A 在每个具有单位欧几里得范数的 k 稀疏的向量上是近等距的。

现在固定一个 k 维子空间。我们用$\mathcal{X}_k$表示一系列位于子空间中的单位范数向量。我们计算 A 近似保存$\mathcal{X}_k$中每个向量的范数的概率。定义

$$\mathcal{Q} \doteq \left\{q \in \mathcal{X}_k \text{ s. t. 对于所有 } x \in \mathcal{X}_k, \min_{q \in \mathcal{Q}} \| x-q \|_2 \leqslant \frac{\sqrt{\varepsilon}}{2}\right\}$$

令 $\Delta \doteq \max_{x \in \mathcal{X}_k} \| Ax \|$，组合论证可用来证明，可找到$\mathcal{X}_k$中$\left(\frac{6}{\sqrt{\varepsilon}}\right)^k$个向量的集合$\mathcal{Q}$，使得$\mathcal{X}_k$中任意向量 x 与$\mathcal{Q}$的最小距离最大为$\frac{\sqrt{\varepsilon}}{2}$。JL 特性保证了 A 至少以概率 $1-|\mathcal{Q}|\rho$ 近似保存$\mathcal{Q}$中每点的范数。也就是说，对每个 $q \in \mathcal{Q}$，

$$(1-\varepsilon) \| q \|^2 \leqslant \| Ax \|^2 \leqslant (1+\varepsilon) \| x \|^2$$

因此，

$$(1-\sqrt{\varepsilon}) \| q \|_2 \leqslant \| Ax \|_2 \leqslant (1+\sqrt{\varepsilon}) \| x \|_2$$

令 x 表示$\mathcal{X}_k$中的一个向量，且 $q^* \doteq \operatorname{argmin}_{q \in \mathcal{Q}}\|x-q\|_2$，由三角不等式和$q^*$得到

$$\|Ax\|_2 \leqslant \|A(x-q^*)\|_2+\|Aq^*\|_2 \leqslant \Delta \frac{\sqrt{\varepsilon}}{2}+(1+\sqrt{\epsilon}) \tag{10.23}$$

式（10.23）对任意 $x \in \mathcal{X}_k$都是有效的。因此，我们必须有

$$\Delta = \max_{x \in \mathcal{X}_k} \| Ax \|_2 \leqslant \Delta \frac{\sqrt{\varepsilon}}{2}+(1+\sqrt{\varepsilon})$$

那么有

$$\Delta \leqslant 1+\frac{\frac{3}{2}\sqrt{\varepsilon}}{1-\frac{\sqrt{\varepsilon}}{2}}<1+2\sqrt{\varepsilon}$$

同样，使用三角不等式，对每个 $x \in \mathcal{X}_k$，有

$$\| Ax \|_2 \geqslant \| Aq^* \|_2 - \| A(x-q^*) \|_2 \geqslant (1-\sqrt{\varepsilon})-(1+2\sqrt{\varepsilon})\frac{\sqrt{\varepsilon}}{2}>(1-2\sqrt{\varepsilon})$$

那么，以概率 $1-|\mathcal{Q}|\rho$，对 k 维单位球 $\mathcal{X}_k$，有

$$(1-2\sqrt{\varepsilon})\|x\|_2 \leqslant \|Ax\|_2 \leqslant (1+2\sqrt{\varepsilon})\|x\|_2$$

这意味着

$$(1-5\varepsilon)\|x\|^2 \leqslant \|Ax\|^2 \leqslant (1+5\varepsilon)\|x\|^2 \tag{10.24}$$

式（10.24）证明了感知矩阵 A 在每个固定子空间中不是近似等距的概率最大为 $\left(\frac{6}{\sqrt{\varepsilon}}\right)^k\rho$。由于一共有 $\binom{n}{k}$ 个 k 维子空间，考虑到所有 $\binom{n}{k}$ 个子空间集合的联合界限，那么至少以概率 $1-\binom{n}{k}\left(\frac{6}{\sqrt{\varepsilon}}\right)^k\rho$，$A$ 是 $(k,\ 5\varepsilon)$ - RIP 的。

以下命题是 RIP 的结果，被 Needell 和 Tropp 证明[17]。它为满足 RIP 的矩阵的 Lipschitz 常数提供了上界。我们后续会用这个命题来证明满足 JL 特性的矩阵是距离保真的。

命题 10.3　令 A 表示满足 $(k,\ 5\varepsilon)$ - RIP 的感知矩阵，那么对每个向量 $x\in\mathbb{R}^n$，以下界限保持：

$$\|Ax\|_2 \leqslant \sqrt{1+5\varepsilon}\,\|x\|_2 + \sqrt{\frac{1+5\varepsilon}{k}}\,\|x\|_1$$

RIP 是稀疏恢复的充分条件。Candes、Romberg 和 Tao 已经证明[18,19]如果一个矩阵以一个足够小的失真参数 ε 满足 RIP，那么可用凸优化方法来估计任意向量 $x\in\mathbb{R}^n$ 的最优 k 项近似。现在我们证明满足 JL 特性的矩阵是距离保真的。那么，由定理 10.3 可知，如果矩阵满足 JL 特性，那么测量域的 SVM 分类器是近乎最优的。

在本节余下的内容中，我们假定 ε_1 和 ε_2 是小于 0.2 的正数，ρ_1 和 ρ_2 是小于 1 的正数。我们将假定感知矩阵满足 (ε_1,ρ_1) - JLP（这用来证明 A 近似保存数据域 SVM 分类器的正则损失）和 (ε_2,ρ_2) - JLP（这用来证明 A 满足 RIP）。潜在地，ε_1 可显著地小于 ε_2。原因是 ε_2 只出现在感知矩阵 A 的 Lipschitz 界限中，而 ε_1 控制 SVM 分类器正则损失的失真。

引理 10.4　令 M 为一个正整数，A 为 $m\times n$ 的感知矩阵。那么对每个整数 k，A 关于 $\mathcal{X}$ 是 $(M+1,\ L,\ \epsilon,\ \delta)$ - 距离保真矩阵，其中

$$L=\sqrt{1+5\varepsilon_2}\left(1+\frac{\ell_{2\to1}(\mathcal{X})}{\sqrt{k}}\right)$$

$$\epsilon=(3\varepsilon_1+4\sigma+\sigma^2)$$

$$\delta=\binom{M+2}{2}\rho_1+\binom{n}{k}\left(\frac{6}{\sqrt{\varepsilon_1}}\right)^k\rho_2$$

证明：我们证明矩阵 A 满足定义 10.1 的所有三个条件。

条件（C1）的证明：（对每个 $x\in\mathcal{X}$，$\|Ax\|_2\leqslant L\|x\|_2$）

定理 10.4 指出，对每个整数 k，A 以至少 $1-\binom{n}{k}\left(\frac{6}{\sqrt{\varepsilon_1}}\right)^k\rho_2$ 的概率是 $(k,\ 5\varepsilon_2)$ - RIP 的。因此，由命题 10.3 和 $\ell_{2\to1}$ 的定义（式（10.1））可得，以相同的概率，对 $\mathcal{X}$ 中的每个向量 x，有

$$\| Ax \|_2 \leqslant \sqrt{1+5\varepsilon_2}\left(1+\frac{\ell_{2\to 1}(\mathcal{X})}{\sqrt{k}}\right)\| x \|_2$$

因此，A 关于$\mathcal{X}$是 L－Lipschitz 的，其中 $L=\sqrt{1+5\varepsilon_2}\left(1+\frac{\ell_{2\to 1}(\mathcal{X})}{\sqrt{k}}\right)$。

条件（C2）和（C3）的证明：

- （C2）对［$M+1$］中的每个索引 i，$(1-\epsilon)\| x_i \|^2 \leqslant \| y_i \|^2 \leqslant (1+\epsilon)\| x_i \|^2$。
- （C3）对［$M+1$］中每个不同的 i 和 j，$|x_i^\top x_j - y_i^\top y_j| \leqslant \epsilon R^2$。

令 0 表示 n 维全零向量。由于 A 满足（ε_1，ρ_1）－JLP 性质，那么它以$1-\rho_1$的概率保存两个固定向量之间的距离。我们将联合界限使用到从集合〈0，x_1，…，x_{M+1}〉中选择的所有$\binom{M+2}{2}$对向量集合中。由联合界限得到，至少以 $1-\binom{M+2}{2}\rho_1$ 的概率，以下两个声明同时成立：

1）对［$M+1$］中的每个索引 i：

$$(1-\varepsilon_1)\| x_i \|^2 \leqslant \| Ax_i \|^2 \leqslant (1+\varepsilon_1)\| x_i \|^2$$

2）对［$M+1$］中的每对索引 i 和 j：

$$(1-\varepsilon_1)\| x_i - x_j \|^2 \leqslant \| A(x_i - x_j) \|^2 \leqslant (1+\varepsilon_1)\| x_i - x_j \|^2$$

现在令 i 和 j 为［$M+1$］中任意两个确定的索引，我们有

$$\begin{aligned}\| A(x_i - x_j) \|^2 &\leqslant (1+\varepsilon_1)\| x_i - x_j \|^2 \\ &= (1+\varepsilon_1)(\| x_i \|^2 + \| x_j \|^2 - 2x_i^\top x_j)\end{aligned} \tag{10.25}$$

而且

$$\begin{aligned}(1-\varepsilon_1)(\| x_i \|^2 + \| x_j \|^2) - 2(Ax_i)^\top(Ax_j) &\leqslant \| Ax_i \|^2 + \| Ax_j \|^2 - 2(Ax_i)^\top(Ax_j) \\ &= \| A(x_i - x_j) \|^2\end{aligned} \tag{10.26}$$

联合式（10.25）和式（10.26），注意到$\| x_i \| \leqslant R$ 且$\| x_j \| \leqslant R$，我们有

$$(1+\varepsilon_1)x_i^\top x_j \leqslant (Ax_i)^\top(Ax_j) + 2R^2\varepsilon_1 \tag{10.27}$$

这意味着

$$x_i^\top x_j - (Ax_i)^\top(Ax_j) \leqslant \varepsilon_1(2R^2 + x_i^\top x_j) \leqslant 3R^2\varepsilon_1$$

同样地，我们可以证明：

$$(Ax_i)^\top(Ax_j) - x_i^\top x_j \leqslant 3R^2\varepsilon_1$$

因此，

$$|x_i^\top x_j - (Ax_i)^\top(Ax_j)| \leqslant 3R^2\varepsilon_1 \tag{10.28}$$

确定了 $x_i^\top x_j$ 和$(Ax_i)^\top(Ax_j)$之间的差值，我们使用三角不等式来计算 $x_i^\top x_j$ 和 $y_i^\top y_j$ 之间的距离。回顾 $y_i \doteq Ax_i + e_i$，$y_j \doteq Ax_j + e_j$，其中$\| e_i \|_2 \leqslant \sigma R$，$\| e_j \|_2 \leqslant \sigma R$。由三角不等式得到

$$\begin{aligned}|x_i^\top x_j - y_i^\top y_j| &= |x_i^\top x_j - (Ax_i + e_i)^\top(Ax_j + e_j)| \\ &\leqslant |x_i^\top x_j - (Ax_i)^\top(Ax_j)| + |e_i^\top(Ax_j)| + |(Ax_i)^\top e_j| + |e_i^\top e_j| \\ &\leqslant |x_i^\top x_j - (Ax_i)^\top(Ax_j)| + 2\| x_j \| \| e_i \| + 2\| x_i \| \| e_j \| + \| e_i \| \| e_j \| \\ &\leqslant 3R^2\varepsilon_1 + 4R^2\sigma + R^2\sigma^2 = R^2(3\varepsilon_1 + 4\sigma + \sigma^2)\end{aligned}$$

接下来我们证明如果一个感知矩阵是距离保真的，那么测量域的 SVM 分类器的性能与数据

域 SVM 分类器的性能相近。

定理 10.5　令 w_0 表示数据域预言分类器，令 $S \doteq \langle (x_1, l_1), \cdots, (x_M, l_M) \rangle$ 表示数据域 M 个训练样本，$AS \doteq \langle (y_1, l_1), \cdots, (y_M, l_M) \rangle$ 表示训练样本在测量域的表达，最后令 $\hat{z}_{AS}$ 表示在 AS 上训练得到的测量域 SVM 分类器。那么对每个整数 k，如果 $\rho_1 \leqslant \frac{1}{6}\binom{M+2}{2}^{-1}$ 且 $\rho_2 \leqslant \frac{1}{6}\left[\binom{n}{k}\left(\frac{6}{\sqrt{\varepsilon_1}}\right)^k\right]^{-1}$，那么至少以 $1-3\left[\binom{n}{k}\left(\frac{6}{\sqrt{\varepsilon_1}}\right)^k \rho_2 + \binom{M+2}{2}\rho_1\right]$ 的概率，

$$H_{\mathcal{D}}(\hat{z}_{AS}) \leqslant H_{\mathcal{D}}(w_0) + O\left(R \| w_0 \| \sqrt{\varepsilon_1 + \sigma + \frac{(1+\varepsilon_2)\left(1+\frac{\ell_{2\to 1}(\mathcal{X})}{\sqrt{k}}\right)^2 \log\left(\left(\binom{n}{k}\left(\frac{6}{\sqrt{\varepsilon_1}}\right)^k \rho_2 + \binom{M+2}{2}\rho_1\right)^{-1}\right)}{M}}\right) \tag{10.29}$$

证明：定理 10.5 的证明由将引理 10.4 中 L、ε 和 ρ 的值插入定理 10.3 中得到。

10.7　通过随机投影矩阵的最坏情况 JL 特性

10.7.1　Johnson – Lindenstrauss 和随机感知

截至目前我们证明了如果投影矩阵满足 Johnson – Lindenstrauss 特性，那么这个矩阵可用于压缩学习。现在我们给出满足 Johnson – Lindenstrauss 特性的投影矩阵的例子。以下定理由 Dasgupta 和 Gupta[20]，及 Indyk 和 Motwani[21] 证明，且保证了随机高斯（或亚高斯）投影矩阵满足想要的 JL 特性。

命题 10.4　令 A 为 $m \times n$ 的投影矩阵，其元素是从高斯分布 $\mathcal{N}\left(0, \frac{1}{m}\right)$ 中独立同分布采样得到。令 ε 为正实数，x_1 和 x_2 为 $\mathbb{R}^n$ 中两个确定的向量。那么至少以概率 $1-2\exp\left\{-\frac{m\varepsilon^2}{4}\right\}$，$A$ 近似保存 x_1 和 x_2 之间的距离。

$$(1-\varepsilon)\|x_1 - x_2\|^2 \leqslant \|A(x_1 - x_2)\|^2 \leqslant (1+\varepsilon)\|x_1 - x_2\|^2$$

通过联立命题 10.4 和定理 10.5，我们得到以下对高斯投影矩阵的推论。

推论 10.2　令 $\mathcal{X}$ 表示 $\mathbb{R}^n$ 中半径为 R 的球，A 为 $m \times n$ 维的高斯投影矩阵，$\mathcal{D}$ 为 χ 中的某种分布，w_0 表示数据域预言分类器。假如 $S \doteq \langle (x_1, l_1), \cdots, (x_M, l_M) \rangle$ 表示数据域 M 个训练样本，$AS \doteq \langle (y_1, l_1), \cdots, (y_M, l_M) \rangle$ 表示训练样本在测量域的表达，令 $\hat{z}_{AS}$ 表示在 AS 上训练得到的测量域 SVM 分类器。那么存在通用常数 κ_1 和 κ_2，对于每个整数 k，如果

$$m \geqslant \kappa_1\left(\frac{\log M}{\varepsilon_1^2} + \frac{k\log\frac{n}{k}}{\varepsilon_2^2}\right)$$

那么至少以概率 $1-6[\exp\{-\kappa_2 m\varepsilon_1^2\} + \exp\{-\kappa_2 m\varepsilon_2^2\}]$，

$$H_{\mathcal{D}}(\hat{z}_{AS}) \leqslant H_{\mathcal{D}}(w_0) + O\left(R \| w_0 \| \sqrt{\varepsilon_1 + \sigma + \frac{(1+\varepsilon_2) nm\varepsilon_1^2}{kM}}\right) \tag{10.30}$$

证明：这里特征空间$\mathcal{X}$包括半径为 R 的球里的每个点，因此，由 Cauchy - Schwarz 不等式得到$\ell_{2\to1}$（χ）$\leqslant\sqrt{n}$。另外，由命题 10.4 可得，投影矩阵同时满足$\left(\varepsilon_1,\ 2\exp\left\{-\frac{m\varepsilon_1^2}{4}\right\}\right)$ - JL 特性和$\left(\varepsilon_2,\ 2\exp\left\{-\frac{m\varepsilon_2^2}{4}\right\}\right)$ - JL 特性。现在，注意到，由于

$$\log\left[\binom{n}{k}\left(\frac{6}{\sqrt{\varepsilon_1}}\right)^k\right] = O\left(k\log\frac{n}{k}\right),\ \log\left[\binom{M+2}{2}\right] = O(\log M)$$

存在足够大的通用常数 κ_1 和 κ_2，如果 $m\varepsilon_1^2 \geqslant \kappa_1 \log M$ 及 $m\varepsilon_2^2 \geqslant \kappa_1\left(k\log\frac{n}{k}\right)$，那么

$$\begin{aligned}&2\binom{n}{k}\left(\frac{6}{\sqrt{\varepsilon_1}}\right)^k \exp\left\{-\frac{m\varepsilon_2^2}{4}\right\} + \binom{M+2}{2}\exp\left\{-\frac{m\varepsilon_1^2}{4}\right\}\\ &= 2\left[\exp\{-\kappa_2 m\varepsilon_1^2\} + \exp\{-\kappa_2 m\varepsilon_2^2\}\right]\end{aligned}$$

该结果可直接由定理 10.5 得到。

推论 10.3　令$\mathcal{X}$表示$\mathbb{R}^n$中半径为 R 的球里的所有 k 稀疏向量 x 的集合，$\mathcal{D}$为$\mathcal{X}$上的某种分布，w_0 为数据域预言分类器。假如 $S \doteq \langle (x_1, l_1), \cdots, (x_M, l_M) \rangle$表示数据域 M 个训练样本，$AS \doteq \langle (y_1, l_1), \cdots, (y_M, l_M) \rangle$表示这些训练样本在测量域的表达，最后令$\hat{z}_{AS}$表示 AS 上训练得到的测量域 SVM 分类器。那么存在通用常数 κ'_1和 κ'_2（与 k 无关），如果

$$m \geqslant \kappa_1\left(\frac{\log M}{\varepsilon_1^2} + \frac{k\log\frac{n}{k}}{\varepsilon_2^2}\right)$$

那么至少以 $1-6\left[\exp\{-\kappa'_2 m\varepsilon_2^2\} + \exp\{-\kappa'_2 m\varepsilon_1^2\}\right]$的概率，

$$H_{\mathcal{D}}(\hat{z}_{AS}) \leqslant H_{\mathcal{D}}(w_0) + O\left(R \| w_0 \| \sqrt{\varepsilon_1 + \sigma + \frac{(1+\varepsilon_2) m\varepsilon_1^2}{M}}\right) \tag{10.31}$$

证明：推论 10.3 的证明与推论 10.4 的证明类似，唯一的区别是现在特征空间$\mathcal{X}$中的每个向量是严格 k 稀疏的。Cauchy - Schwarz 不等式意味着对$\mathcal{X}$中的每个 k 稀疏向量 x，$\| x \|_1 \leqslant \sqrt{k} \| x \|_2$，因此$\ell_{2\to1}(\mathcal{X}) \leqslant \sqrt{k}$。

备注 10.1　推论 10.3 表明，如果知道先验即特征空间中的每个向量都是严格 k 稀疏的，那么得到一个确定的铰链损失所需的训练样本数目会显著下降。换句话说，稀疏的先验知识可促进学习任务，且不仅是从压缩感知的角度还是机器学习的角度看都是有益的。

备注 10.2　注意到一个较大的 m 值可带来一个较低的失真参数ε_1，且提供较低的分类误差。特别地，通过设置 $\varepsilon_1 = \sqrt{\frac{\log M}{m}}$，我们可得到

$$H_{\mathcal{D}}(\hat{z}_{AS}) \leqslant H_{\mathcal{D}}(w_0) + \overline{O}\left(\left(\frac{\log M}{m}\right)^{\frac{1}{4}} + \left(\frac{\log M}{M}\right)^{\frac{1}{2}} + \sigma^{\frac{1}{2}}\right)$$

最后注意到，这里我们只关注随机高斯矩阵作为满足 JL 特性的矩阵的一个例子。然而，存在其他满足想要的 JL 特性的随机投影矩阵，例如稀疏 Johnson - Lindenstrauss 变换[22,23]和快速

Johnson - Lindenstrauss 变换[24]，及其基于对偶 BCH 编码的变体[25]，Lean Waish 变换[26]和快速傅里叶变换[27]。(见参考文献［28］中有关其他满足 JL 特性的矩阵的介绍。)

备注 10.3　注意，维数下降中随机投影的使用甚至是在发现压缩感知领域之前。本节的结果是基于之前的一系列工作（见参考文献［29，30，31，32］），并基于学习理论和随机优化的最新结果将它们提炼和概括。有趣的是，JL 特性将压缩感知和压缩感知的任务相结合。如果一个矩阵满足 JL 特性，那么不仅测量域的 SVM 分类器近乎最优，而且还可能有效地成功重建出任何想要的数据点。

10.7.2　实验结果

这里我们提供实验结果来支持上一节的结果。我们固定 $n=1024$，$m=100$，分析改变稀疏程度 k 和训练样本个数 M 对测量域分类器的平均训练误差的影响。每个实验中，我们独立重复以下过程 100 次。首先，我们生成一个独立同分布的 100×1024 高斯矩阵，然后我们选择矩阵列的随机 k 子集生成 M 个训练样本，训练样本具有相互独立的随机符号。最后我们使用逆小波变换将训练样本变换到逆小波域。

我们也生成一个均匀随机向量 $w_0\in\mathbb{R}^n$，使用每个训练样本间内积符号，w_0 作为相应训练样本的标签。训练样本通过随机高斯矩阵投影到测量域，然后在测量域直接训练 SVM 分类器。我们使用 3 折交叉验证来评估训练的分类器的准确性。

图 10.1a 显示训练样本的稀疏水平（小波域中）与测量域 SVM 分类器的平均交叉验证误差之间的相关性。数据域 SVM 分类器的平均交叉验证误差也用来进行对比。正如图 10.1a 所示，测量域 SVM 分类器的错误率与数据域 SVM 分类器的错误率十分相近。同时注意，当 k 增大时，交叉验证误差也增大。由于维数灾难的存在，这并不令人惊讶。图 10.1b 显示了增加训练样本数

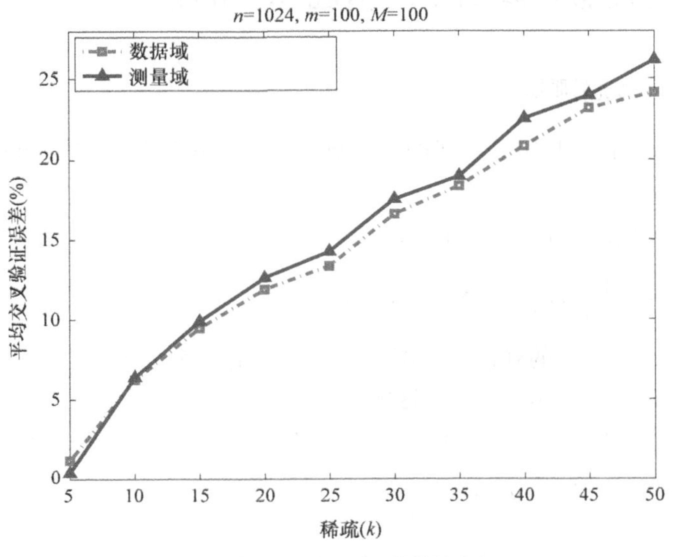

a) 稀疏程度对平均交叉验证误差的影响

图 10.1　数据域和测量域 SVM 分类器的交叉验证误差的对比。这里生成的高斯投影矩阵大小为 100×1024，3 折交叉验证用来测量交叉验证误差

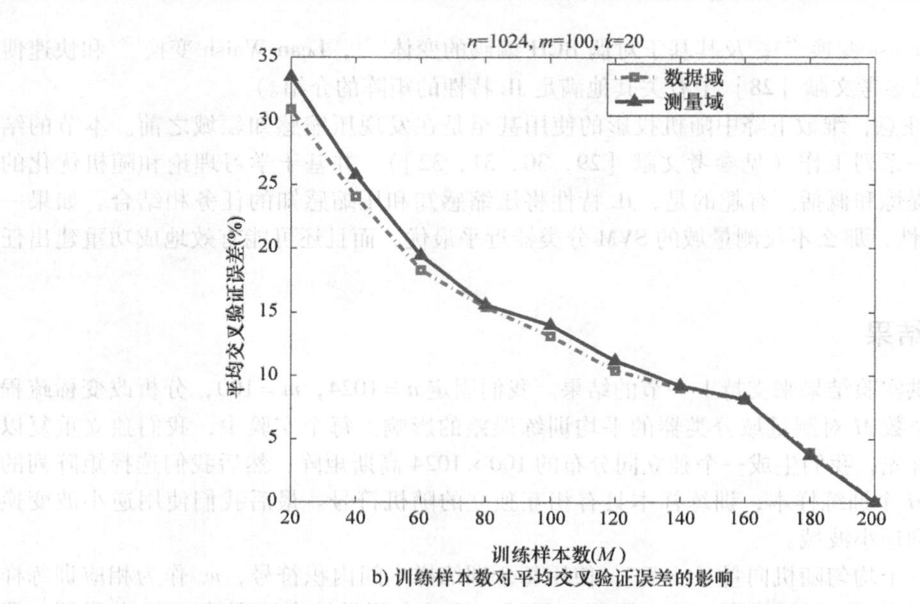

b) 训练样本数对平均交叉验证误差的影响

图 10.1 数据域和测量域 SVM 分类器的交叉验证误差的对比。这里生成的高斯投影矩阵大小为 100×1024，3 折交叉验证用来测量交叉验证误差（续）

对 SVM 分类器的交叉验证误差的影响。这再一次证明了测量域 SVM 分类器的误差与数据域相近。与理论一样，当增加训练样本数目 M 时，交叉验证误差同时下降。

10.8 通过显式投影矩阵的平均情况 JL 特性

10.8.1 相干性的全局测量

令 A 为 $m\times n$ 的矩阵，其中 A 每列的ℓ_2范数为 1。以下两个量用来测量 A 的列之间的相干性[33]：

- 最差情况相干性 $\mu \doteq \max_{\substack{i,j\in[n]\\ i\neq j}} |A_i^\top A_j|$
- 平均相干性 $\nu \doteq \frac{1}{n-1}\max_{i\in[n]} \left| \sum_{\substack{j\in[n]\\ j\neq i}} A_i^\top A_j \right|$

大致来说，我们可以将 A 的列认为是$\mathbb{R}^n$中单位球上的 n 个分离的点。最差情况相干性测量两点之间可以有多近，而平均相干性则是这些点的分散情况的测量。

备注 10.4 Welch 界限[34]表明，如果 A 的所有列都具有单位ℓ_2范数，那么除非 $m=\Omega(n)$，A 的最差相干性不可能太小，例如 $\mu=\Omega\left(\frac{1}{\sqrt{m}}\right)$。

10.8.2 平均情况压缩学习

在 10.7 节中，我们展示了随机感知矩阵是如何在数据位于任意 k 维子空间的最差情况压缩学习中使用的。本节中，我们专注于平均情况压缩学习。我们的目标是证明存在感知矩阵 A，适用于平均情况压缩感知，例如，当信号在随机 k 维子空间中时。因此，本节的结果对多数（而不是所有）的 k 稀疏向量起作用。

这里我们假设特征空间限定在一个随机 k 维子空间。令Π_1^k表示［n］的一个随机 k 子集。特征空间，用$\mathcal{X}_{\Pi_1^k}$表示，是所有$\mathbb{R}^n$中 k 稀疏向量的集合，且 $\operatorname{supp}(x)=\Pi_1^k$，$\|x\|_2\leqslant R$。我们将会证明，存在确定性感知矩阵，在特征空间$\mathcal{X}_{\Pi_1^k}$中是近似等距的。

我们以使用以下命题开始，该命题由 Tropp[34] 提出，来证明一大批显式感知矩阵对于特征空间$\mathcal{X}_{\Pi_1^k}$是 Lipschitz 的。

命题 10.5 存在一个通用常数 C，使得对于每个 $\eta>1$ 和正数 ε，以下声明成立。假如 $m\times n$ 的感知矩阵 A 满足条件

$$\|A\|^2=\frac{n}{m},\ \mu\leqslant\frac{\varepsilon}{2C\eta\log n}$$

令Π_1^k表示［n］的一个随机 k 子集，且 $k\leqslant\dfrac{m\varepsilon^2}{(2C\eta)^2\log n}$，令$A_{\Pi_1^k}$表示 A 的子矩阵且所有列限制在Π_1^k中，那么

$$\Pr[\ \|A_{\Pi_1^k}^{\dagger}A_{\Pi_1^k}-\mathrm{I}\|_2\geqslant\varepsilon]\leqslant\frac{1}{n^{\eta}}$$

我们可使用命题 10.5 来声明，如果感知矩阵是冗余度为$\dfrac{n}{m}$的紧框架，且感知矩阵的列之间都具有足够低的相干性，那么，具有压倒性的概率 A 对于特征空间$\chi_{\Pi_1^k}$是 Lipschitz 的。

现在我们证明，如果感知矩阵具有足够低的 μ 和 ν，那么具有压倒性的概率 A 保存$\mathcal{X}_{\Pi_1^k}$中任意两个具有任意但确定的值的向量之间的距离。

10.8.3 两个基本的相干性测量及它们在压缩学习中的作用

我们首先证明 A 的列的一个随机 k 子集与任意余下的列是高度不相关的：

引理 10.5 令 ϵ_1 为一个正数，k 为一个正整数，且 $k\leqslant\min\left\{\dfrac{n-1}{2},\ \epsilon_1^2\nu^{-2}\right\}$，$\Pi_1^k$表示$[n]$的一个随机 k 子集，x 为具有确定值如 $\operatorname{supp}(x)=\Pi_1^k$的 k 稀疏向量，那么

$$\Pr_{\Pi}\left[\ \exists W\in[n]-\prod\nolimits_1^k s.t\left|\sum_{i=1}^{k}x_iA_W{}^{\top}A_{\Pi_i}\right|\geqslant 2\epsilon_1\|x\|_2\right]\leqslant 4n\exp\left\{\frac{-\epsilon_1^2}{128\mu^2}\right\}\tag{10.32}$$

且

$$\Pr_{\Pi}\left[\ \exists j\in[k]s.t\left|\sum_{\substack{i\in[k]\\ i\neq j}}x_iA_{\Pi_j}{}^{\top}A_{\Pi_i}\right|\geqslant 2\epsilon_1\|x\|_2\right]\leqslant 4k\exp\left\{\frac{-\epsilon_1^2}{128\mu^2}\right\}\tag{10.33}$$

证明：见 10.9.1 节。

本节余下的所有内容中，假定投影矩阵 A 是冗余度为$\dfrac{n}{m}$的紧框架，且令 M 为一个正整数（我们用来表示训练样本的数目），定义 $\theta_M\doteq128\sqrt{2\log(64n^4M^2)}$。另外假定$\epsilon_2$和$\epsilon_3$是两个正数，$\epsilon_2\leqslant\dfrac{\mu\theta_M}{16}$。

这里我们证明如果稀疏度 k 是 $O(\min\{n^{\frac{2}{3}}, \frac{\mu}{\nu}\})$，那么以压倒性概率，$\Pi_1^k$ 中向量 x 的 Euclidean 范数以至多 $(1\pm\epsilon)$ 失真，$\epsilon = O(\mu(\log n + \log M))$。

定理 10.6 令

$$k \leqslant \min\left\{\left(\frac{n\theta_M}{96}\right)^{\frac{2}{3}}, \epsilon_2^2\nu^{-2}, \left(\frac{\mu\theta_M}{96\nu}\right)^2, \epsilon_3\nu^{-1}\right\} \tag{10.34}$$

且令 x 为 Π_1^k 中 k 稀疏向量，那么

$$\Pr_{\Pi_1^k}[\,|\,\|Ax\|^2 - \|x\|\,|^2 \geqslant 2\epsilon_3\|x\|^2] \leqslant 4\exp\left\{\frac{-\epsilon_3^2}{32\mu^2\theta_M^2}\right\} + 32k^2 n\exp\left\{\frac{-\epsilon_2^2}{128\mu^2}\right\}$$

证明：见 10.9.2 节。

以下推论是定理 10.6 的直接结果。

推论 10.4 存在常数 κ，如果 $k \leqslant \min\{n^{\frac{2}{3}}, \frac{\mu}{\nu}\}$，那么对于任意 $x \in \Pi_1^k$，下式成立

$$\Pr_{\Pi_1^k}[\,|\,\|Ax\|^2 - \|x\|^2\,| \geqslant k\mu\log n\|x\|^2] \leqslant \frac{1}{n}$$

证明：证明由定理 10.6 得到。设置 $\epsilon_2 = \frac{\mu\theta_M}{16}$，$\varepsilon_3 = 4\sqrt{2\log(8n)}\mu\theta_M$。由于 $\theta_M > 128$，我们有 $\epsilon_2 > \mu$，$\varepsilon_3 > \mu$。因此，为满足式（10.34），$k \leqslant \min\left\{n^{\frac{2}{3}}, \left(\frac{\mu}{\nu}\right)^2, \frac{\mu}{\nu}\right\}$ 是足够的。现在注意到，由 μ 和 ν 的定义，$\frac{\mu}{\nu}$ 总是小于或等于 $\left(\frac{\mu}{\nu}\right)^2$。因此

$$k \leqslant \min\left\{n^{\frac{2}{3}}, \frac{\mu}{\nu}\right\}$$

是式（10.34）的充分条件。现在定理 10.6 保证

$$\Pr_{\Pi_1^k}[\,|\,\|Ax\|^2 - \|x\|^2\,| \geqslant 8\sqrt{2\log(8n)}\mu\theta_M\|x\|^2] \leqslant \frac{4}{8n} + \frac{32k^2n}{64n^4} \leqslant \frac{1}{n}$$

备注 10.5 推论 10.4 可应用到任意矩阵，尤其是具有最优相干特性矩阵，包括基于二值线性编码的矩阵（见 10.8.4 节）。

命题 10.5 表明，如果投影矩阵是相干性较低的紧框架，在压倒性概率情况下 A 关于随机 k 子空间 Π_1^k 是 Lipschitz 的。定理 10.6 保证了如果投影矩阵也具有较低的平均相干性，那么它关于同样的特征空间满足 Johnson – Lindenstrauss 特性。因此，我们可以使用引理 10.4 来保证 A 以压倒性概率关于 Π_1^k 是距离保真的。

引理 10.6 存在一个通用常数 C 使得对于每个 $\eta \geqslant 1$，如果条件

$$\mu \leqslant \frac{\varepsilon_1}{2C\eta\log n} \text{和 } k \leqslant \min\left\{\frac{m\epsilon_1^2}{(2C\eta)^2\log n}, \left(\frac{n\theta_M}{96}\right)^{\frac{2}{3}}, \epsilon_2^2\nu^{-2}, \left(\frac{\mu\theta_M}{96\nu}\right)^2, \epsilon_3\nu^{-1}\right\}$$

同时满足，那么 A 关于 $\mathcal{X}_{\Pi_1^k}$ 是 $(M+1, L, \epsilon, \delta)$ – 距离保真的，其中

$$L = \sqrt{1+\varepsilon_1}$$

$$\epsilon = (6\epsilon_3 + 4\sigma + \sigma^2)$$

$$\delta = 4\binom{M+2}{2}\left[\exp\left\{\frac{-\epsilon_3^2}{32\mu^2\theta_M^2}\right\} + 32k^2n\exp\left\{\frac{-\epsilon_2^2}{128\mu^2}\right\}\right] + \frac{1}{n^\eta}$$

证明：由于$\mathcal{X}_{\Pi_1^k}$是 k 维的，且$\ell_{2\to 1}(\chi_{\Pi_1^k})\leqslant\sqrt{k}$。将命题 10.5 中的 L 值、定理 10.6 中的 ϵ 和 δ 值替换到引理 10.4 中即可得到证明。

我们现在使用定理 10.3 来限定测量域 SVM 分类器和数据域 SVM 分类器之间的真实铰链损失的差值。

定理 10.7　令ω_0表示数据域预言分类器，$S\doteq\langle(x_1, l_1), \cdots, (x_M, l_M)\rangle$表示数据域 M 个训练样本，$AS\doteq\langle(y_1, l_1),\cdots,(y_M, l_M)\rangle$表示这些训练样本在测量域的表达，最后令$\hat{z}_{AS}$表示 AS 上训练得到的测量域 SVM 分类器。那么存在通用常数 C，使得对于每个 $\eta\geqslant 1$，如果条件

$$\mu\leqslant\frac{\epsilon_1}{2C\eta\log n}\text{和 }k\leqslant\min\left\{\frac{m\epsilon_1^2}{(2C\eta)^2\log n}, \left(\frac{n\theta_M}{96}\right)^{\frac{2}{3}}, \epsilon_2^2\nu^{-2}, \left(\frac{\mu\theta_M}{96\nu}\right)^2, \epsilon_3\nu^{-1}\right\}$$

同时满足，那么以 $1-3\delta$ 的概率，其中

$$\delta\doteq\binom{M+2}{2}\left[4\exp\left\{\frac{-\epsilon_3^2}{32\mu^2\theta_M^2}\right\}+128k^2n\exp\left\{\frac{-\epsilon_2^2}{128\mu^2}\right\}\right]+\frac{1}{n^\eta}$$

下式成立

$$H_{\mathcal{D}}(\hat{z}_{AS})\leqslant H_{\mathcal{D}}(w_0)+O\left(R\|w_0\|\sqrt{\left(\epsilon_3+\sigma+\frac{(1+\epsilon_1)\log\left(\frac{1}{\delta}\right)}{M}\right)}\right)\tag{10.35}$$

证明：将引理 10.6 中的 L、ϵ 和 δ 的值代入到定理 10.3 中得到证明。

推论 10.5　在定理 10.7 的条件下，如果$k\leqslant\min\left\{\frac{m\epsilon_1^2}{2(C\eta)^2\log n}, n^{\frac{2}{3}}, \frac{\mu}{\nu}\right\}$，那么至少以概率$1-\frac{6}{n}$，下式成立

$$H_{\mathcal{D}}(\hat{z}_{AS})\leqslant H_{\mathcal{D}}(w_0)+O\left(R\|w_0\|\sqrt{\left(\mu(\log M+\log n)+\sigma+\frac{(1+\epsilon_1)\log n}{M}\right)}\right)\tag{10.36}$$

证明：推论 10.4 证明$k\leqslant\min\left\{n^{\frac{2}{3}}, \frac{\nu}{\mu}\right\}$是$k\leqslant\min\left\{\left(\frac{n\theta_M}{96}\right)^{\frac{2}{3}}, \epsilon_2^2\nu^{-2}, \left(\frac{\mu\theta_M}{96\nu}\right)^2, \epsilon_3\nu^{-1}\right\}$的一个充分条件。现在由定理 10.7（$\eta=1$）得

$$\binom{M+2}{2}\left[4\exp\left\{\frac{-\epsilon_3^2}{32\mu^2\theta_M^2}\right\}+128k^2n\exp\left\{\frac{-\epsilon_2^2}{128\mu^2}\right\}\right]+\frac{1}{n}\leqslant\frac{2}{n}\tag{10.37}$$

为了满足式（10.37）的要求，需要确保以下两个等式同时成立：

$$\frac{\epsilon_3^2}{32\mu^2\theta_M^2}=\log(4n(M+2)(M+1)), \frac{\epsilon_2^2}{128\mu^2}=\log(128n^2(M+2)(M+1))\tag{10.38}$$

所以，由于

$$\sqrt{\theta_M^2\log[4n(M+2)(M+1)]}=O(\log M+\log n)$$

存在一个通用常数 κ，如果 $\epsilon_3\geqslant\kappa\mu(\log M+\log n)$，那么 $\delta\leqslant\frac{2}{n}$。

10.8.4 使用 Delsarte – Goethals 框架的平均情况距离保真

10.8.4.1 Delsarte – Goethals 框架的建立

在上一节中，我们介绍了两个基本的测量紧框架列之间的相干性方法，表明了这些参数是如何与测量域 SVM 分类器的性能联系起来的。本节中我们建立了一个足够小的平均相干性 ν 和最差情况 μ 的显性感知矩阵（Delsarte – Goethals 框架[35,36]）。我们首先选择一个奇数 o，Delsarte – Goethals 框架 A 的2^o行以二值 o – 元组 t 为索引，$2^{(r+2)o}$列以（P, b）为索引，其中 P 是 Delsarte – Goethals 集合 DG(o, r)中大小为 $o\times o$ 的二值对称矩阵，b 是一个二值 o – 元组。条目 $a_{(P,b),t}$由下式得到：

$$a_{(P,b),t}=\frac{1}{\sqrt{m}}i^{wt(d_P)+2wt(b)}i^{tPt^{\top}+2bt^{\top}} \tag{10.39}$$

式中，d_P表示 P 的主对角线，wt 表示汉明权重（二值向量的第一个数）。注意，$tPt^{\top}+2bt^{\top}$和 $wt(d_P)+2wt(b)$中的所有运算发生在模数为 4 的整数环中，由于它们只作为 i 的指数出现。给定 P 和 b，向量 $tPt^{\top}+2bt^{\top}$是 Delsarte – Goethals 编码中的码字。对于确定的矩阵 P，2^o列$A_{(P,b)}$（$b\in\mathbb{F}_2^o$）组成一个正交的基Γ_P，该正交基也可通过后乘由单位变换对角［$i^{tPt^{\top}}$］的 Walsh – Hadamard 基得到。

Delsarte – Goethals 集合 DG（o, r）是包括$2^{(r+2)o}$个二值对称矩阵的二值向量空间，这些二值矩阵的任意两个不同矩阵之间的差别的秩至少为 $o-2r$（见参考文献［37］）。Delsarte – Goethals 集合是嵌套的。

$$DG(o,0)\subset DG(o,1)\subset\cdots\subset DG\left(o,\frac{(o-1)}{2}\right)$$

第一个集合 DG(o, 0)是一个典型的 Kerdock 集合，最后一个集合 DG$\left(o,\frac{(o-1)}{2}\right)$是所有二值对称矩阵的集合。第 r 个 Delsarte – Goethals 感知矩阵由 DG(o, r)确定，且具有 $m=2^o$行，$n=2^{(r+2)o}$列。

本节余下的内容中，令 1 表示全 1 向量，且令 Φ 表示未归一化的 DG 框架，例如 $A=\frac{1}{\sqrt{m}}\Phi$。

我们使用以下引理来证明 Delsarte – Goethals 框架是低相干性紧框架。首先，我们证明 Delsarte – Goethals 感知矩阵的第 r 列在点乘法下形成一个组。

引理 10.7 令$\mathcal{G}=\mathcal{G}(o,r)$为未归一化列$\Phi_{(P,b)}$的集合，

$$\phi_{(P,b),t}=i^{wt(d_P)+2wt(b)}i^{tPt^{\top}+2bt^{\top}},\ t\in\mathbb{F}_2^o$$

式中，$b\in\mathbb{F}_2^o$，且二值对称矩阵 P 在 Delsarte – Goethals 集合 DG(o,r)上有所不同，那么$\mathcal{G}$是在点乘法下阶数为$2^{(r+2)o}$的组。

证明：引理 10.7 的证明基于 DG 框架的建立，且出现在参考文献［38］中。

接下来我们限定 Delsarte – Goethals 框架的最差情况相干性。

定理 10.8 令$\mathcal{Q}$为 DG(o, r)中的一个大小为 $o\times o$ 的二值对称矩阵，$b\in\mathbb{F}_2^o$。如果 $S\doteq\sum_t i^{tQt^{\top}+2bt^{\top}}$，那么 $S=0$，或者 $S^2=2^{o+2r}i^{v_1Qv_1^{\top}+2bv_1^{\top}}$，其中 $v_1Q=\mathrm{d}Q$。

证明：我们有

$$S^2 = \sum_{t,u} i^{tQt^\top + uQu^\top + 2b(t+u)^\top} = \sum_{t,u} i^{(t\oplus u)Q(t\oplus u)^\top + 2tQu^\top + 2b(t\oplus u)^\top}$$

改变参数至 $v = t\oplus u$，且由 u 得到

$$S^2 = \sum_{v} i^{vQv^\top + 2bv^\top} \sum_{u} (-1)^{(d_Q + vQ)u^\top}$$

由于二值对称矩阵Q的对角线d_Q包含在Q的行空间，等式 $vQ = d_Q$ 存在一个解。另外，由于Q的秩至少为 $o-2r$，等式 $vQ = d_Q$ 的解组成一个维数至多为 $2r$ 的向量空间 E，对于所有 e，$f\in E$

$$eQe^\top + fQf^\top = (e+f)Q(e+f)^\top (\text{模 } 4)$$

因此

$$S^2 = 2^o \sum_{e\in E} i^{(v_1+e)Q(v_1+e)^\top + 2(v_1+e)b^\top} = 2^o i^{v_1Qz_1^\top + 2v_1b^\top} \sum_{e\in E} i^{eQe^\top + 2eb^\top}$$

映射 $e\to eQe^\top$是从 E 到$\mathbb{Z}_2$的线性映射，所以分子 $eQe^\top + 2eb^\top$也决定了一个从 E 到$\mathbb{Z}_2$的线性映射（这里我们鉴定$\mathbb{Z}_2$和$2\mathbb{Z}_4$）。如果线性映射是零映射，那么

$$S^2 = 2^{o+2r} i^{v_1Qv_1^\top + 2bv_1^\top}$$

如果不是零映射，那么 $S=0$。

推论 10.6　令 A 是 $m\times n$ 的 DG(o, r)框架，其列元素由式（10.39）定义，那么$\mu\leqslant \frac{2^r}{\sqrt{m}}$。

证明：引理 10.7 表明未归一化的 DG 框架的列在点乘法下组成了一个组。因此，矩阵任两列的内积是另一列的和。于是，我们有

$$\mu = \max_{i\neq j} |A_i^\dagger A_j| = \frac{1}{m} \leqslant \max_{i\neq j} |\Phi_i^\dagger \Phi_j| \leqslant \frac{1}{m} = \max_{i\neq 1} |\Phi_i^\dagger 1| \leqslant \frac{\sqrt{2^{o+2r}}}{m} = \frac{2^r}{\sqrt{m}}$$

引理 10.8　令 A 为一个 DG(o, r)框架，$m = 2^o$，$n = 2^{(r+2)o}$，那么 $\nu = \frac{1}{n-1}$。

证明：我们有

$$\nu \doteq \max_i \frac{1}{n-1} \left| \sum_{j\neq i} A_i^\top A_j \right| = \frac{1}{m(n-1)} \left| \sum_{j\neq i} \Phi_i^\top \Phi_j \right| = \frac{1}{m(n-1)} \left| \sum_{i\neq 1} 1^\top \Phi_i \right|$$

现在根据引理 10.1，由于 Φ 的每行有至少一个非 1 元素，每行的和消失。因此，$\sum_{i\in[n]} 1^\top \phi_i = 0$。而且由于 $\Phi_1 = 1$，我们有

$$\frac{1}{m(n-1)} \left| \sum_{i\neq 0} 1^\top \phi_i \right| = \frac{1}{m(n-1)} |-1^\top 1| = \frac{1}{n-1}$$

引理 10.9　令 A 为一个 DG(o, r)框架，那么 A 是一个冗余度为$\frac{n}{m}$的紧框架。

证明：令 t 和 t'表示［m］中的两个索引，我们计算 t 和 t'行的内积，由式（10.39）可知，内积可写成如下形式

$$\begin{aligned}\sum_{P,b} a_{(P,b),t} \overline{a(P,b),t'} &= \frac{1}{m} \sum_{P,b} i^{tPt^\top - t'Pt'^\top + 2bt^\top - 2bt'^\top} \\ &= \frac{1}{m} \Big(\sum_P i^{tPt^\top - t'Pt'^\top}\Big)\Big(\sum_b (-1)^{b(t\oplus t')^\top}\Big)\end{aligned}$$

因此，由引理 10.1 得，如果 $t\neq t'$，那么内积为 0，否则为$\frac{n}{m}$。

10.8.4.2 通过 Delsarte – Goethals 框架的压缩感知

截至目前，我们证明了 Delsarte – Goethals 框架是具有最优相干值的紧框架。在压缩感知中，设计具有小的谱范数（最优情况的紧框架）和小的相干性（最优情况下 $\mu=O\left(\frac{1}{\sqrt{m}}\right)$）的字典是有用的，理由如下。

1. 稀疏表达的独特性（ℓ_0最小化）

以下定理是根据 Tropp[34]，表明了以压倒性概率，ℓ_0最小化方案成功地恢复了原始 k 稀疏信号。

定理 10.9 假定字典 A 满足$\mu\leqslant\frac{C}{\log n}$，其中 C 是确定的常数。另外假定 $k\leqslant\frac{Cn}{\|A\|^2\log n}$。令 x 为 k 稀疏的向量，如 x 的支撑是随机均匀选择的，且 x 的 k 个非零元素的分布关于$\mathbb{R}^k$中的 Lebesgue 测量是确定连续的，那么以概率 $1-\frac{1}{n}$，x 是特异的通过测量矩阵 A 映射到 $y=Ax$ 的 k 稀疏向量。

2. 通过 LASSO 的稀疏恢复（ℓ_1最小化）

由于ℓ_0最小化在计算上是非常棘手的，稀疏表达的特异性的使用是有限的。然而，当对稀疏信号种类进行适度的限制时，Candes 和 Plan[39] 证明了以压倒性概率，ℓ_0最小化问题的解与凸 LASSO方案的解相吻合。

定理 10.10 假定字典 A 满足$\mu\leqslant\frac{C}{\log n}$，其中 C 是确定的常数。另外假定 $k\leqslant\frac{Cn}{\|A\|^2\log n}$。令 x 为 k 稀疏的向量，这样

1）x 的 k 个非零系数的支撑是随机均匀选择的。

2）对支撑施加条件，x 的非零元素的符号是相互独立的且同样可能为 -1 或者 1。

令 $y=Ax+e$，其中 e 包含 m 个独立同分布的满足$\mathcal{N}(0,\sigma^2)$的高斯元素，那么如果 $\|x\|_{\min}\geqslant 8\sigma\sqrt{2\log n}$，以概率 $1-O(n-1)$，LASSO 估计

$$x^*\doteq\arg\min_{x^+\in\mathbb{R}^n}\frac{1}{2}\|y-Ax^+\|^2+2\sqrt{2\log n}\sigma^2\|x^+\|_1$$

与 x 具有相同的支撑和符号，且 $\|Ax-Ax^*\|^2\leqslant C_2k\sigma^2$，$C_2$是与 x 无关的常数。

3. 数据域的随机噪声

感知矩阵的紧框架特性使其能够将数据域的独立同分布高斯噪声映射到测量域中。

引理 10.10 令ς为具有 n 个独立同分布$\mathcal{N}(0,\sigma_d^2)$ 元素的向量，e 为具有 m 个独立同分布$\mathcal{N}(0,\sigma_m^2)$元素的向量。令 $\hbar=A\varsigma$且 $v=\hbar+e$，那么 v 包含 m 个从$\mathcal{N}(0,\sigma^2)$独立同分布采样的元素，其中 $\sigma^2=\frac{n}{m}\sigma_d^2+\sigma_m^2$。

证明：紧框架特性意味着

$$\mathbb{E}[\hbar\hbar^\dagger]=E[A_{\varsigma\varsigma}{}^\dagger A^\dagger]=\sigma_d^2AA^\dagger=\frac{n}{m}\sigma_d^2I$$

因此，$\upsilon=\hbar+e$ 包含均值为 0、方差σ^2的独立同分布高斯元素。

这里我们提供了数值实验来评估 DG 框架的 LASSO 方案的性能。DG 框架的表现与相同大小的随机高斯感知矩阵的表现进行对比。ℓ_1 正则参数 $\lambda=10^{-9}$ 的 SpaRSA 算法[40]用来进行无噪声情况下的信号重建，对有噪声的情况，参数根据定理 10.10 来调整。

这些实验将稀疏恢复的准确性与稀疏度和信噪比（SNR）联系起来。准确性是根据统计捕获成功恢复支撑信号的分数的 0 - 1 损失矩阵来衡量的。重建算法输出一个 k 稀疏信号 x 的 k 稀疏近似$\hat{x}$，统计的 0 - 1 损失是$\hat{x}$中没有恢复出 x 的支撑的分数。每个实验重复 2000 次，图 10.2 记录了平均损失。

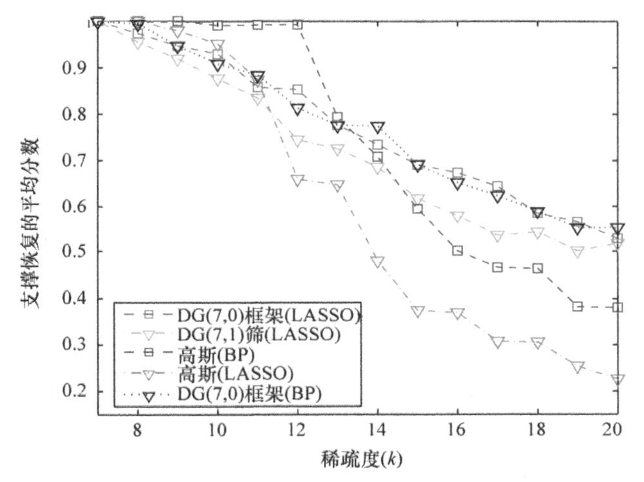

a) 成功重建的支撑的平均分数作为稀疏度k的函数

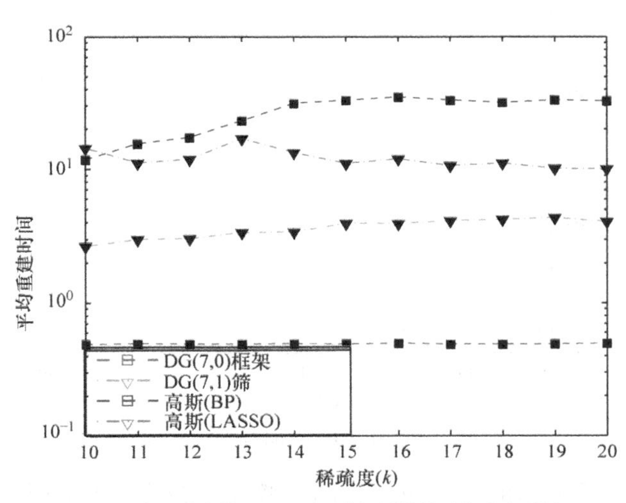

b) 在无噪声情况下，不同感知矩阵的平均重建时间

图 10.2　无噪声情况下相同大小的 DG(7，0)框架、DG(7，1)筛和高斯矩阵之间的对比。LASSO 的正则参数设置为10^{-9}

图 10.2 画出了统计 0 - 1 损失和作为稀疏水平 k 的一个函数的复杂度（平均重建时间）。我们选择均匀随机支撑、随机符号和非零元素的幅值全都设为 1 的 k 稀疏信号，三种不同的感知矩阵进行了对比：高斯矩阵、DG(7, 0)框架和 DG(7, 1)筛[⊖]。信号压缩采样后，其支撑用 $\lambda = 10^{-9}$ 的 SpaRSA 算法恢复。

图 10.3a 画出了测量域的噪声函数的统计 0 - 1 损失，图 10.3b 则画出了数据域的。在测量域噪声实验中，一个 $\mathcal{N}(0, \sigma_m^2)$ 独立同分布测量噪声向量加到感知向量中来得到 m 维向量 y。原始 k 稀疏信号 x 由解 $\lambda = 2\sqrt{2\log n\sigma^2}$ 的 LASSO 方案来近似。按照引理 10.10，我们使用一个相似

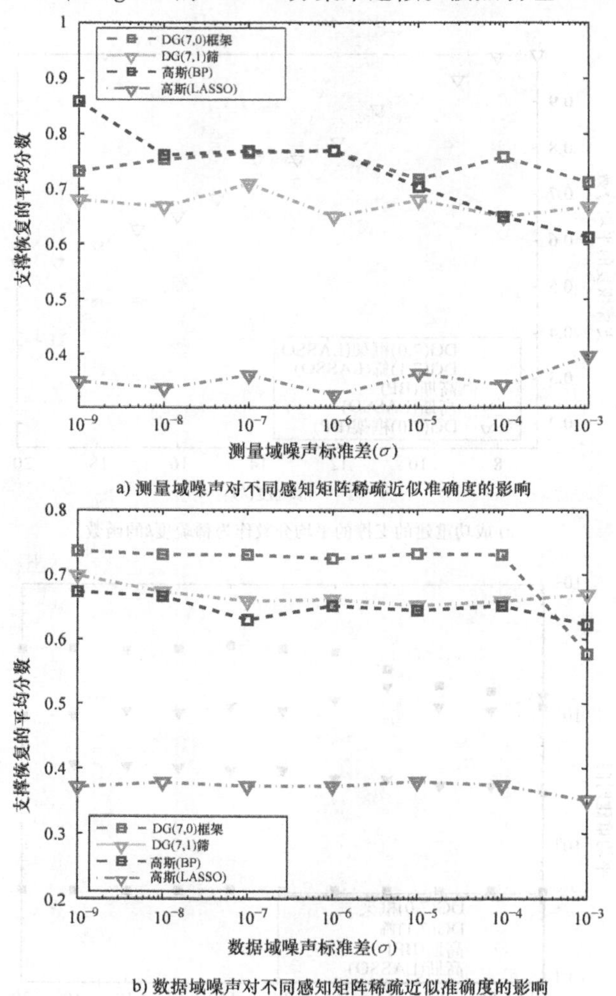

a) 测量域噪声对不同感知矩阵稀疏近似准确度的影响

b) 数据域噪声对不同感知矩阵稀疏近似准确度的影响

图 10.3　在测量域和数据域成功重建的支撑的平均分数作为噪声级的函数，这里稀疏度为 14，根据定理 10.10 确定了 LASSO 的正则化参数作为噪声方差的函数

⊖　DG 筛是没有 Walsh 音调的 DG 框架的子矩阵。——原书注

的方法来研究数据域的噪声。图 10.3 证明 DG 框架和筛在使用 LASSO 进行噪声信号恢复时优于随机高斯矩阵。

我们也进行了 Monte Carlo 实验来计算真实信号恢复概率。我们将测量数目固定在 $m=512$，在稀疏水平 k 上进行滑动，数据维数为 n㊀。对每个（k，n）对，我们重复以下步骤 100 次：①生成单位范数的随机稀疏向量；②使用 DG 框架生成压缩测量（无噪声）；③使用 LASSO 恢复信号。图 10.4a 展示了这 100 次实验中精确恢复的概率。

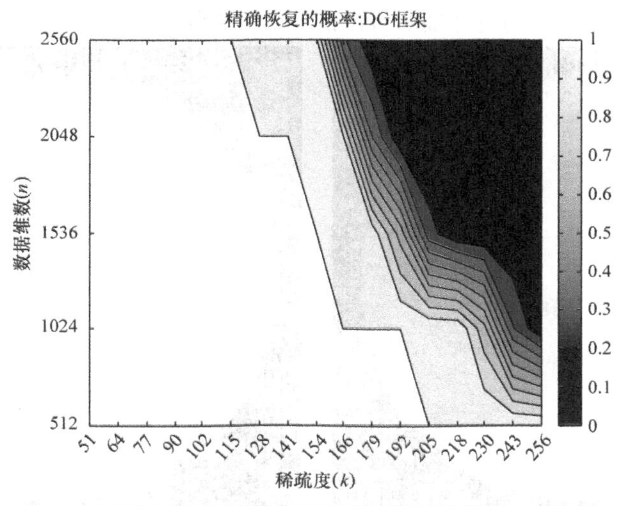

a) 精确信号恢复的概率与稀疏度k之间的函数关系，数据维数n使用DG(9,0) 框架

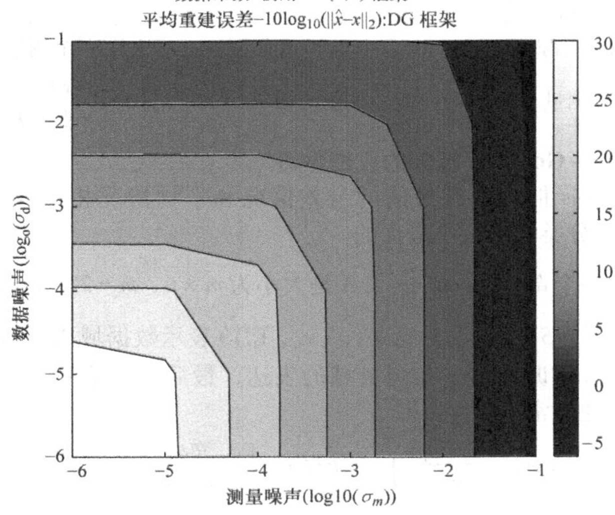

b) 平均重建误差与数据域噪声(σ_d)和使用DG(9,0)框架的测量域噪声(σ_m)之间的函数关系

图 10.4　稀疏度和噪声对使用 DG(9，0)框架的 LASSO 方案的性能的影响

㊀ 为了改变 n，我们选择了 DG（9，0）框架的前 n 列（只要$\frac{n}{m}$是整数，它仍然是非相干紧框架）。——原书注

在有噪声的情况下我们也进行了相似的实验。我们独立地改变数据域噪声的标准差（σ_d）和测量噪声（σ_m）从10^{-6}到10^{-1}。然后我们使用 LASSO 方法来得到 k 稀疏向量 x 的稀疏近似$\hat{x}$。图 10.4b 画出了平均重建误差（$-10\log_{10}(\|\hat{x}-x\|_2)$）与$\sigma_d$和$\sigma_m$的关系。

最终我们使用 DG 框架来对一个大小为 $n=2048\times2048$ 的图像进行压缩采样。我们使用 Daubechies-8 离散小波变换来得到图像的压缩稀疏。我们对比了两个不同的 DG 感知矩阵 DG（19，0）（压缩率为 25%）和 DG（17，0）（压缩率为 6.25%）的质量和计算量。图 10.5 显示了实验结果（与其他方法的更详细的对比请见参考文献［41］）。

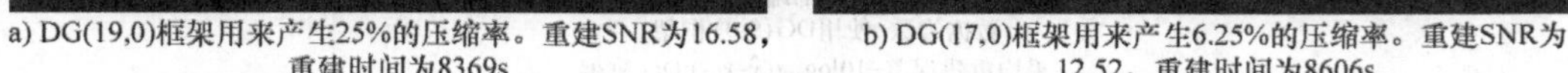

a) DG(19,0)框架用来产生25%的压缩率。重建SNR为16.58，重建时间为8369s

b) DG(17,0)框架用来产生6.25%的压缩率。重建SNR为12.52，重建时间为8606s

图 10.5　使用基追踪算法恢复 $n=2048\times2048$ 的图像，对比从2^{19}个测量（左）和2^{17}个测量（右）的性能。重建 SNR 为 $-20\log_{10}\left(\frac{\|\hat{x}-x\|_2}{\|x\|_2}\right)$

10.8.4.3　通过 Delsarte-Goethals 框架的压缩学习

由于 Delsarte-Goethals 框架具有最优的最差情况和平均情况相干性的值，我们使用推论 10.5 来保证测量域 SVM 分类器是近乎最优的。

推论 10.7　令 o 为一个奇数，$r\leqslant\frac{o-1}{2}$，A 是大小为 $m\times n$、$m=2^o$，$n=2^{(r+2)o}$的 DG 框架。令 $\boldsymbol{w}_0$表示数据域预言分类器，$S\doteq\langle(x_1,l_1),\cdots,(x_M,l_M)\rangle$表示数据域 M 个训练样本，$AS\doteq\langle(y_1,l_1),\cdots,(y_M,l_M)\rangle$表示这些训练样本在测量域的表达，最后令$\hat{z}_{AS}$表示 AS 上训练得到的测量域 SVM 分类器。那么存在通用常数 C，如果

$$m\geqslant\left(\frac{2^{r+1}C\log n}{\varepsilon_1}\right)^2 \text{ 且 } k\leqslant\min\left\{\frac{m\varepsilon_1^2}{(2C)^2\log n},\ n^{\frac{2}{3}}\right\}$$

那么以概率 $1-\frac{6}{n}$，下式成立

$$H_{\mathcal{D}}(\hat{z}_{AS})\leqslant H_{\mathcal{D}}(\boldsymbol{w}_0)+O\left(R\|\boldsymbol{w}_0\|\sqrt{\left(\frac{2^r(\log M+\log n)}{\sqrt{m}}+\sigma+\frac{(1+\varepsilon_1)\log n}{M}\right)}\right) \tag{10.40}$$

证明：证明由将推论 10.5 中的 $\mu=\frac{2r}{\sqrt{m}}$和 $\nu=\frac{1}{n-1}$替换掉得到。

备注 10.6　推论 10.7 保证了，大的测量域维数 m 会产生较低的测量域分类损失。换句话说

$$H_{\mathcal{D}}(\hat{z}_{AS}) \leqslant H_{\mathcal{D}}(w_0)+\overline{O}\left(\left(\frac{(\log M+\log n)^2}{m}\right)^{\frac{1}{4}}+\left(\frac{\log n}{M}\right)^{\frac{1}{2}}+\sigma^{\frac{1}{2}}\right)$$

应用：文本分类。最后我们展示了压缩学习在文本分类中的应用。在文本分类中，目标是将图像分成“水平”“垂直”或“其他”类中的一类。图像的方向信息保存在其水平和垂直小波系数中。因此，数据域（像素或小波）SVM 分类器能提供较高的文本分类准确度。这里我们证明直接从压缩采样的图像中训练得到的 SVM 分类器也具有高性能。

我们使用包含 111 幅 128×128 像素图像的 Brodatz 文本数据库[42]。首先我们将数据集分成 56 幅训练图像和 55 幅测试图像，且从 128×128 像素图像上训练得到 SVM 分类器。然后使用 DG（11，0）框架将这些图像投影到 2^{11} 维空间中。我们使用同样的步骤训练测量域 SVM 分类器并对图像进行相应分类。表 10.1 对比了数据域 SVM 分类器和测量域 SVM 分类器的分类结果。图 10.6 展示了每类中的一些例子。测量域分类器分错了 3 个“水平”图像、3 个“垂直”图像和 1 个“其他”图像。因此，测量域 SVM 分类器的相对分类误差是$\frac{|14-11|+|18-15|+|23-22|}{55}\approx 12.7\%$。

表 10.1　数据域和测量域 SVM 分类器的对比

SVM 分类器	“水平数目”	“垂直”数目	“其他”数目
数据域	14	18	23
测量域	12	15	28

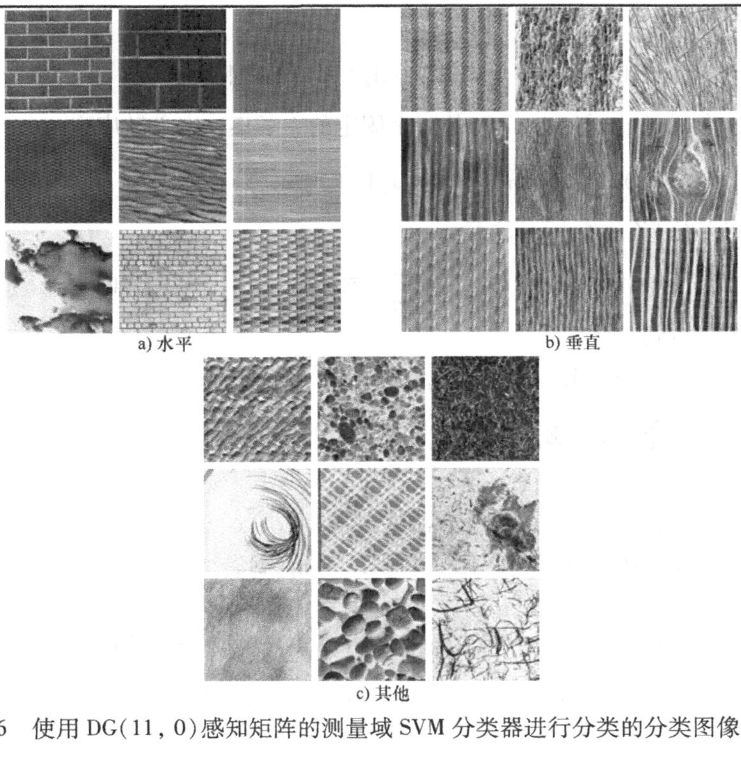

a) 水平

b) 垂直

c) 其他

图 10.6　使用 DG(11，0)感知矩阵的测量域 SVM 分类器进行分类的分类图像的例子

备注 10.7 本节中，我们讨论了 DG 框架作为低相干性紧框架，然而，存在其他满足平均情况 JL 特性的矩阵族。这些矩阵基于对偶 – BCH 编码[43]、Binary Chirp[44]、Gabor 框架[45]和部分傅里叶组合[38]（对于它们的建立见参考文献［43］）。

10.9 主要平均情况压缩学习结果的证明

10.9.1 引理 10.5 的证明

证明：不失一般性，我们可假定 x 的前 k 个元素非零，且相反地，A 的列被 Π 置换。首先我们证明式（10.32）。

我们对所有可能的 W 值施加联合界限，得到

$$\begin{aligned}&\Pr_{\Pi_1^k}\left[\exists W\in[n]-\Pi_1^k \text{s.t}\left|\sum_{i=1}^k x_i A_W{}^\top A_{\Pi_i}\right|\geqslant 2\epsilon_1\|x\|_2\right]\\ \leqslant&\sum_{w=1}^n\Pr_{\Pi_1^k}\left[\exists W\in[n]-\Pi_1^k \text{s.t}\left|\sum_{i=1}^k x_i A_W{}^\top A_{\Pi_i}\right|\geqslant 2\epsilon_1\|x\|_2\,\middle|\,W=w\right]\end{aligned}\tag{10.41}$$

现在固定 w 的值，定义 $\hbar_w(\Pi_1^k)\doteq\sum_{i=1}^k x_i A_w{}^\top A_{\Pi_i}$。注意，在 $w\notin\Pi_1^k$ 条件下，Π_1^k 是 $[n]-\{w\}$ 的一个随机 k 子集。我们首先证明 $\hbar_w(\Pi_1^k)$ 的期望值足够小，然后我们使用 Azuma 不等式来证明以压倒性概率，$\hbar_w(\Pi_1^k)$ 集中在其期望。

由期望的线性得到

$$|\mathbb{E}_{\Pi_1^k}[\hbar_w(\Pi_1^k)]|=\left|\sum_{i=1}^k x_i\,\mathbb{E}_{\Pi_{i\neq w}}[A_w{}^\top A_{\Pi_i}]\right|\leqslant\|x\|_1\nu\leqslant\sqrt{k}\|x\|_2\nu\tag{10.42}$$

为证明这个集中，令 π_1^k 是［n］－｛w｝的一个固定的 k 子集，定义鞅序列

$$Z_t\doteq\mathbb{E}_{\Pi_1^k}[\hbar_w(\Pi_1^k)\mid\Pi_1^t=\pi_1^t]=\sum_{i=1}^t x_i A_w{}^\top A_{\pi_i}+\sum_{i=t+1}^k x_i\,\mathbb{E}_{\Pi_i\notin\{\pi_1,\cdots,\pi_t,w\}}[A_w{}^\top A_{\Pi_i}]\tag{10.43}$$

现在目标变成限定差分 $|Z_t-Z_{t-1}|$。注意

$$Z_{t-1}=\sum_{i=1}^{t-1}x_i A_w{}^\top A_{\pi_i}+\sum_{i=t}^k x_i\,\mathbb{E}_{\Pi_i\notin\{\pi_1,\cdots,\pi_{t-1},w\}}[A_w{}^\top A_{\Pi_i}]$$

因此，由三角不等式得到

$$\begin{aligned}|Z_t-Z_{t-1}|\leqslant&|x_t|\,|A_w{}^\top A_{\pi_t}-\mathbb{E}_{\Pi_t\notin\{\pi_1,\cdots,\pi_{t-1},w\}}[A_w{}^\top A_{\Pi_t}]|\\&+\sum_{i=t+1}^k|x_i|\,|\mathbb{E}_{\Pi_i\notin\{\pi_1,\cdots,\pi_t,w\}}[A_w{}^\top A_{\Pi_i}]-\mathbb{E}_{\Pi_i\notin\{\pi_1,\cdots,\pi_{t-1},w\}}[A_w{}^\top A_{\Pi_i}]|\end{aligned}\tag{10.44}$$

从边缘化期望我们得到

$$\begin{aligned}&\mathbb{E}_{\Pi_i\notin\{\pi_1,\cdots,\pi_{t-1},w\}}[A_w{}^\top A_{\Pi_i}]=\\&\Pr[\Pi_i=\pi_t]A_w{}^\top A_{\pi_t}+\Pr[\Pi_i\neq\pi_t]\,\mathbb{E}_{\Pi_i\notin\{\pi_1,\cdots,\pi_t,w\}}[A_w{}^\top A_{\Pi_i}]\end{aligned}\tag{10.45}$$

结果

$$\begin{aligned}&|\mathbb{E}_{\Pi_i\notin\{\pi_1,\cdots,\pi_t,w\}}[A_w{}^\top A_{\Pi_i}]-\mathbb{E}_{\Pi_i\notin\{\pi_1,\cdots,\pi_{t-1},w\}}[A_w{}^\top A_{\Pi_i}]|\\&=\Pr[\Pi_i=\pi_t]\,|\mathbb{E}_{\Pi_i\notin\{\pi_1,\cdots,\pi_t,w\}}[A_w{}^\top A_{\Pi_i}]-A_w{}^\top A_{\pi_t}|\leqslant\frac{2\mu}{n-1-t}\end{aligned}\tag{10.46}$$

通过将式（10.46）代入式（10.44），我们得到差分界限

$$c_t \doteq |Z_t - Z_{t-1}| \leqslant 2|x_t|\mu + \frac{2\mu}{n-(t+1)}\|x\|_1 \leqslant 2|x_t|\mu + \frac{2\mu}{n-(k+1)}\|x\|_1 \tag{10.47}$$

现在为了使用 Azuma 不等式，我们需要限定 $\sum_{t=1}^{k} c_t^2$：

$$\begin{aligned}\sum_{t=1}^{k} c_t^2 &= 4\mu^2 \sum_{t=1}^{k}\left(|x_t| + \frac{\|x\|_1}{n-(k+1)}\right)^2 \\ &\leqslant 4\mu^2\left(\|x\|_2^2 + \frac{k^2}{(n-(k+1))^2}\|x\|_2^2 + 2\frac{k}{n-(k+1)}\|x\|_2^2\right)\end{aligned} \tag{10.48}$$

如果 $k \leqslant \frac{n-1}{2}$，那么 $\sum_{t=1}^{k} c_t^2 \leqslant 16\mu^2\|x\|_2^2$，由 Azuma 不等式（命题 10.1）得到，对每个 $\epsilon_1 \geqslant \sqrt{k\nu}$，

$$\begin{aligned}\Pr_{\Pi_1^k}[\,|\hbar_w(\Pi_1^k)| \geqslant 2\epsilon_1\|x\|_2] &\leqslant \Pr[\,|\hbar_w(\Pi_1^k) - \mathbb{E}_{\Pi_1^k}[\hbar_w(\Pi_1^k)]| \geqslant \epsilon_1\|x\|_2] \\ &\leqslant 4\exp\left\{\frac{-\epsilon_1^2}{128\mu^2}\right\}\end{aligned} \tag{10.49}$$

现在通过对 w 的 n 个选择施加联合界限，我们得到

$$\Pr_{\Pi_1^k}\left[\exists W \in [n] - \Pi_1^k \text{s. t}\left|\sum_{i=1}^{k} x_i A_W{}^{\top} A_{\Pi_i}\right| \geqslant 2\epsilon_1\|x\|_2\right] \leqslant 4n\exp\left\{\frac{-\epsilon_1^2}{128\mu^2}\right\}$$

式（10.33）的证明类似：首先观察使用联合界限

$$\Pr_{\Pi_1^k}\left[\exists j \in \{1,\cdots,k\}\text{s. t}\left|\sum_{\substack{i\in\{1,\cdots k\}\\ i\neq j}} x_i A_{\Pi_j}{}^{\top} A_{\Pi_i}\right| \geqslant 2\epsilon_2\|x\|_2\right] \leqslant \sum_{j=1}^{k}\Pr_{\Pi_1^k}\left[\left|\sum_{\substack{i\in\{1,\cdots,k\}\\ i\neq j}} x_i A_{\Pi_j}{}^{\top} A_{\Pi_i}\right| \geqslant 2\epsilon_2\|x\|_2\right] \tag{10.50}$$

另外，边缘化式（10.50）的左侧，我们得到

$$\Pr_{\Pi_1^k}\left[\left|\sum_{\substack{i\in\{1,\cdots,k\}\\ i\neq j}} x_j A_{\Pi_j}{}^{\top} A_{\Pi_i}\right| \geqslant 2\epsilon_2\|x\|_2\right] = \sum_{w=1}^{n}\Pr[\Pi_j = w]\Pr_{\Pi_1^k}\left[\left|\sum_{\substack{i\in\{1,\cdots,k\}\\ i\neq j}} x_i A_w{}^{\top} A_{\Pi_i}\right| \geqslant 2\epsilon_2\|x\|_2 \Pi_j = w\right]$$

与引理 10.5 的证明相似的声明可以用来证明对每个 $\epsilon_2 \geqslant \sqrt{k\nu}$

$$\Pr_{\Pi_1^k}\left[\left|\sum_{\substack{i\in\{1,\cdots,k\}\\ i\neq j}} x_i A_{\Pi_i}{}^{\top} A_{\Pi_j}\right| \geqslant 2\epsilon_2\|x\|_2 \mid \Pi_j = w\right] \leqslant 4\exp\left\{\frac{-\epsilon_2^2}{128\mu^2}\right\}$$

因此

$$\begin{aligned}\Pr_{\Pi_1^k}\left[\exists j\text{s. t}\left|\sum_{\substack{i\in\{1,\cdots,k\}\\ i\neq j}} x_i A_{\Pi_j}{}^{\top} A_{\Pi_i}\right| \geqslant 2\epsilon_2\|x\|_2\right] &\leqslant \sum_{j=1}^{k}\sum_{w=1}^{n}\Pr[\Pi_j = w]4\exp\left\{\frac{-\epsilon_2^2}{128\mu^2}\right\} \\ &= 4k\exp\left\{\frac{-\epsilon_2^2}{128\mu^2}\right\}\end{aligned}$$

10.9.2 定理 10.6 的证明

定理 10.6 的证明由通过构建有限差分鞅序列，应用扩展的 Azuma 不等式（命题 10.2）得到。令 Π 为 $[n]$ 的一个随机排列，令 π 为 $[n]$ 的一个固定排列。对每个索引 t，令 $\Pi_1^t \doteq \{\Pi_1, \cdots, \Pi_t\}$，且 $\pi_1^t \doteq \{\pi_1, \cdots, \pi_t\}$。令 x 为Π_1^k中具有确定值的 k 稀疏向量。为不失一般性，我们可以假定 x 的前 k 个元素非零，且相反地，A 的列被 Π 置换。对 $t=0, 1, \cdots, k$，我们定义以下鞅序列

$$Z_t = \mathbb{E}_{\Pi_1^k}\left[\sum_{i=1}^{k} x_i \left(\sum_{j=1}^{k} x_j A_{\Pi_i}{}^{\top} A_{\Pi_j}\right) \Big| \Pi_1 = \pi_1, \cdots, \Pi_t = \pi_t\right] \tag{10.51}$$

首先我们限定差分$|Z_t - Z_{t-1}|$。我们需要以下引理：

引理 10.11 令Π_1^k为 $[n]$ 的一个随机 k 子集，令π_1^k为 $[n]$ 的一个确定 k 子集。那么对每个 $t \leqslant k$，以下不等式同时成立：

- （I1）对每对索引 i 和 j，$1 \leqslant i < t$，$t < j$：

$$\left|\mathbb{E}_{\Pi_j \notin \{\pi_1^t\}}[A_{\pi_i}{}^{\top} A_{\Pi_j}] - \mathbb{E}_{\Pi_j \notin \{\pi_1^{t-1}\}}[A_{\pi_i}{}^{\top} A_{\Pi_j}]\right| \leqslant \frac{2\mu}{n-t+1}$$

- （I2）对每对独立的大于 t 的索引 i 和 j

$$\left|\mathbb{E}_{\Pi_i \notin \pi_1^t}[\mathbb{E}_{\Pi_j \notin \{\pi_1^t, \Pi_i\}}[A_{\Pi_i}{}^{\top} A_{\Pi_j}]] - \mathbb{E}_{\Pi_i \notin \pi_1^{t-1}}[\mathbb{E}_{\Pi_j \notin \{\pi_1^{t-1}, \Pi_i\}}[A_{\Pi_i}{}^{\top} A_{\Pi_j}]]\right| \leqslant \frac{2\mu}{n-t+1}$$

证明：第一个不等式由鞅序列产生。第二个不等式的证明相似，我们省略具体内容。

$$\begin{aligned}
&\left|\mathbb{E}_{\Pi_j \notin \{\pi_1^t\}}[A_{\pi_i}{}^{\top} A_{\Pi_j}] - \mathbb{E}_{\Pi_j \notin \{\pi_1^{t-1}\}}[A_{\pi_i}{}^{\top} A_{\Pi_j}]\right| \\
&= \left|\mathbb{E}_{\Pi_j \notin \{\pi_1^t\}}[A_{\pi_i}{}^{\top} A_{\Pi_j}] - \Pr[\Pi_j = \pi_t] A_{\pi_i}{}^{\top} A_{\pi_t} - \Pr[\Pi_j \neq \pi_t] \mathbb{E}_{\Pi_j \notin \{\pi_1^t\}}[A_{\Pi_i}{}^{\top} A_{\Pi_j}]\right| \\
&= \Pr[\Pi_j = \pi_t] \left|\mathbb{E}_{\Pi_j \notin \{\pi_1^t\}}[A_{\pi_i}{}^{\top} A_{\Pi_j}] - A_{\pi_i}{}^{\top} A_{\pi_t}\right| \leqslant \frac{2\mu}{n-(t-1)}
\end{aligned}$$

引理 10.12 令Π_1^k和π_1^k如引理 10.11 所定义，那么对于每个 $t \leqslant k$，以下不等式同时成立：

- （Q1）：对每个 $j < t$：

$$\left|\mathbb{E}_{\Pi_i \notin \{\pi_1^{t-1}\}}[A_{\Pi_i}{}^{\top} A_{\pi_j}]\right| \leqslant \frac{k}{n-k}\mu + \frac{n-1}{n-k}\nu$$

- （Q2）：对每个 $i > t$：

$$\left|\mathbb{E}_{\Pi_i \notin \{\pi_1^t\}}[A_{\Pi_i}{}^{\top} A_{\pi_t}] - \mathbb{E}_{\Pi_i \notin \{\pi_1^{t-1}\}}[\mathbb{E}_{\Pi_t \notin \{\pi_1, \cdots, \pi_{t-1}, \Pi_i\}}[A_{\Pi_i}{}^{\top} A_{\Pi_t}]]\right| \leqslant \frac{2k}{n-k}\mu + \frac{2(n-1)}{n-k}\nu$$

证明：引理 10.12 的证明与引理 10.11 的证明类似，参考文献 [46] 中有详细证明。

现在我们限定差分 $|Z_t - Z_{t-1}|$。

引理 10.13 令Z_t如式（10.51）所定义，那么

$$|Z_t - Z_{t-1}| \leqslant 2\left|\sum_{j=1}^{t-1} x_t x_j A_{\pi_t}{}^{\top} A_{\pi_j}\right| + 6\left(\frac{k}{n-k}\mu + \frac{n-1}{n-k}\nu\right)|x_t| \|x\|_1 + \frac{4\mu}{n-k}\|x\|_1^2 \tag{10.52}$$

证明：引理 10.13 的证明与引理 10.12 简化后的证明类似，详细内容见参考文献［46］。

现在，为了使用扩展 Azuma 不等式（命题 10.2），我们需要分析 $|Z_t - Z_{t-1}|$ 在平均情况和最差情况下的表现。

引理 10.14　令 Z_t 如式（10.51）所定义，那么

$$|Z_t - Z_{t-1}| \leqslant 2\sqrt{k}\left(\mu + 3\left(\frac{k}{n-k}\mu + \frac{n-1}{n-k}\nu\right)\right)|x_t| \, \|x\|_2 + \frac{4k\mu}{n-k}\|x\|_2^2 \tag{10.53}$$

另外，对每个正数 ϵ_2，如果 $k \leqslant \min\left\{\frac{n-1}{2}, \epsilon_2^2\nu^{-2}\right\}$，那么以概率 $1 - 4k\exp\left\{\frac{-\epsilon_2^2}{128\mu^2}\right\}$，对每个 $1 \sim k$ 之间的索引 t

$$|Z_t - Z_{t-1}| \leqslant 2\left(2\epsilon_2 + 3\sqrt{k}\left(\frac{k}{n-k}\mu + \frac{n-1}{n-k}\nu\right)\right)|x_t| \, \|x\|_2 + \frac{4k\mu}{n-k}\|x\|_2^2 \tag{10.54}$$

证明：式（10.53）由式（10.52）使用 Cauchy - Schwarz 不等式得到。现在，如果 $k \leqslant \min\left\{\frac{n-1}{2}, \epsilon_2^2\nu^{-2}\right\}$，那么由引理 10.5 得到

$$\Pr_{\Pi_1^k}\left[\exists t \in [k] \text{ s. t} \left|\sum_{i=1}^{t-1} x_i A_{\Pi_i}{}^{\top} A_{\Pi_t}\right| \geqslant 2\epsilon_2 \|x\|_2\right] \leqslant 4k\exp\left\{\frac{-\epsilon_3^2}{128\mu^2}\right\}$$

我们将找到鞅序列 $|Z_t - Z_{t-1}|$ 的上界。

引理 10.15　令 ϵ_2 为一个小于 $\frac{\mu\theta_M}{16}$ 的正数，假如

$$k \leqslant \min\left\{\left(\frac{n\theta_M}{96}\right)^{\frac{2}{3}}, \epsilon_2^2\nu^{-2}, \left(\frac{\theta_M\mu}{96\nu}\right)^2\right\}$$

定义

$$c_t \doteq 2\left(2\epsilon_2 + 3\sqrt{k}\left(\frac{k}{n-k}\mu + \frac{n-1}{n-k}\nu\right)\right)|x_t| \, \|x\|_2 + \frac{4k\mu}{n-k}\|x\|_2^2$$

那么

$$\sum_{t=1}^{k} c_t^2 \leqslant \mu^2\theta_M^2 \|x\|_2^4 \tag{10.55}$$

证明：引理 10.15 的证明要求一些代数计算，详细内容见参考文献［46］。

限定了差分 $|Z_t - Z_{t-1}|$ 后，我们可使用扩展 Azuma 不等式来证明以压倒性概率，$\sum_{i=1}^{k} x_i\left(\sum_{j=1}^{k} x_j A_{\Pi_i}{}^{\top} A_{\Pi_j}\right)$ 集中在 $\|x\|^2$ 附近。

现在我们完成定理 10.6 的证明。

定理 10.6 的证明：首先我们证明 $\|Ax\|^2$ 的期望值与 $\|x\|^2$ 相近。由期望的线性得到

$$\mathbb{E}_{\Pi_1^k}[\|Ax\|^2] = \sum_{i=1}^{k} x_i \sum_{j=1}^{k} x_j \mathbb{E}_{\Pi_1^k}[A_{\Pi_i}{}^{\top} A_{\Pi j}]$$

因此

$$|\mathbb{E}_{\Pi_1^k}[\|Ax\|^2] - \|Ax\|^2| = \left|\sum_{i=1}^{k} x_i\left(\sum_{\substack{j \in [k] \\ j \neq i}} x_j \mathbb{E}_{\Pi}[A_{\Pi_i}{}^{\top} A_{\Pi j}]\right)\right| \leqslant \nu\|x\|_1^2 \leqslant k\nu\|x\|^2$$

令 Z_t 如式（10.51）所定义，那么因为 $\epsilon_3 \geqslant k\nu$，我们有

$$\Pr_{\Pi_1^k}[|\|Ax\|^2 - \|x\|^2| \geqslant 2\epsilon_3\|x\|^2] \leqslant \Pr_{\Pi}[|Z_k - Z_0| \geqslant \epsilon_3\|x\|^2]$$

引理 10.14 表明，总是有

$$|Z_t - Z_{t-1}| \leqslant b_t$$

且至少以 $1-4k\exp\left\{\frac{-\epsilon_3^2}{128\mu^2}\right\}$的概率，对每个在 $1\sim k$ 之间的索引 t

$$|Z_t - Z_{t-1}| \leqslant c_t$$

式中，b_t和c_t为式（10.53）和式（10.54）的右侧。引理 10.15 证明，$\sum_{t=1}^{k} c_t^2 \leqslant \mu^2\theta_M^2 \|x\|_2^4$。另外，很容易验证对每个 t，$c_t \geqslant \frac{4k\mu}{n}\|x\|^2$，$b_t < 8k\mu\|x\|^2$。因此

$$\sum_{t=1}^{k}\frac{b_t}{c_t} \leqslant \sum_{t=1}^{k} 2n \leqslant 2kn$$

结果由扩展 Azuma 不等式得到。

10.10 总结

本章中我们介绍了压缩学习，一种压缩感知应用中进行测量域模式识别的线性降维技术。我们制定了感知矩阵需要满足的条件来保证测量域 SVM 分类器的近最优性。我们然后证明了一大类压缩感知矩阵满足所需的要求。

我们再一次强调，维数下降在很多不同的领域中已经被研究了很长时间了。特别地，应付维数灾难的理论和方法在至少 20 年间一直是机器学习领域的焦点（例如，SVM、复杂正则、模型选择、提升、聚合等）。另外，有大量的研究来设计鲁棒的维数下降技术，例如，流形学习[48,49]、局部敏感散列[50]等（同见参考文献［47］）。这部分的压缩学习方法在压缩感知应用中是最有用的。原因是压缩感知已经将数据投影到一些较低的维数中，因此，维数下降可以和现在的感知方法一样又快又有效地完成。

此外，尽管线性维数下降方法不如其他维数下降方法复杂，但对很多应用来说，线性维数下降已经足够了。经验证实，在很多应用中包括信息恢复[30]和人脸识别[7]，数据已经有很好的结构，线性方法的性能几乎和高维空间中最优的分类器的性能一样好。

参考文献

[1] E. Kushilevitz, R. Ostrovsky, and Y. Rabani. Efficient search for approximate nearest neighbor in high dimensional spaces. *SIAM J Comput*, 30(2):457–474, 2000.

[2] P. Indyk. On approximation nearest neighbors in non-Euclidean spaces. *Proc 39th Ann IEEE Symp Found Computer Scie (FOCS)*: 148–155, 1998.

[3] N. Alon, Y. Matias, and M. Szegedy. The space complexity of approximating the frequency moments. *Proc 28th Ann ACM Symp Theory Comput (STOC)*: 20–29, 1996.

[4] M. F. Balcan, A. Blum, and S. Vempala. Kernels as features: On kernels, margins, and low-dimensional mappings. *Mach Learning*, 65(1), 79–94, 2006.

[5] K. Weinberger, A. Dasgupta, J. Attenberg, J. Langford, and A. Smola. Feature hashing for large scale multitask learning. *Proc 26th Ann Int Conf Machine Learning (ICML)*, 1113–1120, 2009.

[6] D. A. Spielman and N. Srivastava. Graph sparsification by effective resistances. *Proc 40th Ann ACM Symp Theory Comp (STOC)*, 563–568, 2008.

[7] J. Wright, A. Yang, A. Ganesh, S. Shastry, and Y. Ma. Robust face recognition via sparse representation. *IEEE Trans Pattern Machine Intell*, 32(2), 210–227, 2009.
[8] J. Mairal, F. Bach, J. Ponce, and G. Sapiro. Online learning for matrix factorization and sparse coding. *J Machine Learning Res*, 11, 19–60, 2010.
[9] T. Do, Y. Chen, D. Nguyen, N. Nguyen, L. Gan, and T. Tran. Distributed compressed video sensing. *Proc 16th IEEE Int Conf Image Proc*, 1381–1384, 2009.
[10] J. Han, S. McKenna, and R. Wang. Regular texture analysis as statistical model selection. In *ECCV (4)*, vol 5305 of *Lecture Notes in Comput Sci*, 242–255, 2008.
[11] C. McDiarmid. On the method of bounded differences. *Surv Combinatorics*, 148–188, Cambridge University Press, Cambridge, 1989.
[12] S. Kutin. Extensions to McDiarmid's inequality when differences are bounded with high probability. *Tech Rep TR-2002-045*, University of Chicago, April, 2002.
[13] C. J.C. Burgess. A tutorial on support vector machines for pattern recognition. *Data Mining Knowledge Discovery*, 2:121–167, 1998.
[14] K. Sridharan, N. Srebro, and S. Shalev-Shwartz. Fast rates for regularized objectives. In *Neural Information Processing Systems*, 2008.
[15] W. B. Johnson and J. Lindenstrauss. Extensions of Lipschitz mappings into a Hilbert space. *Contemp Math* 26:189–206, 1984.
[16] R. Baraniuk, M. Davenport, R. DeVore, and M. Wakin. A simple proof of the restricted isometry property for random matrices. *Construc Approx*, 28(3):253–263, 2008.
[17] D. Needell and J. A. Tropp. CoSaMP: Iterative signal recovery from incomplete and inaccurate samples. *Appl Comput Harmonic Anal*, 26(3):301–321, 2009.
[18] E. Candès, J. Romberg, and T. Tao. Stable signal recovery from incomplete and inaccurate measurements. *Commun Pure Appl Math*, 59(8):1207–1223, 2006.
[19] E. Candès, J. Romberg, and T. Tao. Robust uncertainty principles: Exact signal reconstruction from highly incomplete frequency information. *IEEE Trans Inform Theory*, 52(2):489–509, 2006.
[20] S. Dasgupta and A. Gupta. An elementary proof of the Johnson–Lindenstrauss lemma. *Technical Report 99-006*, UC Berkeley, 1999.
[21] P. Indyk and R. Motwani. Approximate nearest neighbors: Towards removing the curse of dimensionality. *Proc 30th Ann ACM Symp Theory of Comput (STOC)*: 604–613, 1998.
[22] A. Dasgupta, R. Kumar, and T. Sarlos. A Sparse Johnson–Lindenstrauss Transform. *42nd ACM Symp Theory of Comput (STOC)*, 2010.
[23] D. Achiloptas. Database-friendly random projections: Johnson–Lindenstrauss with binary coins. *J Comput Syst Sci*, 66:671–687, 2003.
[24] N. Ailon and B. Chazelle. The fast Johnson–Lindenstrauss transform and approximate nearest neighbors. *SIAM J Comput*, 39(1):302–322, 2009.
[25] N. Ailon and E. Liberty. Fast dimension reduction using Rademacher series on dual BCH codes. *Discrete Comput Geom*, 42(4):615–630, 2009.
[26] E. Liberty, N. Ailon, and A. Singer. Dense fast random projections and lean Walsh transforms. *12th Int Workshop Randomization Approx Techniques Comput Sci*: 512–522, 2008.
[27] N. Ailon and E. Liberty. Almost Optimal Unrestricted Fast Johnson–Lindenstrauss Transform. *Preprint*, 2010.
[28] J. Matousek. On variants of Johnson–Lindenstrauss lemma. *Private Communication*, 2006.
[29] D. Achlioptas, F. McSherry, and B. Scholkopf. Sampling techniques for kernel methods. *Adv Neural Inform Proc Syst (NIPS)*, 2001.

[30] D. Fradkin. Experiments with random projections for machine learning. *ACM SIGKDD Int Conf Knowledge Discovery Data Mining*: 517–522, 2003.
[31] A. Blum. Random projection, margins, kernels, and feature-selection. *Lecture Notes Comput Sci*, 3940, 52–68, 2006.
[32] A. Rahimi and B. Recht. Random features for large-scale kernel machines. *Adv Neural Inform Proc Syst (NIPS)*, 2007.
[33] W. Bajwa, R. Calderbank, and S. Jafarpour. Model selection: Two fundamental measures of coherence and their algorithmic significance. *Proc IEEE Symp Inform Theory (ISIT)*, 2010.
[34] J. Tropp. The sparsity gap: Uncertainty principles proportional to dimension. *To appear, Proc. 44th Ann. IEEE Conf. Inform Sci Syst (CISS)*, 2010.
[35] R. Calderbank, S. Howard, and S. Jafarpour. Sparse reconstruction via the Reed-Muller Sieve. *Proc IEEE Symp Inform Theory (ISIT)*, 2010.
[36] R. Calderbank and S. Jafarpour. Reed Muller Sensing Matrices and the LASSO. *Int Conf Sequences Applic (SETA)*: 442–463, 2010.
[37] A. R. Hammons, P. V. Kumar, A. R. Calderbank, N. J. A. Sloane, and P. Sole. The $\mathbb{Z}_4$-linearity of Kerdock Codes, Preparata, Goethals, and related codes. *IEEE Trans Inform Theory*, 40(2):301–319, 1994.
[38] R. Calderbank, S. Howard, and S. Jafarpour. Construction of a large class of matrices satisfying a Statistical Isometry Property. *IEEE J Sel Topics Sign Proc, Special Issue on Compressive Sensing*, 4(2):358–374, 2010.
[39] E. Candès and J. Plan. Near-ideal model selection by ℓ_1 minimization. *Anna Stat*, 37: 2145–2177, 2009.
[40] S. Wright, R. Nowak, and M. Figueiredo. Sparse reconstruction by separable approximation. *IEEE Trans Sign Proc*, 57(7), 2479–2493, 2009.
[41] M. Duarte, S. Jafarpour, and R. Calderbank. Conditioning the Delsarte-Goethals frame for compressive imaging. *Preprint*, 2010.
[42] Brodatz Texture Database. Available at http://www.ux.uis.no/~tranden/brodatz.html.
[43] W. U. Bajwa, R. Calderbank, and S. Jafarpour. Revisiting model selection and recovery of sparse signals using one-step thresholding. To appear in *Proc. 48th Ann. Allerton Conf. Commun, Control, Comput*, 2010.
[44] L. Applebaum, S. Howard, S. Searle, and R. Calderbank. Chirp sensing codes: Deterministic compressed sensing measurements for fast recovery. *Appl Computa Harmonic Anal*, 26(2):283–290, 2009.
[45] W. Bajwa, R. Calderbank, and S. Jafarpour. Why Gabor Frames? Two fundamental measures of coherence and their role in model selection. *J Communi Networking*, 12(4):289–307, 2010.
[46] R. Calderbank, S. Howard, S. Jafarpour, and J. Kent. Sparse approximation and compressed sensing using the Reed-Muller Sieve. *Technical Report, TR-888-10*, Princeton University, 2010.
[47] I. Fodor. A survey of dimension reduction techniques. *LLNL Technical Report, UCRL-ID-148494*, 2002.
[48] R. G. Baraniuk and M. B. Wakin. Random projections of smooth manifolds. *Found Computa Math*, 9(1), 2002.
[49] X. Huo, X. S. Ni, and A. K. Smith. A survey of manifold-based learning methods. *Recent Adv Data Mining Enterprise Data*, 691–745, 2007.
[50] A. Andoni and P. Indyk. Near-optimal hashing algorithms for approximate nearest neighbor in high dimensions. *Commun ACM*, 51(1):117–122, 2008.

第 11 章　基于稀疏表示的数据分离

Gitta Kutyniok

现代数据通常由两个或多个形态截然不同的成分组成，因此一个常见的数据处理问题就是从数据中提取这些组成成分。最近，数据分离的问题在理论和实际应用中被基于稀疏性的方法成功解决。其核心思想是为每一个待提取的成分设计一个过完备的表示，这些过完备表示由不同的框架组成，每一个待提取成分能够在这些框架上被稀疏地展开。这些数据组成成分之间的形态学差异被编码为这些框架的不相干条件。在此基础上，数据分离可以通过最小化框架系数的ℓ_1范数实现。本章首先对这一激动人心的研究领域进行概括性地介绍，然后对这一研究领域最新技术进行汇总，供研究人员参考。

11.1　引言

在过去的几年中，科学家面临着不断增长的海量数据，需要进行传输、分析和存储。对这些数据仔细分析可发现它们的大多数都可以被归类为多模态数据，也即一个数据是由不同的子组件组成的。比较突出的一个例子是音频数据，可能包括了不同演奏乐器声音的叠加，再例如神经生物学领域的图像数据，通常是由神经元、树突和树突棘组成。在这些情况下，数据都需要被分解成合适的单个组件后才可以进行进一步的分析。在第一种应用场景中，音频工程师为从录制的音频数据中获得乐谱，第一步操作需要从音频信号中分离出不同乐器的信号。在第二种场景中，神经科学家为研究阿尔茨海默病的特异性特征需要分别分析树突棘和树突的结构。由此可见，数据分离是数据分析中至关重要的一步。

对一位严谨的科学家而言，前面文字性的描述很容易导向三个最基本的问题：

（P1）“显著不同的组成成分”这一模糊术语的准确数学定义是什么？

（P2）分离数据的算法是什么？

（P3）数据成功分离的必要条件是什么？

为了回答这些问题，我们首先需要理解数据分离中的核心问题是什么。简而言之，数据分离问题的本质是解决如下问题：给定一个合成信号x，该信号的形式为$x = x_1 + x_2$，我们希望从该信号中分离出未知成分x_1和x_2。该问题有一个已知量，却有两个未知量，是一个欠定的问题。因此，尝试利用新颖的稀疏范式有可能是解决该欠定的数据分离问题最合适的途径。基于此，本章有两个目的，首先对稀疏表示在数据分离中的应用进行介绍，然后对该领域的最新研究动态进行汇总。

11.1.1 形态学成分分析

回溯压缩感知理论的发展历程，可以发现一个有趣的现象是，基于最小化 ℓ_1 范数进行稀疏信号重建的第一个经过严格数学推导证明的结果就是与数据分离问题密切相关的：参考文献［16，11］中探讨的分离正弦和尖峰信号。因此，数据分离问题可以看作是压缩感知理论发展过程中的一个里程碑。此外，数据分离问题还揭示了其与不确定原理之间存在令人惊奇的联系。

参考文献［16，11］提出的解决数据分离问题的基本思想是，首先为待分离的两个成分x_1和x_2分别设计两组基或者框架 Φ_1 和 Φ_2，使得两个成分分别在这两组基上具有相应的稀疏表示。然后，基于成分x_1在框架 Φ_2 上无法被稀疏表示以及成分x_2在框架 Φ_1 上无法被稀疏表示的条件，通过寻找在高度过完备的合成字典［$\Phi_1|\Phi_2$］上原始信号最稀疏的表示实现数据分离。这一基本思想随后在图像分离的应用场景中被命名为形态学成分分析，但是随后的研究表明这一称谓其实是通用的。

上述思想中通过计算两个稀疏基或框架 Φ 之间的不相干性可以测度待分离的两个数据组成成分之间的形态差异，这个结果回答了 11.1 节中提出的问题 P1。更多类似探讨可见参考文献［33］的相关章节。本书第 1 章就已提出测度不相干性的一个可能途径是计算互相干性。但是接下来我们会引入更多、更灵活、更契合测度形态差异的不相干测度方法。

11.1.2 分离算法

再次回顾压缩感知领域的发展历程，我们发现，早在参考文献［11］发表之前，Coifman、Wickerhauser，以及他们的合作者就已经发表了令人振奋的图像成分分离结果。这一经验性的结果利用了形态学成分分析的思想，具体细节见参考文献［7］。随后，多种计算待分离信号在合成字典[$\Phi_1|\Phi_2$]上的稀疏表示的算法被提出。Mallat 和 Zhang 等在参考文献［31］中提出匹配追踪算法，Chen、Donoho 和 Saunders 在参考文献［6］中揭示了通过最小化 ℓ_1 范数可以寻找到稀疏解，此方法被称为基追踪。

如前所述，基于形态学成分分析的数据分离问题在一定条件下可以被简化为稀疏重建问题。目前已经有多种行之有效的算法可以解决稀疏重建问题，比如本书第 1 章和第 8 章介绍的一类贪婪算法，这也就回答了前述问题 P2。但是目前大部分关于数据分离的理论结果都采用 ℓ_1 最小化作为分离手段，因此也是本章要讨论的重点。

11.1.3 分离结果

前面已经提到，数据分离领域第一个经过严密数学论证的结果是参考文献［11］中探讨的正弦和尖峰信号的分离问题。紧接着令人激动的新发现纷至沓来。其中一个研究方向是关于稀疏重建和压缩感知的通用结论，关于此研究，可见参考文献［4］和本书第 1 章。

另外一个研究方向是继续深入研究始于参考文献［11］中的稀疏数据分离。在这一领域，最突出的理论结果首先是参考文献［9，10］中报道的比参考文献［11］中的结果更具一般性的合成字典，然后是参考文献［23］从不同角度对参考文献［11］的结果的扩展，最后是参考文献［3，14］探索的稀疏系数的聚集，以及此现象与组成成分之间形态学差异的本质关系。

还必须提及的是，大量经验性工作表明稀疏数据分离在实际应用中也取得了令人瞩目的成就，比如应用于天文数据的参考文献［2，36，34］，应用于成像数据的参考文献［32，20，35］，以及应用于音频数据的参考文献［22，25］。

需要注意的是，尽管经典的去噪问题利用信号和噪声的各自特征将信号和噪声分离，可以被看作是一个分离问题，但是，与本章讨论的分离问题显著不同的是，由于信号和噪声的特点显著不同，去噪不是一个“对称”的分离问题。

11.1.4　稀疏字典的设计

为回答前述问题 P3 需要解决如何为数据分离的不同成分设计合适的稀疏基或框架。此问题可通过非自适应和自适应两种途径解决。

第一种途径首先对待分离成分的结构进行分析，比如其可能是周期性的正弦信号，或者是各向异性的图像边界。基于此，我们就有可能在现有表示系统，比如傅里叶基、小波基和剪切波中找到合适的稀疏基。该途径的优势在于，利用现有表示系统的特殊结构，可以获得关于分离准确性的理论结果和快速计算的优势。

第二种途径利用和待提取成分相似的训练数据集，通过学习寻找可以最优稀疏化该信号的表示系统。该方法常被称为字典学习，获得的表示系统可根据信号自适应地调整，目前最先进的字典学习方法是由 Aahron、Elad 和 Bruckstein 等人提出的 K－SVD 方法，可见参考文献［17］中从压缩感知角度对 K－SVD 的介绍。另一个有吸引力的字典训练算法是 Engan 等人在参考文献［21］中提出的最优化方向方法（MOD）。但是通过该途径获得的稀疏字典缺少数学上可利用的结构，使得基于自适应表示系统数据分离的理论分析变得非常困难。

11.1.5　提纲

本章的提纲如下：11.2 节首先讨论了数据分离问题的准确数学描述，并展示目前已成功解决的数据分离问题，然后探讨了最新的研究成果：利用数据组成成分的稀疏表示中最重要系数的聚集性来测度组成成分之间的形态学差异。11.2 节在最后揭示了数据分离和不确定性原则之间的紧密联系。11.3 节主要介绍数据分离问题在理论上取得的研究成果以及在一维信号数据分离，特别是在分离正弦波和尖峰信号中的应用。最后，11.4 节主要讨论对二维信号，比如图像，进行数据分离时遇到的不同问题，比如分离点状和曲线对象，以及在理论分析和实际应用中取得的相关成果。

11.2　分离估计

如前所述，数据分离属于一个欠定的问题。在本节中，我们将在数学上精确地阐述这一点。然后对合成数据的可分离性进行了一般性的估计，首先考虑对稀疏表示的几何结构未知的情形，然后考虑稀疏表示的几何信息已知的情形。本节最后揭示了数据可分离性与测不准原理之间的密切联系。

在 11.3 节和 11.4 节中，我们将具体探讨本节揭示的关于数据分离的通用结果和测不准原理在现实分离问题中的应用。

11.2.1 数据分离估计与欠定问题的关系

设 x 为我们感兴趣的信号，我们现在认为它属于 Hilbert 空间$\mathcal{H}$，并假设

$$x = x_1^0 + x_2^0$$

现实中的数据通常由多个成分组成，因此不仅两个成分的分离，三个乃至更多成分的分离问题都需要仔细讨论。但是在此我们仅关注两个成分的分离，以阐明通过稀疏方法将两者成功分离的基本原则。事实上，已有的关于二元分离的理论结果通过直接或者间接的方式都可以被扩展到多元。

为了从 x 中提取两个成分，尽管x_1^0和x_2^0是未知的，我们需要假设其组成成分的某些“特征”是已知的，比如这些特征可能是天文成像中星星的点状结构和纤维状星云物质的曲线状结构。这些先验知识可以帮助我们合理选择两个可分别稀疏展开x_1^0和x_2^0的表示系统Φ_1和Φ_2。这类表示系统可以从现有已知的表示系统集合中选择，比如小波基。另外一个不同的方法是利用字典学习算法自适应地选择稀疏表示系统，但是该方法需要组成成分x_1^0和x_2^0的训练数据集。

基于两个表示系统Φ_1和Φ_2，我们可以将 x 写成：

$$x = x_1^0 + x_2^0 = \Phi_1 c_1^0 + \Phi_2 c_2^0 = [\Phi_1 \mid \Phi_2]\begin{bmatrix} c_1^0 \\ c_2^0 \end{bmatrix}$$

式中，$\|c_1^0\|_0$和$\|c_2^0\|_0$足够小。由此数据分离问题可以被简化为求解如下未知数为$[c_1, c_2]^{\mathrm{T}}$的欠定线性方程组：

$$x = [\Phi_1 \mid \Phi_2]\begin{bmatrix} c_1 \\ c_2 \end{bmatrix} \tag{11.1}$$

由于

$$x_1^0 = \Phi_1 c_1^0 \quad x_2^0 = \Phi_2 c_2^0$$

因此初始向量 $[c_1^0, c_2^0]^{\mathrm{T}}$的唯一性重建可以自动地从 x 中准确提取两个组成成分x_1^0和x_2^0。理想情况下，我们希望求解如下问题：

$$\min_{c_1,c_2} \|c_1\|_0 + \|c_2\|_0 \quad \text{s.t.} \quad x = [\Phi_1 \mid \Phi_2]\begin{bmatrix} c_1 \\ c_2 \end{bmatrix} \tag{11.2}$$

但是该问题是 NP 困难的问题。本书第 1 章已经介绍了上述 NP 困难问题的求解可以用 ℓ_1 最小化问题代替：

$$(\mathrm{Sep}_s) \quad \min_{c_1,c_2} \|c_1\|_1 + \|c_2\|_1 \quad \text{s.t.} \quad x = [\Phi_1 \mid \Phi_2]\begin{bmatrix} c_1 \\ c_2 \end{bmatrix} \tag{11.3}$$

式中，Sep_s中的下标小写 s 表示 ℓ_1 范数是作用在合成端的。分离算法的另一种可能途径是贪婪类算法，可参考本书第 1 和 8 章。本章仅讨论基于ℓ_1 最小化的分离技术，这样可以与大部分已发表的文献中的分离结果保持一致。

在讨论为保证优化问题式（11.1）唯一可解，对 $[c_1^0, c_2^0]^{\mathrm{T}}$和 $[\Phi_1 \mid \Phi_2]$ 需要满足何种条件之前，我们先讨论唯一性是否是必要的。如果表示系统 Φ_1 和 Φ_2 是基系统，那么从式（11.1）

中唯一重建$[c_1^0, c_2^0]^{\mathrm{T}}$是自然而然的。但是一些常见的表示系统，比如曲线波和剪切波通常是冗余的，构成 Parseval 框架。此外，通过字典学习构建的表示系统通常也是高度冗余的。在这种情况下，对于每一个可能的分离问题

$$x = x_1 + x_2 \tag{11.4}$$

都存在无穷多个稀疏表示系数对 $[c_1, c_2]^{\mathrm{T}}$满足：

$$x_1 = \boldsymbol{\Phi}_1 c_1 \quad x_2 = \boldsymbol{\Phi}_2 c_2 \tag{11.5}$$

由于我们只关心“正确的”分离，而不是要计算最稀疏的信号分解，因此我们可以通过为每一个分离问题挑选一组特殊的稀疏表示系数对，来规避求解最小化问题式（11.3）时遇到的数值不稳定问题。假设$\boldsymbol{\Phi}_1$和$\boldsymbol{\Phi}_2$属于 Parseval 框架，那么我们可以利用这个结构信息，把式（11.5）重新描述为

$$x_1 = \boldsymbol{\Phi}_1(\boldsymbol{\Phi}_1^{\mathrm{T}} x_1) \quad x_2 = \boldsymbol{\Phi}_2(\boldsymbol{\Phi}_2^{\mathrm{T}} x_2)$$

因此，对于每一个分离问题式（11.4），如果是在 Parseval 框架上对数据组成成分进行稀疏展开，那么就需要选择一个特定的稀疏系数对。一般我们会选择分析序列，这导致与式（11.3）不同的 ℓ_1 最小化问题，ℓ_1 范数作用在分析端而不是合成端：

$$(\mathrm{Sep}_a) \quad \min_{x_1, x_2} \| \boldsymbol{\Phi}_1^{\mathrm{T}} x_1 \|_1 + \| \boldsymbol{\Phi}_2^{\mathrm{T}} x_2 \|_1 \quad \text{s. t.} \quad x = x_1 + x_2 \tag{11.6}$$

新的最小化问题也可以被看作是一个混合$\ell_1 - \ell_2$ 范数问题，因为分析性稀疏表示系数其实是 ℓ_2 范数最小化的表示系数。更多信息见本书第 2 章。

11.2.2　一般性的分离估计

本节讨论成功数据分离的最主要结果之一：从 x 中成功提取x_1^0和x_2^0，对$[c_1^0, c_2^0]^{\mathrm{T}}$和$[\boldsymbol{\Phi}_1 | \boldsymbol{\Phi}_2]$的条件要求。目前一般性最强的结果是在 2003 年由 Donoho 和 Elad，以及 Gribonval 和 Nielsent 同时提出，并引入了互相干性这一概念。对于一个归一化的框架 $\boldsymbol{\Phi} = (\varphi_i)_{i \in I}$，其互相干定义为

$$\mu(\boldsymbol{\Phi}) = \max_{i, j \in I, i \neq j} |\langle \varphi_i, \varphi_j \rangle| \tag{11.7}$$

Donoho 和 Elad 的结果在本书第 1 章已经简单介绍，必要的证明会在本节中给出。首先重复相关结果：

定理 11.1　记 $\boldsymbol{\Phi}_1$ 和 $\boldsymbol{\Phi}_2$ 为 Hilbert 空间$\mathcal{H}$的两个框架，并记 $x \in \mathcal{H}$。如果 $x = [\boldsymbol{\Phi}_1 | \boldsymbol{\Phi}_2] c$，并且

$$\| c \|_0 < \frac{1}{2}\left(1 + \frac{1}{\mu([\boldsymbol{\Phi}_1 | \boldsymbol{\Phi}_2])}\right)$$

那么 c 是式（11.3）所述 ℓ_1 最小化问题（Sep_s）的唯一解，同时也是式（11.2）所述ℓ_0 最小化问题的唯一解。

证明定理 11.1 需要一些先决条件。首先需要引入一个比本书第 1 章讨论的零空间性质约束稍强的版本：

定义 11.1　记 $\boldsymbol{\Phi} = (\varphi_i)_{i \in I}$是 Hilbert 空间中的一个框架，并用$\mathcal{N}(\boldsymbol{\Phi})$表示 $\boldsymbol{\Phi}$ 的零空间。那么如果对所有 $d \in \mathcal{N}(\boldsymbol{\Phi}) \setminus \{0\}$ 和所有满足 $|\Lambda| \leqslant k$ 的集合 $\Lambda \subseteq I$

$$\|1_\Lambda d\|_1 < \frac{1}{2} \|d\|_1$$

则称 Φ 具有 k 阶零空间属性。

该定义为式（11.3）所述的ℓ_1 最小化问题唯一稀疏解的存在性提供了一个非常有用的特征。

引理 11.1 记 $\Phi=(\varphi_i)_{i\in I}$是 Hilbert 空间中的一个框架，并记 $k\in\mathbf{N}$。以下两个条件是等价的：①对于任意 $x\in\mathcal{H}$，如果 $x=\Phi c$ 满足$\|c\|_0\leqslant k$，那么 c 是式（11.3）所述ℓ_1 最小化问题的唯一解；② Φ 满足 k 阶零空间属性。

证明：首先假设①成立。记任意 $d\in\mathcal{N}(\Phi)\setminus\{0\}$和所有满足$|\Lambda|\leqslant k$ 的集合 $\Lambda\subseteq I$。那么，根据①，稀疏向量$1_\Lambda d$ 是$\|c\|_1$的唯一最小解。进而，由于 $d\in\mathcal{N}(\Phi)\setminus\{0\}$，那么

$$\Phi(-1_{\Lambda^c}d)=\Phi(1_\Lambda d)$$

由此

$$\|1_\Lambda d\|_1<\|1_{\Lambda^c}d\|_1$$

也即

$$\|1_\Lambda d\|_1<\frac{1}{2}\|d\|_1$$

由于 d 和 Λ 是任意选取的，因此可推出②。

然后，假设②成立，记c_1满足 $x=\Phi c_1$，且有$\|c_1\|_0\leqslant k$，并有支撑域为 Λ。记c_2为 $x=\Phi c$ 的任意一个解，并令

$$d=c_2-c_1$$

那么有

$$\|c_2\|_1-\|c_1\|_1=\|1_{\Lambda^c}c_2\|_1+\|1_\Lambda c_2\|_1-\|1_\Lambda c_1\|_1\geqslant\|1_{\Lambda^c}d\|_1-\|1_\Lambda d\|_1$$

如果

$$\|1_{\Lambda^c}d\|_1>\|1_\Lambda d\|_1 \quad 或者 \quad \frac{1}{2}\|d\|_1>\|1_\Lambda d\|_1$$

那么对任意 $d\neq 0$，该项大于 0。这是由②所保证的。由于$\|c_2\|_1\geqslant\|c_1\|_1$，因此$c_1$是$\mathrm{Sep}_s$的唯一解。这证明了①。

根据这个结果，接下来证明满足$\|c\|_0<\frac{1}{2}\left(1+\frac{1}{\mu(\Phi)}\right)$的解是$\ell_1$ 最小化问题Sep_s的唯一解。

引理 11.2 记 $\Phi=(\varphi_i)_{i\in I}$是 Hilbert 空间$\mathcal{H}$中的一个框架，并记 $x\in\mathcal{H}$。如果 $x=\Phi c$，且有

$$\|c\|_0<\frac{1}{2}\left(1+\frac{1}{\mu(\Phi)}\right)$$

那么，c 是式（11.3）所述 ℓ_1 最小化问题Sep_s的唯一解。

证明：记 $d\in\mathcal{N}(\Phi)\setminus\{0\}$，特别地，

$$\Phi d=0$$

也有

$$\Phi^{\mathrm{T}}\Phi d=0 \tag{11.8}$$

不失一般性，假设 Φ 中向量被归一化。那么式（11.8）意味着，对所有 $i\in I$，

$$d_i=-\sum_{j\neq i}\langle\varphi_i,\varphi_j\rangle d_j$$

根据互相关 $u(\Phi)$的定义，可得

$$|d_i| \leqslant \sum_{j \neq i} |\langle \varphi_i, \varphi_j \rangle| \cdot |d_j| \leqslant \mu(\Phi)(\|d\|_1 - |d_i|)$$

因此有

$$|d_i| \leqslant \left(1 + \frac{1}{\mu(\Phi)}\right)^{-1} \|d\|_1$$

基于对$\|c\|_0$的假设，对任意满足$|\Lambda| = \|c\|_0$的$\Lambda \subseteq I$，有

$$\|1_\Lambda d\|_1 \leqslant \|\Lambda\| \cdot \left(1 + \frac{1}{\mu(\Phi)}\right)^{-1} \|d\|_1 = \|c\|_0 \cdot \left(1 + \frac{1}{\mu(\Phi)}\right)^{-1} \|d\|_1 < \frac{1}{2}\|d\|_1$$

这证明了，如果 Φ 满足$\|c\|_0$阶零空间属性，那么根据引理 11.1，意味着 c 是（Sep_s）问题的唯一解。

接下来，我们证明满足$\|c\|_0 < \frac{1}{2}\left(1 + \frac{1}{\mu(\Phi)}\right)$的解是 ℓ_0 最小化问题的唯一解。

引理 11.3　记 $\Phi = (\varphi_i)_{i \in I}$是 Hilbert 空间$\mathcal{H}$中的一个框架，并记 $x \in \mathcal{H}$。如果 $x = \Phi c$，且有

$$\|c\|_0 < \frac{1}{2}\left(1 + \frac{1}{\mu(\Phi)}\right)$$

那么，c 是式（11.2）所述 ℓ_0 最小化问题的唯一解。

证明：根据引理 11.2，c 是式（11.3）所述 ℓ_1 最小化问题Sep_s的唯一解。采用反证法，假设存在一个$\tilde{c}$满足 $x = \Phi \tilde{c}$，且有$\|\tilde{c}\|_0 \leqslant \|c\|_0$，那么$\tilde{c}$一定满足

$$\|\tilde{c}\|_0 < \frac{1}{2}\left(1 + \frac{1}{\mu(\Phi)}\right)$$

但是这和引理 11.2 中$\tilde{c}$是所述 ℓ_1 最小化问题Sep_s的唯一解相矛盾。

基于这些引理，我们可以很容易证明定理 11.1。值得注意的是，如果Φ_1和Φ_2是两个正交基，引理中的上界可以被进一步改进。相关证明可见参考文献［19］。

定理 11.2　记Φ_1和Φ_2为 Hilbert 空间$\mathcal{H}$的两个正交基，并记 $x \in \mathcal{H}$。如果 $x = [\Phi_1 \mid \Phi_2]c$，并且

$$\|c\|_0 < \frac{\sqrt{2} - 0.5}{\mu([\Phi_1 \mid \Phi_2])}$$

那么 c 是式（11.3）所述 ℓ_1 最小化问题Sep_s的唯一解，也是式（11.2）所述ℓ_0 最小化问题的唯一解。

11.2.3　创新观点：聚集稀疏

在实际应用场景中，通常会有关于待分离信号x_1^0和x_2^0更多的几何信息。这类信息通常表现为在合适的稀疏基或框架下，待分离信号的稀疏表示系数中非零元素具有特别的聚集性。比如，奇异点信号的小波系数表现有树状聚集的特性。因此，待分离信号之间的形态差异不仅体现在两个稀疏基或框架的不相干性，还体现在稀疏表示中主要系数的聚集特性。直观上讲，该现象有可能放宽对数据分离成功条件的要求。

能够体现上述直观想法的一个概念是参考文献［14］引入的联合浓缩度，该概念最早可追溯到参考文献［16］，并在参考文献［11］进一步发展。为直观地理解这个概念，首先定义Λ_1和Λ_2分别为两个 Parseval 框架索引集的子集，那么联合浓缩度测度了总ℓ_1 范数能在组合字典的联合

索引集$\Lambda_1 \cup \Lambda_2$上浓缩的最大百分比。

定义 11.2　记$\Phi_1=(\varphi_{1i})_{i\in I}$和$\Phi_2=(\varphi_{2i})_{i\in I}$为 Hilbert 空间$\mathcal{H}$中的两个 Parseval 框架，并令$\Lambda_1 \subseteq I$，$\Lambda_2 \subseteq J$。那么联合浓缩度$\kappa=\kappa(\Lambda_1, \Phi_1; \Lambda_2, \Phi_2)$定义为

$$\kappa=(\Lambda_1, \Phi_1; \Lambda_2, \Phi_2)=\sup_x \frac{\|1_{\Lambda_1}\Phi_1^{\mathrm{T}}x\|_1+\|1_{\Lambda_2}\Phi_2^{\mathrm{T}}x\|_1}{\|\Phi_1^{\mathrm{T}}x\|_1+\|\Phi_2^{\mathrm{T}}x\|_1}$$

人们可能希望知道联合浓缩度和更广泛使用的互相干性之间的关系。为回答此问题，首先简单讨论互相干的一些派生。第一个考虑了稀疏表示系数聚集特性的变种是参考文献［10］引入的 Babel 函数，在参考文献［37］中则被称为累积相干函数。其具体定义为：对于一个归一化的框架$\Phi=(\varphi_i)_{i\in I}$和$m\in\{1, \cdots, |I|\}$，

$$\mu_B(m, \Phi) = \max_{\Lambda\subset I, |\Lambda|=m} \max_{j\notin\Lambda} \sum_{i\in I} |\langle \varphi_i, \varphi_j\rangle|$$

后来参考文献［3］对此做了进一步的修正，引入了结构化的p - Babel 函数，对I的子集的一些类$\mathcal{S}$和$1\leqslant p<\infty$，定义为

$$\mu_{SB}(\mathcal{S}, \Phi) = \max_{\Lambda\in\mathcal{S}}\left(\max_{j\notin\Lambda}\sum_{i\in I}|\langle \varphi_i, \varphi_j\rangle|^p\right)^{1/p}$$

另一个专为数据分离提出的变种是参考文献［14］提出的聚集相干。其定义为

定义 11.3　记$\Phi_1=(\varphi_{1i})_{i\in I}$和$\Phi_2=(\varphi_{2i})_{i\in I}$为 Hilbert 空间$\mathcal{H}$中的两个 Parseval 框架，并令$\Lambda_1 \subseteq I$，$\Lambda_2 \subseteq J$。那么相对$\Lambda_1$，框架$\Phi_1$和$\Phi_2$的聚集相干$\mu_c(\Lambda_1, \Phi_1; \Phi_2)$定义为

$$\mu_c(\Lambda_1, \Phi_1; \Phi_2) = \max_{j\in J}\sum_{i\in\Lambda_1}|\langle \varphi_{1i}, \varphi_{2j}\rangle|$$

同样地，框架Φ_1和Φ_2相对Λ_2的聚集相干定义为

$$\mu_c(\Phi_1; \Lambda_2, \Phi_2) = \max_{i\in I}\sum_{j\in\Lambda_2}|\langle \varphi_{1i}, \varphi_{2j}\rangle|$$

接下来，联合浓缩度和聚集相干之间的关系由参考文献［14］的结果精确阐述。

命题 11.1[14]　记$\Phi_1=(\varphi_{1i})_{i\in I}$和$\Phi_2=(\varphi_{2i})_{i\in I}$为 Hilbert 空间$\mathcal{H}$中的两个 Parseval 框架，并令$\Lambda_1 \subseteq I$，$\Lambda_2 \subseteq J$。那么

$$\kappa(\Lambda_1, \Phi_1; \Lambda_2, \Phi_2)\leqslant\max\{\mu_c(\Lambda_1, \Phi_1; \Phi_2), \mu_c(\Phi_1; \Lambda_2, \Phi_2)\}$$

证明：记$x\in\mathcal{H}$，那么可以选择稀疏表示系数对c_1和c_2，使得

$$x=\Phi_1 c_1=\Phi_2 c_2$$

并且，对于$i=1$、2，有

$$\|c_i\|_1\leqslant\|d_i\|_1 \quad 对于所有\ d_i\ 且\ x=\Phi_i d_i \tag{11.9}$$

这意味着

$$\begin{aligned}
&\|1_{\Lambda_1}\Phi_1^{\mathrm{T}}x\|_1+\|1_{\Lambda_2}\Phi_2^{\mathrm{T}}x\|_1\\
&=\|1_{\Lambda_1}\Phi_1^{\mathrm{T}}\Phi_2 c_2\|_1+\|1_{\Lambda_2}\Phi_2^{\mathrm{T}}\Phi_1 c_1\|_1\\
&\leqslant\sum_{i\in\Lambda_1}\Big(\sum_{j\in J}|\langle \varphi_{1i}, \varphi_{2j}\rangle\|c_{2j}|\Big)+\sum_{j\in\Lambda_2}\Big(\sum_{i\in I}|\langle \varphi_{1i}, \varphi_{2j}\rangle||c_{1i}|\Big)\\
&=\sum_{j\in J}\Big(\sum_{j\in\Lambda_1}|\langle \varphi_{1i}, \varphi_{2j}\rangle|\Big)|c_{2j}|+\sum_{i\in I}\Big(\sum_{j\in\Lambda_2}|\langle \varphi_{1i}, \varphi_{2j}\rangle|\Big)|c_{1i}|\\
&\leqslant\mu_c(\Lambda_1, \Phi_1; \Phi_2)\|c_2\|_1+\mu_c(\Phi_1; \Lambda_2, \Phi_2)\|c_1\|_1\\
&\leqslant\max\{\mu_c(\Lambda_1, \Phi_1; \Phi_2), \mu_c(\Phi_1; \Lambda_2, \Phi_2)\}(\|c_1\|_1+\|c_2\|_1)
\end{aligned}$$

由于$\boldsymbol{\Phi}_1=(\varphi_{1i})_{i\in I}$和$\boldsymbol{\Phi}_2=(\varphi_{2i})_{i\in I}$为 Hilbert 空间$\mathcal{H}$中的两个 Parseval 框架，有

$$x=\boldsymbol{\Phi}_i(\boldsymbol{\Phi}_i^{\mathrm{T}}\boldsymbol{\Phi}_i c_i)\quad 对于\ i=1,2$$

因此，利用式（11.9）可得

$$\begin{aligned}&\|1_{\Lambda_1^c}\boldsymbol{\Phi}_1^{\mathrm{T}}x\|_1+\|1_{\Lambda_2^c}\boldsymbol{\Phi}_2^{\mathrm{T}}x\|_1\\ &\leqslant\max\{\mu_c(\Lambda_1,\boldsymbol{\Phi}_1;\boldsymbol{\Phi}_2),\mu_c(\boldsymbol{\Phi}_1;\Lambda_2,\boldsymbol{\Phi}_2)\}(\|\boldsymbol{\Phi}_1^{\mathrm{T}}\boldsymbol{\Phi}_1c_1\|_1+\|\boldsymbol{\Phi}_2^{\mathrm{T}}\boldsymbol{\Phi}_2c_2\|_1)\\ &=\max\{\mu_c(\Lambda_1,\boldsymbol{\Phi}_1;\boldsymbol{\Phi}_2),\mu_c(\boldsymbol{\Phi}_1;\Lambda_2,\boldsymbol{\Phi}_2)\}(\|\boldsymbol{\Phi}_1^{\mathrm{T}}x\|_1+\|\boldsymbol{\Phi}_2^{\mathrm{T}}x\|_1)\end{aligned}$$

在阐述基于联合浓缩度的数据分离估计之前，我们需要讨论两个分析框架中组成成分的稀疏性条件。对于真实数据而言，“真正的稀疏”是不可能的，因此将会考虑非绝对意义的稀疏定义。第 1 章就已引入可压缩度来代替稀疏度。接下来的讨论将会使用另一个将稀疏表示中重要系数所具有的聚集特性也考虑在内的新的定义。该定义最早应用在参考文献［9］中，接下来是将其用于数据分离问题中的定义：

定义 11.4　记$\boldsymbol{\Phi}_1=(\varphi_{1i})_{i\in I}$和$\boldsymbol{\Phi}_2=(\varphi_{2i})_{i\in I}$为 Hilbert 空间$\mathcal{H}$中的两个 Parseval 框架，并令$\Lambda_1\subseteq I$，$\Lambda_2\subseteq J$。记$x\in\mathcal{H}$，并且$x=x_1^0+x_2^0$。那么考虑$\Lambda_1$和$\Lambda_2$，$\boldsymbol{\Phi}_1$和$\boldsymbol{\Phi}_2$，如果

$$\|1_{\Lambda_1^c}\boldsymbol{\Phi}_1^{\mathrm{T}}x_1^0\|_1+\|1_{\Lambda_2^c}\boldsymbol{\Phi}_2^{\mathrm{T}}x_2^0\|_1\leqslant\delta$$

那么成分x_1^0和x_2^0被称为δ相对稀疏。

至此，我们已经具备了阐述参考文献［14］中提出的数据分离结果所需要的理论基础。相比定理 11.1，新的定理包括了稀疏表示系数的聚集特性。

定理 11.3[14]　记$\boldsymbol{\Phi}_1=(\varphi_{1i})_{i\in I}$和$\boldsymbol{\Phi}_2=(\varphi_{2i})_{i\in I}$为 Hilbert 空间$\mathcal{H}$中的两个 Parseval 框架，并认为$x\in\mathcal{H}$，可以被分解为$x=x_1^0+x_2^0$。进而，选择$\Lambda_1\subseteq I$，$\Lambda_2\subseteq J$，使得$x_1^0$和$x_2^0$在框架$\boldsymbol{\Phi}_1$和$\boldsymbol{\Phi}_2$上是$\delta$相对稀疏。那么式（11.6）描述的$\ell_1$最小化问题的解$(x_1^*,x_2^*)$满足：

$$\|x_1^*-x_1^0\|_2+\|x_2^*-x_2^0\|_2\leqslant\frac{2\delta}{1-2\kappa}$$

证明：首先，基于$\boldsymbol{\Phi}_1=(\varphi_{1i})_{i\in I}$和$\boldsymbol{\Phi}_2=(\varphi_{2i})_{i\in I}$为 Parseval 框架的事实，有

$$\begin{aligned}\|x_1^*-x_1^0\|_2+\|x_2^*-x_2^0\|_2&=\|\boldsymbol{\Phi}_1^{\mathrm{T}}(x_1^*-x_1^0)\|_2+\|\boldsymbol{\Phi}_2^{\mathrm{T}}(x_2^*-x_2^0)\|_2\\ &\leqslant\|\boldsymbol{\Phi}_1^{\mathrm{T}}(x_1^*-x_1^0)\|_1+\|\boldsymbol{\Phi}_2^{\mathrm{T}}(x_2^*-x_2^0)\|_1\end{aligned}$$

对x的分解

$$x_1^0+x_2^0=x=x_1^*+x_2^*$$

意味着

$$x_2^*-x_2^0=-(x_1^*-x_1^0)$$

由此我们可以得到如下结论：

$$\|x_1^*-x_1^0\|_2+\|x_2^*-x_2^0\|_2\leqslant\|\boldsymbol{\Phi}_1^{\mathrm{T}}(x_1^*-x_1^0)\|_1+\|\boldsymbol{\Phi}_2^{\mathrm{T}}(x_1^*-x_1^0)\|_1\tag{11.10}$$

根据联合浓缩度的定义，可以有

$$\begin{aligned}&\|\boldsymbol{\Phi}_1^{\mathrm{T}}(x_1^*-x_1^0)\|_1+\|\boldsymbol{\Phi}_2^{\mathrm{T}}(x_1^*-x_1^0)\|_1\\ &=(\|1_{\Lambda_1}\boldsymbol{\Phi}_1^{\mathrm{T}}(x_1^*-x_1^0)\|_1+\|1_{\Lambda_2}\boldsymbol{\Phi}_2^{\mathrm{T}}(x_1^*-x_1^0)\|_1)+\|1_{\Lambda_1^c}\boldsymbol{\Phi}_1^{\mathrm{T}}(x_1^*-x_1^0)\|_1\\ &\quad+\|1_{\Lambda_2^c}\boldsymbol{\Phi}_2^{\mathrm{T}}(x_2^*-x_2^0)\|_1\\ &\leqslant\kappa\cdot(\|\boldsymbol{\Phi}_1^{\mathrm{T}}(x_1^*-x_1^0)\|_1+\|\boldsymbol{\Phi}_2^{\mathrm{T}}(x_1^*-x_1^0)\|_1)+\|1_{\Lambda_1^c}\boldsymbol{\Phi}_1^{\mathrm{T}}(x_1^*-x_1^0)\|_1\\ &\quad+\|1_{\Lambda_2^c}\boldsymbol{\Phi}_2^{\mathrm{T}}(x_2^*-x_2^0)\|_1\end{aligned}$$

紧接着可得到

$$\begin{aligned}&\|\boldsymbol{\Phi}_1^{\mathrm{T}}(x_1^* - x_1^0)\|_1 + \|\boldsymbol{\Phi}_2^{\mathrm{T}}(x_1^* - x_1^0)\|_1\\ &\leqslant \frac{1}{1-\kappa}(\|1_{\Lambda_1^c}\boldsymbol{\Phi}_1^{\mathrm{T}}(x_1^* - x_1^0)_1\|_1 + \|1_{\Lambda_2^c}\boldsymbol{\Phi}_2^{\mathrm{T}}(x_2^* - x_2^0)\|_1)\\ &\leqslant \frac{1}{1-\kappa}(\|1_{\Lambda_1^c}\boldsymbol{\Phi}_1^{\mathrm{T}}x_1^*\|_1 + \|1_{\Lambda_1^c}\boldsymbol{\Phi}_1^{\mathrm{T}}x_1^0\|_1 + \|1_{\Lambda_2^c}\boldsymbol{\Phi}_2^{\mathrm{T}}x_2^*\|_1 + \|1_{\Lambda_2^c}\boldsymbol{\Phi}_2^{\mathrm{T}}x_2^0\|_1)\end{aligned}$$

然后基于x_1^0和x_2^0的相对稀疏，可得

$$\|\boldsymbol{\Phi}_1^{\mathrm{T}}(x_1^* - x_1^0)\|_1 + \|\boldsymbol{\Phi}_2^{\mathrm{T}}(x_1^* - x_1^0)\|_1 \leqslant \frac{1}{1-\kappa}(\|1_{\Lambda_1^c}\boldsymbol{\Phi}_1^{\mathrm{T}}x_1^*\|_1 + \|1_{\Lambda_2^c}\boldsymbol{\Phi}_2^{\mathrm{T}}x_2^*\|_1 + \delta) \tag{11.11}$$

根据x_1^*和x_2^*是（Sep_a）问题的最小解，可得

$$\begin{aligned}\sum_{i=1}^{2}(\|1_{\Lambda_i^c}\boldsymbol{\Phi}_i^{\mathrm{T}}x_i^*\|_1 + \|1_{\Lambda_i}\boldsymbol{\Phi}_i^{\mathrm{T}}x_i^*\|_1) &= \|\boldsymbol{\Phi}_1^{\mathrm{T}}x_1^*\|_1 + \|\boldsymbol{\Phi}_2^{\mathrm{T}}x_2^*\|_1\\ &\leqslant \|\boldsymbol{\Phi}_1^{\mathrm{T}}x_1^0\|_1 + \|\boldsymbol{\Phi}_2^{\mathrm{T}}x_2^0\|_1\end{aligned}$$

进而可得

$$\begin{aligned}&\|1_{\Lambda_1^c}\boldsymbol{\Phi}_1^{\mathrm{T}}x_1^*\|_1 + \|1_{\Lambda_2^c}\boldsymbol{\Phi}_2^{\mathrm{T}}x_2^*\|_1\\ &\leqslant \|\boldsymbol{\Phi}_1^{\mathrm{T}}x_1^0\|_1 + \|\boldsymbol{\Phi}_2^{\mathrm{T}}x_2^0\|_1 - \|1_{\Lambda_1}\boldsymbol{\Phi}_1^{\mathrm{T}}x_1^*\|_1 - \|1_{\Lambda_2}\boldsymbol{\Phi}_2^{\mathrm{T}}x_2^*\|_1\\ &\leqslant \|\boldsymbol{\Phi}_1^{\mathrm{T}}x_1^0\|_1 + \|\boldsymbol{\Phi}_2^{\mathrm{T}}x_2^0\|_1 + \|1_{\Lambda_1}\boldsymbol{\Phi}_1^{\mathrm{T}}(x_1^* - x_1^0)\|_1 - \|1_{\Lambda_1}\boldsymbol{\Phi}_1^{\mathrm{T}}x_1^0\|_1\\ &\quad + \|1_{\Lambda_2}\boldsymbol{\Phi}_2^{\mathrm{T}}(x_2^* - x_2^0)\|_1 - \|1_{\Lambda_2}\boldsymbol{\Phi}_2^{\mathrm{T}}x_2^0\|_1\end{aligned}$$

再次利用相对稀疏概念，可得

$$\|1_{\Lambda_1^c}\boldsymbol{\Phi}_1^{\mathrm{T}}x_1^*\|_1 + \|1_{\Lambda_2^c}\boldsymbol{\Phi}_2^{\mathrm{T}}x_2^*\|_1 \leqslant \|1_{\Lambda_1}\boldsymbol{\Phi}_1^{\mathrm{T}}(x_1^* - x_1^0)\|_1 + \|1_{\Lambda_2}\boldsymbol{\Phi}_2^{\mathrm{T}}(x_2^* - x_2^0)\|_1 + \delta \tag{11.12}$$

再次用联合浓缩度的概念合并式（11.11）和式（11.12），可得

$$\begin{aligned}&\|\boldsymbol{\Phi}_1^{\mathrm{T}}(x_1^* - x_1^0)\|_1 + \|\boldsymbol{\Phi}_2^{\mathrm{T}}(x_1^* - x_1^0)\|_1\\ &\leqslant \frac{1}{1-\kappa}[\|1_{\Lambda_1}\boldsymbol{\Phi}_1^{\mathrm{T}}(x_1^* - x_1^0)\|_1 + \|1_{\Lambda_2}\boldsymbol{\Phi}_2^{\mathrm{T}}(x_1^* - x_1^0)\|_1 + 2\delta]\\ &\leqslant \frac{1}{1-\kappa}[\kappa\cdot(\|\boldsymbol{\Phi}_1^{\mathrm{T}}(x_1^* - x_1^0)\|_1 + \|\boldsymbol{\Phi}_2^{\mathrm{T}}(x_1^* - x_1^0)\|_1) + 2\delta]\end{aligned}$$

根据式（11.10），最终得到

$$\|x_1^* - x_1^0\|_2 + \|x_2^* - x_2^0\|_2 \leqslant \left(1 - \frac{\kappa}{1-\kappa}\right)^{-1}\cdot\frac{2\delta}{1-\kappa} = \frac{2\delta}{1-2\kappa}$$

根据命题11.1，该结果也可以用聚集相干进行阐述，这样做一方面可获得更简单直接的估计，并易于和互相干的相关结果进行比较。但是另一方面得到的边界范围相对宽松。

定理11.4[14] 记$\boldsymbol{\Phi}_1 = (\varphi_{1i})_{i\in I}$和$\boldsymbol{\Phi}_2 = (\varphi_{2i})_{i\in I}$为Hilbert空间$\mathcal{H}$中的两个Parseval框架，并认为$x\in\mathcal{H}$，可以被分解为$x = x_1^0 + x_2^0$。进而，选择$\Lambda_1\subseteq I$，$\Lambda_2\subseteq J$，使得$x_1^0$和$x_2^0$在框架$\boldsymbol{\Phi}_1$和$\boldsymbol{\Phi}_2$上是$\delta$相对稀疏。那么式（11.6）描述的$\ell_1$最小化问题的解$(x_1^*, x_2^*)$满足

$$\|x_1^* - x_1^0\|_2 + \|x_2^* - x_2^0\|_2 \leqslant \frac{2\delta}{1-2\mu_c}$$

并有

$$\mu_c = \max\{\mu_c(\Lambda_1, \Phi_1; \Phi_2), \mu_c(\Phi_1; \Lambda_2, \Phi_2)\}$$

为透彻理解这一估计结果，需要强调的是，相对稀疏 δ 和聚集相干 μ_c 都与重要系数集合 Λ_1 和 Λ_2 的选择高度相关。如果两个集合选择过大，这样 δ 值就很小，但是 μ_c 可能就不再小于 1/2，这会导致无用的估计。选择过小的集合会使得 μ_c 变小，但是缺陷是 δ 值可能变大。

还必须认识到，集合 Λ_1 和 Λ_2 仅仅是一种分析工具，它们并不出现在最小化问题（Sep_a）中，这意味着算法根本不关心这种选择，但是分离精度的估计却是如此。

需要说明的是，上述结果可以很容易从 Parseval 框架扩展到更一般框架，通过使用更低框架边界改变分离估计结果。此外，参考文献［14］还给出了信号中包含噪声时的结论。

11.2.4　与测不准原理的关系

有趣的是，数据分离问题和测不准原理之间存在非常紧密的联系。笼统地讲，给定一个信号 $x \in \mathcal{H}$ 和两个基或框架 Φ_1 和 Φ_2，测不准原理阐述了信号 x 不能被 Φ_1 和 Φ_2 同时地稀疏表示；其中一个表示总是不稀疏的，除非 $x=0$。至于与经典的测不准原理之间的关系，读者可见 11.3.1 节。

参考文献［19］是第一个对早在参考文献［16，11］中就提出的不确定性观点进行了严格证明。互相干再一次被证明是稀疏度的一个合适测度，在本节中被用于确定在两个框架上的表示能同时达到的稀疏度下界。

定理 11.5[19]　记 $\Phi_1 = (\varphi_{1i})_{i\in I}$ 和 $\Phi_2 = (\varphi_{2i})_{i\in I}$ 为 Hilbert 空间 $\mathcal{H}$ 中的两个正交基，并认为 $x \in \mathcal{H}$，$x \neq 0$，则有

$$\|\Phi_1^{\mathrm{T}}x\|_0 + \|\Phi_2^{\mathrm{T}}x\|_0 \geqslant \frac{2}{\mu([\Phi_1 | \Phi_2])}$$

证明：首先令 $\Phi_1 = (\varphi_{1i})_{i\in I}$ 和 $\Phi_2 = (\varphi_{2i})_{i\in I}$。进而令 $\Lambda_1 \subseteq I$，$\Lambda_2 \subseteq J$，表示 $\Phi_1^{\mathrm{T}}x$ 和 $\Phi_2^{\mathrm{T}}x$ 的支撑基。由于 $x = \Phi_1\Phi_1^{\mathrm{T}}x$，那么对于任意 $j \in J$ 有

$$|(\Phi_2^{\mathrm{T}}x)_j| = \left|\sum_{i\in\Lambda_1}(\Phi_1^{\mathrm{T}}x)_i\langle\varphi_{1i}, \varphi_{2j}\rangle\right| \tag{11.13}$$

由于 $\Phi_1 = (\varphi_{1i})_{i\in I}$ 和 $\Phi_2 = (\varphi_{2i})_{i\in I}$ 为 Hilbert 空间 $\mathcal{H}$ 中的两个正交基，可得

$$\|x\|_2 = \|\Phi_1^{\mathrm{T}}x\|_2 = \|\Phi_2^{\mathrm{T}}x\|_2 \tag{11.14}$$

根据 Cauchy－Schwarz 不等式，式（11.13）可以进一步表述成

$$|(\Phi_2^{\mathrm{T}}x)_j|^2 \leqslant \|\Phi_1^{\mathrm{T}}x\|_2^2 \cdot \left|\sum_{i\in\Lambda_1}|\langle\varphi_{1i}, \varphi_{2j}\rangle|^2\right| \leqslant \|x\|_2^2 \cdot |\Lambda_1| \cdot \mu([\Phi_1 | \Phi_2])^2$$

这意味着

$$\|\Phi_2^{\mathrm{T}}x\|_2 = \left(\sum_{j\in\Lambda_2}|(\Phi_2^{\mathrm{T}}x)_j|^2\right)^{1/2} \leqslant \|x\|_2 \cdot \sqrt{|\Lambda_1| \cdot |\Lambda_2|} \cdot \mu([\Phi_1 | \Phi_2])$$

由于 $|\Lambda_i| = \|\Phi_i^{\mathrm{T}}x\|_0$，$i=1$、2，再次利用式（11.14），可得

$$\sqrt{\|\Phi_1^{\mathrm{T}}x\|_0 \cdot \|\Phi_2^{\mathrm{T}}x\|_0} \geqslant \frac{1}{\mu([\Phi_1 | \Phi_2])}$$

利用几何代数关系：

$$\frac{1}{2}(\|\Phi_1^{\mathrm{T}}x\|_0 + \|\Phi_2^{\mathrm{T}}x\|_0) \geqslant \sqrt{\|\Phi_1^{\mathrm{T}}x\|_0 \cdot \|\Phi_2^{\mathrm{T}}x\|_0} \geqslant \frac{1}{\mu([\Phi_1 | \Phi_2])}$$

即可完成定理 11.5 的证明。

该结果可以和同时稀疏分解问题关联起来。下面的定理最早在参考文献［4］中出现。

定理 11.6[4] 记$\Phi_1=(\varphi_{1i})_{i\in I}$和$\Phi_2=(\varphi_{2i})_{i\in I}$为 Hilbert 空间$\mathcal{H}$中的两个正交基，并认为$x\in\mathcal{H}$，$x\neq 0$。对于满足$x=[\Phi_1|\Phi_2]c_i$，$i=1$、2 的两个不同系数向量$c_i$，有

$$\|c_1\|_0+\|c_2\|_0\geqslant\frac{2}{\mu([\Phi_1|\Phi_2])}$$

证明：首先，令$d=c_1-c_2$，并将d分成$[d_{\Phi_1},d_{\Phi_2}]^{\mathrm{T}}$，因此有

$$0=[\Phi_1|\Phi_2]d=\Phi_1 d_{\Phi_1}+\Phi_2 d_{\Phi_2}$$

由于$\Phi_1=(\varphi_{1i})_{i\in I}$和$\Phi_2=(\varphi_{2i})_{i\in I}$为两个正交基，并且$d\neq 0$，因此向量$y$定义为

$$y=\Phi_1 d_{\Phi_1}=-\Phi_2 d_{\Phi_2}$$

不等于 0。利用定理 11.5，可得

$$\|d\|_0=\|d_{\Phi_1}\|_0+\|d_{\Phi_2}\|_0\geqslant\frac{2}{\mu([\Phi_1|\Phi_2])}$$

由于$d=c_1-c_2$，可得

$$\|c_1\|_0+\|c_2\|_0\geqslant\|d\|_0\geqslant\frac{2}{\mu([\Phi_1|\Phi_2])}$$

值得一提的是，Tropp 在参考文献［39］中探讨了一个随机稀疏信号在一个不相干字典上的测不准原理。他特别指出了，对一个信号进行非最优分解获得的系数向量中非零元素个数要远大于最稀疏分解系数向量中非零元素个数。

11.3 信号分离

本节首先讨论一维信号分离，然后讨论一般性的二维图像。对于一维信号，首先讨论最特别的例子，即信号中正弦和尖峰成分的分离，然后讨论一般性的分离问题。

11.3.1 正弦和尖峰的分离

正弦和尖峰成分是信号里形态截然不同的成分，因为正弦是周期性的，而尖峰则是暂态的。很自然地，利用稀疏和ℓ_1最小化技术分离正弦和尖峰成分成为数据分离成功的第一个例子。尽管现实生活中的大多数信号不仅仅是尖峰和正弦的简单组合，但是正弦和尖峰确实是记录不同乐器演奏的音频数据的重要组成部分。

数据分离可以被一般性地描述为：用$x\in\mathbb{R}^n$表示一个连续信号在时间$t\in\{0,\cdots,n-1\}$时刻的n个采样点。假设x可以被分解为

$$x=x_1^0+x_2^0$$

式中，x_1^0应包含和x在相同时刻对连续信号

$$\frac{1}{\sqrt{n}}\sum_{\omega=0}^{n-1}c_{1\omega}^0\mathrm{e}^{2\pi\mathrm{i}\omega t/n},\ t\in\mathbb{R}$$

的n个采样点。因此，用$\Phi_1=(\varphi_{1\omega})_{0\leqslant\omega\leqslant n-1}$表示傅里叶基，也即

$$\varphi_{1\omega}=\left(\frac{1}{\sqrt{n}}\mathrm{e}^{2\pi\mathrm{i}\omega t/n}\right)_{0\leqslant t\leqslant n-1}$$

那么离散信号x_1^0可以被表示为

$$x_1^0 = \boldsymbol{\Phi}_1 c_1^0 \qquad c_1^0 = (c_{1\omega}^0)_{0 \leqslant \omega \leqslant n-1}$$

如果x_1^0是非常少正弦的叠加，那么就认为稀疏向量c_1^0是稀疏的。

接下来考虑一个包含一定数目尖峰的连续信号。对该信号在时间点 $t \in \{0, \cdots, n-1\}$ 进行采样可得到仅有很少非零值的离散信号$x_2^0 \in \mathbb{R}^n$。为给x_2^0寻找一个合适的表示系统，令$\boldsymbol{\Phi}_2$表示狄拉克基，也即$\boldsymbol{\Phi}_2$是单位阵，并有

$$x_2^0 = \boldsymbol{\Phi}_2 c_2^0$$

式中，c_2^0也是一个稀疏系数向量。

现在要解决的问题是从已知信号 x 中提取x_1^0和x_2^0，如图 11.1 所示。更有价值的是明确通过ℓ_1最小化能分离x_1^0和x_2^0所需采样点个数与稀疏表示c_1^0和c_2^0的稀疏度之间的关系。

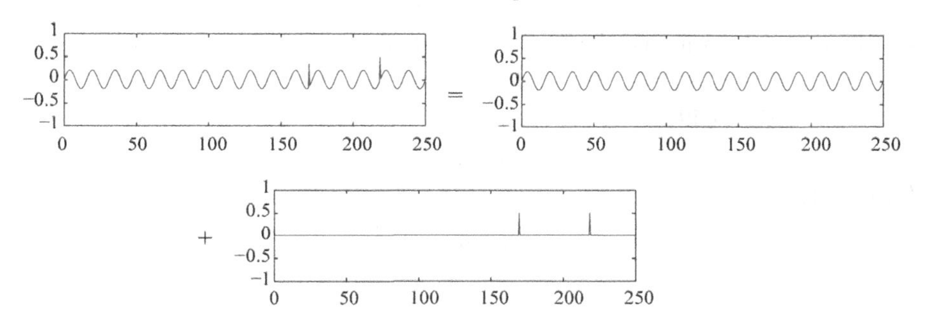

图 11.1　将一个人造音频信号分离成正弦和尖峰成分

从直观的形态学角度看，这个数据分离是一个极限情况，通过计算傅里叶基$\boldsymbol{\Phi}_1$和狄拉克基$\boldsymbol{\Phi}_2$之间的互相干性也可以说明这一点。对于该情况，可得

$$\mu([\boldsymbol{\Phi}_1 | \boldsymbol{\Phi}_2]) = \frac{1}{\sqrt{n}} \tag{11.15}$$

式中，$1/\sqrt{n}$是互相干性可取值的最小值。如果$\boldsymbol{\Phi}_1$和$\boldsymbol{\Phi}_2$是$\mathbb{R}^n$空间内的两个一般正交基，那么$\boldsymbol{\Phi}_1^{\mathrm{T}}\boldsymbol{\Phi}_2$是一个正交矩阵。因此它的所有元素的平方和等于 n，这也意味着所有元素不能小于 $1/\sqrt{n}$。

接下来阐述的定理来自于参考文献 [19]，给出了采样点个数与稀疏度之间关系的严格数学证明。参考文献 [11] 其实是第一个回答了该问题，但是该文献利用一般性定理 11.1 中的结果证明了$\|c_1^0\|_0 + \|c_2^0\|_0$ 的边界取值，但是该结果稍弱于利用定理 11.2 得到的边界取值。

定理 11.7[19]　分别记$\mathbb{R}^n$空间内的傅里叶基$\boldsymbol{\Phi}_1$和狄拉克基$\boldsymbol{\Phi}_2$。进而令 $x \in \mathbb{R}^n$，并有

$$x = x_1^0 + x_2^0$$

式中，$x_1^0 = \boldsymbol{\Phi}_1 c_1^0$ 和 $x_2^0 = \boldsymbol{\Phi}_2 c_2^0$。如果系数向量满足：

$$\|c_1^0\|_0 + \|c_2^0\|_0 < (\sqrt{2} - 0.5)\sqrt{n}$$

那么求解式 (11.3) 描述的ℓ_1 最小化问题可以唯一地重建系数向量，也即可从信号 x 中准确提取成分x_1^0和x_2^0。

证明：由于两个正交基的互相干满足

$$\mu([\Phi_1 | \Phi_2]) = \frac{1}{\sqrt{n}}$$

那么根据定理 11.2，只要

$$\|c_1^0\|_0 + \|c_2^0\|_0 < \frac{\sqrt{2}-0.5}{\mu([\Phi_1 | \Phi_2])} = (\sqrt{2}-0.5)\sqrt{n}$$

那么求解 ℓ_1 最小化问题可以唯一地重建c_1^0和c_2^0。由此可证定理 11.7。

笼统地讲，经典测不准定理阐述了一个函数不能同时在时域和频域被定位。参考文献［16］给出了这一基本原理的离散化版本，该定理证明了一个离散信号和它的傅里叶变换不能同时是稀疏的。接下来我们展示了这一定理其实可以被理解为数据分离结果的一个推论。

定理 11.8[16] 令 $x \in \mathbb{R}^n$，$x \neq 0$，并记其傅里叶变换为$\hat{x}$。那么

$$\|x\|_0 + \|\hat{x}\|_0 \geqslant 2\sqrt{n}$$

证明：可以用定理 11.5 证明该定理。首先，令Φ_1表示狄拉克基，很显然有

$$\|\Phi_1^{\mathrm{T}} x\|_0 = \|x\|_0$$

然后令Φ_2表示傅里叶基，可得

$$\hat{x} = \Phi_2^{\mathrm{T}} x$$

根据式（11.15）有

$$\mu([\Phi_1 | \Phi_2]) = \frac{1}{\sqrt{n}}$$

最后可得

$$\|x\|_0 + \|\hat{x}\|_0 = \|\Phi_1^{\mathrm{T}} x\|_0 + \|\Phi_2^{\mathrm{T}} x\|_0 \geqslant \frac{2}{\mu([\Phi_1 | \Phi_2])} = 2\sqrt{n}$$

证毕。

参考文献［38］对傅里叶基和狄拉克基上信号表示的稀疏度、信号分离、相关的测不准原理等，以及在随机信号中的最新结果进行了出色的调研，供感兴趣的读者参考。

11.3.2 进一步研究

最近几年，研究人员对前述分离正弦和尖峰成分这一基础设定做了进一步的改进和深入探索。

最常见的对分离正弦和尖峰成分这一基础设定的改变是考虑更一般性的组成成分，比如在 Gabor 表示系统上是稀疏的周期性成分，在对尖峰敏感的表示系统比如小波基上是稀疏的成分。参考文献［22］讨论了此类情况。另外一个不同设置的例子是参考文献［3］中探讨的用威尔逊基替代 Gabor 系统，该文献中，表示系数的聚集特性发挥了重要的作用。值得一提的是，参考文献［25］中使用了一个特别的，被称为混合$\ell_{1,2}$或$\ell_{2,1}$的范数，以利用表示系数所具有的聚集特性，并给出了不同的数据分离例子。

11.4 图像分离

本节主要讨论利用形态学成分分析进行图像分离的研究成果，首先关注一些实证研究，然

后重点介绍理论结果。

11.4.1 实证研究

实际应用中，测量信号 x 通常会被噪声污染，也即 x 中除了包含要提取的成分x_1^0和x_2^0外，还包含一些噪声 n，$x=x_1^0+x_2^0+n$。因此需要对前述的ℓ_1 最小化问题进行相应的调整。许多文献提出了一个改进的基追踪去噪——通过放宽约束以处理含有噪声的观测信号。对式（11.3）中阐述的ℓ_1 最小化问题改进后如下：

$$\min_{c_1,c_2}\|c_1\|_1+\|c_2\|_1+\lambda\|x-\boldsymbol{\Phi}_1c_1-\boldsymbol{\Phi}_2c_2\|_2^2$$

式中，正则化参数 $\lambda>0$ 需要恰当地选择。类似地，我们对式（11.6）中所述的ℓ_1 最小化问题进行改进，可得

$$\min_{x_1,x_2}\|\boldsymbol{\Phi}_1^{\mathrm{T}}x_1\|_1+\|\boldsymbol{\Phi}_2^{\mathrm{T}}x_2\|_1+\lambda\|x-x_1-x_2\|_2^2$$

在这些新的优化问题中，图像中的附加内容——噪声具有一个特殊的性质，也即它不能被两个表示系统$\boldsymbol{\Phi}_1$和$\boldsymbol{\Phi}_2$中的任一个稀疏地表示。因此，根据上述两个优化问题的具体形式，噪声会被体现在两个残差项 $x-\boldsymbol{\Phi}_1c_1-\boldsymbol{\Phi}_2c_2$或者 $x-x_1-x_2$中。因此，求解上述两个最小化问题，不仅可以从数据中分离两个组成成分，而且能够顺带去除数据中的加性噪声。

目前已有多种数值算法求解上述两个优化问题。比如，其中一大类是迭代阈值化算法，读者可见参考文献［18］。需要指出的是，这些分离算法是可以分块进行，从而实现并行处理，具体细节见参考文献［18］。

接下来让我们继续深入探讨更具体的情况。一类重要的经验性研究重点关注点状和曲线结构的分离。这类问题在实际应用中比较普遍，比如在天文学成像中，天文学家希望将星星（点状结构）与纤维状星云（曲线状结构）分离开。再例如神经生物学成像领域，特别是对阿尔茨海默病的研究中，神经生物学家需要分析神经元的图像，该 2D 图像通常由曲线状的树突和与之相连的点状树突棘组成。为进一步分析这些组分的形状，需要分离树突和树突棘。

从数学角度来看，点状结构一般都是 0D 结构，而曲线状结构则是 1D 结构，这反映了它们之间的形态差异。因此，尝试利用形态学成分分析的思想分离这两种结构是合理的，而且这个想法的合理性被持续不断的经验性研究以及 11.4.2 节中给出的理论结果进一步证实。

为图像分离建立合理的最小化问题，需要首先为点状和曲线状成分选择合适的表示系统。小波表示由于其对包含有限多点状特性的平滑函数提供了最优稀疏近似，因此适于点状结构的提取。对于可稀疏化曲线状结构的表示系统，目前有两种不同选择。历史上第一个可用的表示系统是参考文献［5］中提出的曲线波，它为具有曲线状特性的平滑函数提供了最优稀疏表示。MCALab 中使用了小波－曲线波合成字典进行数据的分离，具体的实现细节可见参考文献［35］。稍后，与曲线波类似的剪切波被提出，其优势是对连续和离散区域统一处理，并且具有快速变换算法，感兴趣的读者可见参考文献［24］或参考文献［27］。开源的 ShearLab 程序包提供了基于小波－剪切波合成字典进行数据分离的具体实现。参考文献［29］对这两种途径进行了比较，详细讨论了基于小波－剪切波合成字典的分离算法，数值比较结果表明 ShearLab 可达到更快和更精确的分离。

图 11.2 展示了将一幅由多个点、线和一个圆组成，并包含噪声的人造图像分离成点状结构（点）和曲折结构（线和圆），并去除噪声的结果。分离结果中唯一可见的伪影出现在曲线状结构的交叉处，由于这些交叉位置所具有的歧义性，无法明确是点状还是曲线状结构，因此伪影的存在是不足为奇的。作为一个实际应用的例子，图 11.3 中给出了使用 ShearLab 对神经元图像进行分离以获得树突和树突棘的结果。

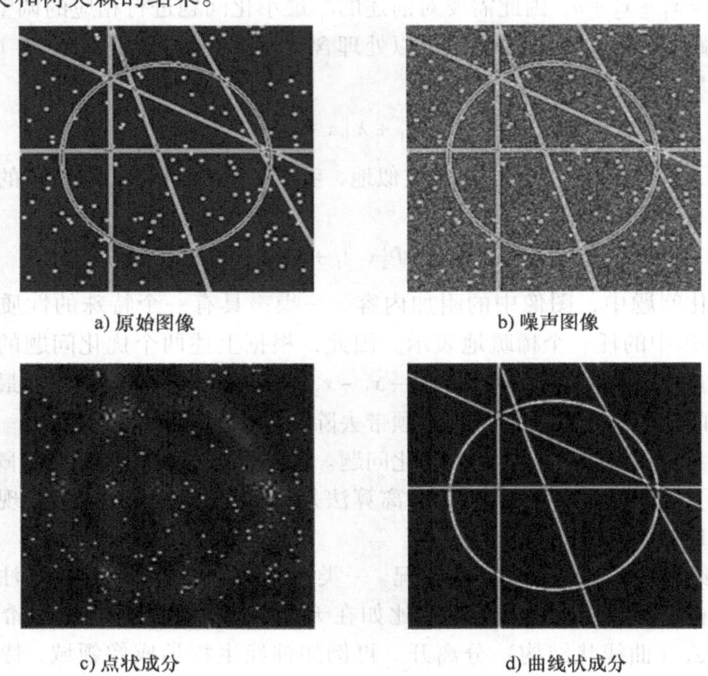

a) 原始图像 b) 噪声图像

c) 点状成分 d) 曲线状成分

图 11.2 利用 ShearLab 将一幅包含有多个点、线和一个圆的人造图像分离成点状和曲线状结构的结果

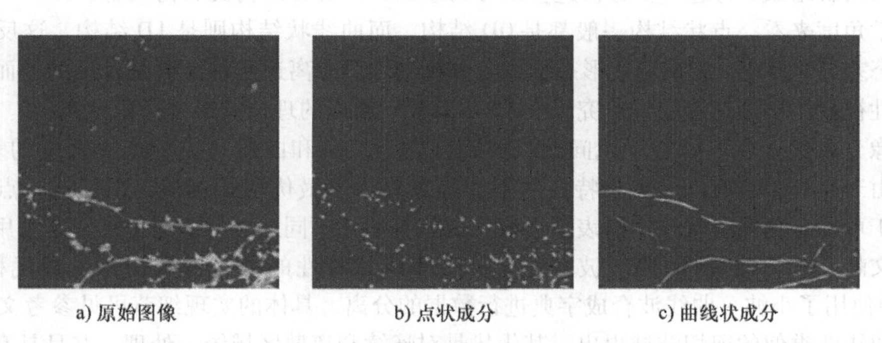

a) 原始图像 b) 点状成分 c) 曲线状成分

图 11.3 利用 ShearLab 将一幅神经元图像分离成点状和曲线状成分的结果

图像分离另一个广泛探索的类别是背景和纹理的分离。这里，背景通常指图像中的分段平滑区域，纹理则指图像中的间断性结构。背景的数学模型最初在参考文献［8］中被描述成包含有

C^2不连续的C^2函数。与之不同的是，纹理这一术语被大范围使用，而且如何为图像纹理建立一个合适的数学模型一直是争论不休的问题。来自应用谐波分析领域的观点认为纹理是一个能够被 Gabor 系统稀疏表示的结构。从另外的角度而言，读者应能想到，如果对图像的背景区域进行重复性处理其实会产生纹理成分，进而能凸显图像背景和纹理之间的分界线，如图 11.4 所示。

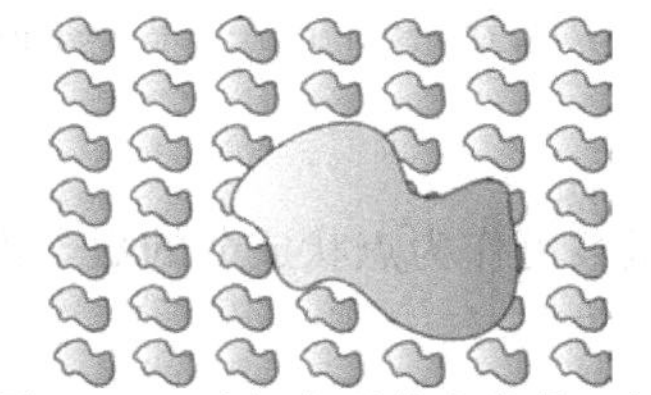

图 11.4　重复出现的小背景区域对比一个大背景区域

曲线波和剪切波依然可以用于稀疏化背景部分，而纹理部分通常用离散余弦变换或者 Gabor 系统进行稀疏化。MCALab 采用由曲线波和离散余弦构成的合成字典分离图像背景和纹理，具体细节可见参考文献［35］。图 11.5 展示了利用 MCALab 把 Barbara 图像分离成背景和纹理成分的结果。由图所示，所有的间断性结构都被分离到纹理成分中，剩下的部分则被分离到背景成分中。

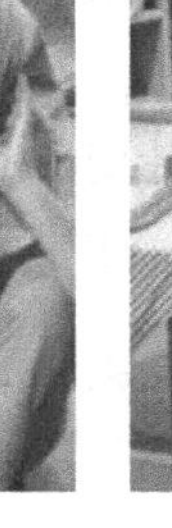

a) Barbara图像

b) 背景成分

c) 纹理成分

图 11.5　利用 MCALab 把 Barbara 图像分离成背景和纹理成分

11.4.2　理论结果

参考文献［14］讨论了被称为几何分离问题的图像中点状和曲线状特征的分离，推导出了能够解释形态学成分分析成功经验的第一个理论结果。这篇文献中的分析有三个有意思的特征。第一，它引入了聚集相干的概念作为稀疏表示中重要系数在几何分布的测度，并用其反映组成成分之间的形态差异。此外，它还启动了在框架下进行 ℓ_1 最小化的研究，特别是那些在一个框架内的单例一致性比较高的情形。第二，它首次提供对一个连续体模型的分析，这与先前研究的离散模型不同，避免了对几何连续体元素的模糊。第三，它探索了用微分析方法达到启发式地理解为什么分离是可行的，并将之组织成严谨的分析。这个一般性的方法尤其适用于几何分离算法的两个变种，其中之一基于径向小波的紧框架和曲线波，另外一个则基于正交小波和剪切波。

这些是目前获得的唯一能够为基于稀疏方法进行图像分离提供理论基础的结果。参考文献［13］同样提及了分离点状和曲线状对象目前的处境，不过参考文献［13］采用阈值操作作为分离手段。最后值得一提的是，参考文献［15］对分离图像背景和纹理的理论基础做了初步的探索。

现在让我们深入分析参考文献［14］。作为由点状和曲线状结构组成的信号的数学模型，以下两个成分需要考虑：第一是除了有点状奇异性其他都是平滑的$\mathbb{R}^2$上的函数$\mathcal{P}$被定义为

$$\mathcal{P} = \sum_{i=1}^{P} |x - x_i|^{-3/2}$$

该函数可作为点状成分的数学模型。第二是沿着闭合曲线$\tau:[0,1]\to\mathbb{R}^2$具有奇异性的分布$\mathcal{C}$，被定义为

$$\mathcal{C} = \int \delta_{\tau(t)} \mathrm{d}t$$

这可以作为曲线状成分的数学模型。那么待分离信号的一般性模型是两个函数的和：

$$f = \mathcal{P} + \mathcal{C} \tag{11.16}$$

因此几何分离问题也即基于观测到的信号f，分离出$\mathcal{P}$和$\mathcal{C}$。

根据前面的讨论，一个可能的解决办法是基于一个由小波和曲线波构成的过完备系统设计一个最小化问题。为了便于分析，可采用具有和曲线波相同子带的径向小波。更严谨地讲，令W表示一个合适的窗函数，在尺度j和空间位置$k=(k_1, k_2)$处的径向小波可以用傅里叶变换定义：

$$\hat{\psi}_\lambda(\xi) = 2^{-j} \cdot W(|\xi|/2^j) \cdot \mathrm{e}^{\mathrm{i}\langle k, \xi/2^j\rangle}$$

式中，$\lambda=(j, k)$可对尺度和位置进行索引。给定相同的窗函数W和一个撞击函数V，在尺度j、方向l和空间位置$k=(k_1, k_2)$处的曲线波同样可以用傅里叶变换定义：

$$\hat{\gamma}_\eta(\xi) = 2^{-j\frac{3}{4}} \cdot W(|\xi|/2^j) V((\omega - \theta_{j,\ell}) 2^{j/2}) \cdot \mathrm{e}^{\mathrm{i}(R_{\theta_{j,\ell}} A_{2^{-j}} k)'\xi}$$

式中，$\theta_{j,\ell} = 2\pi\,\ell/2^{j/2}$，$R_\theta$表示平面转动$-\theta$弧度，$A_a$表示各向异性的缩放。图11.6展示了这两个表示系统对频域的平铺作用。

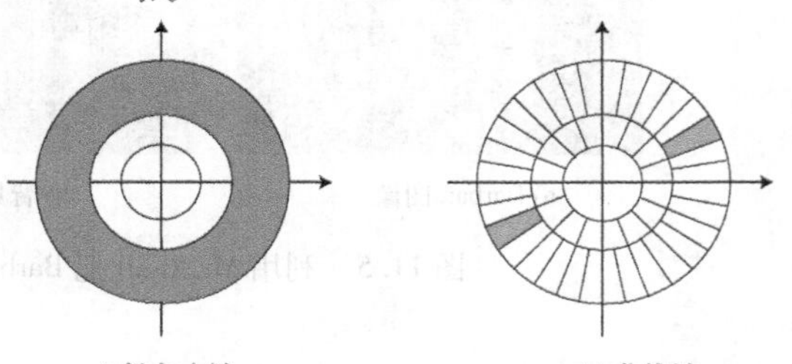

图11.6　径向小波和曲线波对频域的平铺作用

再次使用窗函数W，我们可用滤波器的传递函数定义一类滤波器F_j：

$$\hat{F}_j(\xi) = W(|\xi|/2^j),\ \xi \in \mathbb{R}^2$$

这些滤波器可以将任意分布g分解成不同尺度的块g_j，其中在子带j的块g_j由对g用F_j进行滤波获得

$$g_j = F_j * g$$

合理选择窗函数W可以利用公式：

$$g = \sum_j F_j * g_j$$

从分块中重构g。将这个滤波过程应用于式（11.16）中的模型图像f可以得到对f的分解：

$$f_j = F_j * f = F_j * (\mathcal{P} + \mathcal{C}) = \mathcal{P}_j + \mathcal{C}_j$$

式中，$(f_j)_j$是已知的，问题的目标是提取$(\mathcal{P}_j)_j$和$(\mathcal{C}_j)_j$。此刻需要说明的是，$(\mathcal{P}, \mathcal{C})$的选择是根据$\mathcal{P}_j$和$\mathcal{C}_j$在每一个尺度$j$具有相同的能量，这使得在更精细尺度上两个成分也是相当的，并且在每一个尺度上分离的难度相当。

现在可令Φ_1和Φ_2分别为径向小波和曲线波的紧框架。那么对每一个尺度j，考虑式（11.6）中描述的最小化问题，在此需要修改成：

$$\min_{P_j, C_j} \|\Phi_1^{\mathrm{T}} P_j\|_1 + \|\Phi_2^{\mathrm{T}} C_j\|_1 \quad \text{s.t.} \quad f_j = P_j + C_j \tag{11.17}$$

注意，由于径向小波和曲线波都是过完备系统，因此这里采用的是ℓ_1 最小化问题的“分析”版本。

参考文献［14］中给出的利用求解式（11.17）获得 f_j 的准确分离的理论结果可以表述如下：

定理 11.9[14]　令$\hat{P}_j$ 和$\hat{C}_j$ 表示式（11.17）中所述最优化问题在每一个尺度 j 上的解。那么可有

$$\frac{\|\mathcal{P}_j-\hat{P}_j\|_2+\|\mathcal{C}_j-\hat{C}_j\|_2}{\|\mathcal{P}_j\|_2+\|\mathcal{C}_j\|_2}\to 0,\ j\to\infty$$

这个结果表明组成成分$\mathcal{P}_j$ 和$\mathcal{C}_j$ 在很精细的尺度也能以足够高的渐近精度重建。点状成分的能量可以被小波系数全部保持，同样地，曲线状成分也能够被曲线波系数完全保持。因此，该定理证实了几何分离问题可以被由小波和曲线波组成的字典，结合求解合适的ℓ_1 最小化问题完美解决。

接下来我们提供了对定理 11.9 的简化证明，完整的证明过程见参考文献［14］。

定理 11.9 的简化证明。主要目标是对每一个尺度利用定理 11.4，并监测与尺度相关的边界。为此，设 j 是任意固定的，并以下列方式应用定理 11.4：

- x：滤波信号 $f_j=\mathcal{P}_j+\mathcal{C}_j$。
- Φ_1：被F_j滤波的小波。
- Φ_2：被F_j滤波的曲线波。
- Λ_1：$\mathcal{P}_j$的重要小波系数。
- Λ_2：$\mathcal{C}_j$的重要曲线波系数。
- δ_j：重要系数的近似程度。
- $(\mu_c)_j$：小波－曲线波之间的聚类相干性。

如果能证明

$$\frac{2\delta_j}{1-2(\mu_c)_j}=o(\|\mathcal{P}_j\|_2+\|\mathcal{C}_j\|_2)\quad j\to\infty \tag{11.18}$$

就可以证明定理 11.9。

需要克服的一个主要问题是Λ_1和Λ_2的精确选择。理想情况下，可定义这些集合：

$$\delta_j=o(\|\mathcal{P}_j\|_2+\|\mathcal{C}_j\|_2)\quad j\to\infty \tag{11.19}$$

并有

$$(\mu_c)_j\to 0\quad j\to\infty \tag{11.20}$$

这个结论就意味着式（11.18）成立，也即完成了定理 11.9 的证明。

通过考虑$\mathcal{P}$和$\mathcal{C}$在相位空间$\mathbb{R}^2\times[0,2\pi)$中的波阵面，也即

$$WF(\mathcal{P})=\{x_i\}_{i=1}^{P}\times[0,2\pi)$$

和

$$WF(\mathcal{C})=\{(\tau(t),\theta(t)):t\in[0,L(\tau)]\}$$

式中，$\tau(t)$是对 τ 的单位速度参数化，$\theta(t)$是 τ 在 $\tau(t)$处的垂直方向，能够为Λ_1和Λ_2的精确选择提供新的观察角度。一个具有启发价值的现象是，重要小波系数是与索引集接近相位空间中

$WF(\mathcal{P})$的小波相关联的，同样地，重要曲线波系数应与索引集接近相位空间中$WF(\mathcal{C})$的曲线波相关联。因此，利用 Hart Simith 的相位空间度量，可有

$$d_{HS}((b,\theta);(b',\theta')) = |\langle e_\theta, b-b'\rangle| + |\langle e_{\theta'}, b-b'\rangle| + |b-b'|^2 + |\theta-\theta'|^2$$

式中，$e_\theta = (\cos(\theta), \sin(\theta))$。对重要小波系数集合的一个近似是

$$\Lambda_{1,j} = \{\text{wavelet lattice}\} \cap \{(b,\theta): d_{HS}((b,\theta); WF(\mathcal{P})) \leqslant \eta_j 2^{-j}\}$$

同样地，对重要曲线波系数集合的一个近似是

$$\Lambda_{2j} = \{\text{curvelet lattice}\} \cap \{(b,\theta): d_{HS}((b,\theta); WF(\mathcal{C})) \leqslant \eta_j 2^{-j}\}$$

式中，距离参数$(\eta_j)_j$需要做一个合理的选择。在定理 11.9 的证明中，$(\Lambda_{1,j})_j$和$(\Lambda_{2,j})_j$的定义更不稳定，但符合这一直观结果。

11.4.1 节阐明了由小波和剪切波组成的合成字典更可取，因此读者可能会想知道刚才所讨论的理论结果是否适用于此情形。事实上，参考文献［26，12］已经给出了相关证明。需要指出的是，由小波和剪切波构成的字典的另外一个优势是可以利用小波基。

作为小波基的一种，我们选择使用正交 Meyer 小波，其定义可见参考文献［30］。对于剪切波的定义，对于$j\geqslant 0$以及$k\in\mathbb{Z}$，令A_2表示曲线波的定义，那么$\widetilde{A}_2$和S_k分别定义为

$$\widetilde{A}_{2j} = \begin{pmatrix} 2^{j/2} & 0 \\ 0 & 2^j \end{pmatrix},\ S_k = \begin{pmatrix} 1 & k \\ 0 & 1 \end{pmatrix}$$

那么对于ϕ，ψ，$\widetilde{\psi}\in L^2(\mathbb{R}^2)$，被称作适应锥体的离散剪切波系统是

$$\{\phi(\cdot - m): m \in \mathbb{Z}^2\}$$

$$\{2^{\frac{3}{4}j}\psi(S_k A_{2j}\cdot - m): j \geqslant 0,\ -\lceil 2^{j/2}\rceil \leqslant k \leqslant \lceil 2^{j/2}\rceil,\ m \in \mathbb{Z}^2\}$$

和

$$\{2^{\frac{3}{4}j}\widetilde{\psi}(S_k^{\mathrm{T}}\widetilde{A}_{2j}\cdot - m): j\geqslant 0,\ -\lceil 2^{j/2}\rceil \leqslant k \leqslant \lceil 2^{j/2}\rceil,\ m\in\mathbb{Z}^2\}$$

的联合。其中术语“适应锥体的”是基于这些系统对频域进行了圆锥状的平铺操作，如图 11.7b 所示。

图 11.7 还展示了正交 Meyer 小波和剪切波的子带是相同。因此类似于径向小波和曲线波，可对缩放的子带进行类似的滤波。

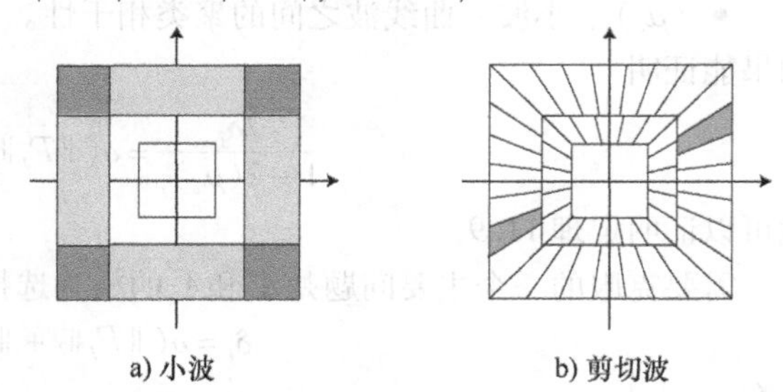

图 11.7　正交 Meyer 小波和剪切波对频域的平铺操作

式（11.17）中的优化问题也需要相应地调整，变成通过用小波和剪切波代替径向小波和曲线波，可以获得每一个尺度上的点状成分和曲线状成分。参考文献［26］提出了新的、在剪切波和曲线波之间的等效稀疏，并证明了类似于定理 11.9 的数据分离理论结果：

定理 11.10[26]　对于采用小波和剪切波构建数据分离合成字典，有如下结论：

$$\frac{\|\mathcal{P}_j - \hat{W}_j\|_2 + \|\mathcal{C}_j - \hat{S}_j\|_2}{\|\mathcal{P}_j\|_2 + \|\mathcal{C}_j\|_2} \to 0,\ j\to\infty$$

参考文献

[1] M. Aharon, M. Elad, and A. M. Bruckstein. The K-SVD: An algorithm for designing of overcomplete dictionaries for sparse representation. *IEEE Trans Signal Proc*, 54(11): 4311–4322, 2006.

[2] J. Bobin, J.-L. Starck, M. J. Fadili, Y. Moudden, and D. L. Donoho. Morphological component analysis: An adaptive thresholding strategy. *IEEE Trans Image Proc*, 16(11):2675–2681, 2007.

[3] L. Borup, R. Gribonval, and M. Nielsen. Beyond coherence: Recovering structured time-frequency representations. *Appl Comput Harmon Anal*, 24(1):120–128, 2008.

[4] A. M. Bruckstein, D. L. Donoho, and M. Elad. From sparse solutions of systems of equations to sparse modeling of signals and images. *SIAM Review*, 51(1):34–81, 2009.

[5] E. J. Candès and D. L. Donoho. Continuous curvelet transform: II. Discretization of frames. *Appl Comput Harmon Anal*, 19(2):198–222, 2005.

[6] S. S. Chen, D. L. Donoho, and M. A. Saunders. Atomic decomposition by basis pursuit. *SIAM J Sci Comput*, 20(1):33–61, 1998.

[7] R. R. Coifman and M. V. Wickerhauser. Wavelets and adapted waveform analysis. A toolkit for signal processing and numerical analysis. *Different Perspectives on Wavelets*. San Antonio, TX, 1993, 119–153, *Proc Symps Appl Math*, 47, Am Math Soc, Providence, RI, 1993.

[8] D. L. Donoho. Sparse components of images and optimal atomic decomposition. *Constr Approx*, 17(3):353–382, 2001.

[9] D. L. Donoho. Compressed sensing. *IEEE Trans Inform Theory*, 52(4):1289–1306, 2006.

[10] D. L. Donoho and M. Elad. Optimally sparse representation in general (nonorthogonal) dictionaries via l^1 minimization. *Proc Natl Acad Sci USA*, 100(5):2197–2202, 2003.

[11] D. L. Donoho and X. Huo. Uncertainty principles and ideal atomic decomposition. *IEEE Trans Inform Theory*, 47(7):2845–2862, 2001.

[12] D. L. Donoho and G. Kutyniok. Geometric separation using a wavelet-shearlet dictionary. *SampTA'09* (Marseilles, France, 2009), Proc., 2009.

[13] D. L. Donoho and G. Kutyniok. Geometric separation by single-pass alternating thresholding, preprint, 2010.

[14] D. L. Donoho and G. Kutyniok. Microlocal analysis of the geometric separation problem. *Comm Pure Appl Math*, to appear, 2010.

[15] D. L. Donoho and G. Kutyniok. Geometric separation of cartoons and texture via ℓ_1 minimization, preprint, 2011.

[16] D. L. Donoho and P. B. Stark. Uncertainty principles and signal recovery. *SIAM J Appl Math*, 49(3):906–931, 1989.

[17] J. M. Duarte-Carvajalino and G. Sapiro. Learning to sense sparse signals: Simultaneous sensing matrix and sparsifying dictionary optimization. *IEEE Trans Image Proc*, 18(7): 1395–1408, 2009.

[18] M. Elad. *Sparse and Redundant Representations*, Springer, New York, 2010.

[19] M. Elad and A. M. Bruckstein. A generalized uncertainty principle and sparse representation in pairs of bases. *IEEE Trans Inform Theory*, 48(9):2558–2567, 2002.

[20] M. Elad, J.-L. Starck, P. Querre, and D. L. Donoho. Simultaneous cartoon and texture image inpainting using morphological component analysis (MCA). *Appl Comput Harmon Anal*,

19(3):340–358, 2005.

[21] K. Engan, S. O. Aase, and J. H. Hakon-Husoy. Method of optimal directions for frame design. *IEEE Int Conf Acoust, Speech, Sig Process*, 5:2443–2446, 1999.

[22] R. Gribonval and E. Bacry. Harmonic decomposition of audio signals with matching pursuit. *IEEE Trans Sig Proc*, 51(1):101–111, 2003.

[23] R. Gribonval and M. Nielsen. Sparse representations in unions of bases. *IEEE Trans Inform Theory*, 49(12):3320–3325, 2003.

[24] K. Guo, G. Kutyniok, and D. Labate. Sparse multidimensional representations using anisotropic dilation and shear operators. *Wavelets and Splines*, Athens, GA, 2005, Nashboro Press, Nashville, TN, 2006:189–201, 2006.

[25] M. Kowalski and B. Torrésani. Sparsity and persistence: Mixed norms provide simple signal models with dependent coefficients. *Sig, Image Video Proc*, to appear, 2010.

[26] G. Kutyniok. Sparsity equivalence of anisotropic decompositions, preprint, 2010.

[27] G. Kutyniok, J. Lemvig, and W.-Q. Lim. Compactly supported shearlets, *Approximation Theory XIII* (San Antonio, TX, 2010). *Proc Math*, 13:163–186, 2012.

[28] G. Kutyniok and W.-Q. Lim. Compactly supported shearlets are optimally sparse. *J Approx Theory*, 163:1564–1589, 2011.

[29] G. Kutyniok and W.-Q. Lim. Image separation using shearlets, *Curves and Surfaces*, Avignon, France, 2010, Lecture Notes in Computer Science, 6920, Springer, 2012.

[30] S. G. Mallat. *A Wavelet Tour of Signal Processing*, Academic Press, Inc., San Diego, CA, 1998.

[31] S. G. Mallat and Z. Zhang. Matching pursuits with time-frequency dictionaries. *IEEE Trans Sig Proc*, 41(12):3397–3415, 1993.

[32] F. G. Meyer, A. Averbuch, and R. R. Coifman. Multi-layered image representation: Application to image compression. *IEEE Trans Image Proc*, 11(9):1072–1080, 2002.

[33] J.-L. Starck, F. Murtagh, and J. M. Fadili. *Sparse Image and Signal Processing: Wavelets, Curvelets, Morphological Diversity*. Cambridge University Press, New York, NY, 2010.

[34] J.-L. Starck, M. Elad, and D. L. Donoho. Redundant multiscale transforms and their application for morphological component analysis. *Adv Imag Electr Phys*, 132:287–348, 2005.

[35] J.-L. Starck, M. Elad, and D. L. Donoho. Image decomposition via the combination of sparse representations and a variational approach. *IEEE Trans Image Proc*, 14(10):1570–1582, 2005.

[36] J.-L. Starck, Y. Moudden, J. Bobin, M. Elad, and D. L. Donoho. Morphological component analysis. *Wavelets XI*, San Diego, CA, SPIE Proc. 5914, SPIE, Bellingham, WA, 2005.

[37] J. A. Tropp. Greed is good: Algorithmic results for sparse approximation. *IEEE Trans Inform Theory*, 50(10):2231–2242, 2004.

[38] J. A. Tropp. On the linear independence of spikes and sines. *J Fourier Anal Appl*, 14(5-6):838–858, 2008.

[39] J. A. Tropp. The sparsity gap: Uncertainty principles proportional to dimension. *Proc 44th IEEE Conf Inform Sci Syst* (CISS), 1–6, Princeton, NJ, 2010.

第 12 章　人脸识别的稀疏表示

Arvind Ganesh，Andrew Wagner，Zihan Zhou，Allen Y. Yang，Yi Ma，John Wright

在本章里，我们将呈现一种解决传统人脸识别问题的泛型框架。这个框架建立在稀疏表达的理论和算法之上。尽管在过去的几十年里吸引了人们强烈的兴趣，传统的图像识别理论仍然无法给出一个令人满意的解决方案，可以在受光照变化和不同姿态等因素的实际环境中识别人脸。我们的新办法——基于稀疏表示的识别，这主要是受到一种非常自然的稀疏概念的启发。具体地说，人们总是尝试用一个单个主题的一小部分训练图像来解释一个待查询图像。这个稀疏表示是通过 ℓ_1 最小化来实现的。我们将展示如何将这种核心的思想泛化，并且拓展去解决在人脸识别中遇到的各种物理问题。最后我们研究的结果是一个完整的针对安防系统的应用方案，可以精确地从一个几百个主体的数据库中识别出一个主体。

12.1　引言

自动人脸识别是计算机视觉领域的一个经典问题。这个领域之所以长期受到关注主要源于两个原因。第一，在人脸识别中我们遇到了阻碍视觉识别系统的共同的难点：光照、遮挡、姿态和失准。受到人类可以很好识别类似面孔的启发，我们有理由相信，有效的自动人脸识别是可能的，而且在实现的过程中我们可以得到视觉识别中有价值的东西。第二，人脸识别在实际中有着很广泛的应用。事实上，如果我们能够构建极其可靠的人脸识别系统，它将在身份认证、授权控制、安保和公共安全方面有广泛的应用。除了这些经典的应用之外，最近网上的增值业务包括网上图片和视频提供了新型的应用，比如图像识别和相片分类（比如 Google's Picasa 和 Apple FaceTime）。

尽管这个工作已经做了几十年，但是高品质的人脸识别仍然面临巨大的问题。在电子相册之类的低等级的应用上虽然有着持续的算法更新㊀，在急需高水准要求的大规模监视和监视列表等应用上还是存在一系列的失败，这些应用对性能的要求很高㊁。失败主要是因为人脸数据的结构很有挑战性：任何实际的人脸识别系统必须要处理像光照变化、破坏和遮挡及合理数量的姿态和图像失准等这样的变化和失真。人脸识别中图像失真的一些例子在图 12.1 中展示。

㊀ 如所记载的，例如，正在进行中的野外标签面孔[26]的挑战。我们邀请感兴趣的读者查阅这项工作和其中的参考资料。——原书注

㊁ 一种被认为可用于自动大规模监视的典型性能指标可能要求在数千名受试者的数据库中识别率高于 90% 和假阳率低于 0.01%。——原书注

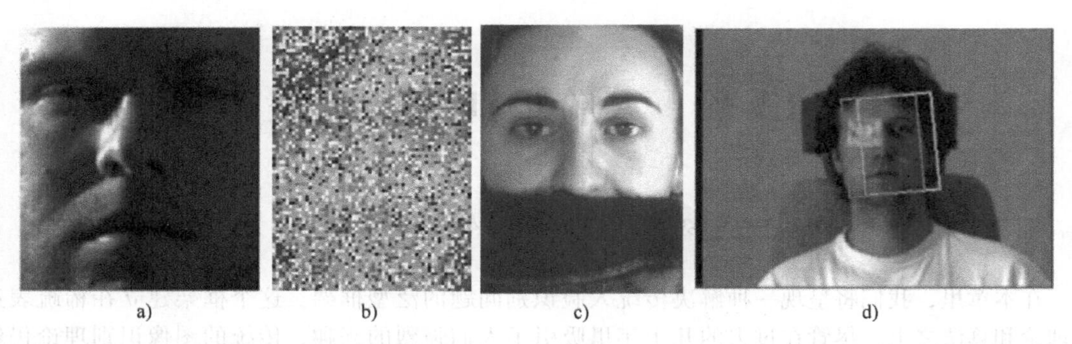

图 12.1 人脸识别的图像失真。a）光照改变；b）像素污染；c）人脸伪装；d）遮挡和失准

传统的图像识别理论在这里停止不前，因为缺少一种能够同时处理这些问题的令人满意的解决方案。在过去的几十年里，针对某个单个问题比如姿态或者光照提出了很多方法，而且已经被检验了。但是根据现在的调查[52]，很少有工作来解决多变量的耦合㊀。换句话说，尽管有方法可以成功地解决一种变化，但是它很可能在有其他一些变化因素引入人脸识别时失效。

最近，稀疏辨识和压缩感知的理论又在解决这个棘手问题上投下些许光芒。事实上，对于人脸识别问题有个很自然的想法：人们总是试着从一个很多主体的数据库中找到一个能够最好解释一个给定图像的主体。在本章中，我们将解释怎样用压缩感知的工具，特别地ℓ_1最小化和随机投影来生成新的人脸识别算法。特别是，新的计算框架能够同时解决人脸识别中具有多变量的主要问题。

然而，人脸识别又与普通的压缩感知设置不太一样。从数学上说，人脸识别中出现的数据矩阵往往会不遵守这些理论上的假设，比如约束等距性质，甚至是不相干性。而且物理结构上的问题（特别是失准）有时候迫使我们在一定非线性的约束下解决稀疏表示的问题。从实际的角度来说，人脸识别又在算法设计和系统实现上形成新的不寻常的挑战。第一，人脸图像是一个非常高维的数据（1000×1000 灰度图像有 10^6 个像素）。主要由于缺少内存和计算资源，降维通常是人脸识别中必要的第一步。著名的整体特征空间包括 Eigenfaces[42]、Fisherfaces[3]、Laplacianfaces[25] 以及它们的变形[29,10,47,36]。然而，仍然有一个开放的问题：什么是最优的低维人脸特征空间，可以用来配合任何一种好的分类器，并且可以取得更优的效果？

第二，过去的一些人脸识别算法经常是在实验室环境下工作很好，但是一旦用在控制程度不那么高的环境下时，它们的识别率就会下降很多，这也是从一方面说明了为什么现在这些系统公认的不好用。一个共同的原因是这些人脸识别算法仅仅是用实验室环境下拍摄的图片来学习的（甚至是用的同一个摄像机），因此它们的训练集并没有体现户内、户外和不同光照条件下拍摄照片的光照的多样性。在一些极端的情况下，某些算法还减小光照的不同，每个主体就用一张照片[12,53]。尽管做出了这些努力，真正的光照环境下不变的特征实际上是不可能从一些训练

㊀ 关于人脸识别的文献很多，要对所有的思想和提出的算法进行公正的处理，就需要进行一项与本章篇幅相当的单独调查。在本章中，我们将回顾一些必要的文献。为了更全面地了解这个领域的历史，请读者阅读参考文献[52]。——原书注

图像中得到的，更不用说是一张图像了[21,4,1]。因此，一个自然的问题出现了：我们怎样才能改善图像获取过程来保证在训练图像中有充足的光照，这样训练图像可以代表自然世界中多变的光照条件？

在本章里，在本书总体主题下，我们系统展示了在过去的几年中人脸识别的数学方法，我们称之为基于稀疏表示的分类（SRC），我们将从一个简单的，几乎是简化的直接从压缩感知的结果启发的问题公式开始。我们将看到这种方法的一般化自然地解释了人脸识别问题中物理量的多变性。接着，我们将观察到人脸识别可以同样为压缩感知的数学方法添砖加瓦。这个系统的结果就是一个实际中可用的出入控制系统。这个系统能够精确地识别出在几百个主体的数据库中的一个主体，不受光照、遮挡区域、失准的影响。

本章的结构如下：

12.2 节从最简单的问题设置入手，展示怎样才能把人脸识别问题作为一个稀疏表示问题解决。12.3 节讨论了通过把数据投射到随机选择的较低维度的特征空间上来更有效地解决这个问题的可能性。12.4 节和 12.5 节展示 SRC 框架如何能够自然地拓展以处理物理变量，比如遮挡和失准。12.6 节和 12.7 节讨论了应用本章介绍的工具建立人脸识别系统的实际性的因素。12.6 节展示了怎样有效地解决在人脸识别中遇到的稀疏表示的问题，12.7 节讨论了一种在不同光照条件下获取主体的训练图像的实用系统。12.8 节结合这些发展给出了一个完整的人脸识别系统，主要针对出入控制的应用。

12.2　问题公式表达：基于稀疏表示的分类

在本章里，我们首先阐述 SRC 的核心思想，通过一个稍微有点人造的场景的例子，在这里训练和测试的图像是特意安排的，但是确实存在光照方面的变化。我们将要展示在这个场景里，人脸识别能够自然地考虑为一个稀疏表示的问题，并且可以通过 ℓ_1 最小化的方法解决。在接下来的各节里，我们将要展示怎么把这个核心公式自然地拓展到处理真实世界人脸识别中变化量的问题。最后在 12.7 节中形成识别系统的完整方案。

在人脸识别中，系统获取到一系列的标识过的训练图像 $\{\phi_i, l_i\}$，图像是关于 C 个主体的。这里 $\phi_i \in \mathbb{R}^m$ 是表示数字图像的向量（例如，通过堆垛 $W \times H$ 单通道图像的列作为 $m = W \times H$ 空间向量），$l_i \in \{1 \cdots C\}$ 表示 C 个主体中的某个在第 i 个照片里。在测试阶段，提供一个新的图像序列 $y \in \mathbb{R}^m$ 给系统识别。系统的工作就是决定 C 个主体中的哪个在这个图像序列里，或者，如果没有，就拒绝这个图像序列，把它作为无效的。

参考文献［1，21］的结果表明，如果同一个主体可以给出足够的图像，这些图像将非常接近于高维空间 $\mathbb{R}^m$ 的低维线性空间。对于一个凸的、理想散射的物体来说，这个要求的维度可以低到 9[1]。因此，考虑到充足训练图像中光照的不同，新的主体 i 的测试图像 y 可以被同一个主体的训练图像的线性组合表示：

$$y \approx \sum_{\{j \mid l_j = i\}} \phi_j c_j \doteq \Phi_i c_i \tag{12.1}$$

式中，$\Phi_i \in \mathbb{R}^{m \times n_i}$ 连接了主体 i 的所有图片，并且 $c_i \in \mathbb{R}^{n_i}$ 是对应的系数向量，在 12.7 节中，我们

将继续讨论如何选取训练样本 ϕ 来保证式（12.1）在实际中是精确的。

在测试阶段，我们遇到了一个问题，即类别标签 i 是未知的。然而，仍然可以得出类似于式（12.1）的线性表达，用所有的训练样本表示就是

$$y=[\boldsymbol{\Phi}_1,\boldsymbol{\Phi}_2,\cdots,\boldsymbol{\Phi}_C]c_0=\boldsymbol{\Phi}_{c_0}\in\mathbb{R}^m \tag{12.2}$$

式中，

$$c_0=[\cdots,0^{\mathrm{T}},c_i^{\mathrm{T}},0^{\mathrm{T}},\cdots]^{\mathrm{T}}\in\mathbb{R}^n \tag{12.3}$$

显然，如果我们能够得到一个系数向量 c，其元素主要集中于某一个类上，那么这将成为这个主体的明显的身份表示。

SRC 的关键思想就是将人脸识别的问题投射成求取这样一个系数向量 c_0。我们注意到因为 c 中的非零元素集中在一个单个主体对应的图像上，c_0 是一个高度稀疏的向量：平均只有 $1/C$ 个所有元素是非零的。事实上，并不难理解一般这个变量就是 $y=\boldsymbol{\Phi}c_0$ 最稀疏的解。尽管寻找线性系统稀疏解一般是一个非常困难的问题，稀疏表示的理论的基本结果表明，在很多情况下，最稀疏的解能够用易处理的最优化手段得到，最小化系数向量的ℓ_1 范数 $\|c\|_1\doteq\sum_i|c_i|$（见参考文献［15，8，13，6］关于这种弛豫的理论的采样）。这建议将 c_0 作为这个最优化问题的特解

$$\min\|c\|_1\quad \text{s.t.}\quad \|y-\boldsymbol{\Phi}c\|_2\leqslant\varepsilon \tag{12.4}$$

式中，$\varepsilon\in\mathbb{R}$ 反映了观测的噪声水平。

图 12.2 显示一个例子用解式（12.4）的方法来获得系数向量 c。注意，非零的元素真正地集中在正确的第一主体类别上，表示出待测图像的类别。在这种情况下，即使输入的图像分辨率非常低（12×10!），而且系统方程组 $y\approx\boldsymbol{\Phi}c$ 是欠定的，识别仍然是正确的。

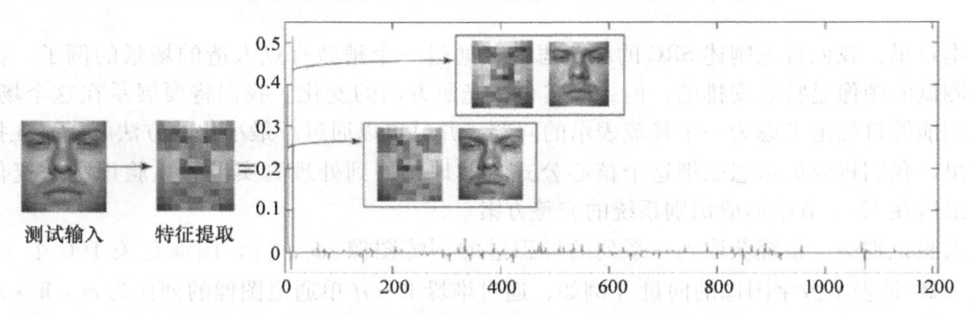

图 12.2　一个由 12×10 降采样的序列图像的稀疏表示，序列图像基于 1200 幅相同分辨率的训练图像。待测图像属于类别 1[46]

一旦稀疏表示的系数 c 得到以后，识别和验证这样的任务就可以用十分自然的方式完成。例如，可以简单地定义一个向量 $c=[c_1^{\mathrm{T}},c_2^{\mathrm{T}},\cdots,c_C^{\mathrm{T}}]^{\mathrm{T}}\in\mathbb{R}^n$ 在一个主体 i 上的集中度为

$$\alpha_i\doteq\|c_i\|_1/\|c\|_1 \tag{12.5}$$

可以分配测试图像 y 为 i 分类，因为这个分类可以最大化 α_i，或者拒绝 y，因为它不属于数据库中的任何一个主体，这是靠判断 α_i 的值小于一个预设的阈值来决定的。具体地，尤其是一些稍难一点的基于稀疏系数 c 的分类项目见参考文献［46，44］。

在本章的剩余部分，我们将通过展示即使待测的图像失真，比如遮挡和失准，仍然可以得到

稀疏系数 c_0，从而实现这个理想化的方案。我们还会进一步讨论如何减少大尺度问题中最优化问题式（12.4）的复杂度。

12.3　降维

一个大尺度人脸识别的主要难点是训练数据的庞大，原始图像维度可以达到百万量级，同时还有图像数量会随着识别主体的数量同比增加。数据的大小直接反映到算法运算的复杂度上。比如凸集最优化的复杂度可能是三次方以上的。在模式识别中，解决这类问题的传统方法是把高维的数据投影到比较低的维度空间 $\mathbb{R}^d (d << m)$ 上，这样被投影的图像仍然保留着原始图像的有用特征。

这样的投影可以通过主成分分析[43]，线性判决分析[3]，区域保留投影[25]，或者像一些降采样或者选择局部的特征（比如嘴部和眼部）来解决。这些已经研究得很透彻的投影都可以用 $A \in \mathbb{R}^{d\times m}$ 线性投影表示。经过这样的线性投影可以给出一个新的公式

$$\tilde{y} \doteq Ay \approx A\Phi c = \Psi c \in \mathbb{R}^d \tag{12.6}$$

注意，如果 d 很小，$A\Phi c = \tilde{y}$ 系统的解可能不是一个。然而，在遗传环境下，这个最稀疏的系统解 c_0 是特定的，并且可以通过低复杂度的凸集优化得到

$$\min \|c\|_1 \quad \text{s. t.} \quad \|\Psi c - \tilde{y}\|_2 \leqslant \varepsilon \tag{12.7}$$

这样关键问题就是变换 A 的选择会多大程度上影响我们得到 c_0 和紧接着识别主体的能力。

上面介绍的许多不同的投影反映了在人脸识别领域，为寻找一个最好的自适应数据投影集做出的长期努力。

另一方面，压缩感知的一个重要观点是作为广义上的非自适应投影集的随机投影[9,16,17]。如果一个向量 c 是稀疏的，而且在已知的正交基上，则 ℓ_1 最小化将从相对比较小的子集的随机投影里恢复 c，这样概率会高一些。尽管我们的矩阵 Φ 不是标准正交基（我们将在下一节讨论其他情况），但是去研究随机投影对降维的影响和研究特征的选择怎样影响应用中的 ℓ_1 最小化还是令人感兴趣的。

图 12.3 显示了一个典型的不同特征变换 A 和特征空间维度 d 的识别率对比，图 12.3 的数据是从 AR 人脸数据库中得到的，这个数据库包含 100 个人在不同条件下的照片[33]。横轴画出了特征空间的维度，从 30 到 540。这个结果与其他实验结果一致，都显示了最优特征空间的选择不再是关键因素。只要 ℓ_1 最小化能够在几百量级的维度空间里恢复出稀疏信号，所有的转换方法都会得到很高的识别率。

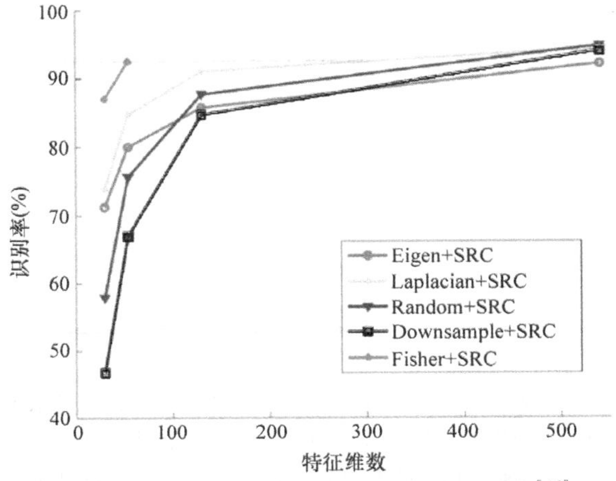

图 12.3　不同特征变换和维数的 SRC 识别率[46]，训练和识别图像都来自于公共 AR 数据库

更重要的是，即使是随机特征都包含有可以提取稀疏表示的足够特征，从而也可以正确分类大部分的待测图像，因此真正重要的是特征空间的维度要足够大，稀疏表示也必须正确计算。

更重要的是，维数的降低通常会带来识别率的下降，尽管这种降低在 d 充分大的情况下不会太大，但在大规模应用时这种权衡是不可避免的。我们的研究表明，特征的变化一定可以与 ℓ_1 最小化结合应用。另一方面，如果需要高度精确的人脸识别，原始图像本身可以用作特征，这种做法在图像存在环境上的污染，比如遮挡和几何变形时具有鲁棒性。

12.4 识别损坏的和遮挡的图像

在很多实际场景中，感兴趣的人脸图像可能被部分遮挡，就像在图 12.4 中的一样。而且这些图往往还会有自阴影带来的很大误差。这些污染都可能造成不同于线性模型 $y \approx \Phi c$ 的表达。在真实场景中，我们更有可能遇到这样的问题，它可以建模成

$$y = \Phi c + e \tag{12.8}$$

式中，e 是未知向量，它的非零元素对应着在观测量 y 中被损坏的像素，就像图 12.4 中所示的那样。

误差 e 在量级上非常大，因此不能被忽视或者用为小噪声而设计的技术处理，比如最小二乘法。然而，像向量 c，它们往往是稀疏的：遮挡和损坏一般只影响一小部分 $\rho < 1$ 的图像像素。因此，识别被遮挡的人脸问题就可以变成寻找一个稀疏表示 c，对应于一个稀疏的误差 e。一个自然的对于 SRC 框架鲁棒性的拓展是解组合的ℓ_1 最小化问题

$$\min \|c\|_1 + \|e\|_1 \quad \text{s.t.} \quad y = \Phi c + e \tag{12.9}$$

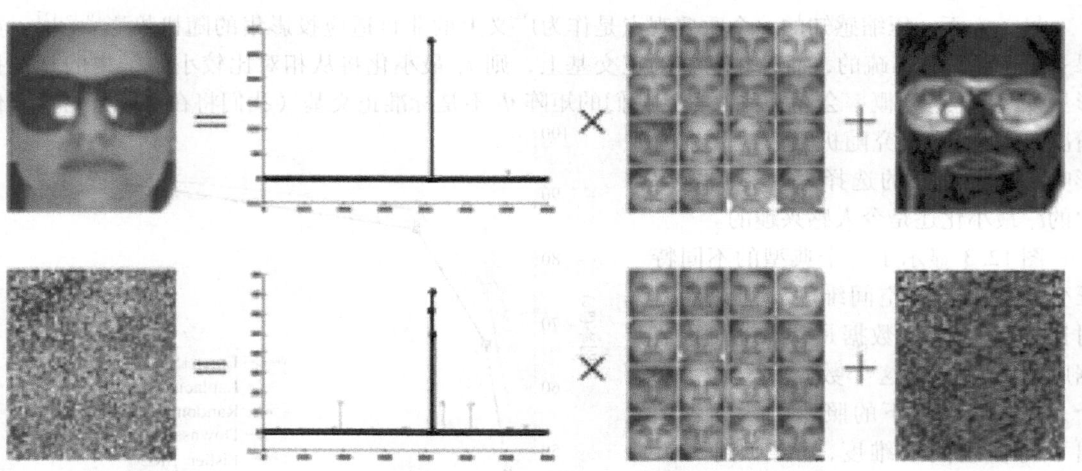

图 12.4 基于稀疏表示的鲁棒人脸识别。这个方法显示了一个测试图像（左），以及遮挡的图像（上）或者损坏的图像（下），作为所有归一化训练图像的稀疏线性组合（中）加上稀疏误差（右），误差由遮挡或者损坏所引起。最大的系数对应于正确个体的训练图像。我们的算法确定了真正的身份（在第二行、第三列用框表示），这个选择是在 100 个人的 700 幅图像中做出的。照片来自标准 AR 人脸数据库[46]

在参考文献［46］中，可以看出这种最优化方法在校正遮挡和损坏时工作很好，比如对于达到20%块状遮挡，对于达到70%随机的像素损坏。

然而，更深一层的研究表明，式（12.9）组合的ℓ_1最小化往往有惊喜的作用。你可以把式（12.9）解释为一个ℓ_1最小化问题，相对于单个的组合字典，$B \doteq [\Phi\ I] \in \mathbb{R}^{m\times(n+m)}$：

$$\min \|w\|_1 \quad \text{s.t.} \quad y = Bw \tag{12.10}$$

式中，$w=[c^{\mathrm{T}}, e^{\mathrm{T}}]^{\mathrm{T}}$。因为$\Phi$的所有的列都是人脸图像，因此有点像高维的图像空间$\mathbb{R}^m$。矩阵$B$很大程度上违反了归一化稀疏恢复的传统条件，比如不相干准则[15]或者约束等距性质[8]。相对于传统的压缩感知的设置，矩阵B具有相当不均匀的性质：Φ的所有列在高维空间中都是相关的，然而I的所有列都是尽可能不相关的。图12.5说明了这个奇怪的结构，在参考文献［45］中被称为交叉花束（CAB），这是因为单位矩阵的所有列扩张成一个交叉的多面体，但是A的所有列紧紧地扎在一起就像一束花。

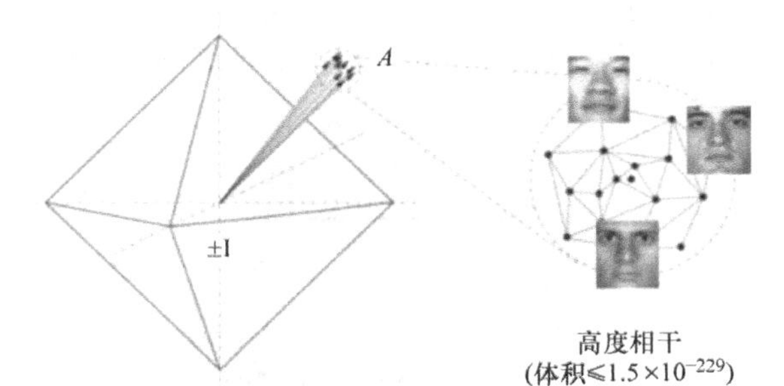

图12.5　人脸识别的交叉花束模型，表示为矩阵A列的原始的人脸图像用最小方差的方法聚类[45]

在稀疏表示中，CAB模型归于一类特殊的稀疏表示问题，字典Φ是由一些子字典串联组成的。例如包括小波和Heaviside字典的合并[11]，以及形态学成分分析中纹理和背景字典的组合[18]。然而，不像现在的大多数的例子，不仅我们的新字典B是不均匀的，事实上恢复的（c，e）的解也是非常不均匀的：c的稀疏是由每个主体的图像数目限制的，然而，我们希望e越密越好，这是为了保证好的误差校正特性。仿真（类似于图12.4的底部的那一行）表明，事实上，误差e可以非常密集，如果它的符号和支撑是随机的[46,45]。在参考文献［45］中，表明只要花束在高维图像空间$\mathbb{R}^m$足够的紧，ℓ_1最小化可以成功地从非常密集（$\rho\nearrow 1$）随机符号的误差e中恢复出稀疏系数x。

推荐读者阅读参考文献［45］，可以得到关于这个结论更加精确的表述和证明。

我们要表达的是，这充分说明算法具有十分出色的误差校正能力，完全可以应对在实际应用中人脸识别非常相似的环境。有两点原因令人很惊奇。第一，就像上面提到的那样，这个问题的字典已经极大地违反了约束等距性质。第二，校正以后的误差可能会非常密集，相比来说，其他压缩感知的结果一般是非零元素都被限制在一小部分的维数m上[8,17]。有意思的是，尽管分析这个问题所需要的数学工具在这个领域里已经非常标准，得到的结果却实质上与传统的压缩感知问题的经典结果不同。因此，尽管典型的方法，如参考文献［8，14］对人脸识别的结果是令人振奋的，但是在应用中遇到的矩阵结构却有其独特的数学特点。

12.5　人脸对准

在前面各节里，问题公式可以让我们同时处理光照的变化和适度的遮挡。然而一个实际的人脸识别系统需要处理另一个重要的变化模式：测试图像和训练图像的失准。这种情况可能发生于在图像中人脸没有被准确地定位，或者人脸位置并不是完全正面的。图 12.6 显示了即使是很小的一点失准就能引起基于容貌的人脸识别算法（就像前面提到的）的失败。在本节里，我们可以看到前面各章的框架怎样拓展以应对这种困难。

为了解决这个问题，我们假定观测量 y 是一个被扭曲的图像 $y=y_0\circ\tau^{-1}$，其中 y_0 是真正的图像信号，经过了某种二维的图像变换 τ[㊀]。就像在图 12.6 中，当 τ 干扰了人脸区域的检测，使其偏离最佳位置，直接基于正确对准的训练图像求解 y 会导致误差非常大的表示。

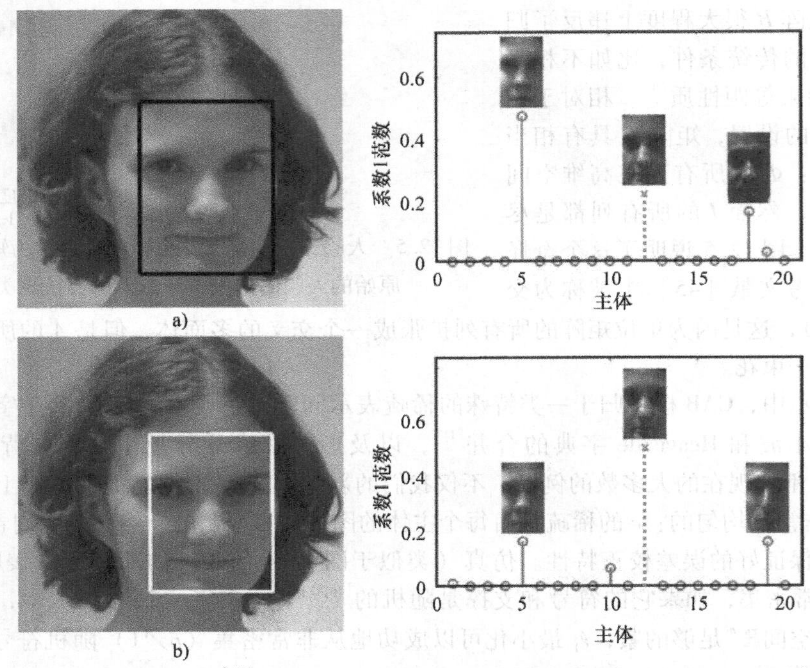

图 12.6　人脸对准的影响[44]。这个任务是从 20 个人中识别出被试女孩，通过计算她的人脸输入图像对于整个训练集的稀疏表示做到。右边画的是对于每个人的系数的绝对值的和。我们同样显示了用稀疏系数加权重建的人脸图像。虚线对应于她的真实身份，也就是第 12 个人。a）输入图像来自 Viola 和 Jones 人脸探测器（黑框）。估计出来的表示没有揭示女孩的真实身份，因为第五个人的系数相对比较大。b）输入图像被我们的图像对准算法用训练图像很好地对准（白框），这样可以得到一个更好的表示

然而，如果真实变形 τ 可以有效得到，我们就可以求得 y_0。这样就有可能恢复一个 y_0 的相对稀疏表示 c，这个表示是针对对准人脸训练图像集的。基于前面的误差校正模型式（12.8），在人脸对准情况下的稀疏表示可以定义为

$$y\circ\tau=\Phi c+e \tag{12.11}$$

㊀　在我们的系统里，通常使用二维相似变换 $T=\mathbf{SE}(2)\times\mathbb{R}_+$ 来解决人脸裁剪发生的失准，或者使用二维投影变换 $T=\mathbf{GL}(3)$ 来解决姿态变化的失准。——原书注

自然地，人们可能会想着用稀疏性作为一个寻找正确的变形 τ，也就是求解以下最优化问题：

$$\min_{c,e,\tau}\|c\|_1+\|e\|_1 \quad \text{s. t.} \quad y\circ\tau=\Phi c+e \tag{12.12}$$

不巧的是，同时估计 τ 和 (c, e) 是一个非常困难的非线性最优化问题。特别地，在矩阵 Φ 中存在多个类时会造成很多局部最小值出现。这样会把 y 对准于数据库中不同的人。

为了解决上述两个问题，实际的做法是第一，考虑将 y 分别对准于各个主体 k：

$$\tau_k^*=\arg\min_{c,e,\tau_k}\|e\|_1 \quad \text{s. t.} \quad c\circ\tau_k=\Phi_k c+e \tag{12.13}$$

注意，在式（12.13）中，c 的稀疏性没有惩罚函数，这是因为 Φ_k 仅仅包含同一个人的图像。

第二，如果我们可以对变换有很好的初始估计（比如从人脸识别器的输出），式（12.13）中的真实变换 τ_k 可以通过解一系列的线性化估计问题来迭代求出：

$$\min_{c,e,\Delta\tau_k}\|e\|_1 \quad \text{s. t.} \quad c\circ\tau_k^i+J_k^i\cdot\Delta\tau_k=\Phi_k c+e \tag{12.14}$$

式中，τ_k^i 是变换 τ_k 的当前估计，$J_k^i=\nabla_{\tau_k}(y\circ\tau_k^i)$ 是 $y\circ\tau_k^i$ 关于 τ_k 的雅可比行列式，$\Delta\tau_k$ 是 τ_k 的一个步骤更新[㊀]。

从最优化的观点，式（12.14）可以被看成一个广义的高斯 - 牛顿方法，来最小化一个不平滑的目标函数（ℓ_1 范数）的组合，并从变换参数到变换后的图像进行可微映射。这在文献里已经得到广泛的研究，可以认为它二次收敛于ℓ_1 范数局部最优值的邻域内[35,27]。对于人脸对准问题，我们仅仅需要知道式（12.14）大概 10 ~ 15 步就可以收敛了。

为了进一步改善算法的性能，我们采用式（12.14）的一种稍微变形的形式，在这里，我们用归一化的$\tilde{y}(\tau_k)=\dfrac{b\circ\tau_k}{\|y\circ\tau_k\|_2}$代替扭曲测试图像 $y\circ\tau_k$。这有助于防止算法陷入放大的测试图像黑暗区域所带来的退化的全局最小值。在实际应用中，我们的对准算法可以运行在多分辨率的模式，这样可以减少运算量，并且可以得到更大的收敛区域。

一旦得到每个人的最佳的变换 τ_k，我们就能将它的逆变换应用到训练集 Φ_k，这样整个训练集被对准于 y。然后，一个 y 的对应于变换训练集的全局性稀疏表示 $\hat{c}$ 就能通过求解式（12.9）的最优化问题找到。最后，分类是通过计算 y 和它的估计值 $\hat{y}=\Phi_k\delta_k(\hat{c})$之间的$\ell_2$ 距离得到，这仅仅是使用第 k 个分类中的训练图像，并且分配 y 属于距离最小的一类[㊁]。完整的算法概括于算法 12.1。

㊀ 在计算机视觉文献中，通过几个参数的图像变换来对两幅相同图像进行配准的基本迭代方案一直被称为 Lucas - Kanade 算法[31]。扩展 Lucas - Kanade 算法处理光照问题的做法与我们的一致。然而，大多数传统的解决方案都是以ℓ_2 范数作为最小二乘的目标函数。就我们所知，压缩感知理论的一个例外就是 Hager 和 Belhumeur[24] 在一个鲁棒人脸跟踪算法中提出的。作者使用了迭代重加权最小二乘（IRLS）方法来迭代去除遮挡的图像像素，同时求出人脸区域的变换参数。——原书注

㊁ $\delta_k(\hat{c})$返回与$\hat{c}$相同维数的向量，该向量只保留与主体 k 对应的非零系数。——原书注

算法 12.1（用于人脸识别的可变形 SRC[44]）

1：输入：对于 C 个主体的正面训练图像 Φ_1，Φ_2，…，$\Phi_C \in \mathbb{R}^{m\times n_i}$ 测试图像 $y \in \mathbb{R}^m$，考虑的变形组 T

2：**for** 每一个主体 k，

3：$\tau_k^0 \leftarrow I$

4：**do**

5：$\tilde{y}(\tau_k^i) \leftarrow \frac{y\circ\tau_k^i}{\|y\circ\tau_k^i\|_2}$；$J_k^i \leftarrow \frac{\partial}{\partial\tau_k}\tilde{y}(\tau_k)|_{\tau_k^i}$；

6：$\Delta\tau_k = \operatorname{argmin} \|e\|_1 \quad \text{s.t. } \tilde{y}(\tau_k^i) + J_k^i\Delta\tau_k = \Phi_k c + e.$

7：$\tau_k^{i+1} \leftarrow \tau_k^i + \Delta\tau_k$；

8：**while** $\|\tau_k^{i+1} - \tau_k^i\| \geqslant \varepsilon$，

9：**end**

10：设 $\Phi \leftarrow [\Phi_1\circ\tau_1^{-1} \mid \Phi_2\circ\tau_2^{-1} \mid \cdots \mid \Phi_C\circ\tau_C^{-1}]$.

11：解 ℓ_1 最小化问题

$$\hat{c} = \arg\min_{c,e} \|c\|_1 + \|e\|_1 \quad \text{s.t. } y = \Phi c + e.$$

12：计算残差 $r_k(b) = \|c - \Phi_k\delta_k(\hat{c})\|_2$ 对于 $k = 1,\cdots,C.$

13. 输出：$\text{identity}(y) = \arg\min_k \tau_k(c)$.

最后，我们给出一些实验结果，这些结果表征了提出的对准算法对于二维变形和三维姿态变化的吸引区域。我们将整个人脸识别系统的评估留在 12.8 节。

对于二维变形，我们用了 CMU MultiPIE 数据库[23]中 120 个人的图像子集，因为有可用的金标准。在这个实验中，训练集包含选择性好的光照环境下的图像，测试集包含新的光照条件。我们对每幅测试图像引入人工的干扰，比如变换和旋转的组合，并使用推荐的算法将其与同一个人的训练集对准。更多关于这个实验的设置，见参考文献［44］。图 12.7 显示了所有测试图像对于每个人工干扰成功对准的百分比。可以看到我们的算法在眼间距（或者 10 个像素）移动在 x 和 y 方向上高达 20% 或者平面旋转高达 30% 的条件下运行得非常好。同时还测试了我们的对准算法应对尺度变化的能力，结果表明它可以应对 15% 尺度上的变化。

对于三维姿态的变化，我们用将在 12.7 节中介绍的采集系统收集了我们自己的数据库。训练集包括每个人在 38lm 照度下拍摄的正面照片，测试集包括密集采集的变换姿势的图像。Viola 和 Jones 的人脸检测器同样被用来处理实验中的人脸切片。图 12.8 显示了一些典型的对准结果。对准算法在姿势旋转 ±45°范围内都很有效，这已经超过实际出入控制应用的姿态的要求范围。

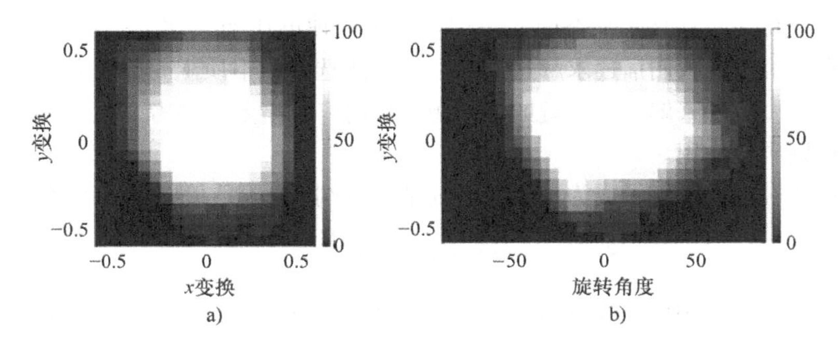

图 12.7　感兴趣的区域[44]。算法成功对准人为干扰的测试图像的一部分。变换的度量使用外眼角之间的距离的一部分和平面内的旋转角度。a）同时在 x 和 y 轴方向上变换。超过 90% 的人脸在任何 x 和 y 组合变换下正确对准，每个达到 0.2。b）同时在 y 轴和平面内旋转角度 θ 上变换，超过 90% 的人脸图像被正确对准，对于 y 变换达到 0.2 和 θ 达到 25°的任意组合

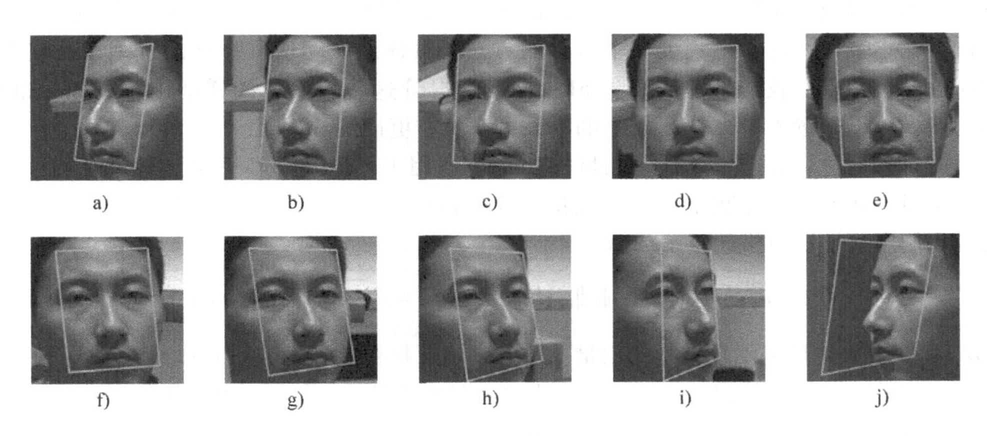

图 12.8　根据正面训练图像对准不同的姿势[44]。a）~ i）从 −45°到 +45°姿态的很好的对准。j）算法对于大于 45°极限姿态的识别失败的例子

12.6　快速 ℓ_1 最小化算法

在前几节里，我们看到在光照、失准、遮挡等物理变化的情况下人脸识别的问题是如何自然地落入稀疏表示的框架中的。事实上，所有这些因素都可以通过求解正确的 ℓ_1 最小化问题同时解决。然而，这些观点如果要应用到实际中，我们需要尺度可变的有效的算法来解 ℓ_1 最小化问题。

尽管 ℓ_1 最小化问题可以重新定义为线性程序并且可以用内点算法[28]来精确求解，但这些算法不能适应问题的尺度变化：每次迭代通常需要三次方的时间变化。幸运的是，人们对于压缩感知的兴趣激发了新一轮研究更具尺度适应性、更有效的一阶方法，它可以在中等精度上解决非常大的 ℓ_1 最小化问题（参考文献［40］中有综合性的总结）。就像在 12.4 节中看到的那样，人

脸识别中的ℓ_1最小化问题具有非常不同的结构区别于其他的压缩感知的问题，因此需要自定义的求解算子。在本节里，我们描述求解这个问题的算法选择，本质上是增广拉格朗日乘子法[5]，但是应用了加速梯度法[2]来解一个关键的子问题。我们广泛借鉴了参考文献［48］，比较不同的求解器在人脸识别中的作用。

ℓ_1范数让快速一阶求解算子成为可能的关键是“近端最小化”的有效解的存在：

$$\mathcal{S}_\lambda[z]=\arg\min_c \lambda\|c\|_1+\frac{1}{2}\|c-z\|_2^2 \tag{12.15}$$

式中，c，$z\in\mathbb{R}^n$，而且$\lambda>0$。很容易说明上述最小化问题可以用软阈值法求解，对于标量定义如下：

$$\mathcal{S}_\lambda[c]=\begin{cases}c-\lambda, & c>\lambda\\ c+\lambda, & c<-\lambda\\ 0, & |c|\leqslant\lambda\end{cases} \tag{12.16}$$

并将其推广到向量或者矩阵。它的计算非常简单，因此成为大部分求解ℓ_1最小化问题一阶方法的主要基础。在本节里，我们将测试一个这样的方法，具体地，即增广拉格朗日乘子法（ALM）。为了使讨论简单一点，我们聚焦于讨论 SRC 问题，尽管这些想法也同样适用于图像对准问题。感兴趣的读者可以阅读参考文献［48］的附录，那里有更详细的说明。

拉格朗日乘子法是在凸集最优化领域中的一个通用工具，其基本思想是通过添加代价函数的惩罚因子对不切实际的点赋予很高的代价。这个目标就转为有效求解无约束问题。对于我们的问题，我们定义增广拉格朗日函数为

$$L_\mu(c,e,\nu)\doteq\|c\|_1+\|e\|_1+\langle\nu,\ y-\Phi c-e\rangle+\frac{\mu}{2}\|y-\Phi c-e\|_2^2 \tag{12.17}$$

式中，$\mu>0$并且ν是拉格朗日乘子的向量。注意，增广拉格朗日函数对c和e来说是凸的。假设（c^*，e^*）是原始问题的最优解。然后可以看出对于足够大的μ，存在ν^*可以使

$$(c^*,\ e^*)=\arg\min_{c,e}L_\mu(c,\ e,\ \nu^*) \tag{12.18}$$

上述的性质表明增广拉格朗日函数的最小化等于求解初始有约束最优化问题。然而，这种方法并不可行，因为ν^*不是一个可以预先知道的量，并且问题中μ的选择也不明显。增广拉格朗日乘子法克服了这些问题，主要是通过在迭代求解ν^*的同时，单调地增加每次迭代中的μ，这样可以避免收敛到一个不可能的点上。基本的 ALM 迭代由参考文献［5］给出：

$$\begin{aligned}(c_{k+1},\ e_{k+1})&=\operatorname{argmin}_{c,e}L_{\mu_k}(c,e,\nu_k)\\ \nu_{k+1}&=\nu_k+\mu_k(y-\Phi c_{k+1}-e_{k+1})\end{aligned} \tag{12.19}$$

式中，$\{\mu_k\}$是一个单调的递增正序列。这个迭代本身并没有给我们一个有效的算法，因为第一步迭代是一个无约束的凸集程序。然而对于ℓ_1最小化问题，我们可以看到它的求解还是比较有效的。

简化上述迭代的第一步是采用一个交替最小化策略，比如，首先对于e最小化，然后对于c最小化。这种方法在参考文献［22］中被称为乘子的交替方向法，并且在参考文献［51］中第一次在ℓ_1最小化的情况下使用。这样，上面迭代算法可以写成

$$
\begin{aligned}
e_{k+1} &= \operatorname{argmin}_e L_{\mu_k}(c_k, e, \nu_k) \\
c_{k+1} &= \operatorname{argmin}_c L_{\mu_k}(c, e_{k+1}, \nu_k) \\
\nu_{k+1} &= \nu_k + \mu_k(y - \Phi c_{k+1} - e_{k+1})
\end{aligned} \tag{12.20}
$$

应用式（12.15）中的性质，不难得到

$$
e_{k+1} = \mathcal{S}_{\frac{1}{\mu_k}}\left[\frac{1}{\mu_k}\nu_k + y - \Phi c_k\right] \tag{12.21}
$$

一般来说，得到 c_{k+1} 的近似闭式表达是不可能的，所以我们用迭代的方法求解它。我们注意到 $L_{\mu_k}(c, e_{k+1}, \nu_k)$ 可以被分为两个函数：$L_{\mu_k}(c, e_{k+1}, \nu_k)$，这个在 x 上是凸集并且是连续的；$\frac{\mu_k}{2}\|y - \Phi c - e_{k+1}\|_2^2$，这个也是凸集，平滑的而且有 Lipschitz 连续梯度。$L_{\mu_k}(c, e_{k+1}, \nu_k)$ 这种形式允许我们使用一种快速迭代阈值算法，被称为 FISTA[2]，可以有效地解 c_{k+1}。FISTA 的基本思想是，将二次逼近迭代到代价函数的平滑部分，并且将逼近的代价函数最小化。

使用上面提到的技术，式（12.20）中的迭代方法归纳为算法 12.2，这里 γ 表示的是 $\Phi^{\mathrm{T}}\Phi$ 的最大的特征值。尽管算法由两个循环组成，实际应用中，我们发现最里面的循环在几步迭代以后就已经收敛。

就像前面提到的那样，最近已经提出了几种一阶方法用于 ℓ_1 最小化。理论上说，在这些算法中，在收敛速率上没有特别优秀的算法。然而，从经验上看，ALM 提供了速度和精度上的最优权衡。对其他一些算法广泛的综述并在实验中加以对比的结果可见参考文献 [48]。与传统的内点算法相比，算法 12.2 一般会需要更多的迭代才能收敛于最优值。然而，ALM 最大的好处在于每一次迭代都由初步的矩阵向量的运算组成，而不是内点法中使用的矩阵的逆和高斯消去法。

算法 12.2（ℓ_1 最小化的增广拉格朗日乘子方法）

1：输入：$y \in \mathbb{R}^m$，$\Phi \in \mathbb{R}^{m \times n}$，$c_1 = 0$，$e_1 = y$，$\nu_1 = 0$.
2：**while** 未收敛（$k = 1, 2, \cdots$）**do**
3：$e_{k+1} = \operatorname{shrink}\left(y - \Phi c_k + \frac{1}{\mu_k}\nu_k, \frac{1}{\mu_k}\right)$；
4：$t_1 \leftarrow 1$，$z_1 \leftarrow c_k$，$w_1 \leftarrow c_k$；
5：**while** 未收敛（$l = 1, 2, \cdots$）**do**
6：$w_{l+1} \leftarrow \operatorname{shrink}\left(z_l + \frac{1}{\gamma}\Phi^{\mathrm{T}}\left(y - \Phi\nu_l - e_{k+1} + \frac{1}{\mu_k}\nu_k\right), \frac{1}{\mu_{k\gamma}}\right)$；
7：$t_{l+1} \leftarrow \frac{1}{2}\left(1 + \sqrt{1 + 4t_l^2}\right)$；
8：$z_{l+1} \leftarrow w_{l+1} + \frac{t_{l-1}}{t_{l+1}}(w_{l+1} - w_l)$；
9：**end while**
10：$c_{k+1} \leftarrow w_l$；
11：$\nu_{k+1} \leftarrow \nu_k + \mu_k(y - \Phi c_{k+1} - e_{k+1})$；
12：**end while**
13：输出：$c^* \leftarrow c_k$，$e^* \leftarrow e_k$.

12.7 建立一个完整的人脸识别系统

在前面的部分里，我们提出了一种框架性的工作，把人脸识别问题用稀疏表示的方法解决，并且讨论快速ℓ_1最小化的算法，可以在高维的空间里有效地估计稀疏信号。在本节中，我们讨论一些实际的问题，这些问题出现在应用这些想法去设计实际出入控制应用中的人脸识别样本过程中。

特别要注意的是，目前我们做了严格的假设，即被测图像尽管是在未知光照条件下拍摄的，但也能表示为有限数量的训练光照图像的线性组合。这个假设自然会带来以下问题：在什么条件下线性子空间模型是一个合理假设，以及一个人脸识别系统怎样才能有足够的训练光照图像，才能在广泛的不同实际光照环境下达到高精度识别率。

第一，我们将一个人脸在一个限制光照而且姿态固定下的估计作为凸集、朗伯对像。在这些假设下，入射光和反射光分布在球面上，这样，可以用球面谐波基表示[1]。这个朗伯反射核充当一个低通滤波器在入射光和反射光之间，并且结果是，对像的图像集最后落入对应于低频球面谐波子空间的非常近的区域内。实际上，可以证明九个（选择合适）基光照图像足够生成可以扩展为所有可能目标图像的基图像。

尽管对于理解图像格式处理来说谐波基建模很重要，不同经验性的研究表明，即使是在朗伯假设被违反以后，这个算法仍然可以用很少的正面光照图像去线性表示很广范围的新的正面光照图像，特别是当它们都在差不多的实验室环境下采集的情况下。这种条件是 AR、ORL、PIE、Multi - PIE 等公共人脸数据库的情况。令人失望的是，实际上，我们观察到一个仅仅由正面光照图像组成的数据库不够去线性表示一个在典型户内或者户外条件下采集的图像。为了确保我们的算法在实际中可以工作，我们需要精心选择能够足够线性表示一个宽泛的实际的户内和户外图像光照训练集。

为了达到这个目的，我们设计了一个系统，能够在从各个方向同时照射物体的时候，得到物体的正面图像，这个系统的草图如图 12.9 所示，这个系统更详细的解释见参考文献［44］。

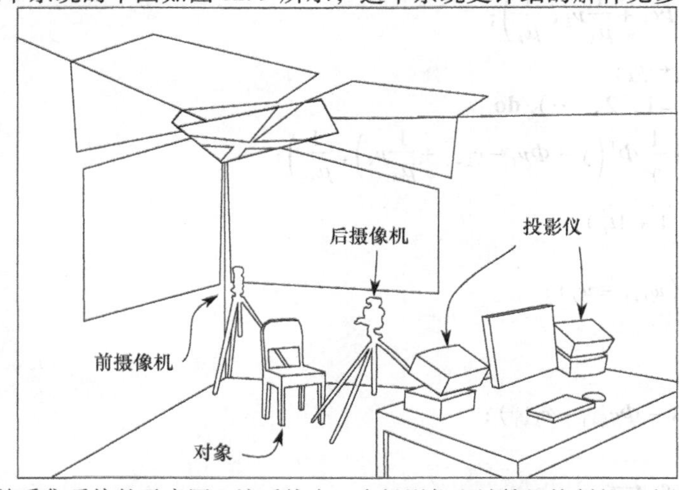

图 12.9　训练采集系统的示意图，该系统由四台投影仪和计算机控制的两台摄像机组成[44]

基于我们的实验，光照的方案选择要么直接照在人的正面脸上，或者间接地照在墙上，对应于总共 38 个训练图像，就像在图 12.10 中的例子一样。我们观察到如果进一步获取更加精细的光照图像并不能显著改善图像配准和识别的精确度[44]。因此，我们使用这些模型作为我们大范围的实验配置。

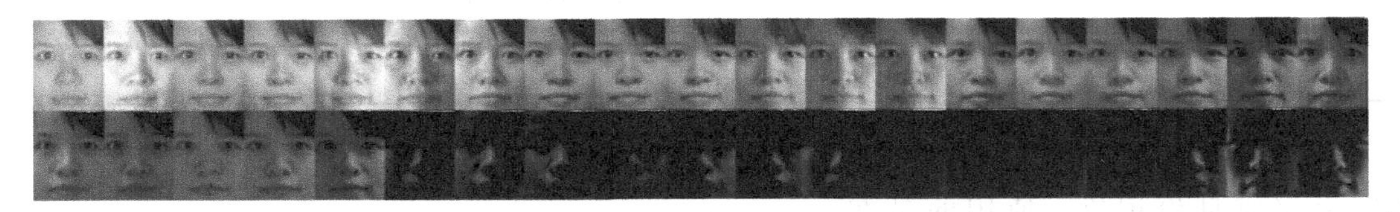

图 12.10　系统收集的一个人脸的 38 幅训练图像。前 24 幅图像使用前景照明模式进行采样，其余 14 幅图像使用背景照明模式进行采样[44]

12.8　整个系统的评估

在本节里，我们将提供我们完整系统中有代表性的识别结果，系统基于大量的人脸数据库。所有的实验都是使用从 Viola 和 Jones 人脸检测器中直接得到的图像作为输入，没有任何人为的干预。

我们使用两种不同的人脸数据库来测试我们的系统。首先测试我们系统在现有最大的公共人脸数据库——CMU Multi - PIE[23]上的性能，它是很适合测试我们系统的。数据库中包含有不同姿势、表情、光照和不同时间人脸容貌的 337 个人的图像。然而，对于我们的目的来说，CMU Multi - PIE 数据库的一个缺点是，所有的图像是在受控的实验室光照环境下采集的，这限制我们的训练集和测试集必须在这些环境下，可能不会覆盖到自然的光照范围。因此，我们这个实验的目的就是简单说明我们的完全自动系统对于这样很多类的数据库也是有效的。然后，我们测试了 12.7 节中描述的自己设计的采集系统所采集的数据库。实验的目标是说明有了足够训练集，我们的系统确实有能力基于松散控制的实际室内或者户外采集的实际图像完成鲁棒的人脸识别。

对于 CMU Multi - PIE 数据库，我们使用第一部分中所有的 249 个人的图像作为训练集。其余的 88 个人被考虑为“异常值”，然后测试我们的系统拒绝无效图像的能力。为了进一步测试我们的系统，我们仅仅用 249 个人的 7 种极端正面图像照明条件来训练，并且使用第二到第四部分中的 20 种照明条件的正面图像作为测试图像，这些图像是在几个月的范围内的不同时间采集的。表 12.1 显示了我们算法测试这三个测试部分的结果和使用基于基线线性投影算法的结果，包括最近邻（NN）、最近子空间（NS）[30]和线性判别分析（LDA）[3]。需要注意的是，我们初始化这些基线算法有两种途径，具体地，从 Viola 和 Jones 人脸检测器的输出图像中，由下标“d”表示，通过人为点击外眼角来配准训练图像，这个用下标“m”表示。可以从 12.1 表中看出，尽管可以通过人为精确配准，这些基线类的算法表现得比我们的系统要糟糕，而我们的算法是直接处理人脸检测器输出的。

表 12.1 CMU Multi - PIE 数据库的识别率

算法	算法 2	算法 3	算法 4
$LDA_d(LDA_m)$	5.1(49.4)%	5.9(44.3)%	4.3(47.9)%
$NN_d(NN_m)$	26.4(67.3%)	24.7(66.2)%	21.9(62.8)%
$NS_d(NS_m)$	30.8(77.6)%	29.4(74.3)%	24.6(73.4)%
算法 12.1	91.4%	90.3%	90.2%

我们进一步在 CMU Multi - PIE 数据库上完成身份识别，使用的是在 12.2 节中介绍的度量稀疏系数的非零值集中性方法。并且将这种方法和基于 NN、NS、LDA 残差阈值的分类器做比较。图 12.11 画出接收机操作特征（ROC）曲线，这个曲线是扫描每个算法整个范围内可能取值的阈值来产生的。可以看出，我们的方法比其他三种方法效果都要好。

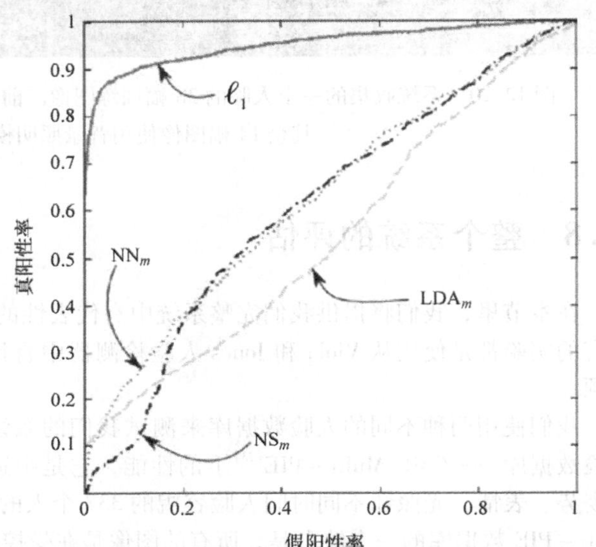

图 12.11 我们算法的 ROC 曲线（用ℓ_1 标注），与 NN_m、NS_m和 LDA_m的比较

对于我们自己数据库的实验，我们收集了 38 个光照条件下 74 个人的正面图像，并且用它们作为训练集。我们又采集这些人在不同户外或者户内环境下的不同摄像头的图像 593 幅。根据测试图像主要不同点，我们进一步把测试集分为 5 个部分：

C1：47 个人不戴眼镜的 242 幅图像，一般都是正面，在很多的实际光照条件下（户内和户外）（图 21.12 第 1 行）。

图 12.12 C1 ~ C3 具有代表性的例子，一行对应一类[44]

C2：23 个人戴眼镜的 109 幅图像（图 21.12 第 2 行）。

C3：14 个人的戴太阳镜的 19 张图像（图 21.12 第 3 行）。

C4：40 个人的 100 张图像，图中有显著的表情、姿态、中等模糊，并且有些有遮挡（图 12.13，两行）。

图 12.13 C4 代表性的例子，上面一行：成功的例子，下面一行：失败的例子[44]

C5：17 个人的 123 幅图像。有一些微弱的控制（失焦，运动模糊，显著的姿态，大遮挡，鬼脸，夸张的表情）（图 12.14 两行）。

图 12.14 C5 代表性的例子，上面一行：成功的例子，下面一行：失败的例子[44]

表 12.2 统计了我们的系统对于每一类的识别率。可以看出，我们的系统对于一般的正面图像达到了超过 90% 的识别率，而且这是在实际多变的光照条件下得到的。我们的算法对于小的姿态、表情的改变和遮挡（比如眼镜）也是鲁棒的。

表 12.2 我们自己数据库的识别率

测试分类	C1	C2	C3	C4	C5
识别率（%）	95.9	91.5	63.2	73.7	53.5

12.9 总结和讨论

基于稀疏表示的理论，我们提出了一个完整的框架/系统来解决计算机视觉领域的人脸识别问题。我们初步的成功来自于对高维人脸图像的特殊数据结构的仔细分析。尽管我们的研究揭示了一些新的人脸识别的观点，但是很多问题仍然有待解决。比如我们还不清楚为什么基于稀疏表示的分类（SRC）对高度相关的人脸图像有这样的判断力。事实上，因为矩阵 $\Phi=[\Phi_1, \Phi_2, \cdots, \Phi_C]$ 有分类结构，SRC 的一个简单的替换方法是一次处理一个类，通过 ℓ_1 范数求解一个鲁棒回归的问题，然后选择回归误差最小的一类。与 SRC 类似，这个同样也是光照条件和平面内转换的替代，而且也体现了 ℓ_1 最小化校正稀疏误差的能力。然而，我们发现 SRC 相比而言有很好的识别分辨率（大概 5% 高于 Multi - PIE）。另外一种复杂点的利用分类结构的方法是实现系数 c 的群稀疏性。尽管这种方法损害了系统拒绝无效图像的能力（见图 12.11），但是这样可以改善识别成功率[39,32]。

和同时代的论文一起，这项工作激发研究者去考察稀疏表示的框架之下更广区域的识别问题。有代表性的例子包括图像超分辨率[50]、物体识别[34,41]、人行为识别[49]、语言识别[20]、三维运动分割和压缩学习[7]。尽管这些有前途的工作提出了许多吸引人的问题，我们相信稀疏表示对于识别问题的潜力取决于数学上更好地理解和实际中仔细地评价评估。

参考文献

[1] R. Basri and D. Jacobs. Lambertian reflectance and linear subspaces. *IEEE Trans Pattern Anal Machine Intell*, 25(2):218–233, 2003.

[2] A. Beck and M. Teboulle. A fast iterative shrinkage-thresholding algorithm for linear inverse problems. *SIAM J Imaging Sci*, 2(1):183–202, 2009.

[3] P. Belhumeur, J. Hespanda, and D. Kriegman. Eigenfaces vs. Fisherfaces: recognition using class specific linear projection. *IEEE Trans Pattern Anal Machine Intelli*, 19(7):711–720, 1997.

[4] P. Belhumeur and D. Kriegman. What is the set of images of an object under all possible illumination conditions? *Int J Comput Vision*, 28(3):245–260, 1998.

[5] D. Bertsekas. *Nonlinear Programming*. Athena Scientific, 2003.

[6] A. Bruckstein, D. Donoho, and M. Elad. From sparse solutions of systems of equations to sparse modeling of signals and images. *SIAM Rev*, 51(1):34–81, 2009.

[7] R. Calderbank, S. Jafarpour, and R. Schapire. Compressed learning: universal sparse dimensionality reduction and learning in the measurement domain. Preprint, 2009.

[8] E. Candès and T. Tao. Decoding by linear programming. *IEEE Trans Inform Theory*, 51(12), 2005.

[9] E. Candès and T. Tao. Near optimal signal recovery from random projections: universal encoding strategies? *IEEE Trans on Inform Theory*, 52(12):5406–5425, 2006.

[10] H. Chen, H. Chang, and T. Liu. Local discriminant embedding and its variants. *Proc IEEE Int Conf Comput Vision Pattern Recog*, 2005.

[11] S. Chen, D. Donoho, and M. Saunders. Atomic decomposition by basis pursuit. *SIAM Rev*, 43(1):129–159, 2001.

[12] T. Chen, W. Yin, X. Zhou, D. Comaniciu, and T. Huang. Total variation models for variable lighting face recognition. *IEEE Trans Pattern Anal Machine Intell*, 28(9):1519–1524, 2006.

[13] D. Donoho. Neighborly polytopes and sparse solution of underdetermined linear equations. Preprint, 2005.

[14] D. Donoho. For most large underdetermined systems of linear equations the minimal ℓ^1-norm near solution approximates the sparest solution. *Commun Pure Appli Math*, 59(6):797–829, 2006.

[15] D. Donoho and M. Elad. Optimally sparse representation in general (nonorthogonal) dictionaries via ℓ^1 minimization. *Proc Nati Acad Sci*, 100(5):2197–2202, 2003.

[16] D. Donoho and J. Tanner. Neighborliness of randomly projected simplices in high dimensions. *Proc Nati Acad Sci*, 102(27):9452–9457, 2005.

[17] D. Donoho and J. Tanner. Counting faces of randomly-projected polytopes when the projection radically lowers dimension. *J Am Math Soc*, 22(1):1–53, 2009.

[18] M. Elad, J. Starck, P. Querre, and D. Donoho. Simultaneous cartoon and texture image inpainting using morphological component analysis (MCA). *Appl Comput Harmonic Anal*, 19:340–358, 2005.

[19] E. Elhamifar and R. Vidal. Sparse subspace clustering. *Proc IEEE Int Conf Computer Vision Pattern Recog*, 2009.

[20] J. Gemmeke, H. Van Hamme, B. Cranen, and L. Boves. Compressive sensing for missing data imputation in noise robust speech recognition. *IEEE J Selected Topics Signal Proc*, 4(2):272–287, 2010.

[21] A. Georghiades, P. Belhumeur, and D. Kriegman. From few to many: illumination cone models for face recognition under variable lighting and pose. *IEEE Trans Pattern Anal Machine Intell*, 23(6):643–660, 2001.

[22] R. Glowinski and A. Marrocco. Sur l'approximation par éléments finis d'ordre un, et la résolution, par pénalisation-dualité d'une classe de problèmes de dirichlet nonlinéaires. *Rev Franc d'Automat Inform, Recherche Opérationnelle*, 9(2):41–76, 1975.

[23] R. Gross, I. Matthews, J. Cohn, T. Kanade, and S. Baker. Multi-PIE. *Proc IEEE Conf on Automatic Face Gesture Recog*, 2008.

[24] G. Hager and P. Belhumeur. Efficient region tracking with parametric models of geometry and illumination. *IEEE Trans Pattern Anal Machine Intell*, 20(10):1025–1039, 1998.

[25] X. He, S. Yan, Y. Hu, P. Niyogi, and H. Zhang. Face recognition using Laplacianfaces. *IEEE Trans Pattern Anal Machine Intell*, 27(3):328–340, 2005.

[26] G. Huang, M. Ramesh, T. Berg, and E. Learned-Miller. Labeled faces in the wild: a database for studying face recognition in unconstrained environments. Tech Rep 07-49, University of Massachusetts, Amherst, 2007.

[27] K. Jittorntrum and M. Osborne. Strong uniqueness and second order convergence in nonlinear discrete approximation. *Numer Math*, 34:439–455, 1980.

[28] N. Karmarkar. A new polynomial time algorithm for linear programming. *Combinatorica*, 4:373–395, 1984.

[29] T. Kim and J. Kittler. Locally linear discriminant analysis for multimodally distributed classes for face recognition with a single model image. *IEEE Trans Pattern Anal Machine Intell*, 27(3):318–327, 2005.

[30] K. Lee, J. Ho, and D. Kriegman. Acquiring linear subspaces for face recognition under variable lighting. *IEEE Trans Pattern Anal Machine Intell*, 27(5):684–698, 2005.

[31] B. Lucas and T. Kanade. An iterative image registration technique with an application to stereo vision. *Proc Int Joint Conf Artif Intell*, 3: 674–679, 1981.

[32] A. Majumdar and R. Ward. Improved group sparse classifier. *Pattern Recog Letters*, 31:1959–1964, 2010.

[33] A. Martinez and R. Benavente. The AR face database. Technical rep, CVC Technical Report No. 24, 1998.
[34] N. Naikal, A. Yang, and S. Sastry. Towards an efficient distributed object recognition system in wireless smart camera networks. *Proc Int Conf Inform Fusion*, 2010.
[35] M. Osborne and R. Womersley. Strong uniqueness in sequential linear programming. *J Aust Math Soc, Ser B*, 31:379–384, 1990.
[36] L. Qiao, S. Chen, and X. Tan. Sparsity preserving projections with applications to face recognition. *Pattern Recog*, 43(1):331–341, 2010.
[37] S. Rao, R. Tron, and R. Vidal. Motion segmentation in the presence of outlying, incomplete, or corrupted trajectories. *IEEE Trans Pattern Anal Machine Intell*, 32(10):1832–1845, 2010.
[38] P. Sinha, B. Balas, Y. Ostrovsky, and R. Russell. Face recognition by humans: nineteen results all computer vision researchers should know about. *Proc IEEE*, 94(11):1948–1962, 2006.
[39] P. Sprechmann, I. Ramirez, G. Sapiro, and Y. C. Eldar. C-HiLasso: a collaborative hierarchical sparse modeling framework. (To appear) *IEEE Trans Sig Proc*, 2011.
[40] J. Tropp and S. Wright. Computational methods for sparse solution of linear inverse problems. *Proc IEEE*, 98:948–958, 2010.
[41] G. Tsagkatakis and A. Savakis. A framework for object class recognition with no visual examples. In *Western New York Image Processing Workshop*, 2010.
[42] M. Turk and A. Pentland. Eigenfaces for recognition. *Proc IEEE Int Conf Comp Vision Pattern Recog*, 1991.
[43] M. Turk and A. Pentland. Eigenfaces for recognition. *J Cogn Neurosci*, 3(1):71–86, 1991.
[44] A. Wagner, J. Wright, A. Ganesh, Z. Zhou, and Y. Ma. Toward a practical automatic face recognition system: robust pose and illumination via sparse representation. *Proc IEEE Int Conf Comput Vision Pattern Recog*, 2009.
[45] J. Wright and Y. Ma. Dense error correction via ℓ^1-minimization. *IEEE Trans on Inform Theory*, 56(7):3540–3560, 2010.
[46] J. Wright, A. Yang, A. Ganesh, S. Sastry, and Y. Ma. Robust face recognition via sparse representation. *IEEE Trans Pattern Anal Machine Intelli*, 31(2):210–227, 2009.
[47] S. Yan, D. Xu, B. Zhang, H. Zhang, Q. Yang, and S. Lin. Graph embedding and extension: a general framework for dimensionality reduction. *IEEE Trans Pattern Anal Machine Intell*, 29:40–51, 2007.
[48] A. Yang, A. Ganesh, Z. Zhou, S. Sastry, and Y. Ma. Fast ℓ_1-minimization algorithms for robust face recognition. (Preprint) arXiv:1007.3753, 2011.
[49] A. Yang, R. Jafari, S. Sastry, and R. Bajcsy. Distributed recognition of human actions using wearable motion sensor networks. *J. Ambient Intelli Smart Environm*, 1(2):103–115, 2009.
[50] J. Yang, J. Wright, T. Huang, and Y. Ma. Image super-resolution as sparse representation of raw image patches. *Proc IEEE Int Conf Comput Vision Pattern Recog*, 2008.
[51] J. Yang and Y. Zhang. Alternating direction algorithms for ℓ_1-problems in compressive sensing. arXiv:0912.1185, 2009.
[52] W. Zhao, R. Chellappa, J. Phillips, and A. Rosenfeld. Face recognition: a literature survey. *ACM Comput Surv*, 35(4):399–458, 2003.
[53] S. Zhou, G. Aggarwal, R. Chellappa, and D. Jacobs. Appearance characterization of linear Lambertian objects, generalized photometric stereo, and illumination-invariant face recognition. *IEEE Trans Pattern Anal Machine Intell*, 29(2):230–245, 2007.

图书在版编目（CIP）数据

压缩感知理论与应用/（以）约琳娜 C. 埃尔达（Yonina C. Eldar）等著；梁栋等译. —北京：机械工业出版社，2019.1（2023.1 重印）
书名原文：Compressed Sensing: Theory and Applications
ISBN 978-7-111-61264-3

Ⅰ. ①压… Ⅱ. ①约…②梁… Ⅲ. ①数字信号处理－研究 Ⅳ. ①TN911.72

中国版本图书馆 CIP 数据核字（2018）第 249829 号

机械工业出版社（北京市百万庄大街 22 号 邮政编码 100037）
策划编辑：闾洪庆 责任编辑：闾洪庆
责任校对：刘志文 封面设计：马精明 责任印制：郜 敏
中煤（北京）印务有限公司印刷
2023 年 1 月第 1 版第 3 次印刷
184mm×240mm · 27 印张 · 671 千字
标准书号：ISBN 978-7-111-61264-3
定价：129.00 元

凡购本书，如有缺页、倒页、脱页，由本社发行部调换

电话服务	网络服务
服务咨询热线：010－88361066	机 工 官 网：www.cmpbook.com
读者购书热线：010－68326294	机 工 官 博：weibo.com/cmp1952
010－88379203	金 书 网：www.golden-book.com
封面无防伪标均为盗版	教育服务网：www.cmpedu.com